广东省知识产权局"广东省战略性新兴产业专利规划"项目成果

废弃资源再生循环利用产业专利信息分析及预警研究报告

国家知识产权局专利局专利审查协作广东中心 组织编写

知识产权出版社
全国百佳图书出版单位

图书在版编目（CIP）数据

废弃资源再生循环利用产业专利信息分析及预警研究报告/国家知识产权局专利局专利审查协作广东中心组织编写. —北京：知识产权出版社，2017.7
ISBN 978-7-5130-5027-2

Ⅰ.①废… Ⅱ.①国… Ⅲ.①废弃物—废物综合利用—绿色产业—专利—研究 Ⅳ.①G306.71 ②X705

中国版本图书馆 CIP 数据核字（2017）第 172557 号

责任编辑：石陇辉　　　　　　　　　　　责任校对：谷　洋
封面设计：刘　伟　　　　　　　　　　　责任出版：刘译文

废弃资源再生循环利用产业专利信息分析及预警研究报告
国家知识产权局专利局专利审查协作广东中心　组织编写

出版发行：	知识产权出版社有限责任公司	网　　址：	http://www.ipph.cn
社　　址：	北京市海淀区气象路50号院	邮　　编：	100081
责编电话：	010-82000860 转 8175	责编邮箱：	shilonghui@cnipr.com
发行电话：	010-82000860 转 8101/8102	发行传真：	010-82000893/82005070/82000270
印　　刷：	三河市国英印务有限公司	经　　销：	各大网上书店、新华书店及相关专业书店
开　　本：	787mm×1092mm　1/16	印　　张：	27.5
版　　次：	2017年7月第1版	印　　次：	2017年7月第1次印刷
字　　数：	636 千字	定　　价：	89.00 元
ISBN 978-7-5130-5027-2			

出版权专有　侵权必究
如有印装质量问题，本社负责调换。

编 委 会

编委会主任：曾志华

编委会副主任：王启北　邱绛雯

编　委：

曲新兴　（负责本书框架设计，主要执笔第1章1.1、1.2节，第6章6.1、6.2节，第7章）

贺　隽　（参与本书框架设计，主要执笔前言，第1章1.6节，第2章2.2节，第6章6.3节）

郭　鑫　（主要执笔前言，第3章3.1、3.2、3.3节）

郑　森　（主要执笔第5章5.1、5.2、5.3、5.4节）

聂萍萍　（主要执笔第4章4.1、4.2、4.3节）

林中君　（主要执笔第1章1.5节，第5章5.5节）

武　剑　（主要执笔第1章1.3节，第3章3.4、3.5节）

李　平　（主要执笔第1章1.4节，第2章2.1、2.3节，第4章4.4、4.5节）

序

随着经济发展，循环利用资源和发展循环经济将是转变我国经济发展方式和建设资源节约型社会的重要支撑。

党的十八届五中全会提出"创新、协调、绿色、开放、共享"五大发展理念，坚持绿色发展，着力改善生态环境是极为重要的核心内容之一，其中明确提出全面节约和高效利用资源，树立节约集约循环利用的资源观。在国家"十三五"规划中强调"大力发展循环经济"，实施循环发展引领计划，促进生产系统和生活系统循环链接，加快废弃物资源化利用。国家在资源节约集约循环利用重大工程中，规划了推动75%的国家级园区和50%的省级园区开展循环化改造，建设50个工业废弃物综合利用产业基地，在100个地级及以上城市布局资源循环利用示范基地等多项重大工程。

广东省作为经济大省，塑料、橡胶和电子电器产品消费量巨大，是目前国内最大的塑料消费地之一，也是电子电器产品的主要生产基地。废弃塑料、橡胶和电子电器产品等资源的再生循环利用，对广东省绿色循环经济的发展和环境污染的防控，有着巨大的经济价值和社会价值。为促进广东省废弃资源再生循环利用产业的转型升级，广东省知识产权局根据广东省产业发展的统一部署，组织实施了"广东省战略性新兴产业专利信息资源开发利用计划"，委托国家知识产权局专利局专利审查协作广东中心开展了废弃资源再生循环利用产业专利分析及预警研究工作。通过对全球、全国和广东省废弃资源再生循环利用产业近二十年的专利数据的全面分析，解析了发达国家在该产业的技术创新方向和专利布局意图，剖析了影响该行业发展的重要专利技术，明确了我国企业在各技术分支上面临的专利风险，最终形成了本书，以期为产业管理部门制定产业政策提供参考，为企业技术研发提供方向导航。

衷心希望本书的出版能够对废弃资源再生循环利用产业的发展发挥积极的作用，并祝愿专利信息分析与预警工作能够为技术创新和产业战略升级做出新的贡献！

前　言

随着经济发展，循环利用资源和发展循环经济将是转变我国经济发展方式和建设资源节约型社会的重要支撑。从产业发展看，废弃资源再生循环利用是新兴的朝阳行业，其中具有极大发展潜力的是废弃橡胶、塑料和电子电器资源的回收利用。我国每年产生的数以千万计的废弃橡胶、塑料和废弃电子电器产品，处置不当将造成严重的环境污染和资源浪费。广东省作为经济大省，橡胶、塑料和电子电器产品消费量巨大，是目前国内最大的塑料消费地区，也是电子电器产品生产基地，省内还有很多从事橡胶、塑料加工和电子电器资源回收的企业，废弃资源再生循环利用产业对于广东省循环经济的发展和环境污染的防控有着巨大的经济价值和社会价值。

国家"十三五"规划中强调"大力发展循环经济"，实施循环发展引领计划，推进生产和生活系统循环链接，加快废弃物资源化利用。国家在资源节约集约循环利用重大工程中，规划了推动75%的国家级园区和50%的省级园区开展循环化改造，建设50个工业废弃物综合利用产业基地，在100个地级及以上城市布局资源循环利用示范基地等多项重大工程。广东省"十三五"规划中，也明确提出了"坚持绿色发展，保障生态安全，着力增强发展可持续性"的要求，加强环境保护和污染治理，加快生活垃圾无害化处理、固体废物安全处置等环保基础设施的建设。

目前广东省废弃资源再生循环利用产业仍存在一些亟待解决的问题，如规模型企业较少，产业整体竞争力不强；研发、创新能力有待提高，具有自主知识产权的原创性技术较少；相关企业对竞争对手的专利信息分析不足，未能有效进行专利布局，存在潜在的侵权风险；大量高校专利申请主要处于实验室阶段，没有广泛进行产业化实施。为适应广东省战略性新兴产业发展的需求，发挥专利信息对废弃资源再生循环利用产业发展的导航和推动作用，亟须针对废弃资源再生循环利用产业的专利数据进行有效分析。

本书全面分析了近二十年废弃资源再生利用领域专利的现状、技术发展趋势，解析了代表性国家的技术创新方向和专利布局意图，剖析了影响行业发展的重要专利技术，明确了国内企业，尤其是广东省内企业在各具体技术分支上的优劣势所在及面临的专利风险，为政府制定产业政策提供参考，为企业技术研发提供方向导航和发展建议。

从整体上看，全球在废弃资源再生循环利用领域共有26878件专利申请，日本籍申请人的申请量最多，占总量的38%，在该领域处于绝对的优势地位；其次为中国籍申请人的申请量，占总量的27.3%；再次为欧洲、美国和韩国。申请量排名前15位的申请人均为日本籍，三菱、日立、松下分列前3位，申请量均在300件以上。但近年来国外主要申请人均减少了研发的投入。全球主要申请人都非常重视在美国、欧洲、日本等地区进行专利布局，中国是除发达国家外的首选市场。日美欧等发达国家和地区在这一领域技术发展较早，主导了2004年之前的全球申请趋势，目前产业处于成熟期，研发不活跃；而2004年后由于中国申请量迅速增长，扭转了其他国家和地区整体缓慢下降的趋势，中国的技术和市场在全球范围内的地位越来越重要。

废弃资源再生循环利用领域中国专利申请总共8515件，申请量和申请人数量增长趋势明显，目前产业仍处于成长期，显示国内在这一领域研发投入逐渐加强。申请人以企业为主导，个人申请占25%，说明领域的技术门槛不高。有659件专利发生了专利转让和许可，占总量的7.7%，表明建立专利交易平台时机成熟。但是国内有效专利只占申请量的23%，远落后于发达国家，说明我国申请人在专利运营方面缺乏长期有效的策略；多边专利也远少于发达国家，表明在关键技术和开发深度上还需要加大投入；国内专利平均维持年限不到6年，明显低于发达国家9~10年的水平，表明在技术开发上要注重与产业需求结合。

按省市分析，申请量最多的省市依次为江苏省、广东省、北京市、山东省和浙江省。根据省市专利申请分布，全国按照活跃程度可分为沿海地区、中部地区和西部、北部地区三个区域，活跃程度依次降低，与产业集聚程度基本符合。以有效专利数量计，广东省排在全国首位；以授权率计，广东省为68%，排在全国第二位，这显示了广东省较好的专利策略、申请质量和研发实力。

具体到三个子课题，分析结果如下。

1) 废弃塑料循环利用专利技术主题主要集中于机械回收和化学回收，能量回收的专利申请较少。日本在三个技术分支中的专利申请均最多，研发实力处于领先地位，其主要申请人有三菱、日立、东芝、日本钢管、三井、松下、新日铁和杰富意钢铁。

省市申请量排名前列的是江苏省、广东省、浙江省、山东省、上海市、北京市和安徽省，北京市的重点技术分支是化学回收，其他六省市则重点关注机械回收。在化学回收技术中，热裂解（49%）和催化裂解（25%）所占比重较大，二者共占了74%，是实现化学回收的两种主要方法。国外在华主要申请人为伊士曼、松下、奥地利埃瑞玛和日立，申请主要涉及机械回收。从总体上看，国内在进行产业化时相对容易规避国外专利的保护。

广东省申请量近年来快速增长，呈现出活跃态势。从2010年之后，机械回收和化学回收的申请量都出现了快速增长，与全球技术发展方向一致，应当继续引导和加强。省内科研机构的申请量占比已经达到10.8%，且科研机构集中于机械回收和化学回收方面的研究，因此广东省在机械回收和化学回收方面具有较好的产学研合作基础，企业应当积极主动寻求科研机构合作伙伴；省内主要申请人申请量和有效专利数量均较少，应当继续加强知识产权保护意识，做好技术储备工作，提前做好专利布局。

2) 废弃橡胶循环利用专利技术主题全球分布为胶粉占21%，橡胶沥青占24%，热裂解占22%，轮胎翻新和燃料热能各占14%，胶粉占5%。国外申请人以轮胎巨头公司居多，如日本普利司通、法国米其林、美国固特异、韩国锦湖等，在轮胎翻新方面高度活跃。

中国专利申请技术主题与全球的不同点在于，再生胶所占比重达到19%，而燃料热能仅有2%；我国申请人以中小企业居多，且申请没有持续性；在再生胶分支、胶粉分支以及橡胶沥青分支整体上，国内在进行产业化时相对容易规避国外专利的保护，主要风险在轮胎翻新技术方面。

广东省专利总量不多，但是专利质量相对较高，相对活跃的技术分支是胶粉、热裂解和橡胶沥青，与全球技术发展方向大致相同；胶粉和橡胶沥青相对于再生胶污染较小，而且国家已经在推广，应当继续发展。

3）废弃电子电器产品再生循环利用领域，国外的研发处于稳定状态，申请量随时间呈波浪式变化，而中国仍保持快速增长，2011年中国申请量超过当年其他国家申请量总和；申请的技术主题主要集中于电池和线路板分支，其中稀贵金属的提取代表了向深处理和高附加值转化的趋势。全球主要专利申请人分别为日立、松下、夏普、索尼、住友、东芝和丰田，均为日本企业；各主要申请人从2004年开始放弃了制冷剂处理的投入，主要与制冷剂的更新换代有关。

中国专利以中国籍申请人为主，国外在华的申请总共只占申请总量的10%；但我国专利申请中仅有9%涉及稀贵金属提取的深处理，而其中绝大部分申请仅涉及简单的物理拆解；国内主要申请人为万荣、格林美、清华大学、广东工业大学、中南大学等。从总体上看国内这一领域在进行产业化时相对容易规避国外专利的保护，但电池处理方面国外在华有较多专利布局，尤其需要重点关注日本申请人如松下、住友等。

废弃电池和线路板分支是广东省关注的重点，与各国技术发展方向相同，在稀贵金属提取方面可以继续投入；由于政策要求，也应当适当发展如整机、液晶、阴极射线管等分支技术。虽然科研机构申请量占到总申请量的18%，且关注领域也是电池和线路板分支，但企业－科研机构合作申请仅占2%，在产学研结合方面还有较大的提升空间。

基于专利分析，对广东省废弃资源再生循环利用产业的发展提出以下建议。

在政府层面，应鼓励和扶持符合资源化要求和全球技术发展趋势的企业，其中，废弃塑料再生循环利用方面，塑料机械回收和化学回收能够将废弃塑料作为原材料循环利用，是实现资源再生的有效方式；废弃橡胶再生循环利用方面，国外发展方向主要是胶粉、橡胶沥青、热裂解和轮胎翻新，我国总体发展方向与国外一致，但在再生胶方面占比更大，胶粉和轮胎翻新生产是发达国家正在使用的废轮胎回收处理的主要方式之一；废弃电子电器产品循环利用方面，目前专利技术主要集中于电池和线路板，电池和线路板再生技术主要涉及深处理技术，即稀贵金属等成分的提取技术。要吸收国外废弃资源再生循环利用产业的政策法规和经验，完善相关法规，强化法规建设；建立产业信息平台，提供产学研合作、产品供求、技术交易、技术分析、风险评估等方面的信息；引导中小企业建立产业联盟，以增强资源整合和优化配置；建立废弃资源再生循环利用产业知识产权交易中心,促进知识产权的实际运用;加大对中小企业扶持力度,通过专利质押融资促进中小企业将专利技术产业化;建立各种行业准入制度,提高从业门槛,淘汰环保落后的产能;加强全民垃圾分类教育,提高公众环保意识;改善财税政策,促进资源再生循环利用产业健康发展;发挥政府等行政部门主导作用,引领产业健康发展。

在企业层面,要提高创新能力,对现有专利技术的外围技术或空白点进行二次开发,积极主动寻求产学研方面合作,对于有研发基础的技术领域,要充分发挥自身优势,积极开展全球专利保护网络建设;对于不占优势的技术领域,企业应及时调整研发方向,跟踪技术发展趋势,集中力量力求重点突破;切实提高知识产权意识,提高专利申请撰写质量,延长专利维持年限,建立长期稳定的专利运营策略,密切跟踪国内外竞争对手的专利布局,防范知识产权风险;提高企业自身经营管理能力,转变发展模式,提高企业自身创新技术能力,建立企业专利技术互助联盟。

目 录

第1章 概　况 … 1

1.1 研究背景 … 1
1.1.1 研究目的 … 1
1.1.2 研究内容 … 2

1.2 废弃资源再生循环利用技术和产业发展概况 … 3
1.2.1 废弃资源技术概述 … 4
1.2.2 世界废弃资源再生循环利用产业现状和发展趋势 … 5

1.3 废弃塑料再生循环利用技术和产业发展概况 … 12
1.3.1 世界废弃塑料再生循环利用技术发展历程 … 12
1.3.2 世界废弃塑料再生循环利用产业发展现状 … 18
1.3.3 我国废弃塑料再生循环利用产业发展现状 … 28
1.3.4 广东省废弃塑料再生循环利用产业发展现状 … 33
1.3.5 全球主要国家、中国和广东省的政策、产业、技术比较 … 38

1.4 废弃橡胶再生循环利用技术和产业发展概况 … 40
1.4.1 世界废弃橡胶再生循环利用技术发展历程 … 41
1.4.2 世界废弃橡胶再生循环利用产业现状和发展趋势 … 47
1.4.3 我国废弃橡胶再生循环利用技术和产业发展现状 … 52
1.4.4 广东省废弃橡胶再生循环利用技术和产业发展现状 … 56
1.4.5 全球主要国家、中国和广东省的政策、产业、技术比较 … 58

1.5 废弃电子电器产品再生循环利用技术和产业发展概况 … 60
1.5.1 世界废弃电子电器产品再生循环利用技术发展历程 … 60
1.5.2 世界废弃电子电器产品再生循环利用产业现状和发展趋势 … 70
1.5.3 我国废弃电子电器产品再生循环利用技术和产业发展现状 … 78
1.5.4 广东省废弃电子电器产品再生循环利用技术和产业发展现状 … 85
1.5.5 全球主要国家、中国和广东省的政策、产业、技术比较 … 87

1.6 本书研究方法 … 90
1.6.1 研究内容 … 90
1.6.2 研究思路 … 90
1.6.3 研究方法 … 91
1.6.4 相关事项说明 … 99

第2章 废弃资源再生循环利用专利分析 ... 106
2.1 全球专利分析 ... 106
2.1.1 总体情况 ... 106
2.1.2 技术主题 ... 110
2.1.3 申请人类型 ... 111
2.1.4 专利流向 ... 113
2.1.5 专利技术实力 ... 114
2.1.6 主要申请人 ... 115
2.2 中国专利分析 ... 117
2.2.1 专利申请整体发展趋势 ... 117
2.2.2 各国在华专利分析 ... 123
2.2.3 各省市专利分析 ... 131
2.2.4 广东省专利分析 ... 133
2.3 小结 ... 135

第3章 废弃塑料再生循环利用专利分析 ... 138
3.1 全球专利分析 ... 138
3.1.1 专利申请发展趋势 ... 138
3.1.2 专利申请区域布局 ... 140
3.1.3 技术主题分析 ... 141
3.1.4 技术流向分析 ... 146
3.1.5 技术生命周期分析 ... 148
3.1.6 专利申请主要申请人分析 ... 150
3.2 中国专利分析 ... 154
3.2.1 专利申请整体发展趋势 ... 154
3.2.2 各国在华专利申请技术主题及申请质量分析 ... 157
3.2.3 各省市专利分布 ... 160
3.2.4 主要专利申请人及其技术分析 ... 164
3.3 专利技术分析 ... 167
3.3.1 塑料分选技术 ... 167
3.3.2 塑料再生循环利用技术 ... 171
3.3.3 催化裂解 ... 173
3.4 广东省专利分析 ... 179
3.4.1 总体分析 ... 179
3.4.2 主要申请人及其技术分析 ... 182
3.4.3 广东省有效专利的主要申请人分析 ... 185
3.5 小结 ... 186

第4章 废弃橡胶再生循环利用专利分析

4.1 全球专利分析
4.1.1 专利申请发展趋势 ... 189
4.1.2 专利申请区域布局 ... 193
4.1.3 技术主题分析 ... 194
4.1.4 专利流向分析 ... 196
4.1.5 技术生命周期分析 ... 197
4.1.6 专利申请主要申请人分析 ... 199

4.2 中国专利分析 ... 203
4.2.1 专利申请整体发展趋势 ... 203
4.2.2 各国在华专利申请技术主题及申请质量分析 ... 207
4.2.3 各省市专利分布 ... 212
4.2.4 主要专利申请人及其技术分析 ... 217

4.3 专利技术分析 ... 222
4.3.1 再生胶技术 ... 222
4.3.2 胶粉技术 ... 228

4.4 广东省专利分析 ... 230
4.4.1 总体分析 ... 230
4.4.2 主要申请人及其技术分析 ... 231
4.4.3 广东省有效专利的主要申请人分析 ... 233

4.5 小结 ... 234

第5章 废弃电子电器产品再生循环利用专利分析

5.1 全球专利分析 ... 237
5.1.1 专利申请发展趋势 ... 237
5.1.2 专利申请区域布局 ... 239
5.1.3 技术主题分析 ... 241
5.1.4 专利流向分析 ... 244
5.1.5 技术生命周期分析 ... 245
5.1.6 专利申请主要申请人分析 ... 245

5.2 中国专利分析 ... 250
5.2.1 专利申请整体发展趋势 ... 250
5.2.2 各国在华专利申请技术主题及申请质量分析 ... 253
5.2.3 各省市专利分布 ... 260
5.2.4 主要专利申请人及其技术分析 ... 265

5.3 专利技术分析 ... 270

    5.3.1　线路板分支 ··· 270
    5.3.2　电池分支 ··· 274
  5.4　广东省专利分析 ··· 277
    5.4.1　总体分析 ··· 277
    5.4.2　主要申请人及其技术分析 ··· 279
    5.4.3　广东省有效专利的主要申请人分析 ····································· 282
  5.5　小结 ··· 283

第6章　废弃资源再生循环利用产业专利导航 ······································ 286
  6.1　废弃资源再生循环利用产业产学研合作分析 ······························· 286
    6.1.1　废弃塑料再生循环利用产业产学研合作分析 ························· 286
    6.1.2　废弃橡胶再生循环利用产业产学研合作分析 ························· 294
    6.1.3　废弃电子电器产品再生循环利用产业产学研合作分析 ············ 300
    6.1.4　小结 ··· 309
  6.2　废弃资源再生循环利用产业专利风险分析 ··································· 311
    6.2.1　废弃塑料再生循环利用产业专利风险分析 ···························· 311
    6.2.2　废弃橡胶再生循环利用产业专利风险分析 ···························· 317
    6.2.3　废弃电子电器产品再生循环利用产业专利风险分析 ··············· 323
    6.2.4　小结 ··· 330
  6.3　广东省废弃资源再生循环利用产业专利导航建议 ························· 331
    6.3.1　广东省废弃塑料再生循环利用产业专利导航 ························· 331
    6.3.2　广东省废弃橡胶再生循环利用产业专利导航 ························· 344
    6.3.3　广东省废弃电子电器产品再生循环利用产业专利导航 ············ 354

第7章　主要结论和建议 ··· 377
  7.1　废弃资源再生循环利用产业专利分析结论 ··································· 377
    7.1.1　废弃塑料再生循环利用领域专利分析结论 ···························· 377
    7.1.2　废弃橡胶再生循环利用领域专利分析结论 ···························· 379
    7.1.3　废弃电子电器产品再生循环利用领域专利分析结论 ··············· 381
  7.2　广东省废弃资源再生循环利用产业发展建议 ······························· 384
    7.2.1　政府层面 ··· 384
    7.2.2　企业层面 ··· 392

附　录 ·· 396
  附录A　废弃塑料再生循环利用检索式 ··· 396
  附录B　废弃橡胶再生循环利用检索式 ··· 411
  附录C　废弃电子电器产品再生循环利用检索式 ································ 417

第1章 概　　况

1.1 研究背景

1.1.1 研究目的

随着经济发展，生产和生活使用产品的种类和数量剧增，这导致了大量废弃物的产生，使资源环境问题日趋突出。循环利用资源和发展循环经济将是转变我国经济发展方式和建设资源节约型社会的重要支撑。2013年❶，我国主要固体废弃物中，废塑料产生量达到了3292万吨，回收率仅为23%；废旧轮胎产生量约1000万吨，处理率只有37.5%；废弃电子电器"四机一脑"的总量约11430万台，按估算处理率不超过40%。其他发达国家相应的回收率或处理率都在60%以上，有些国家和地区甚至达到了80%~90%。我国政府对此非常重视，在制定"十二五"国家战略新兴产业发展规划时，将节能环保产业列为重点发展方向的第一项，在资源循环利用产业一项中更是具体提到了废弃橡胶、塑料制品以及废旧机电产品再生利用。在广东省战略性新兴产业发展"十二五"规划中，对大宗工业固体废弃物等的循环利用，以及成规模废弃电子电器产品拆解回收及无害化处理项目建设均提出了明确要求。

现阶段固体废弃物的年报废量和累积量日益增长，其相应能带来的市场价值是非常可观的。以废弃电子电器为例，据估算，2006年电子电器设备产业消耗的金属价值高达454亿美元，按照全球主要消费国的废弃电子电器产品的收集率普遍超过70%计算，全球每年废弃电子电器产品中，所蕴含的可供回收的各类金属保守估计价值超过300亿美元。从总量来看，废弃橡胶、塑料也有巨大的创收前景。同时，随着经济的飞速发展，业已出现的能源危机引发了全人类的担忧，塑料与合成橡胶的原料主要来自不可再生的煤、石油等化石燃料，可以说橡胶、塑料的再生利用就是在节约石油。由此可知，废弃资源再生利用是朝阳行业，拥有巨大的需求和广阔的市场。

然而，每年产生的数以上千万计的废弃橡胶、塑料和废弃电子电器，经随意丢弃或简单处理而不进行后续控制，造成严重的环境污染。如简单填埋会侵占大量土地，有害物侧漏和富集将导致生态环境和生活环境被破坏；简单焚烧处理易释放大量轻质

---

❶ 国家发展和改革委员会. 中国资源综合利用年度报告，2014.

烃类、氮化物、硫化物以及剧毒物质二噁英，直接威胁人类及生态环境健康。此种处置方式不仅损害了环境，还浪费了资源。

广东省作为经济大省，橡胶、塑料和电子电器产品消费巨大，是目前国内最大的塑料原料消费地区，也是电子电器产品生产基地，省内还有很多从事橡胶、塑料加工和电子电器资源回收的企业，废弃资源再生利用产业对于广东省循环经济的发展和环境污染的防控都有着巨大的经济价值和社会价值。

"十一五"期间，广东省先后制定实施了《广东省进口废塑料加工利用企业污染控制规范》《广东省高危废物名录》《广东省严控废物处理行政许可实施办法》，出台了《关于加强固体废物监督管理工作的意见》等"1+6"配套政策、以及《关于印发〈关于进一步加强我省城镇生活污水处理厂污泥处理处置工作的意见〉的通知》。广州、深圳等市出台了《固体废物污染防治规划》《危险废物管理办法》等管理规定，初步建立了符合广东省情的固体废物管理法制体系。至2010年年底，全省工业固体废物综合利用量约占全省总量的80%以上，生活污水处理污泥、印染废水处理污泥、造纸废水处理污泥等产生量较大的严控废物无害处置率较低。2010年家电"以旧换新"活动共回收处理"四机一脑"等主要废弃电器电子产品约341万台，处理方式主要以初级拆解为主，拆解后的主要电子零部件和线路板等尚须进一步无害化处理。在广东省战略性新兴产业发展"十二五"规划中，对大宗工业固体废弃物等的循环利用成规模废弃电子电器产品拆解回收及无害化处理项目建设均提出了明确要求。

废弃资源再生循环利用行业的发展将为我国解决污染及发展循环经济、绿色节能经济做出巨大的贡献。本书将通过系统的工作，分析梳理废弃橡胶、塑料和电子电器产品再生循环利用行业的专利现状、技术沿革和发展趋势，找到技术热点和创新活跃点，解析世界代表性国家的技术创新能力，剖析影响行业发展的重要专利技术，甄别业内国内外主要专利权人的技术优劣，明确国内自主企业，尤其是广东省内企业在各具体技术分支上的优劣势所在以及所面临的专利风险，为政府制定产业政策提供参考，为企业技术研发提供方向导航和发展建议。

1.1.2　研究内容

1）建立以废弃塑料、橡胶及废旧电子电器产品为代表的再生循环利用产业的专利信息专题数据库及其分析系统，具备专利文摘、法律状态、权利要求书、说明书和同族相关专利的浏览下载，以及数据管理和统计分析功能，具有专业化、系统化和规范化的标引，以便为我省企事业单位提供专业化、个性化、便捷化的服务，使我省相关单位能够快速准确地获得该领域最新的技术动态并掌握技术的归属情况，在选择技术方向和获取转让技术时避免走弯路，从而引领整个行业追求先进技术、积极进行自主创新的良好社会氛围，促进我省废弃资源再生循环利用产业更好更快地发展。

2）采用专利分布分析和引证分析相结合的方法，对废弃资源再生循环产业的专利文献进行技术发展趋势、技术融合度、技术活跃度、技术集中度、专利流向、申请人类型、国家竞争力、市场扩张趋势、技术优势、技术独立性、热点技术、技术区域分布、重点技术、企业专利环境以及诉讼专利等分析,完成对专利文献所包含的技术、法律和商业信息的解读,不仅可以促进广东省企事业单位的科研开发和技术创新,也可以在法律上保护自身合法权益,避免侵犯他人专利权,在经济上更能够关注竞争对手,制定竞争策略,指导进出口贸易,维护企业的经济权益,也能够为广东省相关产业政策的制定提供一定的参考和借鉴。

3)建立废弃资源再生循环利用行业企业专利预警指标体系,研究并初步形成广东省废弃资源再生循环行业企业专利预警指标的筛选、权重的确定、指标值的计算方法和预警临界值的确定,开展专利预警工作,形成并发布废弃资源再生循环利用产业专利分析及预警报告,为我省企业提供避险及维权措施和建议。

4)形成全球最新专利技术简报、产业专利统计数据报告以及产业知识产权工作动态简报,为我省相关企事业单位提供最新的行业发展资讯。

5)形成产业专利战略研究报告,为省内重点企业进行专利战略指导和研发方向导航;召开报告会或宣讲会,提高相关企业的专利信息运用和产品研发能力。

本研究通过对废弃橡胶、塑料和电子电器资源再生领域专利技术的梳理和分析,形成废弃资源再生循环利用产业的专利分析和预警报告,并初步建立全国首个废弃橡胶、塑料和电子电器资源再生循环利用的专利信息专题数据库,将产生良好的社会和经济效益。从社会效益上看,能够解决目前废弃橡胶、塑料和电子电器资源再生加工方面技术信息混乱的问题,专利信息专题数据库可服务于废弃橡胶、塑料和电子电器资源再生加工行业的众多企业,使企业能够快速准确地获得该领域最新的技术动态并掌握技术的归属情况。另外,对环境友好型再生技术的汇总和梳理,可以为众多废弃橡胶、塑料和电子电器资源回收企业提供更多的技术选择,使之因地制宜地选用对环境友好的再加工工艺,最大限度地从技术源头上减少环境污染。从经济效益上看,通过引导废弃橡胶、塑料和电子电器资源加工企业追踪、选择、应用最新的专利技术,可以大大改善目前工艺技术落后、产品附加值低的加工现状,其产生的经济效益难以估量。另外,通过专题信息数据库的构建,可以搭建本行业技术交流和转让的平台,可以激励各加工企业致力于技术创新,通过技术更新提升行业经济效益。

1.2 废弃资源再生循环利用技术和产业发展概况

废弃资源,通俗上来说,就是具有一定价值的,经使用后报废的产品或生产中产生的残次品。废弃资源是放错了地方的资源,其具有其他资源所共同具备的开采利用潜力。将废弃资源进行再生的处理是指将废弃资源转变成适于运输、贮存、资源化利用以及最终处置的过程,处理的方法主要包括物理处理、化学处理、生物处理、热化学处理和固化稳定处理。

废弃资源再生循环利用是一个国际性问题,将长期或一直伴随整个经济活动和日常生活。国家或地区经济、社会和文化等发展程度不同,相应的解决措施也不尽相同,但其共同点是促进资源利用,维持经济稳定发展,保护环境健康。自 1992 年联合国环境与发展大会提出可持续发展道路开始,目前世界发达国家再生资源产业规模达2万亿美元,并以每年15%~20%的速度增长,美国再生资源产业规模已达2400亿美元。中国从1985年开始颁布相应的废弃资源综合利用规定,尽管发展脚步不如发达国家迅速,但现阶段也有较快进步。我国2011年废钢铁、废有色金属、废弃电子电器等主要再生资源回收总量为1.62亿吨,回收总价值达到5715亿元,同比增长12.7%。广东省是我国重要的发展省份,1980~2008年,广东省注册的从业者近5万人,自2000年以来,保守估计年产值超过1200亿元,从业人员超过140万人。

1.2.1 废弃资源技术概述[1]

1. 废弃资源的技术内涵

关于"废弃资源"的定义,学术界尚有不同见解。在本书中,废弃资源是指在社会生产和生活消费过程中产生的,已经失去原有全部或部分使用价值,经过回收、加工处理,能够使其重新获得使用价值的各种废弃物,包括废弃金属、报废电子电器产品、报废机电设备及其零部件、废造纸原料、废橡胶、废塑料、废玻璃等。

由于废弃资源中,电子电器产品、塑料、橡胶越来越占据重要的再生循环利用地位,并且结合广东省的经济社会发展实际需求,广东省是电子电器、塑料、橡胶产品的生产大省和消费大省,本书选择对废弃资源中的废弃电子电器、塑料、橡胶三个子项目进行有重点的产业、技术、知识产权研究工作。

2. 废弃资源再生处理的技术种类

将废弃资源进行再生处理是指将废弃资源转变成适于运输、贮存、资源化利用以及最终处置的过程,处理的方法主要包括物理处理、化学处理、生物处理、热化学处理和固化稳定处理。

(1) 物理处理

物理处理是浓缩或相变改变固体废弃物的结构,使之成为便于运输、贮存、利用或处置的形体,处理方法包括压实、破碎、分选、增稠、脱水等。物理处理也往往作为回收固体废弃物中有价物质的重要手段加以采用。适宜于此类处理方法的包括橡胶或塑料等废弃物的分选后再回收等。

(2) 化学处理

化学处理是采用化学方法破坏固体废弃物中的有害成分从而实现无害化,或将其转变为适于进一步处理、处置的形态,处理方法包括氧化、还原、中和、化学沉淀和化学溶出等。有些危险废弃物经过化学处理后可能产生富含毒性成分的残渣,还必须对残渣进行解毒处理或安全处置。

(3) 生物处理

生物处理是利用微生物分解固体废弃物中可降解的有机物,从而实现无害化或综合利用。固体废弃物经过生物处理后,在溶剂、形态和组成等方面均发生重大变化,

---

[1] 徐惠中. 固体废弃物资源化技术与应用 [M]. 北京:化学工业出版社,2004:12-13.

便于运输、贮存、利用和处置。生物处理方法包括好氧处理、厌氧处理和兼性厌氧处理。

（4）热化学处理

热化学处理是通过高温破坏和改变固体废弃物的组成和内部结构，达到减容、无害化或综合利用的目的。热处理方法包括焚烧、热解、湿式氧化以及焙烧、烧结等。

（5）固化稳定处理

固化稳定处理是采用固化基材将废物固定或包覆起来以降低其对环境的危害，从而能较安全地运输和处置的一种处理过程。固化处理的对象主要是危险废物和放射性废物。由于处理过程中需加入较多的固化基材，所以固化体的体积比原废物的体积大。

1.2.2 世界废弃资源再生循环利用产业现状和发展趋势

1. 世界主要发达国家废弃资源再生循环利用产业政策和产业发展情况

20世纪80年代以来，世界主要发达国家从可持续发展理念出发，提出了许多关于资源利用的新思想，特别是1992年联合国环境与发展大会提出可持续发展道路之后，德国等欧洲国家首先提出了循环经济发展战略，并得到其他发达国家的积极响应，再生资源产业被许多国家作为战略性产业而得到迅速发展。[1]

据统计，目前世界发达国家再生资源产业规模已达6000亿美元，再生资源年回收总值已达5000亿美元，并且以每年15%~20%的速度增长。[2] 西方发达国家废金属的回收率（指年总回收量占总消费量的比重）为40%~50%，废钢铁的回收率为60%~70%，废纸的回收率为70%。[3] 目前西方发达国家生产的钢有2/3以上的原料是废钢铁。在精铅生产总量中，再生铅的产量已经占到50%~60%，超过原生精铅的产量，其中美国再生铅产量达113.6万吨，占本国铅总产量的58%。再生铜产量占总产量的47.5%。再生铝的产量占总产量的42.5%，其中美国为52.4%，德国为50.6%，意大利为75.6%，英国为41.9%，法国为35.2%。同时，再生资源产业的企业规模也相对较大。例如，2003年美国的再生铅企业仅有十余家，而年产量却高达100万吨以上。[4] 下面以美国、欧洲、日本三个世界主要发达经济体为例，概要地介绍发达国家在废弃资源再生循环利用政策和产业方面的发展情况。

（1）美国废弃资源再生循环利用政策和产业现状[5]

美国再生资源回收行业规模巨大，每年回收处理7000万吨的含铁废料，其中出口废钢铁1500万吨，占世界的30%。回收6000万吨的废纸，其中出口1000万吨，占世界的40%。同时还回收410万吨的废铝、150万吨的废铜、110万吨的废不锈钢、250

---

[1] 王爱兰. 中外再生资源产业发展比较与中国的推进策略 [J]. 资源科学, 2006 (9): 108-113.
[2] 刘新民. 大力发展我国资源再生产业 [J]. 中国金融, 2006 (5): 20-21.
[3] 赵红, 张国郁. 垃圾资源化的思考 [J]. 网络信息技术, 2003 (6): 37-38.
[4] 柳正, 刘永君. 大力发展再生铅产业, 促进我国铅资源产业持续发展 [J]. 世界有色金属, 2004 (5): 14-16.
[5] 美国再生资源回收发展情况及启示 [J]. 中国资源综合利用, 2012 (8): 12-13.

万吨的废玻璃、5600 万吨的废轮胎以及 45 万吨的废塑料等。美国固体废弃物回收率为 40%~50%，生活废弃物的回收率为 35%~40%。每年再生资源回收总值约为 1000 亿美元，每年的销售收入 200 亿美元。目前美国再生资源产业规模已达 2400 亿美元，超过汽车行业，成为美国产值最大、解决就业最多的支柱产业。❶

美国联邦政府高度重视再生资源回收方面立法工作，早在 1965 年就制定了《固体废弃物处置法》，明确规定了处置各种固体废弃物的相关要求。1976 年该法更名为《资源保护及回收法》，其后经历 4 次修订，最终确立了减量化、再利用、再循环的"3R 原则"，实现了废弃物管理由单纯的清理工作向分类回收、减量及资源再利用的综合性管理转变。目前美国大多数州已制定相关的再生循环利用法规，确立了废弃物资源回收目标，有效规范了再生资源行业管理，为实现全社会资源循环再利用提供了法律保障。

此外，各州政府还相继出台了一批针对特殊品种废弃物的法规。例如，加利福尼亚州和纽约州均出台了回收处理电子废弃物、废油、废轮胎等品种的管理法规。相关法律法规和一系列与之配套的实施细则大大促进了美国再生资源回收行业的规范发展。

在美国，废钢、报废汽车、废有色金属等再生资源品种回收主要依靠市场机制调节，政府则主要以环境保护标准为手段进行管理。以报废汽车为例，环境保护部门按照有关环保标准对申请企业进行审核，达到标准的企业即可获得经营牌照。同时，环保部门定期对企业进行监管检查，确保企业按照标准开展生产经营活动。

对于电子废弃物、废旧轮胎等特殊品种废旧商品，由于其规范化处理成本较高，处理不当会导致环境污染严重，为此美国政府出台了一系列专门的法律法规和政策措施来规范这类废旧商品的回收处理。在联邦政府层面，颁布有《电子废弃物回收处理法令》，要求所有政府部门产生的电子废弃物必须交由指定的公司进行回收处理。美国环保署还启动了志愿性的电子废弃物回收与再利用认证项目，包括两个标准及认证程序。企业可以自愿申请相关机构对其废弃物回收处理行为进行认证，通过认证的可以借此提高品牌影响。各州政府也出台了相应的政策。例如，加利福尼亚州政府 2003 年出台了《电子废弃物再生法》，主要用于规范 CRT 显示器处理，规定消费者在购买限定范围内电子设备时，应为每台设备支付 6~10 美元的回收处理费用。该费用由零售商负责收取，然后转交州税收署集中存入"电子废弃物回收再利用专用账户"，由州政府进行管理，用于支付政府授权的回收商和处理商的费用、宣传及管理成本。与电子废弃物类似，美国对废旧轮胎也是采取消费者付费、处理企业领取基金的回收处理机制。

总的来说，美国废弃资源再生循环利用产业具有以下特点：①法律法规比较健全；②回收体系完整，市场机制作用比较明显；③政府积极作为，促进特殊品种回收；④对相关企业实施税收优惠，并鼓励使用再生产品；⑤加强宣传引导，营造良好社会氛围。

---

❶ 魏家鸿. 国外资源再生产业发展现状浅析 [J]. 世界有色金属，2004 (4)：26-29.

(2) 欧洲废弃资源再生循环利用政策和产业现状❶

目前,欧盟有400多部环境相关的法律、法规。以德国为例,德国有8000余部联邦和各州的环境法律和法规,使德国具有一套较为完善的循环经济法律体系。德国是世界上最早开展循环经济立法的国家,可追溯到1935年颁布的《自然保护法》。"二战"后德国工业迅猛发展、经济繁荣,但是带来了严重的环境污染。德国在1978年推出了"蓝色天使"计划后制定了《废物处理法》和《电子产品的拿回制度》。进入可持续发展时代后,德国于1994年制定了在世界上有广泛影响的《循环经济和废物清除法》,同年又把环保责任写入了《基本法》。

为了使德国垃圾管理适应可持续发展的要求,德国《循环经济与废物管理法》规定,垃圾管理应当以一种封闭的方式进行,垃圾不应被废弃,而是进行重新利用或用来生产能量。垃圾的重复利用不再被看作一种减少垃圾的方法,而是一种节省原生原材料和保护环境的积极措施。该法是德国发展循环经济的总的纲领。

在德国不断加强和完善循环经济法制建设的影响下,一些欧洲国家制定或修正了自己的废物管理法。例如,丹麦制定了《废弃物处理法》;瑞典议会于1994年确立了"生产者责任制"的原则,并在通过关于包装、轮胎和废纸的生产者责任制法律之后,相继出台汽车和电子电器的生产者责任制法律法规。

在完善立法的同时,德国等欧盟国家还制定了许多方面的循环经济基本法律制度,例如,抑制废物形成的代价要比废弃物的再生利用成本小得多,体现了预防优先的原则,因而抑制废物形成制度被许多国家的立法确立为基本的循环经济法律制度。1994年的德国《循环经济和废物清除法》规定了8组不可利用的废弃标准以抑制废弃物的产生。丹麦《废弃物21计划》规定,废弃物应被视为资源,首先应被回收使用,其次是焚烧产能,最后是填埋。

欧洲国家遵循"生产者责任制原则",在生产、生活的源头建立起废弃物的回收体系,实现对废弃物产生的全方位控制。这一原则要求生产厂家不仅要对产品的生产过程和消费过程负责,还要对消费后的废弃过程(废弃物)负责。这一原则一改传统的由市政环卫部门负责回收废弃物的做法,通过让生产厂家付费,把废弃物回收纳入市场规则中,使外部成本内部化。

总体来看,欧洲在循环经济方面可资借鉴的经验与启示有:①政府高度重视环境保护和资源的再生,地方政府在整个垃圾分类收集过程中起主导作用;②法律法规框架体系相当完善;③无论是政府还是公众都具有强烈的环保理念和忧患意识,政府特别重视环保知识的大众化教育和宣传;④目前的再生资源的回收体系比较完整,建设的起点高,管理手段有效。

(3) 日本废弃资源再生循环利用政策和产业现状❷

日本同样建立了完备的循环经济立法体系。2000年日本把建立循环型社会提升为

---

❶ 易龙生,陈松岭. 欧洲再生资源利用与循环经济[J]. 工程建设,2009(4):51-56.
❷ 郭学益,等. 日本再生资源产业发展对我国的借鉴[J]. 中国资源综合利用,2006,12(4):35-40.

基本国策，将该年定为"循环型社会元年"，并颁布和实施了 6 部法律，采取基本法统领综合法和专门法的模式（见图 1-1），做到发展循环型社会有法可依、有章可循。

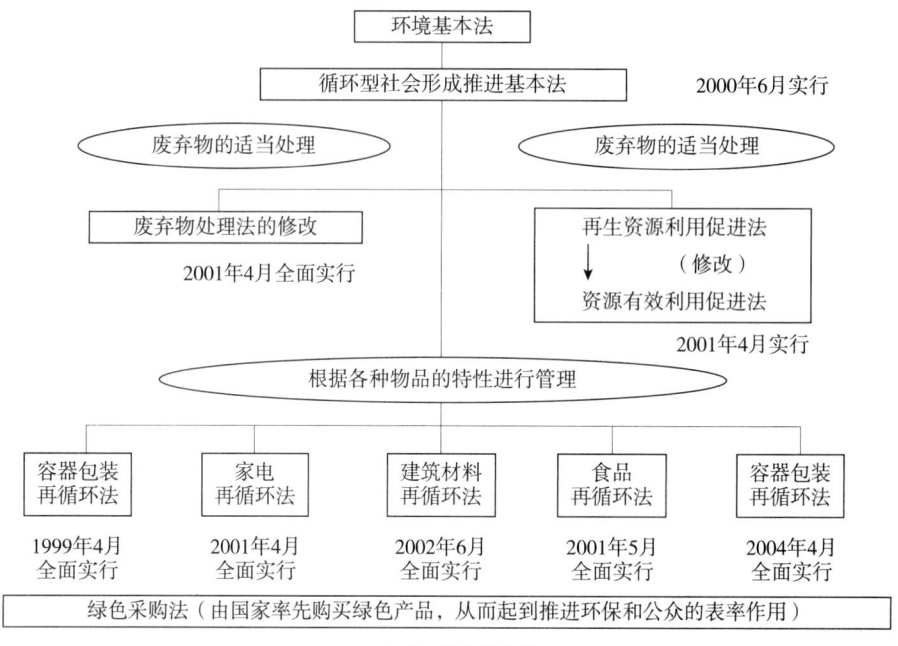

```
                    环境基本法
              循环型社会形成推进基本法        2000年6月实行
        ┌──────────────┴──────────────┐
    废弃物的适当处理              废弃物的适当处理
        │                              │
    废弃物处理法的修改          再生资源利用促进法
                                      ↓    （修改）
    2001年4月全面实行           资源有效利用促进法
                                   2001年4月实行
              根据各种物品的特性进行管理
    ┌─────┬─────┬─────┬─────┬─────┐
  容器包装  家电  建筑材料  食品  容器包装
  再循环法 再循环法 再循环法 再循环法 再循环法
  1999年4月 2001年4月 2002年6月 2001年5月 2004年4月
  全面实行 全面实行 全面实行 全面实行 全面实行
    绿色采购法（由国家率先购买绿色产品，从而起到推进环保和公众的表率作用）
                    2001年4月全面实行
```

图 1-1　日本为构筑循环型社会制定的法律体系

另外，日本制定了一系列鼓励与支持循环型社会发展的经济优惠政策，用经济手段刺激和促进循环经济快速持续发展：①建立生态工业园区补偿金制度；②通过税收优惠政策鼓励企业建立循环经济生产系统；③实行废旧物资商品化收费制度；④实行集体资源回收团体奖励金制度，对由市民组织团体回收家庭所产生的废物给予相应的奖励金。

日本大力发展静脉产业，以解决现实环境问题和有效利用资源为出发点，于 1997 年开始在"零排放工业园"基础上开始规划和建设了一批废弃物再生利用行业的生态工业园区，目前已先后批准建设了 23 个生态工业园区。

日本废旧家电回收产业发展较早，且规模完整，目前针对各种废旧家电及各种配件和材料都有完善的回收研究方法体系。1998 年 5 月日本颁布的《家用电器循环利用法》中规定，家用电器制造商和进口商对电冰箱、电视机、洗衣机、空调这 4 种家用电器有回收和实施再资源化的义务；同时实行"按产品类别统一价格，全国实行统一的收费标准"，消费者需要支付废旧家电回收处理的部分费用。目前，日本的空调回收率已达 60% 以上，洗衣机、电冰箱等家电回收率也达到 50% 以上。

日本是世界塑料生产的第二大国，2000 年塑料废弃物产量已达到 997 万吨，给日本带来了严重的环境问题。而日本对废旧塑料的回收利用一直保持积极的态度。20 世纪 90 年代初，日本塑料废弃物的回收率仅为 7%，而 2000 年日本有效回收利用的塑料废弃物为494万吨（占总量的50%），短短几年废塑料回收率大幅提高。日本的废弃塑料回收产业起步早，回收方法种类多，已形成了一个完善的多门类体系。

总的来看，日本废弃资源再生循环利用产业具有如下特点：①以废弃物循环利用为核心；②"官产学"共同努力；③法律法规体系比较健全；④雄厚的经济技术基础作后盾；⑤开展多领域环境教育；⑥各相关部门协调合作；⑦政府发挥表率作用。

2. 中国废弃资源再生循环利用产业政策和产业发展情况❶❷

中国在资源循环利用方面经历了以下阶段：20世纪50年代，主要是开展废弃物资回收利用；60年代，开始注重共生、伴生矿综合开发利用；70年代，治理污染，开展工业生产过程中"三废"的综合利用；80年代以来，资源环境意识进一步确立，确立了资源综合利用的经济技术政策；进入90年代后，随着可持续发展思想得到广泛的认可，提出循环经济理念并得到实践推广；进入21世纪以来，中国经济经过十年多年的高速发展，人们物质生活水平有了较大的提升，随着物质生活的改善，人们的更替需求将大幅增加，从而产生大量的废弃物资源，这些资源为我国再生资源产业提供了极大的发展机遇。

20世纪80年代以后，国务院及有关部委发布了一系列有关废弃物综合利用的行政法规和规章。资源综合利用，不再仅仅是环境保护领域对工矿企业"三废"的管理措施，而逐渐成为国家经济和社会发展长远的战略方针和重大技术经济政策。1985年，国务院批转原国家经济委员会颁布的《关于开展资源综合利用若干问题暂行规定》，明确了国家对资源综合利用实行鼓励和扶持的政策，以《资源综合利用目录》为依据，对资源综合利用产品给予税收减免优惠。1996年，国务院批转原国家经济贸易委员会等部门颁布的《关于进一步开展资源综合利用意见的通知》，扩展了资源综合利用的内涵，明确将社会生产和消费过程中产生的各种废旧物资进行回收和再生利用，纳入资源综合利用的组成部分，并体现在新修订的《资源综合利用目录》中。自此，再生资源回收利用管理逐步并入资源综合利用管理，协同发展。

随后，国务院各部委相继制定了一系列配套措施，具体落实国家的优惠政策。除使用资源综合利用目录管理、资源综合利用认定管理等行政手段外，主要运用经济手段，包括税收、价格、投资、财政、信贷等优惠政策。其中以税收减免政策为主，具体包括增值税减免、所得税减免和消费税减免。原国家经贸委制定了两批《当前国家重点鼓励发展的产业、产品和技术目录》，据此对利废企业和产品实行税收减免优惠政策、信贷优惠政策、投资优惠政策等。2004年国家发改委等部门发布了《资源综合利用目录（2003年版）》，内容包括"回收、综合利用再生资源生产的产品"方面11类产品，几乎涵盖了再生资源大部分产品类别。国家再生资源管理完全并入资源综合利用管理而得到规范。

国家发改委在2006年年底发布的《"十一五"资源综合利用指导意见》，是新时期

---

❶ 商务部. 中国再生资源行业发展报告, 2013.
❷ 张越, 冯慧娟, 等. 中国再生资源产业管理政策体系分析 [J]. 循环经济, 2012 (11): 9–15.

我国开展资源综合利用工作的重要文件。它在循环经济的框架下，进一步突出再生资源回收利用活动的重要性，将再生资源加工产业化、再生资源回收体系建设示范等列入重点工程，特别将境外再生资源纳入管理范畴，提出更全面的保障措施。此后，《资源综合利用企业所得税优惠目录（2008年版）》《关于资源综合利用及其他产品增值税政策的通知》等资源综合利用政策相继出台。2011年年底国家发改委适时发布《"十二五"资源综合利用指导意见》，提出矿产资源综合开发利用、产业废物综合利用和再生资源回收利用三大领域的9项具体定量指标，把国民经济和社会发展中需要的大宗短缺资源、战略性资源和稀贵资源作为核心，管理的重点是排放量大、堆存量大、资源化潜力大的废弃物的大宗利用和高效利用。同时强调了构建再生资源回收体系建设和提高产业整体水平的紧迫性，在再生资源回收利用领域，确定了废旧金属、废旧电器电子产品、废纸、废塑料、废轮胎、废旧木材、废旧纺织品、废玻璃、废陶瓷等多项重点领域。

在我国废弃资源再生循环利用产业方面，目前产业体系已经初步形成，在原材料来源上由国内回收与海外废旧物资进口两部分组成（见图1-2）。目前我国再生金属产业链的运行属于这种两种模式结合的典型。2011年，我国国内主要废有色金属回收利用量达465万吨，同比增长12.3%，其中废铜100万吨、废铝220万吨、废铅135万吨、废锌10万吨。我国再生铜、铅、铝占铜、铅、铝当年产量的比例分别达到50%、23%和42%。进口主要废有色金属实物量738万吨，同比增长2.4%。废有色金属的回收利用相当于减少原生矿开采5.3亿吨。

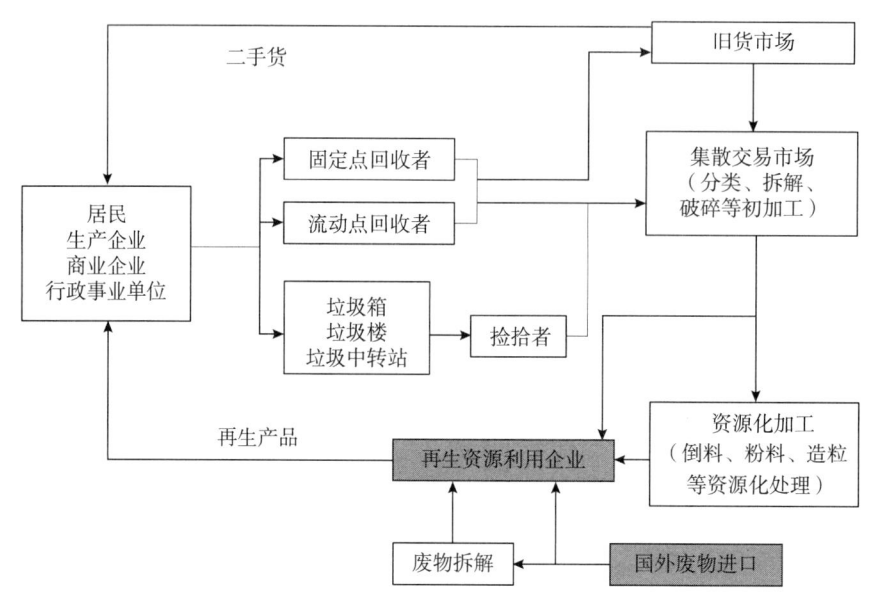

图1-2　中国再生资源产业链❶

日前我国再生资源回收企业有6700多家，已登记注册回收网点23万个，未登记注

---

❶ 资料来源：广发证券发展研究中心公开资料。

册或临时的回收网点有近 60 万个，回收加工处理厂 5300 多家，从业人员 190 万人；若包括进城收废品的农民工，目前废旧物资回收行业的就业人员超过 1000 万人。2011 年，我国废钢铁、废有色金属、废弃电器电子等主要再生资源回收总量为 1.62 亿吨，比 2005 年翻了将近一番；回收总价值达到 5715 亿元，比 2010 年增长 12.7%；同时节约了大量的资源，减少了对环境的污染。因此我国经济发展要突破资源瓶颈，在保持经济平稳增长的同时兼顾环境保护，实现"生态文明建设"的目标，就必须大力发展废弃资源再生产业。

综上，与使用原生资源的产业相比，使用再生资源可以大量节约能源、水资源和生产辅料，降低生产成本，减少环境污染，同时，废弃资源再生循环利用产业具有发展潜力大、提供就业机会多、对社会经济发展贡献大等特点。

3. 广东废弃资源再生循环利用产业政策和产业发展情况❶❷❸❹❺

作为中国改革开放的前沿，广东省的经济社会发展在全国处于领先的地位。近年来，为了转变经济发展模式，推动资源节约型社会的发展，广东省先后发布了《广东省实施清洁生产联合行动实施意见》《广东省节约能源条例》《广东省资源综合利用管理办法》《广东省固体废物污染防治规划（2001—2010）》《广东省人民政府关于建设节约型社会发展循环经济的若干意见》等文件。2008 年，国务院发布了《珠江三角洲地区改革发展规划纲要（2008—2020）》，体现了广东省政府对再生资源产业发展的引导方向，总体目标为把珠江三角洲建成全面、协调的可持续发展示范区。其中，五大重点建设工程之一的固体废物综合利用率达到 85% 以上，废旧电子电器收集率和资源化率分别达到 80% 和 70%。

《广东省战略性新兴产业发展"十二五"规划》提出，加强共伴生矿资源、大宗工业固体废弃物、建筑固体废弃物等的循环利用；开展垃圾分类和厨余回收利用试点并率先在大中型城市推广；推广垃圾清洁焚烧发电技术；支持废旧电子电器产品拆解回收装备的研发和产业化，支持水平高、成规模废旧电子电器产品拆解回收及无害化处理项目建设；实施板材行业综合利用、汽车零部件及机电产品再制造工程；积极发展以先进垃圾清洁焚烧发电技术为核心的垃圾清洁焚烧设备；加快建设广州、深圳水污染控制技术研发服务基地，以广州、佛山、中山的水处理设备制造为中心，打造珠江西岸水处理设备制造基地；加快建设以惠州为中心的深莞惠电子电器废物综合利用基地、佛山－潮州陶瓷废料资源回收利用项目、肇庆亚洲金属资源再生工业基地、肇庆华南再生资源基地、佛山－肇庆废旧材料综合利用基地、韶关有色金属循环经济产业基地和危险废物处理处置基地、清远有色金属再生产业基地；建设广州、深圳环境监测技术、产品研发和售后服务基地；建设东莞、佛山、中山、惠州、河源等环境监

---

❶ 杨中艺，等. 再生资源产业研究——产业生态学的视角［M］. 北京：科学出版社，2012.
❷ 广东省人民政府. 广东省战略性新兴产业发展"十二五"规划，2012.
❸ 广东省人民政府. 广东省国民经济和社会发展第十二个五年规划纲要，2011.
❹ 广东省经济和信息化委员会. 广东省循环经济发展规划（2010—2020），2010.
❺ 广东省环境保护厅. 广东省固体废物污染防治"十二五"规划（2011—2015），2012.

测产品生产基地；建成以循环经济工业园（产业基地）等为先导的园区清洁生产示范区；建设广佛肇清洁生产共性技术研发与设备产业基地。规划中多处提到了废弃资源再生循环利用产业的相关规划和发展建议。

并且，广东省再生资源产业在许多领域已经形成较大规模，在国内外居于领先地位，主要集中在废弃五金、废旧钢铁、废弃家用电器、电子产品、废旧塑料、废纸、废玻璃和废轮胎等的回收与加工利用行业。据统计，1980～2008年，广东省在工商部门注册的从事废旧物资回收加工利用的工商业者近5万户，自2000年以来，工商登记户数呈逐年上升趋势，保守估计年产值超过1200亿元，从业人员超过140万人。从广东省各地来看，清远市、汕头市拥有以废金属、废电器为主的回收、加工产业，清远市的再生铜产量占全国总产量的1/3。佛山市杏坛镇有以废塑料为主的回收、加工产业，一度成为世界上规模最大的再生塑料集散地。

总体来看，广东省废弃资源再生循环利用产业具有以下主要特点：①再生资源产业已初具规模，在国内外能够产生重要影响，且基本形成了专业化分工格局；②拥有较为完善的资源回收网络和途径；③再生资源行业造就了一批全国知名的龙头企业；④在循环经济体系中扮演了重要角色，形成了一批国家级和省级循环经济产业基地，以再生资源产业为核心的产业链在区域经济中扮演越来越重要的角色。

1.3　废弃塑料再生循环利用技术和产业发展概况

塑料制品自20世纪问世以来，以质量轻、强度高、耐腐蚀、化学稳定性好、加工方便以及美观实用等特点广泛应用于各个领域。由于其难以自然降解，废旧塑料的有效治理已成为环境保护突出的问题。常规填埋技术虽然投资少、操作简单，但会侵占大量土地，影响土壤的通透性，妨碍植物呼吸及养分的吸收。焚烧技术虽然可实现减量化要求，同时回收部分能源，但此过程中易释放大量轻质烃类、氮化物、硫化物以及剧毒物质二噁英，直接威胁人类及生态环境健康，且焚烧时产生的HCl气体会导致酸雨的加剧。实现废旧塑料的循环利用不仅能有效防止对环境的污染，还能充分利用有限资源创造经济效益，具有明显的环境效益和经济效益。

1.3.1　世界废弃塑料再生循环利用技术发展历程[1][2][3][4][5][6][7][8]

废旧塑料成分复杂，主要有聚乙烯（PE）、聚丙烯（PP）、聚苯乙烯（PS）、泡沫

---

[1] 汤桂兰. 废旧塑料回收利用现状及问题 [J]. 再生资源与循环经济, 2013, 6 (1): 31 - 35.
[2] 曹玉亭, 等. 废旧塑料的再生利用 [J]. 当代化工, 2011 (2): 190 - 192.
[3] 郑阳. 废旧塑料循环利用技术研究进展 [J]. 塑料助剂, 2014 (2): 11 - 16.
[4] 熊秋亮. 废旧塑料回收利用技术及研究进展 [J] 工程塑料应用, 2013 (11): 111 - 115.
[5] 朱俊. 废旧塑料的循环利用 [J]. 化学工业, 2013, 31 (2 - 3): 28 - 31.
[6] 张蕊. 我国车用废旧塑料回收利用现状及前景展望 [J]. 科技信息, 2012 (8): 74 - 74.
[7] 陈丹. 废旧塑料回收利用的有效途径 [J]. 工程塑料应用, 2012 (9): 92 - 94.
[8] 专家谈废旧塑料回收利用行业问题与机遇 [J]. 塑料制造, 2013 (4): 48 - 49.

聚苯乙烯（PSF）和聚氯乙烯（PVC），其他还有聚对苯二甲酸乙二醇酯（PET）、聚氨酯（Pu）和 ABS 塑料等。早期废弃塑料多采用直接填埋方式处理，具有建设投资少、运行费用低和可回收沼气等优点，成为世界各国广泛采用的废塑料最终处理方法。但由于塑料密度小、体积大，占用空间面积较大，增加了土地资源压力；塑料废弃物难以降解，填埋后将成为永久垃圾，严重妨碍水的渗透和地下水流通；塑料中的添加剂如增塑剂或色料溶出还会造成二次污染。

焚烧回收热能是废旧塑料处理的另一主要方法。废旧塑料焚烧处理方法具有处理量大、成本低、效率高等优点，但随着塑料品种、焚烧条件的变化，也会产生多环芳香烃化合物、一氧化碳等有害物质。例如，PVC 会产生 HCl，聚丙烯腈会产生 HCN，聚氨酯会产生氰化物等。另外，在废塑料中还含有镉、铅等重金属化合物。在焚烧过程中，这些重金属化合物会随烟尘、焚烧残渣一起排放，污染环境。因此，必须安排排放气体的处理设施，以防止污染。❶

而且，填埋和焚烧不能完全将塑料中有价值部分重新利用，不利于可持续发展。随着资源循环利用的问题受到世界广泛的关注，人们开始探索将塑料再生循环利用的技术。目前，基于"垃圾是放错了地方的资源"这一理念，废弃塑料实现再生循环利用的技术主要包括机械回收、化学回收和能量回收。机械回收是将废弃塑料经回收、集中后进行分类、清洗净化、粉碎或造粒处理，作为初级原料循环使用。化学回收技术是指使塑料分解为初始单体或还原为类似石油的物质，进而制取化工原料。能量回收是指通过加热、燃烧，将蕴藏在废弃塑料中的化学能转化为热能，用作燃料或发电。

目前，采取物理机械式回收再利用塑料是全球范围内行之有效的首要的处置方式。中国再生塑料的回收利用处置方式也主要是物理机械式回收再利用。这种回收方式不仅使再生塑料有效地回收利用，以实现资源再生和对环境无害处置，还可以经过改性技术提高其物理机械性能，拓展其应用途径。

化学回收是 20 世纪 70 年代起开始研究发展出的，通过油化使废旧塑料分解为初始单体或还原为类似石油物质，从而将废弃塑料转变成化工原料或液体燃料，主要包括热分解法、溶剂解法和超临界流体分解法等。其中，热分解法利用高热使废弃塑料的有机成分转变成高附加值的精炼产品，自 90 年代开始量产后，欧美日等国家已经开发出多种回收技术；溶剂解法采用介质与塑料进行化学分解，以替代能耗较大的热分解法；超临界流体分解技术始于 90 年代，采用超临界流体为介质对废旧塑料进行分解。

能量回收技术包括高炉喷吹和固体燃料热能利用技术。其中，高炉喷吹技术起步较早，将废旧塑料用于炼铁高炉的还原剂和燃料，使废旧塑料以燃料资源的方式进行利用并同时进行无害化处理。高炉喷吹将废旧塑料处理与钢铁工业结合，有效利用了废旧塑料的高热能，德国和日本已经实现工业化。固体燃料热能利用技术则是将难以再生利用的废旧塑料粉碎后与生石灰等混合、干燥压实成垃圾衍生燃料（RDF），从而实现能量回收。美国 RDF 技术应用广泛，日本也在大力发展，但该项技术成本较高，

---

❶ 杨忠敏. 废塑料利用前景［J］. 化学工业，2012（10）：25-29.

资源利用程度不高，制约了其在发展中国家的应用。

化学和能量回收的方式在一些发达国家采用的比重正在逐渐增加。例如，在日本有焚烧炉近 2000 座，利用焚烧废塑料回收的热能约占塑料回收总量的 38%。

1. 机械回收

机械回收主要分为简单再生和改性再生两大类。

（1）简单再生

简单再生是指不经改性将回收的废旧塑料经过分选、清洗、破碎、熔融、造粒后直接成型加工生产再生制品，主要用于回收塑料生产及加工过程中产生的边角料、下脚料等，也用于回收那些易清洗和挑选的一次性废弃品。由于工艺简单、成本低、投资少，简单再生技术得到了广泛应用。然而，由于各种塑料混入的比率不同及相容性各异，采用简单再生法生产的再生制品的质量不稳定、性能较差、易变脆，不适合制作高档的塑料制品，其应用受到一定的限制。20 世纪中期，欧美等国已开发出了回收造粒设备，用于塑料的简单回收。20 世纪 70 年代，我国江浙一带采用简单再生技术回收废旧塑料，如将废软聚氨酯泡沫塑料按一定的尺寸要求破碎后，用作包装容器的缓冲填料和地毯衬里料，或将废旧的 PVC 制品经过破碎及直接挤出后用于建筑物中的电线护管。

（2）改性再生

改性技术作为塑料工业的重要领域，在塑料回收中也得到广泛应用。经过改性的再生塑料性能可以得到显著的改善，特别是塑料的力学性能有较大提高。回收塑料制造仿木材料、土木建筑材料、塑料枕木等方面的研究，引起了人们普遍的兴趣。

1）物理改性。物理改性是根据不同废旧塑料的特性加入不同的改性剂，使其转化为高附加值的有用材料，主要是指将再生料与其他聚合物或助剂通过机械共混，废旧塑料经过改性后，机械性能得到显著改善，可用于制作档次较高的塑料制品。

物理改性包括：①填充改性，是指通过添加填充剂改善废旧塑料的性能，增加制品的收缩性，提高耐热性等，其实质是使废旧塑料与填充剂混合，使混合体系具有所加填充剂的性能，如添加无机纳米粒子、木粉等进行填充改性；②增强改性，通过加入玻璃纤维、合成纤维、天然纤维等，提高热塑性废旧塑料的强度和模量，从而扩大应用范围；③增韧改性，使用弹性体或共混型热塑性弹性体与回收的废旧塑料共混进行增韧改性，如将聚合物与橡胶、热塑性塑料、热固性树脂等进行共混或共聚。近年又出现了采用刚性粒子增韧改性，主要包括刚性有机粒子和刚性无机粒子，常用的刚性有机粒子有聚甲基丙烯酸甲酯（PMMA）、聚苯乙烯（PS）等；④共混改性，将废旧塑料与其他物质通过特定的加工手段和方法混合在一起，使改性后的共混材料兼具两者的性能。共混物中的两相仍保持各自特性，共混之后也没有新的物质产生，只是两相界面处形成结合，体现出彼此性能互补。例如，共混合金化技术可以提高塑料的抗冲击强度。

2）化学改性。化学改性是指通过接枝、共聚等方法在分子链中引入其他链节和功能基团，或通过交联剂等进行交联，或通过成核剂、发泡剂对废旧塑料进行改性处理，使废旧塑料被赋予较高的抗冲击性能、优良的耐热性、抗老化性等，以便进行再生利用。

化学改性包括：①氯化改性，即对聚烯烃树脂进行氯化制得因含氯量不同而特性各异的氯化聚烯烃，可得到阻燃、耐油等良好特性，产品具有广泛的应用价值；②交联改性，回收料通过交联可大大提高其拉伸性能、耐热性能、耐环境性能、尺寸稳定性能、耐磨性能、耐化学性能等，有辐射交联、化学交联、有机硅交联三种类型，聚合物的交联度可通过添加交联剂的多少或辐射时间的长短来控制，交联度不同其力学性能也不同；③接枝共聚改性，即用接枝单体通过一定的接枝方法进行接枝。接枝改性的目的是提高塑料与金属、极性塑料、无机填料的黏结性或增容性，改性后塑料的性能取决于接枝物的含量、接枝链的长度等。用高分子有机物对无机填料进行表面接枝改性，可提高无机填料与有机体之间的相容性。

2. 化学回收[❶]

化学回收技术是指使塑料分解为初始单体或还原为类似石油的物质，进而制取化工原料（如乙烯、苯乙烯、焦油等）和液体燃料（如汽油、柴油、液化气）。废塑料化学回收主要包括热分解、溶剂解、超临界流体分解、气化裂解、与其他物质共裂解等。

（1）热裂解

热裂解技术是指在高温环境下，破坏聚合物分子链，使废弃塑料中的有机成分转化成高价值的精炼产品，如汽油、原油、燃气等。它主要包括热裂解、催化裂解、热裂解－催化改质和催化裂化－催化改质。

国外早在20世纪70年代就开始废塑料裂解制油的研究。日本是热解油化工艺开发最多的国家，如川崎重工、三菱重工等大公司和许多小公司都在开发热解油化技术并已产业化。美国的全球资源公司Envion公司、加拿大JBI公司、英国的SITA公司、意大利的FISSORE Agency公司等都已实现热裂解油化技术的商业化。早在1994年4月，德国BASF原料回收工厂投入运营，对塑料进行高温裂解后，可产生20%~30%的气体和60%~70%的油。这方面的技术欧美国家已报道的有日本富士循环公司开发的富士回收法、日本理化研究所开发的KURATA法、德国VEBA公司开发的VEBA法、英国BP公司开发的BP法等。

（2）催化裂解

由于热裂解反应温度较高，难以控制，而且对设备材质的要求也较高。为降低反应温度和运行成本、提高产率，常使用催化裂解。实验结果表明，以聚丙烯或聚苯乙烯为原料时，催化剂的加入量对轻质油回收率的影响不大；以聚乙烯为原料时，轻质油的回收率随催化剂加入量的增加而明显提高。热分解后油的产率、油品中汽油馏分和质量等指标均比较理想，而且催化剂可重复再生。

热分解油化技术具有很多优点：产生的氮氧化物、硫氧化物较少；生成的气体或

---

❶ 袁兴中，等. 废塑料裂解制取液体燃料新技术［M］. 北京：科学出版社，2004.

油能在低空气比下燃烧，废气量较少，对大气的污染较少；热裂解残渣中腐败性有机物量较少；排出物的密度高、结构致密，废物被大大减容；能转换成有价值的能源。然而，该方法也存在一些问题：处理的原料单一，生产出的油达不到国家标准；催化剂价格高、寿命短、设备投资大；工艺流程复杂，操作困难，不能规模化生产，必须结合废旧塑料的收集、分选、预处理等和后处理中的烃类精馏、纯化等技术，才能实现工业化应用。

（3）溶剂解

热解需要耗费许多能量，并且设备成本较高。对许多废旧塑料，采用某种介质与塑料发生化学分解也是同样可行的。例如，聚氨酯与过热蒸汽混合 15min 以上，可以转化为一种密度大于水的液体。溶剂解主要包括水解、醇解等。根据水溶液 pH 的不同，水解可分为碱性水解、酸性水解和中性水解。醇解也是一种研究比较广泛的分解方法，常见的有甲醇分解、乙二醇分解、异辛醇分解等。

（4）超临界流体分解

超临界流体分解是采用超临界水为介质，对废旧塑料实现快速、高效分解的方法，其研究始于 20 世纪 90 年代。由于该方法具有分解速率快、二次污染少、比较经济等优点，现已成为国内外的研究热点。美国、日本、德国等发达国家都已开始利用超临界水进行废塑料回收的研究，并建成具有一定规模的中试塔，但还未见有工业化的报道。在我国，其研究工作起步较晚，近几年才有一些研究机构进行了初步研究。

（5）气化裂解

废塑料气化是指以蒸汽或惰性气体等作为汽化剂，在高温下将废塑料中的碳部分氧化和气化，得到燃料气体，主要产物为 H_2、CO、CO_2 和 CH_4 等。废塑料热裂解气化工艺所得产物以气态化合物为主，其工艺特点是无需对废塑料进行预处理，可以裂解混杂在一起的不同塑料。与热裂解相比，气化最大的优点在于不容易结焦。

（6）与其他物质共裂解

废塑料与煤或生物质等共裂解技术是新近发展起来的可以大规模处理混合废塑料的工业化实用型技术，是一种新型的废塑料资源化和无害化技术。该技术基于现有炼焦炉的高温干馏技术，将废塑料按一定比例配入炼焦煤中，废塑料与煤混合后，经 1200℃高温干馏，可分别得到 20% 的焦炭（用作高炉还原剂）、40% 的油化产品（包括焦油和柴油，用作化工原料）及 40% 的焦炉煤气（用作发电等）。

废塑料与煤共裂解技术的优势是：对废塑料原料要求相对较低；加工后的塑料与煤混合技术较简单；处理规模较大；初步估算利用我国现有炼焦炉可以处理当年国内产生的全部废塑料；工艺简单，投资较小，建设期短，无需对传统焦化工艺进行改造即可投入生产应用；无须增加新设备，与传统油化工艺相比，大大降低了初期投资和运行费用；废塑料处理过程实行全密封操作，而且废塑料不直接焚烧，防止了二噁英类剧毒物质的产生；塑料在超过其熔点时溶化，对煤可起到溶剂的作用，有利于煤中小分子的析出；允许含氯的废塑料进入焦炉，含氯塑料在干馏过程中产生的氯化氢可以在上升管喷氨冷却过程中被氨水中和，从而有效避免氯化物造成的二次污染和对设备及管道的腐蚀。

3. 能量回收

废塑料能量回收主要包括高炉喷吹技术和固体燃料热能利用技术。

（1）高炉喷吹技术

废塑料高炉喷吹技术是将废塑料用作炼铁高炉的还原剂和燃料，使废塑料得以资源化利用和无害化处理的方法。高炉喷吹技术将钢铁工业与塑料工业有机结合，综合利用了废旧塑料的高热值和化学能，使进入高炉的废塑料粒子在炉内高温和还原气氛下，被气化成 H_2 和 CO，随热风上升的过程中，它们作为还原剂，将铁矿石还原成铁。

国外对高炉喷吹废塑料的研究起步比较早，德国和日本已经实现工业化。在德国，不来梅钢铁公司是世界上第一家把高炉喷吹废塑料的设想付诸实施的企业。德国不来梅钢铁公司于 1994 年率先对高炉喷吹废旧塑料技术进行了小规模试验，并于 1995 年 6 月建成了世界上第一套高炉喷吹废塑料设备，喷吹能力为 7 万吨/年。除了不来梅钢铁公司外，德国的克虏伯赫施钢铁公司、蒂森钢铁公司等也在高炉上进行了工业性试验。在日本，1996 年 10 月，日本钢管公司在京滨厂 1 号高炉（容积 4907m^3）上开发利用废旧塑料代替部分焦炭用于炼铁的技术获得成功，日本于 1998 年在京滨厂建了一套年处理 1000t 的废塑料回转窑试验设备对废聚氯乙烯进行热分解，并回收 HCl，将处理后的废塑料用于高炉喷吹。

高炉喷吹技术存在的问题是废塑料在高炉风口前的燃烧及气化性能与其粒度及处理方法有关，该技术对原料要求较高，要把废塑料加工成一定粒度的块状才能喷入高炉中，使得废塑料加工成本较高；我国废旧塑料中 PVC 含量较高，分解后产生的氯元素严重地腐蚀炉衬，因此，脱氯技术也是影响高炉喷吹废旧塑料的一个因素；虽然该技术生产成本低，但设备初期投资大，德、日两国企业开发这一技术的费用折合人民币均超过 1 亿元。目前 PVC 的脱氯处理还不理想，国外喷吹的多为非聚氯乙烯类废旧塑料。国内，因为废旧塑料回收不分类，且 PVC 含量相对较高，因此要想喷吹废塑料，现阶段应从事废旧塑料除氯技术的开发，待该项技术开发成功后，再研究向高炉喷吹废塑料。国内因投资大、废塑料收集量不足、无成熟的废塑料脱氯技术，目前还无法实现喷吹废塑料的工业性生产。

（2）固体燃料热能利用技术

废塑料固体燃料热能利用技术是将难以再生利用的废塑料粉碎，并与以生石灰为主的添加剂混合、干燥、加压、固化成直径为 20~50mm 的颗粒燃料——垃圾衍生燃料（RDF）。该固体燃料使废塑料体积小、无臭、质量稳定，运输和存储方便。

在美国，废旧塑料制 RDF 技术应用较广。美国有垃圾焚烧发电站 171 处，其中使用 RDF 的有 37 处，发电效率在 30%以上，比直接烧垃圾的效率高 50%左右。废旧塑料制 RDF 的原料以混合废旧塑料为主，加入少量石灰，掺杂木屑、纤维、污泥等可燃垃圾，经混合压制以保证粒度整齐，便于保存、运输和燃烧。这样既稀释了燃料中的含氯量，也有助于焚烧发电站的规模化。

日本学习美国经验，大力发展 RDF，并且将一些小型垃圾焚烧站改为垃圾固形燃料生产站,以便于集中后进行较大规模的发电。秩父小野田水泥公司还开发了用 RDF 烧水泥技术,不仅代替了煤,而且灰分也成为水泥的有用组分,比单纯用于发电效果更好。RDF 燃料燃烧较常规垃圾焚烧具有明显的环境效益,但该技术初期投资和生产成本较高,目前多用于经济发达国家,对广大发展中国家而言,在经济上还难以承受。另外由于该方法直接将废塑料资源进行焚烧处理,其资源化程度不高,可行性还有待于进一步考察研究。

1.3.2 世界废弃塑料再生循环利用产业发展现状

1. 产业政策❶❷❸

(1) 欧盟

欧盟早在 1994 年就出台了《关于包装和包装废料指令》(94/62/EC)。94/62/EC 是基于环境与生命安全、能源与资源合理利用的要求,对全部包装和包装材料,包装的管理、设计、生产、流通、使用和消费等所有环节提出相应的要求和应达到的目标。技术内容涉及包装与环境、包装与生命安全、包装与能源和资源的利用。特别应关注的是,基于这些要求和目标还派生出具体的技术措施、相关的指令、协调标准及合格评定制度。94/62/EC 已于 1997 年付诸全面实施,但就其中的包装材料的回收率,欧盟某些成员国持有异议。比如对饮料瓶的重复使用或一次性使用的环保性、经济性、可行性和安全性的评估等存在分歧。2004 年 2 月 11 日欧盟颁布了 94/62/EC 的修正案 (2004/12/EC),其中规定废弃物的回收利用要达到如下的目标:①形成一个必须尽量减低和避免产生包装废弃物的共识;②采取各种方式,大力推进废弃物的回收再生利用;③包装废弃物的回收率最低达到 50%~65%,再生利用率最低达到 25%~45%;④10 年内回收率达 90%,再生利用率达到 60%。2005 年 3 月 9 日,欧盟再次颁布了 94/62/EC 的修正案 (2005/20/EC),其中规定鉴于在有关的回收利用方法取得新的科技进展之前,应该认为再生和重复使用在对减少环境影响方面是可取的方式,这就要求成员国建立起确保回收使用过的包装和包装废弃物的系统,同时应尽快完善生命周期评估方法,以判断可重复使用、可再生、可回收利用之间的明晰等级。

欧盟塑料回收协会是欧洲的专业废塑料回收行业代表机构,诞生于 1996 年。协会旨在促进废塑料回收的机械化和自动化,努力使其成为可盈利并可持续发展的行业。协会下属成员遍布欧洲各国,拥有整个欧洲 85% 的废塑料回收加工能力,年加工量超过 500 万吨。

欧盟塑料循环利用商会是统领欧盟各国废塑料企业的交流及贸易平台,其活动涵盖塑料循环利用行业的各个领域。主要宗旨是通过以下途径保护企业成员的利益,并促进其发展:①参与塑料生产、加工和应用过程中各个环节的调查和研究,探讨有利于废塑料回收工作的改进措施;②向欧盟及世界各国的研究机构(政府或民间的)表

---

❶ 丽琴. 英、德、美、日的塑料包装回收 [J]. 中国包装工业, 2005 (11): 36 – 37.
❷ 张玉霞. 国内外塑料包装材料回收法律体系概况 [J]. 塑料工业, 2011, 39 (1): 1 – 4.
❸ 孙昭友. 国外塑料食品包装材料回收利用的现状和发展动态 [J]. 中国包装工业, 2000 (8): 45 – 48.

达从业者的意愿及诉求；③发展和维护与欧洲及世界各国相关组织的关系。

欧盟塑料回收和循环利用协会：对欧洲各国从业机构进行管理和督促，提供专业论坛，以引领业内专家学习交流，调研和开发废塑料包装物的整体回收战略，并提供技术支持。

以上组织，无论是政府的还是民间的，如同其他欧盟的首脑机构一样，总部均设在比利时的首都布鲁塞尔。

（2）美国

美国是世界塑料生产大国，早在20世纪60年代就已展开废旧塑料回收利用的广泛研究，从地方部门、县到州，都制订了限制使用和丢弃塑料制品的法规。美国政府1956年颁布了《固体废弃物处置法》、1970年颁布了《资源回收法》、1976年颁布了《资源保护与循环利用法》来规范固体废弃物的处理，具体规定了塑料制品回收率为65%。在威斯康星州，塑料容器必须使用10%～20%的再生原料，塑料垃圾袋必须使用30%的再生原料。

1988年美国有21个州颁布1332条规定限制和禁用某些塑料及塑料包装，但实施过程中又发生许多变化，如加利福尼亚、俄勒冈、威斯康星、佛罗里达等州在90年代初取消了一些禁用令，取而代之制定《资源保护和回收办法》来规范固体废弃物的处理，具体规定了塑料制品回收率为65%。佛罗里达州在1988年规定，在塑料瓶销售时额外收取每个1美分的促进废塑料处理费，1993年修改为使用20%废塑料容器或在本州回收25%塑料容器的厂商可免缴促进废塑料处理费。

纽约州1989年开始禁止使用非生物降解蔬菜袋，对生产降解塑料的厂家给予补贴，并要求民众将可再生与不可再生垃圾分开，否则罚款500美元。加利福尼亚州1991年制订的法令要求到1995年废塑料回收率达到25%，或做到所有容器含25%废塑料，减少10%原料，重复使用5次；而1995年规定垃圾袋中要用30%回收塑料。

在美国，有不少全国性组织在促进废塑料的回收工作，如美国塑料工业协会（SPI）、塑料回收基金会（PRE）、塑料回收研究中心（CPRR）、乙烯基研究学会（SPI的一个分会）等。为便于分类，SPI曾制定塑料制品材质符号，要求标注在容器底部。目前有39个州在执行该法规。此外，美国一些大型塑料生产公司也参与废塑料回收。例如，阿莫科、莫比尔、波利萨、赫茨曼、阿尔科、雪弗隆和道芬娜八家生产商成立了10个回收中心，总投资为1600万美元，回收发泡PS，再生的塑料用于制造磁带盒、办公室和家庭用具。

（3）日本

日本是循环经济立法最全面的国家，其目标是建立一个"资源循环型社会"。日本国内能源短缺，鉴于此，日本对废旧塑料的回收利用一直保持积极态度。

日本政府1970年制定《废弃物处理法》，经1991年、2001年、2003年三次修订，对垃圾产生最小化、垃圾分类及回收等条款作了规定。1997年日本的《容器包装再生利用法》出台，这一法规对塑料包装的回收利用做出了严格的规定：PET瓶生产商和使用PET瓶的饮料生产商都要承担相应的回收费用；消费者也必须对垃圾实行分类且按时回收，乱扔垃圾会被罚款甚至判刑。法规甚至对 PET 瓶的瓶身、瓶盖、商标、颜色等都做出了详细的规定，生产商必须按要求生产，以便于回收。收集所得的塑料瓶，在工厂分类压碎以后，再制成纤维制品以及衣架、垃圾箱等。

2001 年，由日本饮料制造商和塑料瓶生产厂家共同组成的"塑料瓶循环利用促进协议会"决定，将停止生产彩色塑料瓶。因为在再循环利用时，彩色塑料瓶的混入不仅使再生制品的质量下降，而且加大了人工处理难度。而将透明瓶全部用标签覆盖即可解决紫外线照射问题。在日本，容器回收利用工作由 5 个政府部门（产业省、厚生省、农林水产省、财政部及环境厅）组成专门的基金会来协调统管，给予容器回收一定的补贴。而日本 3200 多个井、町的容器回收工作则由日本容器包装再生利用协会管理，到 2001 年，共有 51 家 PET 回收企业得到该协会的认定。塑料瓶回收的费用由三方承担：地方行政负责 1% 的费用，其余 99% 由饮料生产商和瓶子生产商负担，比例各占 80% 和 20%。

另外，日本还大力支持以废塑料为主的工业垃圾发电事业，2010 年在全国已建立 150 个废塑料发电设备，工业垃圾发电成为新能源的重要部分。

日本废塑料再生利用协会于 1971 年成立，总部位于东京。其宗旨是建立一套系统，以期适当处理废塑料，有效利用资源，并进行有关方面的研究、开发、普及工作。多年来，该协会对废塑料的产生量及处理状况进行了广泛调查，发表了大量翔实的调查报告，并在废塑料的处理及再生利用方面进行了模拟实验、技术普及、调查研究、广告宣传等活动。协会主要致力于以下几方面工作：①对废塑料从 3 种回收方法（材料回收利用、化学回收利用、燃料回收利用）中选择最适当的一种来再生利用，从而最大限度地降低社会成本，减轻环境负担，减少新资源的耗费，并对与塑料生产和使用的相关安全数据予以即时更新和发布；②与日本的国内、国际有关团体进行密切合作，以解决诸多问题，如为选择最适当的回收方法，与塑料工业联合会、塑料回收促进会等组织携手合作，在塑料对环境的影响方面，积极参加国际会议，并与欧美等先进国家的相关团体积极联系、密切合作；③促进塑料相关企业与普通民众的密切接触和广泛对话，积极利用网络平台及现场活动开展广告宣传、知识推广及普及教育。

日本塑料包装回收利用协会于 1998 年由相关机构和企业组建，总部位于东京，主要工作是促进塑料容器及包装的回收和再利用。

日本 PE 瓶回收利用促进会于 1993 年由日本 PE 瓶协会、软饮料协会、酿酒协会、果汁协会、酱油酿造协会等多个相关组织发起，旨在促进日本的 PE 瓶回收事业。

（4）德国

德国在回收塑料包装废弃物方面的法规是全世界最为完善的，其管理态度非常明确：首先是"避免产生"，然后才是"循环使用"和"最终处理"。早在 1972 年，德国就制定了《废弃物处理法》。1990 年 6 月，德国政府颁布了第一部包装废弃物处理法规——《包装废弃物的处理法令》。它规定对不可避免的一次性塑料包装废弃物必须进行再利用或再循环，并强制要求各企业承担回收责任，也可委托回收公司代替完成。德国废弃物及回收体系（Dual System Deutschland, DSD）也称为绿点公司，就是根据该法令成立的专门从事废弃物回收的公司。该公司另设了DKR股份公司负责废旧塑料包装的回收。1991年德国按照"资源－产品－资源"的循环经济理念制定《包装条例》,规定回收塑料中的60%必须是机械性回收的,另外40%既可以机械性回收也可以采用填埋方式或能量回收方式。这一回收目标必须基于全国范围统计,经核实后的数据报告提交国家环境部门,完成了回收义务的工商企业即可免除部分税收。1996年,德国联邦议院又通过了《循环经济与废弃物管理法》。

德国推行以上法律体系的实施手段有以下几方面。①产品责任制(也称延伸生产者责任制度)。根据《包装条例》要求,各种包装产品的生产者可以选择自己独立回收其包装材料,或加入一个包装材料废弃物管理组织;1996年的《循环经济与废弃物管理法》规定,谁开发、生产、加工和经营的产品,谁就要承担满足循环经济目的的产品责任。②双元回收系统。DSD是一个专门对包装废弃物进行回收利用的非政府组织,它接收企业的委托,组织收运者对企业的包装废物进行回收和分类,然后送至相应的资源再利用厂家进行循环利用,能直接回收的包装废弃物则送返制造商。德国用于包装工业的环境标志为"绿点"标志,若制造商或经销商想使用"绿点"标志,则必须支付一定的注册使用费用,费用多少视包装材料、质量、容积而定,收取的费用作为对包装废弃物回收和分类的经费。DSD的建立大大促进了德国包装废弃物的回收利用,目前德国拥有210家分类车间。③抵押金制度。《包装条例》规定,如果一次性饮料包装的回收率低于72%,则必须实行强制性的押金制度。押金制度不仅是为了提高包装回收率,更重要的是让人们改掉使用一次性饮料包装的消费习惯,转向更有利于环保的可多次使用的包装。2002年12月,德国最高法院颁布法令,要求所有商店从2003年1月开始向顾客收取罐装和瓶装饮料的包装回收押金:用于啤酒饮料类的PET塑料瓶,包括食品在内1.5kg以下的瓶需缴纳0.25欧元;1.5kg以上的则需缴纳两倍的押金。商店在顾客交回包装时将押金返还给顾客。但葡萄酒、白酒、牛奶、果汁等商品的包装不在规定之列。

据DKR回收公司的调查显示,89%的德国消费者赞成塑料再生利用;约有40%的德国人拒绝使用没有回收价值的包装。由此可见,该国在回收废物方面成绩出众,相当程度上得益于广大民众的环保意识。

(5) 英国

根据英国法律文件"生产者责任和义务(包装废弃物)",各包装生产者及使用者都必须达到预定的回收利用率。根据该法规,各企业必须遵守三项主要规定:①注册登记,包括所需的相关包装数据;②回收率和循环率;③证书。

英国从20世纪80年代后期就开始了废塑料的回收循环。目前,已建造了许多新的再生设备,而且有10多家公司愿意购买再生塑料容器。进行塑料瓶再生的机构是RECOUP,该机构在英国1/3以上的地区建立了塑料瓶回收组织。英国有3000多家塑料瓶回收库,1400万个家庭的废弃物(包括塑料瓶)通过街边回收系统回收。

几乎所有的塑料瓶都是由PET、HDPE、PVC这三种材料的一种或几种制成。PET瓶用来制作碳酸饮料瓶及食用油瓶。废PET瓶可通过循环再生制造防水布、包装袋、塑料板等产品。用 PET 瓶还可以制造仿羊毛衣服，每 25 个废 PET 瓶可造一件仿羊毛夹克衫。HDPE 瓶通过再生可用来生产栅栏、公园里的长凳及路标等。PVC 瓶可用来再生水管、电子仪器和衣服等。

综上所述，虽然欧美及日本等发达国家在有关废弃塑料，尤其是用于食品包装的废弃塑料回收利用的政策、法规、处理方式及积极性等方面尚存在很大的差异，但是有一点是共同的，就是对塑料废弃物，特别是大量的食品塑料包装废弃物的处理、回收再生利用问题，都给予相当的重视，并在政策法规的制定、回收再生技术的研究、安全卫生的指标确定及测定和具体的实施措施等方面都取得了很大的进展。

2. 产业现状

（1）发达国家❶❷

近年来，世界上各工业发达国家凭借技术、设备、资金以及政府行政能力等方面的优势，在废塑料回收再利用方面成效卓著，值得我国借鉴。

1）美国。

美国是世界塑料制品用量最大的国家，早在 20 世纪 60 年代，美国就已开展对废旧塑料回收利用的广泛研究。1976 年，美国颁布了《资源保护与循环利用法》（简称 RCRA），并授权联邦环保局制定具体的法规和实施纲要。各州环保部门依照该法规，根据本州具体情况，开发并制定了卷帙浩繁的指南和手册。随着时代的进步和科技的发展，该法规已经过多次修订。美国回收利用塑料制品的比例为包装制品占 50%，建筑材料占 18%，消费品占 11%，汽车配件占 5%，电子电气制品占 3%。其塑料品种所占比例分别为聚烯烃类占 61%，聚氯乙烯占 13%，聚苯乙烯占 10%，聚酯类占 11%，其他占 5%。

① 废塑料瓶。2011 年，美国消费类废塑料瓶的回收量达到 118 万吨，比 2010 年增加 1.7%（2 万吨），表明塑料瓶的回收率已达 28.9%。自 1990 年美国开始这项统计以来，塑料瓶的回收率每年都稳步提高。而全国回收加工的废塑料瓶（包括进口材料）也比 2010 年增加了 4 万吨。废 PET 瓶在 2011 年的回收利用量为 72.8 万吨，回收率达 29.3%。其中 31.2 万吨被压包出口，约占回收瓶的 43%。但当年进口废 PET 瓶 4.8 万吨，因此，美国国内当年共再生利用废 PET 瓶 46.4 万吨。进口瓶主要来自加拿大、墨西哥、中美及南美洲。再生利用的废 PET 瓶，38.3% 用于生产化纤，19.4% 用于生产包装膜，11.5% 用于生产打包带，23.3% 用于生产食品用瓶，5.5% 用于生产非食品用瓶。2011 年，废 PP 瓶的回收量大增 24%（增加近 2 万吨），而且，其中 64% 在国内被直接再生加工成 PP 原料，而非与其他塑料混合再生。连 PP 瓶盖也做到普遍的收集和再生，数量仍有上升趋势。尽管废 HDPE 瓶的回收量略降 1%，但回收量仍稳固地保持在 29.9%。进口猛增一倍多，增加了 2.3 万吨，加之出口减少，回收加工厂的产量反而略有上升。废 PET 瓶与废 HDPE 瓶继续占到美国废塑料瓶市场 96% 的高位。

---

❶ 李丛志. 发达国家废塑料再生利用现状及对我国的影响 [J]. 再生资源与循环经济, 2013, 6 (4): 38-44.
❷ 钱伯章. 欧美废旧塑料回收利用近况 [J]. 国外塑料, 2010, 28 (3): 58-61.

②废塑料膜。2011年,美国废塑料膜的回收利用量达到45.4万吨,创历史新高,较2010年的44.1万吨增加3%。废弃塑料膜主要来自购物袋、产品包装及收缩膜。2006~2009年,美国所产生的废塑料膜有一半以上出口至海外。而在2010年情况发生了逆转,内销量达到53%,超过了出口量。2011年,美国58%的回收塑料膜在国内经再生加工后,又再次作为包装物使用,比2010年有显著增加。

③废塑料出口。2011年,美国共出口废塑料212.9万吨,比2010年增加4.1%;而2012年,出口201万吨,比2011年下降5.4%。2011年,出口目的地排序为:中国(占52.1%)、中国香港(占22.9%),以上二者合计为75%;加拿大(占9%),印度(占4.6%),墨西哥(占1.6%)。近年来,美国出口废塑料状况如图1-3所示。由图可见,由于美国高昂的人工成本和严苛的环保措施,所收集的废塑料大量出口,且出口量稳步上升。

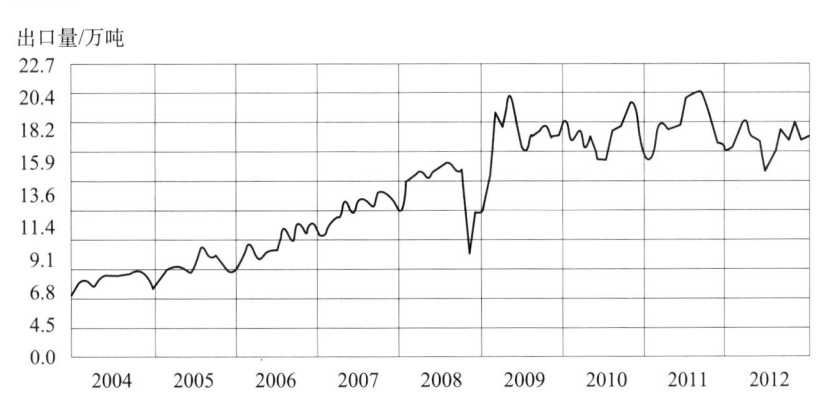

图1-3 美国历年废塑料月出口量统计(截至2012年年底)

2009年上半年,美国的废塑料出口量猛增,价格飙升,然而自2009年以后,行情开始逆转,至2011年中期,出口量下跌达20%。随着市场低迷,中国进口商对需要手工分拣的低端产品失去了兴趣,导致该类产品基本无人问津。近年来,随着大量中国、拉美、西亚等"海外军团"向美国输入廉价劳动力以及宝贵的经验和技能,使得美国自身消化废塑料的能力大幅度提高,出口数量有相当大一部分转变为自我消化。

2) 加拿大。

近年来,加拿大废弃塑料的回收再利用率得到大幅度提高,2/3的废塑料得到回收再利用。2011年,约268.8万吨塑料废弃物得到回收。消费类塑料包装废弃物的回收再利用率同比提高24%。其中,非瓶类硬质包装物的回收再利用率同比跃升明显,高达70%;塑料瓶的回收率增加19%;而塑料袋的回收率亦有1%的提高。

加拿大塑料工业协会称,加拿大的回收加工行业实力很强,有能力将更多的废塑料回收利用,而不是送进填埋场。尽管如此,该协会依然指出,在回收设备、打包质量、大体积的硬质塑料回收及塑料膜的回收等方面,尚有待改进。目前,每年仍有大量无法回收的废塑料被填埋地下。加拿大塑料工业协会下属机构的最新研究表明,如将这些废塑料用于炼油,可生产出燃料900万桶,足够60万辆汽车行驶一年;如作为燃料供给电厂发电，则可供 50 万户居民全年之用。

3）欧盟。

2011 年，欧盟"27 + 2"国共产生塑料废弃物 2528.8 万吨，回收率为 59.3%，比 2010 年的 57.9% 提高 1.4%。2010 年，欧盟所产生的 2470 万吨废旧塑料的来源中，包装制品占 39%，建筑材料占 21%，汽车配件占 8%，电子电气制品占 6%，其他包括医药及家用消费品等占 26%。

① 废塑料包装物。在所有废旧塑料的来源中，废塑料包装物的回收成果最为显著，回收率高达 66.8%。而 2010 年的回收率为 65.9%，2009 年为 60.7%。2011 年，欧盟共产生塑料包装废弃物 1561.3 万吨，其中 524.6 万吨得到直接再生使用，回收率达 33.6%，大大超过欧盟规定的 22.5% 的基本目标。其中有 18 个国家超过 30%，最高者荷兰达到 48.4%，紧随其后的是捷克、瑞典、爱沙尼亚和德国。仅有马耳他和塞浦路斯尚未达标。在回收的废塑料包装物中，另有 518.4 万吨用作能源转化，如重新炼油或作为燃料产生热能。

② 废 PET 容器。根据欧盟塑料回收协会的调查，2010 年欧盟的 PET 容器回收再利用率为 48%，数量为 160 万吨。2011 年，回收数量达 175 万吨。截至 2012 年 7 月，欧盟 PET 容器的回收率已达 51%，创历史新高。欧盟有 24 国均已超过 22.5% 的目标值，约 1/3 国家的回收率超过 70%。所回收的 PET 废弃物料中，超过半数被用来生产新的包装容器或包装薄膜，约 39% 用于生产化纤。据该协会调查，整个欧洲 PET 回收再生量为 209 万吨，由此可知，还有很大的加工潜能。

2011 年，英国塑料瓶的回收率达到 52%。伦敦奥运会和残奥会期间，可口可乐公司得到授权回收全部塑料废弃物，其中饮料瓶贡献最大，此举可谓名利双收。可口可乐公司与 JBF 公司合资在英国建立了一条"瓶到瓶"回收系统，仅奥运会期间就收集了 1000 多万个废饮料瓶，这些废瓶经过回收加工，以 25% 的比例加入新料之中，又被重新制成新的饮料瓶。尝到甜头后，他们又盯上了 2016 年的巴西奥运会，准备在巴西圣保罗再建一家新厂。由于自身回收加工能力大幅度提高，出口东亚（主要是中国）的 PET 废瓶量已连续 3 年下跌。

③ 农业废塑料。2011 年，欧盟各国共产生农业废塑料 131.5 万吨，占全部废塑料的 5.2%。其中 23.5% 得到直接回收再利用，27.2% 被转化为新能源。这表明，尚有近一半的农业废塑料被埋入地下。

欧盟各国间的农业废塑料回收率存在巨大的差异。爱尔兰、冰岛、西班牙等国拥有对农业废塑料回收的专项立法，法国、挪威、瑞典等国塑料薄膜的生产企业与志愿者达成了行之有效的协议，西班牙、英国、比利时以及德国情况也大同小异，而其他欧盟国家则刚处于起步阶段，农民需自掏腰包来回收农业废塑料，或根本没有回收体系。

是否存在回收体系是造成回收率差异的主要原因。由于农用薄膜材质轻薄，通常粘有泥土、有机污染物、水分等，其输送、加工、再生等环节都会遇到困难。英国包装和薄膜协会（PAFA）在欧洲废塑料回收协会的资助下，开发出一套新型清洁装置。

这套装置的运行无须清洗,即可将农膜中的污物去除65%。装置可置于收集薄膜的农田现场,也可放置在处理中心。目前,他们正寻找合适的合作者,实现此项技术的商业应用。

④ 能源转化。欧盟各国在废塑料的能源转化方面存在巨大差异。2011年,有9个国家将其废塑料包装物中的一半以上转化为新能源,从而使得这些国家的废塑料包装物回收利用率超过90%(直接再生利用+能源转化)。这表明,这些国家的废塑料包装物地下填埋率不足10%。然而,另有几个国家尚未开展废塑料的能源转化工作。有9个国家的地下填埋率达50%以上,其中英国竟高达66%。欧盟塑料协会最近宣布一项雄心勃勃的计划:在2020年年底前,完全终止塑料包装废弃物的地下填埋,百分之百将其回收再利用。

4)日本。

日本曾经是世界上第二塑料生产大国,尽管现在的塑料产量排在了美国、中国和德国之后,但多年来,废旧塑料的回收一直是困扰日本的严重社会问题。而且,日本是资源短缺国家,所以对废旧塑料的回收利用一直保持积极的态度。

根据日本废塑料再生利用协会统计,2011年日本全国共产生废塑料952万吨,其中超过92%来自消费环节,如图1-4所示,而生产过程中产生的边角料或不合格品仅占约7.9%,这是多年来日本企业注重节约资源的体现。

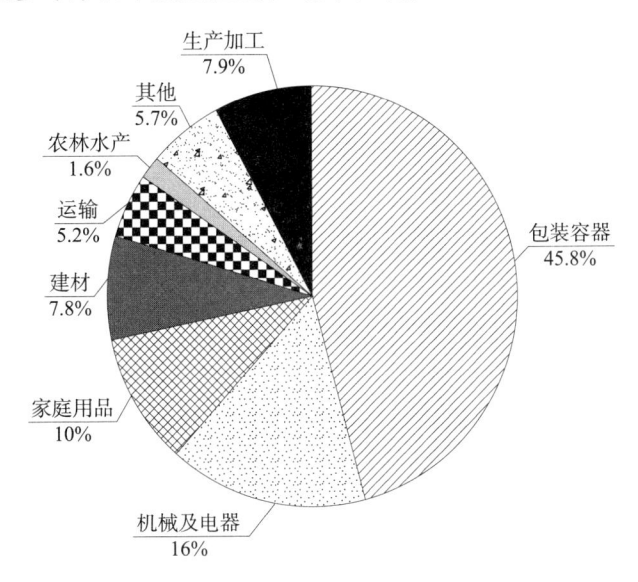

图1-4 日本废塑料来源

该协会称,所产生的废塑料中,有744万吨得到有效利用,占全部废塑料的78%,如表1-1所示。

表1-1 2011年日本废塑料回收再生利用情况分析　　　　　（单位：万吨）

有效利用（744）					未有效利用（208）	
再生利用	炼油或气化	固态燃料	燃烧发电	热能燃烧	燃烧销毁	地下填埋
212	36	65	326	105	102	106
22.3%	3.8%	6.8%	34.3%	11%	10.7%	11%

由表1-1可以看出，所谓的有效利用，大部分是新能源转化，比例高达55.9%的废塑料被作为燃料烧掉了，而作为塑料材料得到回收再生利用的仅占22%。这是由于日本高昂的人工费和严苛的环境监管条件，所生产出的可回收利用塑料，其成本比使用新料高出近一倍。而企业之所以还要继续使用这种原料，除政府给予一定财政补贴外，国民的环保意识也起到重要作用。得知是使用回收材料制作的产品，大家宁可多花钱，也要支持企业。

在政府、企业和民众三方通力合作方面，最显著的案例莫过于塑料瓶的回收再利用。第一步，无论在大都市还是小城镇，在办公楼还是住宅区，都实行严格、细致的垃圾分类制度，特别是饮料瓶，要求去标签、去盖、压扁，将废塑料加工厂操作工的技术普及到了全体国民；第二步，由环卫工人及时将分类垃圾箱内回收来的饮料瓶送进工厂，进行加工处理；第三步：由于饮料瓶的来源可靠，初步处理得当，加之先进的瓶到瓶生产工艺，所生产产品的化学和物理质量均可达到与新原料相同的标准，更为重要的是，经回收再利用的材料完全符合卫生标准；第四步，饮料厂信守承诺，回购这种回收再利用材料，使用一定比例的再生塑料原料制造新的饮料瓶，从而完成了这种使用量最大的塑料产品的良性循环。

在民众的积极参与下，经有关专业协会反馈，对饮料瓶的生产厂提出指导意见，具有很强的实际意义：瓶体尽量采用无色透明的材质，因彩色塑料难于回收再利用；标签应当用手即可易于去除；瓶盖只能用塑料（HDPE或PP），不可用铝或其他金属材料，因其在回收破碎中会损毁刀具；瓶口封条不应使用PVC等难于与PET分离的塑料材质。

以PET饮料瓶为例，2010年，日本全国共收集62.8万吨，其中29.8万吨在国内得到回收再利用，出口至中国等国家33万吨。所回收的PET废瓶，在日本国内有17.2万吨经过破碎和清洗，得到高品质的PET平片再生原料，其中49%用于生产塑料膜，34%生产化纤，11%用于化学法"瓶到瓶"的生产。

（2）新兴的经济体[1]

废塑料回收再利用是一项高劳动密集型产业，所需资金有限，且技术含量不高，但如果处理不当，对环境影响极大。世界上许多发展中国家由于人口众多、资金缺乏，不约而同地选择了这个行业。在可以预见的数十年内，这一行业仍会在多数发展中国家继续兴旺发达。

---

[1] 李丛志. 发展中国家废塑料再生利用现状 [J]. 再生资源与循环经济, 2013, 6 (7): 39-44.

第1章 概 况

金砖各国都具有地大物博、人口众多的特点，与我国有颇多相似之处。墨西哥凭借与美国相近的地理位置，也取得经济的快速发展。这些国家在循环经济领域所取得的成就，较适合我国国情，值得我国学习和借鉴。

1）巴西。

① 回收废塑料瓶成果卓著。近年来，巴西废塑料回收率呈逐年上升趋势，其中尤以废塑料瓶最为显著。2011年，巴西全国共产生废PET塑料51.5万吨，回收29.4万吨，回收率高达57.1%。而美国当年的回收率不到30%，欧盟也尚未过半。

所回收加工的PET废弃物料中，用于生产化纤的占比最高，达39.3%（其中43%作为无纺布的原料，30%用于生产纺织及针织品，27%所拉制的单丝用于制作绳索、鬃刷或扫帚等）；其次有32.6%的PET回收物料用于重新生产包装材料（用于生产食用和非食用级瓶的占18%，7.9%用于生产包装膜，6.7%用于生产打包带）；另有18.7%的回收物料通过化学回收方法制造不饱和树脂及醇酸树脂。

② 用废塑料薄膜制作纸张。Vitopel SA公司位于巴西圣保罗，在拉美地区塑料薄膜生产商中独占鳌头，其PP的年消耗量也是首屈一指。该公司与当地的生产厂和回收商合作，经过3年研制，开发出使用75%的废塑料制作纸张的新工艺。这种纸张不会老化，不怕水浸，比同样用途的传统纸张轻30%，可以像传统纸张一样书写和印刷，而印刷油墨耗费可节省20%。这种新型纸张纹理细腻，外观如同涂塑铜版纸，主要是用废弃的塑料薄膜包装物，如冰淇淋包裹纸、瓶子标签、快餐盒等原先都是被直接送进垃圾填埋场的废弃物作为原料，主要成分是聚丙烯（PP或BOPP）等。因此，这种回收方法对于废塑料薄膜的回收再利用具有突破性意义。每生产1t这种新型纸，可减少废塑料填埋750kg。如果将添加剂和工艺稍加改动，还可使用其他废塑料作为造纸原料，如高压聚乙烯（LDPE）、低压聚乙烯（HDPE）、聚苯乙烯（PS）等。

2）印度。

印度是继中国之后世界上进口废塑料数量第二位的国家。

① 遍布各地的废塑料回收大军。据不完全统计，印度全国的废塑料回收企业超过18万家，大多为中小型企业，主要从事废塑料的收集、分选、破碎、清洗等工作。规模最大的100家企业只占本行业营业额的约20%。

2010年，印度全国共回收废塑料120万吨，回收率约为60%。但由于拾荒大军遍布全国各个角落，据业内人士估计，印度的废塑料回收率高达80%~85%。另外，由于废塑料回收加工行业飞速发展，本国原料数量、质量均不能满足供应，30%的废塑料原料依赖进口。尽管对废塑料原料的争夺方面，中印是竞争对手，但对中国制造的废塑料加工机械和技术，两国则呈现很强的互补性。中国产的废塑料加工生产机械经济实用，深受印度及众多发展中国家同行的青睐。

② 利用废塑料作筑路原料。班加罗尔的KK废塑料管理公司成功将废塑料与沥青相混合，制成筑路用新材料。这不仅为废塑料的使用找到出路，而且降低了筑路成本。废塑料的成分主要是聚乙烯、聚丙烯、聚苯等，但要将PVC等熔点不同的其他塑料剔除出去，必须清洗。将这些废塑料破碎成小颗粒，加热使之熔化，以10%~15%的比

例与热熔的沥青相混合。这种材料不仅使用沥青较少、降低了筑路成本，而且在防水性、耐热性等方面均大大优于单独使用沥青的路面，还比沥青路面坚固得多。经试验和近 10 年的使用检测，无论是市区内道路还是城市间乃至州与州之间的高速公路，完全符合印度道路委员会制定的技术及安全规范。

1.3.3　我国废弃塑料再生循环利用产业发展现状

1. 产业政策❶❷

我国借鉴发达国家的经验，为防治固体废弃物的污染，于 1989 年颁布了《中华人民共和国固体废弃物污染环境防治法》和《国务院关于环境保护若干问题的决定》。1996 年，参考 ISO 14000 和德国、欧盟的有关法令或指令，根据《中华人民共和国固体废弃物污染环境防治法》，制定了国家标准《包装废弃物的处理与利用通则》（GB/T 16716—1996）。该通则给出了包装废弃物及可回收包装、可再生包装的定义，按包装废弃物的材质和处理方法将包装废弃物分为可回收包装和不可回收包装两类，并提出了一些原则上的基本要求和方法等。例如，该通则规定："限制包装材料成分中的重金属含量""限制卤素及其他有害物质""限制使用由氯进行加工处理的包装材料"。但由于缺乏细则，该通则无法贯彻实施。同年，《塑料包装制品回收标志》（GB/T 16288—1996）出台。该标准等效采用了德国标准《包装材料和包装物的回收利用标志：塑料包装材料和包装物的附加标号》（DN 6120—1992），将塑料按组成分为 7 类，分别用 1～7 的号码代表，规定了塑料包装制品回收的标志及其表示的方法。尤其值得一提的是，该标准适用范围广泛，除了塑料包装材料，也适用于其他塑料制品。此外，该标准的内容也较全面，增加了塑料包装制品回收标志的制作、颜色、设置的数量及具体位置的规定。2001 年，强制性的国家标准《包装回收标识》（GB 18455—2001）出台，并通过引用而成为《标识标准》的一部分，解决了《标识标准》关于包装物名称标识的问题。该标准引用了 GB/T 16716—1996 中的各项定义，对于包括塑料、纸张、木材等在内的各种可回收复用及可再生利用的包装标志种类、名称、尺寸、颜色都等作了明确的规定，大大增强了实际可操作性。该标准规定了"可重复使用"标志、"可回收再生"标志、"含再生材料"标志和"绿点"标志四种标志，并定义了"绿点"标志术语。四种标志的含义、图形均与国际上使用的标志统一，有利于与国际接轨。

我国在 1993 年制定的《食品用塑料制品及原材料卫生管理办法》第七条规定："凡加工塑料食具、容器、食品包装材料，不得使用回收塑料"。当时主要是对回收塑料的回收过程没有严格的监管程序，对回收塑料的安全性能没有明确的评价方法，因此规定所有的回收塑料不得用于食品包装。目前食品包装与其他包装一起进行回收再生，再生后的塑料颗粒只能于其他外包装材料或者工农业上使用，一些价值较高的塑

---

❶ 中国环境保护产业协会循环经济专业委员会. 我国循环经济行业 2012 年发展综述 [J]. 中国环保产业，2013（9）：16 - 23.
❷ 张玉霞. 国内外塑料包装材料回收法律体系概况 [J]. 塑料工业，2011，39（1）：1 - 4.

料制品达不到相应的回收价值，造成一定程度的浪费。

我国于 1995 年颁布了《中华人民共和国固体废弃物处理法》，从 1996 年 4 月起执行。其中规定，对地膜、一次性包装材料制品应当采用易回收利用、易处理或在环境中易消纳的产品。原铁道部也从 1996 年起规定在铁路上禁用非降解性的塑料快餐盒。在此期间，北京、武汉、杭州、汕头、厦门、广州、福州、大连、长春、呼和浩特等 20 多个城市纷纷行动起来，禁止使用一次性塑料包装袋、EPS 餐具等非降解塑料制品。

1998 年 9 月，原国家环保总局与原建设部、交通部、国家旅游局联合印发了《关于加强重点交通干线、流域及旅游景区塑料包装废物管理的若干意见》，禁止在铁路车站和旅客列车、长江及太湖等内河水域航运的客船和旅游船上使用一次性发泡塑料餐具。1999 年 12 月，原国家经贸委会同原国家质量技术监督局、科技部和原卫生部宣布《一次性可降解餐饮具通用技术条件》和《一次性可降解餐饮具降解性能试验方法》两项国家标准自 2000 年 1 月 1 日起实施，为中国一次性可降解餐饮具的生产、销售、使用的监督提供了统一的技术依据。2001 年 4 月，原国家经贸委发布《关于立即停止生产一次性发泡塑料餐具的紧急通知》，要求所有生产企业（包括国内投资、外商投资和港澳、台商投资企业）立即停止生产一次性发泡塑料餐具。2002 年 1 月，原国家经贸委、原国家环保总局、国家工商行政管理总局、国家质检总局四委局联合发布了《关于加强淘汰一次性发泡塑料餐具执法监督工作的通知》。2012 年 8 月，为加强废塑料加工利用的污染防治，保护人民群众身体健康，保障环境安全，促进循环经济健康发展，环境保护部、国家发展改革委、商务部联合制定《废塑料加工利用污染防治管理规定》。

2. 产业现状

废旧塑料资源被现代经济学家称为"人类的第二矿藏"。塑料原料是从天然石油中提炼的化工产品，而石油是现代工业的命脉，是不可再生的自然资源。我国是一个石油净进口国，石油关系到国家的能源安全。

近年来我国塑料制品工业发展迅猛，在世界各国塑料制品产量排名中已稳居第二位。据统计，我国每年需进口 100 余万吨塑料原材料。随着国际石油价格一路飙升，塑料行业已整体处于微利状况。据有关部门统计，一个中等城市每年产生的塑料废弃物，可满足 20 家中小型塑料企业的原料需求。因此，我国政府非常重视废旧塑料的回收利用。我国再生塑料行业起步较早，早在 20 世纪 50 年代就开始建立独具特色的废旧物资回收体系，为资源节约和环境保护做出了巨大贡献。进入 21 世纪以来，随着塑料大量应用、原油价格持续保持高位，我国塑料再生市场逐渐繁荣、中小企业纷纷涌现，从以前家庭作坊模式向以市场需求为动力的纯商业模式转变，并正在发展成为回收加工集群化、市场交易集约化、以完全靠市场需求和价格驱动为导向的环保型产业经济。

目前，我国有塑料再生企业 1 万多家，回收网点遍布全国各地，已形成一批较大规模的再生塑料回收交易市场和加工集散地，主要分布在广东、浙江、江苏、福建、山东、河北、河南、安徽、辽宁等塑料加工业发达省份。其中，浙江余姚、宁波、东阳、慈溪、台州，广东南海、东莞、顺德、汕头，江苏兴化、常州、太仓、连云港、徐州、河北文安、保定、雄县、玉田、山东莱州、章丘、临沂、河南安阳、长葛、漯河、安徽五河等地的再生塑料回收、加工、经营市场规模越来越大，年交易额大都在几亿到几十亿元，呈蓬勃发展之势。全国各大城市，如北京、上海、天津、重庆、广州、武汉、南京、合肥、西安、太原、昆明、成都、沈阳、乌鲁木齐等地周边也有大量类似的加工、交易聚集地。

从事再生塑料回收利用及加工的企业和人员数量庞大且稳定增长，主要以个体户和农民为主，也有一些其他行业投资商。塑料再生行业为农村经济增长、富余劳动力就业、增加收入提供了渠道，为资源再生利用、环境保护事业做出了巨大贡献，是环保产业的重要组成部分。

据国家环境保护部统计，2011 年，我国产生一次性塑料饭盒及各种泡沫包装就高达 9500 万吨，报废家电、汽车废旧塑料 6500 万吨，再加上其他废弃塑料，总量已近 2 亿吨，而回收总量仅为 1500 万吨。在我国，废旧塑料回收行业是个朝阳产业，发展潜力很大。从经济效益考虑，废旧塑料回收行业最大的优势在于成本低。据核算，在目前塑料原料价格基础上进行比较，用废塑料再加工制成的产品成本，仅为正品原料制成品的 50% 左右。福建省改性塑料技术开发基地有关专家认为，我国塑料制品行业的产业结构调整亟待加快，作为结构调整的方向之一，废旧塑料的回收再利用问题已经成为整个循环产业链的关键，也是目前整个行业技术含量较高、利润较高的一个环节。

（1）机械回收技术产业现状

目前外资的市场占有率相当高，而且占据的都是高端市场。一些下游合资企业、独资企业也都设置不同程度的门槛，使国内企业很难进入，国内产品基本上集中在中低端市场。前五位的跨国公司有巴斯夫、拜耳、陶氏、杜邦、沙特基础工业公司，这些跨国公司在国内全部建有改性工厂，此外还有美国普立万，日本帝人、三菱、东丽、宝理，韩国三星、LG、SK、锦湖等，他们凭借着资金、技术、品牌和服务的优势，同国内企业争夺市场。

国内改性厂家主要集中在长三角和珠三角地区，如长三角的上海普立特、上海锦湖日丽、上海日之升、上海金发、上海心尔、浙江俊尔、浙江通力、南京聚隆等，珠三角的广州金发科技、聚赛龙、广州银禧科技、科苑等。其他区域有山东道恩、青岛国恩科技、青岛海尔新材料、哈尔滨鑫达和常州安格特等。

在从事改性塑料加工、经营和研发的企业中，金发科技股份有限公司为金字塔顶端企业，2010 年产品已达到 60 多万吨，营业额超过了 100 亿元。年产量在 1 万~5 万吨的知名企业有上海心尔新材料科技股份有限公司、南京聚隆科技股份有限公司、常州塑金高分子科技有限公司、青岛宏信塑胶有限公司、浙江俊尔新材料有限公司、浙江通力改性工程塑料有限公司、福建奥峰科技有限公司等 30 多家以改性塑料专用料为主导产品的第二梯队骨干企业，还有北京大正伟业塑料助剂有限公司、河北金天塑胶新材料有限公司、济宁得亚利聚合体有限公司、天津玉泉工贸有限公司等 50 多家以填充母料和填充改性专用料为主导产品的第二梯队骨干企业。1 万吨以下年产量的改性塑料企业遍布除西藏、海南、青海之外的所有省（区、市）。为改性塑料企业配套助剂、添加剂和配混设备加工制造的企业和改性塑料行业结下了牢固的、不可分割的密切关系。知名度很高的企业有南京科亚化工成套装备有限公司、南京橡塑机械厂有限公司、科倍隆（南京）机械有限公司、南京昌欣机械设备有限公司、南京聚力化工机械有限公司、昆山科信橡塑机械有限公司、海城金昌科技开发有限公司、石家庄德倍隆科技有限公司、石家庄星烁实业公司、爱丽汶森（北京）科技有限公司、张家界鑫彤飞碳酸钙开发有限公司、青岛邦尼化工有限公司、江西广源化工有限公司、福建思嘉环保材料科技有限公司、四川石棉巨丰粉体有限公司、西安亿海塑业有限公司以及承德金建检测仪器有限公司等。还有一批具有多项科技成果并以改性塑料为主要教学科研内容的大专院校、科研院所和科技型企业。例如，清华大学高分子研究所不仅将科技成果不断产业化，极有力地促进了企业的技术进步和产品升级模式，而且为行业输送了大批专业人才，成为该领域的学术带头人、专家和技术骨干，是改性塑料行业持续快速发展的强大的动力，为其提供了可靠的技术保障。

（2）化学回收技术产业现状

在我国，废塑料化学回收在20世纪90年代就开始了，但我国之前的废塑料化学回收技术工艺系统化差、设备简陋、技术水平低，没有规模化，缺少高值回收技术和产品高值化，以塑料边角料和经过人工挑选的废塑料为原料。

我国北京、南京、武汉、哈尔滨、西安等大中城市建立了废塑料油化实验工厂等实用性企业，国内也有该技术成功应用的实例（见表1-2）。兰州爱德华实业公司开发的"废旧塑料油化成套技术及设备"，它的优点是出油率高达70%~90%，污染低，而且有现成的下游配套工艺，残余物可以作为工业炭黑的原料，国内有多家单位使用该产品。相对来说，北京双新技术交易公司的废旧塑料油化技术更注重产品品质，可以生产90号汽油和0号柴油，原料可以是农用薄膜、塑料编织袋、食品袋、快餐盒、饮料瓶等，转化率为70%以上，经济效益较高。国内目前规模最大的当属深圳绿色环保科技公司，目前该公司已在深圳、兰州等地建成了17个生产基地，每年能够处理废旧塑料25万吨，生产汽油、柴油2万吨。

表1-2 我国废旧塑料热分解油化装置与技术

单 位	原料类型	年处理量/t	产 品
北京大康技术发展公司	PE, PP, PS	4500	出油率70%，汽油50%，柴油50%
山西省永济市福利塑化总厂	PE, PP, PS	700	出油率70%，汽油、柴油、煤油
北京市石景山垃圾堆肥厂	PE, PP, PS	1500	出油率50%，汽油、柴油各占50%
北京邦凯豪化工有限公司	PE, PP, PS		汽油、柴油、液化气
北京市丰台三路农工商公司			出油率70%，汽油、柴油、低分子烃
北京丽坤化工厂	PE, PP, PS	4500	汽油、柴油
西安石油学院，西安兴隆化工厂	PE, PP, PS	2000	出油率70%，汽油、柴油
中科院山西煤炭化学研究所	PE, PP, PS		出油率70%，汽油80%，柴油20%

续表

单 位	原料类型	年处理量/t	产品
湖北汉江化工厂	PSF	50	产率70%，苯乙烯单体70%，有机溶剂30%
河北轻工业学院	PSF	300	苯乙烯单体、有机溶剂
浙江省绍兴市塑料厂	PS		苯乙烯单体
山东省胶州市力达钢丝厂	PS	1000	产率70%，苯乙烯单体70%，混合苯
河南省开封市科技开发中心与化工试验厂	PS	100	产率60%，苯乙烯单体
北京邦美科技发展公司	PE，PP，PS	3000	柴油、汽油
四川省蓬安县长风燃化设备厂	PE，PP，PS	3000	燃料油
沈阳富源新型燃料厂	PE，PP，PS	100	汽油、柴油
成都市龙泉驿废弃塑料炼油厂	PE，PP，PS		汽油、柴油
巴陵石油化工公司	PE，PP，PS		产率70%，其中汽油、柴油各50%，另有15%的液化气和10%的炭黑
佳木斯市群力塑料再生厂	PE，PP，PS	290	300kg/d 汽油、柴油

（3）废弃塑料产业存在的问题

再生塑料是一种可循环利用的具有很高再生价值的资源。尽管我国塑料再生行业整体规模大，企业数量、从事人员众多，仍存在很多问题，制约着行业健康持续发展。

1）塑料再生行业基础薄弱，缺乏引导。

① 进入行业门槛低，企业数量众多、规模小、分布广、盈利能力弱。目前再生塑料市场发展前景看好，是国家政策鼓励发展的节约型循环经济之一，加之行业进入门槛较低，刺激了行业盲目投资严重，造成企业数量众多、规模小、分布广、盈利能力弱。

② 重复投资、二次污染严重。有些小企业在利益驱动下忽视环境保护，不按照环保要求加工，甚至使用工业碱水清洗塑料，废水不循环使用或者不加处理排放，废渣不加处理随意堆放、丢弃，造成环境二次污染。政府有关部门应引起足够的重视，加强市场规范和综合治理措施。

③ 装备技术水平提升不快，从业人员素质普遍较低，再生塑料品质和有效利用率不高。塑料再生装备技术水平普遍较低，且从事再生塑料回收的人员绝大多数是农村富余劳动力，文化水平有限，未经专门培训，再生塑料品质和有效利用率不高。再生塑料回收的专业技术水平和环境意识亟待提高。

④ 大多数小企业经营困难，行业整体盈利能力不强，行业发展缺乏引导，加工、交易技术标准要求低，经营不规范，竞争无序，易形成恶性循环，致使市场上的再生塑料产品良莠不齐，品质不一，经济秩序不佳，造成行业整体盈利能力不强，影响行业健康发展。

2）相关政策扶持力度不够，技术更新投入不足。

塑料再生行业一方面存在盲目投资，另一方面却在技术更新上投入不足。再生塑料回收再利用加工企业在规模、管理、产品质量、技术投入上达不到一定程度，就不容易取得显著经济效益。在考察循环技术的经济性时发现，对再生塑料的收集和分类的处理费用占了近一半，如果不考虑此类费用，其预处理和加工费用与要出售产品的价值大体相当，因此大多数回收、加工企业步履艰难，存在生存问题，需要政府在政策上给予扶持，对循环项目进行补贴和减免税收。

3）行业发展环境差，社会舆论对该行业存在偏见。

对塑料再生环保作用的宣传不够，社会认知度不够。塑料再生利用是解决塑料与环境问题非常有效的途径。塑料的出现为人们生活的便利、生活水平的提高、经济腾飞、环境保护作出了巨大贡献。塑料本身是环境友好材料，然而仅仅因为人们不负责任地乱抛乱丢行为，社会上及某些媒体对塑料发出不负责任、不公平地责难，这是不对的。人们一边享受着塑料带来的方便和生活水平的提升，一边却散布"塑料有毒""是人类最糟糕的发明"等诸如此类的奇谈怪论。

再生塑料与原生料一样应用广泛，但缺乏新产品、新技术的推广和开发，缺乏再生产品推广应用的扶持政策，缺乏促进行业健康发展的行业标准、规范的强制性实施，社会缺乏对该行业应有的关注和支持。国外许多国家采取向产品制造企业收取污染处置费的办法，建立专项基金，向指定回收企业支付处置费回收使用后产品，达到了高效回收的效果，不仅使资源再生，而且保护了环境，可以达到理想回收目的。这是一个系统在起作用，是集中和授权的管理，也是国家21世纪远景目标的要求，这种成熟的做法是我国当前形势迫切需要借鉴的。

4）沿海与内地差别大，发展极不平衡。

沿海地区由于市场需求强劲，市场集中度较高，投入产出比较高；采用的处理技术和装备较先进，加工协作程度较高，产品质量较高；塑料再生水平普遍高于内地，发展前景乐观。而内地塑料再生企业在上述各方面相对落后，如果要靠市场自发解决问题还要多年。

1.3.4 广东省废弃塑料再生循环利用产业发展现状 ❶❷❸❹

广东省在全国废塑料行业中处于领先地位。2009年再生塑料利用总量相当于1.6个吉林油田一年的产量。据统计，2009年，广东省再生塑料利用产业的产值约300亿元。从减少原油消耗角度来看，相当于节约了960万吨原油的使用；从减排二氧化碳来分析，可以减少二氧化碳排放1200万吨，相当于8万公顷森林一年的碳汇量，差不

---

❶ 广东省经济和信息化委员会. 广东省循环经济发展规划（2010—2020年），2010.
❷ 广东省环境保护厅. 广东省固体废物污染防治"十二五"规划（2011—2015），2012.
❸ 广东省人民代表大会常务委员会. 广东省固体废物污染环境防治条例，2012.
❹ 广东省人民政府办公厅. 广东省人民政府办公厅转发《省经济和信息化委关于促进再生资源产业健康发展意见》的通知，2010.

多半个深圳面积大小；从经济价值角度衡量，如果将减排的 1200 万吨二氧化碳在国际碳市场上交易，将产生 1.2 亿欧元的价值。

1. 产业政策

"十一五"期间，为规范广东省进口废塑料加工利用企业申请进口、加工利用废塑料行为，防止和控制加工利用进口废塑料对环境的污染，保护环境，保障人体健康，广东省制定实施了《广东省进口废塑料加工利用企业污染控制规范》。2010 年国家批准广东省进口废塑料企业 895 家，批准进口数量为 443 万吨。截至 2010 年年底，继肇庆四会进口废五金加工利用园区建成投产后，肇庆广宁、江门鹤山等进口废塑料加工利用园区已基本建成。

《广东省经济和信息化委员会关于促进再生资源产业健康发展的意见》指出，优先发展废金属、报废电器电子产品、报废机电设备及其零部件、废纸和废塑料的回收和综合利用，大力推进建筑废物以及废弃食品的循环利用。到 2012 年，广东省废金属、废纸、废塑料等再生资源的综合利用总量超过 4600 万吨；实现再生资源产业总产值超过 1700 亿元（按 2007 年不变价格），年均增长 10% 以上；新增就业岗位 20 万个。全省废旧塑料和橡胶综合利用量超过 900 万吨；形成覆盖全省城乡的再生资源回收网络，在全省机关、学校、企事业单位、居民小区建立再生资源回收系统，每个区（或特大镇）至少设置一个回收站；珠江三角洲地区率先将再生资源回收系统覆盖到村民委员会，实现村村建有废旧物资回收点；加强"产学研"合作，提高再生资源综合利用技术创新水平，鼓励企业、高等院校和科研院所加大对再生资源加工利用技术的研发投入；依托大型企业建立废金属、废纸和废塑料加工利用技术中心，开发具有自主知识产权的行业共性技术、具有环境友好特点的清洁生产技术以及促进再生资源深度利用的各类技术，加强对低附加值废物加工利用技术的开发，促进各类再生资源的全面回收利用；支持和鼓励国内科研单位与龙头企业建立再生资源产业产学研创新联盟，向相关企业委派科技特派员，依靠科技进步提高再生资源产业的总体效益。

《广东省循环经济发展规划》指出以下要点。建设生态农业：加大农业产业结构调整力度，促进农业向生态化、无害化方向发展；围绕生态化、无害化目标，实现化肥减量与精量使用，以生物农药替代化学农药，以高效无害化配方饲料降低"畜产公害"，以可降解农用薄膜替代不可降解塑料薄膜，鼓励农用塑料回收利用。推进废弃物综合利用：建立和完善废弃物分类、收集和处理系统，严格执行废物强制回收制度，完善社会化再生资源回收处理与综合利用体系，建立健全废弃物资源化利用市场机制和管理机制；在珠三角地区建立完善的废旧电器、废旧电子、废旧塑料、废旧轮胎等废旧物收集系统，逐步向东西两翼和山区推广，到 2012 年每个区（特大镇）至少设置 1 个收集点，每个地级以上市建立 1 座工业固体废物集中处理设施和 1 座医疗废物集中处理设施，全省规划建设 5 个区域性电子废物综合处理中心，规划建设若干个区域性废旧家电、废旧塑料、废旧轮胎综合利用中心。废旧金属、废旧轮胎和废旧塑料回收利用：通过价格和政策引导，提高废旧金属回收使用率，开辟利用废旧金属、废旧轮胎和废旧塑料生产井座、井盖及汽油等资源化途径，加强废旧金属、废旧轮胎和废旧塑料回收分类指导；支持废旧金属、废旧轮胎、废旧塑料回收利用项目产业化运作。设立废物资源交换贸易中心：培育和发展面向全国的可再生资源废物市场，建设综合性、行业性废物交换信息系统，建设区域性废物交换贸易中心；重点发展废旧汽车配件、废旧家电、废旧电子、废旧轮胎、废旧塑料、废钢、废铜、废纸的资源回收和循环利用交易，吸引国外和民间资本参与工业废物削减、废物交换、废物循环和废物处理处置；按照重污染行业统一规划、统一定点的原则，通过整合、改造现有废物交换场所，率先在珠三角地区建设5~8个区域性废物交换贸易中心，粤东、粤西、粤北山区原则上各建立一个区域性、综合性废物交换贸易中心。积极推进虚拟废物交换中心建设，建立与废物交换有关的企业、产品、项目、政策和科技成果等数据库。

《广东省固体废物污染防治"十二五"规划》提出，借鉴进口废五金环境管理的经验，进口废塑料按"园区管理、提高门槛、总量控制、淘汰落后"的原则，逐步推进入园管理，以规范进口废塑料企业的行为，提升进口废塑料加工利用行业的水平。广州、深圳、佛山、东莞、中山、珠海等珠三角核心区域以外地区，塑料再生行业、再生塑料制品行业分布较广泛，对进口废塑料有较大需求的地级以上市可根据本地实际情况，规划建设进口废塑料园区。扩建1个进口废五金加工园区，投资3亿元；续建2个进口废塑料加工园区，投资6亿元；新建地级市进口废塑料加工利用园区（珠三角核心区以外地区），投资10亿元。市、县环境保护主管部门应引导现有废塑料加工利用企业逐步进入进口废塑料管理园区，不再审批经省环境保护厅批准环评文件的进口废塑料园区外的进口废塑料加工利用项目的环评文件。根据《广东省固体废物污染环境防治条例》第五条"市、县人民政府应当根据省固体废物污染防治规划，制定本辖区固体废物污染防治规划，报上一级人民政府批准后实施"的要求，各地要尽快制定本地区固体废物污染防治规划，并与省固体废物污染防治规划相衔接、与区域环境规划和城市整体规划相协调，各地一般工业固体废物、严控废物、危险废物综合利用，医疗废物新扩改工程、进口废塑料加工利用园区等具体设施的规模及布局应根据省规划原则在各市规划中明确。其中规划涉及废塑料再生循环利用的重点工程项目如表1-3所示。

表1-3 广东省"十二五"规划建设的废塑料再生循环利用的重点工程

项目名称	序号	建设内容	建设阶段	起止年限
进口废物园区建设	1	肇庆市华南再生资源产业有限公司二、三期（肇庆广宁，年废旧塑料加工生产能力160万吨、270万吨）	续建	2011~2013 2013~2016
	2	鹤山市废旧塑料综合利用基地	续建	2011~2015
	3	地级市进口废塑料加工利用园区（待定）	新建	2011~2015

2. 产业现状

在从事改性塑料加工、经营和研发的企业中，以金发科技股份有限公司为金字塔顶端企业，2010年产品已达到60多万吨，营业额超过了100亿元。

金发科技股份有限公司成立于1993年，是一家主营高性能改性塑料研发、生产和销售的高科技上市公司。公司注册资本26.344亿元，现拥有上海金发科技发展有限公司、天津金发新材料有限公司、江苏金发新材料有限公司、绵阳长鑫新材料发展有限公司、绵阳东方特种工程塑料有限公司5家子公司（见图1-5）。金发科技的产品以自主创新开发为主，覆盖了改性塑料、特种工程塑料、精细化工材料、完全生物降解塑料、木塑材料、碳纤维及其复合材料等自主知识产权产品，远销全球130多个国家和地区，为全球1000多家知名企业提供服务。

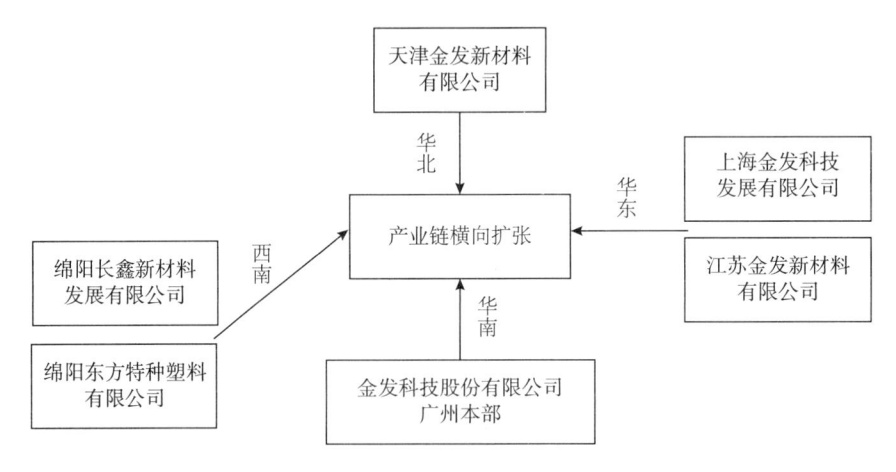

图1-5 金发科技的国内产业布局

金发科技股份有限公司具备年产80万吨改性塑料的生产能力，拥有阻燃树脂、增强增韧树脂、塑料合金、功能母粒和降解塑料5大系列60多个品种2000多个牌号的产品，产品广泛应用于汽车、家电、OA设备、IT、通信、电子、电工电器、建材、灯饰等多种行业。目前金发科技在废塑料改性领域中的专利申请量为20余件。

广东省其他主要废塑料回收利用相关企业的情况如表1-4、表1-5所示。

表1-4 广东省其他废塑料回收利用相关企业概况

序号	企业名称	申请情况	行业地位	技术优势	网站
1	广州市万绿达集团有限公司	1件发明专利，1件实用新型	创始于1994年，年处理能力60万吨以上（塑料、钢铁、纸品等）；"中国再生资源行业信用评价AAA级企业""国家循环经济工作先进单位""广东省资源综合利用龙头企业"	工业废弃物的回收与利用，包括塑料等	www.wanluda.com.cn/zh-cn/
2	广东致顺化工环保设备有限公司	3件发明专利，2件实用新型	成立于2003年，再生塑料处理能力6万吨/年，改性塑料5万吨/年；"国家高新技术企业"	塑料再生和改性	www.mcbchem.com

第1章 概 况

续表

序号	企业名称	申请情况	行业地位	技术优势	网站
3	华南再生资源（中山）有限公司	5件发明专利，4件实用新型	成立于2004年，年产量约8万吨	生产经营废旧塑料、化纤制品的消解和再利用	www.huananzaisheng.foodqs.cn
4	深圳市聚源天成技术有限公司	3件发明专利，8件实用新型		废旧PET塑料薄膜脱色再生技术、净化农田深层残留地膜回收及再利用	www.szjytc.com
5	深圳市嘉达产业投资控股集团	41件专利	成立于1998年，"全国循环经济工作先进单位""国家认定企业技术中心""博士后科研工作站"	聚合物无机改性（以油性有机树脂、废弃数值或高聚物等为主体，形成集无机与有机于一体的无机改性聚合物）	www.szjiada.com/cn/index.html
6	广东秋盛资源股份有限公司	6件发明专利，2件实用新型	成立于2001年，年产化纤5万吨；"普宁市纺织服装行业集群化纤生产重点企业""国家高新技术企业"	PET瓶废料生产高强度涤纶短纤维技术开发	www.qiushengzy.com/simplified/index.asp

表1-5 2013年第一批广东省资源综合利用产品（工艺）认定名单

序号	所在地	企业名称	综合利用资源名称	综合利用产品名称	有效期	证书号	地址
1	广州	金发科技股份有限公司	废塑料	汽车用改性再生专用料（PP）	2013年1月至2014年12月	综证书粤资综〔2013〕第009号	广州市高新技术产业开发区科学城科丰路33号
2	广州	金发科技股份有限公司	废塑料	家电用改性再生专用料（PP、ABS、HIPS）	2013年1月至2014年12月	综证书粤资综〔2013〕第010号	广州市高新技术产业开发区科学城科丰路33号
3	惠州	博罗县东成塑胶制品有限公司	废塑料	家电用改性再生专用料（PP、ABS、HIPS）	2013年1月至2014年12月	综证书粤资综〔2013〕第042号	博罗县龙溪镇龙桥大道外沿
4	惠州	博罗县东成塑胶制品有限公司	废塑料	管材用改性再生专用料（PVC、HDPE）	2013年1月至2014年12月	综证书粤资综〔2013〕第043号	博罗县龙溪镇龙桥大道外沿
5	惠州	博罗县东骏塑胶制品有限公司	废塑料	家电用改性再生专用料（PP、ABS、HIPS）	2013年1月至2014年12月	综证书粤资综〔2013〕第044号	博罗县龙溪镇小蓬岗村
6	惠州	博罗县东骏塑胶制品有限公司	废塑料	管材用改性再生专用料（PVC、HDPE）	2013年1月至2014年12月	综证书粤资综〔2013〕第045号	博罗县龙溪镇小蓬岗村

1.3.5 全球主要国家、中国和广东省的政策、产业、技术比较

从表1-6可以看出，发达国家在环保和资源循环利用方面立法远比我国早，在产业、技术方面的发展也早于我国，市场完善规范，环保意识深入人心，废弃塑料回收利用率远远高于我国约25%的水平。发达国家很早就通过立法，成立专项基金，严格规定生产商必须对塑料材质进行标注并承担相应回收费用，消费者也必须对垃圾进行分类甚至需要承担一定的回收费用；对某些塑料制品，还规定了必须使用一定比例的再生塑料。而我国除了相关立法较晚之外，已有法规执行不到位也影响了废弃塑料的回收率，例如垃圾分类制度已经推行了多年，但效果仍然不理想，给废弃塑料的分拣造成很大麻烦，混入塑料的其他杂质也影响了回收制品的品质，只能采取填埋或焚烧的方式处理而白白浪费资源。

表1-6 全球主要国家、中国和广东省的政策、产业、技术比较 ❶❷❸

国家和社区	政策法规		全球塑料产量占比（2013年）	再生回收利用率	回收方式
欧洲	1972年德国制定《废弃物处理法》，1991年按照"资源-产品-资源"的循环经济理念制定《包装条例》，规定回收塑料中的60%必须是机械性回收的，另外40%既可以机械性回收，也可以是填埋方式或能量回收方式	1994年欧盟《关于包装和包装废料指令》，对全部的包装和包装材料、包装的管理、设计、生产、流通、使用和消费等所有环节提出相应的要求和应达到的目标，要求10年内回收率达90%，再生利用率达到60%	20%	62%	填埋38%，能量回收36%，原料再生循环26%
美国	1956年颁布了《固体废弃物处置法》，主要作用是控制固体废物对美国土地的污染，保护公众健康及环境，合理地回收利用废弃物	1970年颁布了《资源回收法》、1976年《资源保护与循环利用法》，规范固体废弃物的处理，具体规定了塑料制品回收率为65%。在威斯康星州，塑料容器必须使用10%~20%的再生原料，塑料垃圾袋必须使用30%再生原料	19.4%（北美）	65%	

---

❶ 欧洲塑料制造商协会. Plastics - the Fact 2014/2015.
❷ 李丛志. 发达国家废塑料再生利用现状及对我国的影响 [J]. 再生资源与循环经济，2013，6 (4)：38-44.
❸ 商务部流通业发展司. 再生资源回收行业分析报告，2014.

续表

国家和社区	政策法规		全球塑料产量占比（2013年）	再生回收利用率	回收方式
日本	1970年制定《废弃物处理法》，对垃圾产生最小化、垃圾分类及回收等条款作了规定	1997年日本的《容器包装再生利用法》出台，对塑料包装的回收利用做出了严格的规定：PET瓶生产商和使用PET瓶的饮料生产商都要承担相应的回收费用；消费者也必须对垃圾实行分类且按时回收，乱扔垃圾会被罚款甚至判刑	4.4%	78%	填埋11%，能量回收52.1%，原料再生循环26.1%
中国	1989年《中华人民共和国固体废物污染环境防治法》，规定产品生产者、销售者、使用者应当按照国家有关规定对可以回收利用的产品包装物和容器等回收利用	2001年出台强制性的国家标准《包装回收标识》（GB 18455—2001），对于包括塑料、纸张、木材等在内的各种可回收复用及可再生利用的包装标志种类、名称、尺寸、颜色都等作了明确的规定，大大增强了实际可操作性	24.8%	25%	
广东省	2006年《广东省进口废塑料加工利用企业污染控制规范》，对处理企业提出明确的准入要求	2012年《广东省固体废物污染环境防治条例》，产生固体废物的单位和个人均有防治固体废物污染的责任，应当按有关规定分类贮存固体废物，自行处置或者交给有固体废物经营资格的单位集中处置	约占全国20%		

近年我国塑料产量已跃居全球首位，较低的回收利用率必然使我国面临严峻的资源化利用和环保压力。从回收方式看，欧洲和日本主要将废弃塑料进行能量回收处理。而根据前期调研，我国采用能量回收很少，以原料再生循环为主，包括机械回收和化学回收。能量回收的显而易见的优点是对回收塑料种类、品质、颜色等要求低，避免了复杂的分选，工艺简单，适合大批量处置各类塑料制品，对我国而言发展能量回收也是很好的选择，但要做好防治污染措施。

广东省作为我国塑料制品生产大省，在废弃塑料再生循环利用方面理应走在全国前列，为国家制订政策、产业发展和技术开发提供先导作用。

1.4 废弃橡胶再生循环利用技术和产业发展概况

废橡胶是固体废弃资源的一种，主要来自三个方面：一是废旧轮胎，占废橡胶总量的70%；二是废旧非轮胎橡胶制品；三是工厂加工过程中产生的废胶，约占生产用胶料的5%。❶可见，其主要来源是废轮胎。根据欧盟、美国、中国、日本四大汽车保有量国家和地区对废轮胎产生量的统计测算（见图1-6），2011年，世界废轮胎产生量超过2200万吨，其中中国产生量约为800万吨，居全球之首。❷

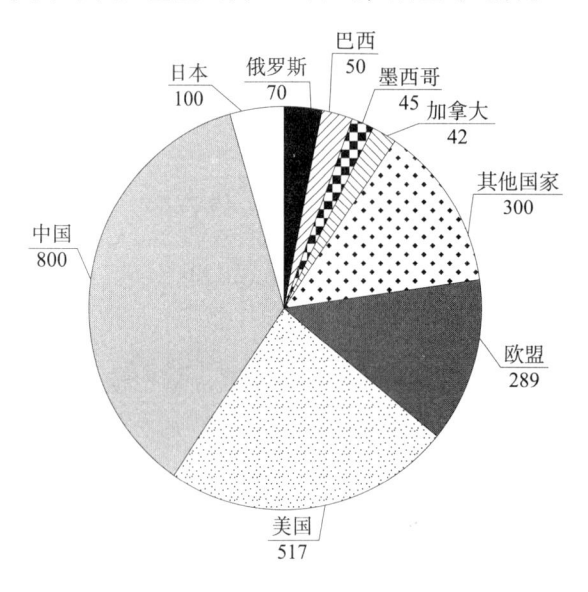

图1-6 2011年世界废轮胎产生量（单位：万吨）

废轮胎是一种难融、难降解的有机高分子弹性体，埋在地下数百年不化，污染地下水。这些"黑色垃圾"无论采用堆放、填埋还是焚烧的方法处理都将带来环境污染，占用土地资源，而且容易滋生蚊虫、传播疾病。世界许多发达国家都曾发生过由废轮胎带来的环境问题。例如，美国佛罗里达州曾发生大面积传染性疾病流行，后查明是废轮胎中积水滋生的蚊虫所为。又如，美国加利福尼亚州斯坦尼斯劳斯废旧轮胎堆放点1999年9月22日发生自燃，浓烟直冲600m高空，温度高达1000℃，大火燃烧到10月4日时已融化出8万加仑油脂，流入附近一水塘，水塘变为油塘后继续燃烧，数百吨污染物飘落到100km外的旧金山和加利福尼亚州首府山克拉门托，附近地区则下起浓浓的黑雨。日本大分县北部三光村废轮胎自燃污染事件也是一个例子。1991年12月，三光村某工业废弃物处理工厂内露天堆放的约6万条废轮胎发生自燃，燃烧持续了100天。燃烧后流出的液体物质污染了附近的河流，造成鱼类大量死亡。因此，国

---

❶ 刘玉田. 废橡胶回收再利用方法评述［C］//2006中国橡胶工业协会信息暨技术交流会论文集，2006.
❷ 庞澍华. 世界废旧轮胎回收利用总体概况［J］. 中国轮胎资源综合利用CTRA，2013（6）.

际社会将废轮胎列为污染环境、最难处理的固体废弃物品种之一。从20世纪80年代开始，发达国家和地区逐步将废轮胎回收利用纳入法制化轨道。❶

1.4.1 世界废弃橡胶再生循环利用技术发展历程

废轮胎最早的处理方式只是堆放或者掩埋，在意识到其环境污染的危害后，各国才开始重视废轮胎处理。1846年，美国发明了硫化橡胶与石灰氯化物溶液煮沸进行脱硫的方法，逐渐出现酸法、碱法，1942年出现水油法工艺。早在第二次世界大战期间，由于橡胶短缺，再生橡胶被视为战略资源，在20世纪四五十年代，发达国家再生橡胶产业发展到顶峰。后来由于合成橡胶工业的发展，加上当时没有解决再生橡胶产生的二次污染，发达国家再生橡胶工业由发展转为萎缩。20世纪80年代以来，美国、德国、瑞典、日本、澳大利亚、加拿大等国都相继建立了一批废橡胶胶粉公司，其生产能力大大超过再生橡胶。就胶粉工艺而言，早在1927年就有一家美国的公司提出了一种以干冰为制冷剂粉碎橡胶、糊状物、黏性物的方法；1948年美国LNP公司开发了液氮粉碎聚乙烯的商业技术；1960年美国提出使用液氮冷冻粉碎橡胶的装置。轮胎翻新技术出现也较早，1907年英国开始热硫化，1958年美国开始预硫化。从20世纪90年代初开始，发达国家投入大量资金研究开发废旧轮胎的利用，取得了较大进展。目前，欧美国家主要是通过热能利用以及胶粉方式利用废轮胎，而我国以再生橡胶为主。

目前，国内外对废旧橡胶经过多年实践已总结出一些行之有效的处理原则和处置方法。处理原则是：减少废料来源、再使用、循环、回收。循环利用方法大致有以下几种：①原形改制利用；②燃料热能利用；③轮胎翻新；④胶粒和胶粉；⑤再生胶；⑥热裂解；⑦掩埋（欧盟于2006年禁止废旧轮胎掩埋）。

1. 原形改制利用

原形改制是通过捆绑、裁剪、冲切等方式，将废旧轮胎改造成有利用价值的物品。

原形改制最常见的是用作港口码头及船舶的护舷、防波护堤坝、漂浮灯塔、公路交通墙屏、路标以及海水养殖渔礁、游乐游具等。此外，弹性防护网、地下管道、浇灌系统、吸音设备等各种改制形式也是废弃轮胎的很好用途。原形改制的使用量不到废轮胎量的1%。与其他综合利用途径相比，原形改制在耗费能源和人工较少的情况下使废旧轮胎物尽其用，而且给人们提供了充分发挥想象力的空间以及大胆实践的机会。但该方法消耗的废旧轮胎量并不大，所以只能当作一种辅助途径。

2. 燃料热能利用

燃料热能利用，就是将废旧橡胶作为燃料使用。废旧橡胶是一种颇具发展潜力的燃料，其燃烧值约为33 MJ/kg，和优质煤相当，比木材高69%，比烟煤高10%，比焦炭高4%。热能利用通常通过以下两种方式进行：一是直接燃烧回收热能，此法虽然简单，但会造成大气污染，不宜提倡；二是将废旧轮胎破碎，然后按一定比例与各种可燃废旧物混合，配制成固体垃圾燃料，供高炉喷吹代替煤、油和焦炭，供水泥回转窑

---

❶ 庞澍华. 世界废旧轮胎回收利用总体概况[J]. 中国轮胎资源综合利用CTRA, 2013 (6).

代替煤以及火力发电用。例如，用于水泥焙烧时，其中所含的铁能转化成氧化铁，硫黄可转变为石膏，这些衍生物都是水泥的熟料组分，可作为水泥的增强性材料。近年来发达国家非常注重废旧橡胶的热能利用。❶如今，美国、日本以及欧洲许多国家，有不少水泥厂、发电厂、造纸厂、钢铁厂和冶炼厂都在用废轮胎作燃料，效果很好，不仅降低了生产成本，而且解决了废轮胎引起的环境问题。

3. 轮胎翻新

轮胎翻新就是将旧轮胎进行局部修补、加工及硫化，恢复其使用价值的技术，是废旧轮胎再利用的主要方式之一。

在使用和保养良好的条件下，一条轮胎可以翻新多次。其中尼龙帘线轮胎可翻新 2~3 次，钢丝子午线轮胎可翻新 3~6 次。每翻新一次，可重新获得相当于新轮胎 60%~90% 的使用寿命，平均里程为 5 万~7 万公里。通过多次翻新，可使轮胎的总寿命延长 1~2 倍。而翻新一条废旧轮胎与生产一条新轮胎相比（以 9.00R20 为例），可节约橡胶 9kg、炭黑 4kg、钢丝帘布 3.4kg、石油 18kg、钢材 1.75kg，所消耗资源的价值相当于生产一条新轮胎的 15%~30%，价格为新轮胎的 20%~50%。❷

自 1907 年英国开始建立轮胎翻修企业以来，轮胎翻新工艺有了较大的发展，目前轮胎翻新工艺有三种。

一是热硫化翻新法（热翻法）。热翻法是将打磨好的胎体与胎面填充胶料共同放置在模具内，在 140~150℃ 的高温和一定压力下进行硫化。此法一次只能翻新一条轮胎，而且所需温度高，能耗大，经历两次硫化的胎体，老化程度加深，翻新轮胎寿命短，仅为新胎的 1/2~2/3。热翻法的优点是能适用于各类不同损坏程度的轮胎，可以局部翻新或全部翻新，翻新轮胎表面可和新轮胎一样。该法目前仍是我国翻新轮胎业的主导工艺，但在美国、法国、日本等发达国家已逐渐遭淘汰。

二是预硫化翻胎法（冷翻法）。目前冷翻法是世界上最先进的翻胎技术，它是将硫化成型的胎面胶黏合到打磨处理过的胎体上，然后装上充气内胎和包封套，最后送入大型硫化罐在低温、低压下硫化。此法可一次生产多条翻新轮胎，且翻新轮胎美观、耐磨性能好；又因是低温下硫化，可以避免胎体产生过硫现象，从而延长了轮胎使用寿命，增加轮胎的翻新次数，经济效益明显。

三是无模热硫化翻新法（无模热翻法）。无模热翻法不需要模具，适用于单个和多品种轮胎，但生产效率低，翻新轮胎寿命短，目前主要用于工程机械轮胎的翻新。

4. 胶粉和胶粒

胶粉是指废旧橡胶经过机械方式粉碎得到的粉末状物质，是一种具有弹性的粉体材料，具有粉体材料的性质。将胶粉与其他铺装材料混合用于高速公路、飞机场和运动场等路面的铺装，能明显改善路面质量并延长使用寿命。使用胶粉可以生产各种片材，还可在一定条件下经加热处理生产活性炭材料。胶粉与热塑性塑料通过反应增容

---

❶ 姜敏，等. 废旧橡胶回收与利用的研究进展 [J]. 合成橡胶工业，2013（3）.
❷ 黄建业，等. 论国内轮胎翻新行业发展现状 [J]. 橡塑技术与装备，2010, 36（4）：24-28.

与共混，制备热塑性弹性体也是胶粉再利用的有效途径。

胶粉的制作工艺有3种，即常温粉碎法、低温粉碎法和湿法或溶液法。粉碎前，废旧轮胎须先进行非橡胶成分的去除或分离，大型轮胎还需进行切胶与洗涤等处理。生产胶粉时，须对制品中的纤维、钢丝等非橡胶成分进行回收。

常温粉碎法是利用辊筒或其他设备的剪切作用在常温下对废旧橡胶进行粉碎。其一般工艺为，先将废旧轮胎粉碎成粒径50mm大小的大胶块，然后利用粗碎机粉碎成粒径20mm大小的小胶块，同时利用磁选机和风选机分离出钢丝和纤维，最后利用细碎机磨碎制成粒径40~200μm的胶粉。目前世界上较为先进的常温粉碎法生产工艺主要有废旧轮胎连续粉碎法、挤出粉碎法、高压粉碎法以及常温浸混粉碎法。❶

低温粉碎法是在低温作用下使废旧橡胶脆化，然后通过机械完成粉碎的方法，其基本原理是利用冷冻使得橡胶分子链段失去运动能力而脆化，易于粉碎，用这种方法制得胶粉粒径可比常温粉碎法更小。

湿法或溶液法是通过溶剂对磨成一定粒度的胶粉进行溶胀，再进行粉碎而制成超细胶粉。最具代表性的是英国橡胶与塑料研究协会开发的RAPRA法。此外还有光液压效应粉碎法、高压水冲击粉碎法和常温助剂法等。

除了以上3种工艺以外，近年来世界各国又研发了一些废旧橡胶制作胶粉新工艺，如俄罗斯罗伊工艺实验室利用臭氧处理回收废旧轮胎；Ivanov等利用固相剪切挤出法回收处理废旧橡胶，通过剪切力使废橡胶破碎再与其他材料混合；Shahidi等又对固相剪切挤出法改进，通过解决剪切过程中的生热问题使生产效率得到很大提高。另外还有高压爆破法和定向爆破法等。

5. 再生胶❷❸

再生胶是废旧橡胶制品或硫化橡胶边角料经破碎、除杂质（纤维和金属等），再经物理化学处理使橡胶中S—C键和S—S键断裂（脱硫），消除其弹性，使其变成具有塑性和黏性的、能够再硫化的橡胶。再生胶可以是一种橡胶代用材料。

废旧橡胶再生工艺最早起源于欧美国家，物理再生和化学再生是目前再生工艺的两大类。

（1）物理再生

微波脱硫、超声波脱硫、电子束辐射脱硫、远红外线脱硫、剪切流动场反应控制技术、微生物脱硫、超临界CO_2流体脱硫再生等几种方法是目前主要的物理再生方法。

微波脱硫法是一种非化学、非机械的一步脱硫再生法。它利用微波能的作用有选择地使胶粉中的S—S键和S—C键断裂，而不切断C—C键。该方法要求废旧橡胶有一定的极性，这种极性可以是橡胶本身固有的（如CR和NBR），也可以通过在胶料中添加炭黑、铁粉及极性助剂等使橡胶有一定的极性。该技术的脱硫机理是，废旧橡胶中分子间及大分子内部中存在大量的S—S键和S—C键，从而存在一定的偶极矩，该极

---

❶ 张玉坤，等. 废旧轮胎回收与再利用技术［J］. 特种橡胶制品，2013，34（2）.
❷ 林广义，等. 废旧橡胶再生方法的研究现状及发展趋势［C］//第15届中国轮胎技术研讨会论文集.
❸ 姜敏，等. 废旧橡胶回收与利用的研究进展［J］. 合成橡胶工业，2013（3）.

性基团在高频微波场中将迅速改变自己的方向，但是因分子本身的热运动和相邻分子的相互作用及分子的惯性，极性基团随电场的变化而受到阻力和干扰，从而在极性基团和分子之间产生巨大的能量。同时，废旧橡胶中都含有吸收微波能力很强的炭黑，在微波电场中，由于炭黑和极性基团的共同作用使废旧橡胶中的 S—S 键和 S—C 键断裂，破坏其网状结构而获得塑性，从而达到再生的目的。1987 美国固特异公司建立了第 1 座微波脱硫生产再生胶的工业化装置，并投入生产。法国、日本等国家纷纷对微波硫化装置进行了设计。日本在脱硫后采用冷水急速降温，实现了 165℃脱硫，现已可生产胎面再生胶。微波脱硫法生产再生胶的工艺在我国尚处在开发研究阶段，至今还没有一套工业化生产装置。国内早期罗鹏等从事过微波再生废旧橡胶法的相关研究。青岛科技大学、沈阳化工大学等先后从事过废橡胶的微波再生试验的研究工作。微波脱硫法的优点是热效率高，但目前只对极性橡胶的热效应非常明显，不能用于非极性废旧橡胶的再生，具有一定的局限性。

超声波脱硫是利用声空化作用将能量集中于分子键的局部位置，这种局部能量会破坏硫化胶中键能较低的 C—S 键和 S—S 键，从而有选择地破坏橡胶的三维网络结构，而不使 C—C 键断裂。1973 年，Pelofsky 发明了利用超声波促使废旧橡胶在有机溶剂中降解的装置，开启了超声波废旧橡胶再生技术。Isayev A. I. 等将废旧橡胶采用超声波脱硫再生后制备了硫化胶，并对其过程建立了拓扑学模型，硫化胶的扯断伸长率为 270%，拉伸强度达到 9 MPa，但目前商业化生产还不成熟。Ruhman A. A. 等于 2003 年发明了用于废橡胶再生的磁致伸缩换能器，该换能器能够产生较大的功率，并能承受较高的温度和频率，从而破坏废旧橡胶的交联键，实现废旧橡胶的再生。该换能器系统在美国和俄罗斯等国得到了商业化应用。为了研究不同工艺参数对脱硫过程的影响，Isayev A. I. 等还在不同温度、压力、流动速率、超声功率和振幅条件下进行了工艺试验，并利用交联密度及胶凝率等参数对实验结构进行了表征，结果表明超声功率存在一个最优值。国内汪志鹏等对用于废橡胶脱硫的超声振动系统进行动力学分析，建立了等效动态磁致伸缩模型，并分析了空载和负载时胶料对换能器动力学特性的影响。该脱硫方法具有高效、环保、产品质量高等优点，可实现废旧橡胶的真正再生，已受到广泛关注，但实现工业化生产还需要一段时间。

电子束辐射脱硫法主要是利用 IIR 独有的射线敏感性，借助电子加速器的高能电子束，对其产生化学解聚效应，借助电子射线使废旧橡胶发生化学键断裂，产生降解反应，从而获得再生。20 世纪 80 年代初我国成功地研发了电子束辐射再生脱硫法，利用高能电子束使具有独特射线敏感性的丁基橡胶发生化学解聚效应。清华大学杨景田对 IIR 分子的降解度与辐射吸收剂量之间的关系进行了试验研究，从而为产生不同分子量段和不同塑弹性能的 IIR 再生胶奠定了基础，使 IIR 降解具有可控性，从而满足不同用途产品的需要，并进一步对电子束辐射再生 IIR 生产工艺做了系统研究与设计。电子束脱硫法属于冷加工方法，加工过程中无废料产生，不会对环境带来污染，此外，能耗低、产量高、工艺简单、安全可靠也是该技术的突出特点。但目前该方法仅适合 IIR 等含有 4 价碳原子基团的胶种，限制了该技术的进一步扩大应用。

红外线、远红外线都属于电磁波，其特点是集直进、集束和穿透于一体，并且有强烈的选择性，使能量高度集中。橡胶的吸收光谱和红外线的波长（0.76~1000μm）处于同一级别，与远红外线波长更为接近，产生的热效应也特别强烈。利用这种对电磁波的吸收、反射和由此产生的热效应特别适合废橡胶脱硫。利用远红外线的穿透力直接加热废旧橡胶，使其内外层同时升温，在温差、热滞消失后发生氧化断链，从而使废旧橡胶脱硫再生。辽宁阜新橡胶有限责任公司研究开发了500~1000W/220V远红外线发生器，生产加工出符合长度标准的短丁腈胶管。同传统方法相比，该方法最大优点是节能。使用远红外线脱硫可节能40%以上；采用远红外高温连续脱硫也使电能大大降低，水耗基本没有。

剪切流动场反应控制技术：通过给予废橡胶以热能、压力和剪切力，使硫化胶的硫键发生断裂而成为性能稳定且有塑性的新的再生胶。该研究目前主要集中于日本。日本研究人员设计了剪切流动场反应槽，并对螺杆进行了分段设计，通过选择合适的反应温度和螺杆转数，在短时间内制得了高质量的再生胶，其硫化特性与原胶几乎相同。他们还利用开发的剪切流动场反应控制技术对EPDM汽车挡风胶条进行了回收，制得的再生橡胶与新EPDM材料加工性能和力学特性几乎相同。该技术的特点是不使用化学药剂，只耗用电能和水即可进行废旧橡胶再生处理，在该种连续脱硫工艺中，可以通过优化反应器中的剪切应力、反应温度和容器内部压力等参数，有效地控制脱硫中的各种化学反应。该技术在国内目前研究的还比较少，普及存在一定的难度，还有较大的发展空间。

微生物脱硫法是利用有氧化和还原作用的两种微生物，减少硫黄的氧化和硫黄交联，使废橡胶表面降解或改性，实现废橡胶的回收利用。目前一般通过将废旧橡胶制成胶粉，粒径0.1~0.2mm时脱硫效果较好，通过微生物使废橡胶粉末的表面层从有弹性变成黏性的糊状，从而与新的橡胶混合，制造新的橡胶制品。Romine和Snowden-Swan在1997年就申请了多种不同硫杆菌进行脱硫的专利，但研究进展缓慢。赵素合等利用酵母提取的含巯基物质作为脱硫剂对天然橡胶胶粉进行定向脱硫，并考察了酵母提取物及其配合剂的用量和定向脱硫的温度、时间、溶剂和相转移催化剂等多种因素对脱硫效果的影响，结果表明，用含巯基酵母提取物在有机溶剂和胺类相转移催化剂配成的乳液中对天然橡胶胶粉脱硫效果比较好。该方法具有成本低、不污染环境等优点，具有极大的发展空间，但目前还处于起步的阶段，离商业化的路程还很长。该方法在微生物经精制后所得酶的应用方面，以及微生物脱硫用的装置和方法等方面还需进一步研究。

超临界CO_2流体脱硫再生是在一定的压力和温度下，硫化橡胶在超临界CO_2流体的作用下迅速溶胀，交联键完全伸展，处于应变状态，交联网络内部超临界流体存在一个对外压力，当加工容器的压力下降到一定值时，交联网络内部超临界流体气化膨胀，对交联键的应变快速增大，直至断裂、再生。国内北京化工大学张立群等设计了GSH（2）型高压反应釜，探索了废旧硫化胶粉超临界CO_2脱硫再生工艺。结果表明，这种再生工艺生产的再生胶具有门尼黏度适中、溶胶含量高、产品外观优异、相对分子质量低等特点,但物理机械性能欠佳。

(2) 化学再生

化学再生常用的方法为油法、水油法和动态脱硫法,因其通常使用大量的化学药品,如二硫化物、硫醇等,会对大气和水源造成极其严重的污染。目前常用的化学再生法有瑞典的 TCR 再生法、De－Link 橡胶再生法、RV 再生剂脱硫法等。

废橡胶再生胶最早出现于 1846 年,是用硫化胶与石灰氯化物溶液煮沸后制成的。1858 年出现了把硫化胶粉放在罐中直接用蒸汽进行加热处理方法,这是最早的油法工艺(盘法)。1881 年出现了酸法,1899 年出现了碱法,1931 年有人发现中性法并在 1936 年实现工业化(再生胶－橡胶回收利用方法)。20 世纪 80 年代末至 90 年代初,国内出现了高温高压动态脱硫法,它集中了水油法和油法的优点,是在高温高压和脱硫剂等作用下,通过能量的传递完成脱硫过程。此法不仅脱硫温度高,而且在脱硫过程中物料始终处于运动状态。油法、水油法以及高温高压动态脱硫法的主要缺点是:①二次污染较严重,生产效率低,能耗比较大;②除切断硫键交联网点以外,还会引起橡胶主链键的氧化和部分热裂解。因此,在人们环保意识日益增强和能源越来越短缺的今天,这些传统方法将逐步被淘汰。

20 世纪 70 年代,日本和瑞典先后申请了常温脱硫剂的专利,其脱硫剂采用苯肼－氯化亚铁,该脱硫剂可实现常温下脱硫,但毒性比较大,且脱硫程度不均匀,后未见工业化生产的报道。我国多采用无机强酸的金属盐、环烷酸金属盐、有机醇胺等化学助剂,一般在 40~110℃的温度下,使橡胶分子发生断裂,达到再生的目的。董诚春制备了用于内胎的再生剂 N 和用于胶囊及瓶塞的再生剂 S,制备的 IIR 再生胶的物理性能均超过了国家标准。庄学修研制了一种橡胶再生剂 A,主要利用取代反应裂解硫化胶交联键,特别适合 NR、SBR、BR 和 NBR 等橡胶的再生。可实现在常温下再生,并且其工艺性能比较好。

De－Link 橡胶再生法工艺是马来西亚和俄罗斯科学家共同研发的一种再生胶技术。De－link 本身是一种化学再生剂,其成分对外不公开。这种方法简化了脱硫生产,它的原理是采用 De－Link 再生剂使交联键 S—S 断裂,交联网络破坏,而不破坏大分子主链 C—C,保持橡胶的主链,但此法只适用于硫黄硫化橡胶。其工艺方法是将 De－Link 再生剂与硫化胶粉混合,在低于50℃的开炼机上共混 7~10 min 后即能有效地切断硫化胶的交联网络。再生后的胶料在 135℃下无须再加硫化体系即可还原成硫化胶,脱硫效果比较好,用量仅 3 份就能获得理想的脱硫效果,而且速度快,整个过程不产生新的污染。焦志民等对 De－link 在 EPDM 中进行了应用,将处理过的硫化胶粉掺入 EPDM 混炼胶中,改变硫化胶粉和新生胶料用量,EPDM 硫化胶的拉伸强度基本保持原胶的 75% 左右。目前 De－link 再生剂已经商业化,该再生方法特别适于加工过程中废边角胶的再生,国内外已有许多应用研究。国内连永祥等对 De－Link 再生剂的应用工艺进行了探索,发现它不仅可以用于硫黄硫化的废旧橡胶,也可用于工厂焦烧胶料。

RPM 再生法以一种植物产品作为再生剂,为印度工学院所研发。其主要成分是二烯丙基二硫化物以及多种含硫化合物,制备方法是通过压缩剪切作用把 RPM 制成水浆，然后过滤水分制得。该方法已在 NR、SBR、NR/BR 中得到了应用。熊晓红等加入 10～20 份 RPM，使硫化橡胶的拉断伸长保持率在 57% 左右。该再生剂再生温度接近室温，作为一种植物再生剂，可持续应用，对环境没有污染，具备极大的发展空间，但对它的实际应用及机理还需进行深入的研究。

RV 再生剂脱硫法是在常温下通过机械剪切应力作用使 RV 再生剂均匀包裹在废胶粉颗粒表面，经过浸润作用发生取代反应，使橡胶分子间交联键断裂而无损于橡胶大分子。由于是在常温下进行，大大减少氧对橡胶的破坏作用，采用断裂交联键的方法恢复橡胶的塑性同时增进与生胶的相容性。

6. 热裂解

热裂解是将废轮胎经热裂解炉进行热裂解，提取具有低热值的燃气、低能含量且富含芳烃的油类、炭黑及钢铁等。

热裂解处理过程是将胶粒输送到热裂解炉，胶粒在高温高压状态下，其中气相产品进入洗涤塔冷凝，冷凝下来的燃料油品经冷却后送罐区储存，不可凝的轻组分（C5 以下的烃类气相）回收作为热裂解炉的燃气（见图 1-7）。热分解所得的碳粉可代替炭黑使用，或经处理后制成特种吸附剂。这种吸附剂对水中污物，尤其是水银等有毒金属有极强的滤清作用。此外，热分解产物还有废钢丝。这种方法在高温高压下完成，整个过程会产生有毒气体，对环境和人体有很大的威胁；同时，这种方法技术复杂、装置庞大，成本很高。当前已有的热分解技术主要包括常压惰性气体热分解技术、真空热分解技术、熔融盐热分解技术和催化法热分解技术。

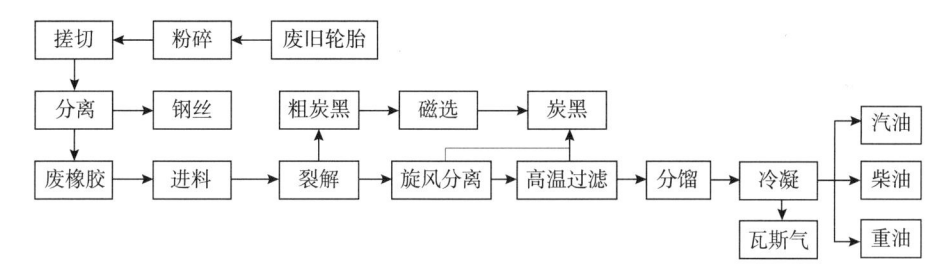

图 1-7 废旧轮胎热裂解工艺流程

1.4.2 世界废弃橡胶再生循环利用产业现状和发展趋势

欧美、日本等发达国家早在 20 世纪 80 年代就将废轮胎回收利用纳入法制轨道，在法律、政策等方面积累了丰富的经验。在扶持政策方面，欧美、日本等发达国家的废旧轮胎利用企业不但免费使用废旧轮胎资源，享受免税优惠政策，政府还对其给予补贴。中国立法规范废轮胎回收利用较晚，法规政策主要是在规范企业，以及推广环保技术等方面。在产业上，目前欧美、日等国以燃料热能为主、以胶粉为辅，而中国以再生胶为主、胶粉和轮胎翻新等为辅。

1. 产业政策[1]

(1) 美国

美国社会汽车保有量一直雄踞世界第一。早期美国政府对于废轮胎带来的社会问题并未足够重视。促使美国各州废轮胎专项立法的原因，是在全国各地堆放的废轮胎累计达十多亿条，由此而引发了大面积传染性疾病流行、火灾等几次大的环境灾难。

美国对废轮胎回收利用的主要特点是实行以收费和补偿制度为核心的废轮胎强制回收处理计划：从轮胎消费者购买替换轮胎环节征收废轮胎回收处理费，建立专项基金用于补贴废轮胎回收、加工处理和再利用企业和项目，真正做到了"污染者付费，利用者补偿"。自1985年明尼苏达州制定了第一个废轮胎回收利用管理法律，以及1994年联邦政府废旧物资联合管理局"实施废轮胎强制管理项目"开始以来，迄今为止，美国50个州中，除了阿拉斯加州和特拉华州，其他48个州均颁布了废轮胎回收处理再利用的专项法令。各州政府按照这些法律，制定了详细的废轮胎回收利用计划。各州基金收费有所不同，基本为轿车轮胎每条0.5~2美元，客货载重轮胎每条3~5美元以上。例如，佛罗里达州403法令718条规定，在新轮胎销售时征收1美元废轮胎处理费。1989年，加利福尼亚州参议院第1843号法案《轮胎回收利用法》第974章规定收取废轮胎处理费建立专项基金；1993年，作为补充措施，为保证废旧轮胎在指定授权的地点处理，参议院法案第744号（第511章）正式颁布；1996年，为使征收费用的途径由返回处理费改变为在零售轮胎时征收，颁布了众议院第2108号法案（第304章）；2000年参议院法案第876号规定，2006年12月31日以前每条新胎附加征收1美元，2007年开始涨为1.75美元。同时，美国通过立法形式鼓励使用橡胶再生资源。例如，在其《政府采购法》中明确规定，在政府采购（政府投资的所有项目）招投标中优先采用资源再生产品，甚至规定了采用环保型再利用产品的具体比例。1991年美国参、众两院通过《陆上综合运输经济法案》第1038条款明确规定，政府投资或资助的道路建设必须采用胶粉改性沥青，并明确规定其使用量从1994年的5%到1997年必须达到20%以上。1994~1998年美国已铺设了1.1万公里橡胶粉改性沥青公路。对于使用废轮胎利用产品（如橡胶粉）的企业给予奖励。这类法案刺激了橡胶粉应用技术和新产品的发展，带动了橡胶粉生产产业、橡胶粉生产设备制造业、技术开发咨询业等一批相关行业的投资，推动了废轮胎资源综合利用的市场。

美国还将废轮胎回收利用纳入政府五年专项工作计划。以加利福尼亚州政府执行参、众两院有关废旧轮胎回收利用管理法案，制定《废旧轮胎回收利用管理（2001/2002~2005/2006）五年计划》为例，参议院法案第876号颁布了以下几个主要条款。

1) 2006年12月31日以前每条新胎处理费附加调整为1美元，以后再减少到0.75美元（在2007年，实际批准上涨为1.75美元）。

2) 将加利福尼亚州轮胎处理费附加征收费政策延伸到摩托车轮胎上。

3) 修改"废轮胎"的定义，并增加另一些定义，以便为数千个旧胎销售商和废轮胎回收商提供政策优惠。

4) 扩大废轮胎货运许可证制度的范围。

---

[1] 庞澍华. 世界废旧轮胎回收利用总体概况 [J]. 中国轮胎资源综合利用 CTRA, 2013 (6).

5) 增加废轮胎回收利用工作的基金。

6) 通过废旧轮胎承运人和废旧轮胎处理设备使用许可证制度来加强强制性管理的手段。

众议院第117号法案中有关市场开发的条款概要如下：

1) 对地方政府建筑工程项目提供技术转让和补助金资助（第12条）。

2) 与州运输部一起制定橡胶粉沥青混凝土准则（第14条）。

3) 模压橡胶制品的补助金（第15条）。

4) 扩大废轮胎管理委员会的产品目录（第16条）。

5) 州政府总务部采购轮胎衍生产品（第17条）。

6) 州政府总务部购买翻新轮胎（第18条）。

7) 有关轮胎保养、处理和延长轮胎寿命的公众教育和信息项目（第19条）。

8) 应该建立全方位的最终用途奖励项目，有选择地对个别项目提供特别的奖励（第21条）。

针对加利福尼亚州每年产生3400万条废轮胎的现状，根据参众两院相关法律，该州制定的废轮胎回收利用管理五年计划中，2002～2006年共安排专项资金1.563亿美元（折合人民币12.51亿元）的财政预算，并免征州税，按就业人数抵扣联邦税的优惠政策。美国其他州也都有类似的废轮胎回收利用五年工作计划。

美国将废轮胎回收利用管理纳入法制化管理，纳入国家环境保护和经济可持续发展战略产业并给予政策支持以后，废轮胎堆放量逐年下降。

（2）日本

日本政府于1993年11月19日颁布《环境基本法》（93第91号令），其中第八节"费用负担及财政措施"中规定了使用者的缴费义务。在随后的《废弃物处理法》也做了相应的规定。目前使用者丢弃一条废轮胎需缴纳处理费为300日元。同时，该法也规定了产品寿命终结后生产者应对其产品产生的废弃物回收处理负有更主要的责任。

图1-8是日本机动车辆轮胎制造者协会的日本目前的轮胎回收系统，表明日本具有很完整的回收程序，废物都由相关部门处理。其中，轮胎销售者具有重要作用，如商店、加油站、修车站等都是回收点。

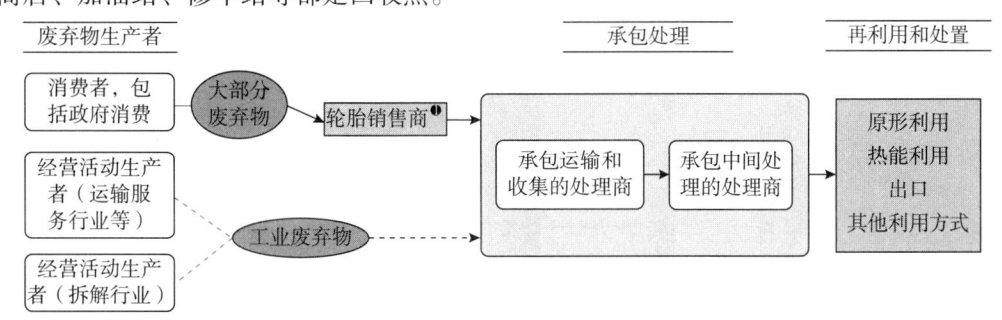

图1-8 日本轮胎回收系统

❶ 这里的轮胎销售商包括任意轮胎销售商，如轮胎零售商、自动轮胎售卖店、加油站、汽车销售商、汽车维修店等。

(3) 加拿大

1992 年加拿大通过立法规定，车主在更换轮胎时必须"以废换新"，并按不同轮胎规格缴纳 2.5~7 加元不等的废轮胎回收处理费，以此设立专项基金。立法院授予轮胎再循环管理协会专项立法委任权，并负责管理废轮胎处理费专项基金。加拿大各省据此也有相应的省法案通过，如 1996 年 Alberta 省通过了废轮胎回收利用 206 法案。

2. 产业现状

对废旧橡胶的处理各地区各国政府采用的方法不尽相同。发达国家已经形成稳定产业分布，其中利用废旧橡胶制备能源（热、电）在整个废旧橡胶回收利用中所占比例是最大的。其后是制作胶粉在道路建设中的应用。废胶粉中的抗氧化剂有延缓沥青路面材料老化的作用，可以延长公路的使用寿命，同时可提高路面耐日晒、防冰冻的能力，使路面更平坦、更具弹性，从而降低汽车与路面的摩擦噪声。第三位是再生胶生产。20 世纪五六十年代是再生胶发展的鼎盛时期，随着汽车工业的迅速发展，出现了子午线轮胎系列充油丁苯橡胶，它以超低价格优势占领了再生胶行业的大部分市场，导致发达国家将胶粉生产及改性作为废旧橡胶回收利用的重点。1984 年英国、法国已不再生产再生胶。20 世纪 80 年以来，美国、德国、瑞典、日本、澳大利亚、加拿大等国都相继建立了一批废橡胶胶粉公司，其生产能力已大大超过再生胶。

美国环境保护部负责美国废轮胎管理工作，回收利用情况的统计测算则由美国橡胶制造业协会（RMA）负责，每两年提供一份报告。根据 2014 年 11 月 RMA 提供的报告表明，美国 2013 年废轮胎产生量为 382.4 万吨，再利用 366.7 万吨，市场利用率 95.9%，如图 1-9 所示。

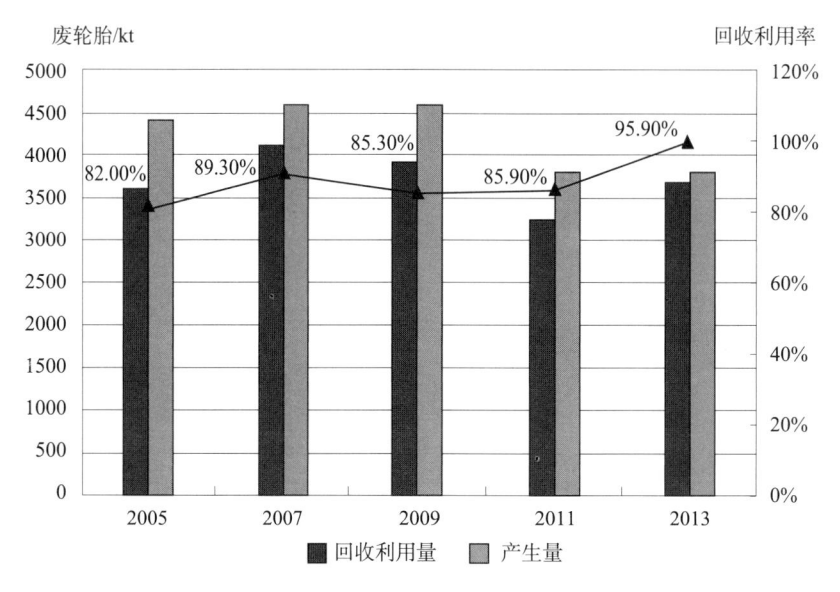

图 1-9　美国 2005~2013 年废轮胎产生量与回收量

目前，美国废橡胶循环利用方法主要有以下几种：传统填埋法，大多要求切块后填埋；热能利用法，用于水泥窑炉、工业锅炉、发电锅炉等；轮胎翻新；生产橡胶粉。

随着环境与资源的约束日益严重，美国大多数州已经严格禁止将废轮胎填埋处理。美国废橡胶主要作为燃料，根据2005年统计，美国水泥厂每年烧掉废轮胎5800万条，造纸厂烧掉废轮胎3900万条，电力烧掉废轮胎2700万条，2005年共产生1.88亿条废轮胎，烧掉1.55亿条。

2009年热能利用比例比2007年下降了16.1%，而生产橡胶粉则增长了71.6%，这是因为美国政府更鼓励废轮胎橡胶原料的利用方式。奔达可和固特异翻新轮胎公司的技术几乎垄断了美国翻新轮胎市场。美国三角能源公司现已开发出了低温热解工艺，这项新技术有助于减少有害的多环芳烃，同时可回收油品、炭黑、可燃气以及金属材料。该公司在北达科他州建设的两套废旧轮胎热解装置可日处理10t轮胎碎片。另外，美国福斯特废旧轮胎回收公司则开发出了节能的高温热解技术，可以从废旧轮胎中回收更多有价值的材料。传统的废旧轮胎高温热解通常是在无氧化条件下进行，能耗高，而该公司的这种废旧轮胎回收系统是在真空条件下加热，降低了热解温度，排放物可满足更为苛刻的环保法规要求。美国虽然时有各种热裂解装置生产的报道，但迄今仍没有达到工业化规模的废旧轮胎热裂解企业，也未见到其处理废旧轮胎的具体数量。❶

根据美国轮胎工业的同业公会，即美国橡胶制造业协会（RMA）所提供的2005～2013年废轮胎处理情况，目前美国市场从2005年开始通过轮胎获得燃料是其利用的主要方式，虽然略有变化，但是轮胎消耗总量比较平稳，而2011年有明显下降；作为第二处理方式是地面橡胶，即用于铺路等，其增长迅速，2005年552.51kt，2007年789.09kt，2009年是1354.17kt，2005～2007年的增长率为43%，2007～2009年更达到72%，2011～2013年趋于稳定。可见，美国的废轮胎处理方式已经成熟，格局定型主要是获取燃料，其次为路面应用。

在欧洲，废旧橡胶处理的各种方法所占比例为物料回收38.7%、能量回收32.3%、轮胎翻新11.3%。欧洲已不准废轮胎掩埋（污染土壤和地下水），也不准直接当燃料烧掉（增加二氧化碳排放量）。英国2006年就规定填埋和焚烧废轮胎是违法行为。为此，欧盟招标，美国CBP碳材料公司接标，用热解纳米技术将回收碳质材料质量提高到补强炭黑水平，现已有3种牌号的产品投产，可替代炭黑N500、N600、N700和N900。欧洲、北美和澳大利亚将建热解炭黑厂，与传统炭黑厂相比，这些厂每年可减少二氧化碳排放4万吨。❷

图1-10是欧洲轮胎制造商协会（ETRMA）统计的废旧轮胎回收情况。从图中看到能量回收利用和材料回收利用在1996～2011年都是增长的。能量回收主要是热能应用，材料回收主要是将纤维制成胶粉，以及回收炭黑等。到2012年能量回收和材料回收平分秋色，占据欧洲废旧轮胎回收利用总量的近80%。可见，欧洲国家的废旧轮胎回收利用从2006年开始也是基本定型，主要是能量回收和材料回收，还有一部分轮胎翻新。

---

❶ 朱永康. 美国废旧轮胎回收与综合利用 [J]. 橡胶参考资料, 2012 (3): 2-6.
❷ 程源. 废橡胶裂解回收与高值化利用 [J]. 橡胶科技市场, 2008, 6 (12): 24-25.

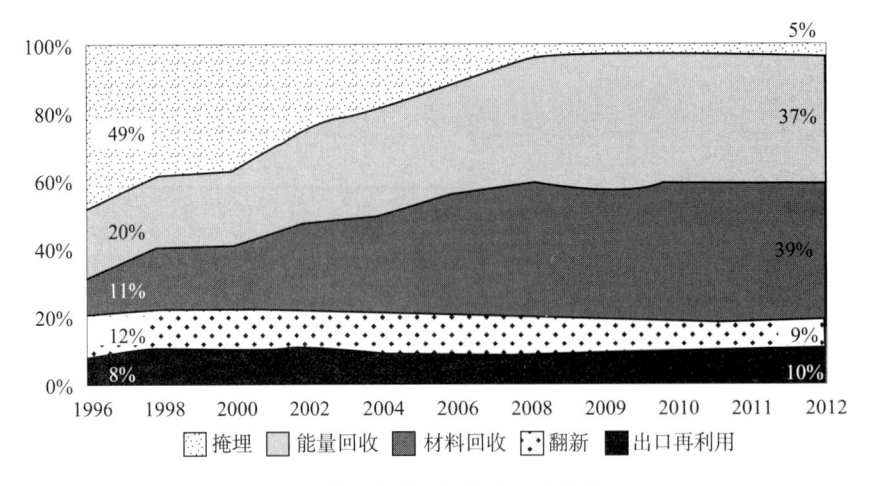

图 1-10 欧洲废旧轮胎回收情况

根据日本机动车辆轮胎制造者协会（JATMA）统计的其轮胎回收利用情况，2013年日本燃料热能利用占据轮胎回收利用的半壁江山，比例高达57%。其他利用包括胶粉、轮胎翻新等占16%，出口占16%。日本产业形势也是形成稳定格局，以燃料热能为主，胶粉的应用在2009~2013年也是在增加的。

综上所述，在美日欧等发达国家和地区，目前橡胶回收循环利用的产业已经成熟，各处理方式占比相对稳定，都是以热能或者获得燃料为主，辅以胶粉即铺路方面应用，在再生胶产业均没有明显投入。

1.4.3 我国废弃橡胶再生循环利用技术和产业发展现状

我国废弃橡胶再生循环利用发展比发达国家晚，国内近几年才开始立法规范橡胶循环利用产业以及推进其发展。同时，由于我国既是橡胶消耗大国又是橡胶匮乏国，我国废弃橡胶再生循环利用主要以再生胶为主，同时发展胶粉、轮胎翻新等回收利用方式。

1. 产业政策

国家一直把资源综合利用作为一项重大技术经济政策和长远战略方针，将资源综合利用产业作为战略性新兴产业的重要组成部分。

2008年8月29日，第十一届全国人民代表大会常务委员会第四次会议通过了《中华人民共和国循环经济促进法》，2009年1月1日开始实施。2010年5月13日，国家发改委、科技部、工信部等11个委部局联合发文，提出《关于推进再制造产业发展的意见》，再制造有利于形成"资源-产品-废旧产品-再制造产品"的循环经济模式。2010年9月15日，工信部印发了《轮胎产业政策》的公告，明确了"三胶"是指天然胶、合成胶和再生胶。2012年7月31日，工信部颁布2012年第32号公告《废轮胎综合利用行业准入条件》《轮胎翻新行业准入条件》；2012年，多项废旧轮胎橡胶再生资源综合利用技术被列入工信部颁布的《国家再生资源综合利用先进适用技术目录

(第一批)》。其中，硫化橡胶粉常压连续脱硫成套设备还被列入国家发改委、环保部、科技部、工信部四部委联合发布的《国家鼓励的循环经济技术、工艺和设备名录（第一批)》中，成为国家鼓励推广的循环经济技术、工艺和设备。

2013年，在《中华人民共和国循环经济促进法》的推动下，政府加大了对再生资源综合利用的支持力度，废橡胶综合利用行业在政策感召下，紧紧围绕中国橡胶工业绿色发展框架，加快了胶粉、再生橡胶生产方式转变，推动产品和生产工艺"无害化回收，环保型利用"的步伐，使行业保持健康、可持续发展态势。2013年2月22日国家发改委发布《战略性新兴产业重点产品和服务指导目录》，包括废轮胎常温粉碎及常压连续再生橡胶技术和成套设备、废轮胎胶粉改性沥青成套装备、废轮胎整胎切块破碎机等均被列入资源再生利用目录，废橡胶再生利用再次被提升成为国家支持、鼓励的战略性新兴产业重点产品。2013年3月14日，工信部以2013年第86号公告的形式印发了《废旧轮胎综合利用行业准入公告管理暂行办法》，这是工信部为落实《轮胎翻新行业准入条件》和《废轮胎综合利用行业准入条件》、规范废旧轮胎综合利用行业发展，提高废旧轮胎综合利用水平而特意组织制定的暂行办法，使废旧橡胶综合利用产业首次有了"许可证"，规范了利用企业准入门槛，行业脏、乱、差现象将得到遏制。2014年1月8日，工信部对符合《废旧轮胎综合利用行业准入公告管理暂行办法》要求的11个省市21家企业名单进行公示，这是自暂行办法实施以来进入准入公告的第一批企业。2014年2月14日，国家发改委公示了《再生橡胶行业清洁生产评价指标体系（征求意见稿)》。2014年3月1日中国橡胶工业协会颁布《绿色轮胎技术规范》自律标准，要求使用环保、无毒无害符合欧盟REACH环保标准的原材料。

2. 产业现状

尽管在欧美发达国家，燃料热能利用是轮胎回收利用的主要方式，但在国内，形成了以生产再生胶为主，适度发展硫化橡胶粉和胶粒直接应用，加大再生胶、胶粉的深加工力度，大力推广预硫化轮胎翻新的基本格局。

我国废旧橡胶利用主要以再生胶生产为主，不同形式利用的比例为再生胶71.30%、轮胎翻新11.80%、胶粉7.50%、其他方式9.38%。[1] 产生这种格局的主要原因是，我国是一个橡胶资源消费大国，同时又是橡胶资源极度匮乏的国家，同时，我国再生胶生产装备研发力度较大，不断有新型生产设备研制成功，有利于开发出高品质的再生胶。2014年1月8日，工信部公示了符合废旧轮胎综合利用行业准入企业名单（第一批）共21家，这21家企业主要从事轮胎翻新以及胶粉和再生胶生产业务，其中包括北京吉通轮胎翻修利用有限公司等9家轮胎翻新企业、江苏三元轮胎有限公司等10家再生橡胶企业、四川省绵阳锐洋新材料科技技术开发有限公司等两家胶粉企业，主要企业包括赛轮股份有限公司、杭州中策橡胶循环科技有限公司、三明市高科橡胶有限公司、江西国燕高新材料科技有限公司、都江堰市新时代工贸有限公司等。

表1-7列出2003~2012年我国废橡胶综合利用产品产量。从2003年开始，我国

---

[1] 钱伯章. 我国废旧橡胶综合利用现状及发展 [J]. 橡胶资源利用, 2014 (1)：19-35.

再生胶产量每年都以10%以上的速度增长。根据商务部流通业发展司《再生资源回收利用分析报告（2014）》初步统计，2013年我国废旧轮胎回收量约为375万吨，其中用于生产再生胶的废轮胎约为300万吨，用于生产橡胶粉的废轮胎约为25万吨，翻新旧轮胎约为1400万条。国家发改委《中国资源综合利用年度报告（2014）》统计，2013年全行业再生胶产量380万吨，胶粉25万吨。

表1-7　2003~2012年我国废橡胶综合利用产品产量

年份	再生胶/万吨	硫化橡胶粉/万吨	翻新输胎/万条
2003	120	18	700
2004	130	22	800
2005	145	22	920
2006	170	22	960
2007	220	25	1200
2008	245	25	1100
2009	265	26	1250
2010	288	29	1400
2011	301	32	1500
2012	321	35	1620

轮胎翻新是废旧轮胎再生利用的一个方面。根据国家发改委《中国资源综合利用年度报告（2014）》公布的数字，2013年我国废旧轮胎产生量约1000万吨，已超过美国，成为世界上废旧轮胎最大的产生国，2013年轮胎翻新1400万条。国内一些规模较大的轮胎翻新企业主要分布在广东、山东、四川、福建、江苏等地，产业布局呈集群式发展的态势，已形成国有、民营和外资多种资本共存的多元化发展格局。2013年1~12月全国橡胶轮胎外胎累计总产量9.65亿条，同比增长7.18%。12月当月橡胶轮胎外胎产量8639万条，同比增长7.55%。我国生产轮胎消耗橡胶已占全国橡胶资源消耗总量的50%左右。预计到2020年我国年产废轮胎将会突破2000万吨。若能全部回收再利用，相当于我国5年的天然橡胶产量。

我国是橡胶资源非常匮乏的国家，是世界上最大的橡胶进口国，天然橡胶约75%和合成橡胶约27%都来源于进口。2013年我国天然橡胶产量仅为83.6万吨左右，根据海关统计，2013年全国天然橡胶进口量为247万吨，而2012年为217.7万吨，同比增长13.5个百分点，增长较为明显。2013年合成橡胶的进口规模为152.74万吨，同比增长6.24个百分点。随着我国橡胶行业迅猛发展，在天然橡胶和合成橡胶不能满足需求的情况，促使了废旧橡胶综合利用行业的快速发展。再生橡胶作为橡胶原材料一部分，与天然橡胶、合成橡胶并立应用于橡胶工业，已列入国家《轮胎产业政策》文件。2003~2013年再生胶产量从120万吨增加到380万吨。我国已成为再生胶工业最为发达的国家，再生产品不仅满足了国内市场需示，而且在国际市场上也占有一席之地，再生胶产量占全世界总产量超过80%。不仅有再生产品出口，而且还有成套装备和生产技术出口。国内形成了山西平遥、汾阳，河北玉田、沧州，江苏南通，浙江温州、宁波等几个规模超过 10 万吨级的再生胶生产基地；建立了废轮胎回收、拆解、加工、再生和深加工一条龙的产业链。

在 2013 年 6 月 20 日召开的中国橡胶协会废橡胶综合利用分会广州理事会工作会议上，确定了 2013～2014 年度行业绿色发展方向：①淘汰"小三件"，改变废轮胎粉碎工艺；②制定再生胶行业自律标准，淘汰煤焦油；③改变再生胶高温高压脱硫工艺，采用常压连续环保脱硫工艺。

(1) 淘汰"小三件"，改变废轮胎粉碎工艺

为贯彻国务院《安全生产"十二五"规划》，废橡胶综合利用产业应加大淘汰"小三件"力度，落实以人为本的生产安全理念和安全生产措施，提升我国废轮胎处理装备技术水平。

目前我国仍有 85% 的废轮胎处理使用"小三件"（下圈机、切条机、切块机），生产过程极不安全，切指、切腕、切膀致残的安全事故时有发生，迫切需要提高装备水平，改善操作条件。

(2) 制定再生胶行业自律标准，淘汰煤焦油

为了加大对淘汰煤焦油的宣传力度，2013 年 3 月 22 日，废橡胶综合利用分会下发《关于在分会的宣传媒体中严禁刊登煤焦油广告信息的通知》（中橡协利字［2013］27 号），明确自发文日起，分会所有宣传媒体严禁刊登固体与液体煤焦油广告信息。2013 年 5 月 8 日，废橡胶综合利用分会下发《关于征求制定环保型再生胶行业自律标准的函》（中橡协利字［2013］36 号），启动了制定中国橡胶工业协会《环保型再生橡胶行业自律标准》程序。7 月 10 日下发《关于申请"环保型再生橡胶"自律标准单位和人员的通知》（中橡协利字［2013］53 号），在全行业开展征集申请"环保型再生橡胶"自律标准的参与单位并推荐参与人员以及征集关于"环保型再生橡胶"自律标准内容的建议和内容。制定再生胶行业自律标准、淘汰煤焦油的工作正在有条不紊地进行。

(3) 改变再生胶高温高压脱硫工艺

采用无压连续环保脱硫工艺改变再生橡胶脱硫工艺，落实国家鼓励的"常压连续再生橡胶技术和成套设备"成为行业污染源防治和安全生产的又一个关键。传统的高温高压动态脱硫工艺，是我国 20 世纪 90 年代研发的一项再生橡胶脱硫工艺技术，它为淘汰"水油法"脱硫工艺减少水污染生产再生橡胶作出了卓越贡献。该工艺依然存在一定数量的工艺废水、废气，虽可以治理但依然存在先产污后治理的环境污染隐患，与当前环境保护要求格格不入，成为再生橡胶生产的主要污染源。同时，由于动态脱硫罐是压力容器，存在一定安全隐患，曾分别在安徽、福建、山西、河南等地发生由于操作不当罐体爆炸和人员伤亡事件。20 世纪 90 年代末，高温高压动态脱硫工艺已经在欧美发达国家遭到淘汰。因此，随着对环保要求的不断提升，行业应采用不产生废水、废气的清洁化、具有环保特性的"硫化橡胶粉常压连续脱硫成套设备"，同时可以预防、避免安全事故发生。"硫化橡胶粉常压连续脱硫成套设备"被列入国家发改委、环保部、科技部、工信部四部委联合发布的《国家鼓励的循环经济技术、工艺和设备

名录（第一批）》，确定为废旧轮胎橡胶生产再生胶关键脱硫技术生产方式。"硫化橡胶粉常压连续脱硫成套设备"环保、安全的脱硫方式以及便于再生橡胶粉碎、脱硫和压延精炼联动化的全过程结合，在行业中已经得到普遍认知。

（4）再利用面临的问题

1）回收体系不健全。从总体上看，我国现有的废旧轮胎回收体系不规范，缺乏从生产、收运到处理的具体管理办法，以个体为主的回收网络已经无法适应现有的废旧轮胎利用的需求。由于没有形成系统和规范的回收市场，废轮胎的回收利用处于低水平、小规模的状态，每年约有50%的废旧轮胎没有得到有效应用，特别是子午线钢丝轮胎；回收站点的设立没有列入城镇基础设施规划。受利益驱动，回收的废旧轮胎资源有流向不符合循环经济发展要求市场的情况。

2）行业缺乏监管。从目前废旧橡胶综合利用行业的情况来看，废旧橡胶回收市场多为自发形成，由于分布比较分散，从业人员难以统计，各地方政府对这些回收站和回收人员缺乏有效管理。同时，从生产厂家来看，废旧橡胶综合利用行业80%以上的企业多为小型个体厂家，这些企业往往不会加入相关协会接受行业监督。因此，整体来看，废旧橡胶综合利用行业在监管方面存在不足。

3）废旧轮胎的无公害化综合利用处理技术水平有待提高。我国实际回收的废旧轮胎中，用于"土法炼油"等非法加工和低品位利用的约占回收总量的20%以上。土法炼油既浪费橡胶资源，又在炼油过程中排放了大量硫化氢、苯类、多环芳烃有毒有害气体，在一些地方已经造成了巨大的环境污染和生态灾难。

4）行业税赋高。废旧轮胎加工企业不能享受免交增值税的优惠政策；而且废旧轮胎从民间收购，小规模纳税人没有增值税发票，不能抵扣进项税，造成了重复征税，更加压缩了利润本来就很低的企业的利润空间，导致企业生存困难。

1.4.4 广东省废弃橡胶再生循环利用技术和产业发展现状

为了推动广东省资源综合利用产业的快速发展，鼓励企业加大资源综合利用力度，促进资源综合利用企业的集约化和规模化发展，广东省在国家政策纲领指导下，制定了一系列提高资源综合利用水平的计划，如《广东省资源综合利用中长期规划(2010—2020)》《广东省循环经济规划（2010—2020年)》。

1. 产业政策

《广东省循环经济规划（2010—2020年）》指出，发展循环经济的主要内容之一是在珠三角地区积极推进废旧电器、废旧轮胎再制造和污泥回收利用；重点任务之一是推进废弃物综合利用，建立和完善废弃物分类、收集和处理系统，严格执行废弃物强制回收制度，完善社会化再生资源回收处理与综合利用体系，建立健全废弃物资源化利用市场机制和管理机制。在珠三角地区建立完善的废旧电器、废旧电子、废旧塑料、废旧轮胎等废旧物收集系统，逐步向东西两翼和山区推广，到2012年每个区（特大镇）至少设置1个收集点，每个地级以上市建立1座工业固体废物集中处理设施和1座医疗废物集中处理设施，全省规划建设5个区域性电子废物综合处理中心，规划建设若干个区域性废旧家电、废旧塑料、废旧轮胎综合利用中心。

加强废旧金属、废旧轮胎和废旧塑料回收利用。通过政策和市场引导，提高废旧金属回收使用率，开辟利用废旧金属、废旧轮胎和废旧塑料生产井座、井盖及汽油等资源化途径，加强废旧金属、废旧轮胎和废旧塑料回收分类指导。支持废旧金属、废旧轮胎、废旧塑料回收利用项目产业化运作。积极推进废旧汽车配件（包括废旧轮胎）再制造。大力发展汽车零部件再制造和轮胎翻新行业，按照靠近消费市场、靠近生产企业的原则，积极启动再制造（翻新）示范推广项目，为"十一五"以后规模化发展积累经验和奠定基础。

培育和发展面向全国的可再生资源废物市场，建设综合性、行业性废物交换信息系统，建设区域性废物交换贸易中心。重点发展废旧汽车配件、废旧家电、废旧电子、废旧轮胎、废旧塑料、废钢、废铜、废纸的资源回收和循环利用交易，吸引国外和民间资本参与工业废物削减、废物交换、废物循环和废物处理处置。按照重污染行业统一规划、统一定点的原则，通过整合、改造现有废物交换场所，率先在珠三角地区建设5~8个区域性废物交换贸易中心，粤东、粤西、粤北山区原则上各建立一个区域性、综合性废物交换贸易中心。积极推进虚拟废物交换中心建设，建立与废物交换有关的企业、产品、项目、政策和科技成果等数据库。

在原有的废旧汽车配件、废旧家电、废旧电子、废旧金属、废旧纸张、废旧玻璃、废旧塑料、废旧轮胎、废矿渣（含尾矿）等工业废弃物综合利用项目中，选择一定数量项目培育为工业废弃物综合利用示范项目。

2. 产业现状

广东省在废弃橡胶再生循环利用方面企业虽多，但是普遍规模较小。本部分主要介绍三家企业，其他企业概况如表1-8所示。

表1-8 广东省其他废橡胶回收利用相关企业概况

序号	企业名称	经营产品
1	清远市结加精细胶粉有限公司	胶粉
2	广州恒昌实业有限公司	乙丙橡胶、废橡胶、生活日用橡胶制品、塑料建材、改性沥青
3	广州市首誉橡胶加工专用设备	轮胎回收设备
4	东莞市鸿运轮胎有限公司	轮胎翻新
5	茂名市茂港区豪林橡胶有限公司	再生胶
6	茂名市振南橡塑厂	再生胶
7	广州市花都区河宏橡胶材料厂	再生胶

（1）广州市钟南橡胶再生资源开发公司

钟南橡胶再生资源开发公司始创于1991年，原属广州军区中南人防集团管辖，至今已有十多年历史。钟南橡胶再生资源开发公司多年从事环保再生资源的研究和开发，公司是中国橡胶工业再生协会理事单位、广东省环保促进理事单位。

目前公司开发生产的产品有各种颜色橡胶颗粒、地板砖、各色合成橡胶、常温超微细 5~80 目橡胶粉、橡胶颗粒及符合环保标准的橡胶油,产品质量居行业领先地位。

(2) 东莞市运通环保科技有限公司

东莞市运通环保科技有限公司主要研发、制造和销售废旧轮胎循环再利用处理设备、粉碎设备、橡胶设备、轮胎回收设备、环保机械设备及橡胶制品设备等,以橡胶粉应用为主要经营业务,同时提供机械设计、设备制造、安装、调试维护、人员培训等多方位服务,拥有年处理 15 万吨废旧轮胎的生产基地。

(3) 佛山三水海达轮胎有限公司

三水海达轮胎有限公司于 2000 年年底成立,总资产 2500 万元,是目前全国最大的轮胎翻新企业之一,是中国轮胎翻修综合利用协会理事会成员,现已形成年翻新轮胎 27 万条的产能。生产的翻新轮胎在市场上享有较高的声誉,在公交、货运、港口、工地、机场等场所广泛使用。

1.4.5 全球主要国家、中国和广东省的政策、产业、技术比较

废弃橡胶再生循环利用在各国发展与各国相关政策法规导向有关。美国,日本等发达国家主要以能量利用为主,且废轮胎处理率高;中国等一些发展中国家则多以材料利用为主,处理率低。发达国家早在 20 世纪八九十年代就已经开始关注废轮胎污染问题,并立法规范回收利用产业,主要的政策是采用轮胎回收处理补贴制度;而中国在近几年才真正开始关注废轮胎的回收利用,废轮胎回收是收费使用。近年来中国废轮胎产生量一直高居世界第一,2013 年中国废轮胎产生量达 1000 万吨,美国废轮胎产生量 382.426 万吨,日本废轮胎产生量 102.1 万吨,但是中国利用率约 75%,低于美国的 95.9% 和日本的 88%(见表 1-9)。

表 1-9 全球主要国家、中国、广东省废轮胎循环利用政策、技术、产业对比

国家和地区	政策	废橡胶利用方式	2013 年废轮胎产生量/万吨	2013 年废轮胎利用量/万吨	2013 年废轮胎利用率
美国	《国家环境政策法》《资源与回收法》《轮胎回收利用法》	以燃料热能为主,胶粉为辅	382.426	366.685	95.9%
日本	《环境基本法》(环境基本计划)、《推进循环型社会建设基本法》(推行循环型社会建设基本计划)、《资源有效利用促进法》	实行以收费和补偿制度为核心的废轮胎强制回收处理计划:从轮胎消费者购买替换轮胎环节征收"废轮胎回收处理费",建立专项基金,用于补贴废轮胎回收、加工处理和再利用企业及项目,真正做到了"污染者付费,利用者补偿"	102.1	89.9	88%

第1章 概　况

续表

国家和地区	政策	废橡胶利用方式	2013年废轮胎产生量/万吨	2013年废轮胎利用量/万吨	2013年废轮胎利用率
德国	《废弃物处理法》（1972年）、《国家废物管理计划》（1975年）、《废弃物限制处理法》（1986年）、《包装条例》（1991年）、《废旧车辆限制条例》（1992年）、《循环经济与废弃物管理法》（1996年，2000年修订）、《联邦水土保持与废旧物法令》（1999年）、《社区垃圾合乎环保放置及垃圾处理法令》（2000年）和《可再生能源法》（2003年）等	实行以收费和补偿制度为核心的废轮胎强制回收处理计划：从轮胎消费者购买替换轮胎环节征收"废轮胎回收处理费"，建立专项基金，用于补贴废轮胎回收、加工处理和再利用企业和项目，真正做到了"污染者付费，利用者补偿"	以燃料热能为主、胶粉为辅	276.5（2012年数据）	260.3（2012年数据）	94%（2012年数据）
中国	《再生资源回收管理办法》《资源综合利用企业所得税优惠目录（2008）》《国家鼓励的循环经济技术、工艺和设备名录》《轮胎翻新行业准入条件》《废轮胎综合利用行业准入条件》《再生橡胶行业清洁生产评价指标体系》 回收废轮胎是要付费；轮胎翻新列入《享受增值税优惠政策的资源综合利用产品和劳务目录》，享受增值税50%即征即退的税收优惠政策	以再生胶为主、胶粉和轮胎翻新等其他处理为辅	1000	再生胶利用516万吨，轮胎翻新54万吨，热裂解86.4万吨，原形利用86.4万吨，其他利用64.8万吨	75%
广东省		以胶粉为主，轮胎翻新、热裂解、再生胶等为辅			

注：美国数据来自美国橡胶制造业协会报告，日本数据来自日本机动车辆轮胎制造者协会报告，德国数据来自欧洲轮胎制造商协会报告，中国数据来自国家发改委于2014年发布的《中国资源综合利用年度报告》。

1.5 废弃电子电器产品再生循环利用技术和产业发展概况[1]

随着经济社会快速发展和人民生活水平不断提高,家用电器的种类越来越多,普及率也在逐渐提高。然而现阶段废旧家电产品任意处置的现象较为普遍,由此产生的安全隐患、能源浪费及环境污染问题越来越严重。废旧电子电器主要涉及整机及整机拆分后的废弃电(线)路板、废弃阴极射线管、废弃制冷系统和废弃电池等,主要含有的大量有毒、有害和危险物质,包括铅、镉、汞、六价铬、金、银、锆、镍、溴化阻燃剂、氟利昂等,对自然生存环境产生了毁灭性破坏。如何进行上述废弃物的回收再生循环利用是各国必须面对的当务之急。废弃电子电器所含的主要组分和质量比为金属(49%)、塑料(20.75%)、玻璃/陶瓷(18.1%)和绝缘体(0.8%)等。对其进行回收再生循环利用,不仅能促进资源利用,还能维护环境健康。1t废弃电路板中黄金达80~1500g,而1t金矿石中含有超过2g黄金就具有开采价值了;1只重约40g的锂电池含金属钴约6g,1亿只锂电池回收钴量可达600t,而我国每年钴的需求量约为600~800t。废弃电子电器资源回收再利用能缓解资源需求压力,支持我国经济建设。常用的回收方法主要包括干法回收、湿法回收以及物理回收,其前期处理主要包括粉碎和分选。这些回收方法都能达到相应的回收效果,其差别主要体现在环境成本与经济收益上。

1.5.1 世界废弃电子电器产品再生循环利用技术发展历程

早期废弃电子电器处理技术主要是简单拆分后用填埋和焚烧等方式处理。现阶段为了获得废弃资源的剩余价值,如对废旧电路板进行粗破碎或精破碎处理,经过简单分选后,通过组合分选、热处理冶炼、湿处理冶金、生物浸出等方式获得高附加值的金属等成分;阴极射线管经热、机械等方式切割分离后,可以通过机械吹扫等手段获得荧光物质进行稀土金属的回收,含铅玻璃可通过真空热法去除;废弃制冷系统通常通过冷抽吸方法进行制冷剂的回收,回收后可通过焚烧等方式实现无害化,或通过化学转化法生产其他物质;废弃电池中含有大量金属成分,火法冶金和湿法冶金是目前较常用的方式。

1. 废旧电路板资源回收利用[2][3]

印制电路板(Printed Circuit Board, PCB)是电子工业的基础,是各类电子产品中不可或缺的部件。由于电子工业的快速发展,PCB的废弃量也越来越多。根据2010年联合国环境署数据,全球电子废物产生量约4000万吨/年,中国已成为世界第二大电子废弃物产生国,仅次于美国。根据工信部数据,2009年我国共生产手机6.2亿部、

---

[1] 张宇平. 废旧电子电器产品资源化利用技术[J]. 中国环保产业, 2010 (9).
[2] 中华人民共和国工业和信息化部. 再生资源综合利用先进适用技术目录(第一批), 2012.
[3] IPC 发布2011年11月份PCB行业调查结果[J]. 电子工艺技术, 2012 (1).

计算机 1.82 亿台、彩电 9966 万台、家用空调 8153.27 万台、家用电冰箱 6063.58 万台、家用洗衣机 4935.84 万台，总产量已达 11.8 亿台之多，增长幅度明显。传统的发展模式不仅造成了生态环境的极大破坏，而且浪费了大量的能源，加速了自然资源的耗竭，使发展难以持久。为了减少环境污染并实现二次资源的重新利用，我国近年来颁布了一系列的相关法律法规，如 2007 年 9 月，国家环保总局发布并施行《电子废物污染环境防治管理办法》；2009 年 2 月，时任国务院总理温家宝签署 551 号国务院令，正式发布《废弃电器电子产品回收处理管理条例》；2009 年 6 月，国务院批准了国家发改委等部门《促进扩大内需，鼓励汽车、家电"以旧换新"实施方案》；2010 年 1 月，国务院第 91 次常务会议决定，2010 年 5 月底国家家电以旧换新政策试点结束后，继续实施这项政策，并在具有拆解能力等条件的地区推广实施；2010 年 4 月，环保部发布《废弃电器电子产品处理污染控制技术规范》；2010 年 10 月 12 日，环保部、国家发改委发布《关于组织编制废弃电器电子产品处理发展规划（2011—2015）》的通知，其目的在于指导各省（区、市）科学合理规划和发展废弃电器电子产品处理产业，规范废弃电器电子产品处理活动，促进资源综合利用和循环经济发展，保护环境，保障人体健康。

（1）机械分离

对于机械分离技术来讲，使各种材料尽可能充分地单体解离是高效率分选的前提。破碎程度的选择不仅影响到破碎设备的能源消耗，还将影响到后续的分选效率，机械破碎施力种类因物料性质、粒度及粉碎产品的要求而不同。对韧性物料，一般用剪切或高速冲击；对多组分物料，一般用冲击作用下的选择性破碎。废旧 PCB 与煤炭、脉石的性质明显不同，主要表现在以下几方面：电路板的硬度较高、韧性较好；有良好的抗弯曲性能；多为平板状，很难通过一次破碎使金属与非金属分离；所含物质种类较多，解离后金属有缠绕现象等。这些特点决定了 PCB 的破碎方法与天然矿石破碎不同。选矿常用的圆锥破碎机、颚式破碎机、辊式破碎机不适合破碎电路板，而冲击式破碎机和锤式破碎机采用冲击破碎的原理，可以用于电路板的细碎。中国矿业大学（北京）开发研制的 ZKB 剪切破碎机可以成功地应用于废旧 PCB 的粗碎。研究发现，一般破碎到粒径为 1.2mm 时废旧主板可以基本解离；解离后得到的塑料主要来自插槽，由于塑料相对较脆，容易破碎，在大于 0.5mm 粒级中所占的比例最大；树脂是基板的主要成分，但韧性较大，在细粒级中的比例较高；大于 0.5mm 物料中的金属主要是针状引脚，以 1.2～0.5mm 粒级最多，小于 0.125mm 物料中金属含量很低；铜是废旧电路板中数量较大、价值较高的金属，富集在 0.50～0.25mm 与 0.250～0.125mm 两个粒级中。但破碎方式和级数的选择还要视后续工艺而定。不同的分选方法对进料有不同的要求，破碎后颗粒的形状和大小会影响分选的效率和效果。另外，废弃 PCB 的破碎过程中会产生大量含玻璃纤维和树脂的粉尘，阻燃剂中含有的溴主要集中在 0.6mm 以下的颗粒中，而且连续破碎时还会发热，散发有毒气体。

废旧电路板拆解不但是旧元器件重用的必要步骤，而且有利于废旧电路板上不同材料物质的分类收集。拆卸的效果对后续工序有很大的影响，开发自动化拆解装置是机械回收技术中的重要环节。现有废旧电路板拆解工艺和拆解设备难以有效拆卸插装元器件。经实验，基于钎料吹扫去除的废旧电路板拆解工艺和相应的试验设备可用于辅助拆解以插装电子元器件为主的电路板。试验结果表明，基于钎料吹扫去除的拆解工艺能有效拆解插装元器件，焊点脱钎率可达98.1%。

机械分离是根据PCB中各组分物理性能的不同而实现成分回收的一种手段。机械处理技术的优点是费用较低，经济可行性相对较高，一般不用考虑残留物处置等问题。其缺点是：①只能实现金属与非金属的分离，对于金属与金属、非金属与非金属的分离还处于研究阶段，忽略了产品的后续处理。②在机械破碎过程中会产生大量的含玻璃纤维和树脂的粉尘，并伴随一定量有毒气体的产生。③容易造成粉尘污染。

（2）分选

分选主要是利用物质间的物理性质差异（如密度、电性、磁性、形状及表面性质等）来实现不同物质的分离，通常分为干法分选及湿法分选两种。干法分选包括空气摇床或气流分选，磁选，静电分选及涡流分选等；湿法分选则主要包括水力旋流分级、浮选、水力摇床等。湿法分选具有回收率高的优点，但由于湿法分选成本较高，所用药剂易污染环境，分选后的废渣及废水也须进一步处理，工艺复杂、投资大、易产生大量的有害气体、二次污染严重而致使该法较少采用。而干法分选则具有成本低、无污染的优势，其主要缺点是细颗粒的分选效率较低，而且得到的是金属富集体，不是最终产品，由于贵金属在电子产品中分布得很分散，因而该法对贵金属的回收率较低。近年来，随着对环境保护的重视及电子产品中贵金属的使用逐渐减少，干法分选在电子废弃物破碎产品的分选中占绝对优势。

1）常用的几种干法分选方法如下。

磁选是利用电子废弃物中各组分的磁性差异实现分选的，多用于除去废弃电路板中的铁磁性物质。静电分选是利用物质在高压电场中的电性差异实现分选的，对废弃物再生处理十分有效。其荷电机理有两种：一是通过离子或电子碰撞荷电，如电晕圆筒型分选机；二是通过接触和摩擦荷电，如摩擦电选，能够分选多种不同物料，尤其对两种混合塑料分选十分有效。德国Daimler - BenzUlm研究中心研制了一种分离金属和塑料的电分选机，可以分离尺寸小于0.1mm的颗粒。中国矿业大学温雪峰等采用电晕圆筒形电选机分选废旧电路板回收金属，对于0.5~2mm的颗粒回收率较高。

涡流电选机是根据颗粒电性的差异实现分选的设备。涡流分选技术在过去一般只能用于从废旧汽车及城市垃圾中回收解离颗粒在50mm以上的金属铝。随着强力涡电流及稀土永久磁铁的引入，涡流分选技术已成功应用于电子废弃物的物料分选中。其分选机理是当分选机中的磁场变化时，在导电的有色金属颗粒中感应产生涡电流，涡电流与磁场相互作用，对导电颗粒产生磁性偏转力，使导电颗粒和绝缘颗粒产生不同的运动轨迹，从而实现导体和非导体的分离。磁性偏转力除了与磁感应强度、颗粒导电率有关外，还与颗粒的维度、形状有关。涡流分选要求颗粒的形状规则平整，而且粒度不能太小。铝的密度较低，使用普通的分选方法容易混入轻产物，而使用涡流电选机可以高效地分离金属铝，可获得品位高达85%金属铝富集体，回收率也可达到

90%。采用涡流分选机分选废旧电视破碎产品中 6mm 以上部分,可获得含 76% 铝、16% 其他有色金属及少量玻璃、塑料的金属富集体,铝回收率达 89%。

空气摇床是一种根据颗粒比重不同实现分选的设备,现已广泛地应用于电子废弃物的分选过程中,它实际上是流化床、摇床及气力分级设备的混合体。其分选机理是把不同比重的颗粒混合物料给到床面一端,与从床面缝隙吹入的空气混合,颗粒群在重力、电磁激振力、风力等综合作用下按密度差异产生松散、流化并分层,重颗粒在板的摩擦和振动作用下向床面的上端移动,轻颗粒浮在床面上部并向床面下端漂移,从而实现了金属和塑料的分离。人们对空气摇床进行大量研究表明,不同密度相同粒度的颗粒,比粒群平均密度小的轻颗粒向上运动,重颗粒向下运动;不同粒度相同密度的颗粒,比粒群平均粒度小的颗粒向上运动,大的向下运动;不同粒度和密度的颗粒将无法有效地进行分层和分选。这就对空气摇床的入料提出了较高的要求,即必须保证入料颗粒的大小和形状不能相差太大,因此,破碎后的物料进行窄粒级分级,将入料粒度限定在一个较小的范围内,以保证空气摇床的分选效率。

气流分选是以空气为分选介质,在气流作用下使颗粒按密度或粒度进行分离的一种方法,广泛应用于农业、矿业、钢铁工业、城市垃圾分离等领域。由于气流分选操作简便,分选过程几乎无污染,应用的前景很广阔。对于传统的立式气流分选,分选物料组分的沉降末速是决定分选效率的主要因素。颗粒的沉降末速主要与颗粒密度、大小和形状有关,因而传统气流分选装置有效分选影响因素较多。对于宽粒级多组分物质,传统的气流分选装置很难实现物料按密度有效分选。脉动气流分选装置是一种新型的气流分选机,在传统的气流分选机中加入阻尼块或脉动阀使分选装置中形成气流的加速、减速区域,所产生的脉动气流可实现物料在分选装置内按密度有效分离。

2)湿法冶金处理技术。

PCB 的湿法冶金处理技术主要是利用贵金属和其他普通金属能溶解在硝酸、王水等强氧化介质中的性质,使其从电子废物进入液相中予以回收,通常包括浸出、沉淀、结晶、过滤、萃取、离子交换、电解等工艺流程。此法废气排放少,可以获得高品位、高回收率的金、银等贵金属和其他有色金属,所需费用也较低。其最大的缺点在于溶解金属后的废水会造成严重的二次污染。此外贵金属的浸出效果还受到待处理的原料中贵金属的暴露程度的影响,当金属被覆盖或被包裹在陶瓷中时浸出率常常会被降低。

电解提取是向金属盐的水溶液中通过直流电而使其中的某些金属沉积在阴极的过程。即将废弃电(线)路板磨碎,采用酸溶过滤,在电解槽中提取各种金属。电解提取不能使用大量试剂,对环境污染少,但需要消耗大量电能。

3)其他分选技术。

近年来,微波处理废旧电路板的研究越来越多,其处理方法也越来越完善,废旧 PCB 回收零污染的目标正逐步被实现。但微波处理废旧 PCB 单纯回收其中的金属的方法不多,大多是对金属和非金属分别完全回收的实验研究。

生物处理技术是利用微生物或其代谢产物与 PCB 的金属相作用,产生氧化、还原、溶解、吸附等反应,从而回收其中的有价金属。生物法作为近年来在生物冶金的基础上发展起来的新技术，在 PCB 资源化处理中逐渐受到关注。应用于 PCB 中金属浸出的微生物根据代谢途径不同可以分为硫杆菌属和氰细菌两类。前者几乎全部属于自养型，能够氧化 Fe^{2+} 或还原硫获得能量，同时生成 Fe^{3+} 或 H_2SO_4；而后者属于异养型，能够代谢产生 CN^-，从而将 PCB 中金属螯合浸出。目前，在 PCB 浸取金属的研究中使用较多的氰细菌是紫色色杆菌，它为革兰氏阴性、兼性厌氧细菌，能够在缺氧和有氧条件下生长，对温度不敏感，在常温下可稳定生长，溶液中的 Fe^{3+}、磷酸盐等对它的 CN^- 速率没有明显影响，使其可以在复杂条件下生长。与其他方法相比，生物法处理 PCB 具有低浓度、选择性高、运行成本低、操作方便、环境清洁等优点，不足之处主要是浸取时间长，浸取速率低。

超临界流体是指处于临界温度和临界压力以上的无气液相区别的均相流体，它具有与气体相当的高扩散系数和低黏度，又具有与液体相近的密度和良好的溶解能力。目前应用于回收 PCB 的研究有超临界 CO_2 萃取和超临界水氧化，可属于前期处理及中期处理阶段。超临界法具有处理效率高、反应彻底、快速、可氧化降解绝大多数的有机有害废物、不会形成二次污染等优点。但该方法目前还没有达到直接回收电路板中贵重金属的阶段，所得产物中各种重金属还须进一步处理提纯。超临界 CO_2 流体可使整块 PCB 中的树脂层分解并溶解，从而分离出铜箔层和玻璃纤维层，这一过程类似于热解法，但使 PCB 表面没有高温热解时产生的轻重石脑油等液体，更加有利于材料层的分离及高纯度。

贵金属的回收、提取从来都是研究的热点，据海外媒体报道，日本研究人员开发出利用树脂提取废旧手机中贵金属的高效回收技术。研究人员发现由乙炔和乙醇发生化学反应生成的乙烯醚树脂在温度变化时具有单纯吸附贵金属的特性。他们在含有贵金属等残留物的废液中加入该树脂和还原剂，加热后该树脂吸附贵金属颗粒并固化下沉，取出固化树脂，冷却后重新成为液体，过滤即可分离出金和银等贵金属颗粒。研究人员利用掌握的聚合体技术，优化该树脂的分子结构，增强其敏感性，提高了回收效率。试验结果表明，金的微小颗粒回收率高，且该树脂可反复使用，降低了材料成本。该技术有望在被称作"城市矿山"的电子废弃物回收行业和有色金属等行业得以广泛应用。

焚化法处理流程是先将废弃 PCB 经机械破碎至 1~2 英寸大小后，送入一次焚化炉中焚烧，将所含约 40% 的树脂分解破坏，使有机气体与固体物分离，剩余残渣即为裸露的金属及玻璃纤维，经粉碎后即可送往金属冶炼厂进行金属回收，有机气体则送入二次焚化炉进一步燃烧处理。该法的优点是可以处理所有形式的电子废弃物，对废弃物的物理成分要求不像化学处理那么重要，主要金属铜及金、银、钯等贵金属也具有非常高的回收率。但存在以下问题：①易造成有毒气体逸出，且电子废弃物中的贵金属也易以氯化物的形式挥发；②电子废弃物中的陶瓷及玻璃成分使熔炼炉的炉渣量增加，易造成金属的损失；③废弃物中高含量的铜增加了熔炼炉中固体粒子的析出量，减少了金属的直接回收；④部分金属的回收率相当低（如锡、铅等），大量非金属成分（如塑料等）也在焚烧过程中损失；⑤由于 PCB 中的阻燃剂含有大量溴或氯，燃烧后的废气易造成空气污染，因此对焚化炉及空气污染防治设施的要求较严格。

将废弃 PCB 热裂解可回收可燃油气及金属物质。热裂解是在缺氧的环境下，将有机物质置于密封容器中，在高温高压、高温低压或常压下，使有机物质加热（通常是 350~900℃）分解，转换成油气利用。裂解后废弃 PCB 中胶结的有机物分解、挥发，其他各组分成单离状态，易于用简单的粉碎、磁选、涡电流分选等方法将其分选回收。裂解所产生的挥发气体由反应器的排气管排出，经过油气分离（冷凝）将可凝结的气体冷凝成油，不可凝的气体经处理后作为燃料利用，并经二次燃烧室使其完全破坏后排放。同焚化法一样，该处理技术对空气污染防治的要求较高，在经济效益上须进一步考虑。

(3) 非金属部分的处理

含量达 76%~94% 的非金属材料主要由塑料构成。少量的热塑性塑料，如 PP、PS、PVC 等具有加热软化、冷却硬化等性质，相对来说容易再生利用，关于这方面的研究和利用已有不少应用到实际生产中。而在 PCB 中占据主要组分的热固性塑料，像发泡聚氨酯（PUR）、玻璃纤维（GF）和增强环氧树脂（EP）等则因为稳定性高、不易软化等特点难以回收。

因非金属部分含有大量热固性塑料，这些热固性塑料中又含有残留重金属和阻燃剂等易通过各种途径释放到环境中的有害物质，如果不能妥善处理，不仅会对环境造成严重的污染，还会造成大量的资源流失。目前，非金属部分的资源化利用已成为国内外的关注焦点。

1) 火法处理。废弃电子电器产品的火法处理是指通过焚烧、等离子电弧炉或高炉熔炼、烧结或熔融等火法处理的手段去除其中的塑料及其他有机成分，使金属得到富集并进一步回收利用的方法。温哥华一火法冶金厂从废弃电子电器产品中回收金、银、钯的处理流程为：破碎、制样、燃烧和物理分选，熔化或冶炼样品，进一步回收灰渣，用化学或电解的方法精炼粒化的金属，金、银、钯的回收率都超过 90%。Reddy 等人也提到了采用电弧炉熔炼回收电子废物中的贵金属，金、银、钯的回收率分别高达 99.88%、99.98%、100%。据报道，Lead Kaldo 公司、澳大利亚的 Brixlegg 公司、比利时的 Umicore 金属与特殊材料集团、瑞典的 Boliden 公司、德国的 Degussa 公司、英国的 JonsonMatthey 化学公司都采用火法冶金处理废弃电子电器产品。

焚烧法是通过燃烧非金属材料来获得其中的热能的一种方法，其技术含量低、处理方便、成本小且要求低。由于 PCB 中含有大约 60% 的非金属部分，非金属部分主要由塑料构成，塑料废物平均热值约 40MJ/kg，接近于燃料水平。根据该特点，将分离后的非金属材料与生活垃圾以一定比例混合燃烧，能够回收 PCB 的热能。但由于非金属材料中含有相当数量的惰性氧化物，如以硅酸、氧化钙及氧化铝为主体，由多种惰性氧化物组成的玻璃纤维物质不利于燃烧，导致非金属材料的整体热值降低，同时还增加了熔炼炉的炉渣量。要将这些惰性氧化物从热值高的塑料中分离，还要积极探索可行的方法。

焚烧法最主要的弊端还在于燃烧过程中产生有毒有害气体。研究指出，当废旧电路板焚烧温度为 250~400 ℃ 时，产生 PBDD/Fs 的概率很高，且 PBDD/Fs 的产生率会随着温度的升高而降低。研究表明，PCB 中所含的 5%~15% 的溴在焚烧过程中可能产生 HBr、Br_2、二噁英、呋喃和多环芳烃等有毒有害气体，同时，分离后非金属部分残留的少量重金属也会伴随高温而汽化,若直接排放必会造成严重的环境污染,威胁人体健康。因此,随着环保要求的提高,焚烧法必然要求配备完善的烟气处理系统对尾气进行净化处理,这不仅增加了技术难度和复杂度,同时也大大增加了处理成本。

2)热解法。热解法目前有两种方式:第一种是应用在完成机械破碎和金属回收之后,将剩余非金属材料进行热解;第二种是废电路板先进行简单的元件拆除、破碎等预处理,然后直接进行热解。在热解过程中,有机聚合物分解成水相、油相和气相等产物。Hung Lung Chiang 研究发现,废旧电路板热解后,气相产物一般是由 H_2、CO、CO_2、CH_4 和 H_2 等气体组成,可以用作城市煤气和作为热解过程的热源循环利用;Cui Quan 研究发现,液相产物主要是苯酚、4,1-甲基苯酚,可以制作成酚醛树脂被回收,能够用作化工原料;热解残渣较脆,易于分层,容易形成碳、玻璃纤维等,可回收用于复合材料的再生产。由于一些 PCB 中含有溴化阻燃剂等物质,在热解过程中便会产生大量的 HBr 气体,损害设备,破坏环境。为了解决这一问题,彭绍洪等提出用 $CaCO_3$ 吸附分离 HBr 的处理工艺,生成的 $CaBr_2$ 通过水的浸取、过滤、蒸发、浓缩等过程,获得质量分数为 52%、密度为 1.7g/ml 的 $CaBr_2$ 水溶液。热解吸附试验表明,$CaCO_3$ 与电路板的质量比为 1.2~1.4、热解温度约为 600℃ 时,$CaBr_2$ 的产率最高可达 86%,且溴化钙液体产品主要技术指标接近同类市售产品。

与焚烧法相比,热解过程是在无氧的条件下进行的,因此可以大大减少二噁英、呋喃的产生,同时还原性焦炭的存在有利于抑制金属氧化物和卤化物的形成,整个回收过程向大气中排放的有毒有害物质明显减少,并且热解过程产生的热解油、热解气经过处理之后能够变成化工原料和燃料,热解渣经过处理可以变成活性炭,可以投入工业使用。

3)物理回收。物理回收是通过机械粉碎、筛分、分选等工艺获取不同粒度等级的非金属粉碎料,根据粒度将粉碎料应用于不同制品中,是一种直接利用复合材料废弃物的回收方法。由于非金属材料中主要成分是树脂和玻璃纤维,其中玻璃纤维是常用的树脂增强材料,可以用来代替常规填料制备再生材料,如无机建筑材料、复合材料等。

非金属材料可用来填充无机材料应用于建筑行业。Mou 等对非金属粉的再利用方法进行多种尝试,通过不同加工方法制备了多种非金属粉填充材料,如砖块、阴沟栅、复合板材和鼠标模型等。不过,这些填充产品还停留在实验室研究阶段。

水泥固化技术也被用于 PCB 的处理处置。Niu 等采用高压压缩和水泥固化对电路板进行固化处置。水泥固化技术可以使电路板制成水泥块,具有较高的抗冲击性能和压缩强度。

利用非金属材料代替常规填料制备复合材料的研究已成为非金属资源化研究中一大热点,非金属材料在降低复合材料成本的同时还可以提高复合材料的力学性能。国内一些科研人员对非金属进行了填充再利用研究,如将非金属粉填充制备 PP、PVC 以及环氧树脂塑料等复合材料。实验发现,PP 复合材料的性能有一定提高,PVC 复合材料和环氧树脂塑料的性能也基本满足相关产品要求,且非金属粉和黏结剂的相容性明显高于碳酸钙、滑石粉和硅石粉等常规填料,因此制成的产品具有更好的模具加工性能和力学性能,其制备的复合板也更容易成型和打平。

2. CRT 回收利用技术[1][2][3]

显像管是阴极射线管(CRT)电视机的关键部件,约占 CRT 电视机总质量的 60%。据统计,2008 年我国电视机居民保有量为 50419 万台。这些电视机大多数是 20 世纪 80 年代中期进入中国家庭的。按正常的使用寿命 10~16 年计算,从 2003 年起我国迎来电视机更新换代的高峰。预计每年至少有 500 万台电视机报废,废弃显像管成为电子废弃物中的重要组成部分。废弃显像管的材料组成相当复杂,包含多种金属、玻璃、荧光粉等。

CRT 显示器有黑白(或单色)和彩色两种,两种玻壳结构略有不同。最常见的彩色 CRT 显示器一般包括 CRT、印制电路板、电子枪、偏转线圈、监视器外壳、功能性涂层和玻璃外壳等。其中 CRT 是 CRT 显示器的核心部分,包括四个主要部件:屏玻璃(主要是 $BaO-SrO-ZrO_2-R_2O-RO$ 系玻璃)、熔结玻璃(主要是 $B_2O_3-PbO-Zn$ 系玻璃)、锥玻璃(主要是 $SiO_2-Al_2O_3-PbO-R_2O-RO$ 系玻璃)和颈玻璃(主要是 $SiO_2-Al_2O_3-PbO-R_2O-RO$ 系玻璃),它们通过低熔点的玻璃焊料熔接为一体。而黑白 CRT 显示器玻壳的屏玻璃和锥玻璃是一体的,只分为颈玻璃和主体玻壳两部分。CRT 显示器的玻壳部分含有相当数量的铅成分,主要以 PbO 的形式存在。彩色 CRT 显示器玻壳中锥玻璃 PbO 含量较大(25%~27%),黑色 CRT 显示器中颈部玻璃含 PbO 量高达 30%,玻璃焊料含铅量更是达 70% 以上。

根据美国佛罗里达州立大学的一项研究,按照美国环境保护署的有毒物质萃取方案试验,彩色 CRT 显示器铅浸出浓度为 22.2mg/l,高于鉴别标准中规定的 5mg/l,而屏玻璃的铅浸出值远远超出了标准的要求。

显像管屏玻璃上的荧光粉涂层含有金属络合物等物质,铕、钇等稀土金属元素,从环境管理和资源利用考虑,均需要对其进行妥善回收处理。欧洲议会和欧盟理事会颁布的《关于电气电子设备废弃物指令》附录Ⅱ第 2 条规定,阴极射线管的荧光粉必须去除。我国于 2006 年开始实施的《废弃家用电器与电子产品污染防治技术政策》中也规定,阴极射线管玻屏上的含荧光粉涂层必须妥善去除。

显像管中屏玻璃的荧光粉涂层较薄,且与屏玻璃结合不紧密,去除较简单,可采取干法和湿法两种工艺。干法工艺有带吸收单元金属刷的真空抽吸、高压气流喷砂吹洗等。湿法工艺有超声波清洗法、高压水冲击、酸碱清洗法等方法。目前荧光粉的回收处理主要以干法工艺为主。在欧盟、日本以及我国国内的一些电器电子产品拆解示范企业应用较多的是真空抽吸法。真空抽吸法主要原理是在吸取 CRT 面板玻璃荧光粉涂层时,采用真空吸尘器和刷子相结合的干法去除屏玻璃上的绝大多数荧光粉,并且

---

[1] 廖小红,等. 阴极射线管荧光粉回收利用现状及技术 [J]. 再生利用, 2010 (6).
[2] 阎利,等. 废弃 CRT 玻璃屏锥分离工艺的综合评价与比选 [J]. 安阳工学院学报, 2008 (6).
[3] Timothy G. Townsend, Stephen Musson, Yong-Chul Jang. Characterization of Lead Leachability from Cathode Ray Tubes Using the Toxicity Characteristic Leaching Procedure [J]. Florida Center for Solid and Hazardous Waste Management Center Publications, 1999: 1-16.

安装了空气抽取和过滤装置，可以防止荧光粉的逸散，妥善收集荧光粉。

回收的荧光粉往往含有铅、石墨、碎玻璃等，将荧光粉进行再资源化利用的经济成本较高，且质量较少，很难达到规模化处理。目前，多数的拆解处理企业采取收集贮存，或者交由危险废物处置中心的方式进行处置。荧光粉的处置方式主要有两种：一是采用高温焚烧法，在1000~1400℃下高温焚烧炉焚烧；二是采用填埋法，用水泥加药剂的固化填埋技术。

由于废弃CRT屏锥玻璃难以严格分离，清洗时容易造成二次污染，加上技术的革新等原因，废弃CRT转变为新CRT的再生途径受到极大限制。20世纪90年代末以来，废弃CRT玻璃的主要研究方向是用来合成高性能的复合材料。2003年，Bernar-do等将废弃CRT屏玻璃与某些工业废料混合磨成粉后烧结得到烧结玻璃陶瓷；随后，他又发表了利用冷压-黏滞流烧结技术制备Al_2O_3增强型玻璃基复合物的方法。Andreola等采用高温熔融法对于CRT玻璃的研究表明，当CRT玻璃与铝土和石灰石混合物加热至1500℃可以形成结晶态较好的玻璃陶瓷。

这些研究虽然都实现了废弃CRT玻璃的资源化利用，但是CRT玻璃中铅等重金属只是从一种产品中转移至另一产品中，其潜在危害依然存在，在某些情况下还可能变得更加严重。利用金属铅在真空中容易挥发的特点，采用真空碳热还原法分离回收CRT锥玻璃中的金属铅，可以彻底去除铅的危害，达到无害化的目的，同时分离回收在真空中更易挥发的金属钾和钠。

3. 制冷系统回收利用

冰箱通过多年的发展，结构上也在不断更新。但总体来说，冰箱包括箱体、制冷系统、电气控制系统及附件四部分。冰箱的主要组成物质有铁、铜、铝及其合金，塑料、发泡剂、电路板、制冷剂及其他物质。冰箱中包含很多高价值的材料，其中包括铁、铜、铝及其合金，塑料、玻璃等非金属，还有一些重金属如金、银、钯等，它们都有很高地回收再利用价值。冰箱中的金属可以通过冶炼提纯，成为很好的原料。箱体钢板可以整体揭取，作为新冰箱的钢板使用，还可以降级使用。压缩机通过整体拆卸、检测、维修之后可以重新使用，还可以开盖、拆卸回收零件。电路板上有很多完好的元器件，通过半自动或全自动拆卸技术，可以使元器件完好无损地回收。电路板中的树脂可作为良好的阻燃剂和建筑材料。

早在1974年，美国加利福尼亚大学罗兰教授和莫利纳教授就指出，冰箱制冷剂中的氟氯碳化合物扩散至平流层时，被太阳的紫外线照射而分解，放出氯原子，与平流层中臭氧发生连锁反应，会使臭氧层遭到破坏，出现臭氧层"空洞"，危及人类健康，这一现象已被英国南极考察队和卫星观测所证实，因此保护臭氧层已成为当前一项全球性的紧迫任务。

可以利用冷媒回收机回收压缩机中的氟利昂。冷媒回收机的前端钳口处配有专用吸头，吸头的外形类似于医用针头，是一段锋利而坚硬的细管。将钳口夹在压缩机附近的铜管上，由于铜的硬度不高，而且铜管较薄，这样吸头可以轻松地将铜管刺破，氟利昂通过回收管道进入回收机。由于氟利昂具有常温下为气态，遇冷凝华变为液态的物理特性，冷媒回收机利用水循环的原理，使放置其中的氟利昂储藏罐降低温度，并保持 -5℃ 以下的低温，只有这样，氟利昂才能以液体状态被回收。

4. 电池回收利用技术

电池在人们的生活中扮演着越来越重要的角色，使用量也正迅速增加，几乎渗透到生活的每一个角落。然而这些使用后的废旧电池却未能得到妥善处理。虽然废旧电池的体积和质量都非常小，但它含有多种金属物质，如果处理不当就会污染到水源、土壤、空气等，进而危害到人类的健康，影响人类的正常生活。

（1）一般电池回收

1）锌锰干电池湿法冶金。该方法基于 Zn、MnO_2 可溶于酸的原理，将电池中的 Zn、MnO_2 与酸作用生成盐溶液，溶液经过净化后电解生产金属 Zn 和 MnO_2，或生产其他化工产品、化肥等。湿法冶金又分为焙烧-浸出法和直接浸出法。焙烧-浸出法是将废电池焙烧，使其中的氯化铵、氯化亚汞等挥发成气相并分别在冷凝装置中回收，高价金属氧化物被还原成低价氧化物，焙烧产物用酸浸出，然后从浸出液中用电解法回收金属。直接浸出法是将废干电池破碎、筛分、洗涤后，直接用酸浸出其中的锌、锰等金属成分，经过滤并净化滤液后，从中提取金属并生产化工产品。

2）常压冶金法。该方法是在高温下使废电池中的金属及其化合物氧化、还原、分解和挥发以及冷凝的过程。一种方法是在较低的温度下，加热废干电池，先使汞挥发，然后在较高的温度下回收锌和其他重金属。另一种方法是先在高温下焙烧，使其中的易挥发金属及其氧化物挥发，残留物作为冶金中间产品或另行处理。

用湿法冶金和常压冶金处理废电池在技术上较为成熟，但都具有流程长、污染源多、投资和消耗高、综合效益低的共同缺点。1996 年，日本 TDK 公司对再生工艺作了大胆的改革，变回收单项金属为回收做磁性材料。这种做法简化了分离工序，使成本大大降低，从而大幅度提高了干电池再生利用的效益。

近年来，人们又开始尝试研究开发一种新的冶金法——真空冶金法，基于废电池各组分在同一温度下具有不同的蒸气压的原理，在真空中通过蒸发与冷凝，使其分别在不同温度下相互分离，从而实现综合利用和回收。由于是在真空中进行，大气没有参与作业，故减小了污染。虽然目前对真空冶金法的研究尚少，且还缺乏相应的经济指标，但它明显克服了湿法冶金法和常压冶金法的一些缺点，因而必将成为一种很有前途的方法。

（2）镍镉电池回收

镍镉电池含有大量的 Ni、Cd 和 Fe，其中 Ni 是钢铁、电器、有色合金、电镀等方面的重要原料；Cd 是电池、颜料和合金等方面用的稀有金属，又是有毒重金属，故日本较早就开展了废镍镉电池再生利用的研究开发，其工艺也有干法和湿法两种。干法主要利用镉及其氧化物蒸气压高的特点，在高温下使镉蒸发而与镍分离。湿法则是将废电池破碎后，一并用硫酸浸出后再用 H_2S 分离出镉。

（3）铅蓄电池回收

铅蓄电池的体积较大，而且铅的毒性较强，所以是在各类电池中最早进行回收利用的，其工艺也较为完善并在不断发展中。在废铅蓄电池的回收技术中，泥渣的处理是关键。废铅蓄电池的泥渣物主要是 $PbSO_4$、PbO_2、PbO、Pb 等。其中 PbO_2 是主要成分,它在正极填料和混合填料中所占重量为 41%~46% 和 24%~28%。因此,PbO_2 还原效果对整个回收技术具有重要的影响,其还原工艺有火法和湿法两种。火法是将 PbO_2 与泥渣中的其他组分 $PbSO_4$、PbO 等一同在冶金炉中还原冶炼成 Pb。但由于产生 SO_2 和高温 Pb 尘等二次污染物,且能耗高、利用率低,故将会逐步被淘汰。湿法是在溶液条件下加入还原剂使 PbO_2 还原转化为低价态的铅化合物,已尝试过的还原剂有许多种。其中,以硫酸溶液中 $FeSO_4$ 还原 PbO_2 法较为理想,并具有工业应用价值。还原剂可利用钢铁酸洗废水配制,以废治废。

(4) 回收后电池的处理

回收完重金属的各类废电池一般都运往专门的有毒、有害垃圾填埋场,这种做法不仅花费太大(在德国填埋一吨废电池费用达 1700 马克),而且还造成浪费,因为其中尚有不少可作原料的有用物质。瑞士有两家专门加工利用旧电池的工厂。巴特列克公司采取的方法是将旧电池磨碎,然后送往炉内加热,这时可提取挥发出的汞,温度更高时锌也蒸发,它同样是贵重金属。铁和锰熔合后成为炼钢所需的锰铁合金。该工厂一年可加工 2000t 废电池,可获得 780t 锰铁合金,400t 锌合金及 3t 汞。另一家工厂则是直接从电池中提取铁元素,并将氧化锰、氧化锌、氧化铜和氧化镍等金属混合物作为金属废料直接出售。不过,热处理的方法花费较高。瑞士规定向每位电池购买者收取少量废电池加工专用费。德国阿尔特公司研制的真空热处理法要便宜一些,不过这首先需要在废电池中分拣出镍镉电池。废电池在真空中加热,其中汞迅速蒸发,即可将其回收,然后将剩余原料磨碎,用磁体提取金属铁,再从余下粉末中提取镍和锰。这种方法加工 1t 废电池的成本不到 1500 马克。马格德堡研制的"湿处理"装置,除铅蓄电池外,其他电池均溶解于硫酸,然后借助离子树脂从溶液中提取各种金属,用这种方式获得的原料比热处理方法纯净,而且电池中包含的各种物质有 95% 都能提取出来。

(5) 小型二次电池回收

小型二次电池目前使用较多的有镍镉、镍氢和锂离子电池。镍镉电池中的镉是环保严格控制的重金属元素之一,锂离子电池中的有机电解质,镍镉、镍氢电池中的碱和制造电池的辅助材料铜等重金属都构成对环境的污染。小型二次电池目前国内的使用总量只有几亿只,且大多数体积较小,废电池利用价值较低,加上使用分散,绝大部分作生活垃圾处理,其回收存在着成本和管理方面的问题,再生利用也存在一定的技术问题。

1.5.2 世界废弃电子电器产品再生循环利用产业现状和发展趋势

美国是世界上最大的电子产品消费国,同时也是电子垃圾的最大制造国,美国国家安全委员会估计,1997~2004 年全美仅报废的计算机就达到 3 亿多台。2005 年以后,日本每年约有 500 万台计算机被废弃。欧洲电子电器报废量也不容小觑。世界废弃电子电器产品再生循环利用主要以美国、日本和欧洲为主导,各国或地区根据实际特点制定了相应政策,开发了行之有效的市场机制,以应对日益增长的电子电器报废量。

1. 产业政策

（1）国际公约[1]

为了有效解决越境转移危险废物相关问题，人们开始求助于国际法。1972年《斯德哥尔摩宣言》第21条声明："根据《联合国宪章》和国际法各项原则，各国有按自己的环境政策开发自己资源的主权，并有责任保证在它们管辖或控制之内的活动不致损害其他国家的或在国家管辖范围以外地区的环境。"也就是说，各主权国家有权利也应当阻止其领土内可能对环境造成严重损害的各种行为。

此外，1987年联合国环境规划署在开罗会议中制定了《危险废物环境无害管理的开罗准则和原则》，又被称为"开罗准则"，这是一项非强制约束性的法律文件，是用来帮助各政府制定废物管理的相关国家政策。

为对付世界范围内日益增长的危险废物的越境转移问题，《巴塞尔公约》经过漫长的谈判过程终于应运而生。1989年3月22日在瑞士巴塞尔召开了主题为"制定控制危险废物越境转移及其处置公约"的大会，大会最终签署了《巴塞尔公约》。这是严格管制危险废物及其越境转移的第一个、也是最重要的一个全球性的环境条约。《巴塞尔公约》的目标非常的明确，就是控制危险废物越境转移，使危险废物的越境转移减少到与环境相符的最低限度。如果想进行危险废物的运输，须经过进口国的同意。各国可以也有权利根据各国的情况，选择是否进口危险废物。这从侧面体现出公约并没有禁止危险废物的越境转移，而是给了各国政府选择的权利，通过提供假检验证书或者其他的欺诈性手段等"骗"的方法来转移本国禁止生产和流通的危险废物的行为成为真正意义的非法行为。在1999年的《巴塞尔公约》第五次缔约国大会中，提出了《责任与赔偿议定书》，并且得到了批准，初步解决了缔约国违背条约、违背国际义务越境转移危险废物所引起的国际赔偿责任的问题，公约的法律强制力进一步增强。《巴塞尔公约》是目前控制危险废物越境转移的唯一的全球性的国际法律文件。

（2）欧盟

为了防止产生电子电气设备废弃物（Waste Electrical and Electronic Equipment，WEEE），对WEEE进行再使用、材料再生利用，或通过其他形式回收WEEE，以减少WEEE的处置量，同时寻求改进电子电气设备生命周期内所有相关方（生产商、分销商和消费者等）的环境表现，2003年2月13日，欧盟发布了《关于报废电子电气设备指令》，简称WEEE指令，与此同时RoHS指令生效。其中，WEEE指令要求防治废旧电器电子设备，实现电器电子产品的循环再利用；而RoHS指令限制危险物质，要求制造商所生产的产品上须寻求使用合适的替代品以取代含铅、汞、镉、六价铬元素物质及溴化物。WEEE/RoHS指令包括19个条款、4个附录，对电子废弃物回收处理的目标、适用种类、再利用、回收渠道、处理方法、资金来源等方面内容作出详细规定，是电子废弃物行业的标杆性文件，对电子废弃物行业的发展具有重要意义。

WEEE指令范围涉及10大类产品，即大家电，小家电，IT及通信设备，消费类设

---

[1] 孙萍. 论危险废弃物越境转移的法律控制——浅谈《巴塞尔公约》[J]. 法制与社会，2012（6）.

备，照明器具，电动工具（大型固定工业用工具除外），玩具、休闲和运动器械，医疗设备系统（所有被植入和被感染的产品除外），监控仪表，自动售货机。与保障欧盟成员国基本安全相关的设备、武器、军需用品和战略物资除外。WEEE 指令规定电气电子产品的生产商和进口商应建立或委托第三方建立收集系统，以回收、处理分类收集的 WEEE，并承担收集点之后家用 WEEE 的收集、运输和处理费用，体现了生产者延伸责任制的管理原则。此外，WEEE 指令还规定，平均每人每年分类回收 4kgWEEE，并达到一定的回收利用率和再生利用率（按重量计算）；WEEE 指令附录中提出对 WEEE 回收处理的技术要求。

欧盟在 WEEE 指令的执行过程中也暴露出了一定的问题，如收集率不高、各国执行力度参差不齐、产品范围定义不够明确、生产商的注册在各国之间不能互通等。2008 年欧盟对 WEEE 指令的实施情况进行了评估，同年 12 月欧盟委员会提出 WEEE 指令的修改提案。2010 年，WEEE 指令修订案仍在讨论中。

（3）德国

德国电子废弃物的回收处理是按照 2005 年 8 月 13 日正式生效的电子电器设备销售管理、回收与无害化处理法案（德国电子电器设备法）来运作的。该法案是在欧盟颁布 WEEE 指令的背景下出台和实施的，其核心原则是生产者责任制，即谁生产或销售电子电器设备，谁就对其处理和再利用负责，而不由使用者负责。德国电子电器设备法规定生产者必须对产品的整个生命周期负责，要对废弃产品的收集、回收和处置负责，支付整个程序产生的费用。从 2005 年 11 月 24 日起，生产商应向公共回收公司免费提供收集向私人家庭销售的产品的收集容器。从 2006 年 3 月起，根据管理中心的规定，生产商应从公共回收公司的收集场地运走旧电器，或再利用，或处理及清除旧电器和电器组件，并承担由此产生的费用。在这一原则指导下，德国构建了电子废弃物回收处理系统并形成了其组织运行方式。

（4）日本

日本在推进建立循环型社会方面采取了一系列卓有成效的措施，建立了完善的法律体系。与废弃电器电子产品回收处理有关的法律主要有《促进资源有效利用法》《家电再商品化法》等。

《促进资源有效利用法》于 2000 年 6 月公布，2001 年 4 月实施，其目的是综合推进控制产生废弃物，零件等的再使用，报废产品等原材料的再利用。该法规定实业者在产品设计、制造阶段应用 3R（Reduce 减量化、Reuse 再使用、Recycle 材料再利用）的措施。为了便于分类回收进行标识，生产商自行建立回收、再利用体系等。该法中规定了实业者、消费者、国家和地方公共团体的责任，涉及 10 个行业、69 种产品。其中，电视机、房间空调器、电冰箱、洗衣机、微波炉、干衣机以及个人计算机（包括阴极射线管式、液晶式显示装置）为指定省资源的产品和指定促使其再使用的产品。个人计算机（包括阴极射线管式、液晶式显示装置）为指定再资源化的产品。所谓指定省资源的产品是指应使其合理使用原材料等，尽量延长使用寿命，控制产生报废物品的产品。所谓指定促使其再使用的产品是指应促进使用再生资源或再生零件（易于进行再使用或材料再利用产品的设计、制造)的产品。所谓指定再资源化的产品是指使其自行回收和再资源化的产品。

日本将个人计算机指定为再资源化的产品，要求生产商等进行回收和再资源化。对于商用个人计算机，从2001年4月开始，要求生产商在自行指定的回收场所进行回收和再资源化，再生利用费用由废弃者在废弃时支付。对于家用个人计算机，从2003年10月开始，要求生产商自行回收和再资源化。该法规定个人计算机的再资源化率为：台式计算机>50%，笔记本计算机>20%，阴极射线管显示器>55%，液晶式显示器>55%。2006年生产商完成的个人计算机再资源化率为：台式计算机69.9%，笔记本计算机47.1%，阴极射线管显示器73.8%，液晶显示器62.6%，均超过标准规定值。对于按新规定销售的个人计算机，销售时征收再生利用费，摊入产品价格中。当该产品废弃时，产品生产商无偿回收。

《家电再商品化法》于1998年6月公布，2001年4月实施。该法明确了从家庭废弃的家电产品，消费者、零售商、家电生产商等应分担的责任，并应促使其减量化和再商品化。2009年，日本修订《家电再商品化法》，增加了液晶电视机、等离子电视机和干衣机。同时，对4种家电的再商品化率作了调整。空调器从60%调整到70%，电视机55%不变，电冰箱从50%调整到65%，洗衣机从50%调整到65%。此外，新增加衣服干燥机、液晶和等离子电视机，其再商品化率分别为65%、50%、50%。

(5) 美国

美国对WEEE回收处理的管理模式不同于欧盟。美国对固体废弃物的回收处理制定了非常完善的管理制度，即《资源保护和循环利用法》，其中包括对有害废弃物的管理。在美国，WEEE通常是指E-WASTE，即废弃电子产品，如计算机等。而废弃电器产品同其他再生资源一样，按市场机制进行回收利用。关于制冷器具中的温室气体，在美国大气清洁法中有详细的规定。美国各州对E-WASTE回收处理的要求不相同。目前，已有加利福尼亚州、纽约州等23个州针对E-WASTE回收处理进行了立法，采用类似欧盟的生产者延伸责任制的管理模式。对于电器产品，美国一些州规定禁止大家电填埋。此外，美国环保署通过支持各种民间活动，如NEPSI活动、EPEAT活动等，教育消费者电子产品再使用和再生利用的重要性，以及怎样才能安全地再使用和再生利用这些产品，推动WEEE的回收处理。

1976年，美国在修改《固体废弃物处置法》和《资源回收法》的基础上制定了《资源保护和循环利用法》(Resource Conservation and Recovery Act，RCRA)，它在美国固体废弃物管理中起到举足轻重的作用。RCRA规定了联邦政府的职责，在制定固体废弃物管理计划方面，授权联邦环保局局长对州和地方政府提供财政和技术支持。RCRA的核心是制定有害废弃物计划。国会的指导思想是从废弃物的产生到处理过程中控制有害废弃物。这就是所谓的"摇篮—坟墓"管理计划。RCAR规定联邦环保局通过制定各种有毒物质的特征，提供对有毒物质进行鉴别的依据。目前，联邦环保局已确定出有害废弃物的四种特征，即易燃性、腐蚀性、反应性和浸出有毒物。另外，联邦环保局制定了有害废弃物清单。对于有害废弃物与固体废弃物的混合物，列在清单内的有害废弃物同固体废弃物组成的混合物,按有害废弃物进行处理;未列入清单内的有害废弃物同固体废弃物组成的混合物,只有当整个混合物有上述四种有害废弃物的特征时,才按有害废弃物处理。

联邦环保局在1980年5月19日颁布的RCRA细则中规定,只要有害废弃物符合下列条件,未列入清单的有害废弃物可不按有害废弃物管理:

1)能被有益地利用、再利用或者合理地再生、回收利用。

2)被有益地利用、再利用或合理地再生、回收利用之前,需要收集、贮存或者经过物理、化学或生物处理。

美国加利福尼亚州在环境管理的立法方面一直领先。早在2003年,州政府就制定了《电子废物再生法》,规定了视频显示设备回收处理的要求和限制有害物质使用的要求。对视频显示器设备回收处理的要求中规定零售商必须在销售点就受控电子设备向消费者收费。同时,对受控电子设备的收集商和处理商进行补贴。受控电子设备是指屏幕对角长度超过4英寸的视频显示设备,根据加州有害物质控制局的条例,包括以下8个类别:装有屏幕对角长度超过4英寸的阴极射线管设备;屏幕对角长度超过4英寸显示设备的阴极射线管;装有屏幕对角长度超过4英寸的阴极射线管的电脑显示器;装有屏幕对角长度超过4英寸的液晶显示屏的笔记本电脑;装有屏幕对角长度超过4英寸的液晶显示屏的台式显示器;装有屏幕对角长度超过4英寸的阴极射线管的彩电;装有屏幕对角长度超过4英寸的液晶显示屏的彩电;等离子彩电。

2010年5月28日,纽约州公布《电子设备再生利用与再使用条例》,规定每个纽约州人都应参与电子废物的环保回收利用,制造商应建立便捷的电子废物收集、处理和再生利用或再使用系统,制定电子废物处理方案,并经纽约州环保部认可。条例涉及的电子设备包括计算机;电视机(以及CRT);小型服务器;计算机外围设备(显示器、键盘、鼠标或类似指示设备、传真机、扫描仪、打印机);小型电子设备(录像机、数字录像机、便携式数字音乐播放机、DVD播放机、数字机顶盒、电缆或卫星接收器、电子或视频游戏控制器)。

(6)韩国

2007年,韩国环境部制定《电器电子汽车产品资源循环法》,2008年1月1日实施。《电器电子汽车产品资源循环法》中的电器电子产品指的是韩国生产者延伸责任制度中的电器电子产品,即电视机、冰箱、洗衣机(限于家用型)、空调器、计算机(包括显示器及键盘)、音响、手机(包括电池及充电器)、打印机、复印机和传真机等10种产品。对于制造商(包括进口商)和受委托的回收处理商,应根据环境部令规定的回收处理方法和标准进行废弃产品的回收处理,并达到相应的再生利用率。

2. 产业现状[1]

(1)德国

德国是欧洲电子废弃物产量最大的国家,其产量占欧洲总量的1/3。德国的回收体

---

[1] 再生资源行业报告之一——家电拆解:纵览海外模式,前瞻中国趋势[EB/OL]. 长江证券,2014-7-3.

系主要建立在市政系统和制造者联盟基础之上，消费者通过交送零售商或直接交送到市政回收点实现电子废弃物的交投。电子废弃物到达市政回收点后将存放到中央注册点（为地方政府提供的暂时存放电子废弃物的容器），然后再由电子产品制造者或制造者委托的第三方机构运送到地方政府指定的专业处理厂。中央注册点为环境部成立的、用来管理电子废弃物回收处理的机构。制造商和进口商必须在中央注册点注册登记并支付所有回收处理费用，方可销售其产品，目前注册厂家超过 1 万家。中央注册点的处理基金委托给由 27 个电气电子设备制造商和 3 个行业协会联合成立的 EAR 基金会统一管理。基于回收体系的高效运转和处理技术的先进性，德国电子废弃物行业已非常成熟，资源再生利用率在 90% 以上，盈利能力高于一般行业。

EAR 基金会作为管理协调机构，总体协调电子垃圾回收处理系统，其责任由城市垃圾管理机构和生产商共同承担（见图 1-11）。

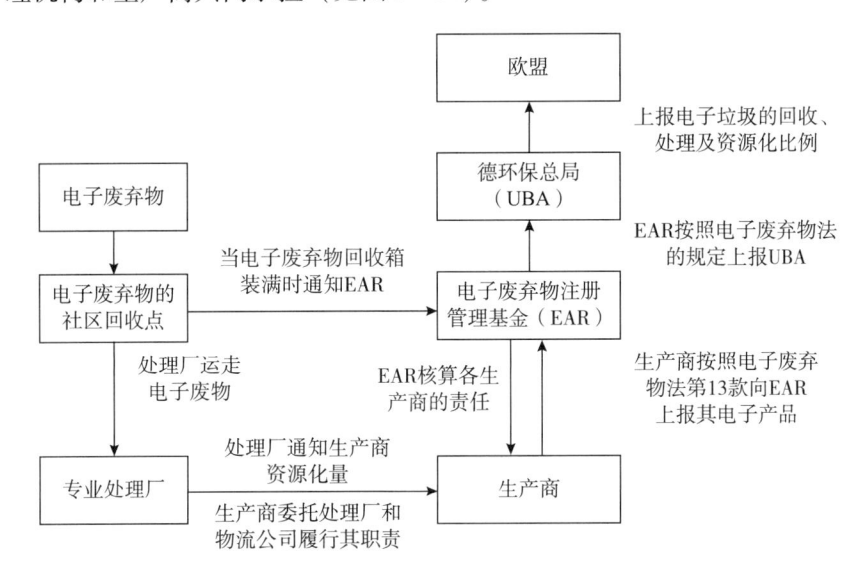

图 1-11　德国电子废弃物回收处理体系

1）生产商：承担费用责任，处理责任由 EAR 协调处置。

2）消费者：无偿把废弃家电交给回收中心或者有偿（运输费）联系企业派人上门回收。

3）渠道商：主要由城市垃圾管理机构承担回收任务，建立回收设施（场所），按五大类进行回收，废弃物容器满则通知 EAR；EAR 则承担在垃圾回收点放置垃圾箱、安排物流运输、分类、拆解、自动粉碎处理等责任。

4）处理商：在垃圾处理过程中引入市场竞争，回收点收集满后 EAR 通知处置企业运走，EAR 作为垃圾处理的责任机构，在产业链中处于主导地位。通过处理环节引入竞争，提高回收效率，并降低生产者处理成本投入。

（2）日本

日本《家电再商品化法》实施前，4 种家电的年废弃量约 1800 万台，这些废家电中 70.8% 作为废弃物被处理、处置，4.9% 作为旧家电在日本旧货市场销售，24.3% 作为旧家电销往海外。

日本《家电再商品化法》实施后，日本建立了一个全新的废家电回收处理体系。全国380个指定回收中心、48个废家电专业处理企业，在再生利用方面取得了一定的成绩（见图1-12）。

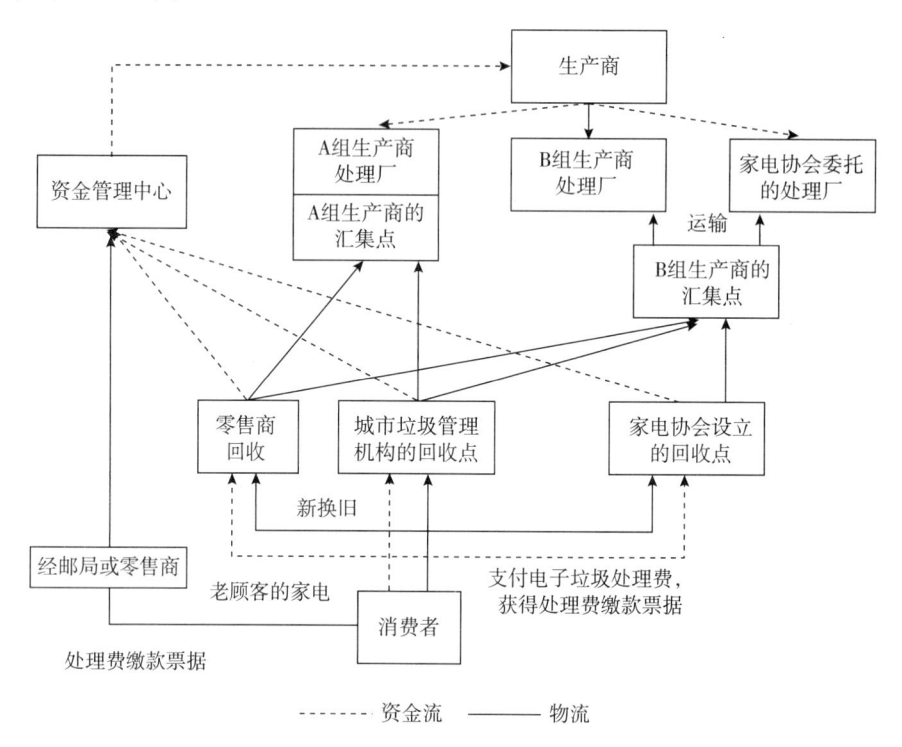

图1-12 日本电子废弃物回收处理体系

1）生产商：不承担费用责任，主要承担回收处置责任。

2）消费者：承担费用责任，包括弃家电回收点、从回收点到处理工厂的运输、处理工厂的费用补助，总费用的5%用于费用的运营管理。零售商、制造商必须预先公布回收再利用费用，费用额度不得超出有效实施再商品化的标准成本，不得妨碍消费者交付废旧家电。

3）渠道商：回收渠道包括零售商回收、城市生活垃圾管理机构回收点、家电协会设立的回收点，回收渠道的收益来自于消费者支付的回收费用。目前日本拥有190个回收点，日本全国境内有近7.5万家零售店和上万家邮局可接受废弃家电，回收的家电需交由其生产企业处理。

4）处理商：品牌生产商主要采用合作回收并处置其废弃物的模式，品牌生产商分为A、B两组，A组的处理工厂是家电生产企业新建，以联合股份制方式运营，如松下、东芝；B组大部分是依托现有的资源循环企业，如索尼、日立、夏普等。市场销量较小的家电生产商主要采用集体EPR模式，委托家电协会，全权代其履行回收和处理责任。

(3) 美国

2010年,美国电子废弃物产量达300万吨,是全球电子废弃物产量最大的国家。因此,政府对电子废弃物的回收处理非常重视。美国环保部认为不同的产品需要不同的生产者延伸制度,鼓励电子产品制造商自行解决废物处理问题,同时支持各州政府探索电子废弃物的各种管理途径。据了解,美国目前的电子废弃物回收率达到90%以上,再生利用率也非常高。

1)企业自发行动。部分企业开展了废弃电子产品的回收计划。例如,IBM公司早在2000年就启动了回收行动,从个人和小企业手中回收任何品牌的计算机,并支付一定的费用,消费者必须将自己的计算机包装好并送往一个UPS地点,回收后的废弃计算机将送往专业的电子产品处理厂处理。HP公司同样自行回收各种计算机,消费者将自己的废旧电脑包装好,由FedEx公司上门收购,并送往HP公司在加利福尼亚州的循环利用工厂,进行回收处理。

2)地方政府回收处理体系。美国实行电子废弃物按州管理,到目前为止,已有20多个州通过了电子废弃物法案或议案,建立了州或地区范围内的电子废弃物回收计划。回收计划主要有"消费者责任"和"生产者责任"两种:前者认为电子废弃物的处理经费应由消费者支付,即在零售时收取回收费;而"生产者责任"是指向生产者收取回收处理费用。除了加利福尼亚州外,其他各州都选择"生产者责任"方式,具体回收体系大同小异,与欧洲国家类似,都是由某个组织负责征收和管理处理基金,电子废弃物产品交由专业的处理厂进行处理。

(4) 韩国

根据《电器电子汽车产品资源循环法》,韩国建立了废电器电子产品回收处理体系,如图1-13所示。

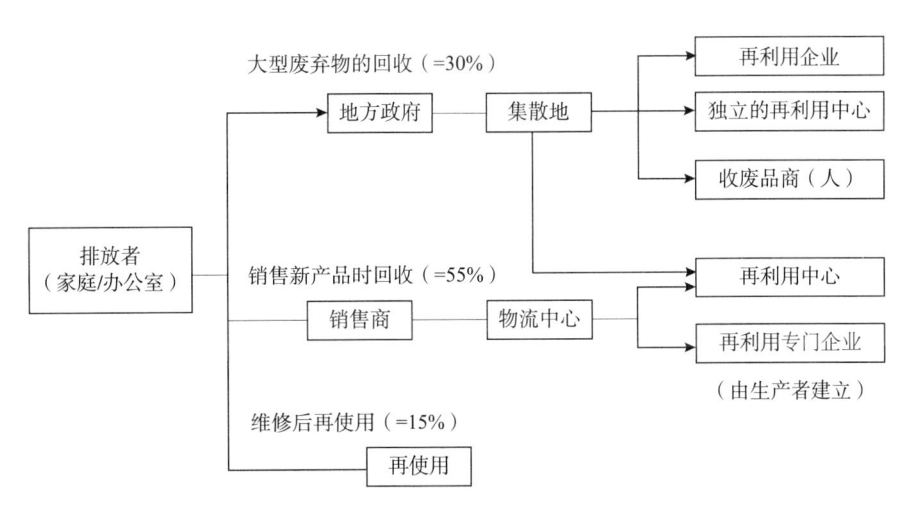

图1-13 韩国电子废弃物回收处理体系

1.5.3 我国废弃电子电器产品再生循环利用技术和产业发展现状❶❷

《中国废弃电器电子产品回收处理及综合利用行业白皮书（2013）》指出❸，我国阴极射线管屏锥分离设备、电冰箱处理设备、洗衣机处理设备、房间空调器处理设备、计算机处理设备 60%以上是由国内自主生产，少部分合作开发，仅有较少部分来自进口。我国在废弃电子电器行业从原始的全手工操作，转变为目前的以人工和机械化结合为主、少数实现全机械化生产的方式，各种金属提炼方法也日渐成熟和环保。

根据现有居民家用电器保有量估算，2013 年废弃电子电器（"四机一脑"）的理论报废量为 1.098 亿台，其绝对数量不亚于发达国家。然而，因产业政策颁布和行业发展起步的延后，现阶段废弃电子电器再生循环利用的发展不容乐观。白皮书 2013 年数据显示，2009 年废弃电子电器处理率仅为 5.7%。随着国家政策的重视和产业的发展，2011 年处理率突升到 84.4%的高峰，2013 年相应处理率逐渐稳定于 38%。

1. 产业政策

随着人民生活水平的提高，越来越多的电器电子产品进入报废的高峰期。废弃电器电子产品不仅具有资源性，同时具有潜在的环境危害性。与传统的再生资源相比，废弃电器电子产品是一类新兴的再生资源，其管理制度的核心是建立生产者责任延伸制度。我国废弃电器电子产品回收处理的管理包括再生资源和环境保护两个领域，涉及电器电子产品的绿色设计与制造、再制造、回收、处理和资源综合利用和处置多个环节。

1991 年，我国将环境保护列为基本国策。1994 年，国务院发布《中国 21 世纪人口、环境与发展白皮书》，把节约资源放到重要位置，要求经济建设与资源、环境相协调，实现良性循环。1995 年，我国公布了《中华人民共和国固体废物污染环境防治法》，提出了污染预防和谁污染谁治理的原则。2002 年，我国公布了《中华人民共和国清洁生产促进法》，提出发展循环经济，实现资源的高效利用和循环使用。2004 年，我国对《中华人民共和国固体废物污染环境防治法》进行修订，增加了对废弃电器产品和废弃机动车船等拆解、利用和处置的规定。2008 年，我国公布《中华人民共和国循环经济促进法》，提出减量化、再利用和资源化的"3R"原则。

为了规范废弃电器电子产品的回收处理活动，促进资源综合利用和循环经济发展，保护环境，保障人体健康，2009 年 2 月 25 日，时任国务院总理温家宝同志签署《废弃电器电子产品回收处理管理条例》（国务院令第 551 号），自 2011 年 1 月 1 日起施行。该条例确定了我国废弃电器电子产品回收处理管理采用生产者延伸责任制的基本原则和多渠道回收、集中处理的管理模式，还规定了废弃电器电子产品回收处理活动其他相关方的责任和义务，并要求建立《废弃电器电子产品处理目录》制度、处理基金制度、处理企业资质许可制度及废弃电器电子产品回收处理产业规划等配套政策。

---

❶ 中国家用电器研究院. 中国废弃电器电子产品回收处理及综合利用行业白皮书（2010）.
❷ 联合国大学. 中国电子废弃物研究报告，2013.
❸ 中国家用电器研究院. 中国废弃电器电子产品回收处理及综合利用行业白皮书（2013）.

2010 年，该条例的相关配套政策在紧锣密鼓地制定，已经发布的有：

1）2010 年 9 月 8 日，国家发改委、环保部、工信部联合发布《废弃电器电子产品处理目录（第一批）》，明确了电视机、电冰箱、洗衣机、房间空调器以及微型计算机五种产品列入第一批处理目录的管理范围，并明确今后依"制定和调整废弃电器电子产品处理目录的若干规定"来制定和调整处理目录。

2）2010 年 11 月 15 日，环保部发布《废弃电器电子产品处理发展规划编制指南》，要求各省级环境保护行政主管部门会同同级资源综合利用、商务、工业信息产业主管部门按照指南的相关规定，编制本地区废弃电器电子产品处理发展规划。

3）2010 年 11 月 15 日，环保部发布《废弃电器电子产品处理资格许可管理办法》，规范废弃电器电子产品处理资格的申请、审批及相关监督管理活动；同时发布《废弃电器电子产品处理企业资格审查和许可指南》，用于指导和规范地方人民政府环境保护主管部门对申请废弃电器电子产品处理资格企业的审查和许可工作。

4）2010 年 11 月 16 日，环保部发布《废弃电器电子产品处理企业补贴审核指南》，要求地方环境保护主管部门按照该指南的相关规定，对申请废弃电器电子产品回收处理基金补贴的处理企业进行审核，保障基金的使用安全。

5）2010 年 11 月 16 日，环保部发布《废弃电器电子产品处理企业建立数据信息管理系统及报送信息指南》，要求地方环境保护主管部门按照该指南的相关规定，指导和规范处理企业建立数据信息管理系统和报送信息。

6）2010 年 12 月 21 日，国家发改委联合海关总署、环保部、工信部发布《废弃电器电子产品处理目录（第一批）适用海关商品编号（2010 年版）》，要求自 2011 年 1 月 1 日起，进出口列入本目录的电器电子产品适用《废弃电器电子产品回收处理管理条例》的有关规定。

为了防治电子废物污染环境，加强对电子废物的环境管理，根据《中华人民共和国固体废物污染环境防治法》，2007 年 9 月 7 日，原国家环境保护总局通过《电子废物污染环境防治管理办法》，自 2008 年 2 月 1 日起施行。该办法规定，新建、改建、扩建拆解、利用、处置电子废物的项目，应当具有环境影响评价文件、采取环保措施验收等活动；拆解、利用、处置电子废物的企业应当取得电子废物拆解利用处置单位临时名录方可进行电子废物拆解利用活动；拆解、利用和处置电子废物应当符合国家有关电子废物污染防治的相关标准、技术规范和技术政策的要求；拆解电子废物，应当首先将铅酸电池、镉镍电池、汞开关、阴极射线管、多氯联苯电容器、制冷剂等去除并分类收集、贮存、利用、处置。此外，电子电器产品、电子电气设备的生产者、进口者和销售者，应当依据国家有关规定公开产品或者设备所含铅、汞、镉、六价铬、多溴联苯（PBB）、多溴二苯醚（PBDE）等有毒有害物质，以及不当利用或者处置可能对环境和人类健康产生影响的信息，产品或者设备废弃后以环境无害化方式利用或者处置的方法提示。

从全国人大立法、国务院发布《废弃电器电子产品回收处理管理条例》，到主管部委的管理办法和规章、标准，我国已经形成一个自上而下的较为完善的管理体系（见表 1-10）。

表 1-10 我国废弃电器电子产品回收处理相关法律法规

法律法规	颁布时间	实施时间	颁布单位
《中华人民共和国固体废物污染环境防治法》	1995.10.30	1996.4.1	全国人大常委会
《废电池污染防治技术政策》	2003.10.9	2003.10.9	原国家环保总局
《废弃家用电器与电子产品污染防治技术政策》	2006.4.27	2006.4.27	原国家环保总局
《电子信息产品污染控制管理办法》	2006.2.28	2007.3.1	原信息产业部
《电子废物污染环境防治管理办法》	2007.9.27	2008.2.1	原国家环保总局
《废弃电器电子产品处理污染控制技术规范》	2010.1.4	2010.4.1	环保部
《中华人民共和国循环经济促进法》	2008.8.29	2009.1.1	全国人大常委会
《废弃电器电子产品回收处理管理条例》	2009.2.25	2011.1.1	国务院
《废弃电器电子产品处理资格许可管理办法》	2010.12.15	2011.1.1	环保部
《废弃电器电子产品处理基金征收使用管理办法》	2012.5.21	2012.7.1	财政部等

《废弃家用电器与电子产品污染防治技术政策》旨在减少电子废弃物的总量，提高再利用率，提升废弃电气电子设备的处理标准。该法规提出了"减量化、再利用和再循环"和"污染者付费（生产商、零售商和消费者共同承担责任）"总的指导原则，提供了一系列环保措施，保证了在电子废弃物的储存、回用、处理和最终处置的过程中最大限度地减少对环境的污染。

《电子信息产品污染控制管理办法》旨在减少电子信息产品中有毒有害物质的使用以及在这些产品的生产、回收和处置过程中产生的污染。该法规可以视为《欧盟关于在电气电子设备中限制使用某些有害物质的指令》（欧盟 RoHS 指令）的中国版本。它要求在电子产品中限制使用六种有害物质（铅、汞、镉、铬、多溴联苯和多溴联苯醚），要求生产商提供其产品所含成分和有害物质的信息，以及安全使用期限和回收利用的潜力。

《电子废物污染环境防治管理办法》《废弃电器电子产品处理污染控制技术规范》），旨在防止电子废弃物的储存、运输、拆解、回收和处理过程中引起的污染。前一政策适用于在当地环保部门确认符合处理标准和要求后，向正规的电子废弃物回收企业颁发处理许可证。它规定环保部应该承担监督电子废弃物的污染防治的责任。后一政策为电子废弃物的处理过程提供了技术标准和规范，涉及不同的活动（如储存、运输、拆解和废物处理）、设备和材料组分。

《废弃电器电子产品回收处理管理条例》可以视为《欧盟关于废弃电气电子设备的指令》（欧盟 WEEE 指令）的中国版本。对中国电子废弃物的管理而言这是一部举足轻重的国家立法。是一部关于电子废弃物最关键和最全面的立法。它规定在各利益相关方的责任和专门的处理补贴下建立全国的电子废弃物回收和处理体系，对"处置资格许可制度""专项处置基金""生产、销售、回收、处理企业的责任"等方面做出明确定义，标志着我国家电拆解行业进入实质性发展时期。它规定应该通过多种渠道收集电子废弃物并进行集中处理,并成立一个专门的基金来对电子废弃物的正规收集和回收活动进行补贴。电子产品的制造商和进口商应当履行其(财务)义务为该基金做出贡献。该案例规定,根据产品的处理和管理成本,对五类电子产品(计算机、冰箱、空调、洗衣机和电视机)进行监管并向生产商征税用于补贴处理企业。如果将来确认更多的产品具有较高的环境影响和社会相关性,那么处理产品的名录在将会不断更新。同时,该条例规定建立一套针对电子废弃物的回收和处置企业的标准和认证体系,以监控和确保电子废弃物的安全处理。然而,在该条例中没有制定明确的收集或处理目标。该条例已自2011年1月1日起执行,执行结果尚有待评估。例如,条例尚未规定正规部门每年电子废弃物的收集率和处理率,这将使得该条例在地方政府难以实施,因为对收集活动和处理能力的规划都是以定量的目标为基础的。同时,对于有毒物的去除和控制、海关对非法流动的控制水平以及二手回收目标等都尚未有明确规定。

表1-11列出了条例所规定的各利益相关方的主要职责。

表1-11　《废弃电器电子产品回收处理管理条例》规定的各方主要职责

利益相关方	职责
生产商 (包括进口商或代理)	电气电子设备的生态设计和生产;为投放到市场的产品支付处理费
零售商和服务公司	在各自商店/公司提供电子废弃物收集和处理的正规渠道的信息
二手翻新公司	保证翻新产品的质量和安全;在维修设备上注明"旧货"
电子废弃物收集公司	向消费者提供回收电子废弃物的种方便渠道和方式;将收集的电子废弃物交售给合格电子废弃物处理企业
电子废弃物处理公司	获取电子废弃物处理许可证;符合国家电子废弃物处理标准;为处理设备的环境影响建立监测系统;为处理的电子废弃物建立信息管理系统,并向当地环境部门上报相关信息

2012年7月,财政部等部门发布了《废弃电器电子产品处理基金征收使用管理办法》,其中详细地规定了处理费的水平、收费的手段和频率、基金的贡献者以及正规处理企业的名单。根据《废弃电器电子产品处理基金征收使用管理办法》,电气电子设备的生产商和进口商必须为其投放到市场上的产品支付一定数额的处理费,收集到的款项将存入该基金,然后分配给回收商以覆盖收集和处理电子废弃物的成本。表1-12列出了2012年受该基金监管的详细收费项目。到目前为止,由于缺乏基准资料和管理经验,还没有就官方的收集量和回收率制定预期目标。

表1-12　《废弃电器电子产品处理基金征收使用管理办法》规定的费用　　单位:元/台

	电视机	冰箱	洗衣机	空调	计算机
生产商为销售品的付费	13	12	7	7	10
进口商为销售品的付费	13	12	7	7	10
对处理企业的处理补贴	85	80	35	35	85

2. 产业现状

从 20 世纪 90 年代开始，在利益的驱动下，我国自发形成了废弃电器电子产品的回收大军，并构成了多种渠道的回收网络，主要包括传统的供销社/物资回收企业回收、个体回收者、家电销售商以旧换新回收、搬家公司回收、售后服务站或维修站回收等回收渠道。其中，个体回收者是废弃电器电子产品回收的主力军。

2009 年 6 月，为进一步扩大内需、提高能源资源利用效率，国家实施家电以旧换新政策，在北京、上海、天津、江苏、浙江、山东、广东和福州、长沙开展电视机、电冰箱、洗衣机、空调和计算机 5 类家电产品以旧换新试点。2010 年 6 月，在原来 9 个试点省市的基础上，结合各地区旧家电拆解处理能力等条件，将家电以旧换新实施范围逐步扩大到全国。

随着废弃电器电子产品的增多，从 20 世纪 90 年代开始，我国在广东贵屿、浙江台州、山东临沂等地自发形成了废弃电器电子产品拆解处理集散地。为了谋求最大的利润，处理者不惜以牺牲环境为代价换取有价值的材料，造成严重的环境污染，同时对人体健康产生极大的危害。2001 年，我国启动废弃电器电子产品回收处理管理立法工作。2005 年，国家发改委先后批准青岛海尔、杭州大地、北京华星、天津和昌为废家电回收处理示范企业，确立了我国第一批废弃电器电子产品正规的处理企业。其后，国家工信部也在天津、上海等地批准了废电器电子产品处理示范企业。但是由于鼓励政策不落实、规范处理成本高，示范企业经营的经营状况并不理想。

2009 年 6 月，我国开展家电以旧换新活动，规定试点省市建立 1~2 个废弃电器电子产品拆解处理企业，从 2010 年 6 月开始对拆解处理进行补贴。家电以旧换新活动大大促进了我国正规废弃电器电子产品处理企业的建立。到 2010 年 12 月，我国已经备案的电子废物拆解利用处置单位名录及家电以旧换新定点拆解处理企业已经达到 56 家。根据家电以旧换新统计数据显示，截至 2010 年 12 月 9 日，家电以旧换新活动中全国家电拆解处理企业已实际拆解处理废旧家电 2212.8 万台，拆解率为 71.7%。规模化的处理使得回收材料综合利用技术的应用成为可能。一些优秀的处理企业，如长虹、格林美等，除了对废弃电器电子产品进行拆解处理，还将处理的产业链进一步延伸：长虹对回收的电视机废塑料外壳进行改性，重新用于新电视机外壳的生产，建立了材料的闭环循环体系；格林美针对回收的电器塑料进行改性作为制造塑木材料的原料，生产塑木型材。2010 年，在政策的推动下，我国废弃电器电子产品处理及综合利用行业发展迅速，优秀企业不断涌现，行业正在向规范化、规模化和产业化发展。

党的十八大报告提出，大力推进生态文明建设，坚持节约资源和保护环境的基本国策。2013 年，国家家电以旧换新政策完全退出，废弃电器电子产品处理基金深入实施。根据财政部 2014 年中央政府性基金收入和支出预算表显示，2013 年基金收入 28.11 亿元，基金支出 7.53 亿元。其中，补贴处理企业 6.29 亿元、信息系统建设 0.30 亿元、基金征管经费 0.89 亿元、其他 0.05 亿元。经过 2012 年调整，我国废弃电器电子产品回收处理行业在 2013 年得到了快速的发展，行业规模不断扩大，处理技术水平和管理水平大幅提升，体现出以下特点。

第1章 概　况

1）处理企业布局全面铺开，处理规模继续扩大。2012年，我国纳入处理基金补贴的处理企业为43家。2013年，我国纳入处理基金补贴的处理企业为91家，覆盖中国27个省和直辖市。处理企业的年处理能力超过1亿台，与2012年相比增加约25%。沿海和中部地区处理企业数量和处理规模较大。处理企业数量的快速增加和全面覆盖为我国废弃电器电子产品回收处理行业的稳步和均衡发展奠定了基础。同时，处理企业的竞争将日趋激烈。

2）回收处理量大幅增加，不同种类产品实施效果差异较大。2013年，进入获得资质处理企业的废弃电器电子产品的回收处理量超过4000万台，较2012年大幅提高。处理行业的规模化发展也拉动了废弃电器电子产品回收行业的发展，行业的环保效益和资源效益显著。同时，首批目录产品的实施效果差异较大。废房间空调器处理量约占总处理量的0.01%，废电视机处理量约占94%，实施效果最佳。

3）网络信息技术在回收体系中的应用逐渐加强。2013年是网络信息技术应用大发展的一年，网络信息技术进入废弃电器电子产品的回收处理行业。上海新金桥的物联网回收体系建设已经发展到第四代技术的应用，"E环365"针对小家电的网络回收体系已经开始规模化的回收，四川格润建立的O2O回收网络开始显现回收优势。

4）拆解处理技术水平不断提升。在规模化处理和基金补贴政策的带动下，处理企业对拆解处理技术和处理效率的需求不断提高。越来越多的企业面对拆解数量的压力，开始改造拆解线、升级处理设备，以提高拆解处理效率。随着处理企业的运营和发展，我国拆解处理技术也在不断提升，并向资源综合利用方向发展。

5）管理制度不断完善和深入推进。2013年12月2日，财政部、环保部、发改委、工信部联合发布《关于完善废弃电器电子产品处理基金等政策的通知》。该通知建立了处理企业的退出机制和信息公开制度。通过提高废弃电器电子产品处理信息透明度，使处理企业更好地接受社会公众监督，营造公平市场环境，增强行业发展的自律性，促进行业持续健康发展。2013年，发改委联合财政部开展废弃电器电子产品首批处理目录实施情况评估和目录调整工作研究，并于2013年12月24日在发改委网站公布目录调整重点产品（征求意见稿）。目录调整重点产品（征求意见稿）涉及6大类、13亚类、28种产品。目录调整范围的大规模扩大将为废弃电器电子产品回收处理行业的进一步发展提供动力。截至目前，获得废弃电器电子产品回收处理资格的企业累计106家，主要分布在珠三角、长三角和河南、湖北一带。

2013年，获得资质的废弃电器电子产品处理企业拆解处理首批目录产品超过4000多万台，总处理质量达到88万吨，处理行业的资源效益和环境效益日益显现。根据中国家用电器研究院测算，2013年，处理企业共回收铁9.63万吨、铜1.98万吨、铝0.52万吨、塑料14.81万吨。同时，废弃电器电子产品的规范拆解处理减少了对环境的危害。含铅玻璃、印刷电路板均交售给有资质的下游企业进行综合利用，大大减少了不规范处理带来的铅污染。根据中国家用电器研究院测算，2013年，废电冰箱累计拆解处理71.12万台，以200l电冰箱制冷剂平均重量160g计算，可理论减少113.8t电冰箱制冷剂排放，相当于减少96.7万吨CO_2的排放量，与2012年持平；废房间空调器拆解处理0.54万台。以1.5匹家用空调器制冷剂平均重量为1kg计算,可以理论减少5.4t房间空调器制冷剂排放,相当于减少0.9万吨CO_2的排放量,仅为2012年的7%。

随着我国废弃电器电子产品回收处理向规范化、规模化和专业化发展(见图1-14),处理企业对拆解处理技术的需求不断提高,越来越多优化物流的高效整机拆解线得到推广和应用。例如,北京华新绿源设计的立体式作业双平面物流电视机拆解线、成都金鑫泰研发的四工位旋转CRT切割台,大大提高CRT切割效率,并在行业得到快速应用;四川仁新在行业高效处理电视机的需求下,研发出以金刚石切割为原理的CRT屏锥分离设备,并在行业内得到应用。此外,随着人工成本的提高,对自动分选的需求也在不断增加。清华大学、机械科学研究院等科研机构研发的印制电路板零部件自动分选设备得到了越来越多处理企业的关注。随着网络信息技术应用的发展,由第三方建立的基于互联网的回收体系蓬勃发展。例如,香港俐通集团为生产者履行EPR提供了高效低成本的逆向物流服务。

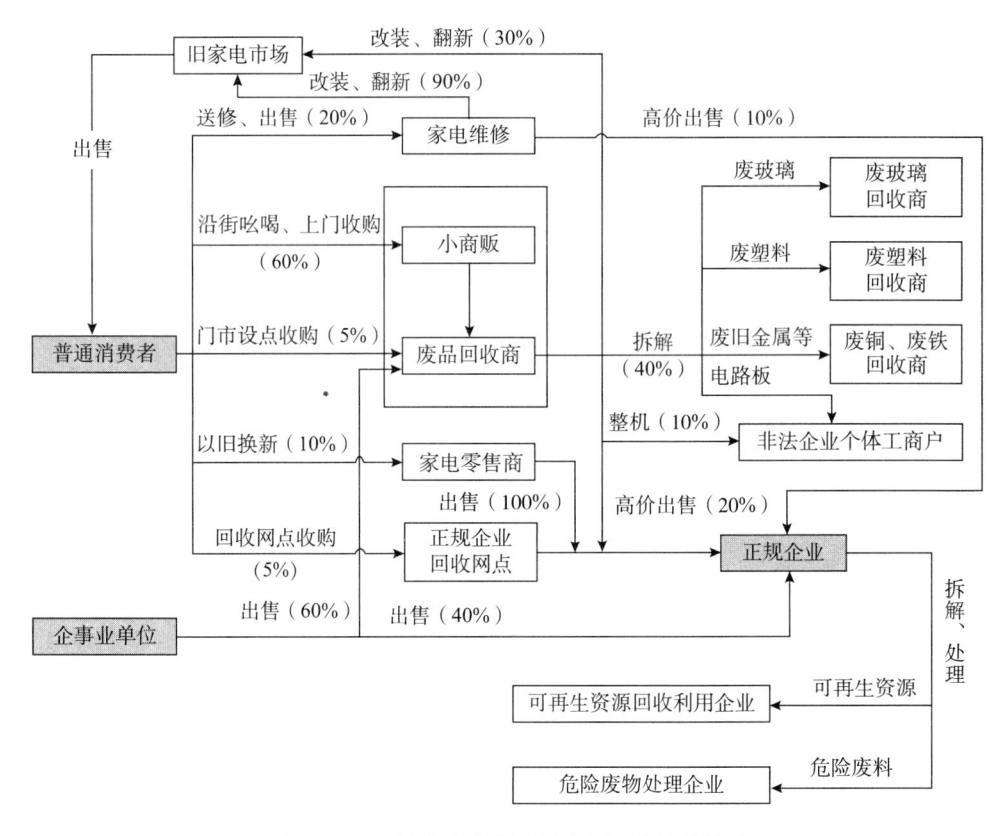

图1-14 我国废弃电器电子产品回收处理体系

为推动废旧家电供给大于需求,国家发展改革委于2003年12月批复浙江杭州大地环保有限公司、青岛新天地固体废物综合处理公司、北京华星集团环保产业发展有限公司、天津合昌环保技术有限公司四家企业为第一批废旧家电处理试点企业。在此之后,上海、江苏、广东、福建、湖南等地也建起电子废弃物处理工厂。不过在众多处理企业中,真正以电子废弃物处理为主营业务的企业并不多,规模较大的电子废弃物处理企业只有 30 家左右,主要有深圳市格林美高新技术股份有限公司、北京华新绿源环保产业发展有限公司、TCL 奥博(天津)环保发展有限公司、上海新金桥环保有限公司、青岛新天地固体废弃物综合处略有限公司、惠州市鼎晨实业发展有限公司等,年处理规模都在 200 万台左右。行业中,除了处理企业外,还存在着少数电子废弃物设备制造企业,其中湖南万荣科技有限公司一枝独秀,提供各类电子废弃物处理设备,并具有较强的技术研发能力。

1.5.4 广东省废弃电子电器产品再生循环利用技术和产业发展现状

广东省废弃电子电器再生循环利用产业规模较大,在清远、贵屿、潮阳等地最为集中,但广东省内企业技术水平参差不齐,大部分实际操作条件非常简陋,使用落后甚至原始的工艺从废弃电子电器产品中提炼金、银等金属。广东省也有优质带头企业,深圳市格林美高新技术股份有限公司的金属提炼等技术在国内处于领先地位,清远市进田企业有限公司的三废环境处理获得英国认证机构颁发的 ISO 14001 国际环境管理标准认证书。

1. 产业政策

在《中华人民共和国循环经济促进法》指导下,广东省制定了《广东省循环经济发展规划(2010—2020 年)》,提出五项基本原则。

1)减量化、再利用、资源化并举,减量化优先。在技术可行、经济合理和有利于节约资源、保护环境的前提下,按照减量化优先的原则,在生产、流通和消费等过程中减少资源消耗和废物产生,实现废物再利用、资源化。

2)全面布局、点线面结合。把发展循环经济作为重要内容纳入各级政府经济社会发展总体规划、各项发展规划和工作计划中,融入工业化、信息化、城市化、新农村建设进程,以及发展方式、产业结构、产品结构、消费结构和消费文化观念调整转变的各项工作之中。注重点、线、面有机结合,政府、企业、全民共同参与,积极推进。

3)体现特色、力求实效。推进工作必须符合广东省经济社会发展阶段特征,切合实际,体现特色,力求实效。通过大力发展循环经济,有效破解广东省能源资源环境难题。把发展循环经济与产业结构调整及优化升级有机结合起来,与产业集群技术创新有机结合起来,着力扶持发展环保产业,促进经济社会又好又快发展。

4)突出重点、分类指导。在一些重点地区、领域、行业、企业和关键项目,先行试点推动,抓好示范工程。将珠三角作为全省发展循环经济的重点地区,先行先试。有关指标分解应反映地区差异,区别对待。

5)法制保障、制度推进。将发展循环经济纳入法制化轨道,建立完善法规规章和运营制度体系。强化基本制度建设,完善与之相配套的各项制度。

在环保部发布的《废弃电器电子产品处理发展规划编制指南》指导下,广东省编制了《广东省固体废物污染防治"十二五"规划(2011—2015)》,提出至 2015 年,危险废物产生单位规范化管理抽查合格率达到90%，经营单位规范化管理抽查合格率达到95%；一般工业固体废物综合利用率达85%以上；重点监管单位危险废物安全处置率达100%以上；在回收率不断提高的情况下，逐步达到废弃电器电子产品规范拆解处理能力600万台/年；进口废物加工利用企业污染物排放达标率为100%；城镇生活污水处理厂污泥、生活垃圾焚烧厂焚烧飞灰和医疗废物基本得到安全处置；力争全省城镇生活垃圾无害化处理率达85%，其中珠三角地区城镇生活垃圾无害化处理率达到90%以上，其他地区达到75%以上。

2. 产业现状

《广东省固体废物污染防治"十二五"规划（2011—2015）》对废弃电子电器产品循环利用提出以下目标：①科学谋划，合理布局拆解处理企业，废弃电器电子产品实行集中拆解处理制度，全省统筹规划定点。结合现状，将全省分为珠三角及周边地区（珠三角9个市加上河源、云浮）、东部地区（粤东4个地市加上梅州）、西部地区（粤西3个地市）和北部地区（韶关、清远）四大片区。四大片区规划建设和完善6个综合性废弃电器电子产品拆解处理中心（见表1-13），其中珠三角及周边地区改造完善3家企业，拆解处理总规模380万台/年；东部地区布局1家企业，总规模120万台/年；西部地区改造完善1家企业，总规模80万台/年；北部地区布局1家企业，总规模35万台/年。规划四大片区建设和完善废弃电器电子产品拆解处理工程，资金投入约14亿元。②加快推动四大片区综合性废弃电器电子产品拆解处理中心和回收体系建设，全面提升全省废弃电器电子产品拆解处理水平，构建全省有效的废弃电器电子产品收集网络。截至2015年年底，废弃电器电子产品回收处理的体制机制基本完善，四大片区的集中处理企业（集中处理场）建设完成并运行良好，覆盖城乡的回收网络和统一规范的监管体系基本建立，非法拆解处理得到有效遏制。在回收率不断提高的情况下，逐步达到废弃电器电子产品规范拆解处理能力600万吨/年；当年拆解处理率达到90%以上；拆解产物的资源化回收利用率达到95%以上，拆解处理产生的危险废物全部得到安全处置。③严格监管，确保不能利用的拆解产物得到妥善处置。针对一些难于处理的电子废物（如废旧显示器玻璃、制冷剂等），建立1~2个全省性的废弃电子电器拆解业危险废物综合处置中心，为全省电子废物拆解业产生的危险废物提供服务，资金投入约2亿元。

表1-13 广东省"十二五"规划建设的废旧电子电器综合处理处置工程

项目名称	建设内容	建设阶段	起止年限	总投资/亿元	"十二五"计划投资/亿元	牵头部门
废旧电子电器综合处理处置工程	珠三角及周边地区现有企业3家，5种主要废弃电子电器产品处理总规模380万台/年，约计9.5万吨/年	改造完善	2011~2015	3	3	各有关地级市人民政府

续表

项目名称	建设内容	建设阶段	起止年限	总投资/亿元	"十二五"计划投资/亿元	牵头部门
废旧电子电器综合处理处置工程	东部地区在汕头贵屿建设1家废弃电子电器产品拆解处理中心，5种主要废弃电子电器产品处理总规模120万台/年，约计3万吨/年	新建	2011~2015	5	5	汕头市人民政府
	西部地区现有1家废弃电子电器产品拆解处理中心，5种主要废弃电子电器产品处理总规模80万台/年，约计2万吨/年	改造完善	2011~2015	1	1	茂名市人民政府
	北部地区建设1家废弃电子电器产品拆解处理中心，5种主要废弃电子电器产品处理总规模35万台/年，约计1万吨/年	新建	2011~2015	5	5	清远市人民政府
	电子废物拆解产物综合处置中心1~2家，处理规模2万吨/年	新建	2011~2015	2	2	有关地级市人民政府

截至目前，取得废弃电子电器产品处理资格的广东企业如表1－14所示。

表1－14 取得废弃电子电器产品处理资格的广东企业

企业名称	所属地区
佛山市顺德鑫还宝资源利用有限公司	佛山市顺德区
广东赢家环保科技有限公司	佛山市南海区
清远市东江环保技术有限公司	清远市清城区
广东华清废旧电器处理有限公司	清远市清城区
汕头市TCL德庆环保发展有限公司	汕头市潮阳区
茂名天保再生资源发展有限公司	茂名市茂南区

1.5.5 全球主要国家、中国和广东省的政策、产业、技术比较

各发达国家根据自身发展特点制定了相应的政策，带来了相应的技术和产业的发展。通过美国一些州的主要立法可以看出，约10年前美国在废弃电子电器方面的热情并不高，主要还处于限制填埋、加强回收处理等阶段。而欧洲和日本则显得积极主动

得多，其建立了有利于回收的政策法令，约束消费者承担一部分回收费用。但这种政策必定影响消费者的积极主动性。德国政策主张生产延伸责任制，提高消费者参与的积极性。中国目前政策法令还缺少细节可操作性的指令，阻碍了政策法令的执行。

主要发达国家在废弃电子电器处理技术方面具有一定的技术积累，从原始的手工锤刀拆解处理，到人工机械结合的破碎拣选模式，再到全自动化的破碎分选方式；金属提取方面也从毒性较大、污染较严重的处理工艺，逐渐转变成提取效率高和环境友好型工艺。但部分发达国家在本国发展中也存在不足，其产业发展明显不景气（见表1-15）。

表1-15 全球主要国家、中国、广东省废弃电子电器循环利用政策、技术、产业对比

国家和地区	政策和法规	技术发展脉络	产业状况
美国	1）20世纪90年代初对废旧家电处理制定了强制性条例 2）即使到2010年也没有完全形成全国性的电子废物管理法令；自2000年来先后有20多个州尝试制定电子废物专门管理法案 3）2003年加利福尼亚州通过电子废弃物回收再利用法案，规定从2004年7月1日起购买计算机或电视机时需交纳6~10美元电子垃圾回收处理费 4）阿肯色州2007年3月延长禁止填埋处理电子设备的时间 5）康涅狄格州2007年3月要求生产商承担责任，涵盖电子产品包括电视机、计算机、监视器 6）夏威夷州2007年2月通过禁止CRT填埋法令并于2009年生效 7）佛蒙特州2009年7月提议建立一个回收和重复利用电子装置的系统 8）华盛顿州2006年3月要求生产商负责回收电子设备	虽然有优良的技术，但前期主要还是采用原始的填埋和焚烧处理，现阶段受政策法规影响，倾向于循环再利用	1）受处理规模的限制，每年有大量的废旧电器被填埋处理，每年约有45万吨塑料随电子垃圾填埋和焚烧，绝大部分没做任何处理 2）至少有一半的电子垃圾虽然以再循环名义回收，但最终都经二手经销商和零件经销商输送到发展中国家 3）2005年数据显示美国每年约有1.3亿部手机淘汰，其中只有不到2%被回收利用
欧洲	1）WEEE指令规定2005年8月13日起，欧盟市场上流通的电子电气设备的生产商必须承担支付自己报废产品回收费用的责任 2）德国法规主张谁污染谁负责；2005年11月生产商提供回收处理费用担保金，德国居民上交废旧电器产生运输费用须自己承担10~30欧元	欧洲区各国技术水平不一致，德国废旧电器处理技术处于领先地位	1）WEEE指令规定在2006年12月31日前大型报废家电整机回收率达80%以上、循环再利用率达75%以上 2）欧盟中英国、法国等对WEEE指令反应并不太积极

第1章 概 况

续表

国家和地区	政策和法规	技术发展脉络	产业状况
日本	1）2000年颁布《家用电器再生利用法》规定制造商和进口商负责产品的回收和处理 2）相关法规规定，消费者丢弃一台废旧电器要支付2700~4600日元的费用，违反规定的将受到重罚 3）大部分快递回收方式的费用可能由用户负担 4）生产者对其产品负有再生利用的责任，自行建立分解再生利用工厂或委托再生利用	具有完善的拆解、分类及深处理技术	1）2002年对4种电池再生率分别达到镍氢电池80%、镍镉电池72.3%、锂离子电池53.8%、铅蓄电池50% 2）2002年，非法弃置仍呈逐年上升趋势，电视机弃置率同比上升40.4% 3）2007年4类废旧家电回收再利用率分别达到空调87%、电冰箱/冷柜73%、洗衣机82%、显像管电视机86%
中国	1）1995年10月颁布《中华人民共和国固体废物污染环境防治法》 2）2003年10月发布废电池污染防治技术政策 3）2006年4月发布废弃家用电器与电子产品污染防治技术政策 4）2006年2月颁布《电子信息产品污染控制管理办法》 5）2007年9月颁布《电子废物污染环境防治管理办法》 6）2008年8月颁布《中华人民共和国循环经济促进法》 7）2009年2月颁布《废弃电器电子产品回收处理管理条例》 政策法规较多，但缺少具体可操作的指导细节	以家庭作坊和中小型企业为主，其技术程度低、二次污染严重；小数大型企业和示范企业具有优良技术和严格环境保护意识	废旧家用电器2009年报废量估算为5148.4万台，而处理率仅为5.7%；2013年报废量估算为10980.18万台，处理率仅达到38%
广东省	2012年颁布《广东省固体废物污染环境防治条例（2012修正）》	以家庭作坊和中小型企业为主，其技术程度低、二次污染严重；小数大型企业和示范企业具有优良技术和严格环境保护意识	在全国产业量处于领先地位，以格林美等企业为代表

1.6 本书研究方法

1.6.1 研究内容

废弃资源再生利用产业对于广东省循环经济的发展和环境污染的防控有巨大的经济社会价值。目前广东省相关产业仍存在一些亟待解决的问题：规模型企业较少，产业整体竞争力不强；研发、创新能力有待提高，专利授权率较低，具有自主知识产权的原创性技术较少；相关企业对现有技术掌握不全面，未能有效进行专利分析，重复投入研发情况普遍；专利申请量多的高校申请主要处于实验室阶段，没有产业化实施。为适应广东省战略性新兴产业发展的需求，发挥专利信息对废弃资源再生循环利用产业发展的导航和推动作用，建立废弃资源再生循环利用产业专利数据库迫在眉睫。

本书通过分析梳理废弃资源再生利用的专利现状、技术沿革和发展趋势，找到技术热点和创新活跃点，解析代表性国家的技术创新能力，剖析影响行业发展的重要专利技术，甄别业内主要技术的优劣，明确国内自主企业，尤其是广东省内企业在各具体技术分支上的优劣势所在以及所面临的专利风险，为政府制定产业政策提供参考，为企业技术研发提供方向导航和发展建议。

同时，本书构建的废弃资源再生循环利用产业专利信息专题数据库，涵盖了国内外专利数据库中所有的废弃资源再生利用产业的专利文献，并对其进行专业化、系统化和规范化的标引，为行业内的企事业单位提供专业化服务，促进废弃资源再生循环利用产业发展。

本书的研究内容主要包括：

1）建立结构科学、专业性强、方便使用的产业专利信息数据库。

2）开展专利分析工作，多角度多层次分析产业发展、专利布局情况及技术发展趋势，形成专利技术简报。

3）针对产业专利技术进行分析总结，提出适合产业发展的建议，为政府相关部门的决策提供参考意见，形成专利分析报告。

4）开展专利预警工作，分析行业内企事业单位在各主要国家或地区可能面临的侵权风险，探讨规避风险的途径并寻找创新路径及突破口，形成专利预警报告。

5）开展专利战略和导航研究，形成产业专利战略研究报告，为"产学研"结合提出可行性建议。

1.6.2 研究思路

1. 确定研究对象

为了全面、客观、准确地确定本书的研究对象，课题组通过各种途径对相关企业、技术专家进行了前期调研和座谈，充分了解了废弃资源再生利用行业的产业政策和产业发展目标。同时，各国专利制度法定的发明专利保护期限均为20年，1992年之前的专利技术到 2012 年以后都将成为公知公用的现有技术，因此将研究对象的时间范围限定于 1992 年以后。

2. 制定检索策略

专利技术的分析与预警必须基于国内外所有相关专利申请。根据行业特点，为了确保检索获得的专利数据准确、完整，尽量避免系统偏差和人为误差，本书的检索策略主要为：①选用 VEN 数据库和 CNABS 数据库为原始数据库；②采用"分类号＋关键词＋CPY"检索；③采用计算机辅助标引；④采用人工浏览去噪；⑤新建废弃资源再生利用专业数据库；⑥人工辅助完善标引字段。

3. 确定研究方法

鉴于本书内容特点，基本研究方法主要采用数理统计法和定性分析法。在专利技术分析部分，采用基于数理统计法的各种专利分析工具进行专利统计分析，并且在分析过程中注意结合当时的经济环境、产业发展、国际合作、知识产权政策等有关信息，以求客观认识专利技术发展现状，准确把握专利技术发展趋势；在专利风险研究部分，采用定性分析法进行权利要求或技术方案的对比分析，以研究我国在相关技术领域的专利风险。

4. 提出应对策略

专利分析和预警工作的目的在于全面深入地分析相关领域的国内外专利技术发展现状和趋势，深入剖析、进而发现国内尤其是广东省内企业的核心技术或关键技术存在专利风险的可能性。本书基于课题研究的主要结论并结合广东省废弃资源再生利用产业发展目标，从政府层面和企业层面分别提出应对策略。

1.6.3 研究方法

1. 调查研究

课题组通过对广东省主要废弃资源回收处理企业广州金发科技股份有限公司、广东赢家环保科技有限公司实地调研，并与橡胶工业技术专家范仁德进行座谈，了解废弃塑料、废弃橡胶和废弃电子电器产品再生循环利用领域的政策、产业、技术和装备的发展现状、制造、建设、营运各个环节的关键技术，确定课题研究方向和研究重点。

2. 检索策略

本书的基本检索思路是根据废弃塑料、废弃橡胶和废弃电子电器产品再生循环利用的技术特点，结合前期调研所了解的行业划分习惯，主要按照回收的产品和/或回收产品使用的技术进行划分。

将废弃塑料再生循环利用技术划分为化学回收、机械回收、能量回收三个部分，各部分又进一步划分为 10 个技术分支。对于重点研究的化学回收，在检索时首先检索涵盖 6 个技术分支的相关废弃塑料化学回收专利，然后在总的检索结果的基础上通过人工标引技术分支；而对于机械回收和能量回收，则直接对其各个技术分支进行检索。

将废弃橡胶再生循环划分为再生胶、胶粉、燃料热能、热裂解、橡胶沥青、轮胎翻新 6 个部分。在检索时，分别检索涵盖 6 个部分的废弃橡胶再生循环专利，然后在总的检索结果的基础上标引技术分支。

将废弃电子电器再生循环利用划分为废弃整机拆分、废弃电路板、废弃阴极射线管、废弃制冷系统、废弃电池和废弃液晶 6 个部分，各部分根据专业分工选定 18 个技术分支进行研究。在检索时，首先检索涵盖 6 个部分的相关废弃电子电器再生循环利用电专利，然后在总的检索结果的基础上再进一步检索和标引技术分支。

具体的项目一级分支和二级分支的分解情况如表 1-16 所示。

表 1-16 废弃资源再生循环利用项目分解表

子课题	一级分支	二级分支
废弃塑料再生循环利用	化学回收	热裂解
		催化裂解
		气化裂解
		溶剂解
		超临界流体分解
		与其他物质共裂解
	机械回收	简单再生
		改性再生
	能量回收	高炉喷吹
		固体燃料
废弃橡胶再生循环利用	再生胶	快速脱硫工艺
		动态脱硫
		高温连续脱硫
		低温塑化工艺
		螺杆挤出
		密联机再生工艺
		微波脱硫工艺
		超声波脱硫工艺
		电子束辐射脱硫
		远红外线脱硫
		微生物
		超临界 CO_2 流体脱硫再生
		脱硫罐
		机械搅拌、混炼、捏炼
		再生剂
		精炼机
		废气处理
		翻胶、切胶、加热方法、冷却、预混
		其他（电解、溶剂萃取、一条生产线）

续表

子课题	一级分支	二级分支
废弃橡胶再生循环利用	胶粉	常温粉碎法
		低温粉碎法
		湿法或溶液粉碎法
		固相剪切粉碎
		臭氧粉碎法
		装置
		辅助装置
		破碎机没有指明胶粉、普遍适用
		其他
	燃料热能	
	热裂解	
	橡胶沥青	
	轮胎翻新	
废弃电子电器产品再生循环利用	废弃整机拆分	电视机拆分
		计算机拆分
		冰箱拆分
		空调拆分
		洗衣机拆分
		显示器
	废弃电路板	破粉处理
		分选
		热处理
		金属回收
	废弃阴极射线管	玻屏处理
		荧光物质回收
		铅金属回收
	废弃制冷系统	制冷机回收
		发泡材料回收
	废弃电池	破碎处理
		金属回收
	废弃液晶	液晶处理

根据不同检索系统的特点，并结合本课题的专业特点，中文专利数据库和外文专利数据库采取了不同的检索策略。CNABS 数据库检索时间为 1992 年 1 月 1 日至 2014 年 10 月 8 日；VEN 数据库检索时间为 1992 年 1 月 1 日至 2014 年 10 月 23 日。

(1) 中文专利数据检索

1) 废弃塑料再生循环利用。

在 CNABS 数据库中, 将涉及废弃塑料再生循环利用领域的专利申请采用 IPC 分类号和关键词进行检索。对于化学回收, 主要使用分类号 C07C4、C08J11、C10G1、C10B53 及其细分, 与关键词之间进行"与""或"逻辑运算。对于机械回收, 其中改性再生主要使用分类号 C08J3、C08J7、C08J9、C08J11、C08K、C08L、C08F 及其细分, 并与关键词之间进行"与"逻辑运算; 简单再生主要使用分类号 B29B7、B29B9、B29B11、B29B13、B29B17、B29C47, 并与关键词之间进行"与"逻辑运算, 同时采用"非"逻辑运算排除掉改性再生的数据, 即获得简单再生的数据。对于能量回收, 其中高炉喷吹主要使用分类号 C21B, 与关键词之间进行"与"逻辑运算; 固体燃料主要使用分类号 C10L5、F23G5、F23G7, 与关键词之间进行"与""或"逻辑运算, 同时采用"非"逻辑运算排除掉高炉喷吹的数据, 即获得固体燃料的数据。截取部分文献进行人工阅读, 寻找噪声来源, 通过批量去噪。

2) 废弃橡胶再生循环利用。

在 CNABS 数据库中, 将涉及废弃橡胶再生循环的专利申请主要针对 IPC 分类中的 C08J11、C08L17/00、C08L21、B29B17、C10B53、C10G1/10、B29B7、B29D30/54、B29D30/56、C09C1、B02C、F23G5、F23G7 及其细分进行检索, 其中 C08L17/00、C10G1/10、B29D30/54、B29D30/56 的技术主题分别是再生胶组合物、从橡胶或者橡胶废料制备液态烃混合物、翻新、使用预硫化过的胎面翻新, 在检索时直接用相关分类号检索; 其他分类号分别与技术主题关键词等之间进行"与""或"逻辑运算; 个别技术用关键词补充检索。

3) 废弃电子电器再生循环利用。

在 CNABS 数据库中, 将涉及废弃电子电器领域的专利申请主要针对 IPC 分类中的 A62D、B01D、B02C、B03、B07、B08B、C08L、B09B、B22F、B23P、B23Q、B23K、B25H、B26D、B26F、B65G、C01B、C01D、C01F、C01G、C02F、C03B、C07C、C08J、C09K、C10B、C10G、C22B、F23G、C25C、F25B、H01J9 及其细分进行检索。其中 B09B 的技术主题是固体废弃物的处理, 在检索时直接用相关分类号检索; 其他分类号代表具体的废弃电子电器产品, 在检索时将分类号和所要检索技术内容的关键词进行"与""或"等逻辑运算; 个别技术用关键词补充检索。

以上检索过程中, 对不符合检索时间范围(申请日早于 1992 年 1 月 1 日)的专利申请用"非"逻辑运算排除, 获得初步检索结果, 再进行计算机辅助标引和人工筛选, 获得最终检索结果。

(2) 外文专利数据检索

1) 废弃塑料和橡胶的再生循环利用方面, 在 VEN 数据库中进行检索, 采用与中文专利数据检索时相同的思路, 其中分类号同时利用了 IPC 和 EC 两个字段。

2) 废弃电子电器产品再生循环利用方面, 在 VEN 数据库中进行检索, 并将分类号由 IPC 扩展到 EC、MC 和 FT, 将涉及废弃电子电器领域的专利申请主要针对 IPC 和

第1章 概　况

EC 分类中的 A62D、B01D、B02C、B03、B07、B08B、C08L、B09B、B22F、B23P、B23Q、B23K、B25H、B26D、B26F、B65G、C01B、C01D、C01F、C01G、C02F、C03B、C07C、C08J、C09K、C10B、C10G、C22B、F23G、C25C、F25B、H01J9 及其细分进行检索，针对 MC 分类中的 X16 – M、L03 – E06、L03 – J01、V05 – L07E6、X25 – W04、V05 – L07E6、E11 – Q01、L03 – J01、U11 – C15Q 进行检索，针对 FT 分类中的 4D004、5H031、4F401/AD09、4F401/BB13、4F401/CA14、4F401/AA26 及其细分进行检索。其中 B09B 的技术主题是固体废弃物的处理，在检索时直接用相关分类号检索；上述其他分类号代表具体的废弃电子电器产品，在检索时，将分类号和所要检索技术内容的关键词进行"与""或"等逻辑运算。

以上检索过程中，对不符合检索时间范围（由于数据库特点所限，对具有最早优先权日的申请用最早优先权日进行限制，对不具有最早优先权日而具有优先权日的申请用优先权日进行限制，其余用申请日进行限制，时间早于 1992 年 1 月 1 日的申请均去除）的专利申请用"非"逻辑运算排除，获得初步检索结果，再进行计算机辅助标引和人工筛选，获得最终检索结果。

（3）数据标引

通过专利系统检索得到的检索结果还不是本书需要的最终数据。一方面需要排除检索过程中各种原因引入的噪声，另一方面需要对检索数据按照本书的系统划分重新进行标引，以确定每项专利技术在本课题所处的技术分支。本书使用了人工标引和批量标引两种数据标引方式。

人工标引是课题组成员通过阅读专利文献来标注标引信息，批量标引是对检索得到的原始数据通过使用相对严格的检索式直接大批量标注标引信息，在某些情况下批量标引与人工标引相结合使用。根据本课题的技术分解，标引信息取类似国际分类号的字母+数字方式，如 A1、B2、C3 等，分别对应不同的技术分支。

（4）中英文检索结果

1）在 CNABS 数据库中共检索到 4382 件专利申请，去除噪声后为 3980 件专利申请。在 VEN 数据库中共检索到 12768 件专利申请，去除噪声后为 11240 件专利申请。具体情况如表 1 – 17 所示。

表 1 – 17　废弃塑料再生循环利用各技术分支的检索结果　　　　单位：件

检索总量	一级分支	二级分支	三级分支	四级分支	中文	外文
废弃塑料再生循环利用 中文 3980 英文 11240	A 化学回收 中文 1070 英文 3424	A2 催化裂解 中文 270 英文 488	A1 热裂解		527	1896
			A2A 一段法	A2A1 直接催化裂解	177	340
			A2B 两段法 中文 93 英文 148	A2B1 热裂解 – 催化改质	80	127
				A2B2 催化裂化 – 催化改质	13	21

续表

检索总量	一级分支	二级分支	三级分支	四级分支	中文	外文
废弃塑料再生循环利用 中文 3980 英文 11240	A 化学回收 中文 1070 英文 3424	A3 气化裂解			39	284
		A4 溶剂解 中文 162 英文 514	A4A 水解		42	174
			A4B 醇解		99	302
			A4C 其他流体		24	51
		A5 超临界流体分解 中文 28 英文 180	A5A 水解		19	118
			A5B 醇解		5	29
			A5C 其他流体		4	38
		A6 与其他物质共裂解 中文 44 英文 62	A6A 与煤、煤焦油、机油等共裂解		29	54
			A6B 与生物质共裂解		15	8
	机械回收 中文 2708 英文 6416	简单再生			1723	5278
		改性再生			985	1138
	能量回收 中文 202 英文 1400	高炉喷吹			45	206
		固体燃料			157	1194
噪声					402	1528

2）废弃橡胶再生循环利用方面，在 CNABS 数据库中共检索到中文 4340 件专利申请，去除噪声后为 2872 件专利申请。在 VEN 数据库中共检索到 6681 件专利申请，去除噪声后为 4576 件利申请。具体情况如表 1-18 所示。

3）废弃电子电器产品再生循环利用方面，在 CNABS 数据库中共检索到 3468 件专利申请，去除噪声后为 1926 件专利申请。在 VEN 数据库中共检索到 6634 项专利申请，去除噪声后为 3184 项专利申请。具体情况如表 1-19 所示。

表1-18 废弃塑料再生循环利用各技术分支的检索结果　　　　　　单位：件

一级分支	二级分支	三级分支	中文	外文
再生胶 中文531 英文211	快速脱硫 B1A		4	1
	动态脱硫 B1C		71	11
	高温连续脱硫 B1D		44	41
	低温塑化 B1E		11	0
	螺杆挤出	工艺 B1F	30	25
		装置 B1F1	62	2
	密联机再生 B1G		16	0
	微波脱硫 B1H		18	9
	超声波脱硫 B1I		1	6
	电子束辐射脱硫 B1J、B1U		6	8
	远红外线脱硫 B1K		1	0
	微生物 B1T		6	8
	超临界 CO_2 流体脱硫 B1L		3	6
	脱硫罐 B1M		56	4
	机械搅拌，混炼，捏炼 B1N		73	82
	再生剂 B1Q		63	95
	精炼机 B1R		33	0
	废气处理 B1S		17	1
	翻胶，切胶，冷却，预混 B1P		81	0
	其他 B1O（电解，溶剂萃取，）		17	15
	特种胶（丁基，氟橡胶）B2		43	11
胶粉 中文701 英文982	常温粉碎法 B3A		198	75
	低温粉碎法 B3B		44	87
	湿法或溶液粉碎法 B3C		30	41
	固相剪切粉碎 B3D		19	68
	臭氧粉碎法 B3E		1	5
	装置	磨盘 B3F1	57	35
		钢丝橡胶分离 B3F2	105	99
		辊筒，砂轮 B3F3	72	82
		轮胎分割 B3F4	48	231
		水流，气流 B3F5	18	53
		切刀 B3F7	192	122
	辅助装置 B3G		51	50
	没有指明胶粉，普遍适用 B3H		82	24
	其他 B3F6		40	85
燃料热能			45	656
热裂解			582	1000
橡胶沥青			599	1106
轮胎翻新			414	621
噪声			1468	2105

表1-19 废弃电子电器产品再生循环利用各技术分支的检索结果[1]　　单位：件

系统划分	技术分支	中文	外文
废弃整机拆分	电视机拆分	20	54
	计算机拆分	10	26
	冰箱拆分	53	31
	空调拆分	8	27
	洗衣机拆分	12	25
	显示器	34	167
废弃电路板	破粉处理	204	133
	分选	70	58
	热处理	76	107
	金属回收	266	391
废弃阴极射线管	玻屏处理	66	172
	荧光物质回收	99	113
	铅金属回收	22	91
废弃制冷系统	制冷及相关物回收	120	204
废弃电池	破碎处理	211	145
	金属回收	728	1161
废弃液晶	液晶处理	34	82
其他系统设备		0	197
噪声		1542	3450

3. 专利分析

在专利申请的专利分析和专利技术分析中，针对检索结果，综合运用数理统计、时间序列等专利分析方法，利用专业分析工具，对全球和中国境内的专利技术和主要竞争对手的专利分布情况进行整体发展趋势、国家或地区分布、技术主题分布、主要申请人分析以及重点技术、技术特征等方面进行深入的研究分析。

4. 风险分析

所谓专利风险意指潜在的侵权可能性。具体判断是否存在侵权可能性是按照专利侵权判定原则和方法进行的。最终的专利风险评估结果可能性[2]有三种：较大风险、一般风险、较小风险。

本书以我国尤其是广东省废弃资源再生循环利用项目作为风险分析对象，分析评估每一个重点技术方面的专利风险情况。标准的专利风险分析步骤是，首先确定重点

---

[1] 课题组分析数据时发现某申请人有170件专利申请数据异常。为避免对分析结果产生影响将其人工去除，表中数据不包含此170件申请。

[2] 我国废弃资源再生循环利用还处于起步和规模化阶段，因此，本书提到产业面临的专利风险时，指的是其未来产业化时可能面临的潜在风险。

技术，然后确定作为我国废弃资源再生循环利用领域的国内申请人和作为竞争对手的国外申请人在该重点技术领域的有效发明专利申请情况，分析比较两者有效专利的保护范围、技术属性、法律状态，综合评估专利风险结果可能性。具体来说，在进行风险评估的技术领域中：①国外来华企业重点涉及，重点技术领域的相关单位专利申请空白，认定为存在较大风险；②国外来华企业重点企业涉及，重点技术领域的相关单位有少量外围专利但核心专利申请空白，认定为存在较大风险；③国外来华企业重点涉及，重点技术领域的相关单位有少量核心专利，则依据该专利申请与国外来华相关专利权的保护范围关系判断风险结果（较大风险、一般风险、较小风险）；④国外来华企业重点涉及，国内掌握较多核心专利，认定为存在较小风险；⑤国外来华企业未涉及或有少量在审专利申请，国内有多项授权专利，认定为存在较小风险；⑥国外来华企业和国内申请都获得少量专利权，认为存在一般风险。

1.6.4 相关事项说明

1. 同族专利的约定

在做全球专利数据分析时，存在一项发明创造在不同国家进行申请的情况，这些发明内容相同或相关的申请被称为专利族。优先权完全相同的一组专利文献称为狭义同族，具有部分相同优先权的一组专利文献称为广义同族，而通过某个中间纽带把本来优先权完全不同的两组专利文献聚集到一起称为交叉同族。本书的同族专利指的是交叉同族，一件专利指的是一组交叉同族。

S系统的VEN数据库中采用FN字段表示交叉族号，因此任意两件专利申请是否属于同族专利的判断依据就是看这两件专利申请的FN字段号是否相同，对申请量项数的统计实际上就是统计不重复的FN数量。在数据整理时，就将具有相同FN字段号的专利申请进行去重、合并处理。

2. 专利申请量的约定

当向世界上任何一个国家或地区专利局提交专利申请时，将获得独一无二的专利申请号以及确定的专利申请日。因此专利申请量件数的统计，实际上就是计数检索结果中不重复的专利申请号数量。一个专利申请号代表一件专利申请，专利申请号前两位英文字母是专利申请受理局的标志。例如，申请号CN20091010243的受理局为CN。作为特例，早期SU（苏联）在本书中被并入到RU（俄罗斯），而将EP（欧洲专利局）、DE（联邦德国或德国）、FR（法国）和ES（西班牙）都认为属于欧洲地区。VEN数据库中AP字段（例如WO1993US04836 19930521）空格后的部分为6位日期代码，通常以此代码为标准确定申请日。

每个专利族中最早优先权所属国家或地区就是这项专利技术的技术发源地。在作历年专利申请量项数统计时还需要知晓最早优先权年份，并以此作为横坐标进行作图。VEN数据库中的PR字段记录了优先权号及优先权日信息（例如US20030012365 20030527），最早优先权为一个专利族中优先权日最早的那个优先权，以最早优先权号的前两位（例如US）确定最早优先权国别。

3. 申请人名称约定

VEN 数据库中的 PA 字段记录了申请人名称，而 CPY 字段记录了德温特公司给出的公司代码。在本书中对一部分重要申请人的表述进行约定：一是由于中文翻译的原因，同一申请人在不同中国专利申请中表述不一致；二是力求申请人统计数据的完整性、准确性，将一些公司的子公司专利申请合并统计；三是基于图表标注的需要，简化申请人名称。部分重要专利申请人名称约定方面的相关说明如表 1-20 所示。

表 1-20 重要专利申请人名称的约定

约定名称	申请人名称	约定名称	申请人名称
格林美	深圳市格林美高新技术股份有限公司	中海油	中国海洋石油总公司
	深圳市格林美高新技术有限公司		中海油气开发利用公司
	武汉格林美资源循环有限公司		中海油天津化工研究设计院
	荆门市格林美新材料有限公司		中海油（青岛）重质油加工工程技术研究中心有限公司
	江西格林美资源循环有限公司		中海油能源发展股份有限公司
湖南万容	湖南万容科技股份有限公司		中海油能源发展股份有限公司石化分公司
	湖南万容科技有限公司	博世	博世有限公司
	郴州万容金属加工有限公司		罗伯特·博世有限公司
	汨罗万容电子废弃物处理有限公司	美的	美的集团股份有限公司
米其林	米其林技术公司		广东美的暖通设备有限公司
	米其林研究和技术股份有限公司	万向集团	万向集团公司
	米其林集团总公司		浙江万向亿能动力电池有限公司
	米其林研究和技术股份有限公司		万向电动汽车有限公司
	米什兰集团总公司	东莞新能源	东莞新能源科技有限公司
普利司通	株式会社普利司通		东莞新能源电子科技有限公司
	普利司通奔达可有限责任公司		宁德新能源科技有限公司
	普利司通美国轮胎运营有限责任公司	中石油	中国石油天然气集团公司
广东邦普	广东邦普循环科技有限公司		中国石油天然气股份有限公司
	广东邦普循环科技股份有限公司	中石化	中国石油化工集团公司
	湖南邦普循环科技有限公司		中国石油化工股份有限公司
	佛山市邦普镍钴技术有限公司		中石化上海工程有限公司
	佛山市邦普循环科技有限公司		中石化炼化工程（集团）股份有限公司
南通回力	南通回力橡胶有限公司		中国石油兰州化学工业公司
	江苏南回橡胶再生与利用技术研发有限公司		

表 1-21 中一些主要申请人的 CPY 与其统一申请人名之间采用一一映射关系。对此表之外的其他不太重要的申请人没有做细致处理。

表 1-21　重要专利申请人 CPY 与申请人名称的映射关系

约定名称	德温特公司代码（CPY）	对应的英文公司名称
三菱公司 （日本）	MITO，DAIE，MITR，MITQ，MISQ，MITU，MITS-N，MITV，MITP，MITM，MITN，MISD，MEPC，MITY，MITS，MTAC	MITSUBISHI CHEM CORP MITSUBISHI RAYON CO LTD MITSUBISHI PLASTICS IND LTD MITSUBISHI ELECTRIC CORP MITSUBISHI JUKOGYO KK MITSUBISHI HEAVY IND ENVIRONMENT & CHEM MITSUBISHI HEAVY IND ENVIRONMENT ENG CO MITSUBISHI HEAVY IND CO LTD MITSUBISHI GAS CHEM CO INC MITSUBISHI FUSOU TRUCK BUS KK MITSUBISHI MOTOR CORP MITSUBISHI KASEI ENG KK MITSUBISHI ENG-PLASTICS CORP MITSUBISHI KASEI CORP MITSUBISHI KAGAKU POLYESTER FILM KK MITSUBISHI POLYESTER FILM GMBH MITSUBISHI KASEI VINYL KK MITSUBISHI MATERIALS CORP MITSUBISHI CHEM MKV CO MITSUBISHI PETROCHEMICAL CO LTD MITSUBISHI CHEM AMERICA INC MITSUBISHI PETROCHEMICAL CO LTD MITSUBISHI SHOJI PLASTICS CORP MITSUBISHI ENG PLASTICS KK MITSUBISHI SHINDO KK MITSUBISHI PAPER MILLS LTD MITSUBISHI CABLE IND LTD MITSUBISHI OIL CO MITSUBISHI NAGASAKI KIKO KK
日立公司 （日本）	HITF，HITM，HITA-N，HITA，HIST，HITB，HITD，HITJ，HITH，HISD，HITT，HDIS，HITG，HITK	含有 HITACHI 的： HITACHI MAXELL KKHITACHI HIGASHI SERVICE ENG KK HITACHI LTD HITACHI TECHNO ENG CO LTD HITACHI CHEM CO LTD HITACHI CABLE LTD HITACHI ZOSEN CORP HITACHI ZOSEN SANGYO KK HITACHI CONSTR MACHINERY CO LTDHITACHI HOMETEC LTD HITACHI ENG CO LTDHITACHI DISPLAY DEVICES KKHITACHI DEVICE ENG CO LTDBABCOCK-HITACHI KK

续表

约定名称	德温特公司代码（CPY）	对应的英文公司名称
东芝公司（日本）	TOKE, TOSA, TOSF, TOSI, TOSM	以 TOSHIBA 开头的： TOSHIBA KK TOSHIBA PLANT KENSETSU KK TOSHIBA CORPTOSHIBA AVE KK TOSHIBA MACHINE CO LTD TOSHIBA CERAMICS CO TOSHIBA CHEM CORP TOSHIBA GE AUTOMATION SYSTEMS KK TOSHIBA CONSUMER MARKETING KK TOSHIBA KADEN SEIZO KK TOSHIBA SILICONE KK
日本钢管（日本）	NIKN	NKK CORP NKK PLANT KENSETSU KK NIPPON KOKAN KK
三井（日本）	MITB, MITA, MITF, MITS–N, MITK, MIMI, MITG, DUPO, MITC, MITJ	以 MITSUI 开头的： MITSUI ENG & SHIPBUILDING CO MITSUI ENG & SHIPBUILDING CO LTD MITSUI CHEM INC MITSUI FLUOROCHEMICAL CO LTD MITSUI TOATSU CHEM INC MITSUI SEISAKUSHO YG MITSUI PETROCHEM IND CO LTD MITSUI BUSSAN KK MITSUI SEKITAN EKIKA KK MITSUI KOZAN KK MITSUI MINING & SMELTING CO LTD MITSUI DU PONT POLYCHEMICAL KK MITSUI KAGAKU ENG KK MITSUI MIIKE SEISAKUSHO KK MITSUI MIIKE SEOSAKUSHO KK MITSUI TAKEDA CHEM KK MITSUI SEKKA ENG KK
新日铁（日本）	YAWA, YAWH	含有 NIPPON STEEL： NIPPON STEEL CORP NIPPON STEEL CHEM CONIPPON STEEL CHEM CO LTDNIPPON STEEL ENG KK NIPPON STEEL & SUMIKIN ENG CO LTD 或者 SHIN NITTETSU ENG KK

第1章 概况

续表

约定名称	德温特公司代码（CPY）	对应的英文公司名称
松下 （日本）	MATU，MATW， MATK，MATJ， KUBI，MATS–N	含有 MATSUSHITA： MATSUSHITA DENKI SANGYO KKMATSUSHITA ELECTRIC WORKS LTD MATSUSHITA ELECTRIC IND CO LTD MATSUSHITA ELEC IND CO LTDMATSUSHITA SEIKO KK MATSUSHITA REIKI KK KUBOTA MATSUSHITA DENKO GAISO KK MATSUSHITA ECOTECHNOLOGY CENT KK 或者 PANASONIC CORP
杰富意钢铁 （日本）	KAWI，JFES，KAWJ， JFEP–N，KAWA–N	KAWASAKI STEEL CORP JFE STEEL CORP （JFEE–N）JFE ENG KK JFE PLASTIC RESOURCE CORP KAWASAKI KIKO KK KAWASAKI HEAVY IND LTD
株式会社 IHI （日本）	ISHI，ISHI–N 但 ISHI–N 不一定都是该公司的	ISHIKAWAJIMA HARIMA HEAVY IND ISHIKAWAJIMA HANYO BOIRA KKIHI CORP
丰田 （日本）	TOYT，TOYW，TOZS， TOYO–N	TOYOTA JIDOSHA KK TOYOTA CHUO KENKYUSHO KKTOYOTA KAGAKU KOGYO KK TOYOTA KAKO KK TOYOTA KOSAN KK TOYOTA GOSEI KYUSHU KK TOYOTA SHATAI KK
株式会社荏原制作所 （日本）	EBAR，EBAR–N， EBAI	EBARA CORP EBARA DENSAN KKEBARA DENSAN LTD EBARA ENVIRONMENTAL PLANT CO LTD EBARA INFILCO ENG SERVICE KK
宇部兴产 株式会社 （日本）	UBEI	UBE IND LTD
太平洋水泥 株式会社 （日本）	ONOD	TAIHEIYO CEMENT CORP ONODA CEMENT CO LTD

续表

约定名称	德温特公司代码（CPY）	对应的英文公司名称
旭化成（日本）	ASAH，ASAH-N	以 ASAHI KASEI 开头： ASAHI KASEI KOGYO KK ASAHI KASEI KK ASAHI KASEI LIFE & LIVING KK ASAHI KASEI E - MATERIALS KK ASAHI KASEI KENZAI KK ASAHI KASEI SENI KK 或者 ASAHI CHEM IND CO LTD ASAHI CORP
夏普公司（日本）	SHAF	SHARP KK
伊士曼化工（美国）	EACH	EASTMAN CHEM CO
积水化学工业株式会社（日本）	SEKI	SEKISUI CHEM IND CO LTD

在做申请人申请量统计时，对于一件专利有多个申请人的情况，采用的是简单分别计数的方式，即若有两个申请人，则每个申请人各增加一件专利技术。需要指出的是，本书中采用的共同申请人是指在一件专利中的共同申请人，他们可能并未共同提交一件专利申请。

4. 近期数据不完整说明

本次检索对于2012年以后的专利申请数据采集不完整，统计的专利申请量比实际的专利申请量要少，这是由于部分数据在检索截止日之前尚未在相关数据库中公开。例如，PCT专利申请可能自申请日起30个月甚至更长时间之后才进入国家阶段，从而导致与之相对应的国家公布时间更晚；发明专利申请通常自申请日（有优先权的自优先权日）起18个月（要求提前公布的申请除外）才能被公布；以及实用新型专利申请在授权后才能获得公布，其公布日的滞后程度取决于审查周期的长短等。

5. 其他约定

本书中涉及以下概念时，如无特殊说明，以下述约定为准。

欧洲：包括欧洲专利局（EPO）下属38个国家和地区，在数据统计时将上述38个国家和地区的申请人国籍全部以欧洲籍（EP）计，但不改变申请号、公开号中的国家代码。

第1章 概　　况

省市：中国各省、直辖市和自治区，不包括香港特别行政区和澳门特别行政区。[1]

合作申请：具有两个及两个以上申请人的专利申请。

多边专利：定义为具有三个以上（含）公开公告国家的专利申请。

失效专利：已取得专利权但专利权已经终止的专利。

有效专利：已取得专利权且专利权尚未终止的专利。

授权率：取得专利权的发明专利数量/（发明专利数量－待审发明专利数量）；由于实用新型不经过实审，授权率接近100%，故该指标不用于评价实用新型。

维持期限：对于失效专利，该期限起止日期定义为申请日至专利权终止日期；对于有效专利，该期限起止日期定义为申请日至法律状态查询日2014年11月20日。

---

[1] 中国专利数据库中将中国大陆地区与中国台湾地区提交专利申请的来源地均标引为CN，为方便见，本书不对其进行特别区分，也即中国专利数据分析中国内省市数据包括了中国台湾地区数据。

第 2 章 废弃资源再生循环利用专利分析

2.1 全球专利分析

2.1.1 总体情况

图 2-1 为全球范围内各个国家和地区废弃资源再生循环利用领域的专利申请趋势以及总体发展趋势。从总体发展趋势看，不含中国的全球专利申请量在 1992~2000 年平稳增长，2000 年达到峰值后开始下降，显示出发达国家在废弃资源回收方面的总体研发投入在 2000 年之前逐步增强但近年来呈下降趋势。

从图 2-1 中的两条折线可以看出，2004 年之前全球申请趋势完全由日本、欧洲和美国等发达国家，尤其是日本决定。这是因为发达国家在环保立法方面最早，产业发展也最早。例如，德国是世界上最早开展循环经济立法的国家，其立法渊源可追溯到 1935 年颁布的《自然保护法》；美国也早在 1965 年就制定了《固体废弃物处置法》，明确规定了处置各种固体废弃物的相关要求。因此，这些地区在资源回收利用方面起步很早，在 20 世纪 90 年代初就已经出现申请量的高峰。其中，美国在近 20 年间申请量较为稳定，除 2005 年接近 200 件外，其余年份为 100~140 件。欧洲近 20 年的年申请量均没有超过 1992 和 1993 年的申请量，显示其市场培育很早，但仍保持着技术开发的持续性，年申请均超过 100 件，且 2006 年后申请量有回升的趋势。日本政府在 1970 年就制定了《废弃物处理法》，相关技术起步也较早。在 2004 年以前日本主导了全球专利申请的发展趋势，1994~2003 年的年申请量均过当年全球申请量的 50%，申请量在 2000 年达到最高峰，之后呈现下降趋势。

韩国和中国在这一领域发展均较晚，但近年来发展很快。韩国自 2007 年起年申请量已经超过美国和欧洲，是不可忽视的新兴力量。中国专利申请的整体增长速度则更快。比较图 2-1 两条折线可见，2004 年后由于中国申请迅速增长，甚至扭转了其他国家和地区整体缓慢下降的趋势。考虑到中国专利申请对趋势分析影响较大，2.1 节其余部分进行数据分析时去掉了中国申请部分，中国专利申请在后面的章节专门进行分析。

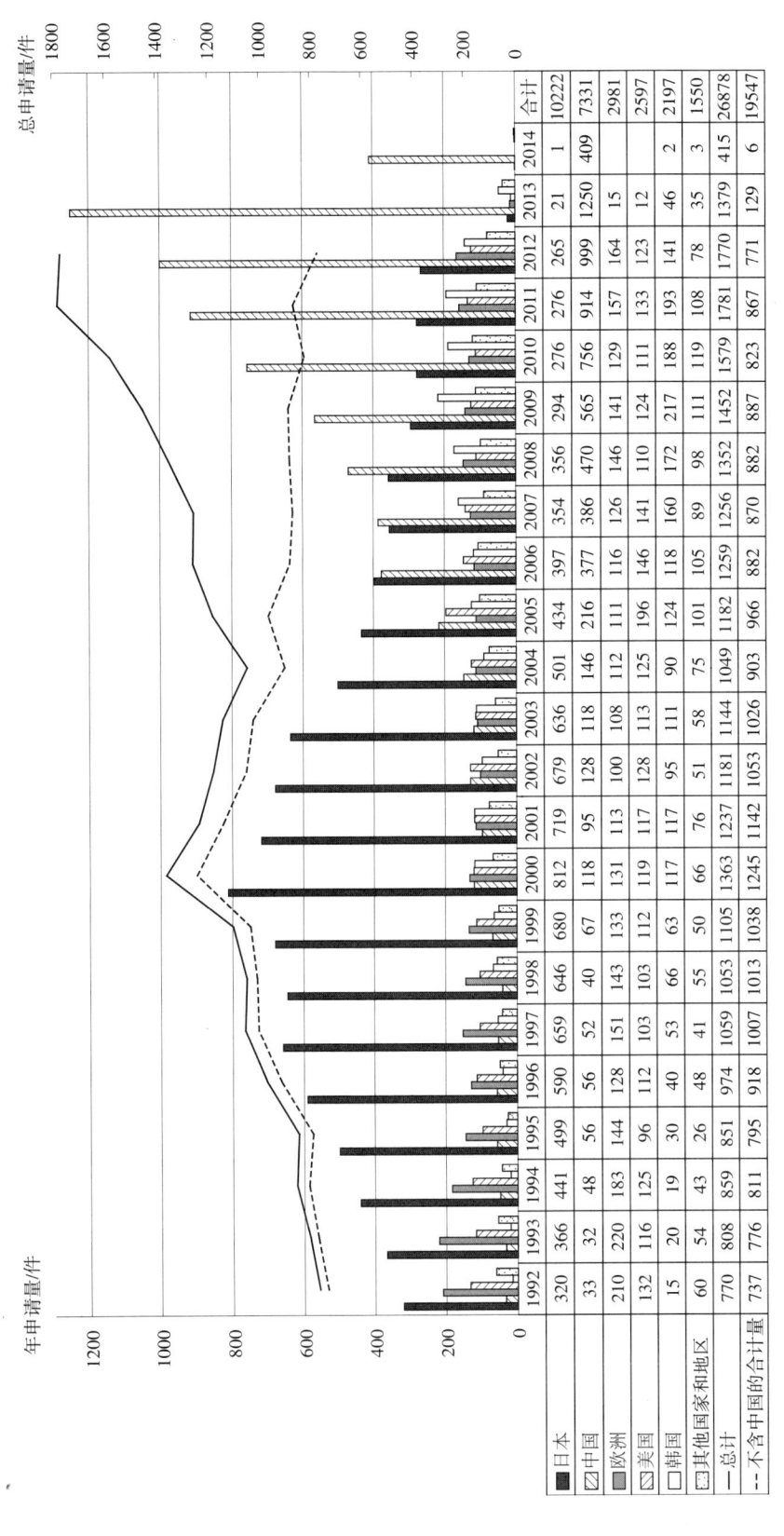

第2章 废弃资源再生循环利用专利分析

	1992	1993	1994	1995	1996	1997	1998	1999	2000	2001	2002	2003	2004	2005	2006	2007	2008	2009	2010	2011	2012	2013	2014	合计
日本	320	366	441	499	590	659	646	680	812	719	679	636	501	434	397	354	356	294	276	276	265	21	1	10222
中国	33	32	48	56	56	52	40	67	118	95	128	118	146	216	377	386	470	565	756	914	999	1250	409	7331
欧洲	210	220	183	144	128	151	143	133	131	113	100	108	112	111	116	126	146	141	129	157	164	15		2981
美国	132	116	125	96	112	103	103	112	119	117	128	113	125	196	146	141	110	124	111	133	123	12		2597
韩国	15	20	19	30	40	53	66	63	117	117	95	111	90	124	118	160	172	217	188	193	141	46	2	2197
其他国家和地区	60	54	43	26	48	41	55	50	66	76	51	58	75	101	105	89	98	111	119	108	78	35	3	1550
总计	770	808	859	851	974	1059	1053	1105	1363	1237	1181	1144	1049	1182	1259	1256	1352	1452	1579	1781	1770	1379	415	26878
不含中国的合计量	737	776	811	795	918	1007	1013	1038	1245	1142	1053	1026	903	966	882	870	882	887	823	867	771	129	6	19547

图 2-1 全球专利申请趋势

根据图 2-2，在总共 26878 件申请中，日本申请人申请量最多，达到 10222 件，占总量的 38%；其次为中国，达到 7331 件，占 27.3%；其余依次为欧洲 2981 件，占 11.1%，美国 2597 件，占 9.7%，韩国 2197 件，占 8.2%，其他国家和地区 1550 件，占 5.8%，主要是俄罗斯、我国台湾地区和巴西等。日本申请量多有两个特殊原因需要考虑：一是日本公司习惯将很细微的技术改进都申请专利，导致专利绝对数量较多；二是多项相互联系的技术在其他国家可以合并为一件专利申请，而在日本必须按照多件专利申请提交。但即便考虑上述两个因素，日本在该领域仍处于绝对的优势地位。

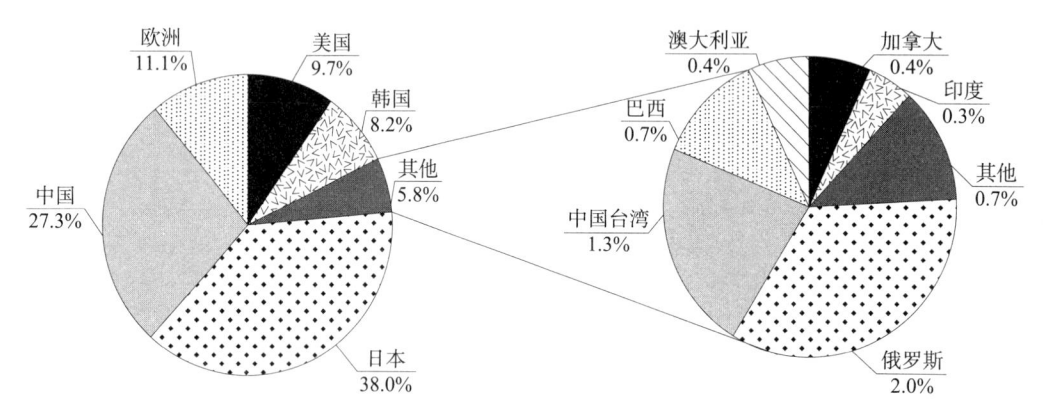

图 2-2　各个国家和地区专利申请所占比例

图 2-3 为全球主要国家和地区申请量和申请人数量的变化趋势。通常根据该趋势可将产业发展划分为以下三个阶段。

1）产业萌芽期。该阶段年申请人的数量和申请量都较少，由于市场对该技术或产业未来发展趋势或走向不太明确，技术或商业方法创新仅依靠研发人员或企业经理人的创作灵感等方式来完成。这一阶段的专利策略主要是要注意提高专利申请的质量，尽可能多地获得基础专利。

2）产业成长期。该阶段年申请人的数量和申请量都快速增加，对于少数在技术萌芽期就进入该技术领域的企业而言，由于企业有前一阶段研发基础，可利用先前积累的经验，进一步在辅助产品和技术改进上进行技术创新；对于大部分后续进入此技术领域的企业而言，由于其已经丧失市场先机，唯有缩短研发时间，才能赶上先进入企业。

3）产业成熟期。该阶段年申请人的数量和申请量保持在相对稳定的水平，由于产业或技术在成熟期时技术与商业运营模式已经非常成熟，此产业或技术的专利申请量相对集中。对于在成熟期才进入产业或技术研发的企业来说，其研发所需投入的时间与金钱成本最低，但必须注意由于此时专利技术发展已经相当成熟，时刻都有侵权的风险。

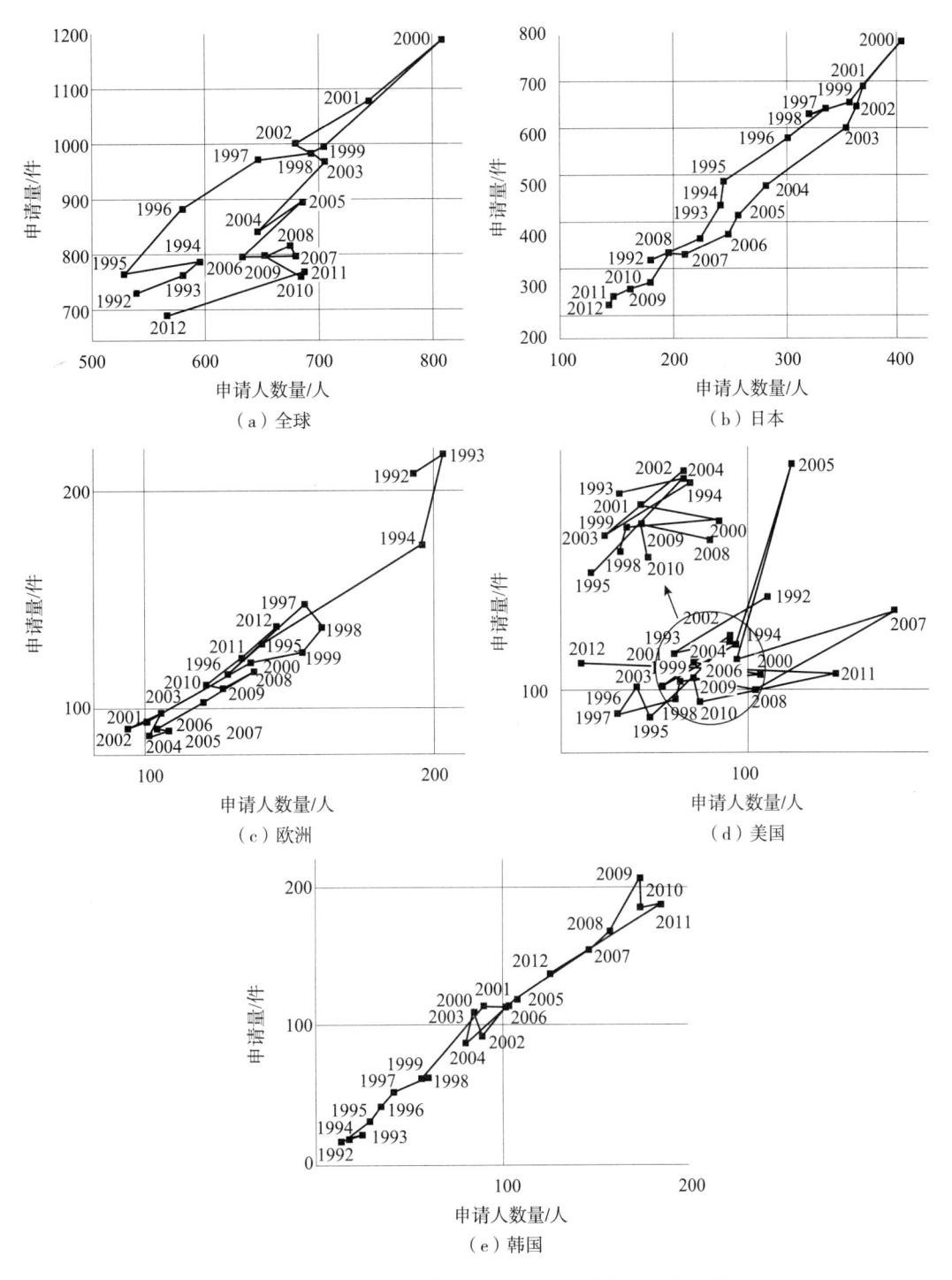

图 2-3　全球主要国籍申请人数量和申请量的变化趋势

从图 2-3 可见，废弃资源再生循环利用的全球整体发展趋势与日本的产业发展趋势相似：1992～2000 年属于产业成长期，年申请人的数量和申请量迅速增加，之后持续大幅减少，进入产业成熟期。而欧洲自 1993 年开始就已经进入产业成熟期，但 2005 年后开始回暖，显示产业找到了新的增长点。美国近 20 年来申请人的数量和申请量尽管有波折，但总体变化不大，基本维持在稳定状态，处于产业成熟期。而韩国 1992~2011 年申请人以及专利申请量都持续增长，处于产业成长期，但 2012 年起申请人的数量和申请量明显减少，产业可能已经进入成熟期，需要后续年份的数据才能得出进一步结论。❶

2.1.2 技术主题

从图 2-4 可以看出，按技术主题来看，欧美仍是废弃电子、橡胶和塑料各分支技术开发最早的地区。日本各分支的专利申请量在 2000 年前都在增长，但在 2000 年之后除电子产品回收保持稳定外，其他分支申请量均有明显下降；欧洲在塑料回收领域自 1992 年起申请量就已经逐年减少，橡胶回收领域申请量较为稳定，电子产品回收领域 2008 年后又有增长趋势；美国产业处于成熟期，因此各分支的申请量常年都很稳定，但近几年橡胶回收的申请量逐渐减少，电子产品回收的申请量有所增多；韩国在三个技术分支方面都起步较晚，近 20 年各分支申请量基本呈现逐步增长趋势。

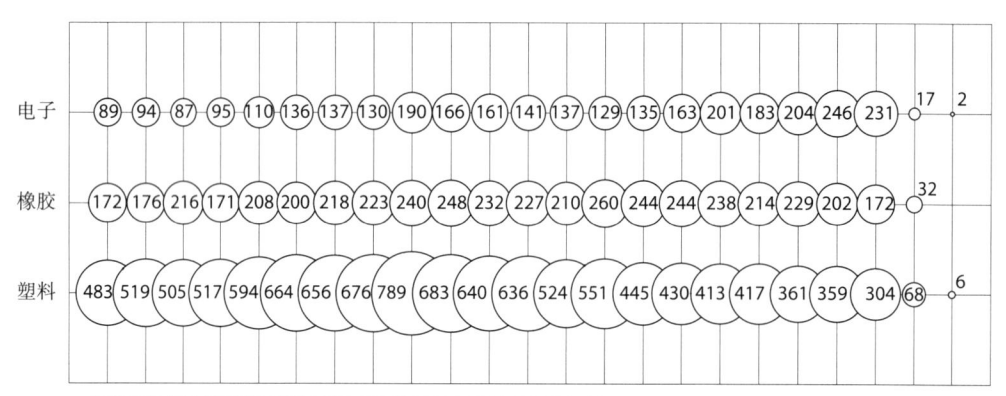

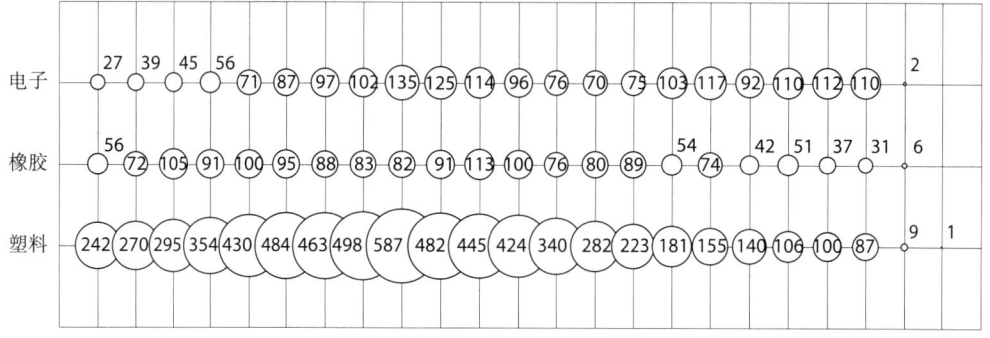

图 2-4 主要国家和地区技术主题的专利申请量（单位：件）

---

❶ 由于专利制度本身的关系，2013 年往后的专利实际申请数据目前不能完全得到。

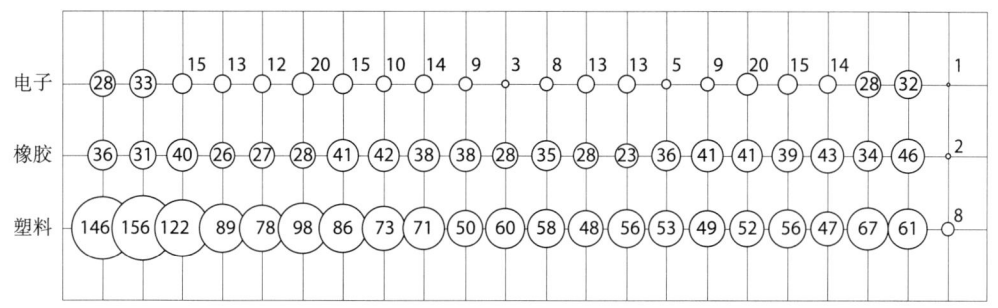

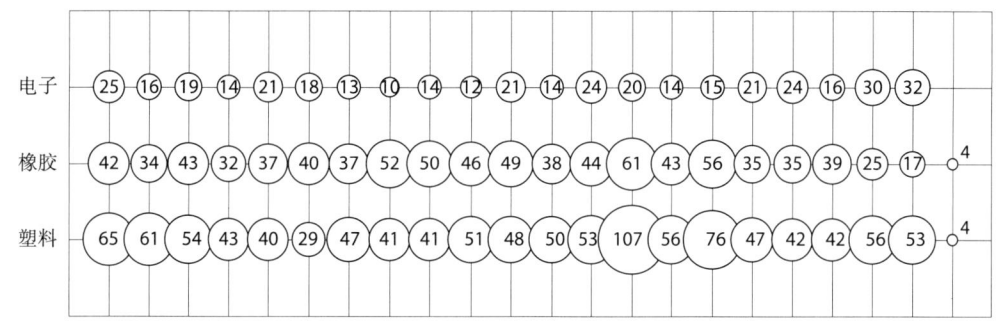

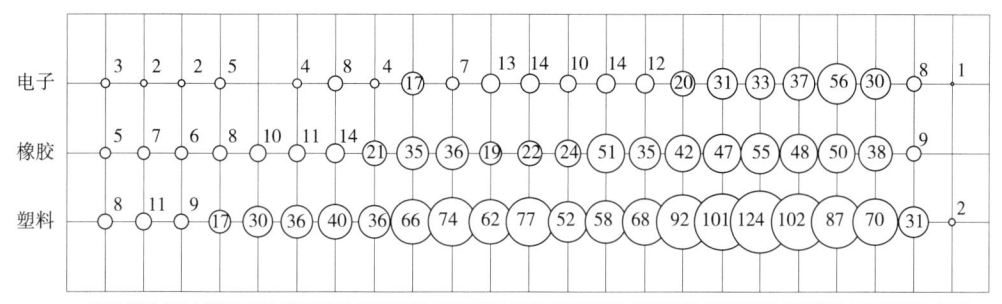

图 2-4 主要国家和地区技术主题的专利申请量（单位：件）（续）

2.1.3 申请人类型

图 2-5 为全球申请人类型所占比例的变化趋势。从图中可以看出，全球范围内企业是历年技术开发的主要力量，所占比例为 60%～70%；其次是合作申请，为 15%～20%，表明该领域申请人对合作开发有较强烈的意愿；个人申请占 10%～15% 的比例。占比较大的企业、合作和个人申请的比例基本维持在平稳状态，说明技术开发的模式也趋于稳定。而大学和研究机构占比很小，但在 2005 年之后有上升趋势，说明近年来前沿技术开发增多，行业人员可以从中挖掘适合产业化的基础技术进行深度开发。

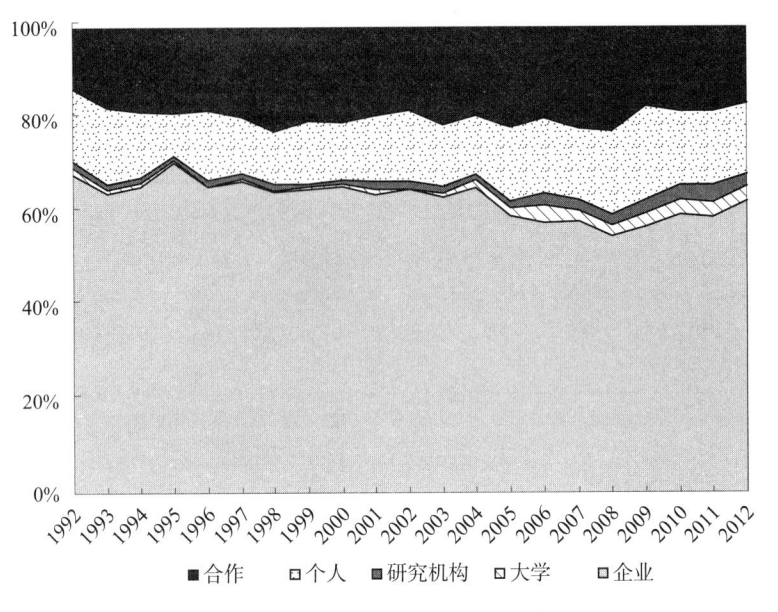

图 2-5　全球申请人类型的变化趋势

图 2-6 为全球申请人合作模式所占比例。企业联合是技术合作开发的主流模式，占到 51%；其后为个人与个人和企业与个人之间的合作；企业与大学或研究机构的合作只占 5%。而从图 2-7 反映的历史变化趋势看，企业合作占比逐年减小，个人合作逐年增大，企业和个人合作略有增加，说明传统技术的开发难度降低，企业寻求强强联合的意愿变得不强烈；而企业和大学或研究机构的合作在 2003 后所占比例有增长趋势，表明企业在积极寻求新的技术突破口而进行产学研合作方面的尝试。

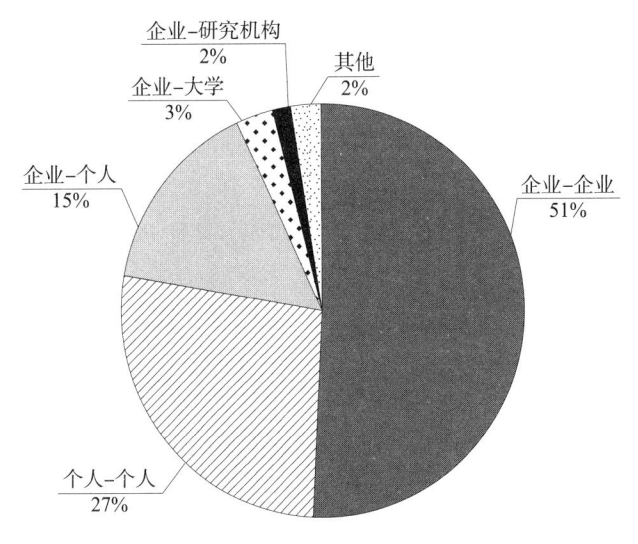

图 2-6　全球申请人合作模式所占比例

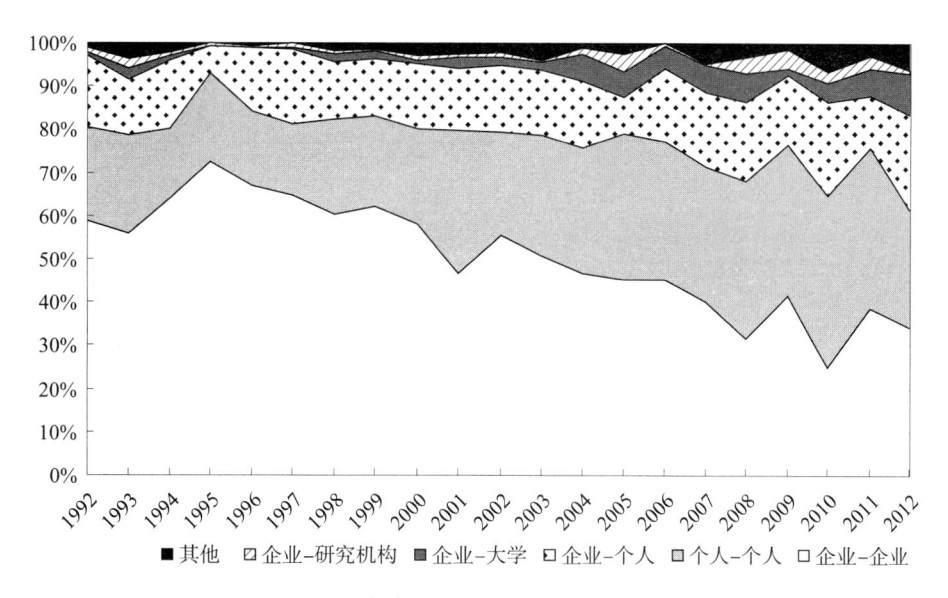

图 2-7 全球申请人合作模式的变化趋势

2.1.4 专利流向

全球五大专利局之间的专利流向如图 2-8 所示，其中五个饼图表示各专利局受理来自五个国家和地区申请人的专利申请量，百分比表示各国家和地区申请人申请的专利数占该专利局的总受理量的比例，箭头的方向表示各国家和地区申请人向各专利局申请的流向，箭头的粗细表示专利申请量的多少。

各局之中日本特许厅的专利受理量最多，达到 10967 件；其次是中国国家知识产权局，为 8401 件；欧洲专利局、美国专利商标局和韩国知识产权局三局受理量较少，分别为 4141 件、3823 件、2830 件。各局受理的申请中，日本特许厅的本国申请占比最高，达到 92%，且本国对任一国家的专利输出数量均大于他国专利输入数量，处于顺差地位，体现了日本籍申请人在专利布局上立足本国防御、积极对外扩张的战略意图。欧洲和美国籍申请人同样向其他四国提交了较大数量的申请，在全球的专利布局也相对完善。而中国除了在本国申请较多之外，在其他四国提交的数量分别仅有 10~40 多件，专利输出数量均小于甚至远远小于他国专利输入数量，处于明显逆差地位，在世界市场处于弱势地位。

美国是最受重视的市场，各国向美国提交的专利申请量均多于向其他国家提交的数量，而欧洲、日本是仅次于美国的市场，说明传统发达国家是专利布局的必争之地，技术竞争激烈，因此也是风险最大的区域。而从绝对数量看，中国市场已成为其他各国在发达地区之外布局的首选，需要引起国内的重视，注意防范专利技术输入的风险。

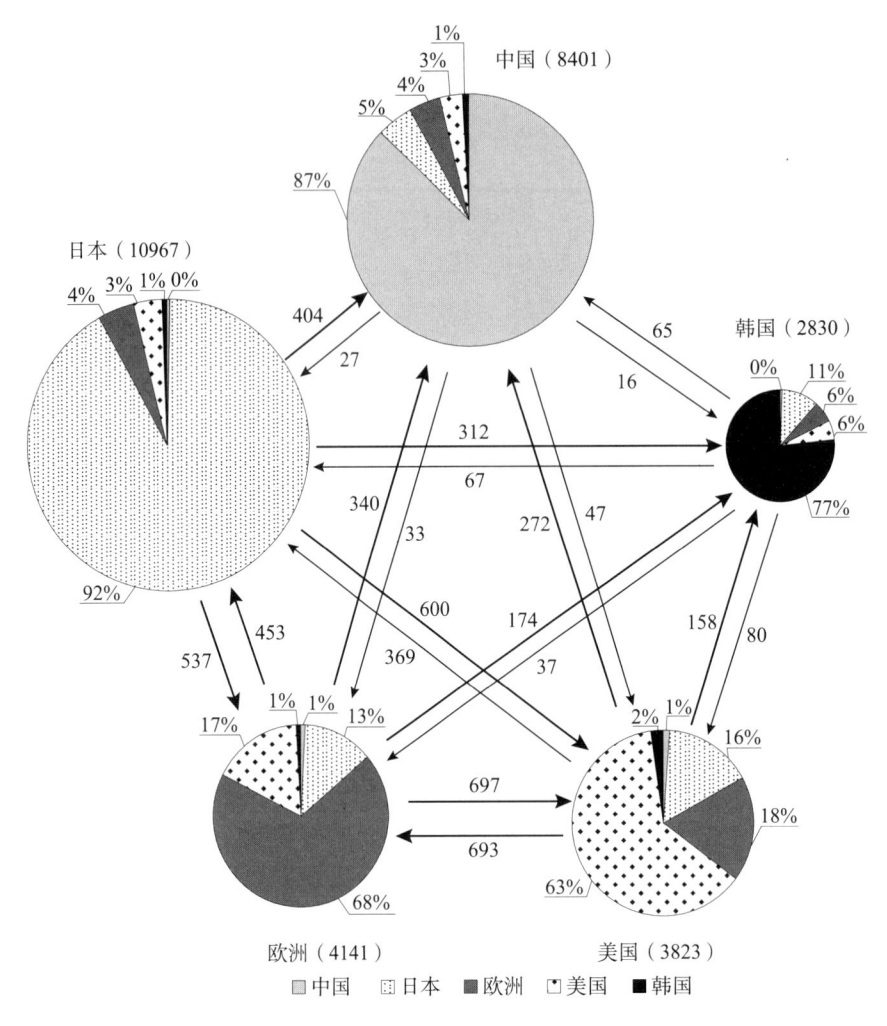

图2-8 全球主要国家和地区之间的专利流向（单位：件）

2.1.5 专利技术实力

专利申请的绝对数量或绝对比例并不能直接反映对应国家的技术实力，而多边申请需要在多个国家同时布局，是各国相对重要的专利申请，能够更加客观地反映各国的技术实力。图2-9为各国家和地区专利技术实力分析，内圈为各国专利申请所占比例，外圈为各国多边申请所占比例。从中可以看出，虽然美国和欧洲在总申请中各自仅占约10%的比例，但在多边申请中各自均占到30%左右；而日本在多边申请中也占到了23%。反观中国籍申请人，尽管在总申请中占了27%，但在多边专利中仅占2%，与发达国家相比有明显的差距。国内申请人还需要切实加强创新力度，开拓国际视野，争取走出国门，实现技术输出。

第 2 章 废弃资源再生循环利用专利分析

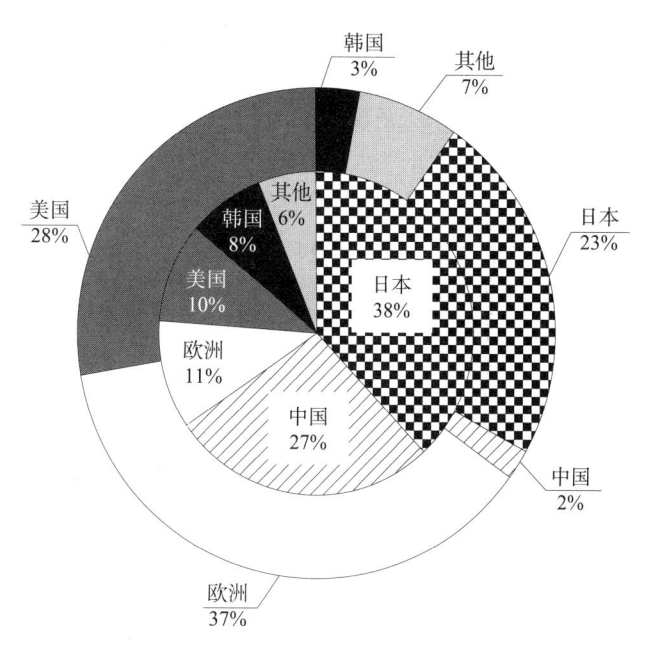

图 2-9 专利技术实力

2.1.6 主要申请人

废弃资源再生循环利用领域的主要申请人排名如图 2-10 所示。申请量排名前 15 位的均为日本企业。其中既有三菱、日立、东芝、三井等多元化集团公司，也有主业为消费电子的松下、佳能、夏普、索尼，主业为金属冶金的日本钢管、新日铁、杰富意等。申请量排名前 4 位的分别为三菱、日立、松下和东芝，申请量均在 300 件以上。

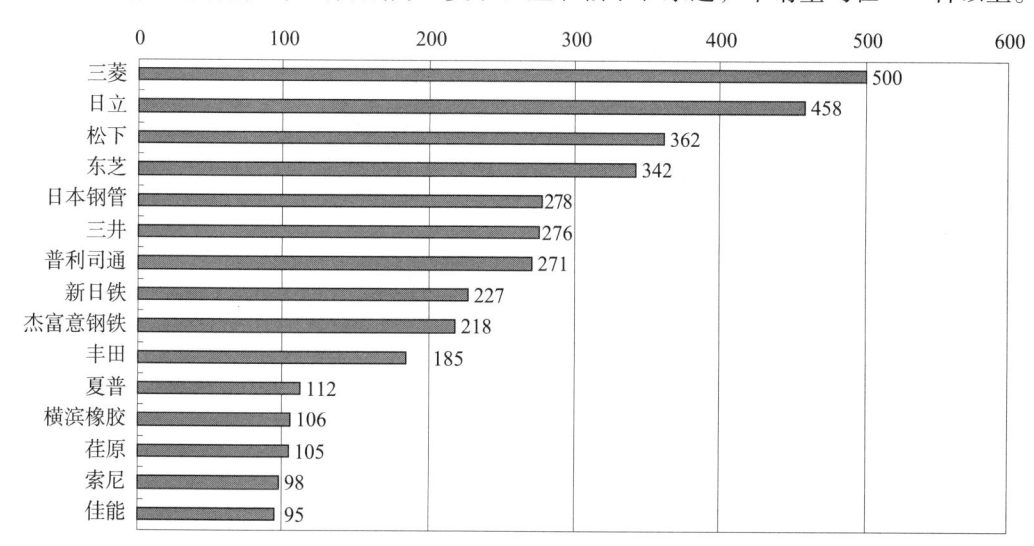

申请人	申请量
三菱	500
日立	458
松下	362
东芝	342
日本钢管	278
三井	276
普利司通	271
新日铁	227
杰富意钢铁	218
丰田	185
夏普	112
横滨橡胶	106
荏原	105
索尼	98
佳能	95

图 2-10 全球专利申请人申请量排名（单位：件）

图 2-11 为全球主要申请人的技术分支布局，申请量排在前 15 位的申请人在塑料回收领域均有涉及，数量靠前的有三菱、日立、东芝、三井等，而传统钢铁产商日本钢管、新日铁、杰富意也对塑料回收表现出浓厚的兴趣。专注于橡胶回收的是普利司通、横滨橡胶等轮胎生产商。在电子产品回收方面，除传统消费电子巨头松下、索尼、夏普外，三菱、日立、东芝依旧强势，而丰田申请量也比较可观，主要是电池回收方面。从中大致也可以看出，国外发达国家推行"生产者责任"制度取得的成效，国际上主要申请人基本都是原来的产品制造商，根据"谁生产谁回收"的原则，率先发展了相关产品的再生循环利用技术。

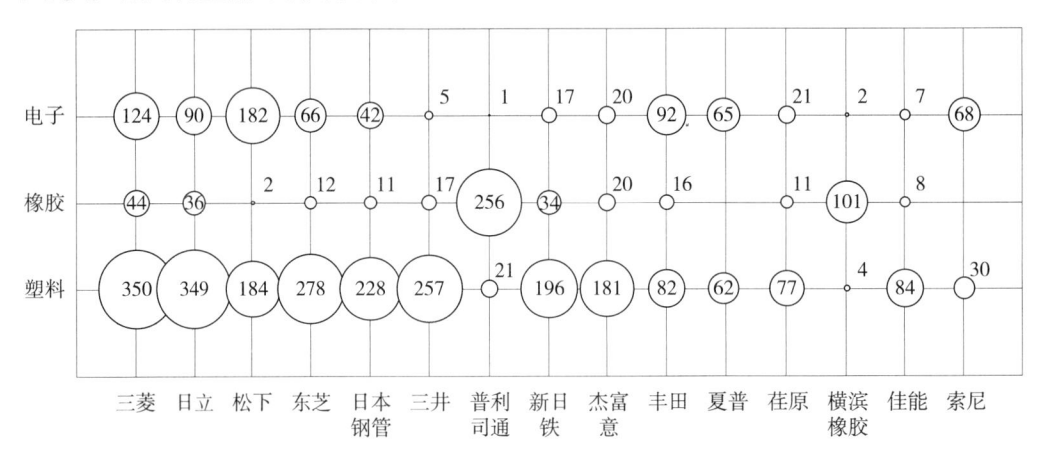

图 2-11 主要申请人的技术分支布局（单位：件）

图 2-12 为主要申请人的专利申请趋势，从中可以看出，新日铁、三井、日本钢管近几年已没有新的申请，有退出市场的迹象；三菱、日立、东芝的申请量也逐渐减少；普利司通的申请量一直不稳定；只有松下申请量保持在较为稳定状态。总体上这一领域已进入产业成熟期，多数公司已经减少了研发的投入。

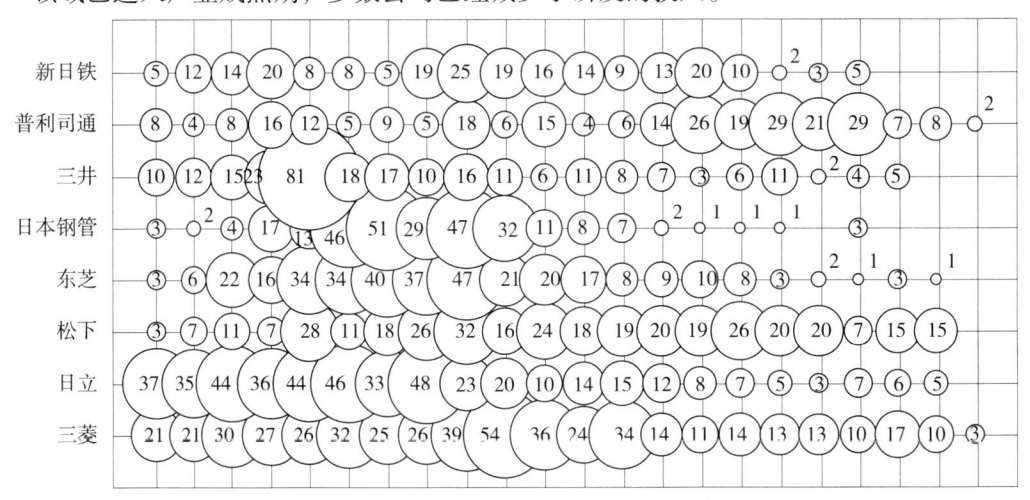

图 2-12 主要申请人的申请趋势（单位：件）

2.2 中国专利分析

2.2.1 专利申请整体发展趋势

1. 总体情况

近20年来废弃资源再生循环利用领域的中国专利申请趋势如图2-13所示。专利申请总量为8515件，其中实用新型2609件，发明5906件。总体来看，这一领域的专利申请量呈上升趋势，由20世纪90年代每年不足100件专利申请逐步平稳发展为2011年之后每年1000件以上专利申请。这表明废弃资源再生循环利用领域的研发投入逐渐加强，这一领域的专利保护意愿逐步增长。

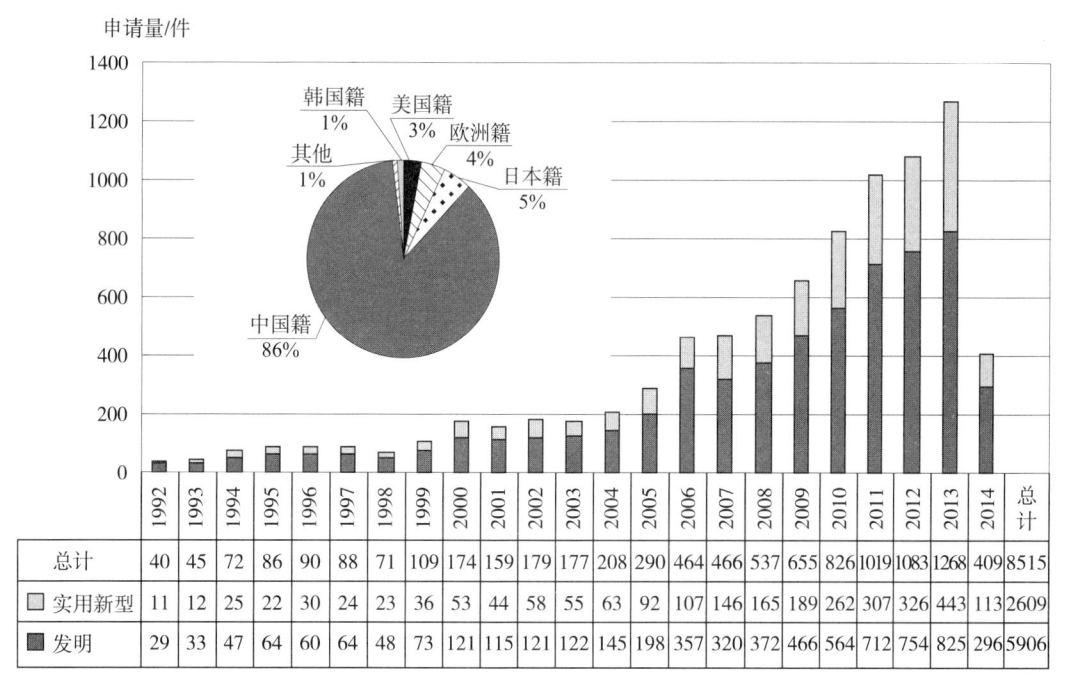

年份	1992	1993	1994	1995	1996	1997	1998	1999	2000	2001	2002	2003	2004	2005	2006	2007	2008	2009	2010	2011	2012	2013	2014	总计
总计	40	45	72	86	90	88	71	109	174	159	179	177	208	290	464	466	537	655	826	1019	1083	1268	409	8515
实用新型	11	12	25	22	30	24	23	36	53	44	58	55	63	92	107	146	165	189	262	307	326	443	113	2609
发明	29	33	47	64	60	64	48	73	121	115	121	122	145	198	357	320	372	466	564	712	754	825	296	5906

图2-13 中国专利申请发展趋势

按申请人国籍计，中国籍占绝大多数，百分比为86%；其余为日本籍5%、欧洲籍4%、美国籍3%、韩国籍1%，其他国家和地区仅占1%。由此可见，就中国专利数据而言，国内申请人在我国具备一定的技术优势，但由于这仅是中国专利的数据，并不能说明我国申请人的创新能力强；而欧洲、美国、日本等传统发达国家和地区也注重在中国进行专利布局，其跑马圈地意图不容忽视。

在历年专利申请中实用新型所占比例大致稳定，为20%~30%，表明在这一领域的研发投入有待进一步加强，长期持有关键技术并寻求专利保护的意愿还不强烈。

结合图2-13和图2-14，从历年专利申请量和申请人数量的变化趋势看，除了1998年受到亚洲金融风暴冲击而出现明显的负增长之外，申请量和申请人数量都基本保持了逐年增长趋势。与欧美等发达国家相比，中国废弃资源再生循环利用产业还处于成长期，行业人员对相关技术的改进仍保持着极大的兴趣。依据增长速度大致可分为两个时期。

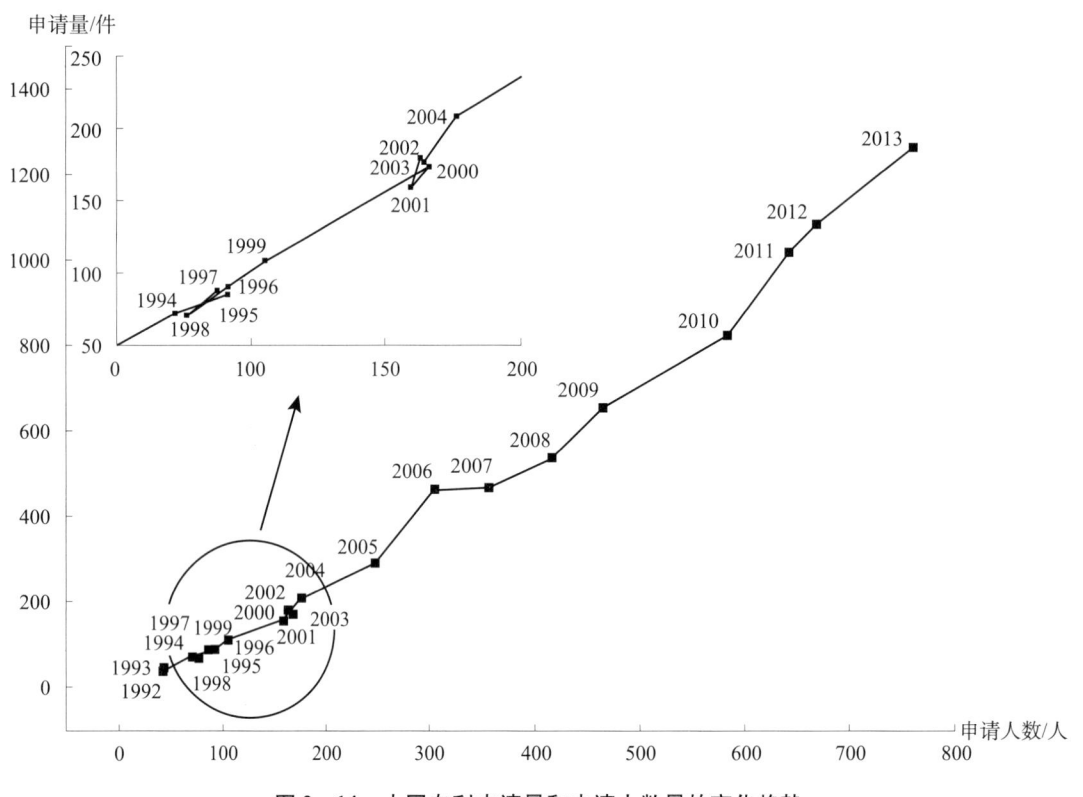

图2-14 中国专利申请量和申请人数量的变化趋势

1）萌芽期（2004年之前）。1991年国务院下发《关于加强再生资源回收管理工作的通知》，明确了国家继续对再生资源事业实行优惠政策，特别对废旧金属等废弃物的回收利用管理、再生资源企业的税收政策和价格政策等做了指导说明。1996年，国务院批转原国家经贸委等部门《关于进一步开展资源综合利用意见的通知》，明确将社会生产和消费过程中产生的各种废旧物资进行回收和再生利用纳入资源综合利用的组成部分，并体现在新修订的《资源综合利用目录》中。自此，再生资源回收利用管理逐步并入资源综合利用管理，协同发展。这一时期国务院各部委相继制定和落实一系列具体的国家优惠政策，主要运用经济手段，包括税收、价格、投资、财政、信贷等优惠政策。其中，以税收减免政策为主，具体包括增值税减免、所得税减免和消费税减免。这一系列措施提高了企业研发创新热情，吸引了更多的研发投入，使得申请量稳步增长，申请量增速略高于申请人数量的增速。在此期间很少有企业专门从事废弃资源再生行业，规模较小且分散，没有形成大的产业集聚，而产业前景也不明朗，导致申请人数量出现短期下降和徘徊。

2）成长期（2004年至今）。这一时期环境保护和可持续发展理念已逐渐成为社会的共识。2002年原国家经贸委专门下发了《再生资源回收利用"十五"计划》，成为第一个以再生资源回收和利用为主题的五年计划。该计划突出了再生资源产业的重要地位，强调落实国家鼓励再生资源回收利用的经济政策，包括废旧物资回收企业免征增值税的政策、翻新轮胎免征消费税政策、废船进口环节增值税先征后返政策，并且要加大公共财政、税收优惠、信贷等经济支持力度。国家发改委相继发布了"十一五"和"十二五"资源综合利用指导意见，将再生资源加工产业化、再生资源回收体系建设示范等列入重点工程，提出矿产资源综合开发利用、产业废物综合利用和再生资源回收利用三大领域的9项具体定量指标，不仅加大了国家层面的扶持力度，而且增加了更为全面的强制性保障措施。在废弃资源回收利用领域，确定了废旧电器电子产品、废塑料、废轮胎等为重点领域，落实形成了多个产业示范园区。与此同时，废弃资源回收体系日趋完善，回收企业、网点数量增多、覆盖面广，产业前景日趋明朗。广东、浙江、江苏、山东等地区都形成了规模较大的废弃资源集散地和交易市场，具备产业集聚的态势。2005年以来，政府有关部门相继在全国开展循环经济试点、回收体系建设试点、资源综合利用"双百工程""城市矿产"示范基地建设，进一步促进了再生资源行业向园区化发展。尤其是以"七化"标准为指导的国家"城市矿产"示范基地，实现了产业链条无缝衔接、环保集中处理、公共平台支撑服务以及资源规模化、高值化利用，标志着我国产业园区建设已经形成一套比较成熟的标准体系，进入一个比较完善的高级形态。❶ 数据显示❷，2006~2011年我国再生资源行业工业总产值年均复合增长率达到50.49%，2011年我国955家规模以上再生资源企业共实现工业总产值近3000亿元。伴随着产业的高速增长，相关企业在数量和规模上不断增加，涌现出许多专门从事废弃资源再生的企业，其中不乏上市公司，如金发科技、东江环保、格林美等。这一时期专利申请量和申请人数量呈现快速增长趋势，且专利申请量增速大于申请人数量的增速。截至2013年，相关申请人数量已经达到761个，申请量达到近1268件。可以预见，随着技术点的突破、市场需求以及市场化能力的进一步提高，该领域的发展活跃程度仍有很大的提升空间。

但是需要正视的是，尽管专利申请量和申请人数量都在增长，但2013年申请人平均申请量不到2件，说明行业门槛低，技术分散，产业发展呈现出自发性、无序性的弊端;❸ 即便已达到规模化的企业在技术开发的投入上也不足，今后会成为制约行业向深度加工、高附加值化转型的瓶颈。

2. 申请人类型

通过图2-15分析申请人的类型，企业申请仅占总申请的51%，而世界其他国家

---

❶ 中国再生资源回收利用协会. 再生资源行业发展趋势与路径——全国再生资源行业首届企业家峰会暨产业园区发展圆桌会议总结［J］. 再生资源与循环经济，2014，7（2）：4-6.
❷ "'十二五'期间再生资源行业前景广阔"［EB/OL］. 中国家电网，2013-6-28.
❸ 许博梁. 再生资源产业发展初探［J］. 中国资源综合利用，2012，30（3）：34-37.

占到60%以上，作为市场主体，企业是技术改进的主要力量，因此，企业在废弃资源再生循环利用方面的研发投入有待进一步加强；作为我国传统研发主体和技术来源的高校和研发机构，其申请量分别占到12%和3%，而其他国家这一比例还不足5%，说明我国的技术主要研发机构在废弃资源再生循环利用方面的投入较多，有形成"产学研"结合的优势；个人申请所占比重占到25%，甚至超过研发机构所占比例的总和（15%），说明这一领域的研发起点低；合作申请仅占到9%，相比世界其他国家15%~20%的占比，进一步表明"产学研"、企业之间合作等方式在这一领域还不普遍，在废弃资源再生循环利用领域还未形成有效的联合研发机制，单打独斗情形比较普遍。[1]

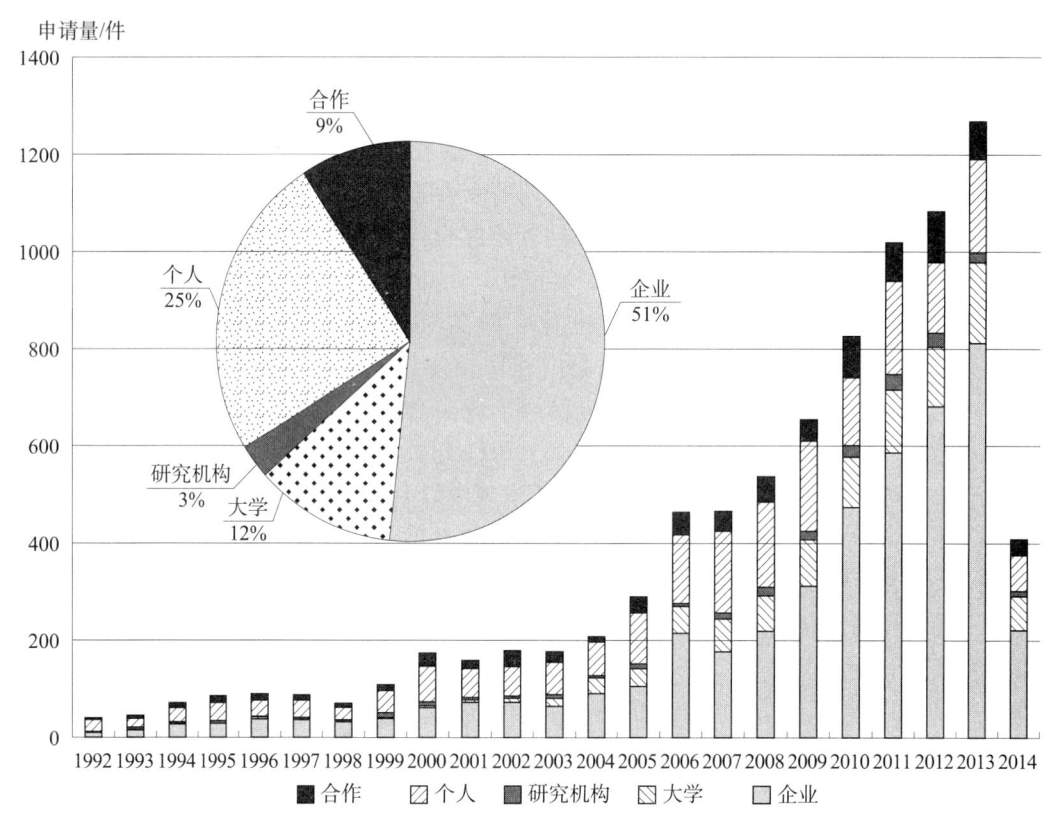

图 2-15 中国专利申请人类型分析

从图 2-16 中申请类型的历年发展趋势来看，个人申请所占比例逐年下降，由1992年的60%下降为2012年的13%；而企业申请所占比例总体上呈上升趋势，2012年已经占到年申请量的63%。大学申请在2002年后开始增长，这与高校教学和研究工作开展较晚有关。随着废弃资源再生技术研究列入国家科技攻关计划，相关专业和课程逐步在各大高校设立，相关工程技术中心、实验室也相继成立，促进了大学申请的

---

[1] 邱明琦. 再生资源行业存在的突出问题及对策探讨 [J]. 再生资源与循环经济，2013，6 (11)：19-23.

增长。而合作申请和研究机构申请发展较为平稳，但略有下降。以上变化趋势表明，在废弃资源回收利用领域，企业日趋成为研发主体，高校逐渐加大研发力度，但合作研究未呈现明显上升趋势，需要国家政策进一步引导。

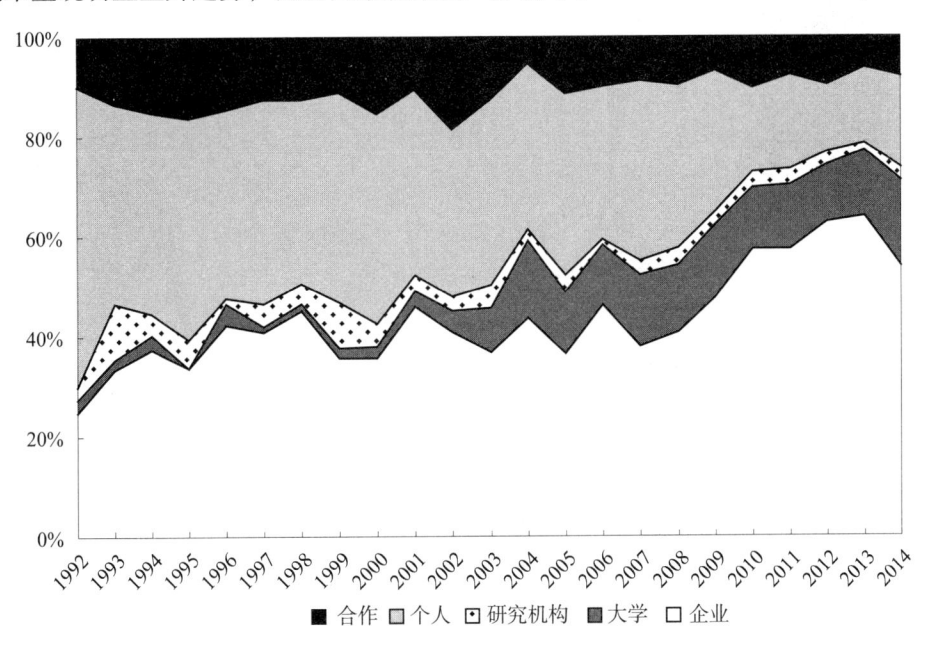

图 2-16 中国专利各类申请人申请量所占比例

3. 申请人合作模式

从图 2-17 的申请人合作模式分析可以看出，在各类合作申请中，个人之间的合作比例最高，达到 40%；其后是企业之间的合作，达到 21%；其余依次为企业和大学之间的合作占 17%、企业和个人之间的合作占 9%，企业和研究机构之间的合作占 9%，其他合作类型占 4%。这表明在这一领域，作为市场主体的企业合作以及我国常见的"产学研"结合还有较大的提高空间。比较图 2-6 可以看出，和其他国家相比，企业之间的合作占比低了 30%，这说明国内企业之间进行强强联合的意愿不强烈。

但从变化趋势可以看到喜人现象，尽管个人合作所占比例最大，但在 2010 年之后已有明显下降的趋势；企业之间的合作从 2007 年起有上升趋势；企业和大学或研究机构的合作从 2006 年起有上升趋势。以上变化趋势可以看出，企业合作以及"产学研"之间的合作在这一领域逐步得到强化，企业之间的合作有利于优势互补，弱化相互竞争关系，实现双赢；而企业和大学或研究机构的合作通过理论研究和生产实践相结合，有利于新产品和新技术在产业上的推广，这一领域在合作研发方面发展潜力较大。

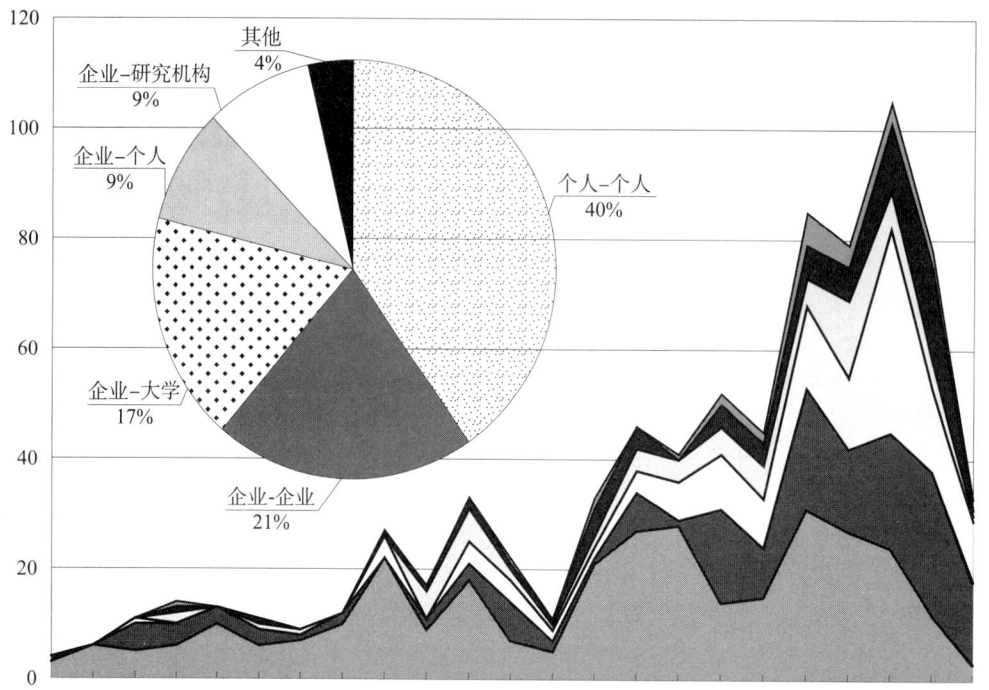

图 2-17 申请人的合作模式分析

4. 专利交易活跃情况

表 2-1 是废弃资源再生循环利用技术领域中国专利申请的转让和许可情况。在总共 8515 件申请中，有 659 件发生了专利转让和许可，占总量的 7.7%，其中 73.1% 至今仍然为有效专利。分析表明，每 13 件申请就有 1 件发生了交易行为，显示该领域总体上对技术引进的意愿较为强烈，专利交易市场活跃程度较高。通过专利交易不仅能够实现技术引入取长补短，也有助于提高专利运营水平，实现专利运用的商业化。在政府层面上，有必要搭建好专利交易平台，对专利交易行为进行指导和规范。

表 2-1 中国专利申请的转让和实施许可情况

国家和地区	转让和许可专利数量/件	占申请量的比例	有效专利占比
中国	516	7.0%	75.2%
欧洲	57	16.8%	63.2%
日本	36	8.9%	63.9%
美国	20	7.4%	80.0%
中国香港	12	50.0%	66.7%
加拿大	6	33.3%	66.7%
韩国	5	7.7%	80.0%

续表

国家和地区	转让和许可专利数量/件	占申请量的比例	有效专利占比
维京群岛	2	40.0%	100.0%
巴拿马	2	40.0%	50.0%
以色列	1	11.1%	0.0%
俄罗斯	1	20.0%	0.0%
新西兰	1	50.0%	0.0%
总计	659	7.7%	73.1%

在与各国横向对比中，国内专利申请发生转让和许可共有516件，占比达到7.0%，交易活跃程度并未明显落后于发达国家，与美国（7.4%）大致持平，低于日本（8.9%），但与欧洲（16.8%）相比还有较大差距。这表明国内行业在引进方面并没有盲目寻求国外技术，与国外专利相比国内专利具备了一定的市场竞争力。但是仍然要看到，中国香港、加拿大和欧洲发生转让和许可专利占比分别高达50%、33.3%和16.8%，这些国家和地区不仅重视中国内地市场，专利市场转化率也很高，这些专利可以为国内行业人员提供技术的市场信息和开发方向。

2.2.2 各国在华专利分析

1. 总体情况

从图2-18中可以看出，非中国籍申请总量除了在1998~2002年和2008~2010年两段时期内有所波动和回落之外，整体仍然具有上升趋势。废弃资源再生循环利用领域其他国家和地区申请人在华的专利申请总量为1195件，尽管在数量上相对于7320件国内申请并不占优势，但1000多件的专利也体现出国外申请人对我国市场的重视，这一点应当引起国内产业界的关注。事实上，已有学者注意到外国企业（如松下电器、同和矿业、三井物产等）纷纷进入中国再生资源市场，"蚕食"中国"城市矿山"中富含的稀有贵重金属资源。❶

非中国籍申请人之中日本的申请量最大，达到404件，其余依次为欧洲340件、美国272件、韩国65件，其他国家和地区合计114件。日本籍申请人为最活跃的国外申请人，自1999年起年申请量基本维持在20件以上，显示了日本籍申请人一直重视在我国占领市场。欧洲从2004年起年申请量基本维持在20件以上。美国自2002年起年申请量都在10件以上，但数量相对不稳定，2006年有36件，而少的年份只有10件。韩国除2009年之外每年只有不超过10件的申请。

---

❶ 刘光富，等. 中国再生资源产业发展的问题剖析与对策［J］. 经济问题探索，2012（8）：64-69.

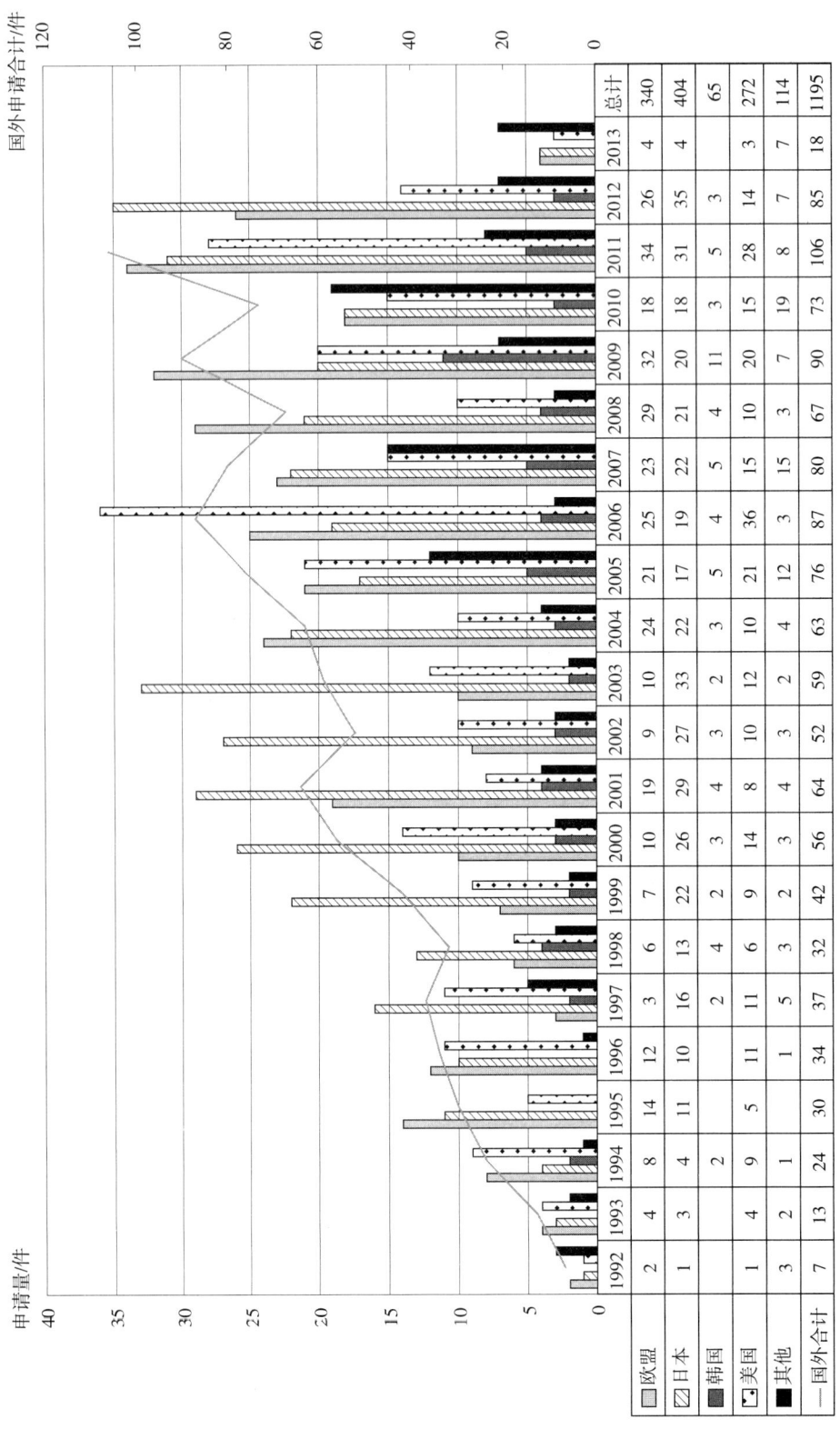

	1992	1993	1994	1995	1996	1997	1998	1999	2000	2001	2002	2003	2004	2005	2006	2007	2008	2009	2010	2011	2012	2013	总计
欧盟	2	4	8	14	12	3	6	7	10	19	9	10	24	21	25	23	29	32	18	34	26	4	340
日本	1	3	4	11	10	16	13	22	26	29	27	33	22	17	19	22	21	20	18	31	35	4	404
韩国			2			2	4	2	3	4	3	2	3	5	4	5	4	11	3	5	3		65
美国	1	4	9	5	11	11	6	9	14	8	10	12	10	21	36	15	10	20	15	28	14	3	272
其他	3	2	1		1	5	3	2	3	4	3	2	4	12	3	15	3	7	19	8	7	7	114
国外合计	7	13	24	30	34	37	32	42	56	64	52	59	63	76	87	80	67	90	73	106	85	18	1195

图 2-18 主要国家和地区在华的专利申请趋势

2. 技术主题

按技术分支来分析，涉及塑料、橡胶和电子电器产品回收的专利申请数量经统计分别为3980件、2872件、1926件。三个技术分支总体均有明显上升的势头（见图2-19）。塑料再生技术发展最早，从1992年起已经具有比较稳定的申请量，1996~1999年增长到数十件，从2000年起年申请均超过100件，到2013年已经突破500件。橡胶再生技术在1992年起每年已有10多件申请，经历1998年的回落之后到2005年之前一直稳定在数十件，2013年达到近400件。电子电器产品再生技术起步较晚，2003年之后每年才达到数十件申请，从2007年起年申请开始超过100件，到2013年达300余件。

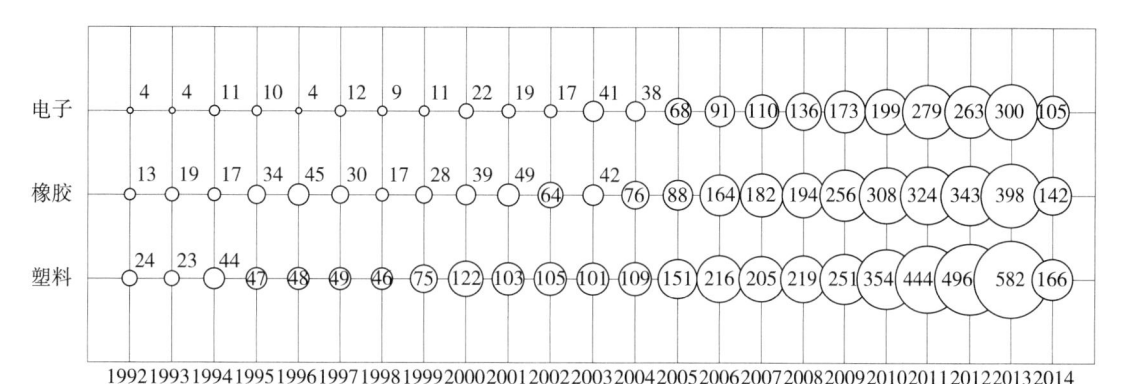

年份	1992	1993	1994	1995	1996	1997	1998	1999	2000	2001	2002	2003	2004	2005	2006	2007	2008	2009	2010	2011	2012	2013	2014
电子	4	4	11	10	4	12	9	11	22	19	17	41	38	68	91	110	136	173	199	279	263	300	105
橡胶	13	19	17	34	45	30	17	28	39	49	64	42	76	88	164	182	194	256	308	324	343	398	142
塑料	24	23	44	47	48	49	46	75	122	103	105	101	109	151	216	205	219	251	354	444	496	582	166

图2-19 中国专利申请的技术主题（单位：件）

塑料再生技术发展较早，是因为塑料制品很早就获得大规模应用，并且产品更替年限短，很早已经面临回收利用问题；而橡胶消耗量最大的领域是汽车轮胎，随着汽车的普及，轮胎的回收利用问题才逐渐凸显出来；电子电器产品普及时间短，而且报废年限也长，2000年之前基本没有回收利用的压力，因此这方面的再生技术起步也较晚。

各国在华申请的专利中，塑料回收方面，欧洲、日本和美国申请较多；在橡胶回收方面，欧洲、美国申请较多；在电子电器产品回收方面，日本申请较多（见图2-20）。欧洲、日本和美国都是石油化工技术发达的地区，在塑料回收方面都积累了数量可观的技术；而橡胶回收领域申请量较大的申请人都是国际轮胎制造商，如欧洲米其林、日本普利司通和美国固特异，多数申请涉及轮胎翻新；电子电器产品制造历来是日本的强项，随着生产者责任延伸制度的推行，松下、佳能、三菱等制造商率先积累了电子电器产品的回收利用技术，形成了数量优势。

3. 专利质量

（1）有效专利、多边申请和授权率

从图2-21可以看出，在发明专利申请的授权率指标上，日本授权率最高，达到76%；其次为欧洲和美国，分别为72%和61%，皆高于中国的58%。授权率主要与技术高度和撰写质量有关，该数据表明我国在这一指标上接近美国，高于其他国家平均水平，但比日本仍然低近20个百分点。当然，授权率也不能直接与专利质量挂钩，对申请人而言,最优结果是获得保护范围适当的专利权。所谓"保护范围适当",是指在满足授权条件前提下,争取最大的专利保护范围。在这方面国内申请人应当首先提高专利撰写质量,避免获得的专利权因容易规避而失去保护价值。

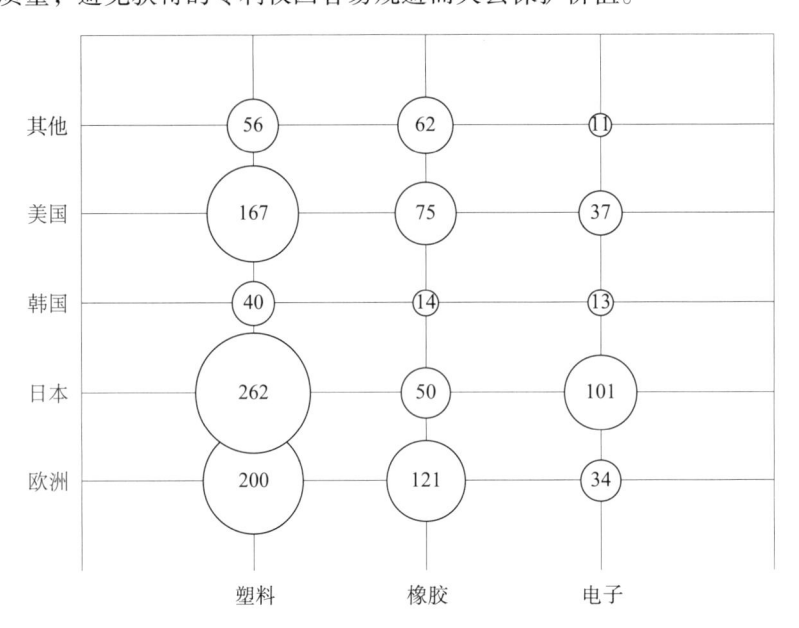

图 2-20 各国在华申请的技术主题(单位:件)

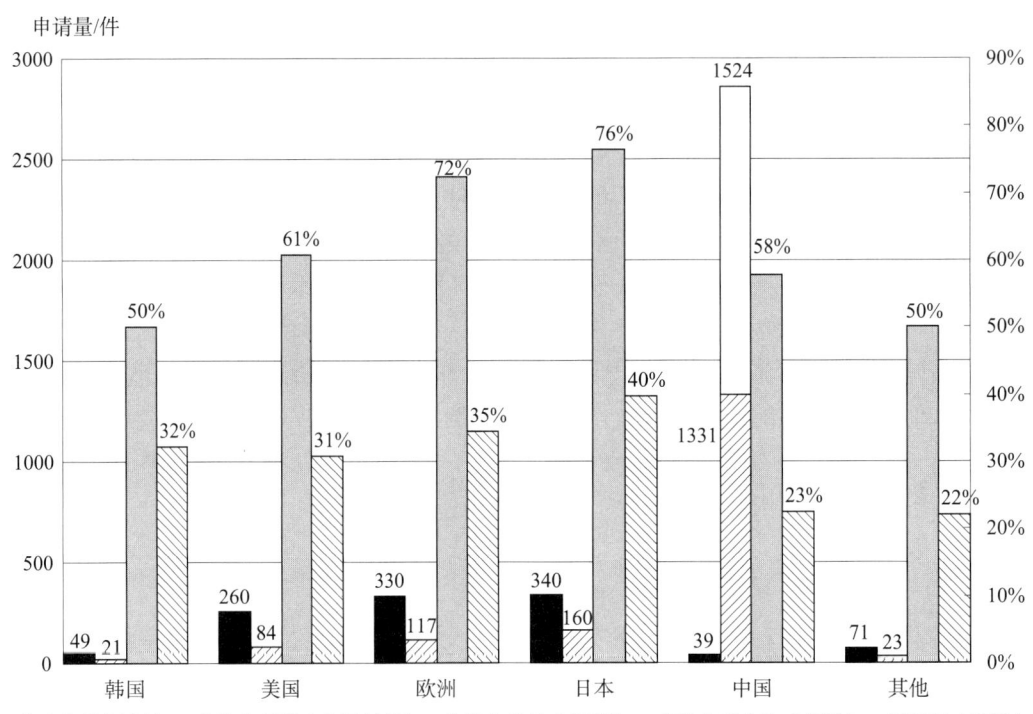

图 2-21 中国专利申请中各国有效专利、多边申请数量和授权率比较

在有效专利保有量指标上中国占多数，分别为实用新型1524件、发明1331件；其次为日本、欧洲和美国，有效发明专利分别为160件、117件、84件。但要注意到，国内有效专利保有量虽然大，但超过半数为实用新型，且有效专利占总申请量的比例仅有23%，即国内每10件申请之中超过7件已经失效或未取得专利权，远低于日本（40%）、欧洲（34%）和美国（31%）。实际上，我国专利的授权率并不低，已接近6成，说明相比发达国家，我国申请人在专利运营方面缺乏长期有效的策略，致使大部分申请流失成为公众免费获取的现有技术。

多边专利反映了专利本身的重要程度，走出国门意味着专利申请必须接受多个专利制度相互独立的国家的严格审查。随着世界主要专利局之间的沟通更加通畅，如果专利申请在一国被否决，在其他国家被否决的风险也大大提高。对于多边申请，撰写质量通常不是主要问题，与其最直接的关联因素是其所能达到的技术高度。在这方面，日本有340件多边申请在华布局；欧洲紧随其后，为330件；美国以260件排名第三；而中国仅有39件专利申请选择走向世界，甚至少于韩国的49件。

需要指出的是，欧美日等发达国家在本国同样面临废弃资源产生的环境问题，但这些国家的废弃资源回收利用率远高于我国，因此不存在因市场潜力小而没有专利布局价值的问题。国内行业一方面需要重点了解产业内主流技术的演变情况，积极开展国际交流合作，投入热点技术、关键技术、技术壁垒、空白技术和前瞻或先导技术的开发，扬长避短，以期在世界专利舞台上占据一席之地；另一方面要对现有自身或他人的专利进行二次开发。现有专利技术可能不够成熟，不能实现批量生产或产业化应用，这类专利很多属于基础专利，可能包含重大的关键技术，对产业前景好、技术成熟度低的专利技术，如果能够深入研发，则有可能形成重大技术革新，对产业发展构成重大影响，获得较大的发展机遇。此外，政府层面应当鼓励和引导更多的企业"走出去"，在海外建立再生资源回收网络和再生工厂，抢占全球废弃资源再生循环利用市场的份额。根据统计，发达国家再生资源产业规模就超过2万亿美元，并以每年15%~20%的速度增长。利用专利技术抢占中国以外的世界市场为企业带来丰厚的回收是可预期的。❶

（2）专利维持年限

专利权维持有效需要缴纳年费。并非所有专利权都能存续到最后期限，市场前景不乐观或者市场价值已经丧失的专利权在保护期限届满之前会因权利人不缴纳年费等提前失效。因此，有效专利的数量，特别是专利维持年限长的发明专利的有效状况能够反映企业、地区和国家的创新能力和市场竞争力。在中国，专利年费与维持年限呈阶梯正相关，对于发明专利1~3年年费仅900元/年，4~6年为1200元/年，7~9年为2000元/年，10~12年为4000元/年，13~15年为6000元/年，16~20年为8000元/年，自第10年起年费不能减缓。可见，专利权人短期维持专利权的成本较低，但长期维持专利权就必须对专利权能够创造的价值和重要程度做出评价。因此，专利权维持

---

❶ 刘光富，等. 中国再生资源产业发展的问题剖析与对策 [J]. 经济问题探索，2012（8）：64-69.

年限能够有效反映专利的质量。由于其他国家和地区在华专利申请中实用新型很少，以下仅对发明专利进行分析。

参见图2-22，在专利权已失效的617件发明专利中，发达国家和地区如日本、美国、欧洲基本为9~10年，而中国此项数据仅为5.91年，与发达国家相比有较大差距。当然，各国在中国进行布局的专利本身重要程度就比国内一般申请高，维持年限长也在情理之中。但考虑到发明专利从申请到授权通常需要经过2~3年，而发明专利的保护期限为20年，不到6年的维持年限明显偏低。国内行业人员需要明确产业的实际需求，在技术开发的投入上提高精准度、减少盲目性，提升专利的质量和专利权的长期稳定性。

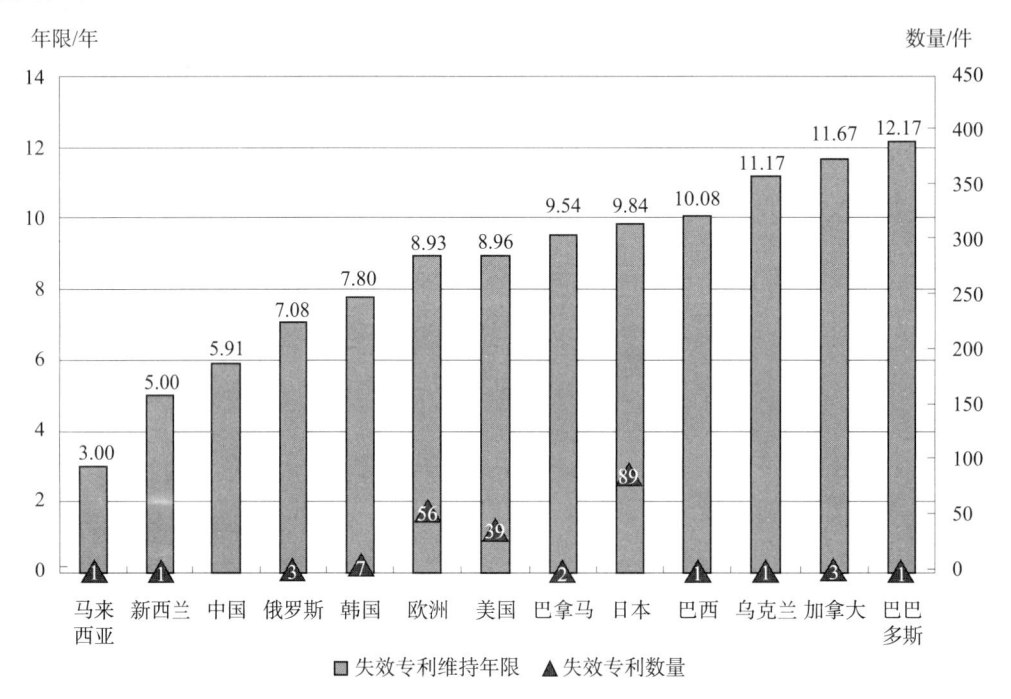

图2-22 主要国家和地区在华失效发明专利权的维持年限

从图2-23失效发明专利权维持年限频率分布可以看出，多数日本、美国和欧洲专利的维持年限区间为6~12年，少于6年的专利很少，而超过12年的专利也占了可观的比例，整体呈正态分布，符合统计规律。而中国维持在6~8年的专利数量最多，维持2~6年的专利也占了较大比例，而维持超过14年的专利基本没有。以上数据实际上给出了主要国家和地区在华专利可供国内从业人员参考的维持年限预期，对于发达国家的授权专利，在短期内失效的可能性很小。

结合图2-22和图2-24，统计现阶段主要国家和地区有效发明专利权的维持年限，与相应失效专利权的维持年限非常接近。对于欧洲、美国、日本、韩国和中国，两项数据之差都在±1年的范围之内。中国有效发明专利权的维持年限平均只有4.95年，根据图2-22的统计结果，维持5年左右的有效专利中多数会在1年后失效。

· 128 ·

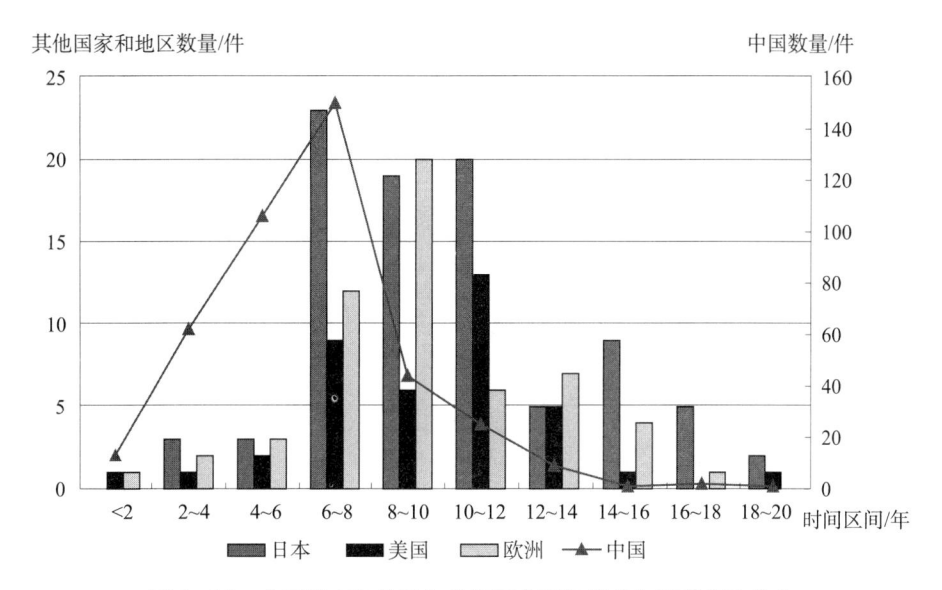

图 2-23 主要国家和地区失效发明专利权维持年限的频率分布

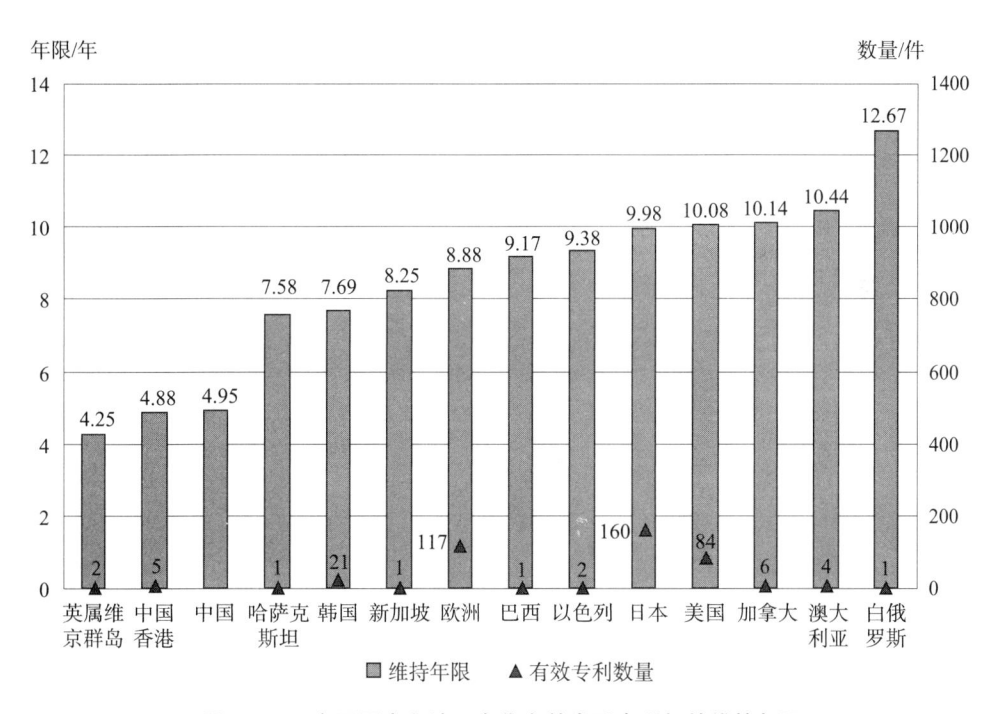

图 2-24 主要国家和地区在华有效发明专利权的维持年限

从图 2-25 有效发明专利权维持年限频率分布可以看出，多数日本专利权平均已经维持了 6~12 年，而美国多数为 8~10 年，欧洲为 6~8 年，整体同样呈现正态分布。中国平均维持年限多数分布在 2~6 年的区间内，维持超过 14 年的专利同样几乎没有。一方面，这是因为近几年国内申请量增长较快，使得新近获得授权的专利数量较多；另一方面，要看到专利制度已经在我国施行了近 30 年，而废弃资源再生循环利用技术开发自20世纪90年代就已经展开,直到目前维持时间超过10年的有效专利却依然很少,维持年限也偏离正态分布,显示国内的专利权人未能有效利用专利20年保护期限来提高自身的竞争力,无法使专利权的时间价值充分转化为经济价值。

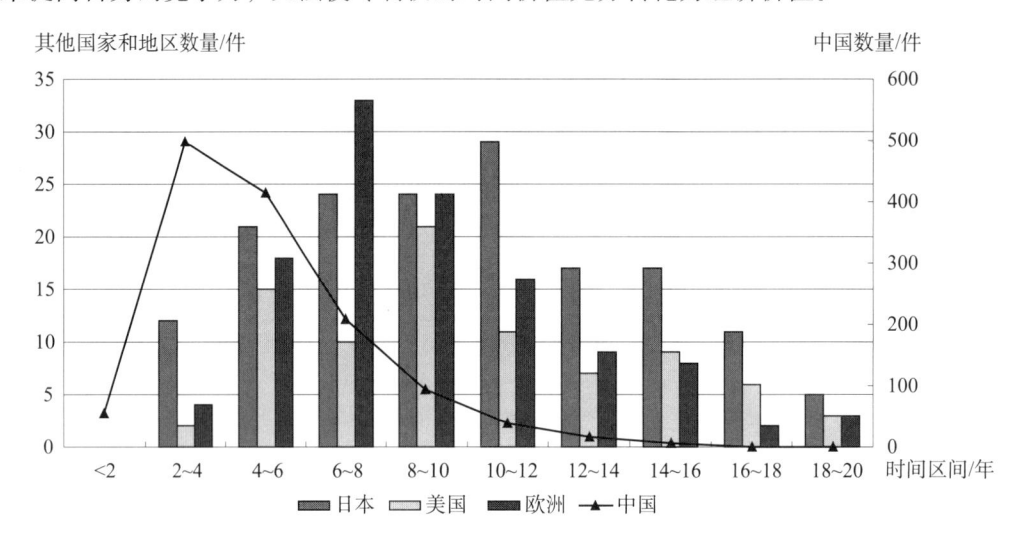

图 2-25 主要国家和地区有效发明专利权维持年限的频率分布

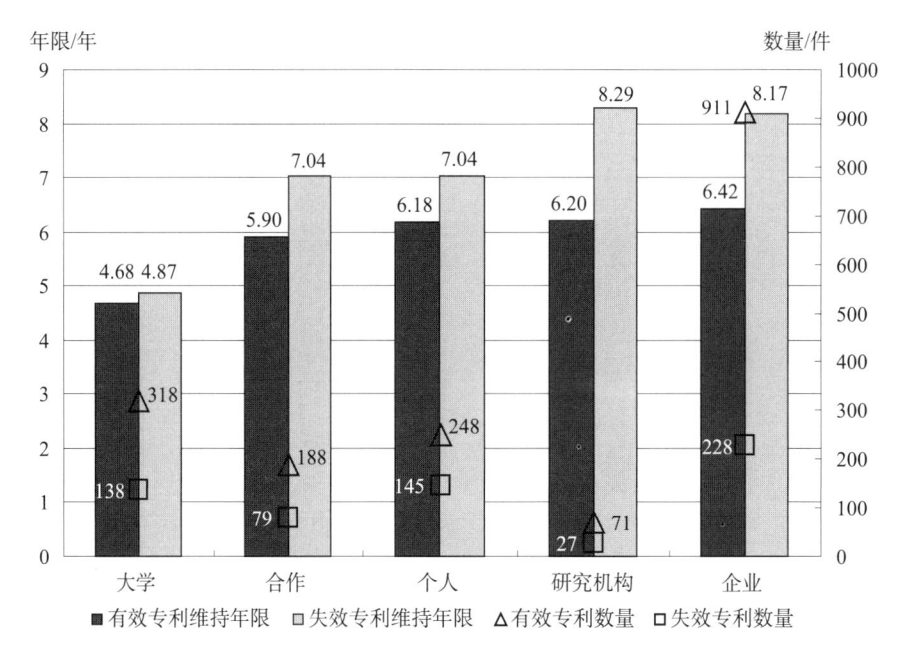

图 2-26 不同申请人类型发明专利权的维持年限

在不同申请人类型中,有效和失效发明专利权维持年限最长的基本为企业,分别为6.42年和8.17年;最短的均为大学,分别为4.68年和4.87年(见图2-26),这说明高校科研成果产业转化和应用程度低。专利权能否长时间维持取决于其能否为产业带来利益。在各种申请人类型中,企业与产业结合的最紧密,其研发动机来自克服现有产业中存在的不足，技术创新的成果可以直接应用于规模化生产；而大学的研究多侧重于新的理论和新的技术，在产品和技术的性能参数指标上可能领先，但规模一般限制在实验室范围，能否形成规模化生产仍需要检验。研究机构发明专利权的维持年限介于企业和大学之间，研究机构的性质也介于这两种类型之间，侧重于前沿技术的开发同时也具备中试规模生产的能力。个人申请的维持年限也比大学长，原因主要有两个方面：一是个人申请人往往也是企业创始人或技术骨干，了解产业的需求；二是个人申请人受限于研究经费，对技术开发的投入更加理性和谨慎。而合作申请维持年限仅高于大学申请，说明该领域的许多合作不能有效形成"1+1>2"的效果而转化成技术优势，在走"产学研"联合研发、协同创新的道路上要准确把握各个合作主体的优势和劣势，找准合作的切入点，实现技术层面的共同提高。

2.2.3 各省市专利分析

1. 总体情况

表2-2为全国废弃资源再生循环利用领域的专利分布情况，按照活跃程度大致可以分为以下三个区域。

表2-2 中国各省（区、市）的专利申请量

排序	省（区、市）	申请量/件	排序	省（区、市）	申请量/件
1	江苏	984	17	重庆	109
2	广东	809	18	陕西	91
3	山东	613	19	黑龙江	79
4	北京	600	20	山西	77
5	浙江	579	21	吉林	76
6	上海	513	22	江西	74
7	安徽	347	23	云南	69
8	河南	324	24	广西	61
9	四川	299	25	甘肃	59
10	辽宁	286	26	贵州	41
11	湖南	252	27	内蒙古	26
12	湖北	237	28	新疆	26
13	天津	219	29	宁夏	13
14	台湾	178	30	海南	8
15	河北	138	31	青海	0
16	福建	133	32	西藏	0

1）沿海地区。该地区包括长江三角洲地区、珠江三角洲地区和环渤海地区，是技术创新最为活跃的区域。该地区的广东、江苏、北京、山东、浙江都是申请量最大的省市。20世纪90年代以来这些地区的港口作为欧美进口废金属等固体废弃物的集散

地，就近产生了大批从事废弃资源拆解回收利用的企业，因此最早发展形成了产业集聚的优势，国家产业示范园区也数量众多。

2）中部地区。包括河南、安徽、湖南、湖北、四川和重庆。废弃资源有其特殊性，因分布分散且覆盖面广，回收环节对交通条件有着苛刻的要求，处于交通枢纽的省市优势明显。随着国内产生废弃资源的增多，该地区各省市依赖便利的交通运输条件和优惠的招商引资政策，产生了一批回收企业以提升对废弃资源的消化能力。而沿海地区由于人力资源、土地成本和环境压力的增加，也使得原有资源回收企业（如格林美等）也逐渐倾向于向内迁徙。可以预见该地区在未来一段时间的技术创新前景依然值得期待。

3）西部、北部地区。该地区自身产生的废弃资源总量不大，也缺乏地理和交通优势，因此产业规模较小，技术创新最不活跃。

从 2004 年和 2009 年我国再生资源产业聚集❶分布可以看出，2004 年再生资源产业在沿海地区已经形成强集聚，而中部地区直到 2009 年产业聚集度才逐渐提高，但西部、北部地区直到 2009 年聚焦度仍较弱或无聚集，该分布情况与省市专利申请分布契合程度很高，体现专利与产业之间密切联系的属性。

2. 技术主题

从图 2-27 可知，各省市对废弃资源回收技术的侧重有所不同。从省市来看，江苏和山东主要集中在塑料和橡胶的回收利用方面；广东主要集中在塑料、电子电器产品回收技术方面；北京三个技术分支发展较为平均；浙江主要集中在塑料回收方面。从具体分支来看，塑料回收方面，江苏、广东和浙江具备优势；橡胶回收方面，江苏、山东和北京具备优势；电子电器产品回收方面，广东、北京和江苏具备优势。

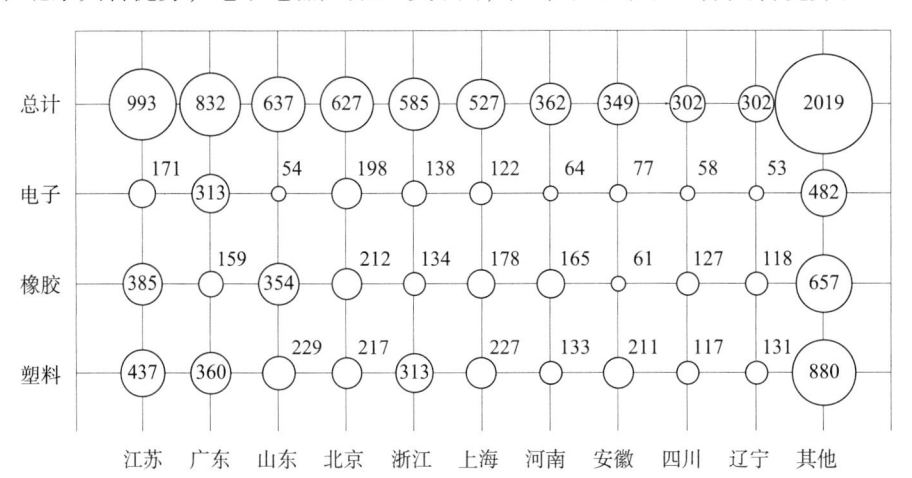

图 2-27 各省市专利申请的技术主题分析（单位：件）

---

❶ 李健，等. 中国再生资源产业聚集度变动趋势及影响因素研究［J］. 中国人口资源与环境，2012，22（5）.

第 2 章 废弃资源再生循环利用专利分析

3. 专利质量

从图 2-28 可以看出，尽管江苏省申请量最多，但一方面其中实用新型所占比例较高，另一方面从有效专利保有量看也并不占优势；广东省有效专利保有量超过了江苏省排名各省市首位，江苏省和浙江省位列第二、三位，显示了广东省较好的专利策略以及研发实力。在主要省市发明专利申请的授权率横向比较中，浙江省排名首位，授权率高达 74%，其后是广东省和北京市，分别为 68% 和 65%。作为比较，废弃资源再生循环利用领域国内发明专利平均授权率为 58%（见图 2-21），反映了这些省市的专利质量整体较好，高于全国平均水平，多数发明申请最终都能够获得授权。

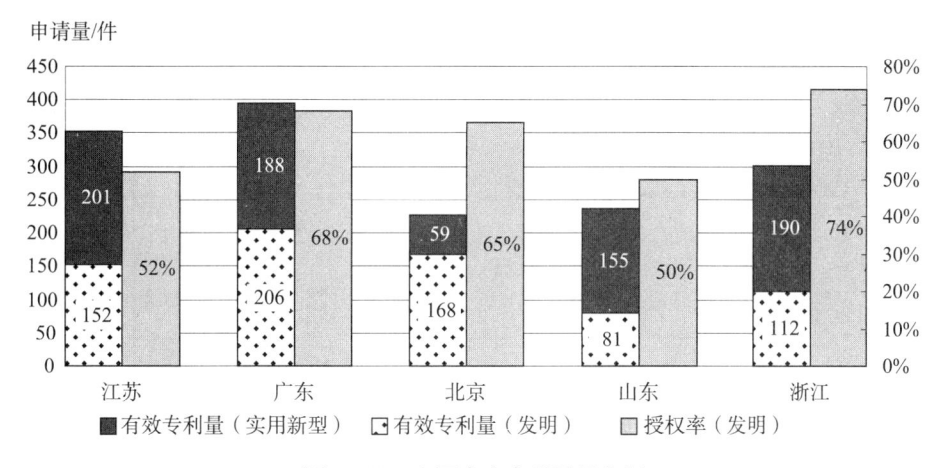

图 2-28 主要省市专利质量分析

2.2.4 广东省专利分析

图 2-29 为广东省专利申请的技术主题分析。三个分支在广东省技术起步均较晚，2005 年之前每年仅有零星不到 10 件的申请。广东并不是常规的橡胶生产大省，橡胶回收领域技术一直也没有形成较大规模，最多的年份 2010 年也只有 23 件申请；塑料再生和电子电器产品再生技术方面经过 2005~2009 年的短期过渡后，均增长到年 40 件以上申请量的稳定水平。

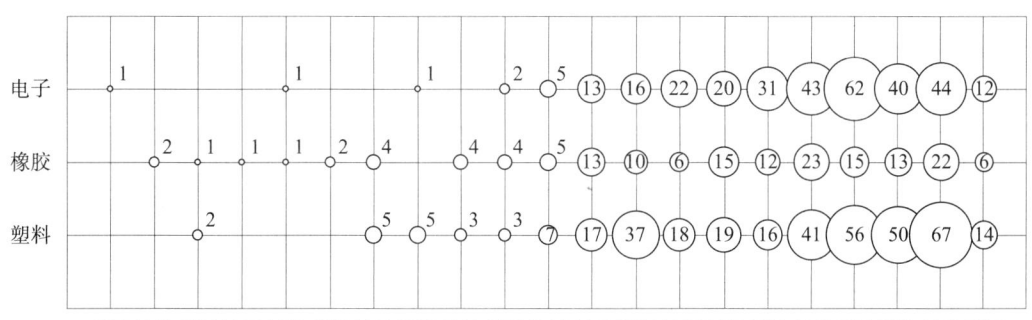

图 2-29 广东省专利申请的技术主题（单位：件）

通过图 2-30 的申请人类型分析可知,广东省主要技术创新主体为企业,占比达到 58%,高于图 2-15 全国平均水平 51%;个人申请占 19%,低于全国平均水平 25%;大学和研究机构合计占比 14%,合作申请为 9%,均与全国平均水平大致持平。与全国相比,广东省企业的技术创新主体地位得到强化,但大学和研究机构占比仍然低于个人申请。

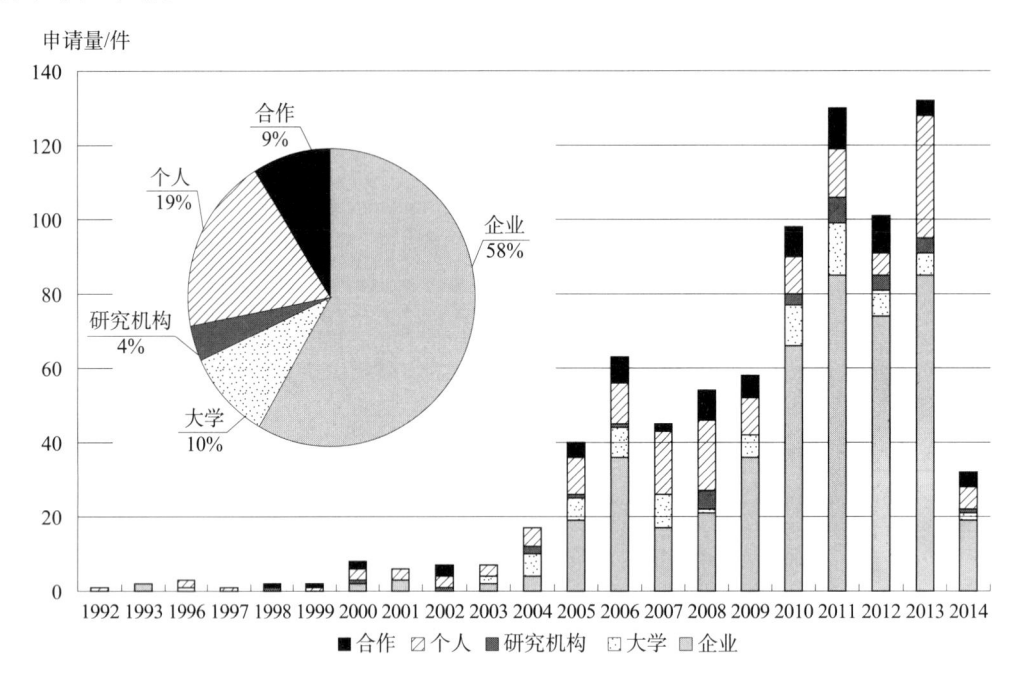

图 2-30 广东省申请人类型分析

从年申请量看,广东省整体同样呈增长趋势,但在 2007~2009 年出现了一个"低谷",但其实并非负增长。2006 年佛山一家企业提交了 23 件专利申请,占当年广东省申请量的 36.5%,因此 2006 年申请量突然增多才导致 2007~2009 年"低谷"的出现。

表 2-3 为广东省申请人总申请量、发明申请量和有效发明专利量排名,申请量最多的公司为格林美,而有效发明专利数量最多的公司为广东邦普循环科技有限公司。从表中三项数量排名可以看出,申请量排名靠前的公司有效专利数量也较多,体现了较好的专利运用策略,但是有效发明专利明显较少,寻求长期技术保护的意愿还不强烈。

表 2-3 广东省申请人申请量、发明申请量和有效发明专利量排名　　单位:件

序号	总申请量排名		发明申请量排名		有效发明专利量排名	
	申请人	申请量	申请人	发明申请量	申请人	有效发明专利量
1	深圳市格林美高新技术有限公司	65	广东邦普循环科技有限公司	31	广东邦普循环科技有限公司	25

续表

序号	总申请量排名 申请人	申请量	发明申请量排名 申请人	发明申请量	有效发明专利量排名 申请人	有效发明专利量
2	广东邦普循环科技有限公司	44	深圳市格林美高新技术有限公司	30	深圳市格林美高新技术有限公司	18
3	佛山市顺德区汉达精密电子科技有限公司	29	佛山市顺德区汉达精密电子科技有限公司	29	华南理工大学	13
4	华南师范大学	29	华南理工大学	27	惠州市昌亿科技股份有限公司	12
5	华南再生资源（中山）有限公司	28	华南师范大学	23	广东工业大学	10
6	华南理工大学	28	华南再生资源（中山）有限公司	16	比亚迪股份有限公司	10
7	广东工业大学	19	广东工业大学	16	华南再生资源（中山）有限公司	7
8	比亚迪股份有限公司	17	比亚迪股份有限公司	14	广州有色金属研究院	5
9	东莞市运通环保科技有限公司	17	惠州市昌亿科技股份有限公司	12	深圳市海川实业股份有限公司	4
10	惠州市鼎晨实业发展有限公司	16	冯愚斌（广东致顺化工环保设备有限公司）	7	深圳市雄韬电源科技股份有限公司	4
11	冯愚斌（广东致顺化工环保设备有限公司）	14	深圳市海川实业股份有限公司	7	华南师范大学	4
12	惠州市昌亿科技股份有限公司	12	深圳市雄韬电源科技股份有限公司	7	中国科学院广州能源研究所	4
13	清远市进田企业有限公司	9	广州有色金属研究院	7		
14	珠海格力电器股份有限公司	8	惠州市鼎晨实业发展有限公司	6		

2.3 小结

通过对全球和中国废弃资源再生循环利用领域专利的整体分析，可得出主要结论如下。

1. 全球整体发展趋势

1）在总共26878件申请中，日本籍申请人申请量最多，占总量的38%；其次为中国，占27.3%；欧洲占11.1%，美国9.7%，韩国8.2%。日本在该领域仍处于绝对的优势地位。

2）欧美起步很早,在20世纪90年代初就已经出现申请量的高峰。欧洲近20年的年申请量均没有超过1992年和1993年,处于产业的成熟期,但2005年后申请量有回升的趋势;美国在近20年间申请量较为稳定,处于产业成熟期;日本在1994~2003年十年之间的年申请量均过当年全球申请量的50%,申请量在2000年达到最高峰;韩国2007年起年申请量已经超过美国和欧洲,直到2011年仍处于产业成长期,是不可忽视的新兴力量。在2004年以前日本主导了全球专利申请的发展趋势,但2004年后由于中国申请迅速增长,扭转了其他国家和地区整体缓慢下降的趋势。

3）按技术主题来看,全球橡胶回收领域申请量较为稳定,电子产品回收领域近年来有所增长,塑料回收领域自2000年起呈现下降趋势。

2. 中国整体发展趋势

1）废弃资源再生循环利用领域的中国专利申请总共8515件,申请量和申请人数量增长趋势明显,2004年开始增速加快,显示这一领域研发投入逐渐加强,从业人员对相关技术的改进仍保持着极大的兴趣;但申请较为分散,规模化的企业在技术开发方面的年投入不足,在今后会成为制约行业向深度加工、高附加值化转型的瓶颈。

2）中国籍申请占总量的86%,国内申请人在我国具备一定的技术优势;欧洲、美国、日本等传统发达国家和地区也注重在中国进行专利布局,跑马圈地意图不容忽视。

3）按申请人类型分析,企业申请占总申请的51%;大学和研究机构申请量分别占到12%和3%,远低于个人申请25%,说明这一领域的研发起点低,主要技术研发机构在废弃资源回收利用方面的投入不够,"产学研"结合的空间有待大力提升;而合作申请仅占9%,表明"产学研"、企业之间合作等方式在该领域尚未形成有效的联合研发机制。从申请类型的历年发展趋势来看,企业申请所占比例逐年上升而个人申请逐年下降,大学申请有所增长,表明企业日趋成为研发主体,高校加大研发力度,但合作研究未呈现明显上升趋势,需要我国进一步引导。

4）在申请人的合作模式方面,个人之间的合作比例最高,达到40%;其次是企业之间的合作,达到21%,企业和大学之间的合作占17%,企业和研究机构之间的合作占9%,表明产学研结合还有较大的提高空间。企业之间的合作从2007年起有上升趋势,企业和大学或研究机构的合作从2006年起有上升趋势,显示企业合作以及"产学研"之间的合作在这一领域逐步得到强化。

5）在总共8515件申请中,有659件发生了专利转让和实施许可,占总量的7.7%,其中73.1%至今仍然为有效专利,显示该领域总体上对技术引进的意愿较为强烈,专利交易市场活跃程度较高;国内专利申请发生转让和许可共有516件,交易活跃程度并未明显落后于发达国家,表明国内专利同样具备了与国外专利竞争市场的能力。

3. 各国在华专利分析

1）其他国家和地区申请人在华的专利申请总量为1195件,总体有波动上升的趋势,体现出国外申请人对我国市场的看重;日本的申请量最大,其余依次为欧洲、美国和韩国；日本自1999年起年申请量基本维持在20件以上，显示了日本申请人一直重视在我国占领市场；欧洲从2004年起年申请量也基本维持在20件以上，同样不可忽视。

2) 从技术分支角度看，涉及塑料、橡胶和电子电器产品回收的专利申请数量经统计分别为3980件、2872件、1926件，三个技术分支总体均有明显上升的势头。塑料回收方面，欧洲、日本和美国申请量较大；在橡胶回收方面，欧洲、美国申请较多；在电子电器产品回收方面，日本申请较多。

3) 中国国内专利申请授权率为58%，授权率较高但比起发达国家还有差距；有效专利占申请量只有23%，远落后于发达国家，说明我国申请人在专利运营方面缺乏长期有效的策略，致使大部分申请流失成为公众免费获取的现有技术；多边专利远少于发达国家，表明在关键技术和开发深度上还需要加大投入。

4) 从发明专利权维持年限和分布看，国内专利平均维持年限不到6年，相对发达国家9~10年的水平明显偏低，多数专利仅维持在6~8年。国内行业人员需要明确产业的实际需求，在技术开发的投入上提高精准度、减少盲目性，提升专利的质量和专利权的长期稳定性。按申请类型分析，有效和失效发明专利权维持年限最长为企业，分别为6.42年和8.17年，最短为大学，分别为4.68年和4.87年，说明高校科研成果产业转化和应用程度低，而与产业结合程度高有利于提高专利权的维持时间。

4. 各省市专利分析

1) 根据省市专利申请分布情况，按照活跃程度可分为沿海、中部和西部北部三个区域，活跃程度依次降低，与产业集聚程度基本符合。

2) 从技术分支来看，塑料回收方面江苏、广东具备优势；橡胶回收方面江苏、山东具备优势；电子电器产品回收方面广东、北京具备优势。

3) 以有效专利保有量计，广东省排名首位，显示了广东省较好的专利策略以及研发实力；浙江省的授权率最高，达74%，其后为广东省和北京市，分别为68%和65%，反映了这些省市的专利质量整体较好，高于全国平均水平，多数发明申请最终都能够获得授权。

第 3 章 废弃塑料再生循环利用专利分析

为了了解全球和中国范围内废弃塑料再生循环利用专利技术布局的整体情况，本章利用定量分析的方法，对废弃塑料再生循环利用领域的全球和中国专利从技术发展趋势、区域分布、专利技术主题、主要专利申请人的专利布局等多个角度进行深入分析，同时对广东省的专利情况作了进一步分析。

3.1 全球专利分析

截至 2014 年 10 月 23 日，共检索到废弃塑料再生循环利用领域相关的全球专利申请共 15220 件，其中国外专利为 11240 件，中国专利为 3980 件。数据采集的时间范围为 1992～2014 年。本节主要对全球专利申请从发展趋势、区域布局、技术主题、技术流向、技术生命周期、主要申请人等角度进行分析，从而了解废弃塑料再生循环利用领域全球发展概况。

3.1.1 专利申请发展趋势

图 3-1 为废弃塑料再生循环利用领域全球历年专利申请变化趋势，从全球申请总量趋势线可以看出，废弃塑料再生循环利用技术的发展大致经历了以下阶段。①技术发展期（1992～1995 年），这一阶段全球专利申请量平稳增长。其中日本和欧洲在该领域起步较早，1992 年的申请量分别为 242 件和 148 件，其他几个国家和地区的年申请量均只有几十件，说明日、欧的环保意识较强，并且在资源再生循环再利用方面做得较好；而中国和韩国在该阶段则处于技术萌芽期，发展相对落后。②快速增长期（1996～2000 年），在这一时期专利申请增长较快。1996 年的年申请量突破 600 件，之后的几年中，除 1998 年的总申请量略有下降外，其余几年的年申请量基本保持逐年攀升的态势，到 2000 年申请量达到高峰，为 911 件。③技术成熟期（2000～2008 年），从 2000 年以后，专利申请量逐渐开始下滑，到 2004 年，专利申请量下降到了 633 件。从图中可以看出，2004 年之前全球申请趋势基本上仅由日本决定，2005 年，由于中国和美国两个国家的申请量有所增长，致使 2005 年的全球申请量再次达到高峰，为 702 件。2005～2008 年，中国申请量保持逐年增长趋势，但其他国家和地区申请量呈现出下滑或者基本不变的状态，申请总量总体上呈缓慢下降的趋势。2009 年以后，中国申请量快速增长，2013 年的申请从 2009 年的 206 件增长到了 574 件，而其他国家和地

第3章 废弃塑料再生循环利用专利分析

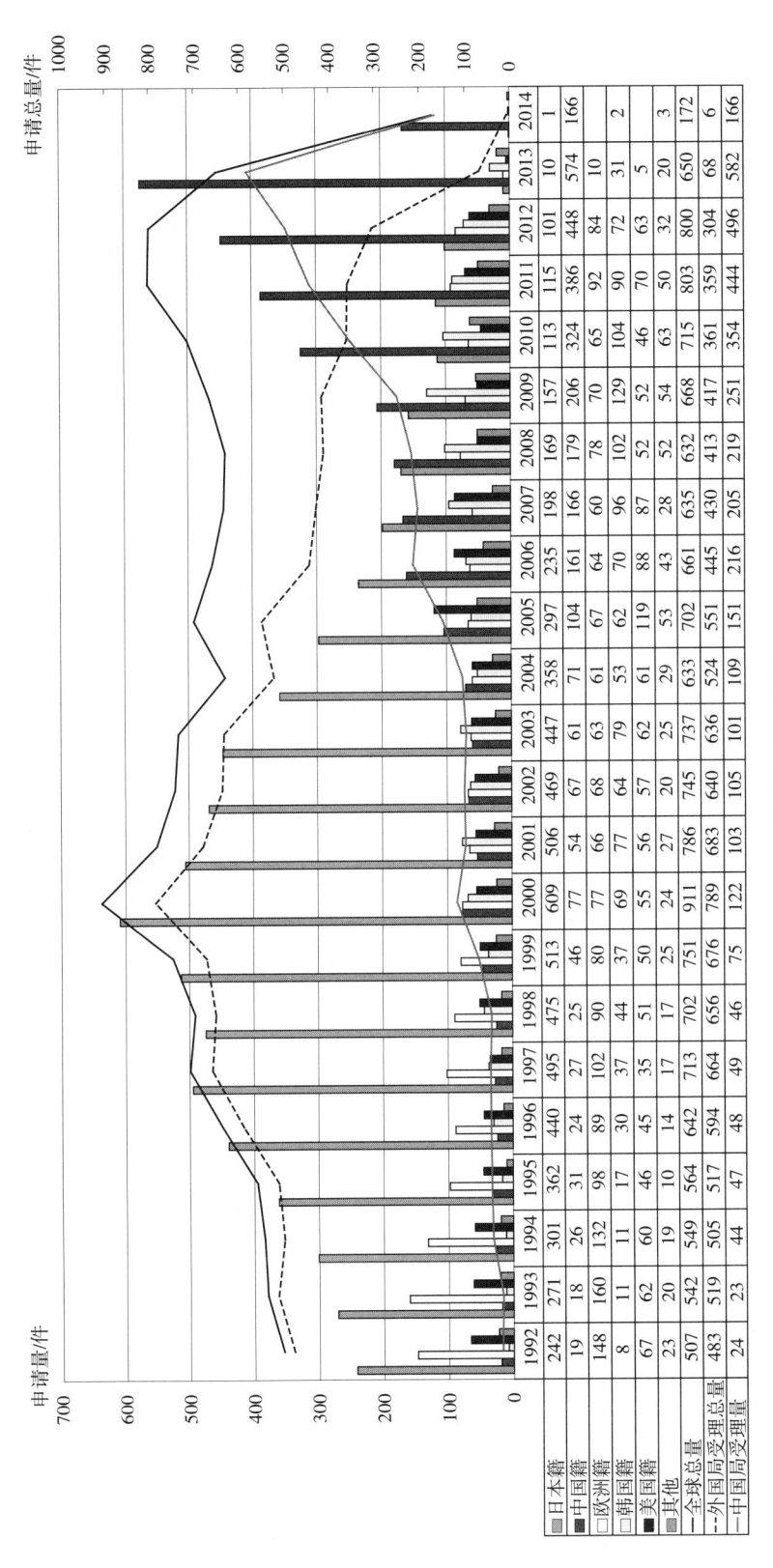

图 3-1 全球专利申请趋势

	1992	1993	1994	1995	1996	1997	1998	1999	2000	2001	2002	2003	2004	2005	2006	2007	2008	2009	2010	2011	2012	2013	2014
日本籍	242	271	301	362	440	495	475	513	609	506	469	447	358	297	235	198	169	157	113	115	101	10	1
中国籍	19	18	26	31	24	27	25	46	77	54	67	61	71	104	161	166	179	206	324	386	448	574	166
欧洲籍	148	160	132	98	89	102	90	80	77	66	68	63	61	67	64	60	78	70	65	92	84	10	
韩国籍	8	11	11	17	30	37	44	37	69	77	64	79	53	62	70	96	102	129	104	90	72	31	2
美国籍	67	62	60	46	45	35	51	50	55	56	57	62	61	119	88	87	52	52	46	70	63	5	
其他	23	20	19	10	14	17	17	25	24	27	20	25	29	53	43	28	52	54	63	50	32	20	3
全球总量	507	542	549	564	642	713	702	751	911	786	745	737	633	702	661	635	632	668	715	803	800	650	172
外国局受理总量	483	519	505	517	594	664	656	676	789	683	640	636	524	551	445	430	413	417	361	359	304	68	6
中国局受理量	24	23	44	47	48	49	46	75	122	103	105	101	109	151	216	205	219	251	354	444	496	582	166

区的申请量仍然呈现出下滑或者保持的状态。从图中可以看出，2009年之后全球申请趋势基本上仅由中国决定，因此申请总量总体上呈平稳增长的趋势。以上反映出近几年内，中国在该领域十分活跃，而其他发达国家基本上进入技术成熟期。从总体上来看，废弃塑料再生循环利用主要技术已经成熟。考虑到环保问题以及能源危机问题，我们仍需要对废弃塑料再生循环利用技术进行关注。

3.1.2 专利申请区域布局

为了研究废弃塑料再生循环利用专利技术的区域分布情况，揭示其主要技术来源和所看重的重要市场，我们对采集到的废弃塑料再生循环利用专利数据样本按申请所在国家、地区进行了统计。从图3-2废弃塑料再生循环利用技术全球范围专利申请区域分布和比例中可以看出，专利申请量排名前五的国家或地区集中在日本、中国、欧洲、美国和韩国，其申请量占总申请量的96%，显示出这些地区是废弃塑料再生循环利用技术重点布局的地区。在总共15220件申请中，日本以6884件申请排名首位，并占到总申请量的45%；中国的专利申请也较多，达到3260件，占比21%，位居全球第二位，显示出中国的技术和市场也在世界范围内占据了很重要的分量；欧洲申请量为1824件，占总申请量的12%，其作为不可忽视的市场在全球布局中也占据了很重要的地位；其余依次为韩国1295件，占比9%；美国1289件，占比9%。其他国家和地区总申请量为668件，占比4%，主要是我国台湾地区、俄罗斯、巴西、澳大利亚和加拿大等。

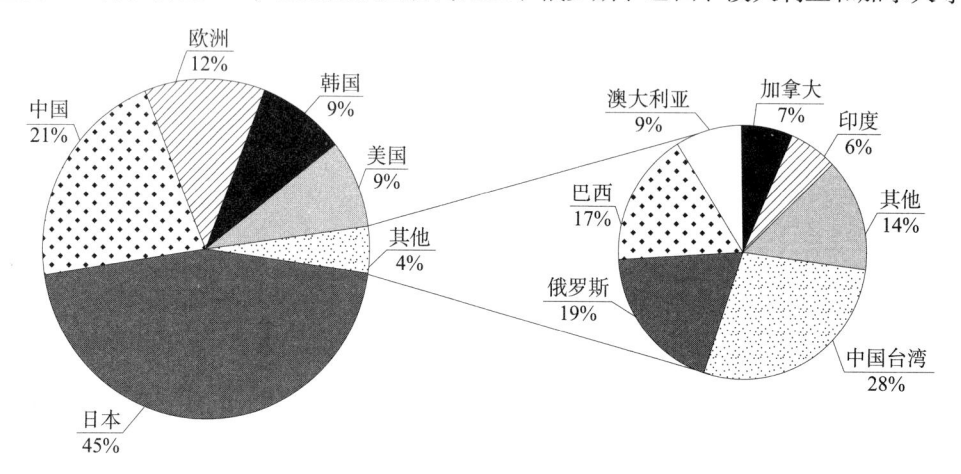

图3-2 全球专利申请区域分布比例

此外，对废弃塑料再生循环利用领域全球主要国家和地区历年专利申请量变化来看（见图3-3），2000年之前，日本的申请量持续攀升，但从2000年以后，其专利申请量不断下滑，说明该领域在日本不再是热点技术，其市场控制力有所削弱，但总体来说，日本仍在世界范围内占据举足轻重的地位。这是由于日本是资源短缺国家，所以对废旧塑料再生循环利用一直保持积极的态度。日本是循环经济立法最全面的国家，其目标是建立一个资源循环型社会。日本政府从1970年就制定了《废弃物处理法》，并于1997年出台了《容器包装再生利用法》，这一法规对塑料包装的回收利用做出了严格的规定：PET 瓶生产商和使用 PET 瓶的饮料生产商都要承担相应的回收费用；消费者也必须对垃圾实行分类且按时回收，乱扔垃圾会被罚款甚至判刑。法规甚至对 PET 瓶的瓶身、瓶盖、商标、颜色等都做出了详细的规定，生产商必须按要求生产，以便于回收。另外，日本还成立了多个废塑料再生利用协会，旨在促进日本的废塑料回收事业。正是由于日本有着较完善的废塑料回收立法政策，促使他们在废弃塑料再生循环利用领域有较多的研究，其申请量几乎占全球总申请量的一半。

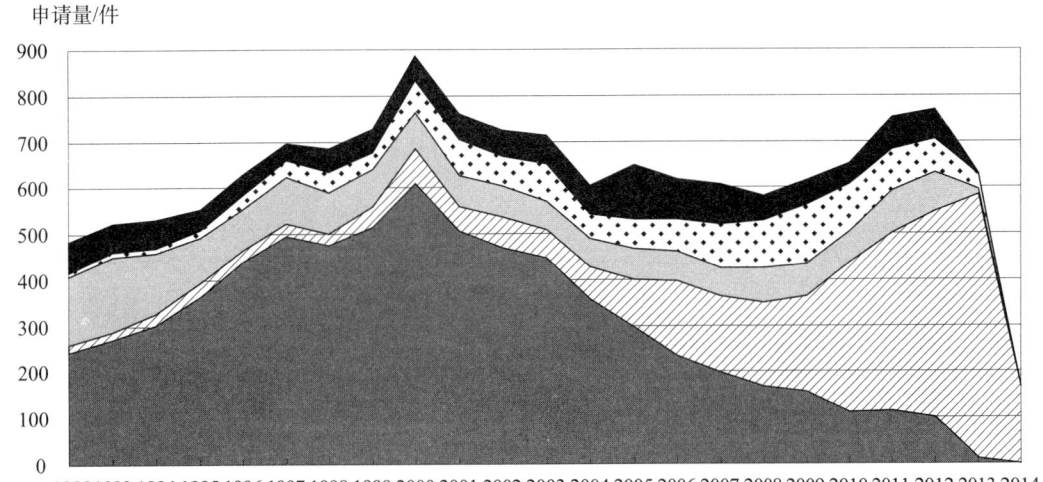

图 3-3　全球主要国家和地区历年专利申请量变化趋势

而中国近 20 年来申请量不断增长，特别是 2009 年以后，申请量大幅增长，说明中国在该领域较为活跃，已成为全球不容忽视的重要力量。欧洲、美国、韩国申请量相对较小，但这三大市场也不容忽视。与中国申请趋势较为相似，韩国申请量也基本处于增长趋势，但年申请量相对较小；欧洲在 1998 年之前申请量相对较大，而 1999～2013 年申请量变化较小，基本保持在稳定的状态；美国近 20 年来，申请量变化一直较小，且申请量相对较小。

3.1.3　技术主题分析

从全球各技术主题专利申请量所占比例（见图 3-4）可以看出，在废弃塑料再生循环利用领域的全球 15220 件专利中，机械回收方面的专利申请量最大，为 9134 件，占比 60%；化学回收的申请量也较多，为 4494 件，占比为 30%，而能量回收的专利申请最少，为 1602 件，仅占 10%。而在国外 11240 件专利中，同样是机械回收方面的专利申请量最大，为 6416 件，占比 57%；化学回收的申请量也较多，为 3424 件，占比为 31%；而能量回收的专利申请最少，为 1400 件，占比 12%。这说明在该领域，全球整体上主要以机械回收和化学回收为主。而在化学回收方面，全球整体上以热裂解和催化裂解为主。

（a）全球

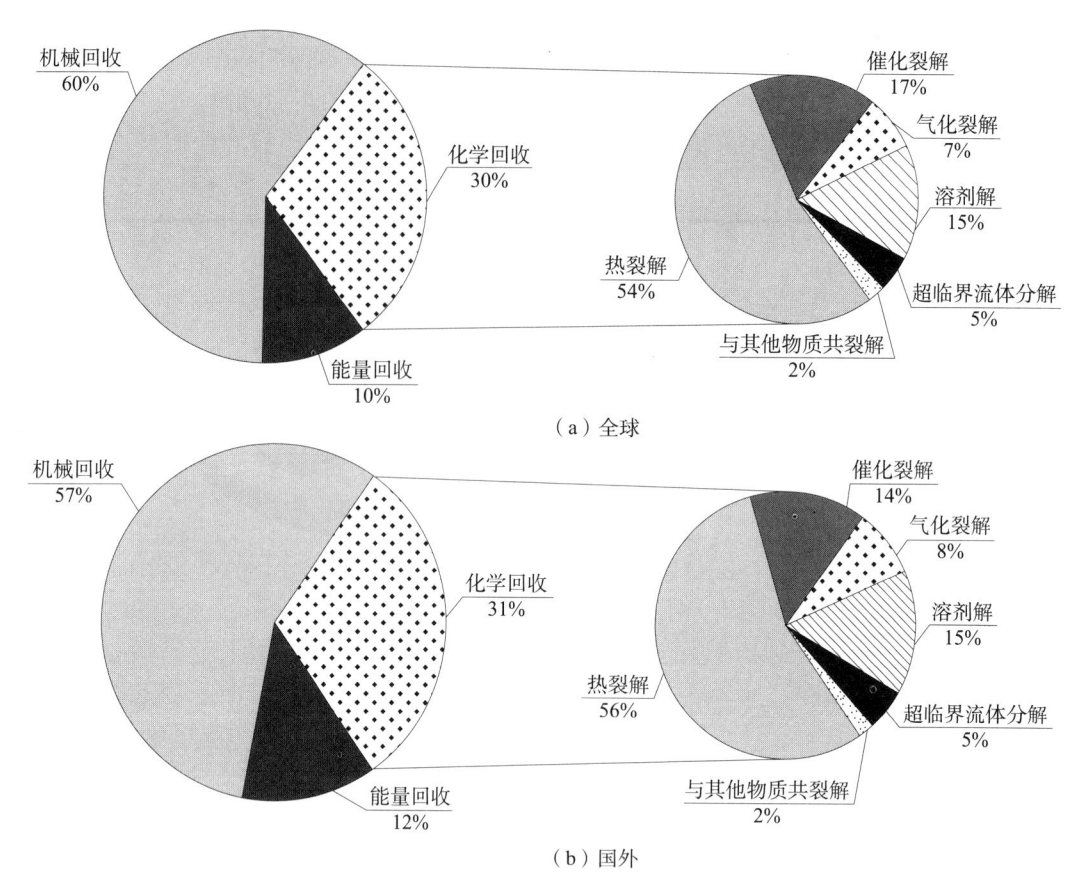

（b）国外

图3-4 全球（含中国专利）和国外各技术主题专利申请量所占比例

图3-5是全球各技术分支随时间分布趋势。从图中可以看出，三个技术分支中机械回收发展最快，在1992年，其年申请量已经达到371件，而化学回收和能量回收则只有111件和25件。

这三个技术分支的发展趋势各有其特点。对于机械回收，其发展大致经历了以下几个阶段：①技术发展期（1992～2000年）。1992年其年申请量为371件，从1993年起其专利申请量略有下滑，但经过短暂调整后，又迅速恢复了快速增长，到2000年，年申请量已经达到高峰，为534件。②技术成熟期（2001～2006年）。2001年之后，其专利申请量逐渐开始下滑，到2004年下滑到了345件。但2005年又迅速增长到了427件，到2006年再次下降到404件。通过比较机械回收方面全球专利（含中国专利和不含中国专利）的两个趋势图可知，2001～2006年，其他国家和地区的年申请量除了2005年略有增长外，均呈下降趋势，而全球2006年的年申请量比2004年还高，说明从2006开始中国在机械回收方面的专利申请量迅速增长，从而使全球整体申请量略有上浮。③快速增长期（2007～2013年）。2007年以后，其他国家和地区的年申请量基本呈下降趋势，而由于中国专利申请量的迅猛增长，致使全球专利申请量一直呈上升趋势，可以说2007年之后的全球申请趋势基本上仅由中国决定。以上反映出近几年内，中国在机械回收方面十分活跃，而其他发达国家基本上进入技术成熟期。

第 3 章　废弃塑料再生循环利用专利分析

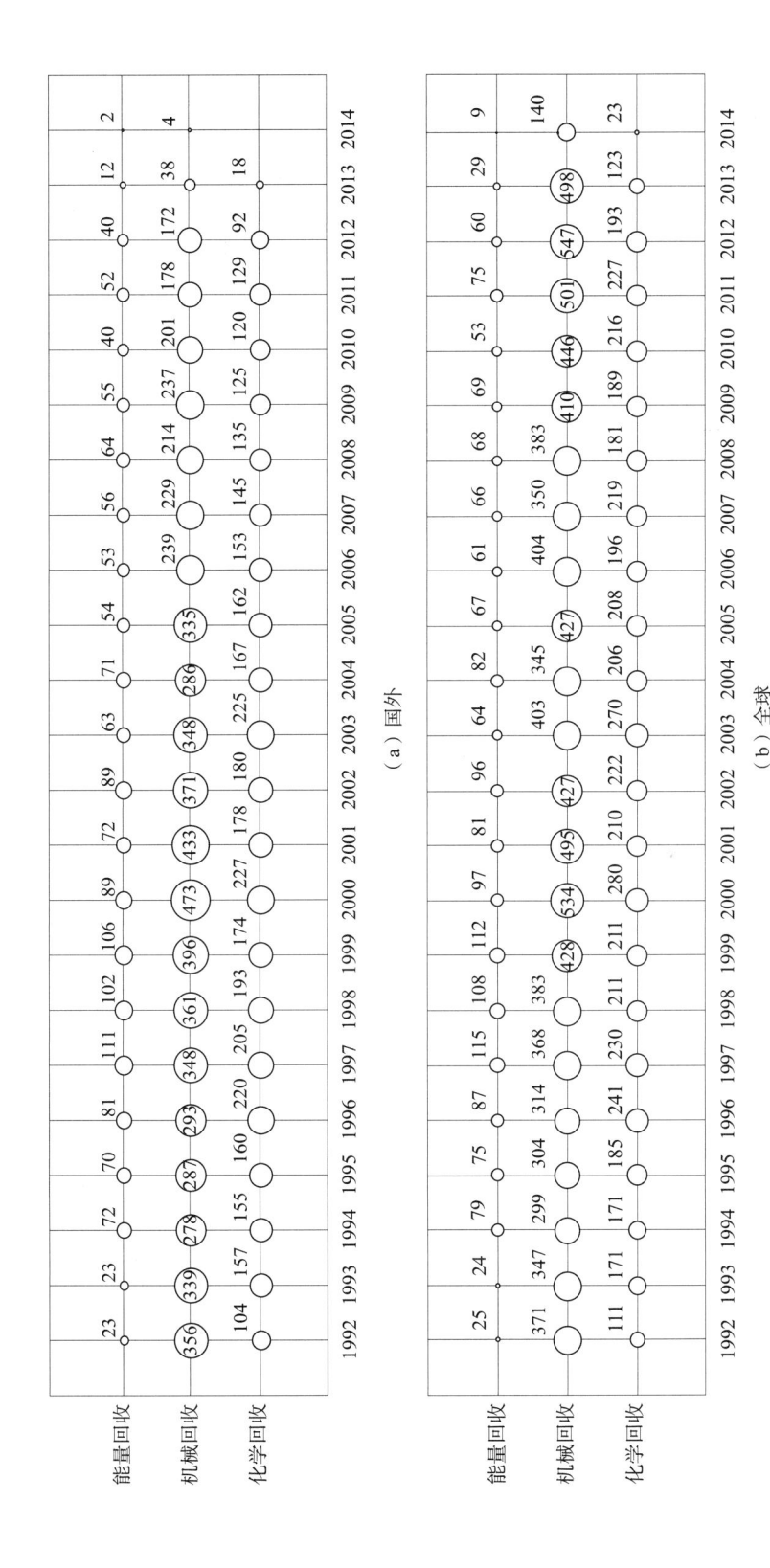

图 3-5　全球各技术分支随时间分布趋势（单位：件）

(a) 国外

	1992	1993	1994	1995	1996	1997	1998	1999	2000	2001	2002	2003	2004	2005	2006	2007	2008	2009	2010	2011	2012	2013	2014
能量回收	23	23	72	70	81	111	102	106	89	72	89	63	71	54	53	56	64	55	40	52	40	12	2
机械回收	356	339	273	287	293	348	361	396	473	433	371	348	286	335	239	229	214	237	201	178	172	38	4
化学回收	104	157	155	160	220	205	193	174	227	178	180	225	167	162	153	145	135	125	120	129	92	18	

(b) 全球

	1992	1993	1994	1995	1996	1997	1998	1999	2000	2001	2002	2003	2004	2005	2006	2007	2008	2009	2010	2011	2012	2013	2014
能量回收	25	24	79	75	87	115	108	112	97	81	96	64	82	67	61	66	68	69	53	75	60	29	9
机械回收	371	347	299	304	314	368	383	428	534	495	427	403	345	427	404	350	383	410	446	501	547	498	140
化学回收	111	171	171	185	241	230	211	211	280	210	222	270	206	208	196	219	181	189	216	227	193	123	23

对于化学回收，其技术发展大致经历了以下几个阶段：①技术发展期（1992～1996年），这一时期专利申请量逐渐增加，到1996年其年申请量从1992年的111件增加到了241件，达到高峰。②稳定保持期（1997～2013年）。从1997年之后，其专利申请量呈现出下滑－增长－下滑－增长的波动趋势，增减幅度都不是很大，申请量基本上平均保持在200件左右。而从其他国家和地区的趋势图可以看出，从1997年之后基本呈下降趋势，说明其在化学回收领域也进入技术成熟期。与此同时，中国申请量基本呈现上升趋势，从而使全球申请量基本上呈现出稳定的状态。2008年以后由于中国专利申请量增长较快，全球专利申请量略有上升趋势。

对于能量回收，其技术发展大致经历了以下几个阶段：①技术萌芽期（1992～1993年），这一时期专利申请量较小，每年仅有25件左右。虽然申请量较少，但是代表了能量回收领域的研究开始发展。②技术发展期（1994～1997年），这一时期专利申请量逐渐增加，到1997年其年申请量从1992年的25件增加到了115件，达到高峰。③技术成熟期（2000～2013年）。从2000年之后，其专利申请量逐渐开始下滑，2003～2012年其年申请量基本保持在60多件。而从其他国家和地区的趋势图可以看出，从2000年之后基本呈下降趋势，说明其在能量回收领域也进入技术成熟期。由于中国在能量回收方面的专利申请量较少，因此全球能量回收方面的申请量仍然呈下降趋势。

图3-6为主要国家和地区专利申请的技术主题分布。从图中可以看出，这5个国家和地区的专利申请均主要以机械回收和化学回收为主，这反映出各国的能源危机意识较强，希望将废旧塑料回收作为原材料真正地循环利用起来，而非简单地将其燃烧利用热能。其中日本在三个技术分支中的专利申请都是最多的，这说明日本在三个技术分支中的研发实力非常强，明显处于领先地位。在机械回收和化学回收方面，中国的专利申请量仅次于日本，位居第二；而在能量回收方面，韩国仅次于日本，美国则最少。

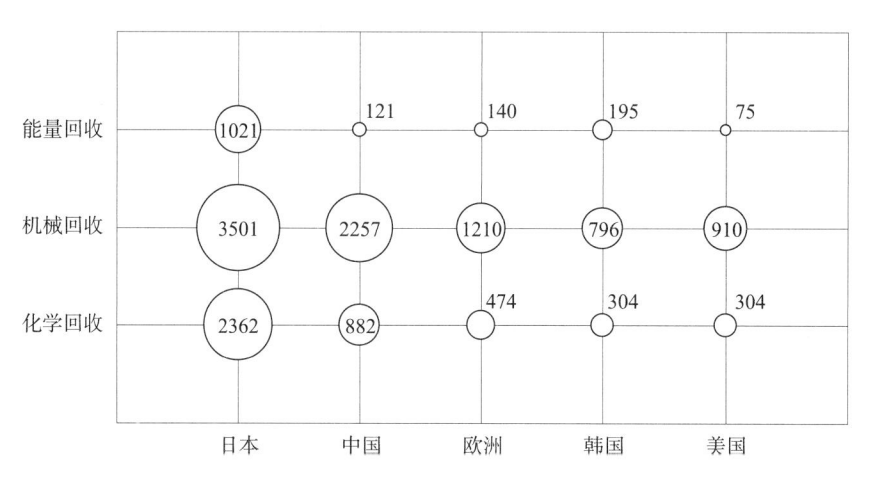

	日本	中国	欧洲	韩国	美国
能量回收	1021	121	140	195	75
机械回收	3501	2257	1210	796	910
化学回收	2362	882	474	304	304

图3-6 主要国家和地区专利申请的技术主题（单位：件）

图 3-7 是各国化学回收的年度申请趋势。从图中可以看出，日本、欧洲和美国起步较早，中国和韩国起步较晚。日本起步最早，1992 年其申请量已有 58 件，且 1992～1996 年日本的年申请量迅速增长，到 1996 年已经达到 192 件。而从 1996 年之后，除了 2000 年和 2003 年这两年申请量大幅增长外，其他几年申请量逐年下滑，到 2012 年起申请量仅有 31 件，说明日本在化学回收方面已进入技术成熟期。欧洲 1992～1997 年申请量基本在 20 件以上；而 1998～2006 年申请量有所下滑，基本保持在十几件；从 2007 年以后，申请量又进一步上升至 20 件以上。这说明近几年欧洲在化学回收方面又开始加大投入力度。美国 1992～1998 年申请量基本在 15 件左右；1999～2006 年申请量有所下滑，基本保持在 10 件以下；2005 年以后申请量又进一步上升至 10 件以上，2011 年的申请量达到 25 件，说明近几年中美国在化学回收方面又开始发展。而中国 1992～1998 年在化学回收方面一直处于萌芽期，申请量相对较少，每年仅有 20 件左右；1999 年以后申请量逐步增加，特别是在 2009 年以后急速增加，至 2013 年申请量已达到 574 件，说明中国在化学回收方面具有较大的热情，科研投入较多。韩国在化学回收方面起步最晚，1999 年以前专利申请都是零星出现；2000 年之后申请量开始不断增长，到 2009 年申请量达到 36 件；随后的几年中，申请量基本保持在 20 件以上。这说明近几年中，韩国在化学回收方面也开始发展起来。

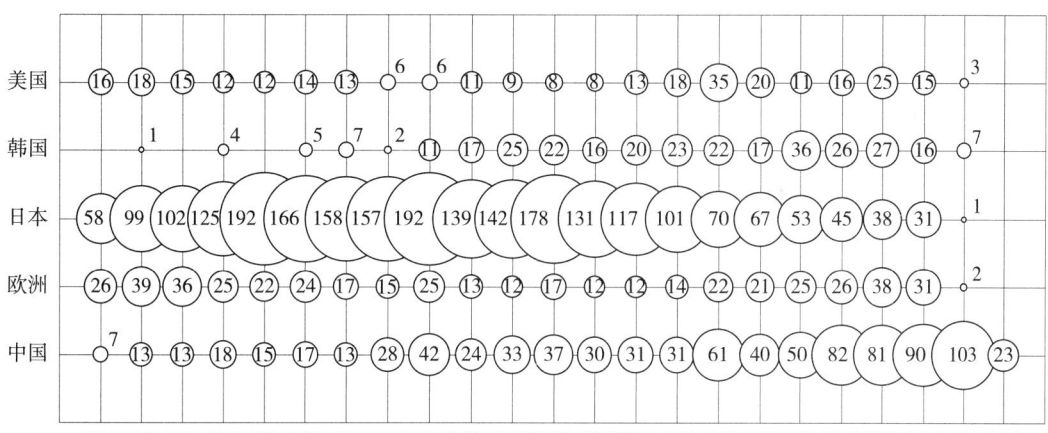

图 3-7 各国化学回收的年度申请趋势（单位：件）

根据图 3-4 可知，热裂解和催化裂解是全球各国实现化学回收的两种主要回收方法。但是热裂解要在高温下进行，对设备的要求较高，致使投资成本增加。而催化裂解则是在催化剂的作用下实现废弃塑料的裂解，其温度相对较低，裂解反应速度快，且能提高裂解产物质量，大大提高了生产效率，是一种较为有效的化学回收方式。因此下面重点对催化裂解领域全球专利申请的技术分支 - 技术功效分布进行分析。

从图 3-8 可以看出，在催化裂解领域，主要是以一段法即直接催化裂解为主。而在两段法则是以热裂解 - 催化裂解为主，这是由于两段法工艺较为复杂，且用到的催化剂量较大，致使生产成本较高，因此大多数企业会重点研究一段法。在这三个技术分支中，专利申请涉及的技术功效主要为提高油品质量、提高转化率、缩短裂解反应时间和减小投资，这也是产业界最希望达到的目的，因此专利申请相对较多，而其他方面的专利申请较少。对于直接催化裂解而言，对催化剂造价低，催化效果好、活性高、选择性好，提高资源综合利用率这三个方面的研究偏少；对于热裂解－催化裂解而言，催化剂造价低，催化剂寿命长、回用性能好，能耗低这三个方面的研究偏少；而对于催化裂解－催化改质而言，则在能耗低，催化剂寿命长、回用性能好，催化效果好、活性高、选择性好，提高资源综合利用率这四个方面的研究较少，且在催化剂造价低方面的专利申请为空白。从整体上看，在催化裂解领域，对于催化剂方面的研究仍然较少，而催化剂又是催化裂解中很重要的一个因素，作为研究人员，可以考虑从该方面入手展开研究，有效规避现有专利申请。

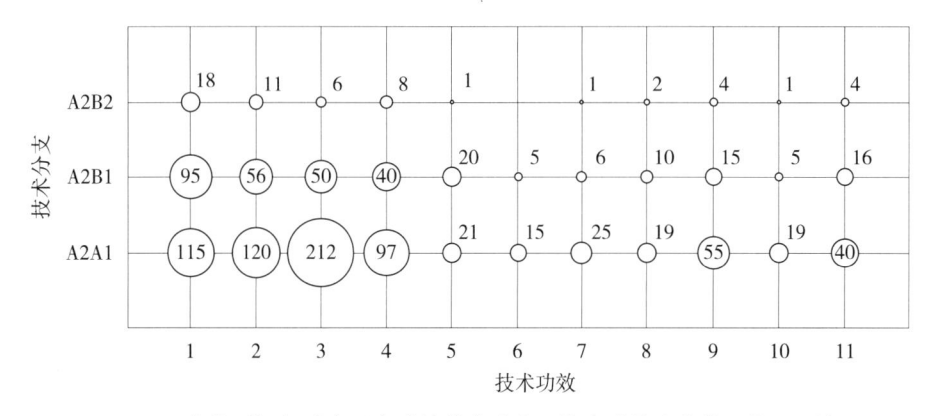

图 3-8 催化裂解领域专利申请的技术分支－技术功效分布❶（单位：件）

3.1.4 技术流向分析

图 3-9 为全球五大专利局之间的专利流向，其中五个饼图表示各专利局受理的中、日、欧、美、韩五个国家和地区申请人的专利申请量，百分比表示各国家和地区申请人的专利申请量占该专利局总申请量的比例，箭头的方向表示各国家和地区申请人向各专利局申请的流向，箭头的粗细表示专利申请量的多少（具体数据见表 3-1）。

各局之中，日本特许厅的专利受理量最多，达到 7316 件；其次是中国国家知识产权局，为 3924 件；美国专利商标局、欧洲专利局和韩国知识产权局三局受理量较少，分别为 2010 件、1469 件、1700 件。日本局受理的申请中，本国申请占比最高，达到 93%，且日本对任一国家的专利输出数量均大于他国专利输入数量，处于顺差地位，体现了日本籍申请人在专利布局上立足本国防御、积极对外扩张的战略意图。欧洲和美国籍申请人同样向其他四国提交了较大数量的申请，在全球的专利布局也

---

❶ A2A1：直接催化裂解；A2B1：热裂解－催化改质；A2B2：催化裂解－催化改质。1：油品质量好或者油品的稳定性好；2：提高转化率或者产油率；3：裂解反应速度快、时间短；4：投资小；5：能耗低；6：催化剂造价低；7：催化剂寿命长、回用性能好；8：催化效果好、活性高、选择性好；9：减少废气、废液对周边环境的污染或者降低二次污染；10：提高资源综合利用率；11：自动化生产或连续生产。

相对完善。而中国除了在本国申请较多之外,向其他四国提交的数量总共仅有50件,专利输出数量远远小于他国专利输入数量,处于明显逆差地位,在世界市场竞争力较弱。

美国是最受重视的市场,除韩国外,各国向美国提交的专利申请量均多于向其他国家提交的数量,其专利输入总量为815件;而欧洲是仅次于美国的市场,专利输入总量为679项。说明传统发达国家是专利布局的必争之地,技术竞争激烈,因此也是侵权风险最大的区域。而中国的专利输入总量紧随欧洲,位居第三,为669件,说明在该领域中国市场已成为竞争者的重要目标市场,需要引起国内的重视,注意防范专利技术输入的风险。

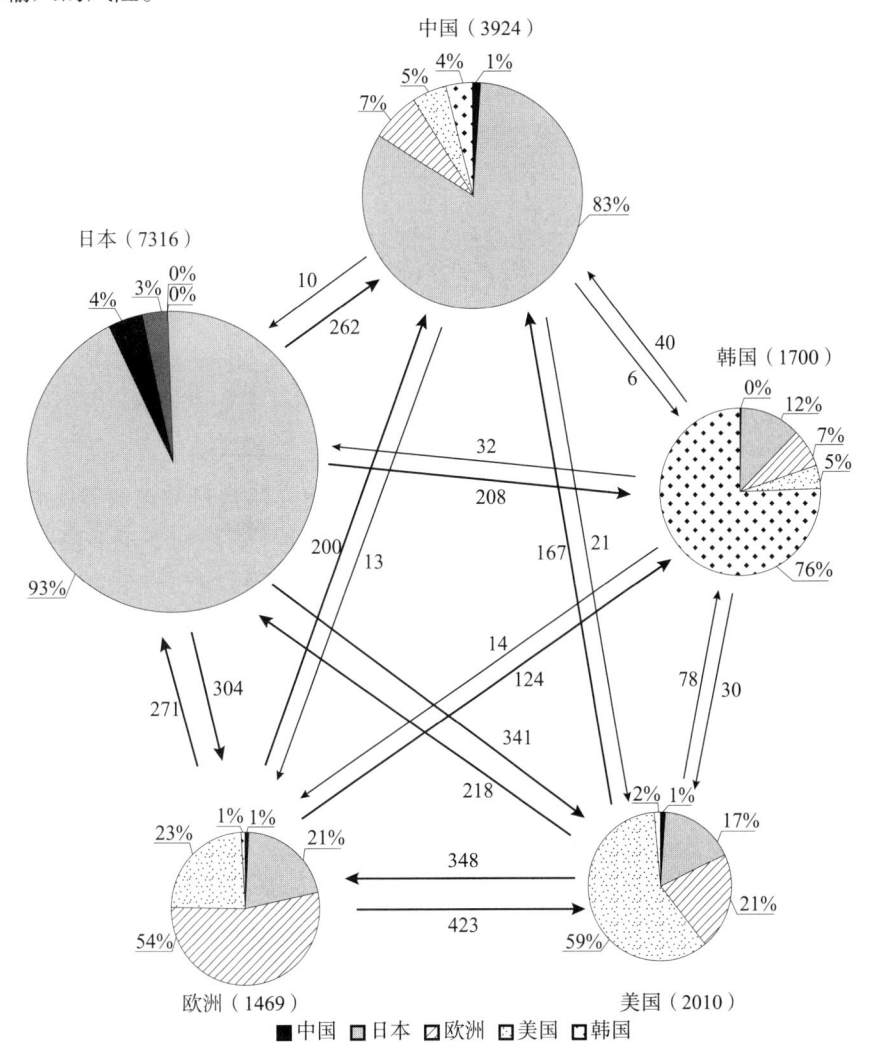

图3-9 五大专利局之间的专利流向(单位:件)

表 3-1 五大专利局之间的专利流向　　　　　　　　　单位：件

国籍	日本局	中国局	欧洲局	美国局	韩国局	其他四国进入量	输出到其他四局量
中国	10	3255	13	21	6	669	50
日本	6785	262	304	341	208	531	1115
欧洲	271	200	790	423	124	679	1018
美国	218	167	348	1195	78	815	811
韩国	32	40	14	30	1284	416	116
其他	36	56	59	92	21	—	—
总计	7352	3980	1528	2102	1721	—	—
五国总计	7316	3924	1469	2010	1700	—	—

3.1.5 技术生命周期分析

图 3-10 为全球专利（不含中国专利）和中国专利申请量和申请人数量的变化趋势。根据年申请量，将废弃塑料再生循环利用技术发展趋势划分为三个阶段，并对其技术生命周期进行分析。

1）技术发展期（1992~1995 年），这一阶段全球专利申请量平稳增长，同时申请人数量也相对稳定，说明国外在该领域起步较早。而中国在该阶段则处于技术萌芽期，发展相对落后。

2）快速增长期（1996~2000 年），这一阶段申请人的数量和申请量都快速增加，到 2000 年，申请量和申请人数量均达到高峰。而中国在该阶段则处于平稳增长期，专利申请量呈缓慢增长趋势。

3）技术成熟期（2000~2012 年），2000 年以后全球专利申请量逐渐开始下滑，说明国外在该领域基本上进入技术成熟期。与此同时，中国专利申请一直处于增长趋势，2000~2008 年处于平稳增长期，从 2009 年以后中国无论是申请人数量还是申请数量都快速增长，这反映出近几年内中国在该领域研发十分活跃。

从图 3-10 中可以看出，日本与全球整体趋势相似，2000 年之前专利申请人的数量和专利量都持续增长，而 2000 年之后又大幅减少，进入产业成熟期。而欧洲自 1993 年开始就已经进入产业成熟期，1993~2001 年申请量持续下滑，而 2001~2010 年专利申请人的数量和专利量相对稳定，进入产业成熟期，但从 2010 年之后申请人的数量和专利量又有所增加，显示产业找到了新的增长点。美国除了 2005 年申请量有明显增长外，近 20 年来申请人的数量和申请量均变化不大，基本维持在稳定状态，说明该领域处于产业成熟期。而韩国 1992~2001 年处于产业成长期，申请人数量和申请量呈增长趋势；2002~2006 年处于技术调整期，这一阶段申请人数量和申请量都有所下降；2006 年之后又快速增加，到 2009 年达到高峰，2009 年之后又迅速下降，说明其已经进入技术成熟期。

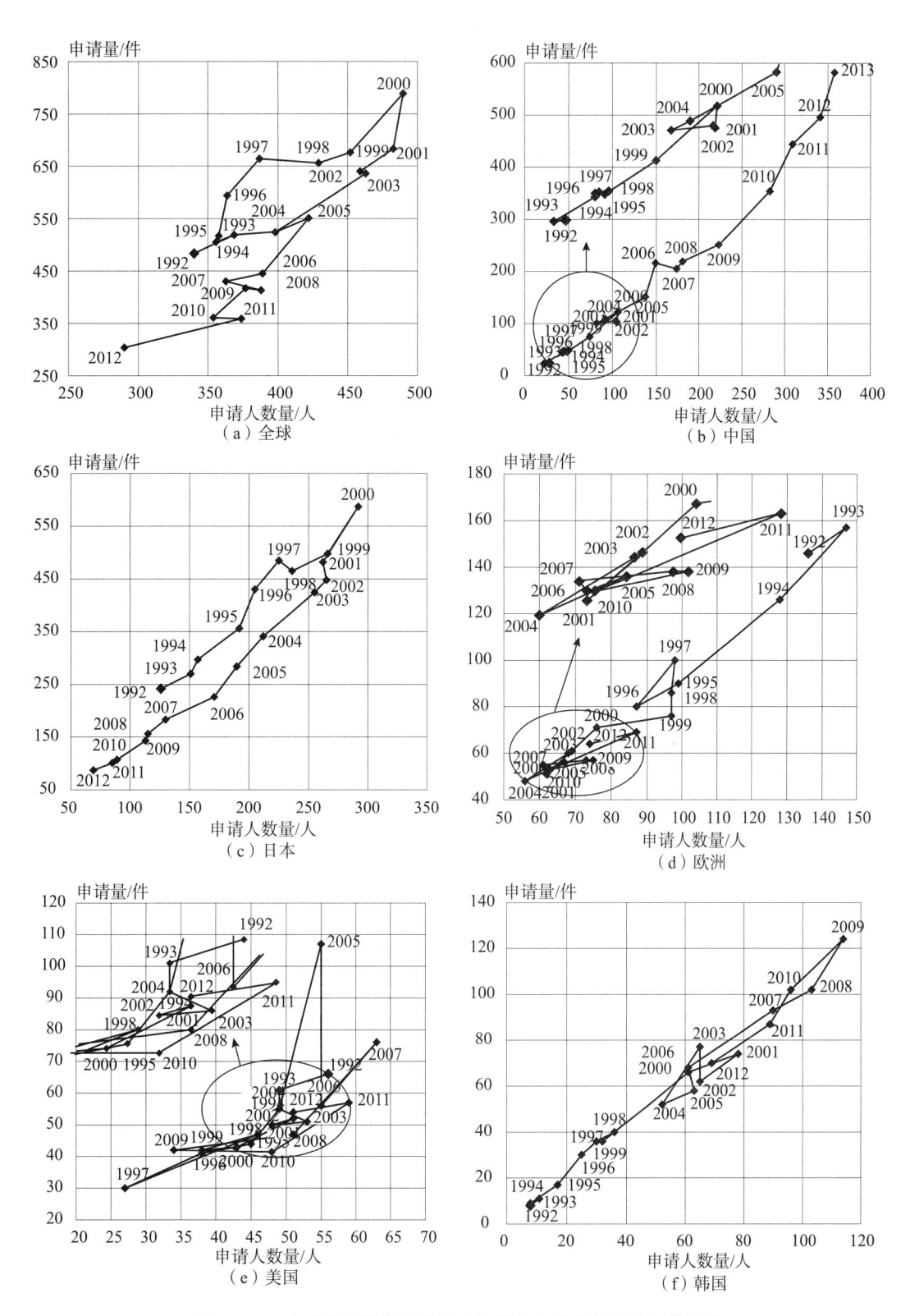

图 3-10　全球主要国家和地区申请量和申请人数量的变化趋势

3.1.6 专利申请主要申请人分析

1. 主要申请人及其技术分析

图3-11为全球废弃塑料再生循环利用领域的申请量排名前17位的申请人，其申请量均在60件以上。在这17位申请人中，有16位为日本企业，只有1位为美国企业，即伊士曼化工，说明日本在该领域的技术占据绝对主导地位。申请量前8位分别为三菱、日立、东芝、日本钢管、三井、松下、新日铁和杰富意钢铁，其中前6位申请量均在200件以上，另外两位申请量也较多，在190件以上。

申请人	申请量
三菱	383
日立	367
东芝	284
日本钢管	261
三井	238
松下	208
新日铁	198
杰富意钢铁	195
伊士曼化工	90
株式会社IHI	87
丰田	86
荏原	86
宇部兴产	75
太平洋水泥	66
旭化成	63
夏普	63
积水化学工业	61

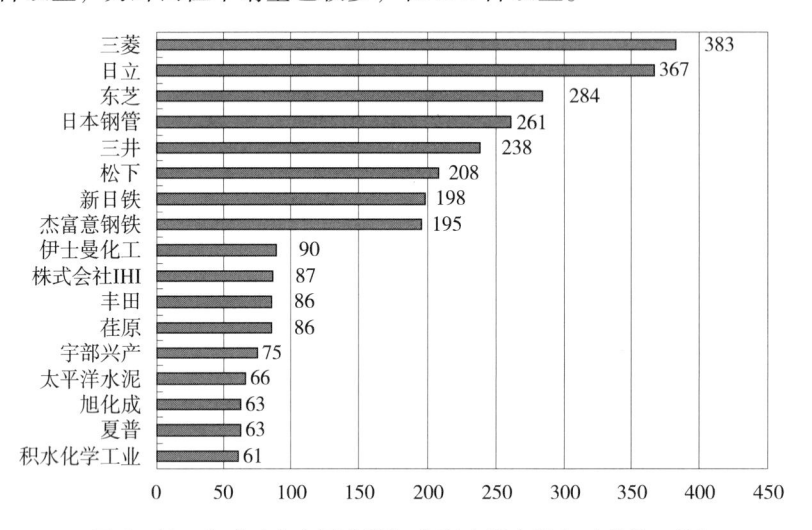

图3-11 全球（含中国专利）专利申请人排名（单位：件）

图3-12为全球主要专利申请人的技术主题分布。在前8位申请人中，重点关注机械回收的为三菱、日本钢管、松下，重点关注化学回收的为日立、东芝、三井和新日铁，只有一位申请人重点关注能量回收，为杰富意钢铁。在各个技术分支中，申请量

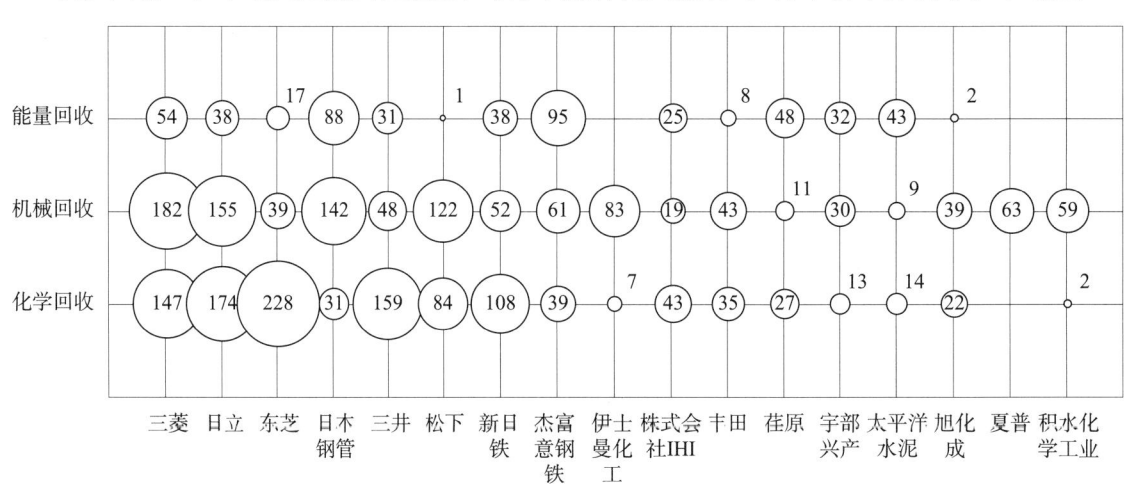

	三菱	日立	东芝	日本钢管	三井	松下	新日铁	杰富意钢铁	伊士曼化工	株式会社IHI	丰田	荏原	宇部兴产	太平洋水泥	旭化成	夏普	积水化学工业
能量回收	54	38	17	88	31	1	38	95		25	8	48	32	43	2		
机械回收	182	155	39	142	48	122	52	61	83	19	43	11	30	9	39	63	59
化学回收	147	174	228	31	159	84	108	39	7	43	35	27	13	14	22		2

图3-12 全球主要专利申请人的技术主题分布（单位：件）

最大的申请人分别为三菱、东芝和杰富意钢铁,其中三菱在机械回收的申请量为228件;东芝在化学回收的申请量为182件,而杰富意钢铁在能量回收的申请量为95件。(具体数据见表3-2)

表3-2 全球主要专利申请人各技术主题专利申请量　　　　单位:件

主要申请人	化学回收	机械回收	能量回收	总计
三菱	147	182	54	383
日立	174	155	38	367
东芝	228	39	17	284
日本钢管	31	142	88	261
三井	159	48	31	238
松下	84	122	1	208
新日铁	108	52	38	198
杰富意钢铁	39	61	95	195
伊士曼化工	7	83	—	90
株式会社IHI	43	19	25	87
丰田	35	43	8	86
荏原	27	11	48	86
宇部兴产	13	30	32	75
太平洋水泥	14	9	43	66
旭化成	22	39	2	63
夏普	—	63	—	63
积水化学工业	2	59	—	61

图3-13为全球主要专利申请人历年专利申请量变化趋势。从图中可以看出,申请量最大的三菱公司从2004年之前申请量一直相对稳定,而从2004年之后整体有所下滑,但仍然保持在一个相对稳定的状态,说明其在该领域仍然占据重要的地位;申请量排名第二位的日立公司在2000年之前申请量较大,而从2000年之后一直处于下降趋势;东芝在2000年之前申请量不断波动,但整体呈上升趋势,2000年以后也是处于下降趋势;而日本钢管的申请量在2002年之前基本呈M形变化,在2002之后直线下降,说明其渐渐退出该领域;三井公司1992~1996年年申请量一直处于增长趋势,1996年达到顶峰,之后则一直处于下降趋势;而松下近二十年来申请量变化相对较小,不过2010年之后申请量有所下降,由于近两年数据不完整,其发展趋势有待进一步研究。

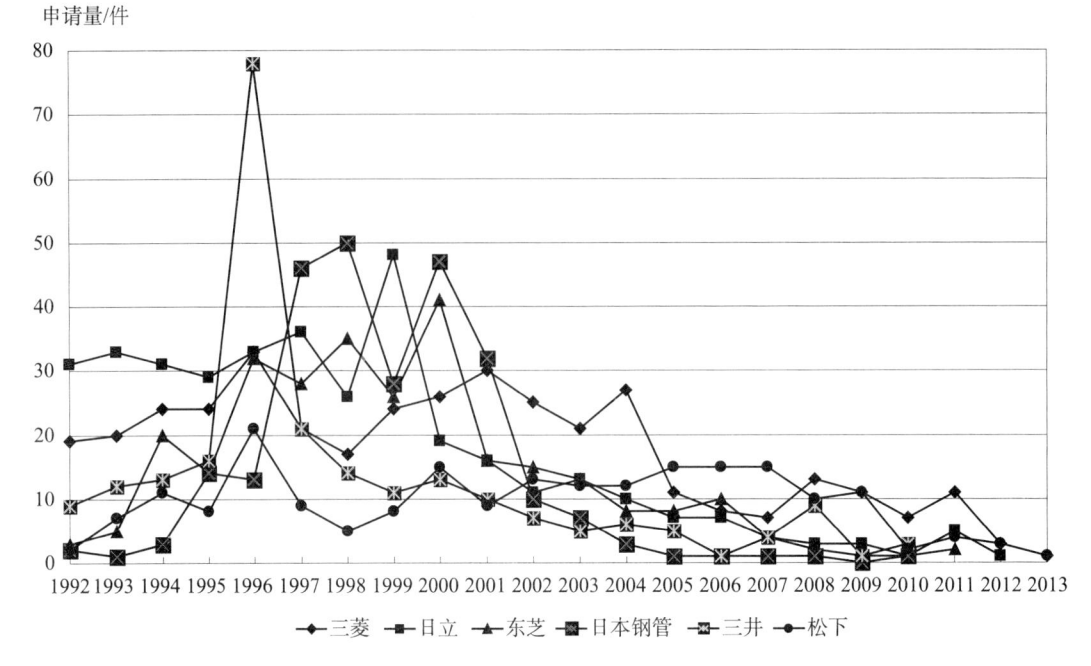

图 3-13 全球主要专利申请人历年专利申请量变化趋势

2. 主要申请人区域布局

通过分析废弃塑料再生循环领域全球主要申请人专利技术区域分布情况（见表 3-3），可以更好地了解主要竞争对手技术布局的区域特点，全球市场竞争强弱的动向。

表 3-3 主要申请人专利技术区域分布情况　　　　单位：件

主要申请人	日本	美国	欧洲	德国	韩国	中国	中国台湾	西班牙	澳大利亚	加拿大	印度	巴西	新加坡	申请量总计/项
三菱	368	28	34	32	13	13	6	5	2	2			2	383
日立	361	16	11	10	11	17	14	2	4	2				367
东芝	280	7	8	8	3	3	1			1			2	284
日本钢管	258	4	7	3	6	4	5		1	1				261
三井	238	9	9	9	5	5	4			3		3	2	238
松下	205	21	21	12	10	24	4	1	1				1	208
新日铁	198		3		1	2			1					198
杰富意钢铁	191	4	9		11	14	6		7		6			195
伊士曼化工	11	89	17	12	1	30	4	10	8	3	2	9	1	90
株式会社 IHI	86	1		1		1			1	1				87
丰田	84	12	9	8	1	4				2				86
荏原	82	8	16	9	5	6	2	6	5					86
宇部兴产	64	5	6	3	4	5		4	1	2				75
太平洋水泥	65	2	1	1	2	1	1	1		1				66
旭化成	63					1								63
夏普	53	1			1	1								63
积水化学工业	60		1	1	1	1								61

第3章 废弃塑料再生循环利用专利分析

通过表3-3可以看出，全球主要专利申请人都非常重视日本、美国和欧洲市场（主要指欧洲、德国），这三大市场竞争最为激烈，此外，中国、韩国市场布局也较多，而西班牙、澳大利亚、加拿大等其他几个国家的专利布局较少。

具体来说，日本申请人最重视日本本国市场，其次是美国、欧洲和中国。三菱公司在日本本国布局了368件专利，在美国、欧洲、德国、中国分别布局了28件、34件、32件、13件专利；松下在日本本国布局了205件专利，在美国、欧洲、德国、中国分别布局了21件、21件、12件、24件项专利，其在中国的专利布局甚至超过其他几个国家；美国申请人以伊士曼化工为代表，最重视美国本土，其次是中国和欧洲。与几个日本申请人不同的是，美国公司注重全球各个国家和地区的布局，在列出的13个国家和地区中均有专利布局，体现了美国申请人更加注重全球专利布局，以期占领世界市场。

随着中国经济的发展，废弃塑料再生循环利用也越来越受到重视，中国市场的全球影响力将凸显无疑，我们有必要对目前在中国进行专利布局的公司进行重点跟踪研究，避免落入专利雷池。目前看，伊士曼化工和松下在中国专利申请量较多，其后是日立、杰富意钢铁和三菱。

图3-14是全球专利（不含中国专利）申请人的类型随时间分布趋势图以及各申请人类型所占比例。从饼图中可以看出，在废弃塑料循环利用领域，全球专利申请人总体上以企业申请为主，占65%；合作申请（指具有两个以上申请人的申请）次之，占19%；个人申请和其他申请（其他申请包括大学、研究机构、政府申请）分别占比14%和2%；说明企业是该领域技术创新的主力军。从申请人类型随时间分布趋势图可以看出，2000年之后企业申请逐年下滑，而个人以及合作申请占比不断增加。

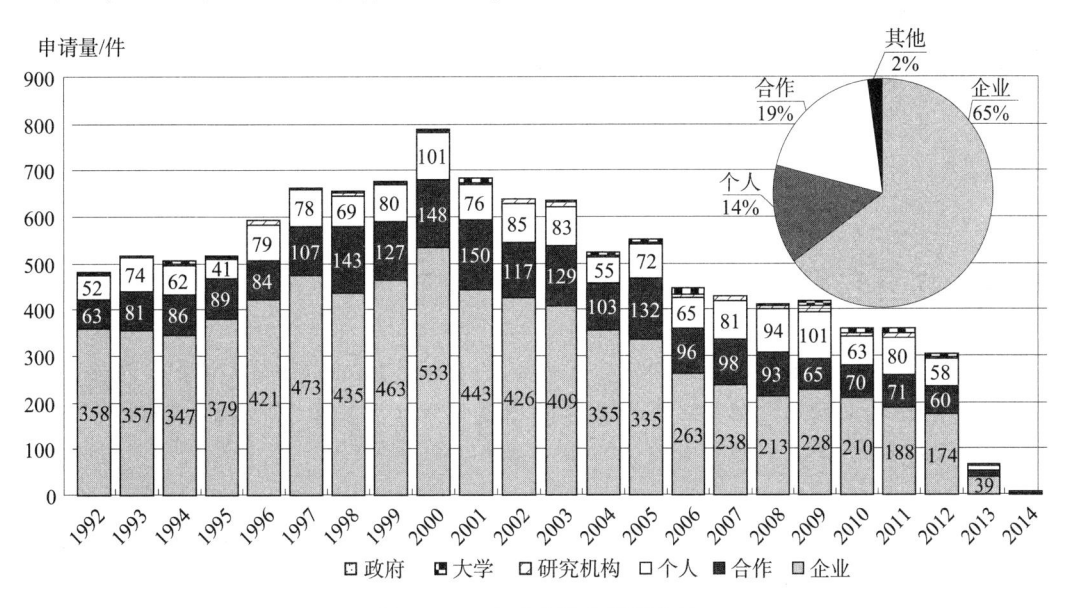

图3-14 全球申请人类型分析

图 3-15 是全球申请人合作模式分析。合作申请主要以企业与企业之间的合作为主，占比达到 53%；个人与个人之间的合作次之，占比 26%；企业与个人合作申请也占有较高的比例，为 15%；企业与大学、企业与研究机构、其他合作申请（包括研究机构与研究机构、大学与研究机构、大学、个人、企业、大学与研究机构、研究机构与个人、大学与政府、大学与大学）占比均较小，分别为 3%、1%、2%。从合作申请人类型随年度变化图可以看出，2005 年之后企业之间的合作占比逐年减小，而同时个人合作逐年增大，说明传统技术的开发难度降低，企业寻求强强联合的意愿变得不强烈；企业和大学或研究机构的合作在 2005 年后所占比例有所增长，表明企业在积极寻求新的技术突破口而进行产学研合作方面的尝试。

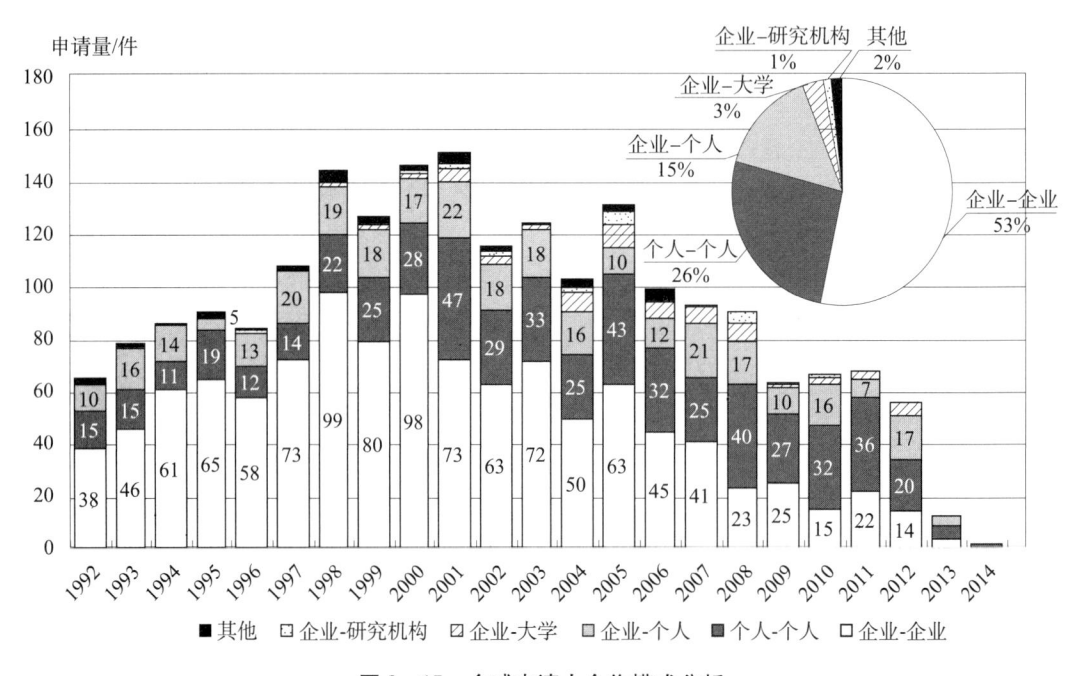

图 3-15　全球申请人合作模式分析

3.2　中国专利分析

为了了解中国范围内废弃塑料再生循环利用专利技术布局的整体情况，本节主要对中国专利申请从发展趋势、各国在华专利申请技术主题、申请质量、各省市专利分布情况以及主要申请人等角度进行分析。

3.2.1　专利申请整体发展趋势

从表 3-4 可以看出，在废弃塑料再生循环利用行业，中国专利申请整体上呈增长趋势。从各国在华申请总量趋势可以看出，中国废弃塑料再生循环利用技术的发展大致经历了以下三个阶段：①技术萌芽期（1992~1999 年），这一时期逐渐开始出现废弃塑料再生循环利用的专利申请，虽然申请量较少，但是代表了废弃塑料再生循环利用领域的研究已经开展；②技术发展期（2000～2008年），这一时期专利申请增长较为平稳，在改革开放后，尤其是进行21世纪以来，随着经济的发展、国力的增强，国家在科技、研发方面不断加大投入并取得较大成绩。随着我国企业、科研院所和大学的知识产权意识不断提升，专利申请量也在不断增长。2000年的年申请量突破100件，之后的几年申请量略有下降，但经过短暂调整后，又迅速恢复了增长趋势，到2006年年申请量突破200件。受全球经济危机的影响，2007的年申请量出现了下滑，但从2008年开始就基本保持逐年攀升的态势；③快速增长期（2009～2013年），这一时期，废弃再生塑料循环利用的专利申请量增长迅速，其中2010年的增长率达到了40%，年申请量达到354件，之后几年仍保持了迅猛的增长势头，这反映出该领域在中国十分活跃，中国已经成为竞争者的重要目标市场。

表3-4 各国在华专利申请趋势　　　　　　　　　　　　　　单位：件

国家和地区	2000	2001	2002	2003	2004	2005	2006	2007	2008	2009	2010	2011	2012	2013	2014
中国	77	54	67	61	71	102	161	166	179	206	323	386	447	574	166
欧洲	6	15	7	3	13	11	11	5	21	13	12	23	20	2	
日本	22	24	21	23	17	13	9	15	13	14	6	14	14	1	
韩国	3	3	2	2	1	4	2	3		5	2	3	2		
美国	12	4	7	11	6	12	32	11	5	10	4	13	9	1	
其他地区	2	3	1	1	1	9	1	5	1	3	7	5	4	2	
申请总量	122	103	105	101	109	151	216	205	219	251	354	444	496	582	166

从各国在华申请量可以看出，废弃塑料再生循环利用领域主要以中国申请人为主，占82%，国外在华的申请相对较少，总共仅占18%。各国的申请量远低于中国申请人的申请量，说明中国申请人在该领域具有较高的研发热情，在国内市场具有较好的布局基础。国内申请人在1992～2004年申请量不大，从2005年以后呈现出快速的增长，尤其是从2010年开始申请量急速增加，说明中国近年来环保意识以及能源危机意识不断增强，并在资源循环利用方面不断加大投入力度。

外籍在华申请量份额体现了各国对中国市场的占有率，主要集中在日本、欧洲、美国和韩国这四个国家和地区。日本相对较多，占7%；欧洲、美国分别占5%和4%；韩国最小，占1%。可以看出，外籍在华申请量以日、欧、美三者为主，这说明在竞争中掌握主动权的主要还是美国、日本和欧洲。

欧洲和美国从1992年就开始在华布局，但随后几年的年申请量仅有几件。日本从1993年开始在华布局，1993～2003年在中国的申请量逐年增加，其中2000～2003年稳定在20余件，从2004年以后申请量有所下降，但基本还是维持在15件左右，这说明中国已经成为日本的一个重要目标市场。欧洲2008～2013年在中国的申请量相对日本的中国的申请量有所增加，说明欧洲在近几年中对中国市场较为重视。美国的年申请量没有明显的规律可循，忽高忽低，但2003～2012年这10年中有6年的年申请量都在

10件以上，也体现出美国对中国市场有一定程度的重视。

图3-16是中国专利申请中废弃塑料再生循环利用各技术分支所占比例。从图中可以看出，在废弃再生塑料循环利用领域，专利申请主要以机械回收和化学回收为主，分别占68%和27%，而能量回收的申请相对较少，仅占5%。

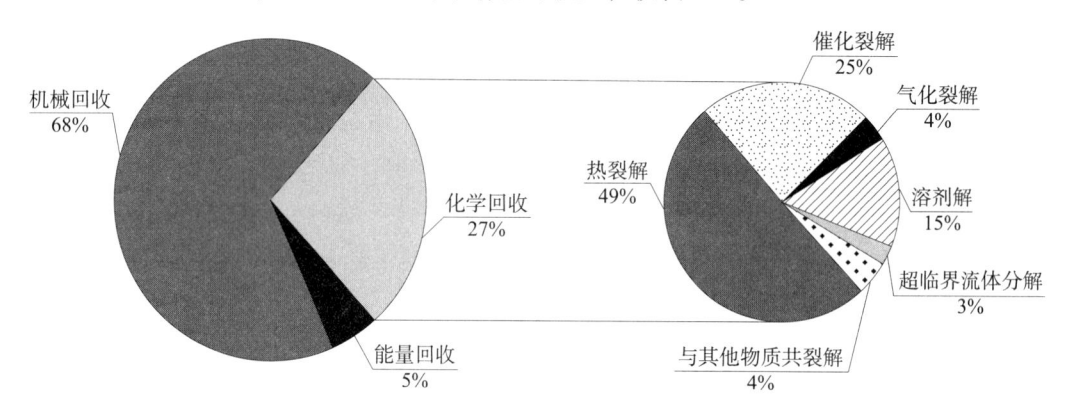

图3-16 中国专利申请各技术主题所占比例

由于机械回收是将废旧塑料经过分选、清洗、破碎、熔融、造粒后直接用于成型加工，或者将再生料与其他聚合物或助剂通过机械共混，或者通过化学改性改善再生塑料的综合力学性能，其工艺较为简单，一般需要特定的机械设备，因此该技术分支中的专利大部分是涉及塑料回收过程中所用的装置，包括各种辅助设备等。值得一提的是，其中一部分设备实际上在化学回收和能量回收过程中也是通用的，但是统一归类到了机械回收这个技术分支中。这是该技术分支申请量较大的一个原因。

对于能量回收，主要是将难以再生利用的废旧塑料通过燃烧而回收利用其热能。但该方法也存在如下问题：要把废旧塑料加工成一定粒度的块状才能喷入高炉中，使得加工成本较高；含氯塑料需首先进行脱氯处理，否则会损坏设备；虽然生产成本较低，但设备的初期投资较大。因此无论是中国还是外国申请人，在该领域的研究都较少。从1992年至今，在华的能量回收方面的专利申请一直较少，总共仅有200余件。

由于塑料的原料主要来自不可再生的煤、石油、天然气等不可再生资源，可以说再生循环利用塑料就等于节约石油。化学回收就是使塑料分解为初始单体或还原为类似石油的物质，进而制取化工原料（如乙烯、苯乙烯、焦油等）和液体燃料（如汽油、柴油、液化气）。采用化学回收既可以节省和利用资源，降低处理费用，又可以消除或减轻废旧塑料对环境的影响，是近年来废旧塑料资源化利用研究的焦点。化学回收可进一步细分为热裂解、催化裂解、气化裂解、溶剂解、超临界流体分解和与其他物质共裂解六个分支。而这六个分支中，热裂解和催化裂解方面的申请共占74%，是实现化学回收的主要回收方法。

图3-17是中国专利申请中各技术分支随时间分布趋势。从图中可以看出，三个技术分支的年申请量整体上均呈上升趋势，其中机械回收的年申请量最大。这三个技术分支的发展趋势分别与各国在华申请整体发展趋势基本一致，即大致经历了以下三个阶段。

第3章 废弃塑料再生循环利用专利分析

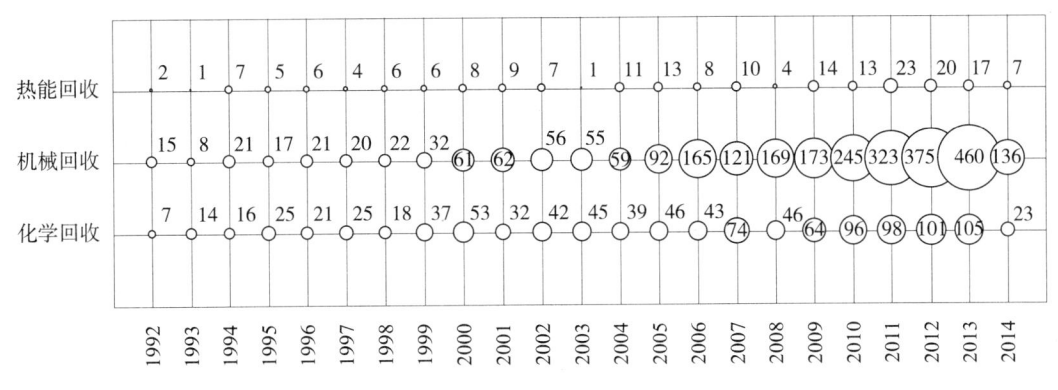

热能回收	2	1	7	5	6	4	6	8	9	7	1	11	13	8	10	4	14	13	23	20	17	7
机械回收	15	8	21	17	21	20	22	32	61	62	56	55	59	92	165	121	169	173	245	323	375	460	136
化学回收	7	14	16	21	25	18	37	53	32	42	45	39	46	43	74	46	64	96	98	101	105	23
	1992	1993	1994	1995	1996	1997	1998	1999	2000	2001	2002	2003	2004	2005	2006	2007	2008	2009	2010	2011	2012	2013	2014

图 3-17 中国专利申请中各技术分支随时间分布趋势（单位：件）

1）技术萌芽期（1992~1999 年），这一时期各个技术分支逐渐开始出现专利申请，虽然申请量较少，但是代表了各个技术分支的研究开始发展。

2）平稳增长期（2000~2009 年），这一时期。专利申请增长较为平稳，各个技术分支 2000 年的年申请量较 1999 年均有所增加。对于机械回收，从 2002 年开始申请量略有下降，但经过短暂调整后又迅速恢复了快速增长，2006 年的年申请量增加到了 165 件。受全球经济危机的影响，2007 年的申请量出现了下滑，但从 2008 年开始就基本保持逐年攀升的态势。对于化学回收，则从 2001 年开始申请量有所下降，一直到 2007 年又恢复了快速增长，增加到了 74 件。与机械回收不同的是，化学回收受全球经济危机的影响，2008 年的申请量出现了下滑，从 2009 年开始逐年攀升。对于能量回收，2000~2003 年的申请量只有几件，2004 年增加到 11 件，但受全球经济危机的影响，2008 年的申请量又下滑到了 4 件，随后从 2009 年又开始逐年攀升。

3）快速增长期（2010~2013 年），从 2010 年开始，机械回收和化学回收的年申请量均增长迅速，其中机械回收 2010 年的增长率达到了 42%，年申请量达到了 245 件，而化学回收也基本达到了 100 件的年申请量。能量回收的年申请量则从 2011 年开始迅速增长，突破了 20 件，随后两年里基本稳定在 20 件左右。近几年来，机械回收和化学回收年申请量仍保持了迅猛的增长势头，这反映出这两个技术分支在中国十分活跃。

3.2.2 各国在华专利申请技术主题及申请质量分析

图 3-18 是各国在华专利申请技术分支分布，三个技术分支均是中国的专利申请最多，说明中国在这三个领域都具有较高的研发热情，并比较注重国内市场布局。中国和外国籍申请人在华的专利申请均主要以机械回收和化学回收为主，这反映出各国的能源危机意识较强，希望将废旧塑料回收作为原材料真正地循环利用起来，而非简单地将其燃烧利用热能。在外国籍申请人中，日本在三个技术分支中的专利申请都是最多的，欧洲和美国紧随其后，而韩国最少，这说明日本在三个技术分支中的研发实力较强，且非常重视在中国市场的专利布局。

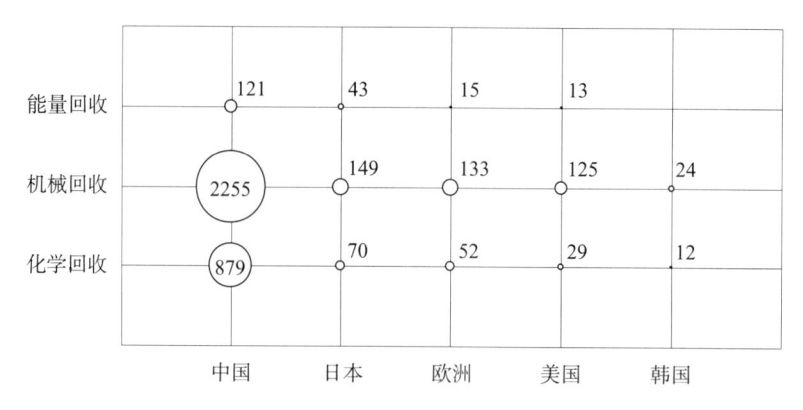

	中国	日本	欧洲	美国	韩国
能量回收	121	43	15	13	
机械回收	2255	149	133	125	24
化学回收	879	70	52	29	12

图 3-18　各国在华专利申请技术分支分布（单位：件）

从各国化学回收的年度申请趋势（见图 3-19）可以看出，1992~1998 年，中国在化学回收方面步入萌芽期，申请量相对较少，每年仅有 10 件左右；1999 年以后，申请量逐步增加，截至 2013 年，申请量已达到 94 件。在化学回收领域，国外早在 20 世纪 70 年代已经开始研究，虽然中国在 20 世纪 90 年代发展较为缓慢，但是进入 21 世纪以来，随着经济的发展、国力的增强，在科技、研发方面不断加大投入，中国申请人的创新能力有了一定提高，具有充分的技术储备和积累。随着我国企业、科研机构和大学的知识产权意识不断提升，专利申请量也在不断增长，这从近几年来申请量的大幅度提高上可以明显看出。

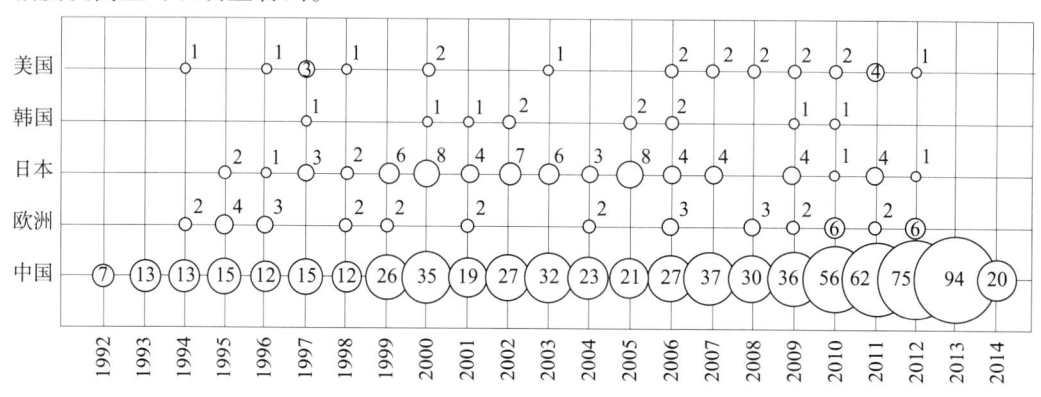

年份	1992	1993	1994	1995	1996	1997	1998	1999	2000	2001	2002	2003	2004	2005	2006	2007	2008	2009	2010	2011	2012	2013	2014
美国		1		1	3	1		2		1			2	2		2	2		2		4	1	
韩国					1																		
日本			2	1	2	6	8	3	7	6		8	4	4		4	3	2	1				
欧洲		2	4	3		2		2			2					3	2		2	6		6	
中国	7	13	13	15	12	15	12	26	35	19	27	32	23	21	27	37	30	36	56	62	75	94	20

图 3-19　各国化学回收的年度申请趋势

在外国籍申请人中，日本从 1995 年开始关注中国市场，具有较好的连续性，但年申请量只保持在 10 件以下。欧洲、美国和韩国并没有在中国进行持续性专利布局，年申请量也较少。

图 3-20 是各国在华专利申请质量。可以看出，中国虽然申请量最大，但多边专利申请量是最少的，仅有 19 件，可见中国主要关注国内市场，在国内市场具有较好的技术布局，而在国际上并不具有相应的竞争优势。由于废弃塑料再生循环利用行业门槛较低，国内主要以个体户、农民和小作坊式企业为主，他们通常创新能力小，关注的普遍都是国内市场。同时，中国国内科技研发工作者还比较欠缺知识产权保护意识，

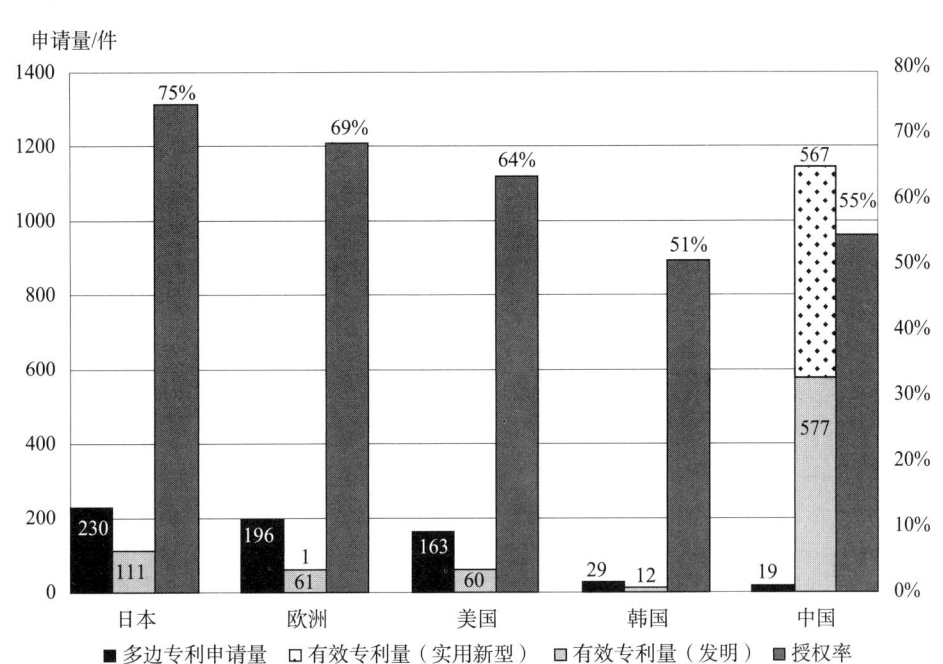

所以总体上导致中国多边申请量较少。

图 3-20　各国在华专利申请质量

而日、欧、美、韩申请人中，日本的多边申请量最多，为230件，欧洲和美国分别为196件和163件，韩国为29件，这也说明了欧、日、美发达国家科研实力与专利知识产权保护意识较强，注重专利布局，以期占领世界市场。尤其是日本，在废弃塑料再生循环利用领域发展较好，在国际上具有绝对技术优势。图3-20中的授权率指的是发明专利的授权率，可以看出，日本的授权率最高，达75%，欧洲和美国分别为69%和64%，中国为55%，韩国为51%。另外，日本具有的有效专利数量也是最高的，这也体现了日本申请人的原创性较强，专利申请质量较高。值得一提的是，中国近年来在废弃塑料再生循环利用领域也取得了较大的进步，专利申请质量有所提高，这可从发明专利申请的授权率看出，已经高于韩国，位居第四。

图3-21是中国专利申请人的类型随时间分布趋势以及各申请人类型所占比例。在废弃塑料再生循环利用领域，中国专利申请人和全球专利申请人相似，总体上均以企业申请为主，说明在该领域，企业仍然是技术创新的主力军。但中国专利申请人类型又有自己的特点，企业申请占比较全球（65%）有所下降，为53%；而个人申请则占有较大的比重，为27%，排名第二。全球专利申请人则是合作申请位居第二，占比19%。而在合作申请中，全球主要以企业与企业之间的合作为主，占比达到53%，而中国则主要以个人之间的合作较多，占比为50%，企业与企业之间的合作不是很多。由于废弃塑料再生循环再利用行业进入门槛较低，在中国刚开始发展主要以个体户和小作坊式企业为主，科技创新能力不足，所以1992～2005年企业申请增长缓慢，个人申请和企业申请量相差不大，而随着经济发展做大做强规模企业将成为行业主流。因

此，后期个人申请比例也明显减少。从图中可以看出，自 2006 年开始企业申请快速增长，但受全球经济危机的影响，2007 年企业申请量出现了下滑，但从 2008 年开始又逐年攀升，至 2013 年，企业年申请量已从 2008 年的 95 件增加至 404 件。由于企业是创新的主力，所以国内整体上在 2006 年开始年申请量迅速增加，这也符合产业发展的趋势。

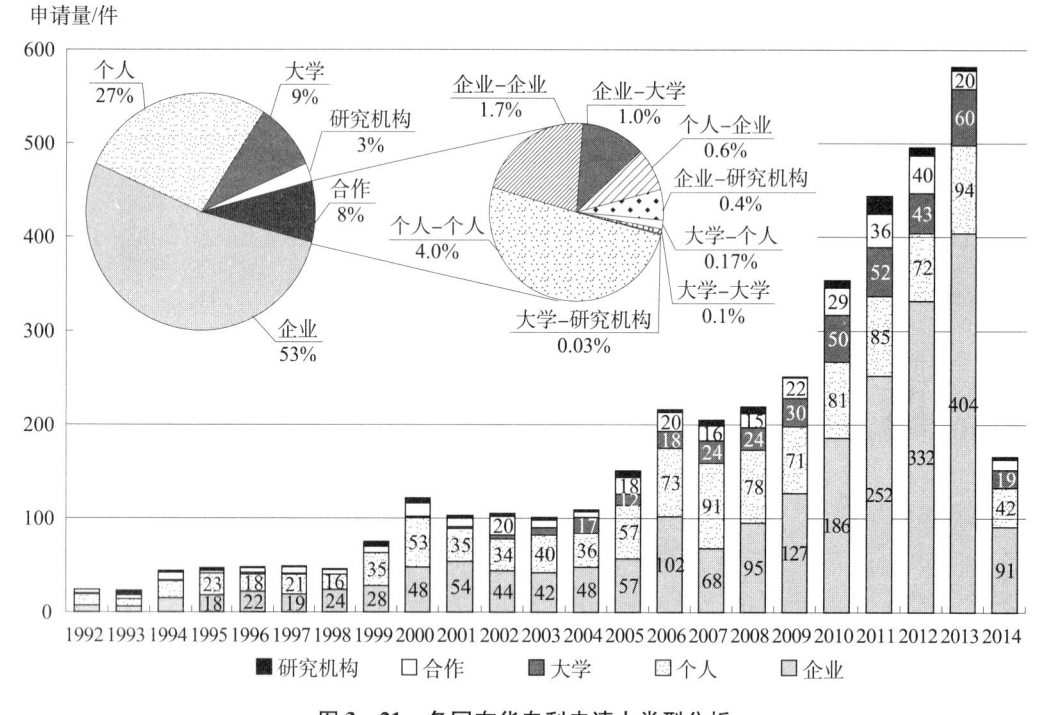

图 3-21 各国在华专利申请人类型分析

同时大学和研究机构的申请也是一直都是缓慢增长的趋势。对于研究机构，其年申请量一直较小，而对于大学申请，2002～2009 年呈现出平稳增长趋势，2010 年以后年申请量迅速增大，说明近几年来，大学在该领域内还是比较活跃的。

国内的申请人，可以借鉴全球申请人的合作模式，如企业与企业之间加强交流，更多地进行合作，这样可以更加有力地推动技术的发展。与此同时，大学和研究机构作为技术创新不可忽视的一支力量，企业也可以考虑与大学和研究机构展开合作交流，通过"产学研"结合，以将其技术转化为实际生产力。

3.2.3 各省市专利分布

表 3-5 中的 7 省市是全国省市申请量排名的前 7 名，这 7 省市的申请量均在 200 件以上，其总和达到了全国申请量的 60%，体现了这 7 省市在废弃塑料再生循环利用领域具有绝对的领先地位。从全国省市申请总量随时间分布趋势线中可以看出，全国省市的年申请总量整体上呈上升趋势，其发展趋势与各国在华申请整体发展趋势基本一致，即发展大致经历了以下三个阶段：技术萌芽期（1992～1999 年）、平稳增长期（2000～2009 年）、快速增长期（2010～2013 年）。

· 160 ·

表3-5　全国各省（区、市）专利申请趋势　　　　　　　　　　单位：件

省（区、市）	2000	2001	2002	2003	2004	2005	2006	2007	2008	2009	2010	2011	2012	2013	2014
江苏省	3	2	4	2	6	6	15	26	21	30	49	54	81	106	27
广东省	5	5	3	3	7	17	37	18	19	16	41	56	50	67	14
浙江省		1	2	2	5	5	15	13	26	27	42	31	35	69	33
山东省	5	5	4	8	9	8	20	12	11	19	17	29	18	41	12
上海市	1	3	3	7	5	4	10	15	15	21	35	22	37	43	4
北京市	14	9	12	10	9	12	4	8	17	12	12	18	19	7	6
安徽省		1	1	3	1	1	3	3	9	5	22	34	49	54	24
全国总计	77	54	67	61	71	102	161	166	179	206	323	386	447	574	166

在上述7省市中北京市和山东省起步较早，体现了北京市和山东省在废弃塑料再生循环利用领域具有前瞻的眼光。尤其是北京市，其早期的申请量相对山东省申请量较大，这与早期北京市强劲的技术实力相匹配。北京市和山东省虽然起步早，但是后期的研发投入力度不够，致使后期专利申请量较小，总申请量分别位居第六和第四。

江苏省从1993年开始一直到2005年，相关专利申请都是零星出现，年申请量基本都在6件以下。但是从2006年开始，其专利申请量逐年攀升，受全球经济危机的影响，2008年的申请量出现了下滑，但从2009年开始专利申请量又迅速增加。到2013年，专利年申请量已经突破100件，达到了106件，总申请量位居全国第一。在废弃塑料再生循环利用领域，广东省1996～2004年相关专利申请都是零星出现，年申请量基本都在7件以下，但是从2005年开始专利申请量迅速增长，到2006年申请量达到37件。但是与江苏省相比，广东省受全球经济危机的影响较大，致使2007～2009年3年的申请量均出现了下滑，从2010年开始专利申请量又逐渐恢复增长，总申请量位居全国第二。

值得一提的是，申请量排名第七位的安徽省1994～2009年相关专利申请都是零星出现，年申请量基本都在9件以下，但是从2010年开始其年申请量逐年攀升，到2013年已经达到54件。这反映出近几年来安徽省在该领域十分活跃。

图3-22是7省市的专利质量分析。从图中可以看出，江苏省的发明专利申请量为314件，位居第一；广东省和浙江省分别为262件和204件，位居第二和第三。但从发明专利权维持方面，即有效发明占比来看，前三名中江苏省是最低的，而浙江省和广东省分别位居第一和第二。浙江省的有效发明比最高（38.7%），且授权率（高达75%）也最高，说明浙江省在废弃塑料再生循环利用领域的技术具有较高的市场价值或潜在的市场价值，这也反映了浙江省的企业和研发机构进行了充分的技术储备和积累，在该领域的技术处于中国领先地位。

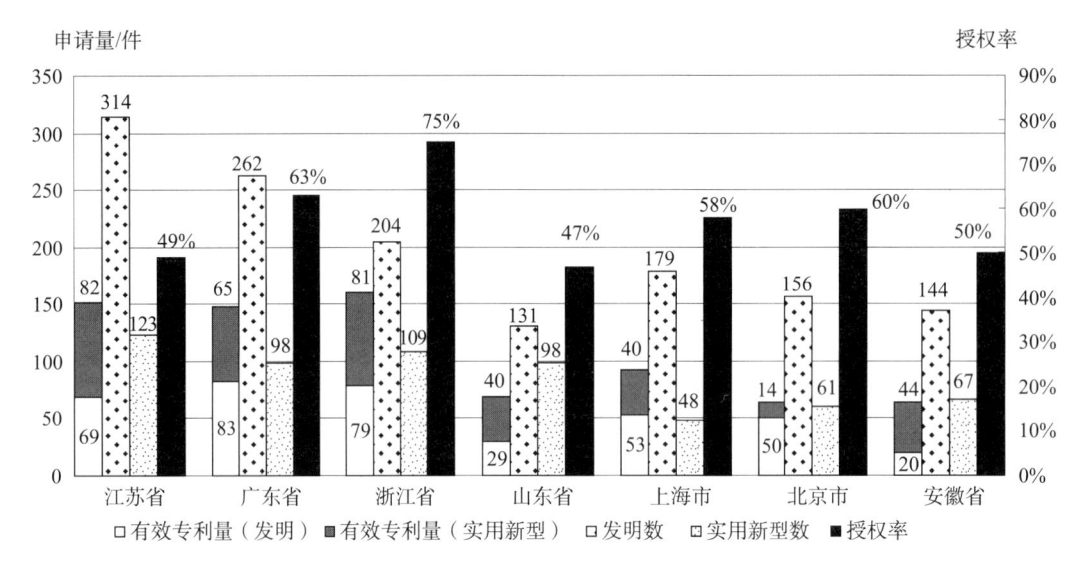

图 3-22　各省市专利申请质量分析

前7省市中，广东省的发明授权率位居第二，为63%；有效发明比仅次于北京市，位居第三，为31.7%。这说明广东省还是掌握了一定比率的具有市场价值的技术。江苏省虽然发明专利申请量最大，但其发明专利申请授权率和有效发明比都偏低，分别仅有49%和22%，远低于浙江省和广东省，在前七省市中处于倒数第二，说明江苏省在该领域内的技术积累不够，创新主体能力还有待加强。

发明专利申请的价值是高于实用新型的。从表3-6可以看出，上海市和广东省的实用新型专利申请与发明专利申请比值较低，分别为26.8%和37.4%，说明上海市和广东省在开发新技术上做出了较大的努力，而山东省相应的比值最高（74.8%）。显示了其科研实力还有待加强。上海市的实用新型专利申请占有率最低（26.8%），但其在实用新型专利权维护方面是最重视的，有效实用新型比例达到了83.3%，这在一定程度上也说明了上海市在该领域的技术具有较高的市场价值或潜在的市场价值。

表 3-6　各省市专利申请质量

省市	实用新型占比	有效实用新型占比	有效发明占比	发明授权率
江苏省	39.2%	66.7%	22.0%	49%
广东省	37.4%	66.3%	31.7%	63%
浙江省	53.4%	74.3%	38.7%	75%
山东省	74.8%	40.8%	22.1%	47%
上海市	26.8%	83.3%	29.6%	58%
北京市	39.1%	23.0%	32.1%	60%
安徽省	46.5%	65.7%	13.9%	50%

图3-23是7省市专利申请的技术分支分布（具体数据见表3-7）。与各国在华专利申请技术分布趋势一样，这7省市申请人的专利申请均以机械回收和化学回收为主。

其中北京市的重点技术分支是化学回收,在7省市中申请量最大,为117件,这反映了北京市能够意识到化学回收是一种真正实现废弃塑料再生循环利用的有效方法,既可以节省和利用资源,降低处理费用,又可消除或减轻废旧塑料对环境的影响,因此其在化学回收方面的科研投入较大。其他6省市则重点关注机械回收。在能量回收方面,江苏省和北京市的申请量分别位居第一和第二,其他五省申请量都非常小,仅有几件。

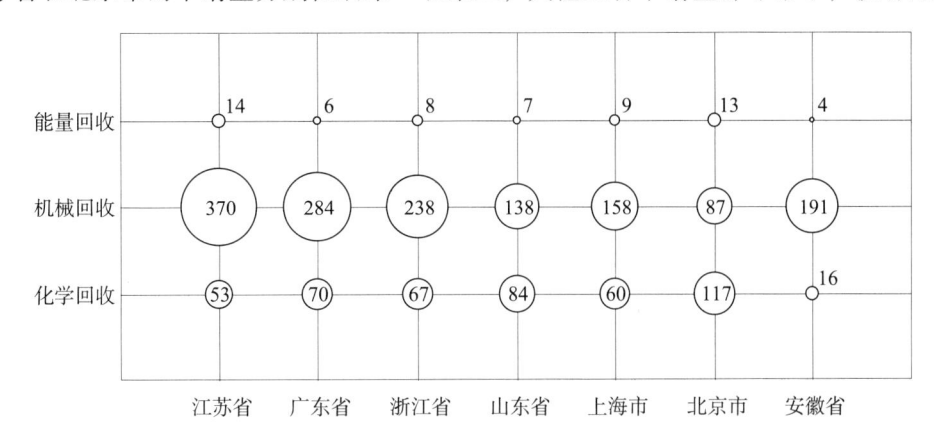

图3-23 各省市专利申请技术主题分布(单位:件)

表3-7 各省市专利申请技术主题分布　　　　　　　　　单位:件

省市	化学回收	机械回收	能量回收	总计
江苏省	53	370	14	437
广东省	70	284	6	360
浙江省	67	238	8	313
山东省	84	138	7	229
上海市	60	158	9	227
北京市	117	87	13	217
安徽省	16	191	4	211
总计	467	1466	61	1994

从各省市申请人类型分布图(见图3-24)可以看出,在前7省市中,浙江省和山东省的个人申请较多,尤其是山东省,其个人申请几乎占到了全省申请量的一半。由于个人申请人科研投入较小,创新能力较弱,因此大部分个人申请人主要是以实用新型专利申请为主,从而导致山东省的实用新型占比较高(74.8%),在前7省市中位居第一。同时,即便个人申请发明专利,由于其创新能力不足,也会导致发明授权率较低,因此山东省整体的发明授权率也是最低的(仅有47%)。其他5省市以企业申请为主,说明企业在各个地区背负着重要的技术革新责任。其中总申请量排名第七位的安徽省,其企业申请高达75%,位居第一,这说明安徽省的企业在该领域具有较大的热情,投入力度较大。申请量排名第一位的江苏省,企业申请也达到了69%,位居第二,但是江苏省的发明授权率仍然较低(49%),这说明了江苏省的企业技术储备还不够,

产业有待进一步升级。上海市是中国教育较为发达地区，相对应的高校科研也很活跃，从图中可以看出，上海市的大学申请人处于领先地位。根据中国科研机构分布特点，北京市研究机构申请人数量最高是显然的。

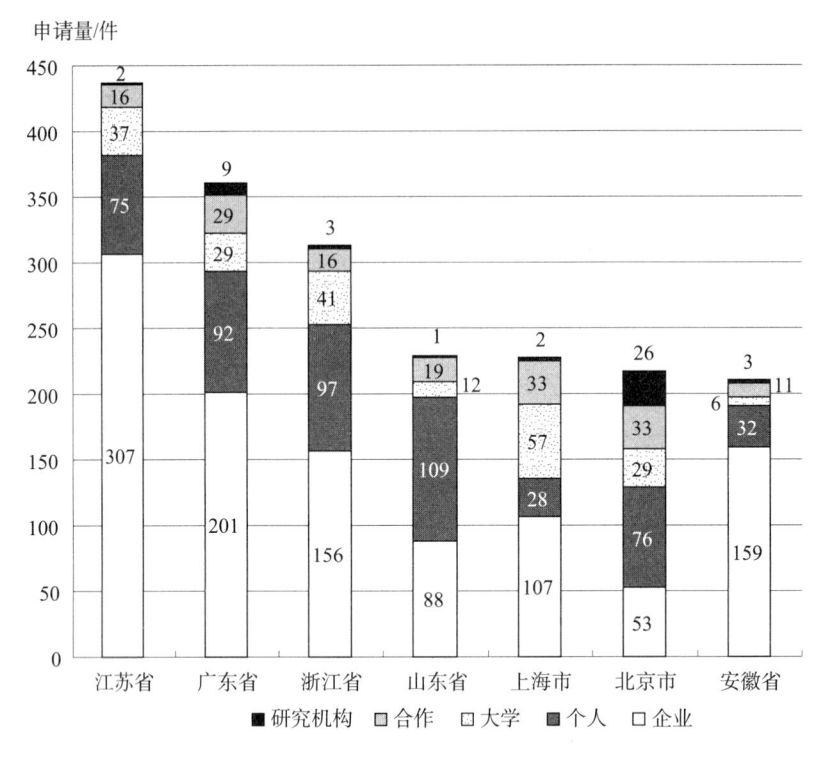

图 3-24 各省市专利申请人类型分析

3.2.4 主要专利申请人及其技术分析

表 3-8 是专利申请量排名前 11 位申请人，其专利申请总量均在 16 件以上。从表中可以看出，在前 11 位申请人中，企业申请人有 8 个，占到 73%，大学申请人有 3 个，占比 27%，说明在该领域企业和大学还是具有较大的热情。

表 3-8 主要专利申请人排名　　　　　　　　　　　　单位：件

主要专利申请人	化学回收	机械回收	能量回收	总计
湖北众联塑业有限公司		32		32
伊士曼化工公司	2	28		30
佛山市顺德区汉达精密电子科技有限公司		28		28
华南再生资源（中山）有限公司	25			25
松下公司	7	16	1	24
张家港市亿利机械有限公司		23		23
浙江大学	7	16		23

· 164 ·

续表

主要专利申请人	化学回收	机械回收	能量回收	总计
四川大学	8	11		19
奥地利埃瑞玛再生工程机械设备有限公司		18		18
日立公司	6	10	1	17
同济大学	9	7		16

图 3-25 是主要专利申请人技术主题分布。从整体上看，主要专利申请人都是重点关注机械回收和化学回收。其中重点关注化学回收的申请人有华南再生资源（中山）有限公司、同济大学；其他申请人都是重点关注机械回收。而在能量回收方面只有两位申请人，且申请量均只有 1 件。

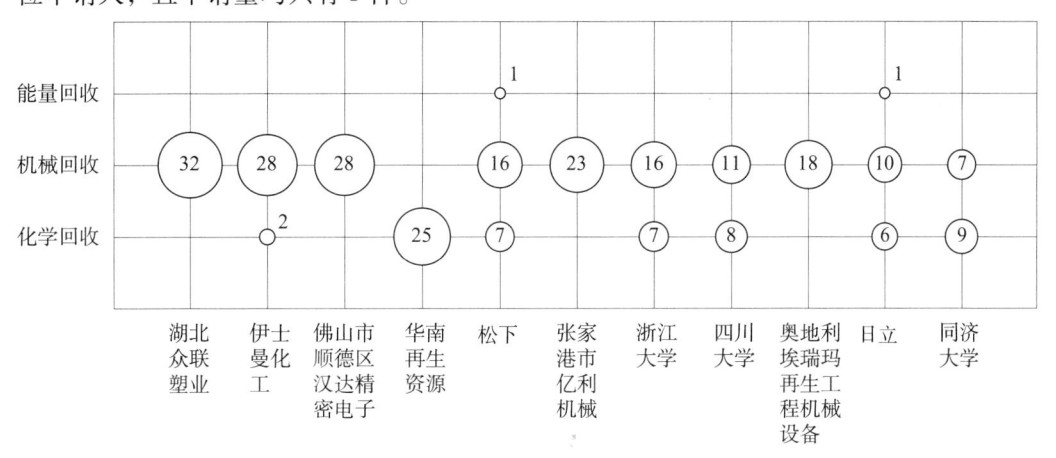

图 3-25 主要专利申请人技术主题分布（单位：件）

排名前 11 的申请人中在华国外公司有 4 个，分别是伊士曼化工公司、松下公司、奥地利埃瑞玛再生工程机械设备有限公司和日立公司。从表 3-8 中可以看出，这 4 个公司重点关注的都是机械回收，其中松下和日立在化学回收方面也有较多的申请量。国内申请人中，大学在机械回收和化学回收两个领域都有涉及，而公司则仅涉及其中一个。由于大学申请人的发明主体可以是不同的科研团队，其各自可以根据市场需要确定研究方向，最终表现出在多个领域内有所发展。这种多领域发展也体现了大学在本领域的综合实力。而公司和个人则主要是实现一条能盈利的生产线，因此往往在一个单领域内进行技术积累。

从表 3-9 可知，伊士曼化工公司 2006 年在中国的专利布局很多，专利申请量为 22 件，从 2007 年以后未在中国申请专利，说明其渐渐退出中国市场；而松下在各年份的布局较为平均，年申请量基本在 3 件左右；奥地利埃瑞玛再生工程机械设备有限公司于 2003~2012 年在中国进行专利布局，其中 2008 年和 2013 年相对较多，分别为 5 件和 6 件，其他各年基本在 2 件左右；日立 1999~2002 年申请量基本在 4 件左右，而 2002 年之后申请只是零星出现。随着中国经济的发展，国内主要申请人基本从 2006 年之后申请量较多。

表 3–9 主要申请人在华专利申请量　　　　　　　　　　　　　　　　　单位：件

主要申请人	2000	2001	2002	2003	2004	2005	2006	2007	2008	2009	2010	2011	2012	2013	2014
湖北众联塑业										1	1	30			
伊士曼化工	2				1		22	1							
佛山市顺德区汉达精密电子						1	4	23							
华南再生资源						2					9			14	
松下	1	4	2	2	1	3	1		2	1		1	1	1	
张家港市亿利机械有限公司								1		5			3	14	
浙江大学			1	1	1		6	4		3	2	1	4		
四川大学		1		2	3	1			3	3	1	1	2		2
奥地利埃瑞玛再生工程机械设备				1	2	1				5		1	2	6	
日立	4	1	3					1		1	1				
同济大学				1			2			3		5	4	1	

图 3–26 是主要专利申请人的质量分析。从图中可以看出，在华国外公司的有效专利占比较多，基本在 50% 以上，且都是有效发明，说明其专利质量较高。以伊士曼化工公司为代表，其 30 件专利申请中还有 17 件是有效的，说明这些在华公司潜在地对中国企业造成威胁。而国内公司的有效专利占比较小，其中申请量排名第一位的湖北众联塑业有限公司 32 件专利中，有效专利只有 2 件；而排名第三位的佛山市顺德区汉

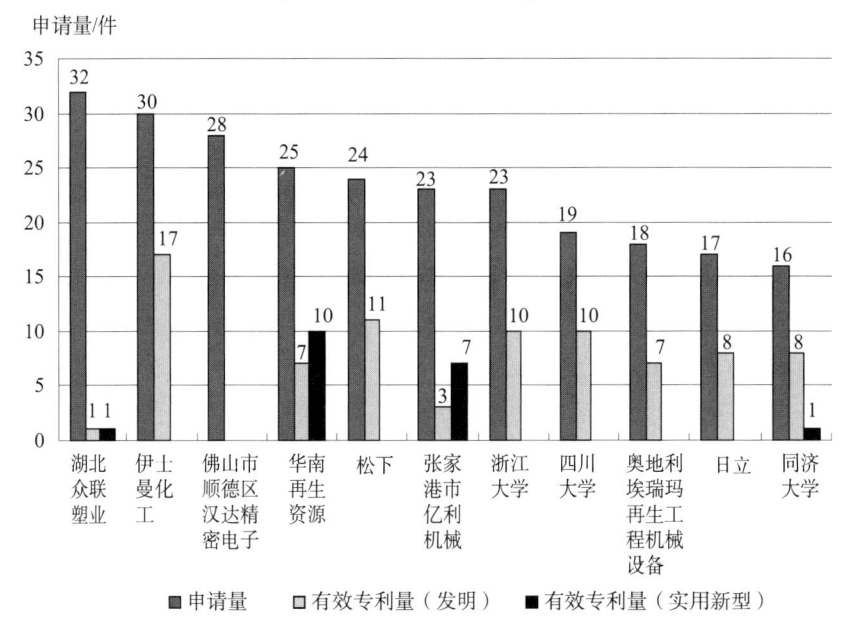

图 3–26 主要专利申请人申请质量分析

达精密电子科技有限公司没有有效专利,说明其不注重专利权维护,同时也在一定程度上说明了其技术创新能力不够。排名第四位的华南再生资源(中山)有限公司有效发明量相对其他几个公司高些,说明广东省的企业还是拥有一定的技术实力。从国内申请人整体上来看,大学申请人的申请质量相对公司申请较高,且有效的专利主要是发明专利,其中浙江大学和四川大学的有效发明均是 10 件,而同济大学的有效发明也有 8 件。大学作为科研的重要力量,其科技创新实力还是不错,但是如果能够与企业相结合,将技术转化为实际生产力,将会发挥更大的作用。

3.3 专利技术分析

3.3.1 塑料分选技术

为加快培育和发展战略性新兴产业,推动重要资源循环利用工程的实施,根据《"十二五"国家战略性新兴产业发展规划》(国发〔2012〕28 号)和《循环经济发展战略及近期行动计划》(国发〔2013〕5 号)的总体部署,国家发改委制定了《重要资源循环利用工程(技术推广及装备产业化)实施方案》。其中,废塑料归属于城市矿产重点领域,重点任务为:①关键技术与装备研发:开发废塑料改性等高值化利用技术、废塑料回收利用二次污染控制技术及专用设备,研发阻燃塑料、纸塑、铝塑、钢塑复合材料等分离技术;②先进技术与装备推广:推广废旧塑料破碎分选改性造粒生产线、废塑料自动识别及分选技术。

本书课题组在前期专家座谈和企业调研中了解到,废塑料的识别及分选技术、装备是废塑料回收利用的重点和难点。待处理的废塑料及其制成的回收产品都是混杂的,很多由复合材料制成,其中不仅包括不同种类的塑料,还包含塑料以外的各种材料(如金属、泥沙、纺织品等)。在现阶段真正制约废旧塑料回收利用的瓶颈环节不是最后的加工或再生阶段,而是废旧塑料的分选,如果说只有优质再生才是回收废旧塑料的必由之路,那么首先就要分选,因为在二次加工过程中,必须采用高品质的原料才能生产出高品质的产品。有研究表明要实现热塑性塑料的优质再生,回收塑料的纯度至少应达到 99% 以上。❶

目前塑料分选技术可分为干法和湿法两种。表 3 – 10 为全球各种塑料分选技术的比较和代表专利。红外光分选是利用不同塑料具有不同红外光谱的特性进行分选。常见塑料如 PE、PP、PVC、PS、ABS、PET、PC、PA、PU 等光谱均不同,易于识别,但不适于鉴别黑色或深色塑料。

---

❶ 王晖,等. 废旧塑料分选技术 [J]. 现代化工,2002,20 (7):48 – 51.

表 3–10　塑料分选技术比较及代表专利

技术		适用范围	缺点	代表专利
干法	红外光分选	块状塑料混合物中部分塑料的分选	对于破碎后的细粒塑料，由于光谱中的某些波段会发生位移，分选过程难以完成；难以分离黑色塑料	JPH1024414A（1996，日本KAGAKU） JP2001259536A（2000，日本长野）
	颜色分选	颜色差异大的塑料分选	对同种颜色的不同种类塑料区分度低	EP0982083A2（1998，欧洲BINDER） KR1036948B（2010，韩国个人）
	X射线荧光	含卤族元素塑料（如PVC）的分选	适用范围窄	JP2004219366A（2003，日本佳能） US2013008831A1（2011，美国MBA聚合物）
	图像识别	形状差异大的混合塑料分选	适用范围窄	DE102011012592A1（2011，德国FRAUNHOFER）
	静电分选	分选带不同电性和电量的塑料颗粒，对特定混合塑料回收率高	塑料带电的差异不是十分明显，特别是对于实际的塑料废物，其带电性质与纯净塑料存在差别，而且电选受附着水分及湿度的影响较大	JP2011161339 A（2010，日本三洋） US2013105365 A1（2011，美国MBA聚合物）
	风力分选	金属与塑料的分选	用于废旧塑料之间分选的效率不高，同时风力摇床还存在处理能力不高的缺陷	KR20120139226A（2011，韩国个人） JP2012210788A（2011，日本FUKUI） EP2314387A1（2009，欧洲BOLLEGRAAF）
	温差分选	脆化温度或膨胀系数差异较大的两种塑料的分选，特别是结合一体的多层塑料	需要低温或高温条件，成本高	EP2650324A（2012，英国LINPAC）

续表

	技术	适用范围	缺点	代表专利
湿法	密度分选	密度差异较大的混合塑料分选，或者塑料/玻璃/金属分选	废旧塑料往往用阻燃剂、增强剂等处理过，同种塑料密度也往往存在差别，回收率不高	JPH06182251A（1992，日本日立） WO2013132183A1（2012，法国GALLOO）
	水力旋流器分选	能有效地将密度小于水和大于水的塑料分离开来，如果采用多级旋流器或同一旋流器的多次反复分离，则可以分离密度更为相近的塑料	能源消耗较大，且高压运转磨损严重，对于进料波动没有缓冲能力，工作不稳定	EP05076812A（2004，欧洲BEKKER）
	浮选	能够胜任密度相近、荷电性质相近的废旧塑料之间的分选，而且能够达到很高的分选精度	浮选药剂成本高，易污染，辅助工艺复杂	JPH11165092A（1997，日本NAKABAYASHI） JP2003126727A（2001，日本TAISEI JUSHI） FR2986719A3（2012，法国雷诺）

颜色分选是利用被选物料与基准色之间的颜色差异对光电探测器产生不同信号，达到分选不同塑料的目的，可将深色与浅色塑料识别开，用于颜色种类少且颜色差异较大的物料分选。

X射线荧光是利用在X射线照射下氯和溴等卤元素放射出低X射线，根据此信号与无卤元素塑料分开，适合PVC等含卤塑料与无卤塑料的分选。

图像识别为拍摄物料图像进行计算机识别进而分选物料的技术，目前应用不多，适合较大金属、塑料、玻璃等混合分离。

静电分选是应用最广泛的干法分选技术，分为电晕放电分选和摩擦带电分选，即利用电晕放电或摩擦带电使研究对象带电，依次来分选带不同电性和电量的塑料颗粒，回收率较高。塑料由带负电到带正电的顺序为PVC、PET、PP、PE、PS、ABS、PC。

风力分选是利用塑料颗粒在空气流中因粒径、形状、密度等差异予以分离，适用于密度差较大的物料之间的分选。其设备可以分为风力分选筒和风力摇床等几种，更适合金属与塑料的分选，用于废旧塑料之间分选的效率不高。同时风力摇床还存在处理能力不高的缺陷。

密度分选（比重分选）是选择一种合适密度的介质，使得两种塑料中的一种漂浮而另一种下沉，实现二者的分离，通常介质为水、饱和NaCl溶液、饱和$CaCl_2$溶液、丙酮等。

水力旋流器分选是通过特制的水力旋流器按密度差分离塑料，能有效地将密度小于水和大于水的塑料分离开来，一次分离率可达99.9%以上。如果采用多级旋流器或同一旋流器多次反复分离，则可以分离密度更为相近的塑料。水力旋流器构造简单、处理量大、效率高，但能源消耗较大，且高压运转磨损严重，对于进料波动没有缓冲能力，工作不稳定。

浮选作用机制是建立在待分离颗粒对气泡选择性固着的基础上。在自然状态下，大多数塑料是疏水的，即可浮的，但通过控制液气界面张力、等离子体处理、表面活性剂吸附等技术可以实现待分离塑料各组分的选择性润湿。能够胜任密度相近、荷电性质相近的废旧塑料之间的分选，而且能够达到很高的分选精度。

国外在华涉及分选技术的专利申请共13件（见表3-11），主要申请人来自日本，其次是美国。其中日立主要涉及静电分选技术，三菱涉及静电和X射线分选技术。三菱公司的专利基本为有效状态，需要引起产业的重视。

表3-11 国外在华分选技术专利

申请号	发明名称	申请人	技术	国籍	法律状态
CN201180065671	混合固体废弃物的机械化分离以及可再利用产品的回收	有机能量公司	密度分选	美国	待审
CN03813514	塑料的多步分离	MBA聚合物公司	颜色、静电、风力分选	美国	有效
CN02810451	用回收塑料材料着色塑料的方法	格伦迪希多媒体公司	颜色分选	荷兰	失效
CN99813408	塑料分选方法	日立	静电分选	日本	视撤
CN99809426	塑料分选方法及塑料分选装置	日立	静电分选	日本	视撤
CN00801056	塑料分选装置	日立	静电分选	日本	视撤
CN00813057	塑料分选装置	日立	静电分选	日本	有效
CN201080043642	废旧塑料的分选分离方法和分选分离设备	日立	密度、静电分选	日本	待审
CN200910130662	分选装置、分选方法和循环利用树脂材料的制造方法	三菱	X射线分选	日本	有效
CN200980100636	静电分选系统	三菱	静电分选	日本	有效
CN200880025558	静电分选装置、静电分选方法以及再生塑料制造方法	三菱	静电分选	日本	有效
CN200980156093	塑料的分选方法以及分选装置	三菱	密度、静电、X射线分选	日本	有效
CN201110121056	塑料分选方法以及塑料分选装置	三菱	静电分选	日本	待审

目前而言，采用密度、静电分选为主，其他技术辅助分选的多级分选工艺是最有效的方式，但具体工艺组合仍受制于塑料种类含量、尺寸和形状分布、异物混合程度的影响，需要根据物料性质灵活调整。

3.3.2 塑料再生循环利用技术

在废弃塑料循环利用领域,回收方式主要以机械回收和化学回收为主,分别占比68%和27%,而能量回收的申请相对较少,仅占5%(见图3-16)。这是因为能量回收只是将废弃塑料燃烧利用热能,而机械回收和化学回收则是将废弃塑料作为原材料真正地循环利用起来。因此,在该领域中,对于机械回收和化学回收的专利技术分析更有实际价值。按2000年石油开采量计算,到2020年我国石油资源已趋于枯竭。我国石油需求年增长5.77%,而国内石油生产年增长为1.67%,供需矛盾日益突出,充分利用废弃塑料是当前亟待解决的问题。

本书课题组前期调研时,有企业提出冰箱等家电使用的发泡塑料存在占空间、运输效率低、回收价值低的问题。经过专利分析发现一种能够解决上述问题的技术,申请人为日本松下和三菱,申请号为CN201180003600(见图3-27),是一种利用发泡聚氨酯材料制造燃料粒料的方法,其工艺过程为将由废弃的家电制品回收的聚氨酯泡沫破碎为10mm以下的粉状聚氨酯,将粉状聚氨酯夹在环状模具与模具内侧压辊之间,由模具的成型用孔挤出,将燃料粒料压缩成型;压缩步骤中的粉状聚氨酯的温度为140~160℃,且在压力比大气低147~245Pa的负压气氛中进行;之后,将压缩成型的加温状态的燃料粒料冷却,获得堆积比重为0.45~0.55、

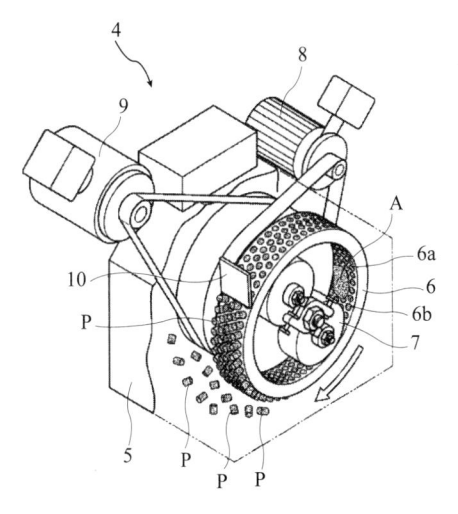

图3-27 一种利用发泡聚氨酯材料制造燃料粒料的方法

残留氯浓度为0.3%(质量分数)以下,能够直接用于窑炉、锅炉燃料,解决了泡沫保温材料占地大和回收价值低的问题。该申请在欧洲、日本、韩国均已授权,但在中国被驳回,目前等待诉讼。若不提起诉讼或败诉,对国内相关企业无疑是利好消息。

另外,日本日立公司还提出另一种思路,申请号为CN201110110107,是一种发泡聚氨酯的减容处理方法和装置,发泡聚氨酯的处理方法是将发泡聚氨酯加热至130℃以上、350℃以下,添加二醇、多元醇等药剂,施加20s^{-1}以上、550s^{-1}以下的剪切速度并加压至0.2MPa以上,来压缩发泡聚氨酯减容,减容后的发泡聚氨酯密度为0.5g/cm^{3}以上;发泡聚氨酯减容处理装置包括螺杆挤压机、反应容器。目前该申请已授权。

化学回收是使塑料分解为初始单体或还原为类似石油的物质,进而制取化工原料和液体燃料,其技术含量相对较高。因此,这里将重点分析化学回收方面的专利。

图3-28为主要化学回收技术的演进路线,其中代表性专利的选定依据是德温特创新索引数据库给出的专利施引次数。施引次数是指一个专利被其他专利引用的次数,是衡量专利基础程度的重要指标,通常施引次数多的专利可视为技术改进的基础性专利。由于近年的专利施引次数较少,因此在该图中没有反映出来。在热裂解方面,东

芝 1992 年就开发了从塑料中除氯后裂解制油的技术，随后德国维巴石油（后被美孚收购）开发了加氢裂解制油技术；为解决裂解反应速率低的问题，日本 ECO 2001 年开发了等离子辅助技术；欧洲核能机构开发了从玻璃纤维增强塑料中回收玻璃纤维的技术，而东芝 2005 年又研发了一种制取碳单质（纳米碳、炭黑）的技术。催化裂解方面，美国中西研究所 1992 年就开发了催化裂解技术，之后巴斯夫研发了回收产物为聚合物单体的热解-催化改质的二段法工艺，三菱随后通过二段法回收了油；雪佛龙 2002 年对二段法工艺的热解段进行改进，开发了一种连续液化热解工艺，提高生产连续性；日本北九州产业针对传统催化法固态残渣多的问题提出解决方案，利用粉状 FCC 催化剂与物料充分接触而提高反应速率，减少残渣。超临界分解方面，三菱和松下分别于 1996 年和 2002 年开发了相应技术，用于回收油和聚合物单体。该图反映出日本公司在化学回收领域创新活跃，成绩显著。图中虽然没有给出近年的技术创新方向，但研究提高裂解速率的辅助手段，寻找低成本、高效催化剂，开发催化剂循环利用技术，一直是产业的关注点。

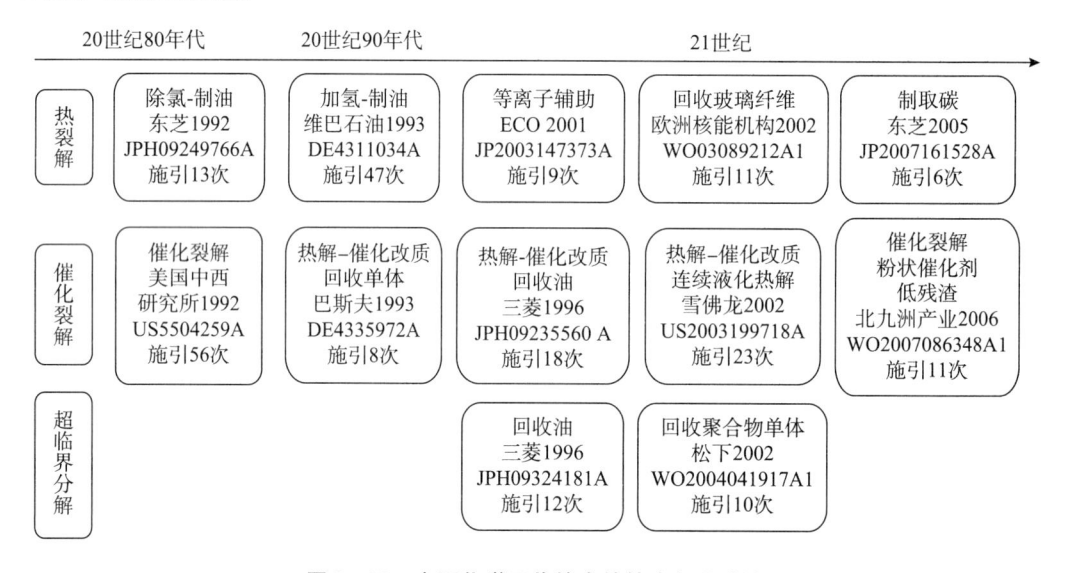

图 3-28 主要化学回收技术的技术衍进路线

对化学回收进一步细分，其主要包括热裂解、催化裂解、气化裂解、溶剂解、超临界流体分解、与其他物质共裂解。而这六个分支中，热裂解占 49%，催化裂解占 25%，二者共占 74%，是实现化学回收的两种主要回收方法。但是由于热裂解是在高温下进行，通常要求较高的温度，对设备的要求较高，致使投资成本增加。而催化裂解则是在催化剂的作用下实现废弃塑料的裂解，其温度相对较低，裂解反应速度快，且能提高裂解产物质量，大大提高了生产效率，是一种较为有效的化学回收方式。下面主要对催化裂解方面所涉及的中国专利技术内容进行分析。

3.3.3 催化裂解

目前化学回收技术的六个分支中,实现产业化的技术主要是热裂解和催化裂解,两者的优缺点如表3-12所示。热裂解由于反应温度高、时间长、能耗大、产率低,并不是主流方法。催化裂解是可行的方法,但由于催化剂的具有选择性,因此该技术的关键在于催化剂的开发。

表3-12 热裂解和催化裂解技术的优缺点

化学回收技术			优点		缺点	
热裂解			不需要催化剂,工艺简单		反应温度高,反应时间长,对设备要求高,燃料油产率低	
催化裂解	一段法	直接催化裂解	相比热裂解反应速率快,反应温度低,节能,产物易控制,燃料油品位高	工艺相对简单	催化剂易受杂质污染失去活性,通用性低	催化剂成本高,催化剂与原料混合不易回收
	二段法	热解-催化改质		减少催化剂用量和使用次数,成本低		介于两者之间
		催化热解-催化改质		进一步提高效率,节约能源		催化剂用量大,工艺复杂,效益低

催化裂解的中国专利申请共270件,其中,一段法专利申请量为177件,两段法专利申请量为93件。由于催化剂是实现催化裂解的一个很重要的因素,下面重点对一段法和两段法中涉及催化剂的专利申请技术重点分析。

1. 一段法

一段法的177件专利申请中,61件涉及催化剂类型及改进,其他115件主要涉及温度、压力、前后处理、催化方式、设备整体等其他方面的改进。在61件涉及催化剂的专利申请中,有效和待审的专利各为9件(见表3-13),其他(包括专利权无效、视为撤回、驳回)的专利申请共43件。

表3-13 一段法中涉及催化剂的有效和待审专利

申请号	发明名称	被引证次数/次	申请人	法律状态
CN200780003589	废塑料的接触分解方法以及废塑料的接触分解装置	24	公益财团法人北九州产业学术推进机构	有效
CN03117935	用于裂解废塑料以生产燃油的催化剂	7	四川大学	有效
CN200510067182	利用废旧塑胶生产燃油的方法及装置	4	温彦良	有效
CN201110223367	固体超强酸催化裂解造纸废渣制备燃料油的方法	2	浙江国裕资源再生利用科技有限公司	有效

续表

申请号	发明名称	被引证次数/次	申请人	法律状态
CN200910308686	海上船舶生活垃圾热裂解资源化处理工艺	1	中国海洋石油总公司	有效
CN200980132297	使用了具有最适粒子特性的氧化钛颗粒体的废塑料、有机物的分解方法	1	草津电机株式会社	有效
CN201010206721	废聚苯乙烯催化裂解回收苯乙烯等芳烃原料的方法	1	青岛科技大学	有效
CN201110223368	废塑料催化裂解用固体超强酸催化剂及其制造方法、应用	0	浙江国裕资源再生利用科技有限公司	有效
CN201110236077	利用塑料和橡胶制取混合油的方法	0	苏华山	有效
CN201110207912	一种利用废旧塑料制造凡士林的配方及方法	0	天津滨海新区大港泰丰化工有限公司	待审
CN201280046012	塑料废弃物的热解聚方法	0	沙姆斯·巴哈尔·民·莫汉德·诺尔	待审
CN201080024723	改性的沸石及其在回收塑料废物中的用途	3	曼彻斯特大学	待审
CN201210088981	一种废塑料裂解生产车用燃料催化剂、制备方法及其应用	0	中国科学院大连化学物理研究所	待审
CN201210088879	一种芳构化用共结晶分子筛催化剂、制备方法及其应用	0	中国科学院大连化学物理研究所	待审
CN201410145432	一种离子热合成介孔分子筛催化裂解废聚烯烃回收液体燃油的新方法	0	青岛科技大学	待审
CN201210517715	应用于混合废弃塑料裂解制燃油的固体超强酸催化剂	0	四川工商职业技术学院	待审
CN201310171193	一种用于废塑料微波裂解的催化剂及制备方法	0	王文平	待审
CN201210174607	废塑料生产汽柴油技术	0	牛雅丽	待审

上述 9 件有效专利涉及的催化剂类型主要是 FCC 催化剂、分子筛或改性分子筛、活性高岭土（白土）和天然沸石的混合物、固体超强酸、氧化钛、金属催化剂。

而对于 9 件待审专利，其涉及的催化剂类型有以下几种：CN201110207912 为活性白土，CN201280046012 为石灰石，CN201080024723 为沸石基催化剂，CN201210088981、CN201210088879、CN201410145432 为分子筛或改性分子筛，CN201210517715 为固体超强酸，CN201310171193 为多功能催化剂（所述的催化剂是由微波吸收组分、催化裂解组分、结焦抑制组分组成），CN201210174607 为结晶氧化铝、合成铝硅酸钠和无水三氯化铝的组合物。

按照被引证次数排名，被引证1次以上的专利申请有8件。这8件专利涉及的技术内容具体如下。

申请号为CN200780003589（授权，被引证24次）的专利申请，其目的在于提供废塑料的接触分解方法，其分解效率优异，即使是难以分解的直链分子的聚乙烯，也可以在低温下进行分解，几乎不产生分解残渣。另外，也可在一个反应器内在进行废塑料接触分解的同时脱氯，工艺简单，可以进一步实现油分纯收率为50%以上的高能量效率。本发明的废塑料的接触分解方法，是在反应器内加热到350~500℃的温度范围的粉粒状的FCC催化剂中，将废塑料作为原料投入，与上述FCC催化剂接触，使上述废塑料分解、气化。

申请号为CN03117935A（授权，被引证7次）的专利申请提供了用于裂解废塑料以生产燃油的催化剂，其特征在于该催化剂或是对ZSM-5沸石分子筛按本发明公开的方法改性制得的DeLaZSM-5，或是以负载于载体上由至少两种金属氧化物为活性成分构成，且以催化剂重量为基准，其含量为5%~50%复合裂解催化剂。本发明提供的催化剂催化活性高，用于裂解废塑料不仅反应时间短，而且裂解温度低，可大大降低生产成本；生产出的燃油综合收率高，均在80%以上，且颜色纯正，质量优良，汽油可达到70#~90#汽油的国家标准，柴油可达到-35#~0#号柴油的国家标准；使用本发明提供的含有金属氧化物的裂解催化剂除具有催化裂解功能外，还同时具有脱卤功能，既可使得到的油品有机卤含量为零，而且裂解过程中也不会放出卤化氢气体导致，设备腐蚀。

申请号为CN200510067182（授权，被引证4次）的专利申请请求保护一种利用废旧塑胶生产燃油的方法及装置，其中方法包括加热、催化裂解、分馏、分离、过滤等，特点是：催化剂采用活性高岭土（白土）和天然沸石的混合物，可提高原料的出油率；采用中频加热，即用中频感应加热炉连接炉胆外面的铜管，使铜管产生电磁波辐射对炉胆内的原料加热，具有节电和升温快特点。装置包括裂解炉、分馏炉、冷凝器和电磁加热装置，特点是：裂解炉的炉胆为8字形，可节省材料，增大容积，节省能源，提高效率；采用活接式链条刮底，解决了粘底问题；保温材料使用蛭石，外壳材料使用环氧树脂。

申请号为CN201110223367（授权，被引证2次）的专利申请请求保护一种利用固体超强酸催化裂解造纸废渣制备燃料油的方法，其目的在于解决废纸回收再利用产生的造纸废渣得不到有效利用，给环境带来巨大压力的问题。本发明先将造纸废渣烘干至水分含量在5%以下，粉碎，粉碎物放入热解釜中，在固体超强酸催化剂的作用下，在100~500℃下裂解反应0.5~10h。裂解反应结束后，将裂解反应得到的液体打入蒸馏釜中，分别收集：40~190℃为汽油分馏段，250~330℃为柴油分馏段。本发明方法简单易行、生产成本低，能有效将造纸废渣主成分废塑料催化裂解制备成燃料油，变废为宝，减轻环境压力，特别适合于一定规模的工业化生产。

申请号为CN200910308686（授权，被引证1次）的专利申请请求保护一种海上船舶生活垃圾热裂解资源化处理工艺，该工艺包括将餐饮废弃物和海上设施生活垃圾分别粉碎、脱水处理后，并添加适量的 NaY 型分子筛化剂经裂解反应、冷凝收集，再将处理后的垃圾转化为可燃烧的生物油和用于污水处理的残炭等。本发明的优点是：可及时将船上产生的餐饮、塑料和纸制品等生活垃圾进行处理，实现了垃圾的减量化、资源化和无害化；工序操作简单，可自动化运行；从垃圾裂解中得到的生物油用于生产或生活用能，实现了能源的二次有效利用；其副产物中固体成分主要是残碳，可作为污水处理的吸附剂。本发明可有效地防止和减少船舶对海洋环境的污染，故具有广阔的市场前景。

申请号为 CN200980132297（授权，被引证 1 次）的专利申请请求保护一种废塑料、有机物的分解方法，该方法使用了容易与金属、无机物分离且具有高效分解能力和低的热分解中的微粉化特性的氧化钛颗粒体。更详细而言，通过使氧化钛颗粒体的特性最适化，确立了使用容易与金属、无机物分离且具有高效分解能力和低的热分解中的微粉化特性的氧化钛颗粒体的废塑料、有机物的分解方法。

申请号为 CN201010206721（授权，被引证 1 次）的专利申请涉及一种催化裂解废聚苯乙烯（PS）生成苯乙烯等芳烃原料，实现其化学循环回收的新方法。其特征是采用负载碱金属和/或碱土金属的中孔分子筛 MxO/MCM-41 为催化剂（其中 M 为 Li、Na、K、Mg、Ca、Ba 等碱金属和碱土金属或其复合物；x = 1 或 2），在常压、减压或通入氮气条件下，在 300~450℃下进行裂解反应，反应结束后，经精馏等操作得到甲苯、乙苯和苯乙烯等芳烃化合物，催化剂不经任何处理直接回用。聚苯乙烯裂解率≥98%，液体产物收率≥95%，液体产物中苯乙烯含量 80% 以上。本发明与传统的方法相比，其特点是：具有较高的液体收率以及苯乙烯选择性；反应温度适中；催化剂重复回用性能好。

申请号为 CN201080024723（待审，被引证 3 次）的专利申请请求保护一种用于将塑料材料、特别是废塑料材料回收为化学原料和烃馏分的方法。本发明还涉及用于这种方法的新型沸石基催化剂和制备这类沸石基催化剂的方法。通常，通过垃圾填埋、焚化或将废物再处理为再利用的原料来处理塑料废物。这些处理方法各有缺点。垃圾填埋的缺点不言自明。尽管焚化可包括能量回收，但还保留 CO_2 排放和其他有毒污染物排放的明显问题。此外，回收塑料需要将塑料废物分类，因为某些类型的塑料材料是不可回收的，并且塑料的混合物存在问题。本发明提供了用于回收包含混合的废物流的废塑料的改进的方法。

2. 两段法

两段法的 93 件专利申请中，29 件涉及催化剂类型及改进，其他 64 件主要涉及温度、压力、前后处理、催化方式、设备整体等的改进。在 29 件涉及催化剂的专利申请中，有效的为 12 件，待审的为 2 件（见表 3-14），其他（包括专利权无效、视撤、驳回）专利申请共 15 件。

这 12 件有效专利涉及的催化剂类型主要是金属或金属氧化物、分子筛或改性分子筛、硫化物催化剂、改性的粉煤灰催化剂、白土或蒙脱土、沸石类催化剂。2 件待审专利涉及以下催化剂：CN201010541411 为金属氧化物，CN201110327373 为分子筛催化剂。

表 3-14　两段法中涉及催化剂的有效和待审专利

申请号	发明名称	被引证次数/次	申请人	法律状态
CN00819355	由废塑料连续地制备汽油、煤油和柴油的方法和系统	29	郭镐俊	有效
CN03146751	用废弃塑料、橡胶或机油生产汽、煤、柴油的方法	14	谢福胜	有效
CN200810036703	混合废塑料催化裂解制燃油用的催化剂制备方法	8	同济大学	有效
CN201010172161	一种利用塑料油生产汽柴油的工艺	5	大连理工大学	有效
CN00130567	加氢转化的多级催化法，以及精制烃原料	5	碳氢技术股份有限公司	有效
CN200510017038	聚烯烃催化裂解制备氢气和碳纳米管	3	中国科学院长春应用化学研究所	有效
CN201010557031	一种废塑料热解油轻质化制燃料油催化剂的制备方法及其应用	3	同济大学	有效
CN201110134368	一种利用塑料油生产汽柴油的方法	2	大连理工大学	有效
CN200820094658	一种处理废旧塑料的系统	1	吴振奇	有效
CN201210273001	用于废旧塑料裂解制汽油的催化剂及制备方法和使用方法	1	新疆大学	有效
CN201010199560	一种二氧化碳与废塑料综合利用的方法	0	昆明理工大学	有效
CN200910177346	轻油转换用催化剂及其制造方法	0	株式会社 EPEL	有效
CN200810067767	一种处理废旧塑料的还原方法及其系统	0	吴振奇	有效
CN201010541411	油品改质的方法	0	财团法人工业技术研究院	待审
CN201110327373	利用废旧塑料制备润滑油基础油的方法	0	中国科学院广州能源研究所	待审

按照被引证次数排名，被引证1次以上的专利有9件。这9件专利涉及的技术内容具体如下。

申请号为CN00819355（授权，被引证29次）的专利申请请求保护一种由废塑料连续制备汽油、煤油和柴油的方法和系统。这种方法包括以下步骤：使废塑料熔体进行第一催化反应，其中所述废塑料熔体与镍或镍合金催化剂接触脱氢同时分解；使所述脱氢和分解的废塑料熔体进行流化催化裂化，作为第二催化反应，从而高份数地制备汽油基馏分；分馏所述裂化的原料得到汽油基馏分、煤油馏分和柴油馏分；重整所述汽油基馏分以制备高辛烷值的汽油。本发明不仅适用于大规模设备，也适用于小规模设备。而且，本发明可允许以高份数和有效方式从所述废塑料制备得到汽油，从有利于资源回收和环境保护。

申请号为 CN03146751（授权，被引证 14 次）的专利申请请求保护一种利用废弃塑料、橡胶、机油生产汽、煤、柴油的工艺及装置，其在裂解时加入了石英石和沙粒，催化剂为 5A 分子筛，工艺简化，缩短了生产周期，得到的油品质量好，回收率高。

申请号为 CN200810036703（授权，被引证 8 次）的专利申请请求保护一种混合废塑料催化裂解制燃油用的催化剂及其制备方法，涉及废塑料裂解生产燃油的催化热裂解与热裂解催化改质二段催化剂。第一段催化剂由质量百分数为 2%~30% 的金属氧化物和质量百分数为 70%~98% 白土或蒙脱土组成，无毒价廉，能提高塑料裂解反应速率，降低裂解反应温度，并改善分解产物选择性，脱氯并转化为无害物；第二段催化剂由氧化铁、氧化钼、氧化锌、氧化铈、氧化镧、氧化镍或氧化铜和 ZSM－5、MCM－22、USY、REY、Beta 或 MOR 分子筛组成，对第一段的裂解气进行二次催化裂解和异构化，芳构化改质反应，提高裂解汽柴油馏分比率。本发明选择性好，所用原料无须分类、清洗、烘干，操作灵活，运行费用低，特别适合于组成复杂的城乡生活垃圾中混合废塑料裂解制油，合格燃油出油率按废塑料计高可达 70% 以上。

申请号为 CN201010172161（授权，被引证 5 次）的专利申请请求保护一种利用塑料油生产汽柴油的工艺，其生产过程是首先塑料油经催化反应蒸馏得到汽柴油馏分，接下来将汽柴油馏分在温和条件下于金属（贵金属或非贵金属）催化剂上选择加氢反应脱除二烯烃，再在硫化物催化剂上加氢精制反应，通过单烯烃加氢饱和反应脱除单烯化合物，并脱硫、脱氮、除胶质生产出无异味、品质高的汽柴油。本发明所使用的金属和硫化物催化剂根据裂解塑料油的组成和性能而选择合适的载体，经液相和气相沉积方法制备得到。本发明工艺简单，催化剂活性和选择性高，且具有良好的经济效益及工业应用前景。

申请号为 CN00130567（授权，被引证 5 次）的专利请求保护一种重烃物的多级催化加氢法。第一段逆向混合催化反应器中原料与铁基催化剂反应。流出物减压，从顶端除去蒸气和液体馏分，重液体馏分输入第二段逆向混合催化反应器。从第一、第二反应器流出物除去的蒸气和轻馏分混合，通入流线固定床催化加氢处理器，除去杂原子，制得石脑油和中间馏出物或全馏程馏出物。分离器底部馏分在逐级气压和真空下蒸馏，排出烃液体产物，重馏分循环并浓缩，提供低沸点烃液体。

申请号为 CN200510017038（授权，被引证 3 次）的专利申请请求保护一种以聚烯烃为原料制备氢气和碳纳米管的方法。其特征在于聚烯烃、镍催化剂和助催化剂按一定配比在密炼机或挤出机中熔融混合，通过将上述混合材料在 600~950℃ 的惰性气体中裂解来制备氢气和碳纳米管。本发明中采用的原料是聚烯烃或回收聚烯烃，价格低廉，来源丰富，采用的镍催化剂和助催化剂易得，所使用的混合设备是聚合物材料的普通加工设备，裂解装置简单，常压操作，氢气产量大，含量高；得到的碳纳米管材料附加值大，应用广泛。本发明利用废旧聚烯烃塑料制备氢气和碳纳米管方法，不仅解决了"白色污染"和温室气体排放，而且为燃料电池提供了廉价、储运安全方便的氢源。

申请号为 CN201010557031（授权，被引证 2 次）的专利申请请求保护一种废塑料热解油轻质化制燃料油催化剂的制备方法及其应用，以降低废塑料裂解制燃料油的成本和提高燃料油的品质。本发明通过选取大于 200 目的粉煤灰加入 2mol/L 盐酸、2mol/L 硫酸、1mol/L 盐酸和 1mol/L 硫酸混酸溶液处理后；采用等体积浸渍法进行金属氧化物改性，获得改性的粉煤灰催化剂。将催化剂置于固定床中用于废塑料热解油制燃料油中，在质量空速比 1~4h、温度 400~550℃下反应，燃油回收率为 72% 以上，效果良好。

申请号为 CN201110134368（授权，被引证 2 次）的专利申请请求保护一种利用塑料油生产汽柴油的方法，其特征是以塑料油为原料经蒸馏，再加氢精制生产高品质汽柴油工艺。其特征是将塑料油经蒸馏得到小于 300℃馏分和大于 300℃馏分，接下来将小于 300℃馏分在硫化物催化剂上加氢精制反应，通过单烯烃加氢饱和反应脱除单烯化合物，并脱硫、脱氮、除胶质生产出无异味、品质高的汽柴油混合油，再经蒸馏得到汽油和柴油馏分油。而经蒸馏大于 300℃馏分要经过反应蒸馏后再加氢精制或与塑料油混合重新反应。本发明所使用硫化物催化剂根据裂解塑料油的组成和性能而选择合适的载体经液相方法制备得到。本发明工艺简单，催化剂活性和选择性高，且具有良好的经济效益及工业应用前景。

申请号为 CN200820094658（授权，被引证 1 次）的专利申请请求保护一种处理废旧塑料的系统，包括用于对废旧塑料进行加热裂解的加热裂解部、用于在加热裂解过程中产生的油气进行进一步催化裂解的催化裂解部和用于回收燃油和燃气的冷却回收部。催化裂解部包括催化塔和第二催化部，催化塔和第二催化部中的催化剂为 Y 形分子筛。

申请号为 CN201210273001（授权，被引证 1 次）的专利申请请求保护一种用于废旧塑料裂解制汽油的催化剂及制备方法和使用方法，催化剂按质量百分比含有 20%~40% 无定形硅铝酸盐或天然沸石、余量为 HY 沸石分子筛。本发明具有操作成本低、工艺简单、催化活性高、选择性好和稳定性高的特点，汽油质量回收率可达到 47.02%~81.04%，且产品符合国家标准。

3.4　广东省专利分析

3.4.1　总体分析

从图 3-29 可以看出，广东省废弃塑料再生循环利用技术的发展大致经历了以下三个阶段。①技术萌芽期（1996~2004 年），这一时期逐渐开始出现废弃塑料再生循环利用的专利申请，虽然申请量较少，但是代表了废弃塑料循环利用领域的研究开始发展。②平稳增长期（2005~2009 年），随着经济的发展，广东省在科技、研发方面不断加大投入，专利申请量也在不断增长。2005 年申请量从 2004 年的 7 件增加到了 17 件，2006 年更是达到 37 件，但由于广东省靠近沿海，是中国对外开放较多的省市，其受全球经济危机的影响也较为严重,2007~2009年连续三年的年申请量均出现了明显下滑,但从2009年以后就基本保持逐年攀升的态势。③快速增长期(2010~2013年),2010年广东省废弃塑料再生循环利用的专利申请量增长迅速,从2009年的16件增长到了41件,之后几年中,除2012年的申请量略有下降外,仍保持了迅猛的增长势头,2013年的申请量达到67件。这反映出近几年中,广东省在该领域还比较活跃。

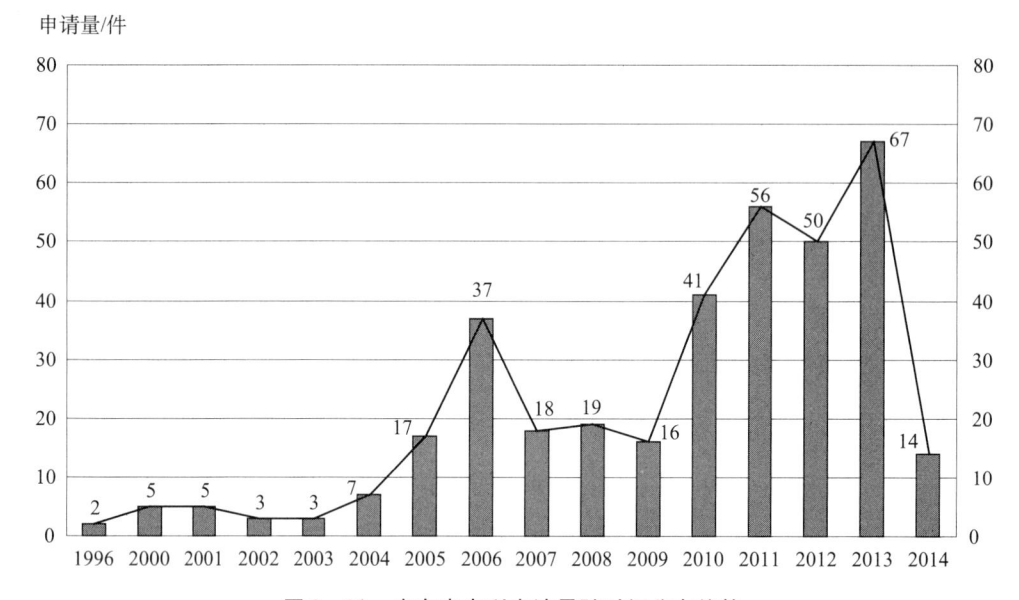

图3-29 广东省专利申请量随时间分布趋势

图3-30是广东省专利申请人的类型随时间分布趋势以及各申请人类型所占比例。从饼图中可以看出,在废弃塑料再生循环利用领域,广东省的专利申请人类型与中国专利申请人的类型一致,总体上以企业申请为主,占56%;个人申请次之,占26%;大学申请和合作申请均占比8%;研究机构申请最少,仅占2%。在合作申请中,主要以个人合作较多,占比达到51%;企业与企业之间的合作占比24%;其他合作共占25%。

在2000年之前,专利申请只是零星出现,仅在1996年有两件申请,且均为个人申请。在2000年以后逐年有一些企业开始申请,但一直到2004年,企业的申请量都很低。由于废弃塑料再生循环利用行业门槛较低,刚开始发展主要以个体户和小作坊式企业为主,科技创新能力不足,所以1992~2004年企业申请增长缓慢,个人申请和企业申请量相差不大。而随着经济发展,产业已经意识到做大做强规模企业将成为行业主流。因此,自2005年开始企业申请快速增长,2006年广东省的37件专利申请中企业的申请量达到24件。但受全球经济危机的影响,2007年企业申请量出现了明显下滑,与此同时个人申请量明显增加,占比较大,但从2008年开始企业申请量又逐年攀升,至2013年企业年申请量已从2008年的8件增加到了41件。大学和研究机构的申请一直较小。对于研究机构,除了2002年和2004年的1件申请外,2003~2010年一直没有申请,直到2011年,才出现4件申请,2012年和2013年的专利申请也仅有2

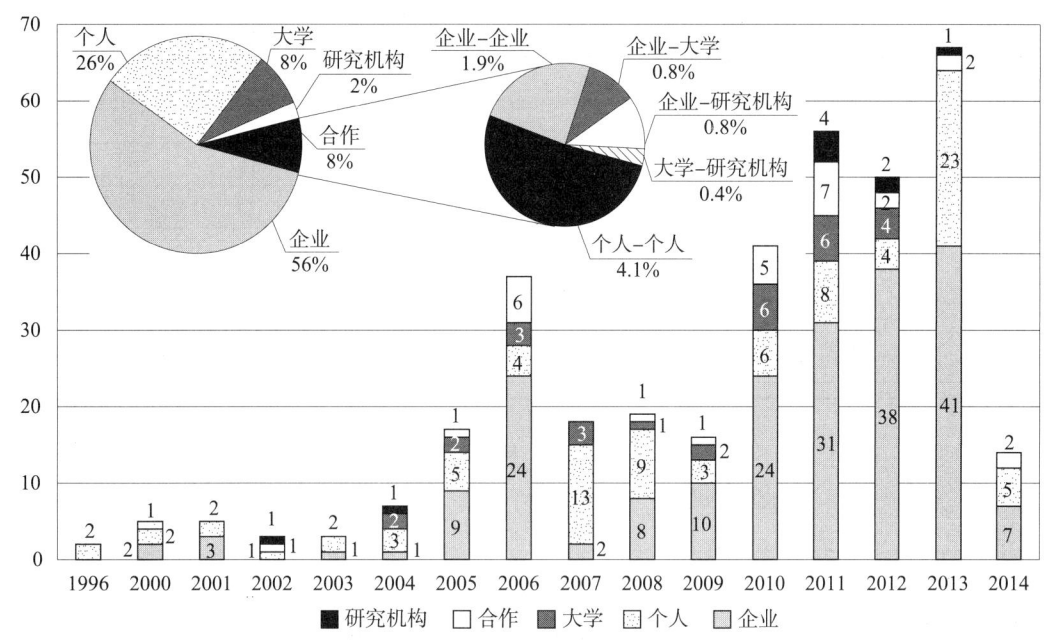

图 3-30 广东省专利申请人类型分析

件和 1 件。对于大学申请，2004~2009 年专利申请基本在 3 件左右，2010 年以后申请量有一定增加，但仍然仅有 6 件左右，而且在 2013 年没有大学申请。对于合作申请的申请量一直也较小，基本都在 7 件以下。以上说明近几年来，在废弃塑料再生循环利用领域，广东省的企业在该领域内十分活跃，而企业是创新的主力军。可以预见在未来几年中，广东省在该领域内的技术发展会更上一层楼。

从图 3-31 中可以看出，在废弃塑料再生循环利用领域，广东省的专利申请主要以机械回收和化学回收为主，专利申请分别为 284 件和 70 件（见表 3-15），占比分别为 79% 和 19%。而能量回收的申请相对较少，仅有 6 件，占比 2%。这与中国专利申请整体趋势相一致。在化学回收方面，热裂解和催化裂解总申请量占到了化学回收总量的 83%，是实现化学回收的两种主要方式。

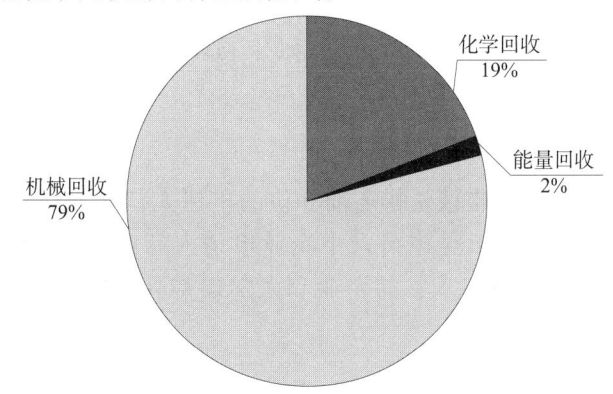

图 3-31 广东省各技术主题所占比例

表3-15 广东省各技术主题专利申请量　　　　　　　　　　　　　单位：件

技术分支		申请量
机械回收		284
化学回收	热裂解	41
	催化裂解	17
	气化裂解	1
	溶剂解	10
	超临界流体分解	1
	小计	70
能量回收		6

从图3-32可以看出，化学回收的起步相对较早，1996年出现2件专利申请，而机械回收和能量回收均在2000年才出现专利申请。其中能量回收方面的研究最少，一直到2013年总申请量仅有6件。对于机械回收和化学回收，在2004年以前的申请量都很小，2005~2009年基本处于平稳增长期。受全球经济危机的影响，机械回收在2007~2009年这三年的申请量均出现了明显下滑，而化学回收则在2008~2009年出现了下滑。2010年之后机械回收和化学回收的申请量都出现了快速增长。之后的几年中，机械回收专利申请基本保持在四十多件，而化学回收在2013年达到了21件。以上说明广东省在机械回收和化学回收领域科研投入较大，一直处于发展阶段，而在能量回收方面投入较少，技术基本处于空白阶段，有待进一步提升。

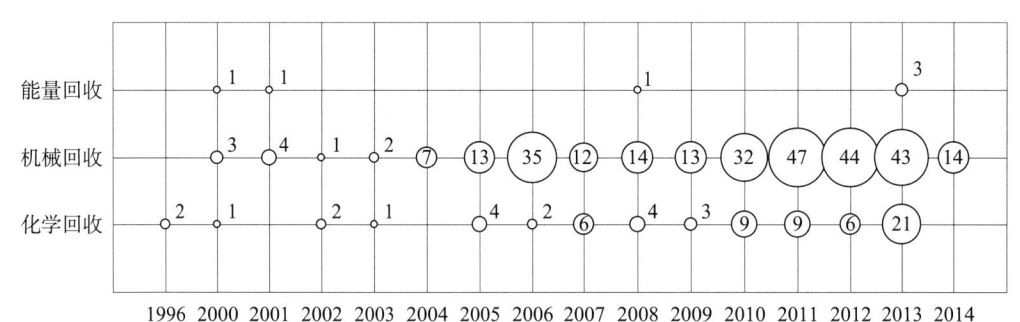

图3-32 广东省各技术分支随时间变化（单位：件）

3.4.2 主要申请人及其技术分析

表3-16是广东省专利申请量排名前6位的申请人，其专利申请总量均在10件以上。从表中可以看出，前6位申请人中企业申请人有4个，大学申请人和个人申请均有1个，说明在该领域广东省的企业和大学还是具有较大的热情，其科研投入较大。

第3章 废弃塑料再生循环利用专利分析

表3-16 广东省主要专利申请人申请量排名　　　　　　　单位：件

主要专利申请人	化学回收	机械回收	热能回收	申请总量
佛山市顺德区汉达精密电子科技有限公司		28		28
华南再生资源（中山）有限公司	25			25
冯愚斌		14		14
华南理工大学	2	10		12
惠州市昌亿科技股份有限公司		12		12
格林美高新技术股份有限公司		10	1	11

从主要申请人的技术主题分布（见图3-33）中可知，这6位申请人中重点关注化学回收的申请人有华南再生资源（中山）有限公司，其他申请人都是重点关注机械回收。在能量回收方面，只有1位申请人，且仅有1件申请。可以看出，和全国申请人一致，广东省的主要专利申请人大部分还是关注机械回收。其中，排名前两名的申请人中，佛山市顺德区汉达精密电子科技有限公司的28件专利申请都是机械回收方面的，而华南再生资源（中山）有限公司的25件专利申请都是化学回收方面的，这说明在该领域，这两个公司在广东省具有较强的技术实力。表3-17和表3-18分别对佛山市顺德区汉达精密电子科技有限公司和华南再生资源（中山）有限公司的专利申请技术以及法律状态作了分析。从表中可以看出，佛山市顺德区汉达精密电子科技有限公司的28件专利申请目前均没有有效专利，说明该企业的专利权保护意识还有待加强。而华南再生资源（中山）有限公司的25件专利申请中有18件专利处于有效状态，说明该企业的专利权保护意识相对较强。

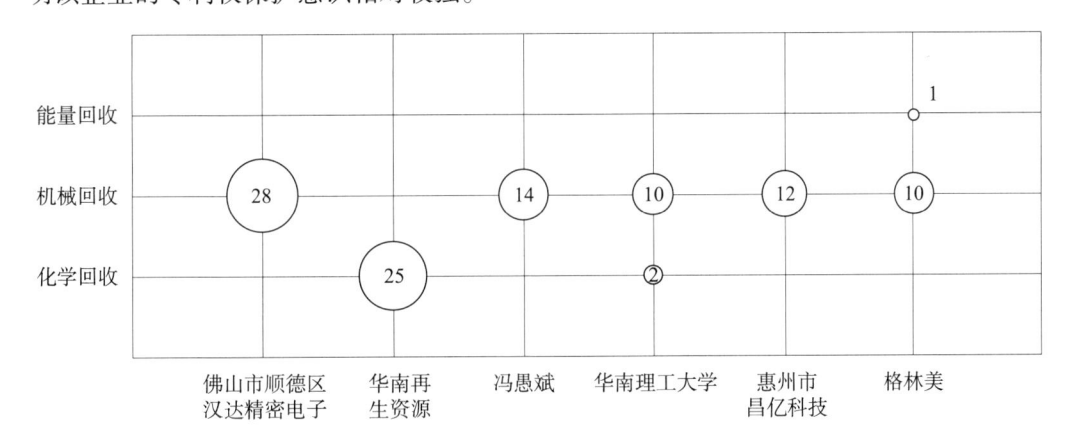

图3-33 广东省主要专利申请人技术主题分布（单位：件）

表3-17 佛山市顺德区汉达精密电子科技有限公司的专利申请分析

申请号	发明名称	法律状态
CN200410027239A	回收聚碳酸酯/丙烯腈-丁二烯-苯乙烯共聚物及其回收方法	无效
CN200510037600A	PC/ABS次料回收组合物及其应用	无效
CN200510120987A	阻燃PC/ABS次料的回收组合物	无效

续表

申请号	发明名称	法律状态
CN200610033112A	高韧性阻燃PC（聚碳酸酯）/ABS合金	无效
CN200610033113A	高韧性阻燃PC（聚碳酸酯）/ABS合金	无效
CN200610132442A	聚碳酸酯/丙烯腈-丁二烯-苯乙烯共聚物次料回收配方	无效
CN200610132454A	一种工程塑料的改性回收产品	无效
CN200610033864A	由PC（聚碳酸酯）次料改性的PC/ABS合金	无效
CN200610034296A	由PC（聚碳酸酯）次料改性的PC/ABS合金（一）	无效
CN200610034404A	由PC（聚碳酸酯）次料改性的PC/ABS合金（二）	无效
CN200610034407A	由PC（聚碳酸酯）次料改性的PC/ABS合金（三）	无效
CN200610035206A	一种PC/ABS喷漆废料改性回收配方	无效
CN200610035207A	PC/ABS喷漆废料改性回收配方	无效
CN200610036822A	PC/ABS废旧料回收配方	无效
CN200610036824A	一种PC/ABS合金废料回收配方	无效
CN200510120982A	PC/ABS次料回收组合物及其应用	驳回
CN200610033114A	阻燃PC/ABS次料的环保回收组合物	驳回
CN200610033115A	阻燃PC/ABS次料的环保回收组合物	驳回
CN200610033116A	阻燃PC/ABS次料的环保回收组合物	驳回
CN200610033120A	高韧性阻燃PC（聚碳酸酯）/ABS合金	驳回
CN200610033121A	高韧性阻燃PC（聚碳酸酯）/ABS合金	驳回
CN200610034294A	阻燃PC（聚碳酸酯）/ABS次料回收组合物及其应用	驳回
CN200610034295A	阻燃（聚碳酸酯）PC/ABS次料回收组合物及其应用	驳回
CN200610123187A	PC/ABS次料改性回收配方	驳回
CN200610033122A	PC（聚碳酸酯）回收料改性为PC/ABS合金的配方	视撤
CN200610033125A	PC/ABS次料回收组合物及其应用	视撤
CN200510100001A	PC/ABS次料回收组合物及其应用	视撤
CN200610123188A	PC/ABS次料的环保回收配方	视撤

表3-18 华南再生资源（中山）有限公司的专利申请分析

申请号	发明名称	法律状态
CN200510037543A	处理废旧塑料或橡胶的还原方法及其系统	有效
CN200520065033U	处理废旧塑料、橡胶的还原系统	有效
CN201010147465A	卧式废旧塑料、轮胎裂解炉	有效
CN201010148298A	反应釜刮壁器	有效
CN201010168879A	燃料裂解炉尾气处理系统	有效
CN201010190012A	废旧塑料、轮胎、废机油的再生能源综合利用生产装备	有效
CN201010193852A	将城市污泥转换成气、液、固燃料方法及全封闭设备系统	有效

续表

申请号	发明名称	法律状态
CN201020161273U	卧式废旧塑料、轮胎裂解炉	有效
CN201020213118U	废旧塑料、轮胎、废机油的再生能源综合利用生产装备	有效
CN201020217525U	将城市污泥转换成气、液、固态燃料的全封闭式设备系统	有效
CN201320054251	餐厨垃圾全方位处理的集成化装备	有效
CN201320054411	餐厨垃圾联合筛选系统	有效
CN201320055175	自动卸料多级干燥装置	有效
CN201320055176	物料精选装置	有效
CN201320055177	免蒸馏法生物柴油生产系统	有效
CN201310038212A	免蒸馏法生物柴油生产方法及系统	有效
CN201320055299	餐厨垃圾氧化、除臭、灭活、清洗降盐装置	有效
CN201020187526U	燃料裂解炉尾气处理系统	无效
CN201310037324	一种餐厨垃圾承装塑料袋分瓣割破装置	待审
CN201310037944	餐厨垃圾联合筛选系统	待审
CN201310038136	自动卸料多级干燥装置	待审
CN201310038148	餐厨垃圾氧化、除臭、灭活、清洗降盐装置	待审
CN201310038156	富氧微乳化混合生物柴油的制作方法及装置	待审
CN201310038166	尾气处理系统	待审
CN201310038252	餐厨垃圾全方位处理的集成化装备及产物制造方法	待审

3.4.3 广东省有效专利的主要申请人分析

表3-19为广东省有效专利申请量排名。其中，华南再生资源（中山）有限公司由世界家庭用具制品厂有限公司独资经营，生产经营废旧塑料、化纤制品的消解和再利用，年产量约8万吨，产品20%出口外销。公司主力研究及开发固体废旧塑料再利用的项目，有效专利主要涉及废旧塑料、裂解炉装置、裂解方法、裂解炉尾气处理等。

表3-19 广东省有效专利申请量排名　　　　单位：件

序号	申请人	有效专利量
1	华南再生资源（中山）有限公司	18
2	惠州市昌亿科技股份有限公司	12
3	冯愚斌（广东致顺化工环保设备有限公司）	9
4	华南理工大学	5
5	惠州市鼎晨新材料有限公司	4
6	陈维强	4
7	陈惠浩	4
8	深圳市聚源天成技术有限公司	4

续表

序号	申请人	有效专利量
9	广东工业大学	3
10	广州聚天化工科技有限公司	3
11	广东省石油化工研究院	3
12	深圳市格林美高新技术有限公司	3
13	汕头市富达塑料机械有限公司	3

惠州市昌亿科技服务有限公司主要生产经营：尼龙（PA）系列、聚碳酸酯（PC）系列的增强、阻燃、增韧、耐热、耐寒、耐冲击等改性工程塑料产品，年产量分别超过 10000 吨；PC/ABS、PC/PBT 等塑料合金系列产品；增韧剂系列产品。

广东致顺化工环保设备有限公司获批 40 余件国家专利，涵盖塑料回收再生成套设备、改性塑料、塑料制品等领域，主要生产经营城市或大企业的回收塑料、胶渣等整体项目合作；塑料再生的全套生产处理设备与投资设厂的破碎、清洗、分选、造粒等全套处理设备、工艺流程与管理控制制程设计、环境保护方案与措施；粒料或碎片，含各类熔脂的再生 PE 料、再生 PP 料、改性料、助剂、增强母粒等再生塑料产品；塑料托盘、周转箱、折叠箱等塑料制品。

3.5 小结

1. 全球发展态势

废弃塑料再生循环利用领域的全球专利申请整体上呈现如下特点。

1）目前国外在该领域研发不活跃，申请量呈下降趋势，中国呈现出活跃态势，2008 年之前全球专利申请趋势基本由日本决定，而 2008 年之后则由中国决定，反映出近几年内中国在该领域十分活跃，而其他发达国家基本上进入技术成熟期。

2）废弃塑料循环利用技术原创性的区域主要分布于日本、中国、欧洲、美国和韩国，其申请量占总申请量的 96%，显示出这些地区是废弃塑料再生循环利用技术重点布局的地区。日本申请量排名首位，占总申请量的 45%；中国的位居次席，占 21%。

3）废弃塑料再生循环利用专利技术主题主要集中于机械回收和化学回收，能量回收的专利申请较少。机械回收占 60%，化学回收占 30%。日本、中国、欧洲、美国和韩国的专利申请均主要以机械回收和化学回收为主，这反映出各国的能源危机意识较强，希望将废旧塑料回收作为原材料真正地循环利用起来，而非简单地将其燃烧利用热能。其中，日本在三个技术分支中的专利申请都是最多的，这说明日本在三个技术分支中的研发实力较强，处于绝对领先地位。

催化裂解是实现化学回收的一种较为有效的方式。在该领域，主要以一段法即直接催化裂解为主，而在两段法中则是以热裂解－催化裂解为主。从整体上看，对于催化剂方面的研究仍然较少，而催化剂又是催化裂解中很重要的一个因素，作为研究人员，可以考虑从该方面入手展开研究。

4）废弃塑料再生循环利用领域技术集中程度较高，主要申请人集中于日本和美国企业。日本企业在该领域的技术实力最为雄厚，在全球申请量排名前17位的申请人，有16位为日本企业，只有1位为美国企业，即伊士曼化工公司。排名前8位的申请人分别为三菱、日立、东芝、日本钢管、三井、松下、新日铁和杰富意钢铁。

在排名前8位的申请人中，重点关注机械回收的是三菱、日本钢管、松下，重点关注化学回收的是日立、东芝、三井和新日铁，只有1位申请人重点关注能量回收，即杰富意钢铁。在各技术分支，申请量最大的申请人分别为三菱（机械回收）、东芝（化学回收）和杰富意钢铁（能量回收）。

2. **中国发展态势**

在中国，废弃塑料再生循环利用领域的专利申请整体上呈现如下特点。

1）2000年前长期发展缓慢，近年来快速增长，呈现出活跃态势。

2）中国各省市申请量排名前7位分别是江苏省、广东省、浙江省、山东省、上海市、北京市和安徽省。北京市的重点技术分支是化学回收，其他6省市则重点关注机械回收。浙江省的有效发明比最高（38.7%），且授权率（高达75%）也最高。广东省的发明专利授权率和有效发明比分别为63%（位居第二）和31.7%（位居第三），显示出省内申请人对技术研发和专利的重视程度较高。

3）在废弃塑料再生循环利用领域，专利申请人总体上以企业申请为主，占53%；个人申请次之，占27%。这说明企业是技术研发的主力军，而个人申请比例高也表明该领域技术门槛较低。

4）国外在华申请量较多的公司有4个，分别是伊士曼化工公司、松下、奥地利埃瑞玛再生工程机械设备有限公司和日立公司。这4个公司重点关注的都是机械回收，而松下和日立在化学回收方面也有较多的申请量。

3. **化学回收的情况分析**

在废弃塑料再生循环利用领域，化学回收是实现废弃塑料循环利用的一种较为有效的方式。对化学回收的专利技术分析更有实际价值。

1）在化学回收的六个技术分支中，热裂解（49%）和催化裂解（25%）所占比重较大，二者共占了74%，是实现化学回收的两种主要回收方法。相比热裂解而言，催化裂解温度较低，裂解反应速度快，且能提高裂解产物质量，大大提高了生产效率，是一种更为有效的化学回收方式。

2）催化裂解包括一段法和两段法，催化剂是一个很关键的因素。一段法的177件专利申请中，61件涉及催化剂类型及改进，涉及的催化剂类型主要是FCC催化剂、分子筛或改性分子筛、活性高岭土（白土）和天然沸石的混合物、固体超强酸、氧化钛、金属催化剂。两段法的93件专利申请中，29件涉及催化剂类型及改进，涉及的催化剂类型主要是金属或金属氧化物、分子筛或改性分子筛、硫化物催化剂、改性的粉煤灰催化剂、白土或蒙脱土、沸石类催化剂。

4. **广东省发展态势**

在广东省，废弃塑料再生循环利用领域的专利申请整体上呈现如下特点。

1）从 2010 年开始，广东省废弃塑料再生循环利用的专利申请量增长迅速，2009 年的申请量为 16 件，2010 年飞速增长到 41 件。之后几年中，除 2012 年的申请量略有下降外，仍保持了迅猛的增长势头。

2）广东省的专利申请主要以机械回收和化学回收为主。从 2010 年之后，机械回收和化学回收的申请量都出现了快速增长，说明广东省在机械回收和化学回收领域科研投入较大，而在能量回收方面投入较少，技术基本处于空白阶段，有待进一步提升。

3）广东省专利申请量排名靠前的前 6 位申请人中，重点关注化学回收的申请人有华南再生资源（中山）有限公司，其他申请人都是重点关注机械回收。

第4章 废弃橡胶再生循环利用专利分析

为了了解全球和中国范围内废弃橡胶循环利用专利技术布局的整体情况,本章利用定量分析的方法,对废弃橡胶循环利用领域的全球和中国专利从技术发展趋势、区域分布、专利技术主题或重点技术、主要专利申请人的专利布局等多个角度进行深入分析。

4.1 全球专利分析

截至2014年10月20日,共检索到废弃橡胶循环利用领域相关的全球专利申请7448件,数据采集的时间范围为1992~2014年。本节主要对全球数据分别从全球以及各国发展趋势、全球专利申请区域布局、各国申请生命周期、全球主要申请人及其技术等角度进行分析,从而了解废弃橡胶循环利用领域全球发展历史以及现状。

4.1.1 专利申请发展趋势

为了研究废弃橡胶循环利用领域全球专利,我们对所采集的数据按照历年申请量、中国以及国外专利进行统计。图4-1给出中国和国外专利申请年度趋势,在废弃橡胶循环利用领域,中国发展趋势与国外发展趋势大相径庭,全球申请量近年来的总体趋势主要受到中国申请量的影响,尤其是2002年以后的较快增长完全是由中国快速增长的趋势决定的。而国外则是在1992~2005年缓慢增长,2005年以后趋于稳定,到2011年略有下滑。

废弃橡胶再生循环利用行业的发展与废弃橡胶产生来源密不可分。废弃橡胶是固体废弃资源的一种,主要来自三个方面:一是废旧轮胎,占废弃橡胶总量的70%;二是废旧非轮胎橡胶制品;三是工厂加工过程中产生的废胶,约占生产用胶料的5%。根据欧洲、美国、中国、日本四大汽车保有量国家和地区对废轮胎产生量的统计测算,2011年世界废轮胎产生量约为2200万吨。其中,中国800万吨,美国517万吨,欧洲289万吨,日本100万吨。❶

---

❶ 庞澍华. 世界废旧轮胎回收利用总体概况 [J]. 中国轮胎资源综合利用CTRA, 2013 (6).

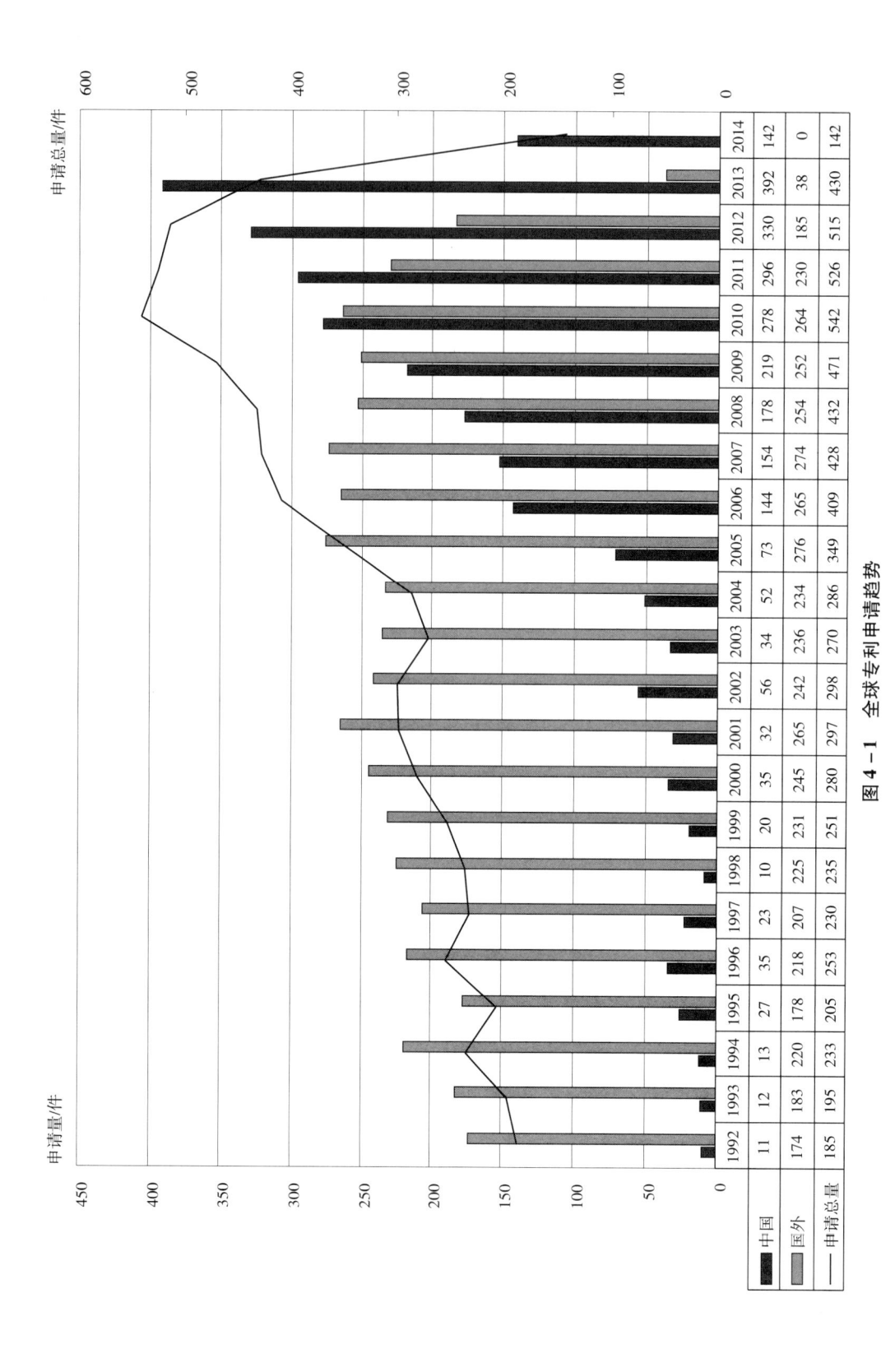

废弃资源再生循环利用产业专利信息分析及预警研究报告

	1992	1993	1994	1995	1996	1997	1998	1999	2000	2001	2002	2003	2004	2005	2006	2007	2008	2009	2010	2011	2012	2013	2014
中国	11	12	13	27	35	23	10	20	35	32	56	34	52	73	144	154	178	219	278	296	330	392	142
国外	174	183	220	178	218	207	225	231	245	265	242	236	234	276	265	274	254	252	264	230	185	38	0
申请总量	185	195	233	205	253	230	235	251	280	297	298	270	286	349	409	428	432	471	542	526	515	430	142

图 4-1 全球专利申请趋势

· 190 ·

第4章 废弃橡胶再生循环利用专利分析

美国、欧洲、日本在20世纪就产生大量废轮胎，都面临着轮胎处理的问题。从20世纪80年代开始，发达国家和地区就逐步将废轮胎回收利用纳入法制化轨道。1985年美国明尼苏达州制定了第一个废轮胎回收利用管理法律，日本政府于1993年11月19日颁布《环境基本法》，规定了使用者的缴费义务。因此，日本、美国、欧洲等国家废橡胶循环利用行业的发展起点早，在20世纪90年代就已经趋于成熟，缓慢增长后开始略有下降。日本早在1995年轮胎回收率已经达到90%，以后基本保持稳定，这可能与日本橡胶资源匮乏而形成的危机意识有关，使得其更加重视资源的再生循环利用；美国和欧洲在20世纪90年代回收率还是较低（分别是50%和20%），但是美国在2002年已经达到80%，欧洲也在2006年达到80%以上，之后一直趋于稳定。显然，日本在1994年以后已经在轮胎回收利用中达到高级成熟阶段，即橡胶的循环利用已经达到成熟阶段，从专利申请量看也处于稳定的趋势。可见国外产业总体也是在20世纪90年代略有发展，之后进入成熟期。

中国废弃橡胶循环利用后生产的再生胶、胶粉用户市场基本也是中国的橡胶工业。因此，中国废弃橡胶循环利用行业的发展是随着中国橡胶工业快速发展而一起发展起来的，即1992～2002年，中国橡胶工业处于初级阶段，橡胶的循环利用也只是缓慢增长。而在2002年以后，橡胶工业和废橡胶都是高速增长，从而促使中国橡胶循环利用产业蓬勃发展。

图4-2给出全球专利申请的总体分布。从申请量的构成来看，全球以中国申请量最多，达到34%；其后是日本（22%）、美国（13%）、欧洲（12%）、韩国（8%）俄罗斯（5%）及其他国家（6%）。全球专利数据的分布与前面分析相呼应：中国、欧洲、美国、日本等都是汽车保有量很大的国家和地区，同时也是废轮胎产生量很大的国家和地区，迫使它们基于环保和资源原因必须解决废轮胎回收利用的难题，因此这几个国家和地区在废橡胶循环利用行业的申请总量排名靠前。

图4-3给出国外申请量前五名国家的年度趋势。整体趋势显示欧洲、美国和日本的

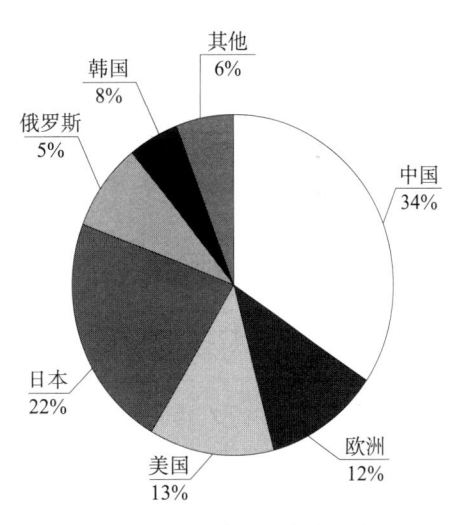

图4-2 全球专利申请分布

发展趋势与国外申请总量年度趋势是一致的：在1992～2005年缓慢增长，在2005年以后趋于稳定，到2011略有下滑。欧美日等发达国家早在20世纪80年代就已经开始关注废轮胎污染，立法解决废轮胎堆积污染问题，到90年代技术发展相对成熟，轮胎回收率都达到较高水平。因此欧美日专利申请总体上发展趋势平缓，尤其近几年开始成熟。韩国申请在1992～2000年增长，2003年出现低谷，2005年以后呈现稳定趋势。

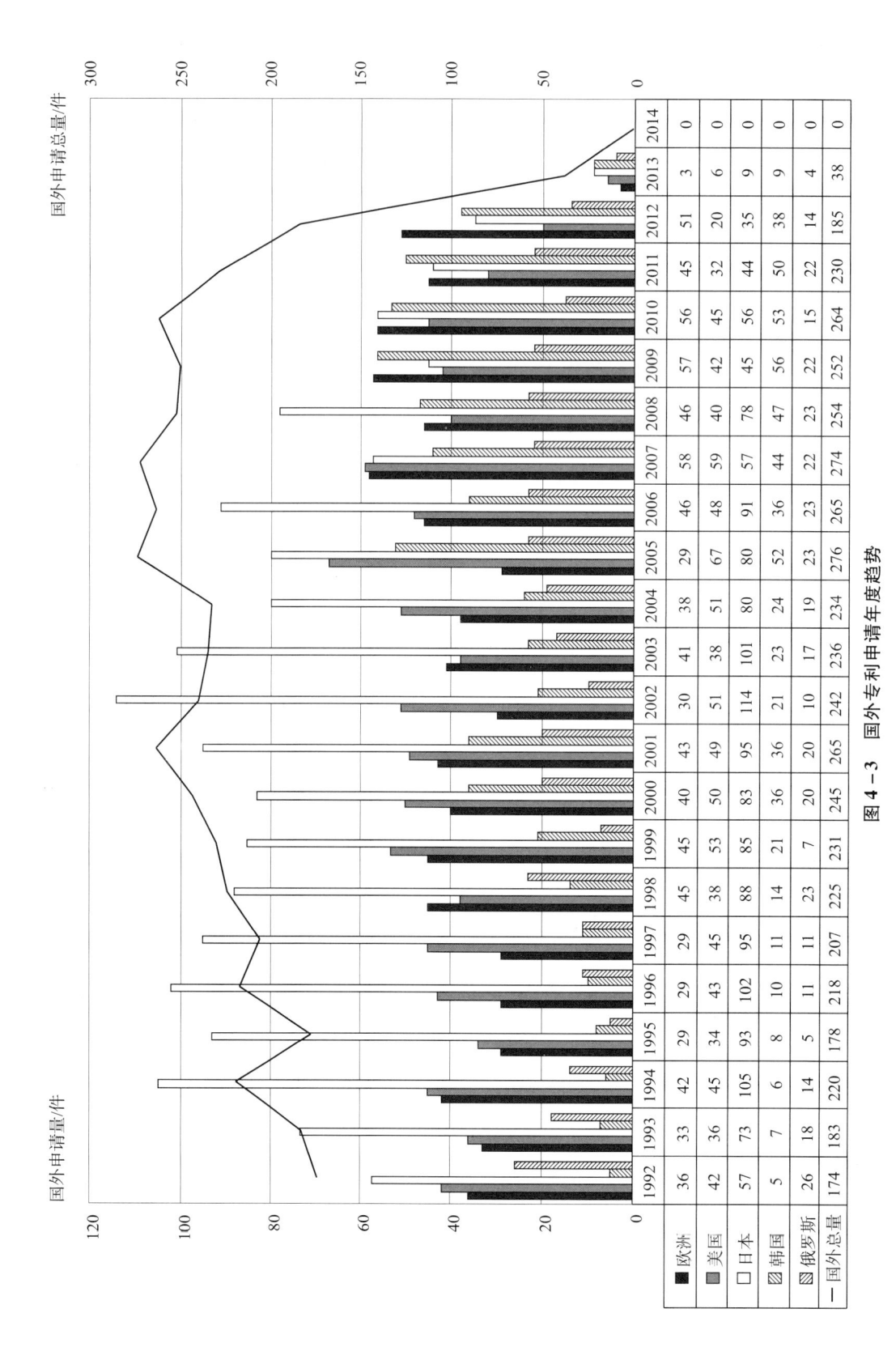

废弃资源再生循环利用产业专利信息分析及预警研究报告

	1992	1993	1994	1995	1996	1997	1998	1999	2000	2001	2002	2003	2004	2005	2006	2007	2008	2009	2010	2011	2012	2013	2014
欧洲	36	33	42	29	29	29	45	45	40	43	30	41	38	29	46	58	46	57	56	45	51	3	0
美国	42	36	45	34	43	45	38	53	50	49	51	38	51	67	48	59	40	42	45	32	20	6	0
日本	57	73	105	93	102	95	88	85	83	95	114	101	80	80	91	57	78	45	56	44	35	9	0
韩国	5	7	6	8	10	11	14	21	36	36	21	23	24	52	36	44	47	56	53	50	38	9	0
俄罗斯	26	18	14	5	11	11	23	7	20	20	10	17	19	23	23	22	23	22	15	22	14	4	0
国外总量	174	183	220	178	218	207	225	231	245	265	242	236	234	276	265	274	254	252	264	230	185	38	0

图 4-3 国外专利申请年度趋势

4.1.2 专利申请区域布局

废橡胶循环利用的主要方式可以划分为再生胶、胶粉、轮胎翻新、燃料热能、热裂解、橡胶沥青六个技术分支,其中橡胶沥青是胶粉应用的一个重要部分。通过对各国专利申请的技术分支分布进行分析,可以了解各国在废橡胶循环利用行业中的发展重点以及发展方向。

图4-4给出各国专利申请布局。在全球数据中,再生胶领域申请总量为742件、胶粉1683件、燃料热能701件、橡胶沥青1705件、轮胎翻新1035件、热裂解1582件。虽然整体上各个技术分支都有大量的申请,但是再生胶领域中国申请总量为508件,是国外再生胶领域申请总量211件的两倍多。可见,再生胶是中国专利申请的重点而在国外研究较少。在胶粉、橡胶沥青、轮胎翻新以及热裂解领域各个国家分布相对均衡,可见在这几个领域各国都具有平衡的研究投入。然而燃料热能分支中国申请量极少,只有27件,而其他国家却都有近百件申请,可见在中国废弃橡胶以燃烧获得热能的回收方式很少,与中国产业上燃料热能应用现状也是吻合的。

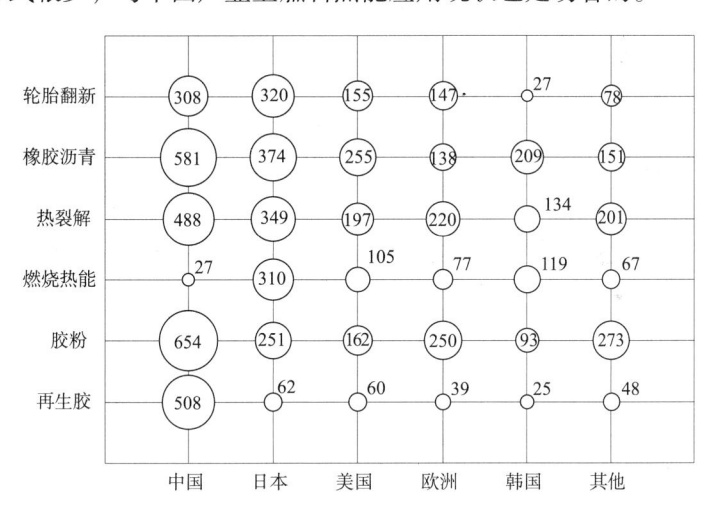

	中国	日本	美国	欧洲	韩国	其他
轮胎翻新	308	320	155	147	27	78
橡胶沥青	581	374	255	138	209	151
热裂解	488	349	197	220	134	201
燃烧热能	27	310	105	77	119	67
胶粉	654	251	162	250	93	273
再生胶	508	62	60	39	25	48

图4-4 各国专利申请布局(单位:件)

各国不同的技术分支布局受国内的政策以及国情影响很大。中国是一个橡胶资源消费大国,同时又是橡胶资源极度匮乏的国家,因此形成以再生胶生产为主的废橡胶利用格局。而早在第二次世界大战期间,由于橡胶短缺,再生胶在国外被视为战略资源,在20世纪40年代日本再生橡胶产量高达44万吨,50年代美国再生橡胶年产量达到37.4万吨。后来由于合成橡胶工业的发展,加上当时无法解决再生胶产生的二次污染,发达国家再生胶工业由发展转为萎缩。20世纪80年代以来,美国、德国、瑞典、日本、澳大利亚、加拿大等国都相继建立了一批废橡胶生产胶粉的公司,其生产能力大大超过再生橡胶。从20世纪90年代初开始,发达国家投入大量资金研究开发废旧轮胎的利用,取得了较大进展。因此,美日欧等国发展重点已经不再聚焦于再生胶领域,相应专利申请也不多。

根据美国橡胶制造协会统计的美国2005～2013年废轮胎的循环使用情况。2005年美国回收3616.11kt废轮胎，其中2144.64kt用于获取燃料，占59%，552.51kt用于铺路使用，占15%；还有出口等其他用途。而在2009年回收4391.05kt废轮胎，2084.75kt用于获取燃料，占47%；1354.17kt用于铺路使用，占31%。可见，美国产业中废轮胎回收主要是用于获取燃料和铺路，且铺路使用方面逐年增长。因此，美国专利申请布局中胶粉、橡胶沥青、燃料热能等占较大比例。

图4-5是欧洲轮胎制造商协会统计的欧洲废旧轮胎回收情况。从图中看到能量回收利用和材料回收利用1996～2011年都是增长的。能量回收主要是热能应用，材料回收主要是用其中的纤维制成胶粉以及回收炭黑等。到2012年能量回收和材料回收平分秋色，占据欧洲废旧轮胎回收利用的80%。可见，欧洲国家的废旧轮胎回收利用主要是能量回收和材料回收，还有一部分轮胎翻新。因此，欧洲专利申请布局主要也是胶粉、橡胶沥青、热裂解、轮胎翻新等，再生胶领域较少。

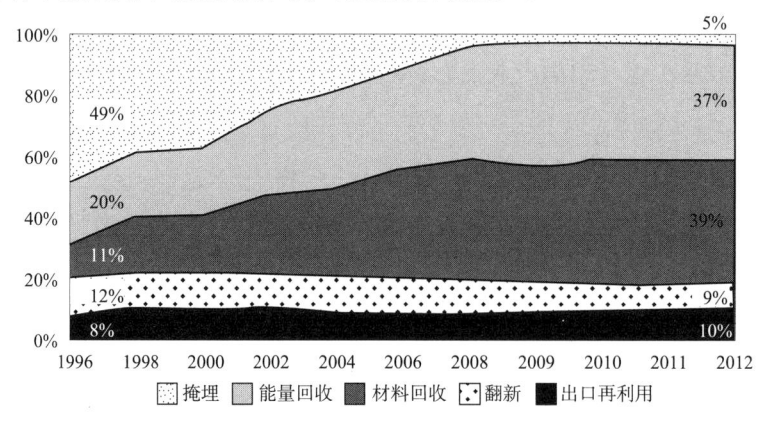

图4-5 欧洲废旧轮胎回收情况

根据日本机动车辆轮胎制造者协会统计的其轮胎回收利用情况，2013年日本燃料热能利用占据轮胎回收利用的半壁江山，比例高达57%。其他利用包括胶粉、轮胎翻新等，占16%，出口占16%。日本产业形势与专利申请布局一致，日本在燃料热能方面的专利申请高达310件，而其他所有国家在燃料热能方面的申请总量也不过395件。且其统计显示，胶粉的应用2009～2013年也是在增加的。因此，其在胶粉以及胶粉沥青方面申请也具有一定数量。

4.1.3 技术主题分析

图4-6是国外各技术分支的申请趋势。根据图4-4的分析，其他国家的一个共同点是再生胶申请量较少，因而在年度趋势中，再生胶处于稳定态势，申请量在低位平稳保持，只占5%（见图4-7），是国外申请中占比最少的一个技术分支。从年度申请趋势中也可以看到，燃料热能分支的申请量一直比较稳定，年均二三十件；而橡胶沥青、热裂解、胶粉以及轮胎翻新分支相对较多，尤其是橡胶沥青和热裂解在近几年仍然具有较多申请，可见这几个分支是国外目前的发展趋势。

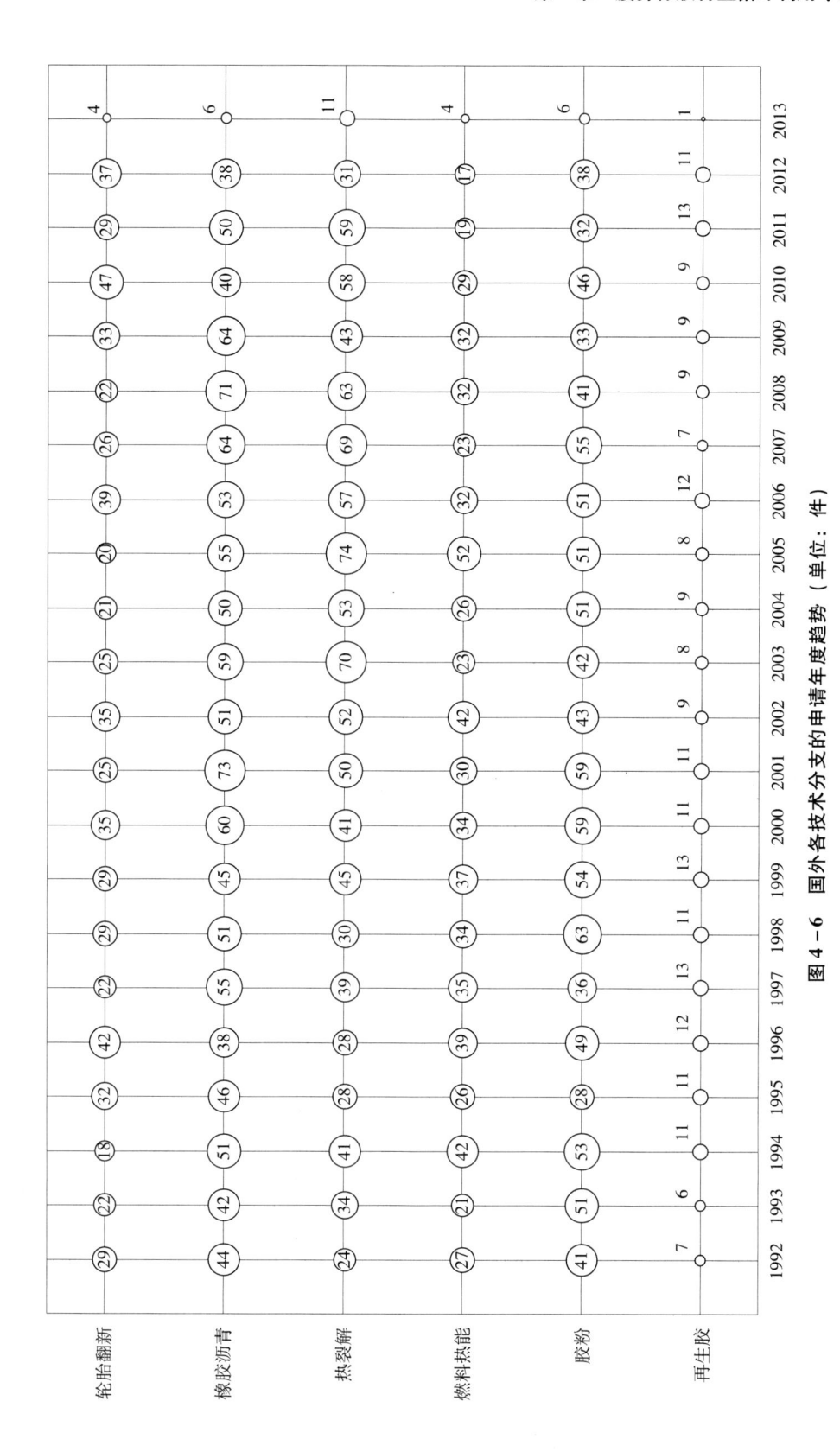

第4章 废弃橡胶再生循环利用专利分析

图4-6 国外各技术分支的申请年度趋势（单位：件）

图4-7显示,除再生胶分支外各技术分支都占有相当比例,胶粉占21%,橡胶沥青占24%,热裂解占22%,轮胎翻新和燃料热能都占14%。各个国家都有自己的关注点,如美国是热裂解占比多,日本燃料热能占比多,而胶粉和橡胶沥青是各个国家都处于增长趋势的分支,轮胎翻新也是国外普遍都有的回收利用方式。总体趋势上胶粉、橡胶沥青、轮胎翻新和热裂解年度申请趋势与图4-3国外总量申请趋势是一致的。但是由于国外橡胶循环利用行业整体上已处于成熟期,所以1992年开始整体趋势虽有缓慢增长,但增长量并不多,呈现稳定状态。

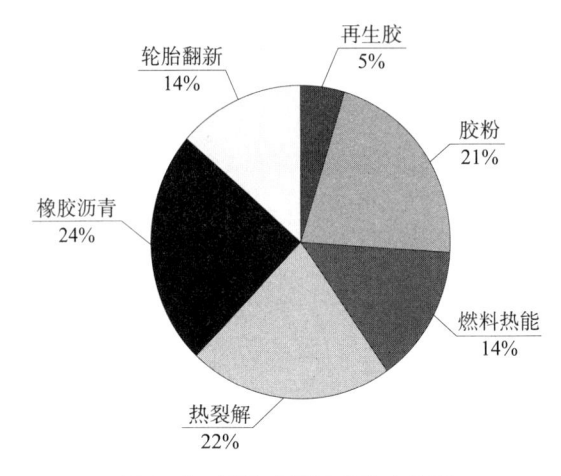

图4-7 国外申请技术分支比率

4.1.4 专利流向分析

根据前面的分析,中国、日本、美国、欧洲和韩国是全球专利申请量排名前五。因此,主要针对这五个国家和地区之间专利申请的流向进行分析,以便分析各国市场以及竞争状态。

图4-8中的五个饼图表示五大专利局受理的专利申请量,百分比表示各国家和地区申请人申请的专利数占该专利局总受理量的比例,箭头的方向表示各国家和地区申请人向各专利局申请的流向,箭头的粗细表示专利申请量的多少。

在五大局中中国专利申请量最多,共2830件;其后是日本,1904件;美国、韩国和欧洲依次为1225件、731件和685件。中国专利申请中国内申请占比最大,高达91%,而且对任一国的专利输出都小于其他国家的专利输入,说明中国目前还主要关注于本国市场,在国际市场的竞争力较弱。而欧洲和美国向其他国提出最多申请,欧洲向其他国提交共519件专利,美国向其他局提交共425件,同时也是其他国输入较多国家。尤其在欧洲,其他国申请占有44%。可见,欧洲和美国都是国际市场的必争之地。同时,美国、欧洲、日本以及韩国共向中国申请专利264件,欧洲输入中国最多,是125项,其后是美国,75件。可见中国也是一个具有潜力的市场,正日益备受关注。

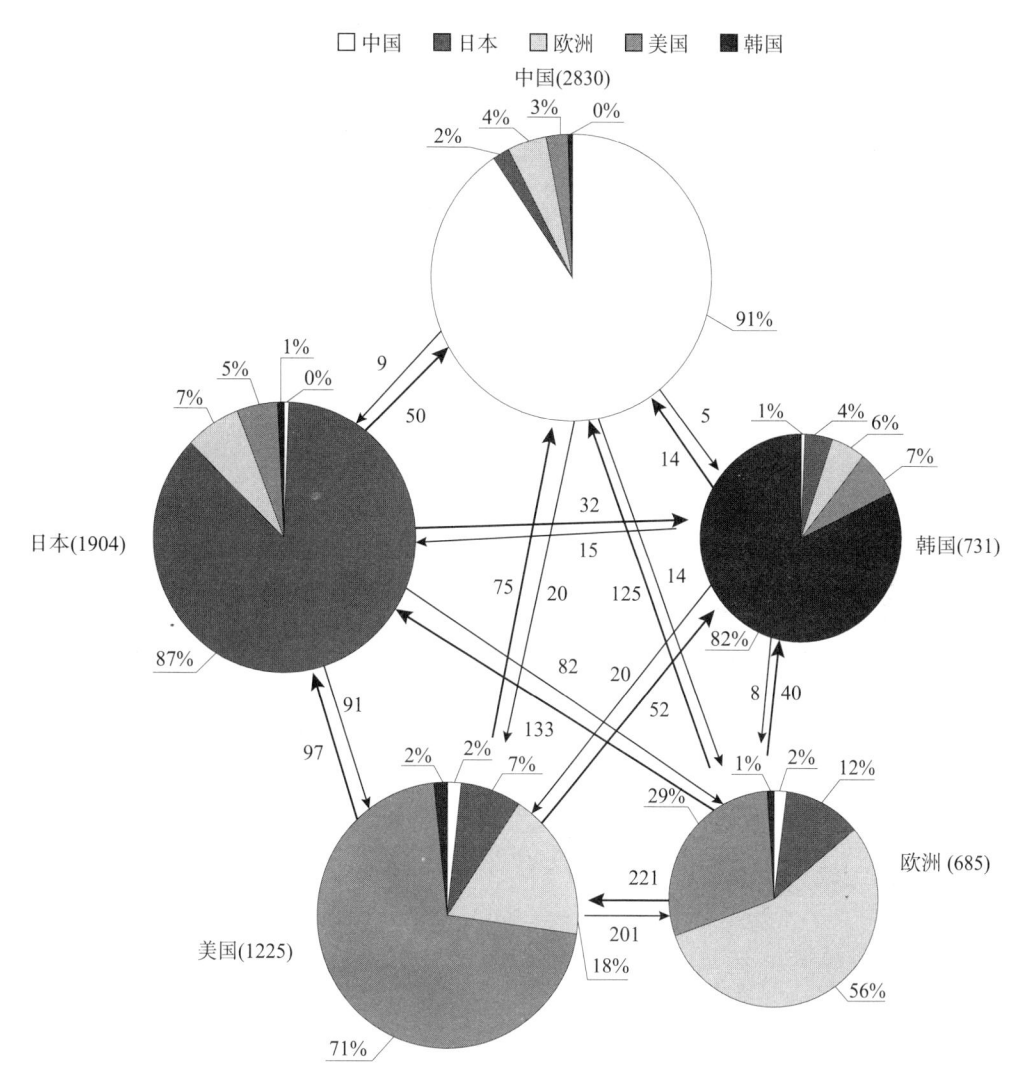

图 4-8　中国、欧洲、日本、美国、韩国专利流向（单位：件）

4.1.5　技术生命周期分析

图 4-9 是全球各个国家专利技术生命周期。其中中国的生命周期与其他国家截然不同。中国在 1992~2002 年是徘徊式增长，但是 2002 年后申请人数量和申请总量都是快速增长。

全球其他国家在 1992~1994 年申请量和申请人数量基本是增长的，但是在 1995~2011 年，申请人数的变化区间只是 200~270 人，申请量的区间是 205~265 件。可见这段时期，国外整体已经处于成熟期，专利申请量与申请人数量变化都不大。其中欧洲表现尤为明显，在 1992~2012 年都是小范围变化，申请人变化区间为 30~65 人，申请量变化区间为 20~45 件。而美国在 1992~2010 年变化也较小，到 2011 年和 2012 年申请人和申请量都明显减少，甚至低于 1992 年，可见在美国该产业早已经成熟。

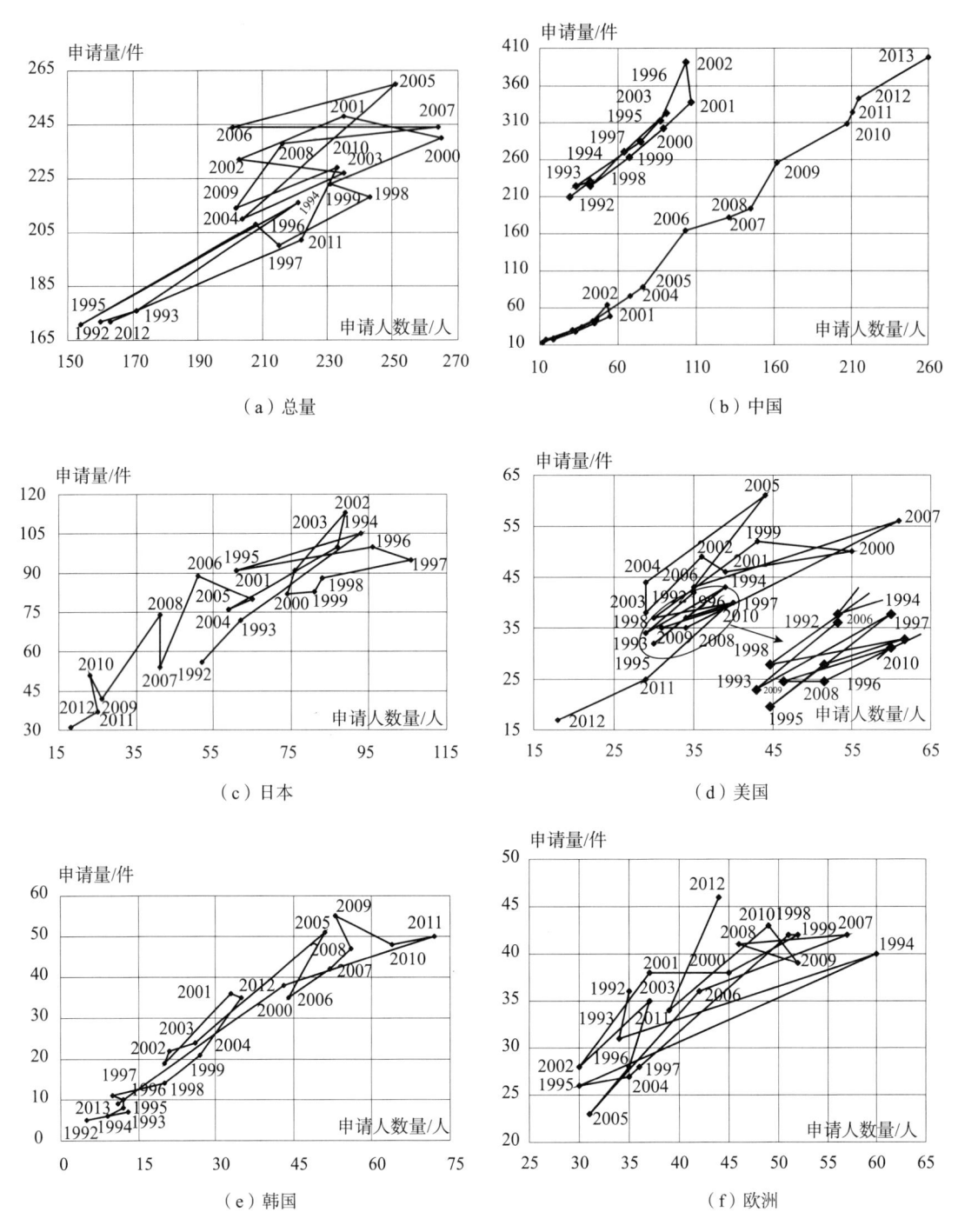

图 4-9 全球主要国家和地区申请量和申请人数量的变化趋势

日本 1992~1994 年处于发展阶段,申请人数量与申请量同步增长,在 1994 年后发展稳定,1997 年申请人最多但是申请量不是最高,而 2002 年申请量最大,申请人却又减少,说明 1997~2002 年是产业成熟期,企业优胜劣汰,产业集中度提高;经过 2002 年的高峰，产业开始出现颓势，2005年后申请量和申请人都逐渐减少，产业进入成熟期。韩国和中国相似，1992~1997年曲折增长，1998~2010年相对快速增长，但在2009年出现申请量高峰但申请人不多，后期需要数据来观察。

通过统计国外多边申请生命周期（见图4-10），其区间变化也是0~50件，只有1992~1999年申请人数量和申请量都是具有增长趋势，而后开始下降，到2001年起都低于1992年的水平。根据多边申请的周期也可以进一步验证，国外整体已经减少技术投入，主要原因是废弃橡胶的回收目前还是以环保为主、主要依靠政府支持的事业，并不是一个具有很大收益的产业。国外的处理方式格局也基本稳定，没有足够的动力促进研发。

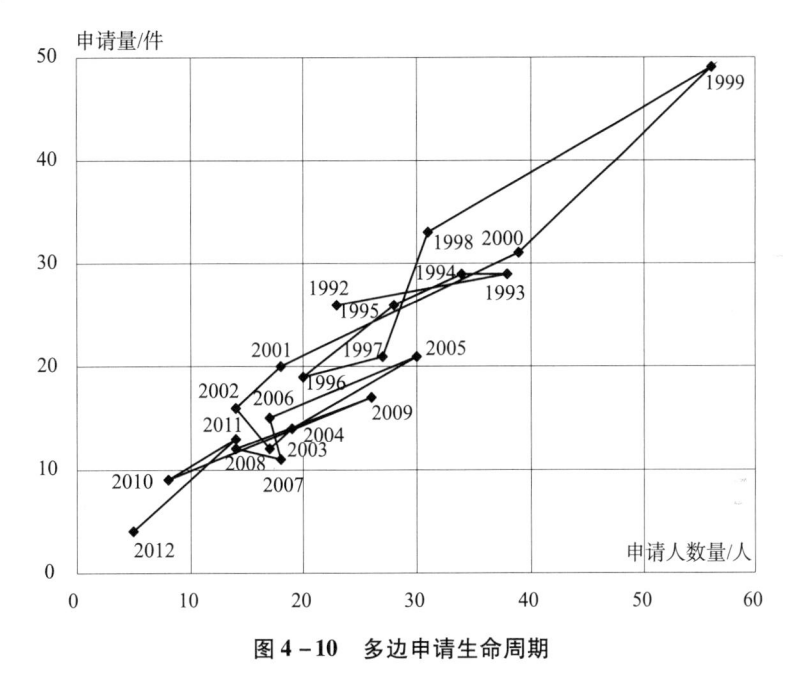

图4-10 多边申请生命周期

4.1.6 专利申请主要申请人分析

1. 主要申请人及其技术分析

表4-1是全球申请人排名以及申请人主要技术分支，在前15名中虽然以日本企业居多，但是中国、韩国、法国、俄罗斯都有企业上榜。值得注意的是，除了中国和俄罗斯的企业，其他上榜企业多是各国的轮胎巨头，如日本普利司通、法国米其林、美国固特异、韩国锦湖等。这主要是由于这些国家都推行"生产者责任制"，规定轮胎生产企业有义务回收与该企业生产量相当的废轮胎，或者提供与处理生产量相当废轮胎的费用。

表4-1 全球申请主要申请人技术分支分布　　　　单位：件

申请人	再生胶	胶粉	燃料热能	热裂解	橡胶沥青	轮胎翻新	小计
普利司通（日本）	4	16	6	12	46	196	280
横滨橡胶（日本）	3	5	4	7	10	74	103
米其林（法国）	0	2	0	0	0	94	96
住友（日本）	3	3	7	13	11	39	76
三菱（日本）	3	11	13	25	4	2	58
固特异（美国）	6	2			4	47	59
上海群康沥青科技有限公司（中国）					42		42
新日铁（日本）		1	5	22	7		35
青岛高校软控股份有限公司（中国）				3		26	29
锦湖（韩国）		10	2		2	10	24
重庆市聚益橡胶制品有限公司（中国）	12	12					24
天津海泰环保科技发展有限公司（中国）					23		23
UYJA（俄罗斯）		21			1		22
北京化工大学（中国）	15				6		21
东洋橡胶（日本）	1		3		9	6	19

申请人排名中日本企业最多，有普利司通、横滨橡胶、住友以及三菱等，而且这几个公司在橡胶回收利用中每个技术分支都有申请。尤其是普利司通，申请总量第一，遥遥领先于其他公司，主要涉及领域也是轮胎翻新，但是在橡胶沥青、胶粉以及热裂解等其他分支也有十多件申请。图4-11是申请人年度变化趋势，普利司通1992~2013年都有申请，而且2005年以后是明显增长的趋势，直到2011年才略有减少。

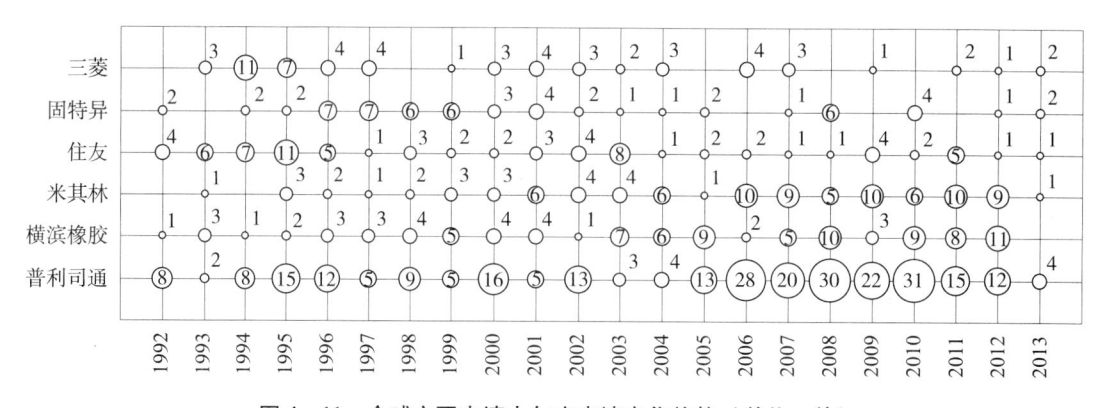

图4-11 全球主要申请人年度申请变化趋势（单位：件）

第4章 废弃橡胶再生循环利用专利分析

表4-2 全球主要申请人年度申请趋势

单位：件

申请人	1992	1993	1994	1995	1996	1997	1998	1999	2000	2001	2002	2003	2004	2005	2006	2007	2008	2009	2010	2011	2012	2013	2014	总计
普利司通	8	2	8	15	12	5	9	5	16	5	13	3	4	13	28	20	30	22	31	15	12	4	0	280
横滨橡胶	1	3	1	2	3	3	4	5	4	4	1	7	6	9	2	5	10	4	9	9	11			103
米其林	0	1	0	3	2	1	2	3	3	6	4	4	6	1	10	9	5	10	6	10	9	1	0	96
住友	4	6	7	11	5	1	3	2	2	3	4	8	1	2	2	1	1	4	2	5	1	1	0	76
固特异	2	0	2	2	7	7	6	6	3	4	2	1	1	2	0	1	6	0	4	0	1	2	0	59
三菱		3	11	7	4	4	3	1	3	4	3	2	3	2	4	3	1	1		2	1	2		58
上海群康沥青科技有限公司															37	3			1				1	42
青岛高校软控股份有限公司																	11	14	1				3	29
新日铁	2	1	2	1	1				1	2	1	3	5	6	3		1		3					34
锦湖			1		1	4			3	1	1	1	2	3			2			3	2			24
重庆市聚益橡胶制品有限公司																							24	24
天津海泰海环保科技发展有限公司																			14	4	5			23
UYJA-R														5	12	5	1	3	2	3	7	2	1	22
北京化工大学										2	2	2			2	1	1	1	1		1	2		21
东洋橡胶		1				1	1	4																19

· 201 ·

米其林、固特异等只是在其中两个或三个技术分支提出申请,最主要的还是在轮胎翻新方面。米其林和固特异申请年度趋势都是1992~2013年几乎每年都有申请,但是固特异在近年申请量却不如1996~1999年,而米其林近年仍然保持较高申请量,可见其一直在轮胎翻新方面保持较高的活跃度。

从表4-2中可以看到其他申请量相对较少的申请人年度趋势,主要特点是断续申请,每年几件专利申请,没有明显趋势。韩国锦湖2000~2006年连续申请后,2008年、2011年和2012年间断有申请。中国的申请人都起步晚,北京化工大学从2007年才有申请,以后每年都有一定量申请。其他中国申请人普遍都是集中在某几年具有一定申请数量,并没有持续创新。

2. 主要申请人区域布局

本部分进一步对废弃橡胶再生循环利用全球主要申请人在全球主要国家或地区专利分布进行分析。表4-3是主要申请人的申请区域,排名前六位的申请人都在多个国家都有布局。米其林和固特异布局的国家分别多达19个和23个,普利司通也有14个。全球主要申请人都非常重视日本、美国和欧洲地区(主要是EP、DE和ES),这三大市场竞争最为激烈,其次是中国。从进入的国家看,日本公司只有普利司通具有大范围的全球布局,而其他申请量大的日本企业,如横滨橡胶、住友以及三菱主要还是在本国进行专利申请,其他国家布局很少。米其林和固特异也是全球布局全面的申请人,在欧洲、日本、中国、加拿大以及澳大利亚等都布局了大量专利。从布局的技术分支可以看到,申请人在轮胎翻新领领域的布局是最全面的,其次是胶粉和橡胶沥青,而再生胶是布局最少的分支,主要也是由于国外已经不再聚焦再生胶分支。

表4-3 主要申请人申请分布区域　　　　单位:件

申请人		日本	欧洲	美国	中国	德国	西班牙	加拿大	澳大利亚	韩国
普利司通 (布局14个 国家和地区)	再生胶	3	2	3		2	2	1		
	胶粉	16	4	4	2	1			2	
	燃料热能	5		1				1		
	热裂解	12								
	橡胶沥青	43	2	7		2	2	2		
	轮胎翻新	172	40	48	22	12	12	9	2	5
	总计	251	48	63	24	17	16	13	4	5
横滨橡胶 (布局5个 国家和地区)	再生胶	3								
	胶粉	5								
	燃料热能	4								
	热裂解	7		1		1				
	橡胶沥青	10								
	轮胎翻新	73		3	2	2				1
	总计	102		4	2	3				1

续表

申请人		日本	欧洲	美国	中国	德国	西班牙	加拿大	澳大利亚	韩国
米其林 (布局19个 国家和地区)	胶粉					2				
	轮胎翻新	53	68	72	54	22	11	24	32	9
	总计	53	68	72	54	24	11	24	32	9
住友 (布局9个 国家和地区)	再生胶	3								
	胶粉	3	1	1	1	1				1
	燃料热能	7	1	1	1					1
	热裂解	13								
	橡胶沥青	11								
	轮胎翻新	38		2	2					
	总计	75	2	4	4	1				2
三菱 (布局6个 国家和地区)	再生胶	1	2			2				
	胶粉	12								
	燃料热能	13	1		1	1				
	热裂解	20	8	2	6	5				1
	橡胶沥青	3								
	轮胎翻新	2								
	总计	51	11	2	7	8				1
固特异 (布局23个 国家和地区)	再生胶	2	3	5	1	2	1	1		
	胶粉	1	2	2		1			2	
	橡胶沥青		1	3		1		2		
	轮胎翻新	13	31	40	12	15	5	11	16	5
	总计	16	37	50	13	19	6	14	18	5

法国和美国企业更多面向全球进行专利申请，呈现进攻性的专利布局，日本也有进攻性专利布局企业，但整体上还是以本国申请为主，主要属于本土防御型专利布局。

4.2 中国专利分析

4.2.1 专利申请整体发展趋势

表4-4给出废弃橡胶再生循环利用中国申请量的发展趋势。从申请量的构成来看，中国申请量以国内申请为主，占89%；外国来华专利只有11%，其中欧洲、美国、日本和其他国家和地区分别占4%、3%、2%和2%。

表4-4 各国在华专利申请趋势　　　　　　　　　　　　　　　单位：件

国家和地区	2000	2001	2002	2003	2004	2005	2006	2007	2008	2009	2010	2011	2012	2013	2014
中国	35	32	56	34	52	73	144	154	178	219	278	296	330	392	142
欧洲	2	5	2	6	10	6	10	16	5	18	13	11	5	1	0
美国	0	3	2	0	7	6	5	2	5	7	6	7	3	2	0
日本	1	4	1	1	4	0	2	3	4	3	5	7	4	3	0
其他地区	1	5	3	1	3	3	3	6	2	9	6	3	1	0	0
申请总量	39	49	64	42	76	88	164	182	194	256	308	324	343	398	142

在全球专利申请趋势分析中已经提到废橡胶循环利用行业的发展与废橡胶来源密不可分。美国、欧洲、日本从20世纪就是产生大量废轮胎，都面临着轮胎处理的问题。在全球专利申请数据中，日本、美国以及欧洲申请量都位居前列，它们在废橡胶循环利用方面也具有较多在华专利申请。当然，在中国还是国内的申请占有绝大部分（89%），这是因为在国内申请专利中国申请人近水楼台，方便快捷、成本相对较低；同时，这是与我国废旧资源再利用产业的蓬勃发展分不开的，越来越多的申请人逐渐重视对核心技术的保护。多数国家来华申请数量较少，这说明，一方面，由于环境问题和产业政策，国外废弃橡胶的再利用产业起步早，已经过了高速发展期，逐渐开始萎缩；另一方面，对于中国广阔的市场，国外依旧重视在中国布局核心技术。

从整体趋势上看，中国目前依然是在增长期。中国废橡胶循环利用专利申请大致可以分为以下两个阶段。

1）平稳增长期（1992~2002年）。中国废橡胶循环利用行业的发展主要依托中国橡胶工业的发展，而轮胎业是中国橡胶工业中耗胶量最大的产品，经济总量约占整个橡胶工业的70%。因此，废橡胶循环利用行业的发展与橡胶工业中轮胎密不可分。1994年，中国汽车销售仅134万辆，而汽车具有较长使用年限，可见作为废橡胶主要来源的废轮胎并不多。因此，废橡胶的循环利用处于初步缓慢的增长态势。

2）快速增长期（2003年至今）。随着我国居民收入不断提高，汽车开始大规模进入普通家庭。2003~2009年，我国汽车年复合增长率高达20.8%。随着汽车拥有量的增加，废旧轮胎的产生量大量增加，从表4-5可以看出2008~2014年汽车废旧轮胎产生量一直在高速增长，只是在2012年、2013年增长率略有下降。同时，2002年我国成为世界橡胶消耗第一大国，2005年我国轮胎产量居世界第一，2007年出口轮胎销售额居世界第一。因此，在废橡胶产量和橡胶工业都是高速增长的时期，促使废橡胶循环行业的高速发展。

从表4-6中再生胶和胶粉的生产量也可以看到，橡胶循环工业从2003年开始快速增长❶，2003年和2004年增长率分别为10.4%和10.14%，2006年和2007年增长率分别是14.97%和27.60%。且从2013年、2014年废轮胎的产生量看，中国橡胶循环利用依然是处于快速发展阶段。

---

❶ 李如林. 重视橡胶资源循环利用[J]. 橡塑技术与装备, 2010, 36 (2): 22-27.

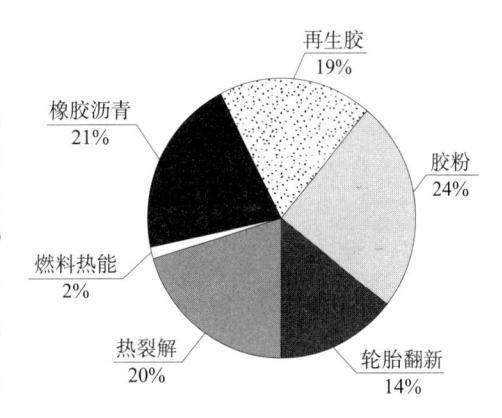

第4章 废弃橡胶再生循环利用专利分析

表4-5 2008~2014年中国汽车废旧轮胎量

年份	2008	2009	2010	2011	2012	2013	2014
汽车废旧轮胎数量/亿条	1.3	1.7	2.33	2.7	2.93	2.99	3.15
汽车废旧轮胎重量/万吨	740	765	860	970	1018	1080	1135
废轮胎重量增长率（%）		3.38	12.4	12.7	4.95	6.09	5.09

表4-6 中国再生胶、胶粉产量

年份	再生橡胶/万吨	硫化橡胶粉/万吨	总产量/万吨	同比增长（%）
2002年	110	15	125	
2003年	120	18	138	10.40
2004年	130	22	152	10.14
2005年	145	22	167	9.86
2006年	170	22	192	14.97
2007年	220	25	245	27.60

图4-12是废旧橡胶再利用中国专利申请各技术分支构成。可以看到再生胶占19%，胶粉占24%，橡胶沥青占21%，热裂解占20%，轮胎翻新占14%，燃料热能最少，占2%。中国是一个橡胶资源消费大国，同时又是橡胶资源极度匮乏的国家。❶从表4-7可以看出，虽然2001~2008年我国天然橡胶产量每年都在增长，但是自给率却在逐年下降。目前我国天然橡胶80%、合成橡胶46%依赖进口，而3t再生胶可以替代1t天然橡胶，1.5~2t合成再生橡胶可

图4-12 专利申请中各技术分支所占比例

以替代1t合成橡胶，生产再生胶的同时又处理了废橡胶固体废物，因此我国形成以再生胶生产为主的废橡胶利用格局。不同形式的利用比例为再生胶占71.30%、轮胎翻新占11.80%、胶粉占7.50%、热裂解等其他方式占9.38%。国家2010年9月15日颁布了《轮胎产业政策》，明确了橡胶工业的"三胶"是天然橡胶、合成橡胶和再生橡胶。因此，在废橡胶循环利用的几个主要方面，再生胶、胶粉、轮胎翻新和热裂解都有相对大量的专利申请。橡胶沥青是胶粉的一个主要的应用，胶粉产品一半以上都用于改性沥青铺路，因此，在橡胶沥青方面专利申请也与胶粉相当。

---

❶ 李如林. 重视橡胶资源循环利用[J]. 橡塑技术与装备，2010，36（2）：22-27.

表4-7　2001~2008年天然橡胶生产量、进口量、消费量、自给率

年份	产量/万吨	进口量/万吨	消费量/万吨	自给率（%）
2001年	48	98	121	49.9
2002年	52	95	147	54.7
2003年	56	120	176	46.6
2004年	57	128	185	31.86
2005年	51	141	190	29.15
2006年	53	157	210	23.7
2007年	59	164	255	24.4
2008年	54.1	168	253	24.9

图4-13是各技术分支的年度申请趋势。我国废橡胶循环利用中用于燃料热能的比例很小，因而专利申请量也很少，每年只有几件申请甚至没有。其他分支都是前期稳定波动、缓慢增长，后期相对快速增长，与废橡胶循环利用行业的整体发展趋势一致。但是在快速增长期每个技术分支略有不同，具体分析如下。

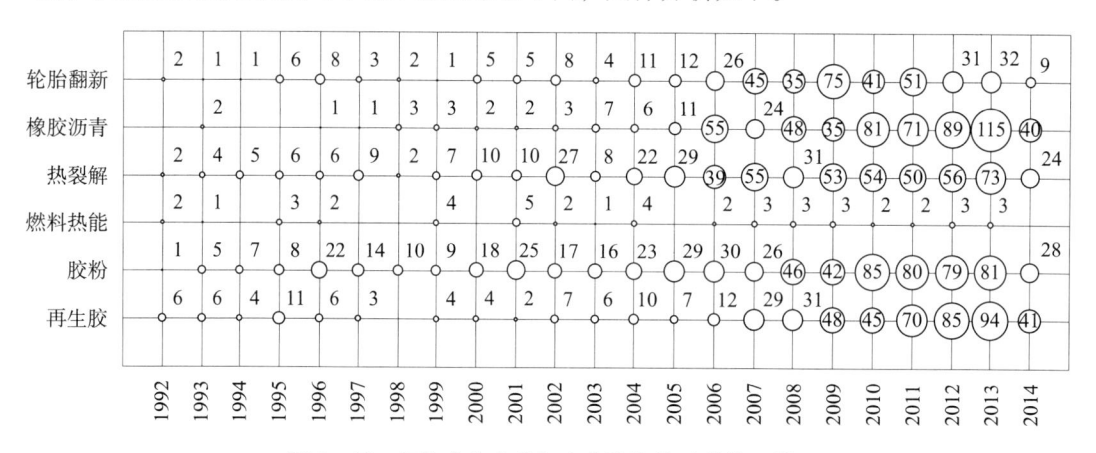

图4-13　各技术分支的年度申请趋势（单位：件）

再生胶的增长是从2004~2005年开始的。我国的橡胶循环利用行业以再生胶为主，表4-8是《中国资源综合利用年度报告》（2014）中统计废轮胎的综合利用情况，从表4-6、表4-8可见，再生胶产量一直都是快速增长的趋势。因此，再生胶的专利申请在2004年和2005年以后一直都快速增长。

表4-8　2009~2013年我国废旧轮胎综合利用

项目	2009	2010	2011	2012	2013
翻新量/万条	1300	1400	1200	1600	1400
橡胶粉产量/万吨	27	20	20	25	25
再生胶产量/万吨	250	270	300	350	380

胶粉和橡胶沥青的快速增长都是从2007年开始的。关于胶粉的申请量在1996年后每年都有十几件，这是因为胶粉的前期处理工艺，如轮胎分割、钢丝分离等，也是轮

胎回收的必备工艺，再生胶、热裂解等也需要这些前期处理。因此，胶粉前期也是有一定申请量。而胶粉的应用市场决定其产量的发展，早期胶粉应用较少，1991年胶粉使用量仅300吨。20世纪90年代以后我国开始发展胶粉用于橡胶沥青的技术，并进行路面铺设试验。2001年，为了响应"西部大开发"战略，交通部着手组织"废旧轮胎橡胶粉在公路工程中应用技术研究"，课题组成员经过近两年的研究试验，在北京市顺义区、门头沟区铺设两条2.4km的路段。北京"申奥"成功后，提出"绿色奥运、科技奥运"的理念，北京市交通委、市路政局立项"关于轮胎胶粉沥青改性技术研究"，以交通部课题为依托进行了实验应用。随后，北京市专门发布"废轮胎胶粉沥青及混合料设计施工技术指南"，这是系统地就胶粉改性沥青应用发布的首个地方指南。2002年，交通部将胶粉改性沥青的研发列入西部大开发项目，先后在广东、山东、河北、四川、贵州等地铺设了几十条试验路段。2003年，经建设部批准，天津市公路局开始将胶粉改性沥青试用于城市道路建设。直到2007年，废旧轮胎胶粉在公路工程的应用列入交通部专项计划和科技推广项目，使橡胶沥青得到快速发展。因此，胶粉和橡胶沥青的专利申请在2007年以后快速增长。

热裂解虽然也是我国废橡胶循环利用的方式之一，但是目前存在的热裂解工艺往往只针对某一种或几种产物的回收利用，较少完全实现资源回收，且大多数要求将废轮胎破碎成一定的粒径的颗粒，增加了能耗，提高了成本。国内对废轮胎热裂解技术的研究还处于小规模实验或量产阶段，因而专利申请一直保持稳定。

4.2.2 各国在华专利申请技术主题及申请质量分析

图4-14是各国在华申请的技术主题分析。从图中看到，欧洲在华布局较多的是胶粉（21件）、热裂解（34件）和轮胎翻新（61件），美国在华布局较多的是热裂解（27件）、轮胎翻新（20件）、再生胶（11件）、胶粉（9件）以及橡胶沥青（7件），日本在华布局较多的是轮胎翻新（24件）、燃料热能（12件）和胶粉（7件）。

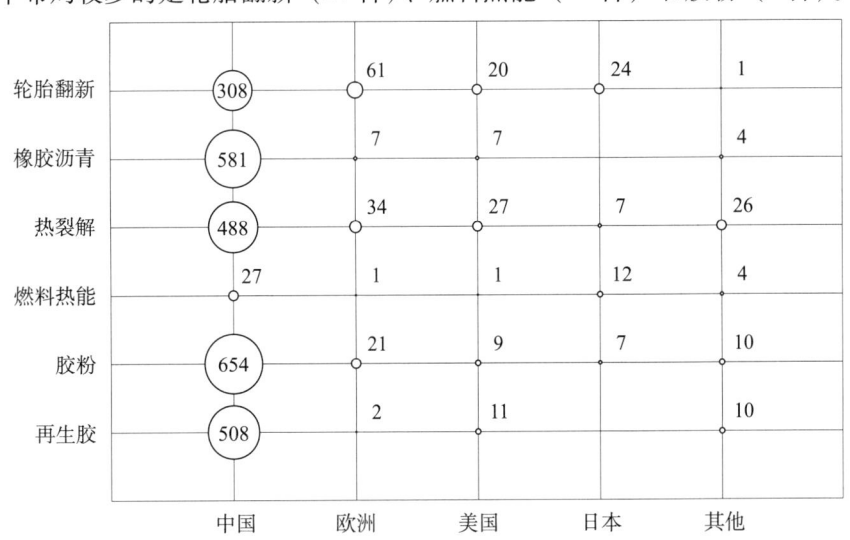

技术分支	中国	欧洲	美国	日本	其他
轮胎翻新	308	61	20	24	1
橡胶沥青	581	7	7		4
热裂解	488	34	27	7	26
燃料热能	27	1	1	12	4
胶粉	654	21	9	7	10
再生胶	508	2	11		10

图4-14 各国在华申请技术分支分布（单位：件）

中国废橡胶循环利用是以再生胶为主，胶粉、轮胎翻新以及热裂解为辅的橡胶循环利用格局，所以其再生胶、胶粉、轮胎翻新、热裂解以及橡胶沥青都是具有大量申请。

不同国家在橡胶循环行业的格局各有不同。国际通常采用"先翻新，后报废"的做法。发达国家大多要求新轮胎的设计和生产必须保证两次以上可翻新的性能。因此，在欧美日等国家和地区翻新轮胎是一大部分，而不能翻新的轮胎才进行其他处理。目前这些发达国家轮胎翻新率均在45%以上，而中国的翻新比率不到5%。而且轮胎翻新的主流技术也是被几大轮胎公司占有，如米其林、普利司通以及固特异等。同时，发达国家的轮胎翻新业近年出现停滞，我国正成为美国、欧洲、日本等轮胎翻新生产商和经销商的关注目标，不少轮胎业巨头相继在中国建厂。[1] 因此，几大国家在轮胎翻新领域在中国都有一定的专利布局。

根据美国橡胶制造商协会统计的2013年美国废橡胶的处理情况，其53.1%是用于获得燃料，24.4%用于路面，其他用途占3%，其中有1.2%用于再生。可见，美国废橡胶主要用途是获得燃料以及路面应用。因此，美国在橡胶沥青方面在华具有一定专利布局。虽然美国在再生方面应用很少，但20世纪50年代美国再生橡胶年产量已达到37.4万吨，其相关技术已经成熟。加之中国现在已经是最大的再生胶生产国，因此，美国在再生胶方面仍在中国进行专利布局。

热裂解是将轮胎裂解获得气态产物及固态产物钢丝和炭黑，如果设备工艺好热裂解能实现无害化回收，一旦废气泄漏即会导致环境污染。美国曾在印第安纳州用裂解气发电，因二次污染而直接改为使用燃料热能。可见，在橡胶的循环利用中热裂解是需要较高技术含量的，发达国家在这方面一直都有研究。因此，欧洲、美国等在华都有一定的热裂解专利布局。

在分析技术主题时，废橡胶循环利用行业的第一级分支是主要的利用方式，包括再生胶、胶粉、热裂解、轮胎翻新以及燃料热能。由于胶粉的主要应用是橡胶沥青，所以第一级分支也包括橡胶沥青。考虑到国内以再生胶为主，而且胶粉是最近几年国内外大力发展的技术，因此，对再生胶和胶粉领域进行细分，如图4-15和图4-16所示。

图4-15是再生胶技术分支专利申请中细分二级分支所占比例。可以看到，脱硫罐和动态脱硫分别占9%和11%，在整个再生胶的分支中是重要的工艺。动态脱硫是目前再生胶市场的主流工艺之一，获得的再生胶质量较好，但这个工艺通常产生大量的废水、废气，给环境造成很大的压力，因此，行业目前都致力于研发较少污染的工艺。

---

[1] 中国轮胎翻新业发展前景和趋势分析 [J]. 中国资源综合利用，2013 (1)：16.

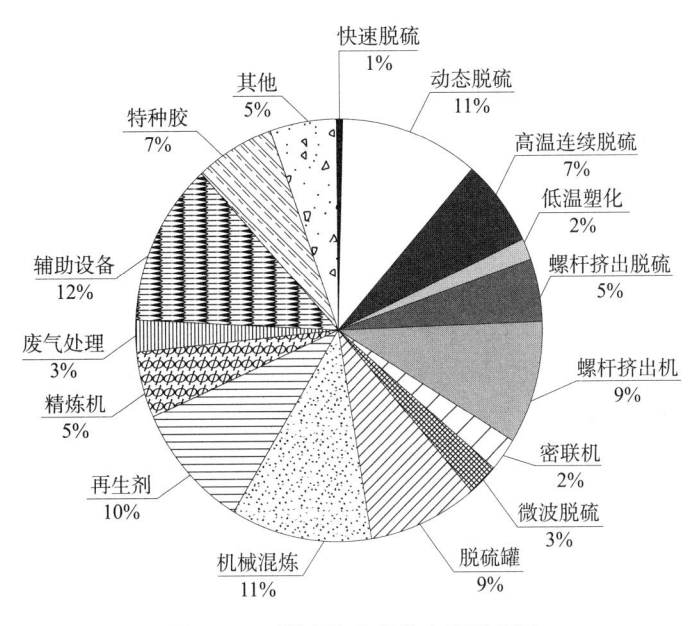

第4章 废弃橡胶再生循环利用专利分析

图 4-15 再生胶技术分支专利申请

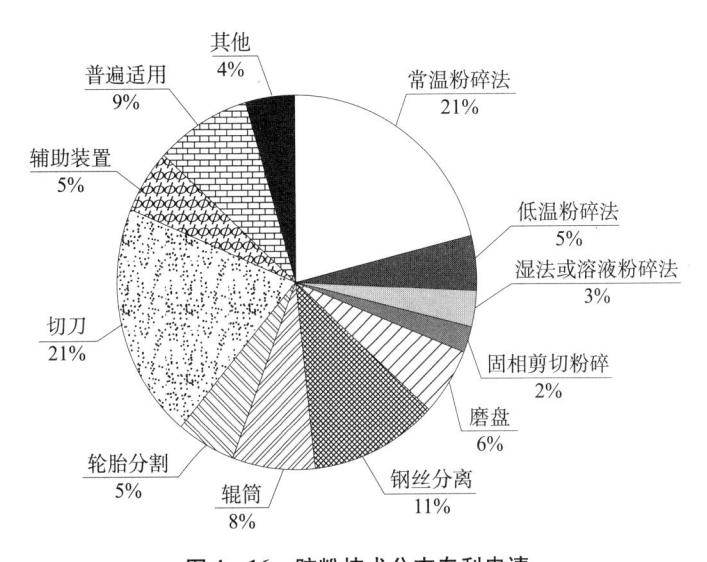

图 4-16 胶粉技术分支专利申请

另外，螺杆挤出脱硫以及螺杆挤出机分别占5%和9%，高温连续脱硫及机械混炼的方法分别占7%和11%。2011年5月10日，发改委颁布《产业结构调整指导目录（2011年本）》，将再生胶生产工艺动态法、连续脱硫工艺列入鼓励类。2012年6月1日，国家四部委联合发布《国家鼓励的循环经济技术、工艺和设备名录（第一批）》，将再生胶生产新工艺常压塑化法列入其中。常压工艺主要解决废水、废气等二次污染问题。而螺杆挤出脱硫、高温连续脱硫以及机械混炼中就有大部分是常压工艺。这些占专利申请量较大比例的都是目前再生胶产业正在使用的主流工艺。

其他脱硫方法，如微波脱硫、电子辐射脱硫和超临界CO_2脱硫等，都还没有实现大规模产业化，仍处于实验研发阶段。这些工艺方法在专利申请中也占有较大的份额，如微波脱硫占3%，其他工艺（包括超临界CO_2脱硫技术）占5%。

再生胶领域的专利申请，除了再生胶生产的具体工艺之外，还有一些辅助设备的申请，这些设备有翻胶、输送胶料设备，再生胶后续精炼的精炼机，及废气处理的装置，等等。

图4-16是胶粉技术分支专利申请中细分二级分支所占比例。在涉及胶粉加工工艺的专利申请中，占有比例较大的是常温粉碎法（21%），该技术也是目前国内普遍采用的粉碎胶粉的技术。低温粉碎法只占申请量的5%，这是由于低温粉碎耗能多成本高，国内较少采用。在涉及胶粉加工设备的专利申请中，粉碎装置占据半壁江山，其中涉及切刀、辊筒和磨盘的申请分别占有21%、8%和6%，涉及钢丝分离和轮胎分割等轮胎初步处理的专利申请也占有一定比例，分别是11%和5%。这些都是胶粉粉碎中普遍采用的设备。

图4-17是各个分支中专利申请的质量。从图中可以看到，授权率最高的是轮胎翻新领域（67%），其后是橡胶沥青（59%）、再生胶（57%），而授权率最低的是燃料热能，只有47%。轮胎翻新技术是国外申请布局较多的领域，这或许是该技术分支授权率最高的原因所在。

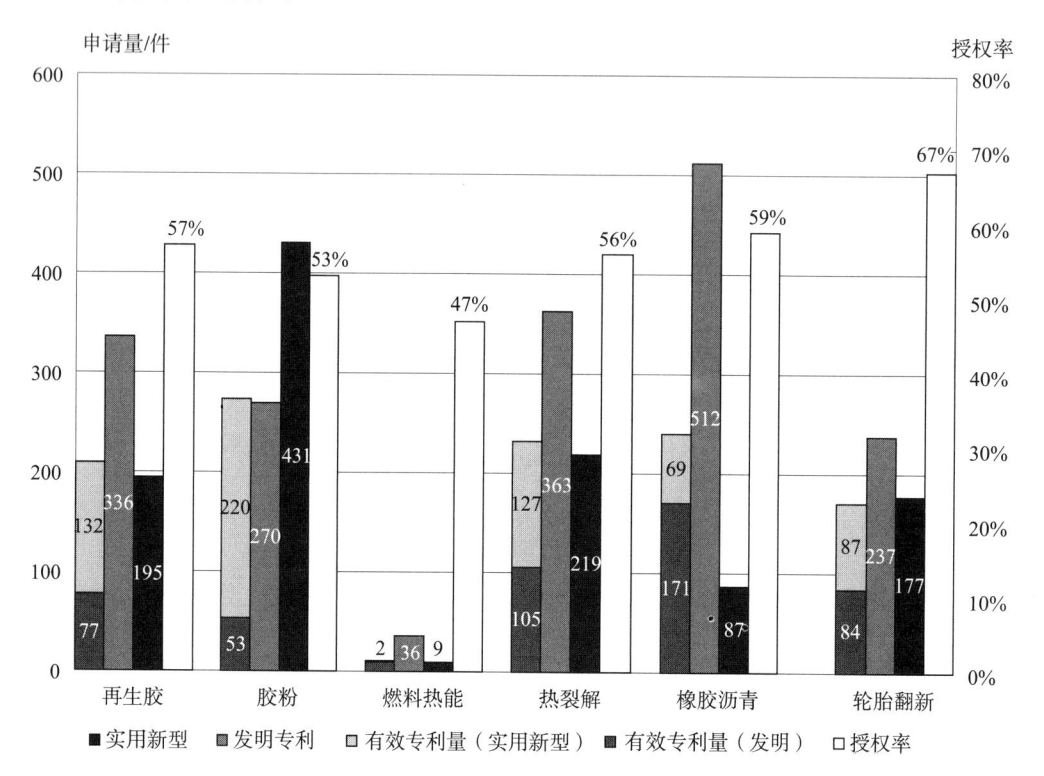

图4-17 各技术分支申请质量

表4-9给出了各技术分支的专利有效率以及实用新型所占比例，其中胶粉、热裂

第4章 废弃橡胶再生循环利用专利分析

解以及轮胎翻新技术都是以装置为主,再生胶中的装置在工艺中是比较重要的,因此,这几个技术分支在实用新型方面申请较多。而橡胶沥青主要是以工艺以及组合物为主,所以实用新型相对较少。同时,由于再生胶和橡胶沥青都是国内都是大力发展的产业,其专利申请依然保持强劲的申请劲头,待审率也较高,分别为27%和33%。

表4-9 各技术分支的专利申请情况

技术分支	发明专利/件	实用新型/件	专利有效率	待审率	实用新型所占比例
再生胶	336	195	69%	27%	37%
胶粉	270	431	52%	14%	61%
燃料热能	36	9	60%	13%	20%
热裂解	363	219	64%	18%	38%
橡胶沥青	512	87	89%	33%	15%
轮胎翻新	237	177	59%	17%	43%

图4-18是各国在华专利申请质量分析。其中,欧美日多边申请量较多,美国有71件,欧洲有116件,日本有46件,而中国只有19件。可见中国主要都是关注国内市场。多边专利申请成本较高,只有企业认为是重要的创新技术以及重要的市场才会布局,这是专利申请质量的一个重要考量指标。中国具有广阔的市场,外国公司为了抢占中国市场,必然会将其重要专利在中国布局。对于国内申请而言,其申请人多为中小企业,国内市场已经足以满足其发展和成长的需要,无须走出国门在国外申请专

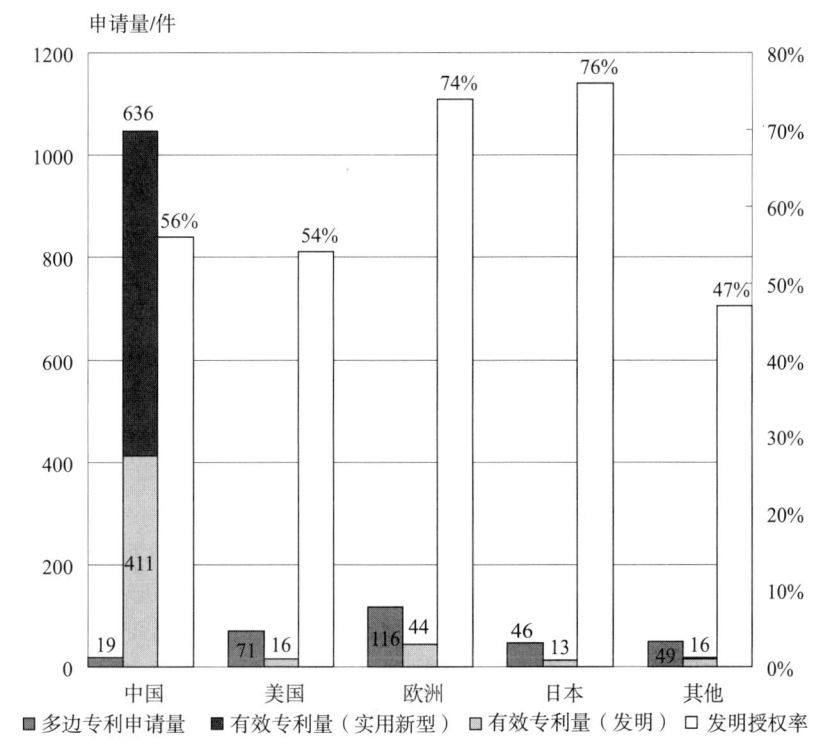

图4-18 各国在华专利申请质量

利进行布局,因此,中国在国外布局较少。同时,橡胶循环利用行业门槛较低,国内的企业以小作坊式企业居多,其中轮胎翻新中小作坊就占行业60%。❶ 这些企业通常不投入创新或者投入少,它们关注的市场普遍都是国内,甚至只是国内某些省市,所以总体上导致国内多边申请量少。

另外,欧美日在中国的申请都是发明申请,没有实用新型申请;而中国发明申请总量是1454件,实用新型总量1114件,实用新型占申请总量的43%。在发明专利的授权率方面,中国是56%;日本最高是76%;欧洲居次,是74%;而美国和其他国家相对偏低,分别是54%和47%。国内申请中由于很多是装置,因而普遍会选择申请实用新型。而国外进入中国的申请多边专利较多,其中欧洲和日本的授权率较高,说明它们的专利申请具有较好的质量。

表4-10统计了主要国家和地区在华发明专利申请的有效率和待审率。待审率方面,欧洲、美国和日本分别为30%、28%和41%,足以显示各国在华布局依然强劲。从专利有效率来看,国内有效率高达80%,即大部分授权发明专利都保持有效,可见国内申请人已经相当重视专利权,同时也说明专利权对企业具有举足轻重的作用。国外专利虽然授权率较高,但有效率都相对较低,欧洲有效率最高,为68%。其原因在于,整个橡胶循环行业中国国内申请已经布局了各个技术分支,且国内申请技术已经具有一定水平,国外申请要跑马圈地也不是轻而易举。中国的产业以及技术具有自己的特点。例如,早期国外使用液氮低温粉碎获得胶粉,而在中国由于液氮成本高而没能发展,国内主要研发空气低温。因此,国外专利申请人也会考量专利价值而进行布局,而不会申请一些在华没有市场的专利。

表4-10 主要国家和地区在华申请质量

国家和地区	有效率	待审率
中国	80%	37%
欧洲	68%	30%
日本	59%	41%
美国	55%	28%

4.2.3 各省市专利分布

图4-19中六省市是全国申请量排名的前六位,其中起步最早的是山东。以申请总量来说,国内各省市排名是江苏385件,占15%;山东354件,占14%;北京212件,占8%;上海178件,占7%;河南165件,占比7%;广东159件,占6%。

整体上来看,排名前六的省市申请量之和只占有国内申请的57%,其他省市也占有较大比例,如浙江、四川、辽宁、河北等也是具有100件以上专利申请的省。一方面是因为废橡胶再利用行业入门门槛低,在国内具有市场的前提下,利益促使个人建

---

❶ 钱伯章. 我国废旧橡胶综合利用现状以及发展[J]. 橡胶资源利用, 2014 (1): 19-35.

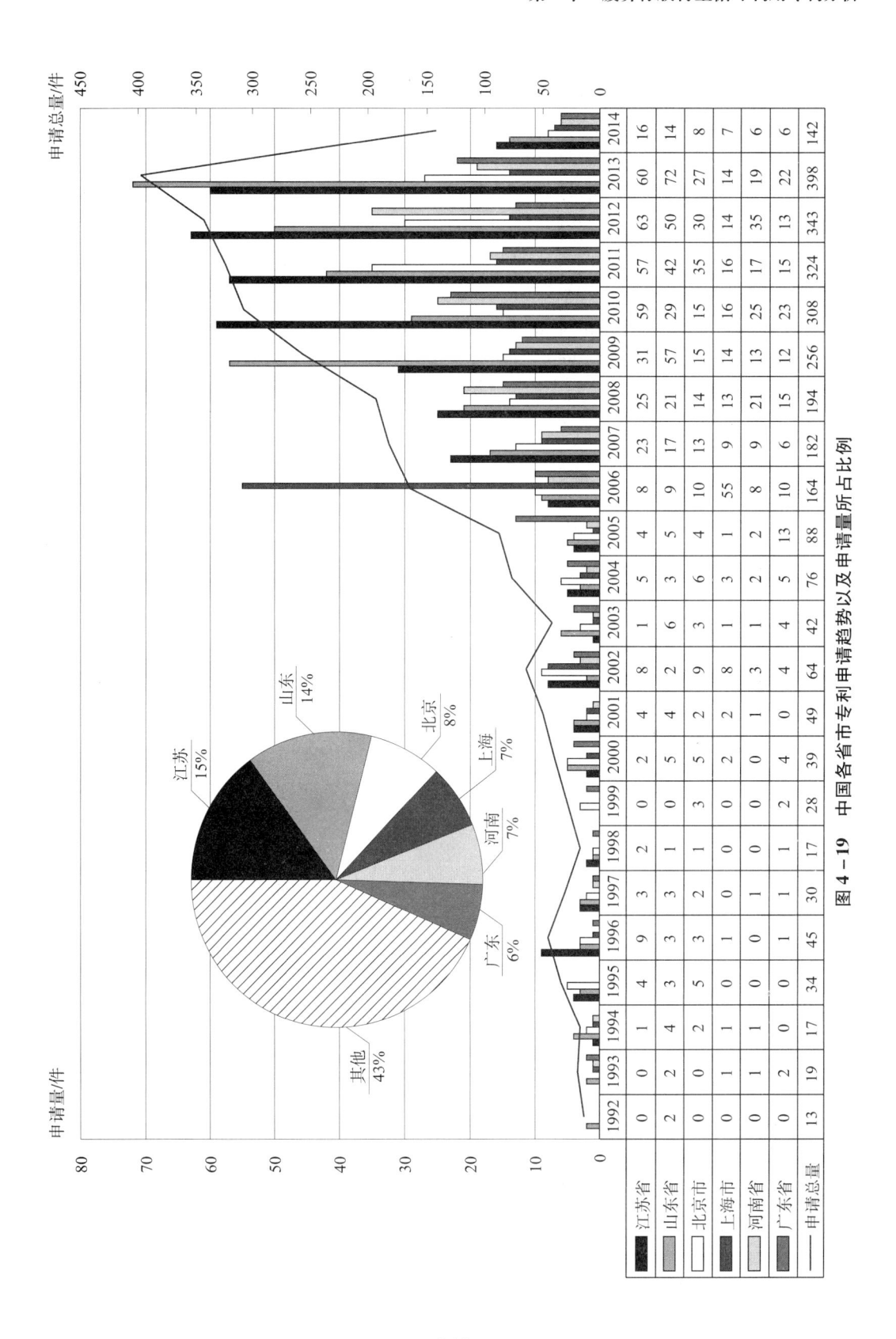

第4章 废弃橡胶再生循环利用专利分析

	1992	1993	1994	1995	1996	1997	1998	1999	2000	2001	2002	2003	2004	2005	2006	2007	2008	2009	2010	2011	2012	2013	2014
江苏省	0	0	1	4	9	3	2	0	2	4	8	1	5	4	8	23	25	31	59	57	63	60	16
山东省	2	2	4	3	3	3	1	0	5	4	2	6	3	5	9	17	21	57	29	42	50	72	14
北京市	0	0	2	5	3	2	1	3	5	2	9	3	6	4	10	13	14	15	15	35	30	27	8
上海市	0	1	1	0	0	0	0	0	2	2	8	1	3	1	55	9	13	14	16	16	14	14	7
河南省	0	1	0	0	1	0	1	0	0	1	3	1	2	2	8	9	21	13	25	17	35	19	6
广东省	0	2	0	1	1	2	1	2	4	0	4	4	5	13	10	6	15	12	23	15	13	22	6
申请总量	13	19	17	34	45	30	17	28	39	49	64	42	76	88	164	182	194	256	308	324	343	398	142

图4-19 中国各省市专利申请趋势以及申请量所占比例

立小企业，但是做好做大的并不多；另一方面是因为中国是橡胶消费大国，而橡胶资源又比较匮乏，这种情况下，中国省市申请量的占比分布是由各省市的具体情况决定的，废橡胶的循环利用发展基于橡胶工业的发展。轮胎生产是橡胶工业的重点，各省市轮胎业越发达则越加剧其橡胶匮乏的状态。天然橡胶具有地域的不可替代性和产品的不可替代性，是一种典型的约束型产业。我国适宜种植天然橡胶的土地资源主要分布在海南、云南、广东、广西和福建。从表4-11可以看出国内天然橡胶产量集中在海南、云南和广东等地，其他省市几乎没有天然橡胶产出。图4-20是2013年中国子午线轮胎产地分布，山东、江苏和浙江等不生产天然橡胶的省份都是我国轮胎生产大省，橡胶消耗量巨大，从而促使省内的橡胶循环利用产业发展，尤其是可以替代天然橡胶的再生胶工业。

表4-11 2001~2006年全国天然橡胶主要产区产量　　　　单位：万吨

年份	2001年	2002年	2003年	2004年	2005年	2006年
全国	47.75	52.69	56.50	57.33	51.04	53.31
海南	27.92	30.30	31.60	32.90	23.08	23.40
云南	17.31	19.84	22.34	21.90	25.41	27.41
广东	2.39	2.43	2.45	2.44	2.48	2.50

每个省市申请量的年度发展趋势普遍也是从2002年开始快速增长，这与国内总体分析趋势相符合。其中，山东是发展最早，在1992年就有申请，而后广东、上海、海南、江苏才陆续发展，但后期尤以江苏的发展最为快速。其中有个别情况需要说明，如上海在2006年申请量特别大，其中有40多件橡胶沥青组合物的申请是一个公司在2006年年底集中提交的。

图4-21是各省市的技术分支分布。可以看出，各省市的技术分支布局与国内整体技术分布一致。燃料热能方面各省都较少涉及，相对来说广东省的

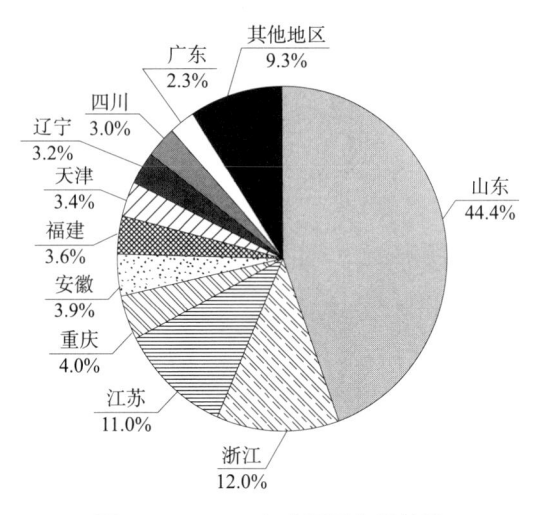

图4-20 2013年中国子午线轮胎行业产量区域集中度

5件申请已经最多。江苏作为申请量最大的省份，其重点分支是再生胶（128件）和胶粉（129件），橡胶沥青申请也达到64件。橡胶沥青是国家目前鼓励的使用方式之一，因此，各省市响应政策积极发展。同时，江苏作为轮胎生产大省，其再生胶工业也发展较好。国内再生胶和胶粉的最大生产企业之一南通回力就是在江苏省。申请总量第二的山东省在轮胎翻新和热裂解申请多，再生胶和胶粉居次。广东省主要在胶粉方面具有较多的申请，达到50件；其他分支都比较平均，申请量只有二三十件。主要原因是广东是天然橡胶生产大省之一，相对于江苏、山东等轮胎产业发达省份橡胶消耗量并不突出，同时其合成橡胶工业较发达，因此在再生胶方面需求市场就会压缩。

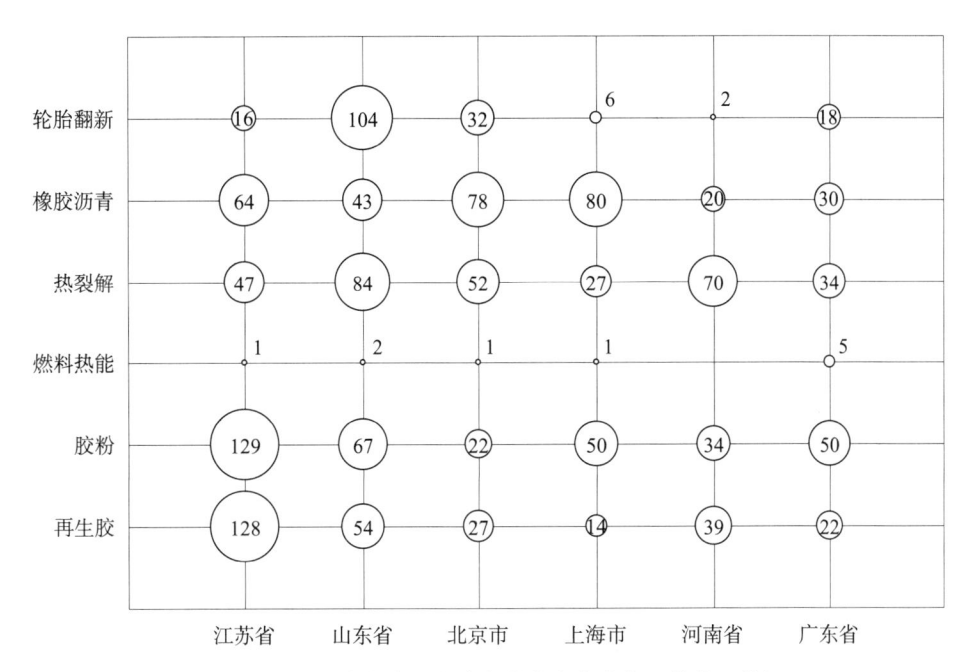

图 4-21 各省市专利申请中技术分支分布（单位：件）

图 4-22 是各省市申请人的类型，表 4-12 是各类申请人所占比例。从中可以看出，各省市专利申请人主体都是企业。企业申请最多的是上海，占 62%；其后是江苏，占 55%；山东和广东都占 48%。北京市单独企业申请虽然只有 30%，但其合作申请比

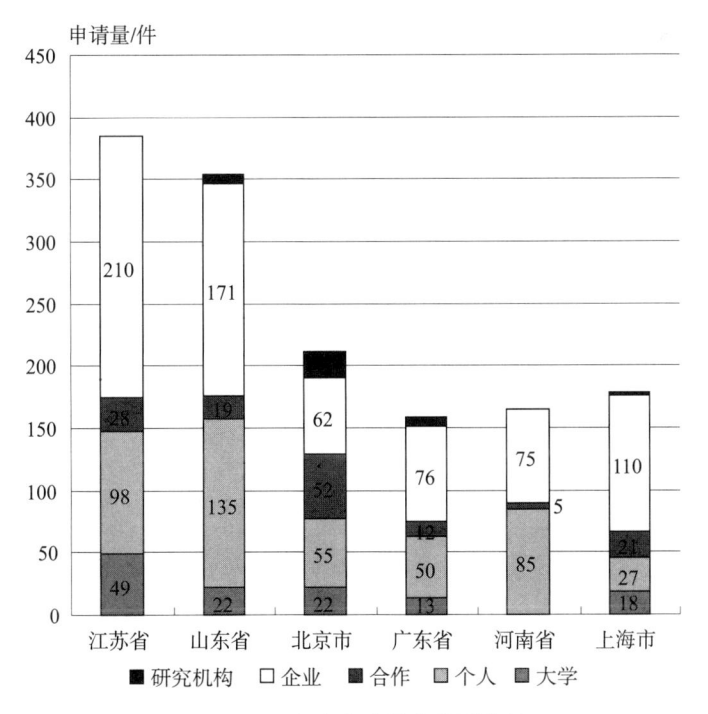

图 4-22 各省市申请人类型分析

例最高，占24%。合作申请中又以企业与其他合作居多，占92%。综合比较，北京也仍然是以企业为主。合作比例较高的是北京（24%）、上海（12%）和广东（8%）。主要是因为这3个地区经济普遍发达，高校资源丰富。

表4-12 各省市申请人类型比例

	申请人类型	江苏省	山东省	北京市	广东省	河南省	上海市
	大学	13%	6%	10%	8%	0	10%
	个人	25%	38%	26%	31%	52%	15%
合作	大学-研究机构	0	5%	0	0	0	0
	个人-个人	32%	37%	8%	33%	80%	57%
	企业-大学	32%	32%	11.5%	8%	0	4.5%
	企业-个人	3.5%	0	0	0	20%	10%
	企业-企业	29%	21%	34.5%	58%	0	24%
	企业-研究机构	3.5%	5%	46%	0	0	4.5%
	小计	7%	6%	24%	8%	3%	12%
	企业	55%	48%	30%	48%	45%	62%
	研究机构	0	2%	10%	5%	0	11%

图4-23是各省市专利申请的质量。国内申请普遍实用新型较多，江苏、山东、北京、上海、河南以及广东，实用新型分别占39%、49%、26%、26%、59%和45%。其中，河南的实用新型率最高，其后为山东以及广东。这也符合前面各省技术分支的分布，通常胶粉、轮胎翻新、热裂解以及再生胶这几方面申请量多的省市实用新型率偏高；而橡胶沥青都是工艺或者组合物，因此在橡胶沥青方面申请量多的省市实用新型率较低。

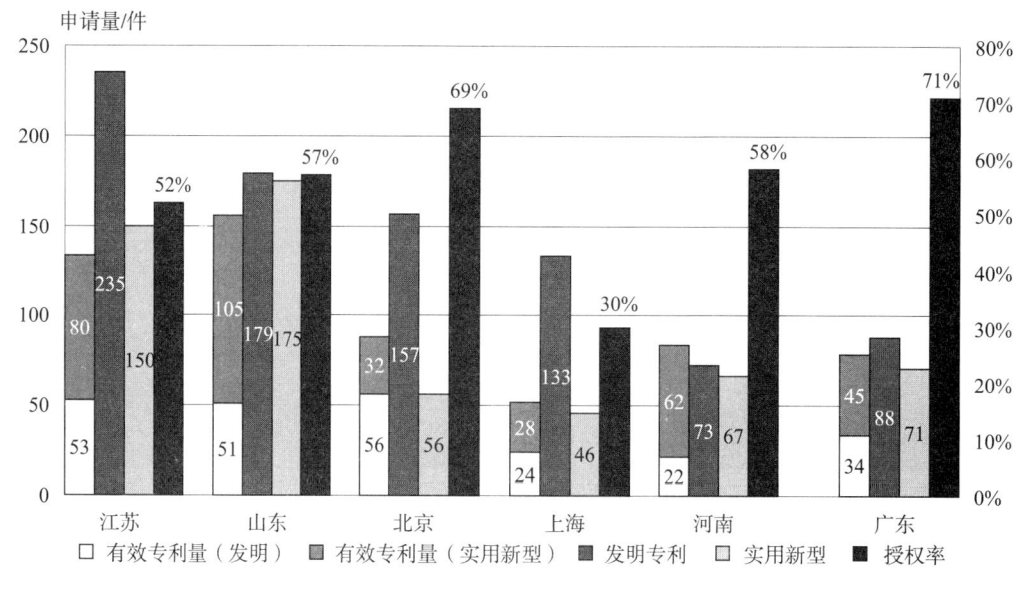

图4-23 各省市专利申请的质量

表4-13是各省市专利申请有效率、待审率、实用新型占比。专利有效率是发明和实用新型两者总和的有效率。虽然江苏专利申请总数占有绝对优势，但是其授权率（52%）和有效率（62%）在六个省市中偏低。北京、上海和广东专利有效率位居前三，广东和北京都高达70%。且广东省授权率（71%）在六省市中排名第一。从待审率可以看到，目前江苏、北京专利申请具有较高待审率，说明其技术创新是很活跃的，而在这方面广东省偏弱，主要是因为广东主要以胶粉申请为主，而胶粉粉碎技术发展成熟，创新投入可能较少。

表4-13 各省市专利质量

省市	发明专利/件	实用新型/件	专利有效率	待审率	实用新型占比
江苏	235	150	62%	39%	39%
山东	179	175	67%	27%	49%
北京	156	56	70%	36%	26%
上海	132	46	71%	27%	26%
河南	67	98	68%	17%	59%
广东	88	71	70%	22%	45%

4.2.4 主要专利申请人及其技术分析

图4-24是申请人类型分布。从整体构成来看，企业申请人比例最高（51%）；排名第二位的是个人申请，占比为32%，这还不包括个人和个人合作的情况，后者占合作类型申请的36%；排名第三的是合作申请，占8%；大学和研究机构分别列第四、第五名，分别为7%和2%。在合作申请中，排名第一的还是个人间的合作申请，占36%；其后是企业间的合作申请，占26%；随后分别是企业与大学合作、企业与研究机构合作、企业和个人合作，占比分别为17%、13%和7.5%。

从申请趋势来看，1992年只有个人和企业申请。企业申请在1992～2005年都缓慢增长，2005年以后实现快速增长；个人申请也基本相同，不同的是个人申请在2009年达到峰值，之后略有减少。这也是符合产业发展的趋势，表明企业已经成为是创新的主力军。废旧橡胶循环再利用行业的门槛较低，很多作坊式企业并不申请专利，即使申请专利也大多以个人申请的方式提出。而随着经济发展，企业良莠不齐越来越不利于产业的发展，而规模不达标企业也将会被逐渐淘汰，规模型企业越发成为行业主流。因此，后期个人申请也相应减少。另外，合作和大学的申请也是一直是缓慢增长的趋势，表明研发的驱动力主要在个人和企业之间。

表4-14是主要申请人排名以及主要的技术分支。废橡胶循环利用行业总体的特点是，每个公司的申请量或集中于某一个分支，或集中在关联较大的两个分支，并没有一个企业能够涉及所有技术分支。其主要原因是，这些技术分支差异性较大。例如，再生胶是需要脱硫设备，这与裂解工艺就全然不同。因此，这些企业都专注于一个领域。此外，由于胶粉技术分支中还包括轮胎分割、钢丝与轮胎分离等一些轮胎处理工

图 4-24 申请人类型分布

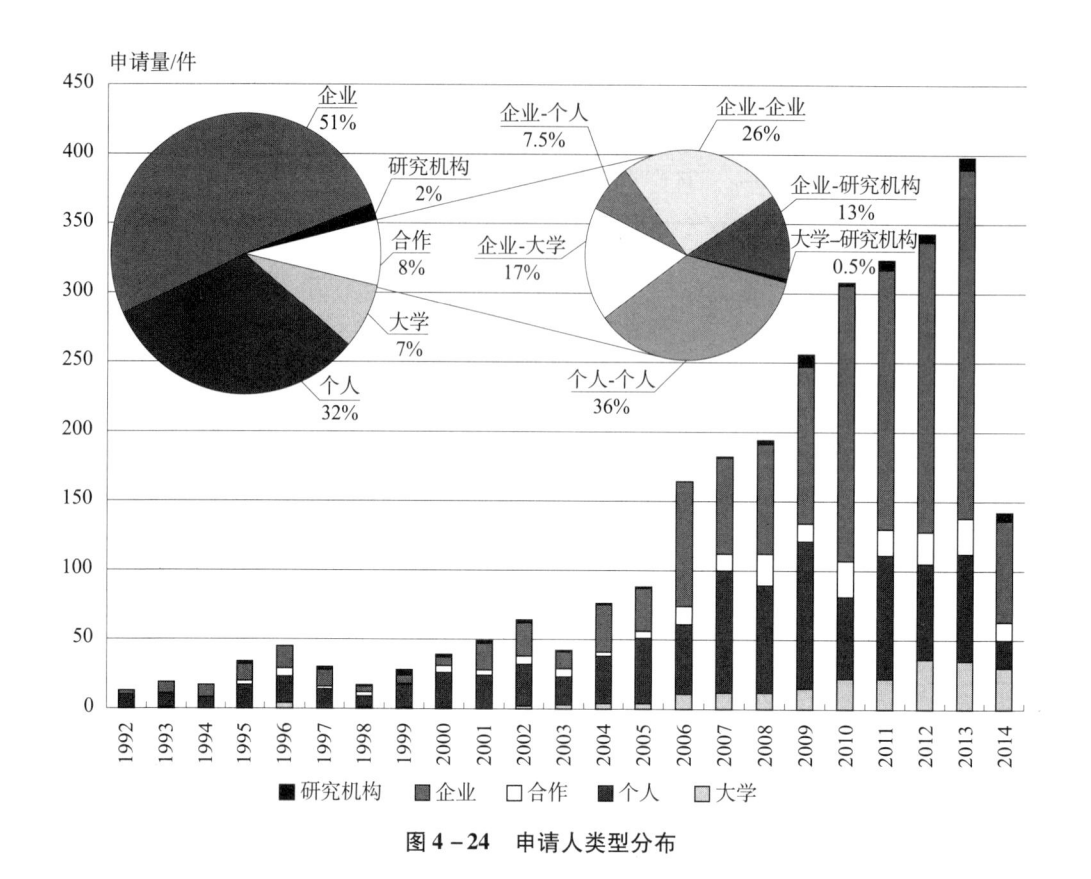

艺,因此,关注其他分支的企业也可能会涉及。不能忽略的是,在申请量排名靠前的申请人中,并没有专注于燃料热能的技术分支,这主要是因为燃料热能这一分支在国内还没有得到重视和发展。

表 4-14 国内申请人排名 单位:件

申请人	再生胶	胶粉	热裂解	橡胶沥青	轮胎翻新	总计
米其林集团总公司					55	55
上海群康沥青科技有限公司				42		42
青岛高校软控股份有限公司			3		26	29
重庆市聚益橡胶制品有限公司	12	12				24
株式会社普利司通		2			22	24
天津海泰环保科技发展有限公司				23		23
北京化工大学	15			6		21
河南新艾卡橡胶工业有限公司	13	7				20
牛晓璐			20			20
武汉理工大学				19		19
东莞市运通环保科技有限公司	1	16				17
杨剑平	17					17

续表

申请人	再生胶	胶粉	热裂解	橡胶沥青	轮胎翻新	总计
中国石油化工股份有限公司		1		16		17
上海绿人生态经济科技有限公司		3	13			16
青岛科技大学	10	2	1		3	16
钟爱民					16	16
江阴市鑫达药化机械制造有限公司		15				15
南通回力橡胶有限公司	13	2				15
江苏东旭科技有限公司	14	1				15

在排名前19的申请人中有两个是国外的公司，分别是米其林和普利司通。虽然在全球专利申请中普利司通在5个技术分支都有申请，但进入中国的专利都是轮胎翻新分支。这主要是因为发达国家的轮胎翻新行业发展早已很完善，市场进入饱和，轮胎翻新业务正向着发展中国家转移。中国作为全球汽车的大市场，国际各主要轮胎生产厂纷纷进军中国。因此，具有较多专利申请。

图4-25中是国外主要在华申请人的申请量变化。米其林和普利司通是申请总量排名靠前的申请人，而固特异在国外来华申请人中排名第三，有13件专利申请。从这几个公司年度变化趋势可以看到，米其林和固特异进入中国都较早，1995年开始就在中国有申请，而普利司通2006年以后才进入中国。但是固特异在中国近年申请量减少，而米其林和普利司通却略有增长，普利司通到2013年仍有申请。早期申请少是因为1992~2005年国内汽车并不普及。轮胎翻新虽然是轮胎回收利用的一个重要方式，但是在中国轮胎使用后用于翻新的并不是很多，翻新率不到5%。可见，对于轮胎翻新而言中国还是一个巨大市场，国外公司都进行专利布局，且在2005年后还有一定增长。

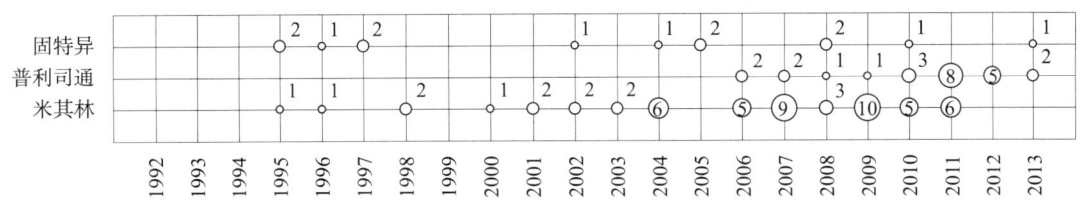

图4-25 国外在华主要申请人年度变化趋势（单位：件）

再生胶方面的主要申请人是杨剑平、北京化工大学、江苏东旭科技有限公司、南通回力橡胶有限公司、河南新艾卡橡胶工业有限公司和重庆市聚益橡胶制品有限公司。杨剑平实际代表常州市武进协昌机械有限公司，其主要的申请在一些辅助的设备而不是工艺方面，从图4-26中可以看到其只是有两年提出申请，并没有持续投入创新。江苏东旭科技有限公司主要生产特种胶，如丁基再生胶等，申请的专利主要集中在高温连续脱硫，虽然申请不多，但都是近几年提交的。河南新艾卡橡胶工业有限公司也主要涉及高温连续脱硫和螺杆挤出，同时还有一些辅助设备和精炼剂。

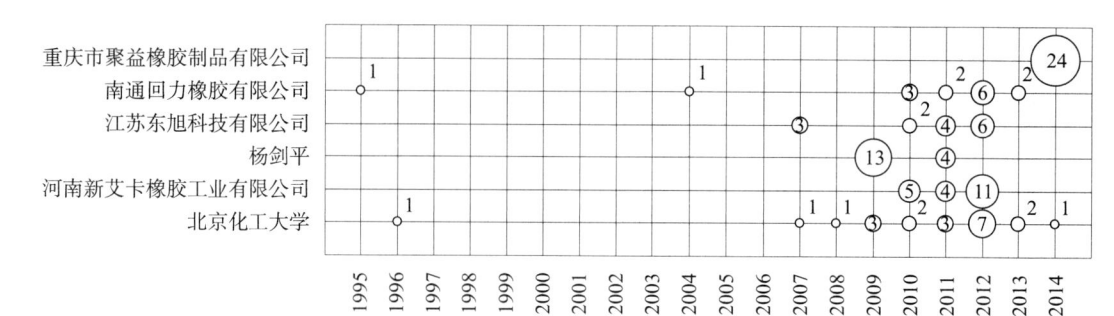

[图 4-26 再生胶主要申请人年度变化趋势（单位：件）]

从图 4-26 可以看到，早在 1995 年南通回力就有 1 件专利申请，但在 1997~2003 年申请量是空白，主要是当时企业技术水平还是比较低，对专利保护的意识也不强。如今南通回力已是再生胶生产的龙头企业，其专利申请主要是高温连续脱硫和螺杆挤出工艺，同时在废气处理方面也有申请，可见其对环境保护具有一定关注。而且近几年有持续申请，说明南通回力已经意识到通过寻求专利保护为企业的可持续发展护航。

重庆市聚益橡胶制品有限公司都是在动态脱硫方面具有申请，且是 2014 年一年突击申请。

北京化工大学是在再生胶方面研究较多的科研机构，其研究主要是螺杆挤出工艺，同时还有处于试验阶段的微生物脱硫。同时，北京化工大学也是合作较多的一个大学，具有企业支持投入的研究也多。

在胶粉方面提交申请较多的是重庆市聚益橡胶制品有限公司、东莞市运通环保科技有限公司和江阴市鑫达药化机械制造有限公司等。其中只有东莞市运通环保科技有限公司是从 2003 年开始断续提交申请且延续到 2014 年，可见该公司一直具有研发投入。而其他公司只是单一年度申请（见图 4-27）。

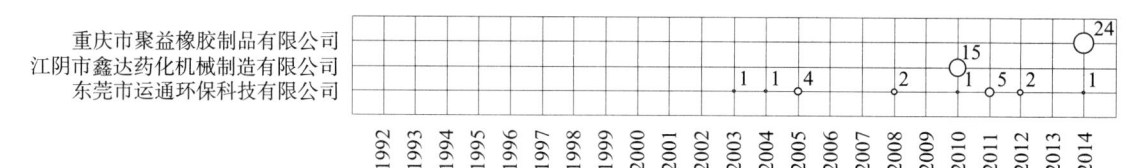

[图 4-27 胶粉主要国内申请人年度变化趋势（单位：件）]

在热裂解方面提交申请较多的是牛晓璐和上海绿人生态经济科技有限公司。上海绿人生态经济科技有限公司在近两年已经没有申请（见图 4-28）。

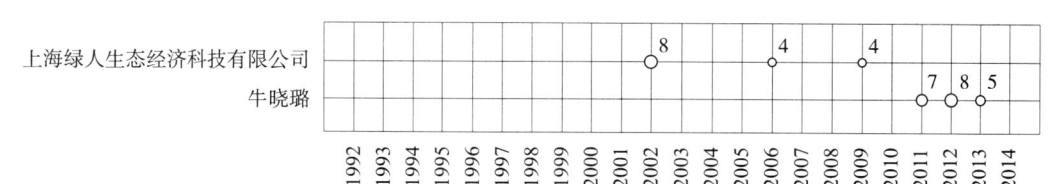

[图 4-28 热裂解主要国内申请人年度变化趋势（单位：件）]

第4章 废弃橡胶再生循环利用专利分析

中国轮胎翻新企业主要是青岛高校软控股份和钟爱民。青岛高校软控股份申请较多,在2014年仍然提交了申请(见图4-29)。

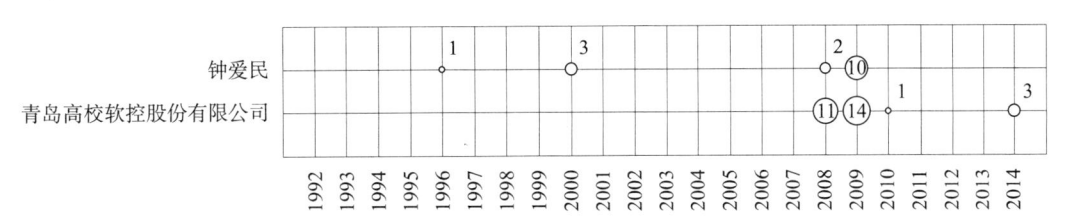

图4-29 轮胎翻新国内申请人年度变化趋势(单位:件)

橡胶沥青作为国内已经开始推广的胶粉应用,具有广阔的前景,研究的公司相对较多,如中国石油化工集团公司、天津海泰环保科技发展有限公司,还有武汉理工大学等。其中,上海群康沥青科技有限公司在2006年年底一次申请多件专利。其他申请人相对具有连续性,中国石油化工集团公司研究较早(见图4-30)。

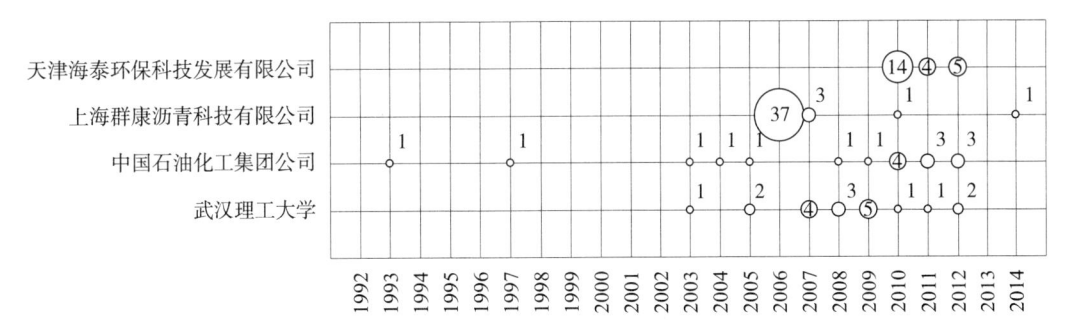

图4-30 橡胶沥青国内申请人年度申请趋势(单位:件)

表4-15是对上述申请人申请质量的分析。从表中可以看到,个别申请人,如上海群康沥青科技有限公司和重庆市聚益橡胶制品有限公司,只有1件或者2件专利有效,从而有效率为100%。

表4-15 申请人申请质量分析

申请人	待审专利/件	有效专利/件	授权率	有效率	待审率
米其林	15	31	93%	84%	30%
上海群康沥青科技有限公司	1	2	5%	100%	2%
青岛高校软控股份有限公司	3	19	88%	83%	10%
重庆市聚益橡胶制品有限公司	23	1	100%	100%	96%
普利司通	16	6	75%	100%	67%
天津海泰环保科技发展有限公司	1	18	95%	86%	4%
北京化工大学	7	12	93%	92%	33%
河南新艾卡橡胶工业有限公司	5	14	93%	100%	25%
牛晓璐	8	10	100%	83%	40%
武汉理工大学	1	14	83%	93%	5%

续表

申请人	待审专利/件	有效专利/件	授权率	有效率	待审率
东莞市运通环保科技有限公司	3	6	86%	50%	18%
杨剑平	4	9	92%	75%	24%
中国石油化工集团公司	5	9	92%	82%	29%
上海绿人生态经济科技有限公司		3	81%	23%	0
钟爱民		5	56%	56%	0
江苏东旭科技有限公司	7	5	75%	83%	47%
江阴市鑫达药化机械制造有限公司		3	93%	21%	0
南通回力橡胶有限公司	7	6	75%	100%	47%

国外来华企业授权率和有效率都保持在高水平，如米其林技术公司授权率为93%，有效率为84%；株式会社普利司通授权率为75%，有效率为100%。同时国内申请排名靠前的企业在授权率和有效率方面表现也不俗，如河南新艾卡橡胶工业有限公司授权率为93%，有效率为100%；青岛高校软控股份有限公司授权率为88%，有效率为83%；南通回力橡胶有限公司授权率为75%，有效率为100%。可见，国内企业已经重视技术创新以及专利保护，以专利为企业发展保驾护航。同时，在国内申请人中几个高校也是具有高的授权率和有效率：北京化工大学授权率为93%，有效率为92%；武汉理工大学授权率为83%，有效率为93%。可见，高校也是创新的一股不可忽视的力量。

4.3 专利技术分析

废旧橡胶特别是废旧轮胎有很高的利用价值，可以为社会提供大量再生资源：所含22%~24%的尼龙等合成纤维可加工塑料制品；所含16%~48%的钢丝可以成为优质弹簧钢的原料；含量高达58%~60%的橡胶混合物可以再生。目前废橡胶循环利用主要途径是原形改制利用、燃料热能利用、轮胎翻新、胶粒和胶粉、再生胶和热裂解。由于我国是橡胶消耗大国又是橡胶资源匮乏的国家，而再生胶和胶粉可以作为橡胶工业原料。因此我国需要发展再生胶和胶粉，再生胶和胶粉的工艺是我们目前的研究重点和热点，研究高质量、低能耗、低成本、低污染的再生技术是国内生产的目标。因此，在此对国内的再生胶和胶粉技术内容进行分析。

4.3.1 再生胶技术

再生胶的生产过程主要是使硫化橡胶再生为具有线性塑性结构的高分子材料，即需要切断已经牢固结合的硫键交联网。因此，再生胶生产过程的关键工艺是脱硫工艺。脱硫可以通过物理方式和化学方式：化学方式通过高温高压促使交联网断裂，可以通过添加化学再生剂加快断裂速度；物理方式是通过高挤压、高剪切使交联网断裂，也可以添加油料使橡胶膨胀加速塑化。因此，对于再生胶而言，温度、压力、时间、选取油料、再生剂等，都是脱硫的关键控制因素。再生胶技术分支的国内申请有 510 件，其中发明 314 件、实用新型 195 件，有效发明专利 71 件，待审申请 138 件，有效实用新型 132 件。占比最多是动态脱硫、螺杆挤出、高温脱硫以及混炼这四种再生工艺，这也正是目前国内产业主流的工艺。因此，下面主要对上述四个技术分支进行分析。因动态脱硫是高温高压的工艺，而螺杆挤出，高温脱硫以及机械混炼采用相对低的压力，因此把这三者放在一起进行分析。

1. 动态脱硫技术

在再生胶技术分支下，动态脱硫技术通常包括动态脱硫工艺和脱硫罐，有效和待审的申请有 73 件，其中脱硫罐主要为实用新型申请。动态脱硫是指将胶粉与再生剂混合均匀，放入脱硫罐使胶粉在动态下均匀受热，达到脱硫再生的目的。该方法生产的再生胶品质稳定，技术上主要涉及配方的选择以及工艺的控制。表 4 - 16 是动态脱硫技术中引用次数较多以及有效专利较多的申请人的申请，这些专利申请可以代表动态脱硫技术的发展状态。

表 4 - 16 脱硫罐和动态脱硫技术代表专利

申请号	发明名称	申请人	法律状态
CN201110122208	一种废旧橡胶动态脱硫新工艺	北京化工大学	有效
CN200710048659	改进的高温动态脱硫法生产再生胶的新工艺	四川省隆昌海燕橡胶有限公司	有效
CN200810058120	一种环保型再生橡胶的生产方法	昆明凤凰橡胶有限公司	有效
CN200810123188	生产氯化丁基再生橡胶的工艺方法	金轮橡胶（海门）有限公司	有效
CN200710015754	一种增压脱硫的装置和工艺	东营金泰轮胎胶囊有限公司	有效
CN200910306213	一种环保型白色精细再生橡胶的生产方法	福建环科化工橡胶集团有限公司	有效
CN200910306224	一种环保型精细丁基再生橡胶的生产方法	福建环科化工橡胶集团有限公司	有效
CN201410114658	低网构高品质环保再生胶及制作方法	徐州工业职业技术学院	待审
CN201210069246	环保高强力高温再生胶的制备方法	徐州工业职业技术学院	有效
CN201410220182	利用废旧轮胎制作再生橡胶的方法	重庆市聚益橡胶制品有限公司	待审
CN201410219974	高质量环保型无味再生橡胶的制备方法	重庆市聚益橡胶制品有限公司	待审
CN201410219950	利用废旧轮胎制得的胎面胶粉生产环保型无味再生橡胶的工艺	重庆市聚益橡胶制品有限公司	待审
CN201410219937	高质量无味再生橡胶的制备方法	重庆市聚益橡胶制品有限公司	待审
CN201410219922	利用废旧轮胎生产环保型再生橡胶的工艺	重庆市聚益橡胶制品有限公司	待审
CN201210263091	热交换合成橡胶再生装置及其再生方法	南通回力橡胶有限公司	待审
CN201020636462	江苏紫光吉地达环境科技股份有限公司	双向螺旋电热式脱硫器	有效

申请总量排名靠前的申请人，如北京化工大学、南通回力等，在动态脱硫技术分支也只有1件或者2件专利申请。申请量最多的是重庆市聚益橡胶制品有限公司，有5件申请，但都处于待审状态。以下是典型的动态脱硫技术专利的具体技术情况。

申请号为CN200710048659的专利申请保护一种改进的高温动态脱硫法生产再生胶的新工艺。脱硫工序以1000份重量计的轮胎胶粉为基准，生产胎面鞋材再生胶的化工助剂的加入量为：固体煤焦油104～148份，松香9～28份，820树脂助剂6～23份，煤沥青3～22份，450活化剂0.3～0.9份，420活化剂3～7份。可根据需要加入除臭剂0.02～0.08份。脱硫工序中，将轮胎胶粉及化工助剂按上述配方加入脱硫罐，在220～250℃的温度下，对罐内物料不断翻动，罐内蒸汽压力由初始0.95MPa升至1.65MPa，经120～160min完成脱硫操作。还包括废气处理工序：脱硫罐内的废气经减压阀减压后由管道引入管式热交换器冷却，再经离心式气液分离设备进行气液分离，分离出的可燃气体经管道引至锅炉作为燃料进行燃烧，分离出的液体再经油水分离器进行油水分离，分离出的油作为回用原料，分离出的水进行厌氧处理后排入化粪池。该专利主要保护其配方以及工艺参数的控制。

申请号为CN200810058120的专利申请保护一种环保型再生橡胶的生产方法，包括清洗、除杂、粉碎、过45目筛、取筛下物、去除金属和纤维得到胶粉。按重量份配料，胶粉100份需配活化剂0.2～0.5份、松脂1～4份、有机酸盐0.3～1.5份、橡胶籽油8～12份、水5～10份。将胶粉、活化剂、松脂、有机酸盐、橡胶籽油及水搅拌混合均匀，送入硫化罐，硫化罐内温度为200～220℃，压力为1.5～2.0MPa，动态脱硫3～3.5h，同时用生物化学吸收塔净化处理尾气。该专利主要是在配方上的改进，没有使用传统中污染较大的煤焦油，而采用橡胶籽油作为环保型的软化剂。橡胶籽油是生产天然橡胶的橡胶树种子，经烘干压榨制得，是橡胶树生产天然橡胶的副产品，价格较低。橡胶籽油主要由多价不饱和脂肪酸和油脂等组成，在橡胶的高温高压脱硫过程中可起到脱硫和软化作用，在脱硫过程中不产生有毒有害物质。

申请号为CN200910306213的专利申请也是改进配方，使用塔尔油作为软化剂，在再生橡胶生产过程中也不会对再生胶造成污染，制得的白色再生橡胶产品除有橡胶原味外没有其他异臭味，不会对环境造成污染。申请号为CN201210069246的专利申请也是改进软化剂，采用松香或松焦油，同时减少再生工序，提高产品利润和环境友好性。

重庆市聚益橡胶制品有限公司申请的专利主要是改善橡胶粉碎目数，通过二次粉碎，减少胶粉铁含量并且采用植物油沥青作为软化剂。代表性专利申请的申请号为CN201410220182，其配方是胎面胶粉1200份、植物油沥青120份、再生胶脱硫活化剂4804份、水100份。将胎面胶粉、植物油沥青、活化剂和水加入脱硫罐内，对物料不断搅拌，同时加热升温至280℃，当压力达到2.8MPa时，反应时间大概为2h，停止加热，静置5min后排气泄压出料，完成脱硫操作。

申请号为CN200710015754的专利申请保护一种增压脱硫的装置和工艺。其装置包括带有介质加热层的罐体，罐体的加热层与外部加热炉的进出连接管连接，罐体上设有进出料口，罐体内套装有脱硫釜，脱硫釜底部与罐体内底部采用滑轨配合，脱硫釜的一端设有封门将筒状的釜体封堵，与脱硫釜封门同侧的筒状罐体端部同样设置开闭的进出料口。脱硫釜的筒体内平行排列导热管，导热管的两端与罐体的内腔贯通，导热管的管壁上设置众多的毛细孔与釜体内腔贯通。在罐体的外部还设有增压器，增压器通过导管与罐体内腔连接。所述的加热炉采用电加热炉，电加热炉和增压器均与PLC控制器件连接控制。其工艺参数如下：压力为2.0~4.0MPa，温度为180~350℃。将被脱硫的橡胶材料填充到脱硫釜后，将脱硫釜置入罐体内，电热炉加热导热油（高效导热油能载温380℃），由PLC智能控制温度和压力。脱硫时罐体内热量靠空气传导给脱硫釜，通过导热管热量传递均匀，保证了产品的质量稳定。釜内压力靠增压器提供，压力介质是空气。脱硫完成后，压缩空气返回增压器，经过滤后再排放，对环境没有污染，对水资源也没有浪费。

从以上代表性的专利技术来看，总体上动态脱硫工艺主要是对配方进行优化，选择不同的软化剂等，从而改善环境污染等问题；同时是对脱硫罐的改进，主要涉及加热方式、导热介质等，用于提高工作效率、增加加热效率等。

2. 螺杆挤出脱硫技术、高温脱硫和机械混炼脱硫技术

螺杆挤出脱硫技术是通过挤出机在高剪切应力和热能的共同作用下对废旧橡胶进行脱硫，剪切应力的大小通过调节挤出机的螺杆转速加以控制。高温脱硫是指没有指定具体设备而只是使用高温常压的技术进行脱硫；机械混炼脱硫技术是在机械剪切力的情况下发生脱硫，申请中没有明确指出具体设备。这三个技术分支有效和待审的专利有140件，典型的专利申请如表4-17所示。

表4-17 螺杆挤出脱硫、高温脱硫以及机械混炼脱硫技术代表专利

申请号	发明名称	申请人	法律状态
CN200410066712	丁基橡胶高温连续再生工艺	南通回力橡胶有限公司	有效
CN201020196556	废橡胶连续脱硫系统	南通回力橡胶有限公司	有效
CN201110206945	废橡胶高温常压再生工艺	南通回力橡胶有限公司	待审
CN201210263255	环保型高强力轮胎再生胶制造方法及其组合物料的配方	南通回力橡胶有限公司	待审
CN200710132935	一种废旧轮胎胶高剪切应力诱导脱硫及改性方法	南京工业大学、南京强韧塑胶有限责任公司	有效
CN200810235753	废橡胶绿色脱硫工艺方法	江苏工业学院	有效
CN200810238546	一种自动化橡胶粉塑化工艺及其装置	泰安市金山橡胶工业有限公司	有效
CN200910029035	废旧橡胶资源化再生反应器	杨剑平	有效
CN200910079775	一种硫化橡胶脱硫解聚再生的方法	北京化工大学、江苏强维橡塑科技有限公司	有效
CN200910080211	一种采用双螺杆挤出机脱硫再生硫化橡胶的方法	江苏强维橡塑科技有限公司、北京化工大学	有效
CN201110345292	一种连续制备活化胶粉的方法	北京化工大学、江苏强维橡塑科技有限公司	有效

续表

申请号	发明名称	申请人	法律状态
CN201210331672	一种连续低温高剪切制备再生胶的方法	北京化工大学	待审
CN201210422557	一种采用异向双螺杆挤出机再生废橡胶的方法	北京化工大学	待审
CN201210422570	一种双阶双螺杆挤出机连续制备再生胶的方法	北京化工大学	有效
CN201310128999	一种常压中温低耗再生废橡胶的装置及方法	江苏强维橡塑科技有限公司、北京化工大学	待审
CN201210069417	一种采用螺杆挤出机连续制备液体再生胶的方法	北京化工大学	待审
CN200910035658	一种轮胎废胶粉活化再利用的新方法	徐州工业职业技术学院	有效
CN201010124486	一种环保型再生胶的制备方法	徐州工业职业技术学院	有效
CN201020037841	一种再生胶常压高温连续脱硫机	都江堰市新时代工贸有限公司	有效
CN201010221221	橡胶常压连续脱硫的方法	都江堰市新时代工贸有限公司	有效
CN201110206351	一种双螺杆橡胶脱硫的装置及方法	常州大学	有效
CN201120260957	连续冷却混炼脱硫胶粉直接制备再生胶片的装置	常州大学	有效
CN201110328692	废橡胶连续还原再生新工艺	河北瑞威科技有限公司	待审
CN201210129117	自洁式可控温度场废橡胶网构重建装置	中胶橡胶资源再生有限公司	待审
CN201210391824	一种再生橡胶高温脱硫机组	河南新艾卡橡胶工业有限公司	有效
CN201210396604	一种高温脱硫机组的输送筒及其螺杆	河南新艾卡橡胶工业有限公司	有效
CN201210446975	一种再生丁基橡胶工艺	江苏东旭科技有限公司	待审
CN201310005753	一种单螺杆热化学、强力剪切复合脱硫设备及其脱硫方法	青岛科技大学	待审
CN201310033345	环保三合一多功能橡胶复原工艺	台州中宏废橡胶综合利用有限公司	待审
CN201220528319	一种再生橡胶高温脱硫机组	河南新艾卡橡胶工业有限公司	有效

螺杆挤出以及常压方式主要是减少使用水等助剂，从而更加环保，但是获得的产品质量不如高温高压的动态脱硫，需要继续改进。从表4-17可以看到申请量排名靠前的申请人中，北京化工大学、南通回力在螺杆挤出工艺中都有相对较多研究。

申请号为CN201210422557的专利申请保护一种采用异向双螺杆挤出机再生废橡胶的方法。其特征是将废胶粉与再生剂于搅拌机内在60~120℃温度下预处理1~15min后，在50~100℃温度下静置12~36h，再加入异向双螺杆挤出机，控制挤出机的加热段温度为150~220℃，反应段温度为220~320℃，冷却段温度为80~220℃，反应1~

10min后由挤出机挤出,然后经冷却装置二次冷却至80℃以下后精炼出片,即可得到所制备的再生胶。

申请号为CN200410066712的专利申请保护一种丁基橡胶高温连续再生工艺。其工艺包括原料预处理、粉碎、配料、喂料、脱硫再生、精炼、过滤、成型等步骤。在配料步骤按配比加入软化剂和活化剂,在喂料步骤采用强制喂料,在脱硫再生步骤采用特制的螺杆脱硫机。本发明中的螺杆脱硫机的机腔顺序分为7个加热反应区间和5个冷却区间,各加热反应区间内分别装有电加热模块,各冷却区间内装有冷却装置,可以将各区间的温度控制在规定的范围内。螺杆为双螺杆,螺杆结构采用分段等深不等距螺槽与分段密炼齿合块以及反向螺槽相组合。采用本发明的工艺和设备能实现连续再生,产品质量稳定,无二次污染,门尼黏度20~60可随意调选,控制范围为±5,能满足不同用户的使用要求。

申请号为CN201320007829的专利申请保护一种单螺杆热化学、强力剪切复合脱硫设备,包括脱硫装置和连接在脱硫装置上的喂料装置以及调压装置。所述脱硫装置包括脱硫段机筒,脱硫段机筒一端连接喂料段机筒,另一端连接调压装置。喂料段机筒和脱硫段机筒内安装一带有强力剪作用的螺杆,喂料段机筒还与减速箱箱体连接。所述螺杆的尾部连接到减速箱主轴上。所述脱硫装置的脱硫段机筒、喂料段机筒以及位于该机筒内的螺杆中均设置有加热结构。脱硫装置采用二阶脱硫。所述脱硫段机筒包括一阶机筒、二阶机筒,二阶机筒用螺栓与一阶机筒连接,一阶机筒与喂料段机筒连接,并将螺杆穿过连接好的机筒,同时分别将一阶机筒销钉和二阶机筒销钉插入螺杆相应的切槽内。装置还采用具有特殊剪切功能的单螺杆对脱硫的物料进行强制高剪切作用,能有效地破坏物料中的SS键和SC键,扩展强化物料热化学反应的脱硫效果,进而有效地提高脱硫效果。

申请号为CN201020553781的专利申请保护一种废橡胶脱硫再生装置,包括机筒、设置在机筒内部的无轴螺旋输送器和与无轴螺旋输送器相连接的驱动电机。无轴螺旋输送器在驱动电机的带动下旋转,能够将机筒中物料搅拌均匀,同时向前推进物料,使物料在机筒内发生充分的热氧化反应,得到再生橡胶原料,这样,废橡胶颗粒物料不会滞留在无轴螺旋输送器上,也不会出现物料烧焦黏附现象,从而大大减少了掺杂在机筒新物料中的烧焦物料成分,进而提高了再生橡胶原料的质量和产量。

申请号为CN201220528319的专利申请保护一种再生橡胶高温脱硫机组,包括支撑机构,以及设置在支撑机构上的喂料机构、输送机构和冷却机构。喂料机构包括喂料机筒,设置在喂料机筒内的喂料螺杆,以及用于驱动喂料螺杆旋转的喂料驱动装置。输送机构包括输送机筒,设置在输送机筒内的加热装置和输送螺杆,以及用于驱动输送螺杆旋转的输送驱动装置。喂料机筒的出料端连通于输送机筒的进料端,输送机筒的出料端连通于冷却机构的进料端。与传统工艺中采用高温高压工艺的动态脱硫罐相比,本实用新型提供的再生橡胶高温脱硫机组采用高温常压工艺,无废气和废水的排放,完全节能环保。

申请号为 CN201010221221 的专利申请保护一种橡胶常压连续脱硫的方法，是将橡胶进行粉碎，然后加入软化剂和活化剂后混合均匀，将混合均匀的物料再进行脱硫处理。脱硫包括如下步骤：将物料通过流动床连续送入脱硫管道，脱硫管道分成相等的五段，各段脱硫管道采用外部加热，每段管道的温度相同，但是管道之间存在温度差异。按照物料的流动方向，各段管道加热的温度从高到低为 280～240℃。脱硫管道内部为常压，每段脱硫管道长度为 14～17m，物料在整个脱硫管道之间流动时间为 15～20min。本发明提供的橡胶常压连续脱硫的方法安全、环保、节能，产品性能稳定，效率高。

申请号为 CN201320842604 的专利申请保护一种连续高温常压脱硫机，包括至少三根脱硫筒单元和至少一根冷却筒单元。所述脱硫筒单元和冷却筒单元分别设有独立的调频电机作为动力驱动装置，可以根据胶粉脱硫的反应进程分段控制胶粉在各所述脱硫筒单元内的反应时间，防止堵塞和脱硫不充分的生产事故发生。冷却筒单元的设置可以保证脱硫后的再生胶粉快速冷却，使胶粉、软化剂和活化剂的高温蒸汽变成液体而渗入到再生胶粉中，避免对环境的破坏，解决了废胶粉脱硫中突出的技术难题。本实用新型不需要机架，结构紧凑，占用空间小，可以任意组合成不同型号的脱硫设备，便于处理不同胶粉。维修时替换故障的单元即可，大大降低了运输成本、设备成本和维修成本。

从以上代表性的专利技术来看，总体上螺杆挤出工艺方面的专利申请主要是对螺杆挤出装置的改进，如螺杆的设置从而控制剪切力等，高温脱硫工艺中装置改进也是一部分，对其加热方式、动力装置等进行改进从而改善加热效率。机械混炼方面的专利主要采用除螺杆外的其他装置来获得剪切力。

在再生胶生产工艺中，动态脱硫属于传统工艺，因污染问题正在逐步被取代。而螺杆挤出脱硫、高温连续脱硫以及机械混炼脱硫大部分是常压工艺，近几年的申请也集中于常压脱硫相关工艺。2012 年 6 月 1 日，国家 4 部委联合发布《国家鼓励的循环经济技术、工艺和设备名录（第一批）》，将再生胶生产新工艺常压塑化法列入其中。国家发展改革委《重要资源循环利用工程（技术推广及装备产业化）实施方案》提出重点研发和推广一批技术和装备，包括研发废橡胶新型环保再生技术与装备、硫化橡胶粉常压连续脱硫成套装备。可见，常压脱硫工艺及其设备是再生胶生产工艺发展以及创新的方向。

4.3.2 胶粉技术

在胶粉领域国内申请 655 件，其中发明专利 224 件、实用新型 430 件，有效的发明专利 45 件，待审专利 90 件，有效使用新型 219 件。国内产业普遍采用常温粉碎法，从图 4-16 可以看到常温粉碎法占 21%，相比于低温粉碎以及其他工艺，常温粉碎法占比最高。因此，胶粉领域对常温粉碎法进行分析，如表 4-18 所示。

表4-18 常温粉碎法的典型专利申请

申请号	发明名称	申请人	法律状态
CN00803038	常温粉碎生产精细橡胶粉的工业化新方法	何永峰（深圳市东部橡胶实业有限公司）	有效
CN03150574	常温破碎、粉碎废橡胶制品的全自动流水线及方法	上海虹磊精细胶粉成套设备有限公司	有效
CN200810136296	微细橡胶粉生产方法及其微细橡胶粉	江西亚中橡塑有限公司	有效
CN201020261998	轮胎破碎机	浙江天台菱正机械有限公司	有效
CN201110124829	一种废旧轮胎常温法精细胶粉成套生产线	常州亿亮胶粉材料有限公司	待审
CN201110188278	常温粉碎生产精细橡胶粉的生产方法	东莞市运通环保科技有限公司	待审
CN201120247880	废旧橡胶常温粉碎生产自动控制装置	东莞市运通环保科技有限公司	待审
CN201210461345	废旧轮胎粉碎成胶粒的工艺及装置	东莞市运通环保科技有限公司	待审
CN201120168579	卧式橡胶研磨机	东莞市运通环保科技有限公司	待审
CN201010511159	锥辊式破胶机	大连宝锋机器制造有限公司	待审
CN201410270265	一种带除尘装置的废旧轮胎胶粉制备装置	重庆市聚益橡胶制品有限公司	待审
CN200820069171	橡胶制粉机密刀磨盘和橡胶制粉机	三门峡市中赢橡胶技术有限公司	有效
CN201020602082	小型轮胎回收生产线	广州市首誉橡胶加工专用设备有限公司	有效
CN201110025925	精细研磨机	上海振华科技开发有限公司	有效

申请号为CN201110188278专利申请保护常温粉碎生产精细橡胶粉的生产方法，包括以下步骤。①钢圈裁断。②钢丝分离。③轮胎破碎，将脱离了止口钢丝圈的轮胎整胎直接输送至轮胎破碎机。④橡胶中粉碎。将步骤③处理的块状胶料输送至轮胎撕碎机（已获得实用新型专利权，专利号为ZL201020298434.1），进行再一次破碎，由动刀与固定在机体上的定刀以高速剪切的方式将物料粉碎，将轮胎制造时布于其内的钢丝和纤维切断，依靠剪切与撕裂作用将它们与橡胶进行分离，胶块破碎成6~12mm的胶粒。出料胶粒的大小可以通过改变出料筛网孔目进行调整。⑤磁选分离。将上述步骤生产出的物料经过皮带输送机输送至皮带式磁选机（已申请实用新型专利，专利号为ZL201120161231.2），皮带式磁选机凭其强大的磁力将物料中混杂的钢丝分离出来。⑥纤维粗分选。由于斜交轮胎里纤维含量过高，因此斜交轮胎必须通过圆滚筛对粗纤维进行粗分选，这样可提高粗纤维的使用价值，解决纤维含量过高导致后续处理的不便之处。⑦橡胶细粉碎。将步骤⑥处理完的物料输送至XJX-450橡胶细碎机（已获得实用新型专利权，专利号为ZL200520056431.6）进行细粉碎。通过调整细碎机出料筛网孔可直接生产5~15目的胶粉。⑧纤维再分选。将步骤⑦生产出来的物料用皮带输送机输送到直线振动筛进行第二次纤维粗分选，以提高胶粉质量，保证胶粉的纯度。

⑨将步骤⑧生产出来的物料用风力全部送至旋风收集器，经旋风收集器收集后进入 QWF 气流分选机（已获得实用新型专利权，专利号为 ZL200320118550.0）。胶粉在转子交叉气流的作用下，将橡胶颗粒与纤维进行精细分离，经过三次纤维分离可以保证胶粉的纤维含量为 0.1%，而国家规定的胶粉中纤维含量应低于 0.6%（GB/T 19208—2003）。⑩研磨。利用卧式橡胶研磨机（已申请实用新型专利，专利号为 ZL201120168579.4）将步骤⑨的 5~15 目的橡胶颗粒剪切、研磨而得到 40~120 目的精细胶粉。⑪气流分选处理。经步骤⑩得到的 40~120 目精细胶粉再经过气流分选机分选处理后，可以得到不同规格粒度的仍保持原胶料物理化学性能的精细胶粉。

申请号为 CN201110124829 的专利申请保护一种废旧轮胎常温法精细胶粉成套生产线，依次包括轮胎破碎装置、钢丝搓碎装置、粗碎装置、细碎装置、空气分离装置、贮料仓，还包括计算机集中控制系统。计算机集中控制系统与轮胎破碎装置、钢丝搓碎装置、粗碎装置、细碎装置、空气分离装置、贮料仓通过导线连接。

胶粉的常温生产工艺通常就是从轮胎到胶粉的生产工艺，主要是先进行轮胎分割、钢丝分离等，之后经过不同的破碎步骤达到不同的目数，并经过分选获得含纤维和钢丝较少的胶粉。因此，在胶粉领域还有大部分的申请是关于钢丝分离装置，如破碎装置中的磨盘（CN201192645，橡胶制粉机密刀磨盘和橡胶制粉机）、刀盘（CN202097862U，卧式橡胶研磨机）、辊筒（CN201010511159，锥辊式破胶机）等。

常温粉碎法是胶粉工艺中申请量占比最大的工艺，专利申请对全自动工艺、具体装置等都有涉及。国家发展改革委《重要资源循环利用工程（技术推广及装备产业化）实施方案》提出重点研发和推广一批技术和装备，包括研发废轮胎常温粉碎、推广废旧轮胎回收精细胶粉全自动设备。可见，常温粉碎法是胶粉工艺的发展与研发方向。

4.4　广东省专利分析

本节通过对广东省专利申请趋势、主要申请人及其技术进行分析，从而了解广东省专利申请的现状。

4.4.1　总体分析

图 4 – 31 是广东省申请的趋势。在饼图中可以看到胶粉技术分支具有最多的专利申请，占 31%；其后是热裂解（22%）和橡胶沥青（19%）。从图中可以看出，1993 年广东省就具有再生胶专利申请，虽然开始时间早却没有大发展，再生胶的申请总量也不多，到 2009 年都还是每年 1 件或者 2 件申请。胶粉领域起步虽晚，于 1999 年开始有专利申请，但是以后每年都有申请，虽有波动但是处于增长状态，2011 达到峰值后趋于稳定。总体说来，广东省在胶粉领域具有较多专利申请，其产业中也有相应的企业。

	1993	1996	1997	1998	1999	2000	2002	2003	2004	2005	2006	2007	2008	2009	2010	2011	2012	2013	2014
■ 再生胶	2	1	0	0	0	1	0	0	1	2	0	0	2	1	0	7	2	3	0
▨ 胶粉	0	0	0	0	1	1	2	2	1	5	2	3	6	2	11	5	3	4	2
□ 燃料热能	0	0	0	0	0	0	0	1	0	0	0	0	1	1	0	0	1	0	0
■ 热裂解	0	0	1	0	1	2	2	0	1	5	5	0	0	2	9	0	1	4	1
▨ 橡胶沥青	0	0	0	1	0	0	0	0	1	1	1	1	4	2	3	3	2	9	2
■ 轮胎翻新	0	0	0	0	0	0	0	1	0	2	1	2	4	0	0	4	2	1
─ 申请总量	2	1	1	1	2	4	4	4	5	13	10	6	15	12	23	15	13	22	6

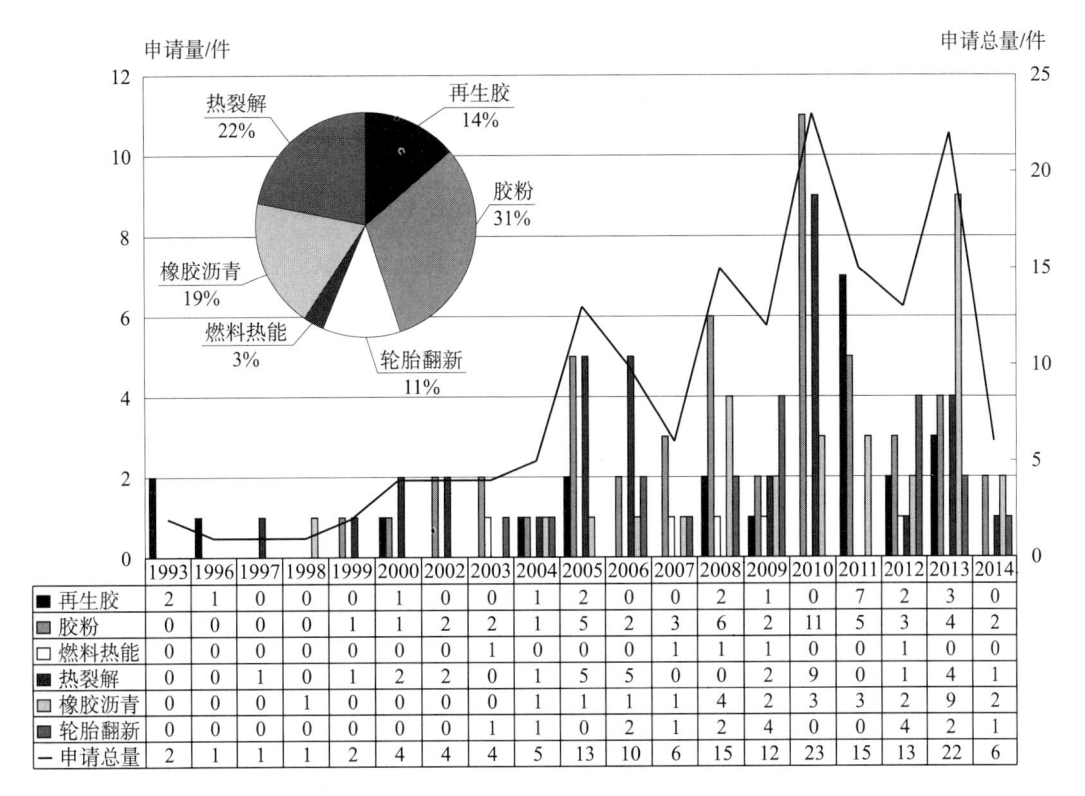

图 4-31 广东省各技术分支申请趋势

广东省的废橡胶循环利用专利申请格局与中国整体格局并不相同,广东省在再生胶技术分支创新较少。主要原因可能是广东省是国内仅有的几处可以种植天然橡胶的区域,对于早期橡胶需求通过天然橡胶可得到满足;同时广东省合成橡胶工业发达,因此再生胶的产业空间就压缩了。而橡胶沥青是近几年国家推广的利用方式之一,其使用产生的二次污染相对再生胶较小。根据发达国家的发展趋势,再生胶目前仍然没有解决二次污染问题,随着发展最终是会衰退的,胶粉是相对有前景的产业。

4.4.2 主要申请人及其技术分析

表 4-19 是广东省专利申请人类型。虽然 1993 年的 2 件专利是由企业申请的,但是直到 2003 年才又有企业提出申请,以后一直是增长趋势。企业申请的增长期也正是国内橡胶循环利用行业开始快速发展的时期。个人申请在 1997 年出现,从 1999 年开始增多,到 2009 年以后出现萎缩,这也与中国整体发展一致。在 20 世纪 90 年代,企业技术水平较低,个人申请出现;而随着经济发展,企业才是国家创新的主力军,因此后期个人申请下降。大学一直呈现断断续续申请的状况,其研究主要受市场以及经费的影响,在前期产业不发达时期申请少。

表4-19 广东省专利申请人类型　　　　　　　　　　　　　　　　单位：件

年份	1993	1996	1997	1998	1999	2000	2002	2003	2004	2005	2006	2007	2008	2009	2010	2011	2012	2013	2014
大学		1						1	1		3	1		2	2			2	
个人			1		2	3	2	1	2	4	3	4	5	6	2	4	2	8	1
个人-个人							2						1		1				
企业	2						2	2		8	3		4	2	18	10	11	10	3
企业-大学										1									
企业-企业													3	2		1			1
研究机构				1		1			1				2					2	1

表4-20是广东省专利申请的申请人排名和技术分支分布。技术标引中，如果1件专利申请既涉及再生剂又涉及特种胶，则会分别标引一次，所以上述技术分支标引的总和大于专利申请总数。申请量排名前五名的申请人分别是东莞市运通环保科技有限公司（17件）、华南再生资源（中山）有限公司（10件）、华南理工大学（8件）、广州市首誉橡胶加工专用设备有限公司（7件）和深圳市海川实业股份有限公司（7件）。这与广东省专利分布一致。广东省在胶粉分支发展相对较好的，其后是热裂解和橡胶沥青，最后是轮胎翻新和再生胶。在排名前几的申请人中，东莞市运通环保科技有限公司研发制造并销售胶粉，广州市首誉橡胶加工专用设备有限公司主要是以生产胶粉加工设备为主。华南再生资源（中山）有限公司致力于热裂解的研究，深圳市海川实业股份有限公司主要关注橡胶沥青方面。

表4-20 广东省申请人排名以及技术分支分布　　　　　　　　　　　单位：件

申请人	再生胶-快速脱硫	再生胶-螺杆挤出	再生胶-密炼脱硫	再生胶-机械混炼	再生胶-其他	再生剂	特种胶	胶粉-常温粉碎	胶粉-低温粉碎	胶粉-固相剪切	胶粉-磨盘	胶粉-钢丝分离	胶粉-辊筒	胶粉-轮胎分割	胶粉-其他装置	胶粉-切刀	热裂解	橡胶沥青	轮胎翻新
东莞市运通环保科技有限公司	1	1						7		1	2	3	1	1		6			
华南再生资源（中山）有限公司																	10		
华南理工大学			1	1	1	1	1	1	1		2			1			1		1
广州市首誉橡胶加工专用设备有限公司								2				4			3				
深圳市海川实业股份有限公司																		7	

图4-32是广东省主要申请人的年度申请趋势，图中体现出总体起步晚的特点。胶粉领域申请量较多的运通环保科技在2003年才开始申请专利，以后都有持续申请，直到2014年还有1件申请，可见该公司还在保持创新势头。而其他公司在2012年以后都没有申请。

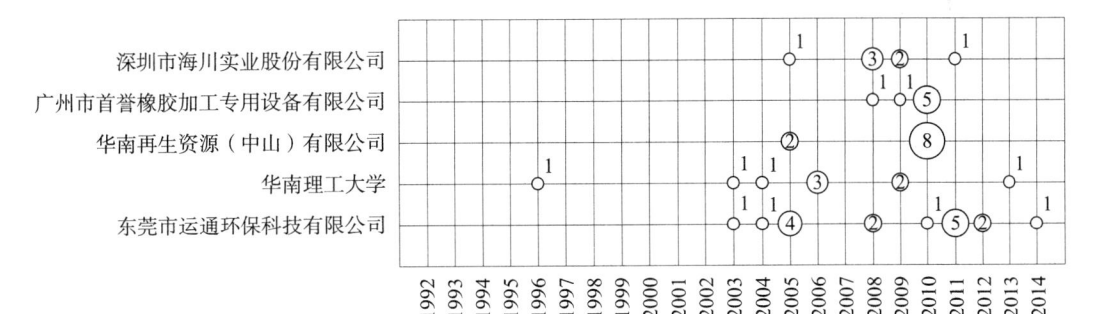

图4-32 广东省主要申请人年度变化趋势（单位：件）

4.4.3 广东省有效专利的主要申请人分析

广东省专利申请总量为159件，有效专利79件。其中，有效发明专利34件，有效实用新型45件。下面对广东省有效专利的申请人进行排名，如表4-21所示。

表4-21 广东省有效专利的申请人分析　　单位：件

申请人	再生胶	胶粉	热裂解	橡胶沥青	轮胎翻新	小计
华南再生资源（中山）有限公司❶			9			9
东莞市运通环保科技有限公司❷		6				6
广州市首誉橡胶加工专用设备有限公司		5				5
华南理工大学	1	2	1		1	5
东莞市贝司通橡胶有限公司					3	3
佛山惠福化工有限公司	2			1		3
深圳市海川实业股份有限公司				3		3

广州市首誉橡胶加工专用设备有限公司有效专利主要涉及轮胎回收装置中纤维去除、钢丝分离，以及回收生产线粗碎、细碎等。

华南理工大学在各领域都有涉及。

东莞贝司通橡胶有限公司主要产品有各种花纹胎面胶、中垫胶、胶条、包封套、补片、打磨片、内胎等，有效专利主要涉及翻新轮胎设备、轮胎贴面装置。

佛山惠福化工有限公司有效专利主要涉及废橡胶脱硫再生装置。

海川集团成立于20世纪80年代，是经营高新科技产品的专业技术集成商，涉足化

---

❶ 华南再生资源（中山）有限公司的简要介绍请见3.4.3节。
❷ 东莞市运通环保科技有限公司的简要介绍见1.4.4节。

工、新型工程材料、光机电一体化、生物工程、食品科技等行业，在道路、桥梁等结构工程的修复、加固等领域独树一帜，有效专利主要涉及废橡胶改性沥青方法，以及橡胶沥青组合物。

4.5 小结

1. 全球发展态势

对全球废弃橡胶再生循环利用领域专利分析可以得出，这一领域具有以下特点。

1）全球申请中以中国申请量占比最大，且中国仍然处于快速增长阶段。国外总体已经进入成熟阶段，年度申请早期增长缓慢，2010年后都具有衰减趋势。尤其欧洲和美国申请总量和申请人数量都是小范围变化，其中欧洲申请人变化区间为30~65人，申请量变化区间为20~45件，体现发达国家产业已经成熟，技术和企业都经过优胜劣汰。主要是因为，美日欧等发达国家虽然产业发达，每年处理大量废橡胶，其轮胎回收率都已经达到90%以上，但其处理产业已经形成稳定格局，如美国、日本等都是获取燃料为主；同时，废橡胶的处理主要是基于环保考虑且属于依靠政府立法支持的事业，并不是一项具有较大利润的产业，因此在国家已经达到高处理率和稳定格局的情况下，创新动力不足导致专利申请下降。

2）各国在橡胶循环利用各技术分支分布普遍受到国情影响而不同。在第二次世界大战期间，由于橡胶资源短缺，再生胶被视为战略物资，发达国家都大量生产。随着合成橡胶发展，再生胶在发达国家已经萎缩。发达国家废弃橡胶的主要利用方式都转向获取燃料，或者生产胶粉沥青用于铺路。因此，发达国家在再生胶领域专利申请量极少，国外再生胶申请总量还不到中国再生胶申请量的一半。中国由于橡胶消耗量大，产业仍然是以再生胶为主的格局。

3）通过各国专利流向分析可以看到，中国虽然申请总量巨大，但主要都是国内申请，美、日、欧、韩进入中国的专利却有264件，可见中国已经是国外专利布局较多的国家，成为一个巨大的潜在市场。美国、欧洲和日本是橡胶循环利用的最重要的市场。

4）对主要申请人进行分析，国外申请人以轮胎巨头公司为主，如日本普利司通、法国米其林、美国固特异等。由于橡胶循环利用主要是废轮胎的回收，而国外主要都实施"生产者责任制"，轮胎生产企业有义务回收废轮胎或者提供处理费用。因此，轮胎巨头都进入橡胶回收行业，这些企业主要是在轮胎翻新领域提出申请，申请时间较早且在多个国家都有布局。而国内企业都是2000年后开始断续申请，有的只是一年突击申请，且以国内申请为主，并没有国际布局趋势。整体上，发达国家技术发展较早且已经成熟，尤其是轮胎翻新领域；而国内并不是十分重视，技术创新投入也不多。但是作为轮胎回收利用的重要方式之一，国内申请人应该关注这些申请人的专利申请布局，了解其技术同时创新自己的技术。

2. 中国发展态势

对中国废弃橡胶再生循环利用领域专利分析可以得出，这一领域具有以下特点。

1）中国申请的专利以国内申请为主，还是立足本国市场为主的专利布局，年度申请趋势依然呈现快速增长。同时，欧洲、美国等发达国家虽然整体申请量不多，但是已经瞄准中国市场开始"跑马圈地"。

2）中国在各技术分支中，除了燃料热能申请较少，其他各个分支分布相对均匀，在国外占比少的再生胶分支具有较多申请。主要是因为，中国是一个橡胶资源消费大国，同时又是橡胶资源极度匮乏的国家，虽然2001~2008年中国天然橡胶产量每年都在增长，但是自给率却在下降，目前中国天然橡胶的80%、合成橡胶的46%依赖进口。因此，中国的橡胶循环利用格局是以再生胶为主，且短时间不会改变。鉴于国外已经形成以燃料热能等其他方式为主的循环利用方式，中国也应该在其他技术分支进行技术积累，避免国外申请人垄断相关技术。

3）国外普遍在轮胎翻新领域在中国布局居多，国内申请人需要关注其申请并积极投入技术创新，以防国外技术垄断。同时，国外申请尤其是欧洲和日本申请质量较高。

4）中国申请中还是以企业作为创新的主体力量，企业申请最多，占51%。同时，大学申请和合作申请占有一定比例，说明国内大学和研究机构是创新的一股不可忽视的力量，具有开展产学研合作的良好基础。

5）国外在中国布局的申请人主要是轮胎巨头普利司通和米其林，虽然布局主要是轮胎翻新领域，而在全球专利分析中这两个公司在其他技术分支，如再生胶早期也是有申请的，只是近年主要关注轮胎翻新领域且注重国际市场。而国内申请人起步晚，且没有持续投入创新，申请数量都不多。

6）国内省市以江苏省申请量最高385件，但是其授权率、专利有效率都没有明显优势，反而申请量居第6位的广东省在专利有效率、授权率表现突出，说明其整体专利申请质量较高。江苏省、北京市的待审率分别是39%和36%，足见这两个省市还是持续创新投入；而广东省待审率只有22%相对较弱。

3. 广东省发展态势

对广东省废弃橡胶再生循环利用领域专利分析可以得出，这一领域具有以下特点。

1）广东省专利总量不多，但是专利质量相对较高。广东省年度申请趋势各技术分支不同，虽然再生胶起步早，在1993年就提出申请，但再生胶在广东省并没有大的发展。广东省相对重点发展的技术分分支是胶粉、热裂解和橡胶沥青，总体还处于增长趋势的。专利申请不集中，企业较分散，企业投入没有持续性。

2）广东省在胶粉领域申请量最大，占31%；其次是热裂解领域，占22%。技术主要分布在胶粉领域且以常温粉碎为主。这种技术分支布局与国内以再生胶为主的格局不同，主要是因为广东省是国内仅有的几处可以种植天然橡胶的区域，因此对于早期橡胶需求可以满足；同时，广东省合成橡胶工业发达，因此再生胶的空间就压缩了。而橡胶沥青是近几年国家推广的利用之一，其使用产生的二次污染相对于再生胶较小，申请占比达到19%。

3）广东省申请量排名前五名的申请人分别是东莞市运通环保科技有限公司（17

件)、华南再生资源(中山)有限公司(10件)、华南理工大学(8件)、广州市首誉橡胶加工专用设备有限公司(7件)、深圳市海川实业股份有限公司(7件)。主要集中在胶粉、热裂解和橡胶沥青方面,且在胶粉方面的申请还是持续性的。其中,东莞市运通环保科技有限公司在胶粉领域具有一定规模。

第5章 废弃电子电器产品再生循环利用专利分析

5.1 全球专利分析

本次研究中，共检索涉及废弃电子电器再生循环利用的专利申请5112件。本章在这一数据的基础上，从专利技术的发展趋势、国家或地区分布、技术主题、主要申请人等角度对该领域的专利技术进行分析。

5.1.1 专利申请发展趋势

图 5-1 是全球范围内废弃电子电器再生循环利用领域各年度专利申请量分布情况。1992~2013 年，废弃电子电器再生循环利用领域的专利申请量整体呈波动式增长态势，2013 年达到峰值，为487件。外国专利申请量总体发展平缓，在2000年达到一个小高峰，从2011年开始逐渐减少。而中国专利申请量总体呈增长趋势，2002年之前申请较少，从2003年开始发展迅速。

20世纪末，西方发达国家的电子电器产品使用普及，相对应的，废弃电子电器资源如何处理成为不可避免的问题。随着环境保护的重要性在全球范围内形成共识，各国纷纷通过制定法律法规等方式来提高环保的力度，对废弃电子电器进行回收和再利用成为必然的选择。随后，各国对废弃电子电器再生循环利用的技术和设备不断创新，申请了较多的专利。然而，受各因素影响，经营废弃电子电器处理似乎并不能带来可观的经济利益，一部分力量撤离此领域，导致1992~1999年行业发展缓慢并出现停滞现象。经过约10年的技术积累并在各方作用力影响下，在21世纪初各国基本建立了相应的处理产业，技术作为产业的支撑力量也得到足够的重视，此时专利申请数量得到井喷式增长。以德国同时期500余家企业为例，其中以小型企业为主。随着时间推进，从经营的优胜劣汰角度考虑，竞争力较差的企业逐渐离开此领域，导致专利申请数量从2001年开始逐步减少。

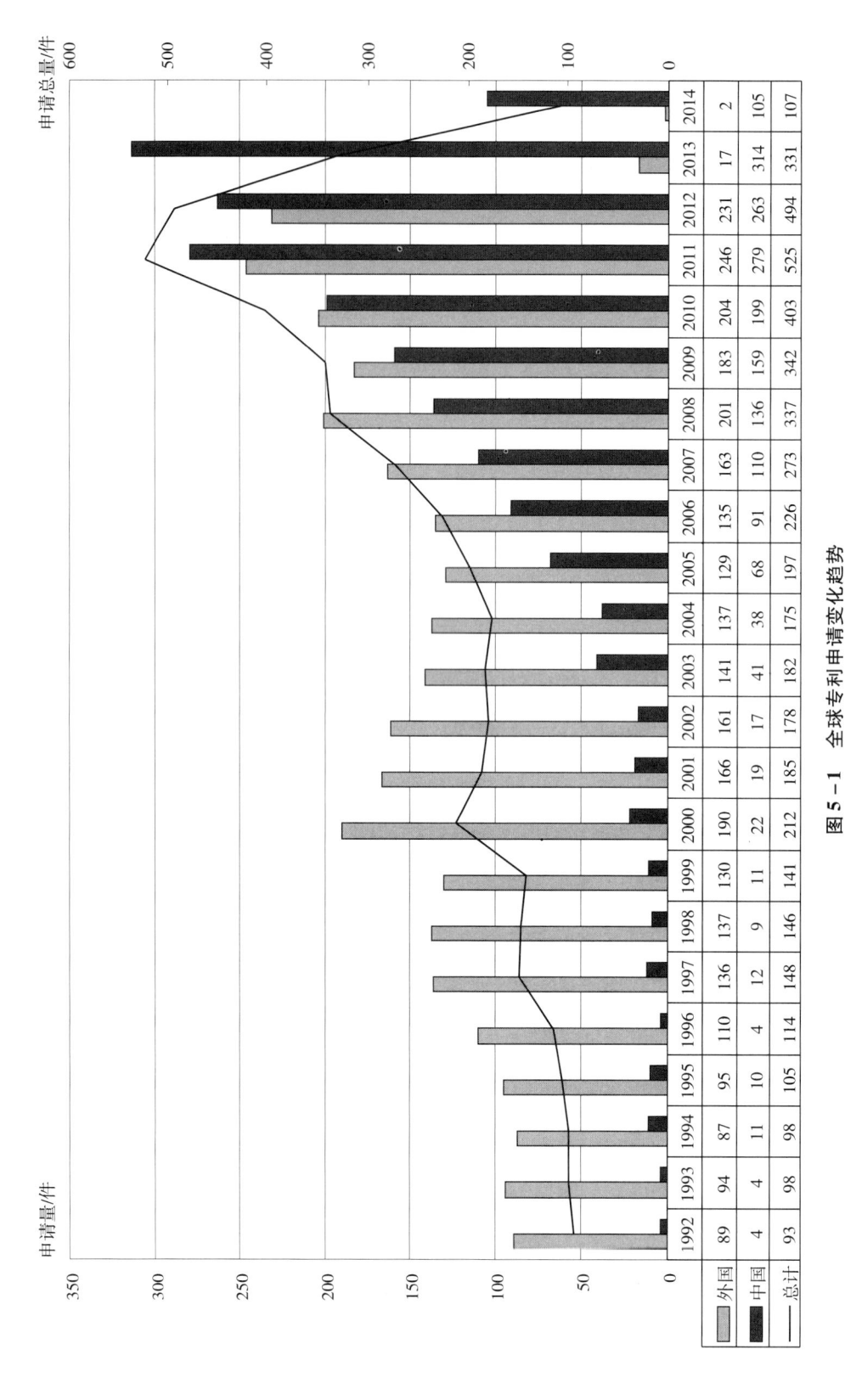

废弃资源再生循环利用产业专利信息分析及预警研究报告

	1992	1993	1994	1995	1996	1997	1998	1999	2000	2001	2002	2003	2004	2005	2006	2007	2008	2009	2010	2011	2012	2013	2014
外国	89	94	87	95	110	136	137	130	190	166	161	141	137	129	135	163	201	183	204	246	231	17	2
中国	4	4	11	10	4	12	9	11	22	19	17	41	38	68	91	110	136	159	199	279	263	314	105
总计	93	98	98	105	114	148	146	141	212	185	178	182	175	197	226	273	337	342	403	525	494	331	107

图 5-1 全球专利申请变化趋势

而我国的情况则刚好相反。2002年之前,我国电子电器的使用普及率相对较低,对废弃电子电器再生循环利用的技术和设备的需求并不强烈,加之我国1985年才建立专利制度,2000年前企业的专利意识不强,导致专利申请量处于较低水平。随着经济发展和技术革新,从2000年开始我国电子电器使用量剧增,相应的废弃总量也随之增加。与此同时,我国也逐渐增强了资源节约和环境友好的意识,废弃电子电器再生循环利用的技术和设备需求剧增,相关技术的专利申请量也显著提高。

从2005年开始,废弃物数量剧增的压力使废弃电子电器的处理再次受到更多的关注,国外从业者加快研发进度,专利申请数量稳步上升。2008年出现波及全球的金融危机,各行各业都受到侵害。电子产品作为日常生活用品受此冲击较大。国外从事废弃电子电器回收的通常是相关产品的生产商和销售商,在主营业务遭受打击的情况下,势必影响其在废弃物回收领域的积极性,并最终反映到技术的开发和专利的申请量上来。因外国相关企业一般具有厚实的技术积累和资金储备,金融危机的冲击往往会延后出现。

2012年国际专利申请量开始下滑则是因专利从申请到公布的时间差(一般约为1.5年)造成的。而中国专利申请量并未随之下滑,是因为国内申请人普遍请求提前公开专利申请,从而大大缩小了时间差。

5.1.2 专利申请区域布局

图5-2为全球主要国家和地区废弃电子电器再生循环利用领域的专利申请总体发展趋势。从饼图可以看出,日本籍申请人申请量最多,达到1975件,占总量的38%;其后为中国,达到1849件,占36%;其余依次为美国(447件,占9%)、欧洲(394件,占8%)、韩国(347件,占7%)、其他国家和地区(98项,占2%)。

日本因电子电器行业发达,使用普及,废弃物多,同时国内资源严重匮乏,对于废弃物的回收再利用具有更迫切的需求,从而导致日本政府和企业对电子电器废弃物回收非常重视,研发投入大,设备、方法的创新发明多,专利申请量也较大。此外,日本专利法对合案申请的要求严格,使得企业对于在其他国家可合并的合案申请,在日本国内则须多次提交,使得申请量有所增加。同时,日本企业有对技术各个方面改进都申请专利的良好习惯,即使非常细微的改进也会申请专利。因此日本的申请量在该领域仍处于优势地位。美欧韩虽然在电子电器领域占有重要地位,但较低的专利申请占比表明其不太热衷废弃电子电器再生循环。中国虽然起步较晚,但从2002年开始专利申请量稳步增长,大有后来居上的趋势,这体现了我国2000年以来在提升软实力和竞争力方面具有较高的追求。

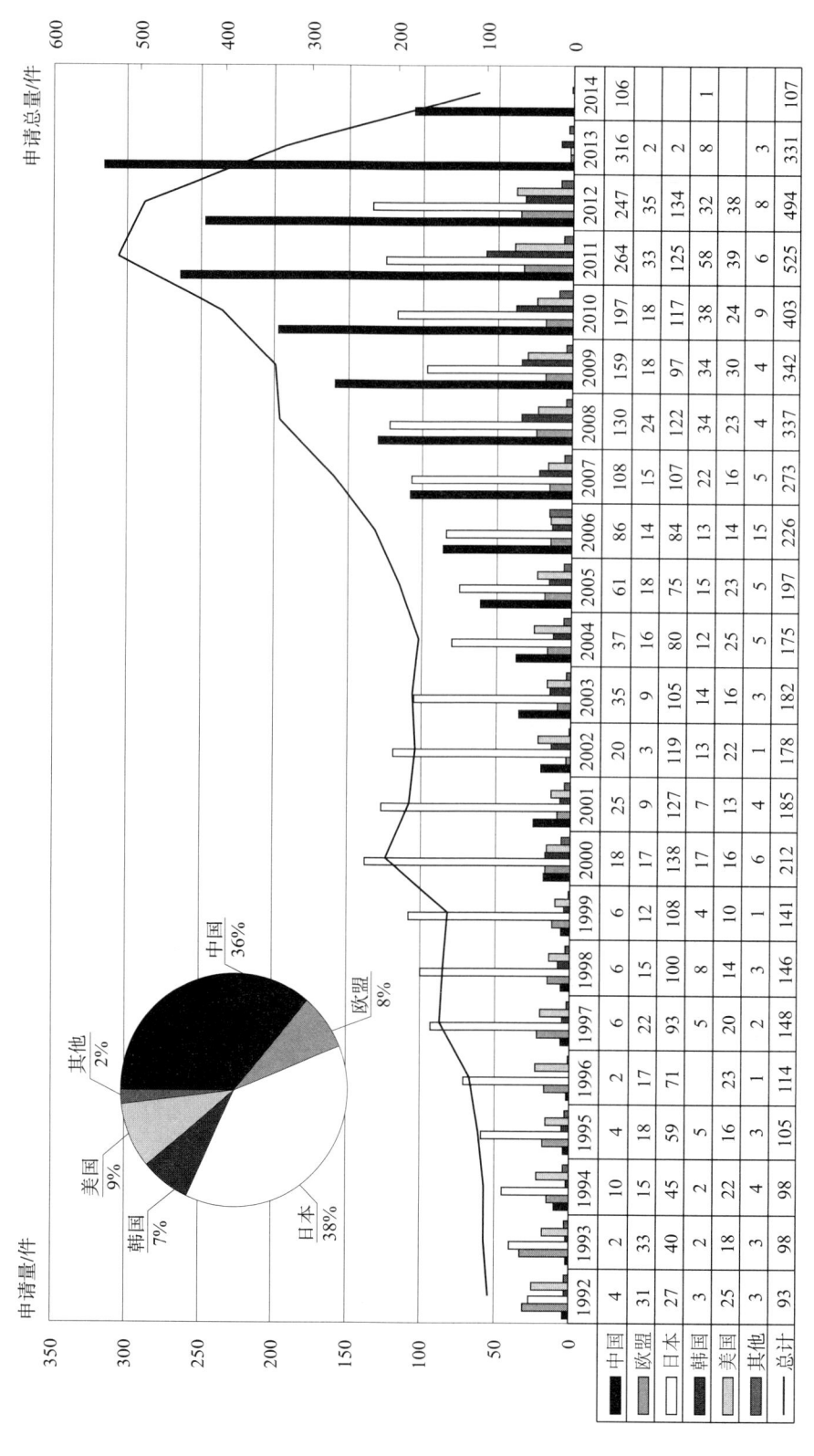

	1992	1993	1994	1995	1996	1997	1998	1999	2000	2001	2002	2003	2004	2005	2006	2007	2008	2009	2010	2011	2012	2013	2014
中国	4	2	10	4	2	6	6	6	18	25	20	35	37	61	86	108	130	159	197	264	247	316	106
欧盟	31	33	15	18	17	22	15	12	17	9	3	9	16	18	14	15	24	18	18	33	35	2	
日本	27	40	45	59	71	93	100	108	138	127	119	105	80	75	84	107	122	97	117	125	134	2	
韩国	3	2	2	5	23	5	8	4	16	7	13	14	12	15	13	22	34	34	38	58	32	8	1
美国	25	18	22	16	1	20	14	10	16	13	22	16	25	23	14	16	23	30	24	39	38		
其他	3	3	4	3	2	2	3	1	6	4	1	3	5	5	15	5	4	4	9	6	8	3	
总计	93	98	98	105	114	148	146	141	212	185	178	182	175	197	226	273	337	342	403	525	494	331	107

图5-2 主要国家和地区专利申请时间趋势分布

5.1.3 技术主题分析

根据废弃电子电器行业的分类习惯，本书将废弃电子电器重点类别划分为线路板、阴极射线管、制冷剂（主要涉及氟利昂类）、电池、液晶和整机六个技术分支，对专利申请按照各技术分支进行了统计。

如图 5-3 和图 5-4 所示，在废弃电子电器再生循环利用领域，有高达 2245 件专利申请涉及电池分支，另有 1253 件专利申请涉及线路板分支，两者分别占了总量的 45% 和 25%。可见，电池和线路板这两个技术分支是废弃电子电器再生循环利用领域技术研发的重点。中国和日本在这两个技术分支的专利申请量处于领先，中国在电池和线路板领域的专利申请量达到 870 件和 585 件，日本也分别有 786 件和 395 件。其他技术分支上，日本的专利申请量都多于中国，在此领域总体发展较好。

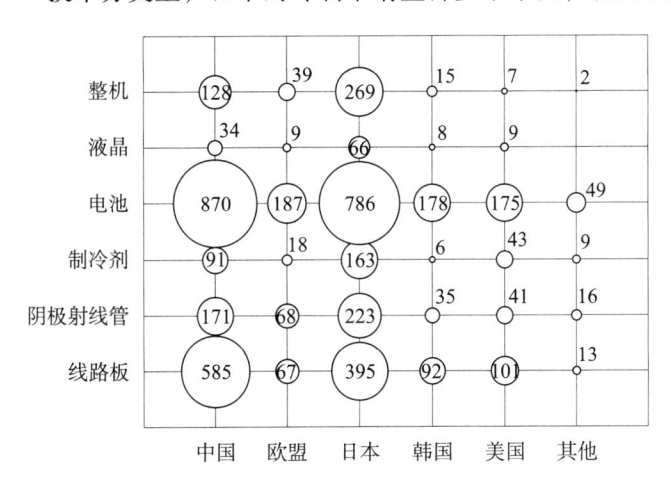

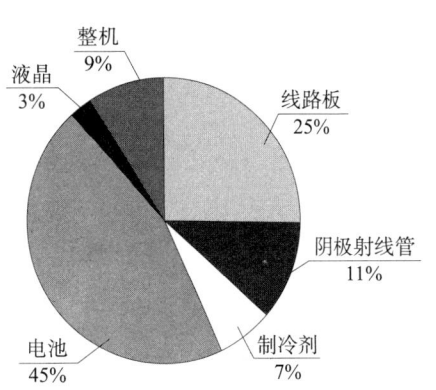

图 5-3 全球专利申请技术分支分布（单位：件）

图 5-4 全球专利申请技术分支占比

从图 5-5 全球主要国家和地区专利技术分支变化趋势来看，欧日美在废弃电子电器领域起步较早，在 21 世纪以前各分支领域发展较好。中国在 2002 年以后各分支才有了显著发展，并且之后发展势头很足，在电池和线路板分支迅速超过了欧美。

从资源回收利益最大化角度考虑，线路板和电池回收的成分为重金属和稀土金属等，此类金属的污染能力强，在经过适当处理后，又可用于生产，既能缓解环境压力，又能获得经济利益。同时，线路板作为电器产品的重要部分，电池作为一种电力供应产品，随着科技的不断发展与进步，在可预见的将来将长期存在，同时其产品类型也将不断得到丰富。例如，线路板上的各电子元件的种类、所用材料越来越丰富；电池则从干电池等逐步发展为铅蓄电池、镍镉电池、镍氢电池、锂离子电池和太阳能电池等。因此，废弃线路板和电池的回收再利用会得到较长时间的关注，相关技术也得到不断开创和完善。这在资源尤其有限的日本更能反映出现。

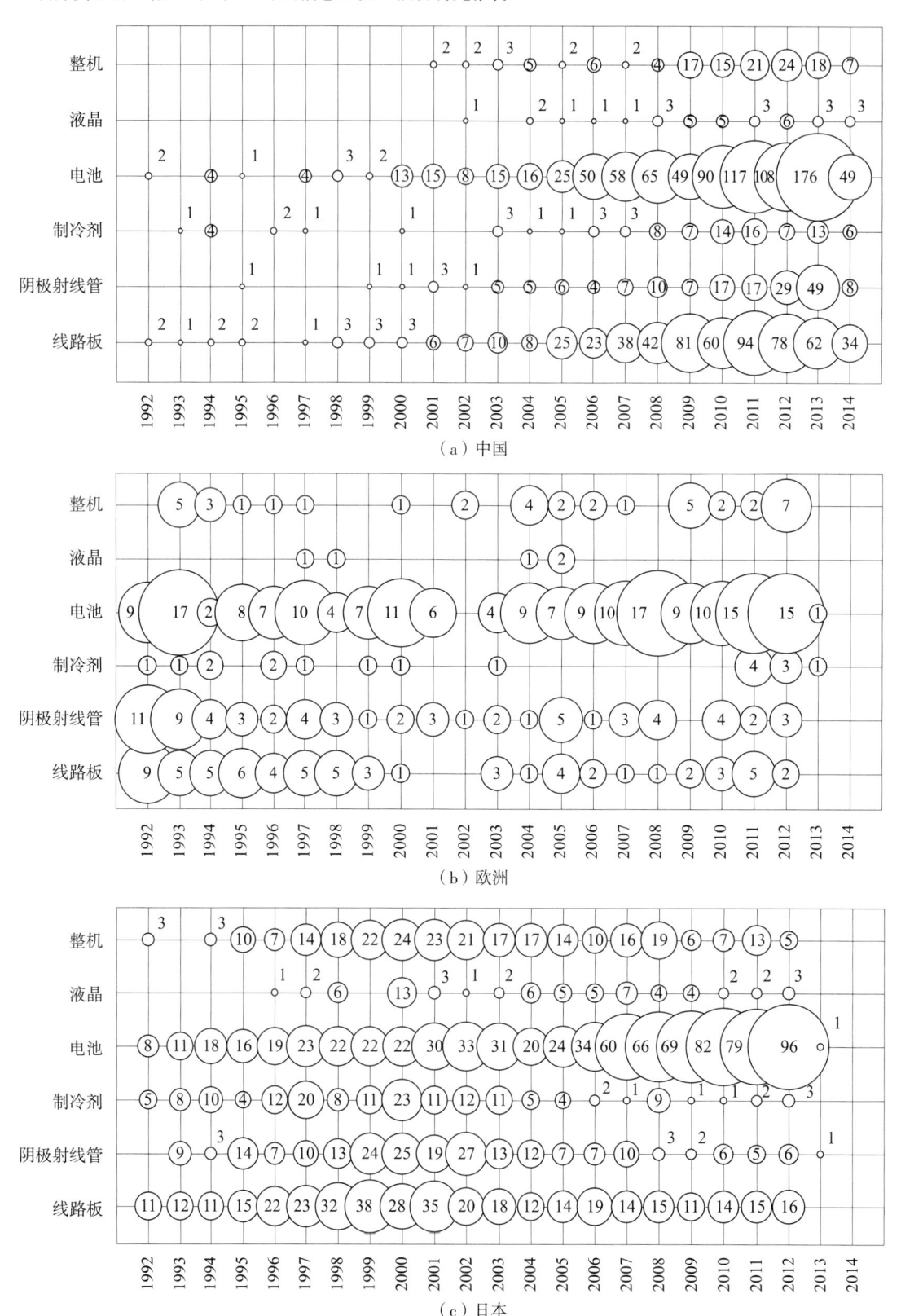

图 5-5　全球主要国家和地区专利技术分支变化趋势（单位：件）

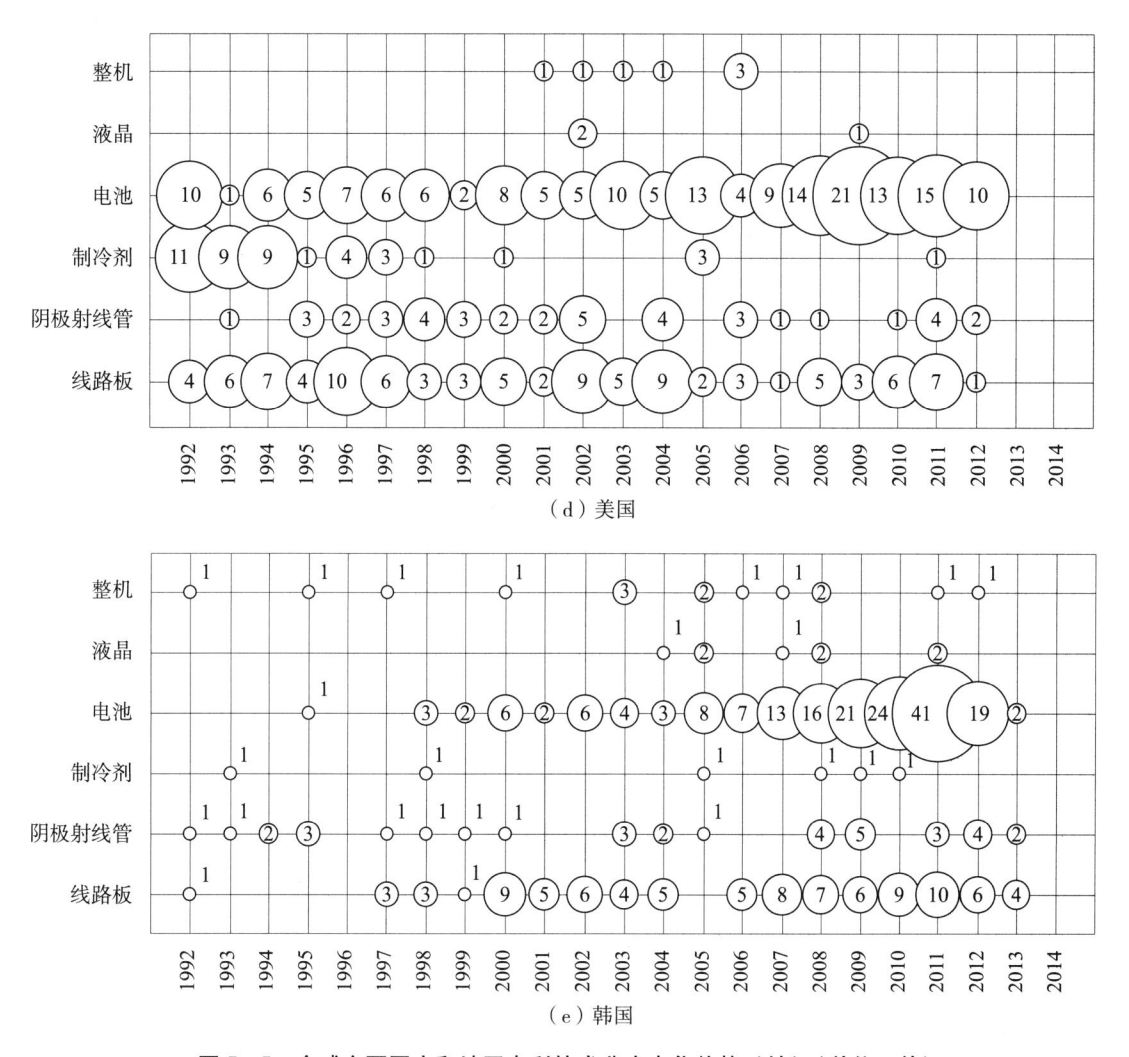

第5章 废弃电子电器产品再生循环利用专利分析

图 5-5 全球主要国家和地区专利技术分支变化趋势（续）（单位：件）

制冷剂（如氟氯烃）和阴极射线管虽然面临逐步淘汰的命运，但前期大量的使用造成了废弃量累积较大。人们早已获知氟氯烃化合物是一种臭氧层杀手，为了限制氟氯烃化合物的随意使用和排放，氟氯烃化合物的回收再利用也存在强烈的需求。除中国外，对环境保护要求较高的日本、美国和欧洲也相应地进行了技术开发，并进行了相应的境外专利布局。相对于制冷剂在制冷设备中的使用面，来源于电视机和显示器的阴极射线管使用量更大，废弃阴极射线管的材料组成相当复杂，包含多种金属、玻璃、荧光粉等，对环境具有很强的污染效应，同时阴极射线管中的金属和玻璃等成分也能有效回收和再利用。在双重利益驱使下，从业者为获得技术优势，其专利申请量较大。

从20世纪70年代初世界上第一台液晶显示设备面世起，受技术成熟度和销售的高价格等因素影响，直到2003年液晶显示器才真正走进了大众生活和工作中。针对其相应的废弃回收再生技术也普遍在2003年之后出现。根据液晶产品报废周期考虑，早期废弃高峰在普及期10年之后出现，其相应的回收再生技术也将随着时间的推移更好地被开发，其专利申请量也将相应的增加。目前各国专利申请量与产品使用报废周期呈现了一致性，专利申请量普遍较低。但受其他小型液晶屏产品如手机等高换代频率的影响，废弃液晶产品循环再利用技术的发展将比预期来得早，专利申请量的增长也会有所提前。

整机拆分技术是废弃电子电器进行回收再利用时所经历的一个必然步骤，虽然其重要性不容忽视，但高技术价值转移往往不理想。在人工成本低廉的国家或地区，依赖人工操作仅使用简单的设备就能完成该操作，即便相对较复杂的设备，也能被简单模仿。美国和韩国在该领域内的专利缺失，与他们将此项工作转由低廉国家或地区承担不无关系。而日本籍申请量维持在相对高的水平，与该国在废弃电子电器回收再生领域的总体重视程度有关，同时体现了该国在废弃电子电器回收再生领域的技术优势和自信。

5.1.4 专利流向分析

全球五大专利局之间的专利流向如图5-6所示，其中五个饼图分别表示五大专利局受理的专利申请量，百分比表示各国家和地区申请人申请的专利数占该专利局总受理量的比例，箭头的方向表示各国家和地区申请人向各专利局申请的流向，箭头的粗细表示专利申请量的多少。

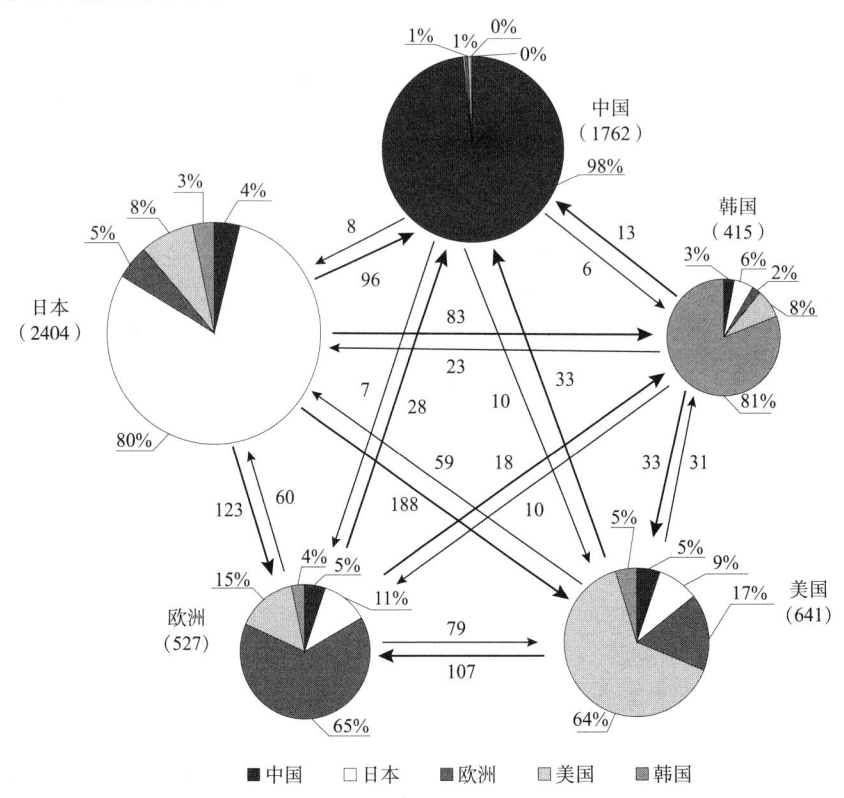

图5-6 全球主要国家和地区专利流向分布（单位：件）

各局之中，日本特许厅的专利受理量最多，达到2404件；其后是中国国家知识产权局，为1762件；美国专利商标局、欧洲专利局和韩国知识产权局三局受理量较少，分别为 641 件、527 件、415 件。各局受理的申请中，中国国家知识产权局的本国申请占比最高，达到 99%，且对任一其他国家的专利输出数量均小于他国专利输入数量，处于逆差地位，体现了中国在该领域内虽然申请量大，但能输出的技术最少，总体上技术较欠缺。而日本正相反，其对任一国家的专利输出数量均大于他国专利输入数量，处于顺差地位，说明日本在该领域技术较成熟，同时也体现了日本籍申请人在专利布局上立足本国防御、积极对外扩张的战略意图。欧洲和美国籍申请人同样向其他四国提交了较大数量的申请，在全球的专利布局也相对完善。

美国是最受重视的市场，各国向美国提交的专利申请量均多于向其他国家提交的数量；欧洲、日本是仅次于美国的市场，说明传统发达国家是专利布局的必争之地，技术竞争激烈，因此也是风险最大的区域。

5.1.5　技术生命周期分析

在废弃电子电器再生循环利用领域，从图 5-7 可知，美日欧韩发展状况是 1992～2001 年属于产业成长期，年申请人的数量和申请量迅速增加。从 2002 年开始申请人数量和专利申请数量都出现了下滑现象，处于成长末期的中等水平。2002～2006 年的四年时间内产业一直处于不温不火的状态。但从 2006 年开始产业又迎来了发展，申请人数量和专利申请数量都有大幅增长，到 2008 年一举超过了成长期的最高点。在此之后，该产业处于螺旋式增长状态中。这说明从 2006 年开始产业得到很大的发展动力，但在长时间的运营过程中也遇到了不小的困难。通过对技术生命周期的分析，该产业处于渐进式的成长期，对我国从业者而言，这是一个机会与挑战并存的时期，应抓住良好的发展机遇，如能通过自身解决现有问题和难点，未来必定在此领域占有一定地位。

5.1.6　专利申请主要申请人分析

为了研究废弃电子电器再生循环利用专利技术的主要申请人情况，以数据库中的申请人和公司代码信息为基础进行加工整理，进而统计出主要申请人的专利申请量、历年申请量、技术倾向性、国家/地区布局等内容。根据专利申请数量选取排名靠前的 7 位申请人。该统计的专利申请数量不包括在中国提交的专利申请。

1. 主要申请人及其技术分析

图 5-8 是全球专利申请数量排名靠前的 7 位申请人，其所属国籍都是日本，说明日本在此领域具有相当的实力。申请数量最多的是松下，达到了 144 件；其余 6 位的申请量都在 60 件左右。从时间趋势分布来看，松下从 1996 年开始一直到 2012 年没有间断过专利申请，申请巅峰时期是 1998～2002 年，在 1999 年达到了最高，当年申请量为 20 件，在接下来的 10 年间年平均专利申请数量超过 6 件，高于其他申请人全时期大部分单年申请量。索尼、日立与东芝在此领域发展较早，1992～2003 年几乎每年都有相当数量的专利申请。但 2012 年之后，索尼、日立与东芝专利申请量明显减少。2003 年的时间节点与松下专利申请量转折点相同。由此可知，2003 年是行业的萧条期，这也与技术生命周期分析图表现接近。但与松下不同的是，索尼从此以后没有进行相关

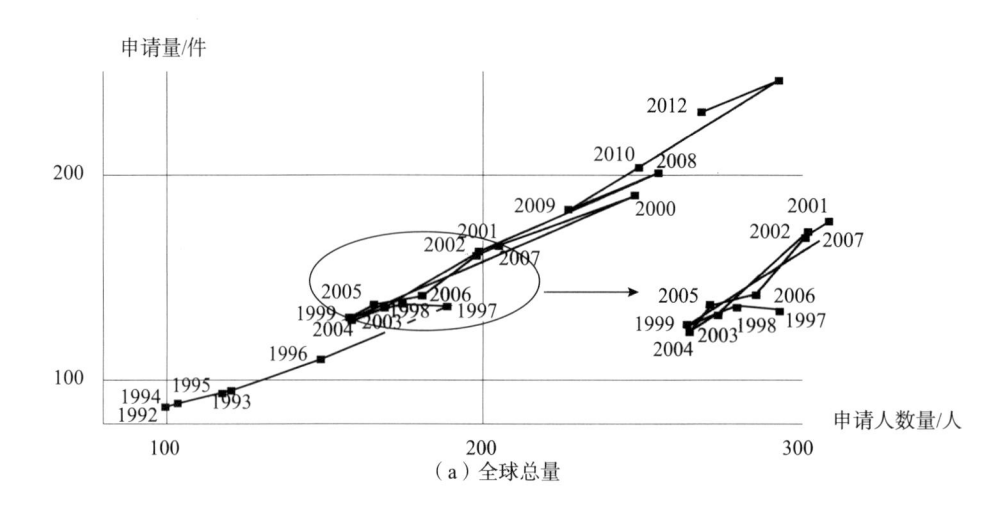

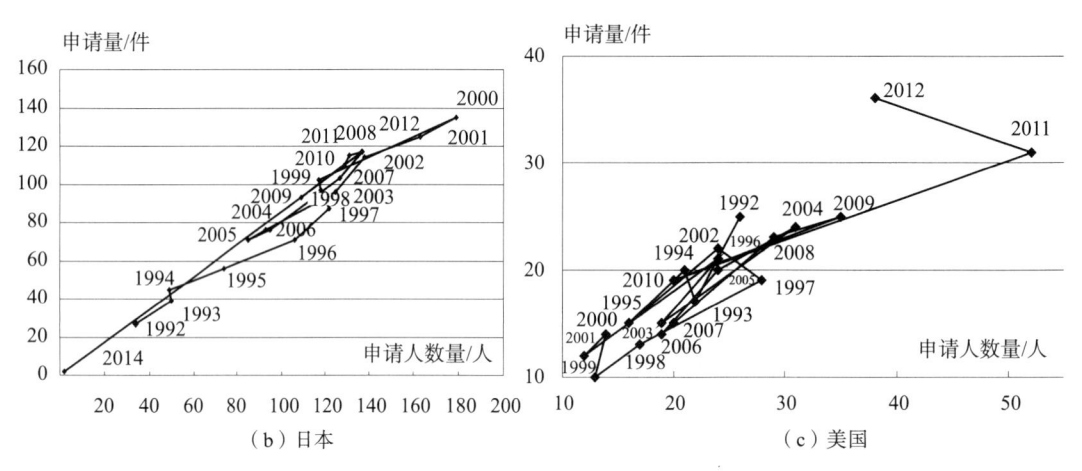

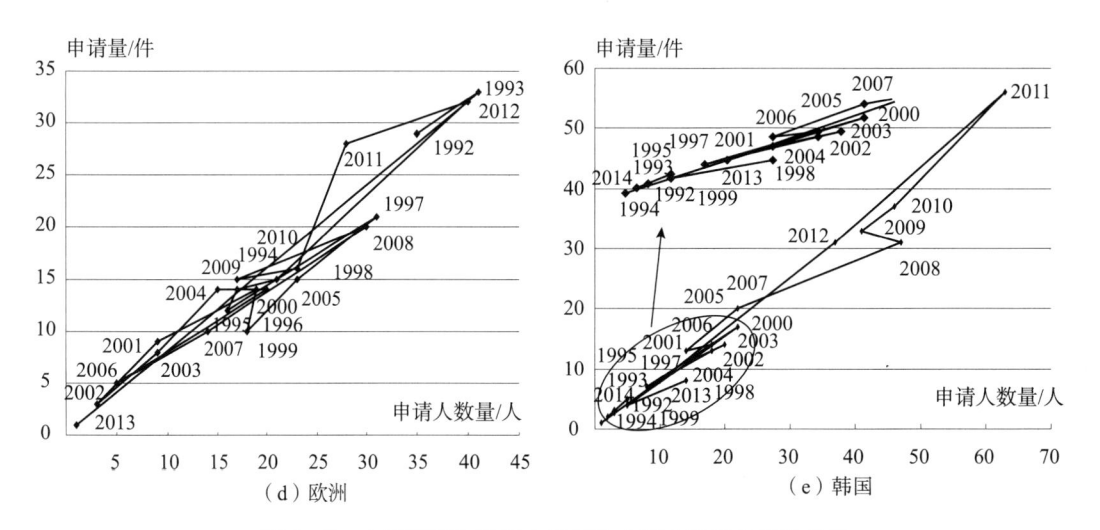

图 5-7 主要国家和地区申请量和申请人数量的变化趋势

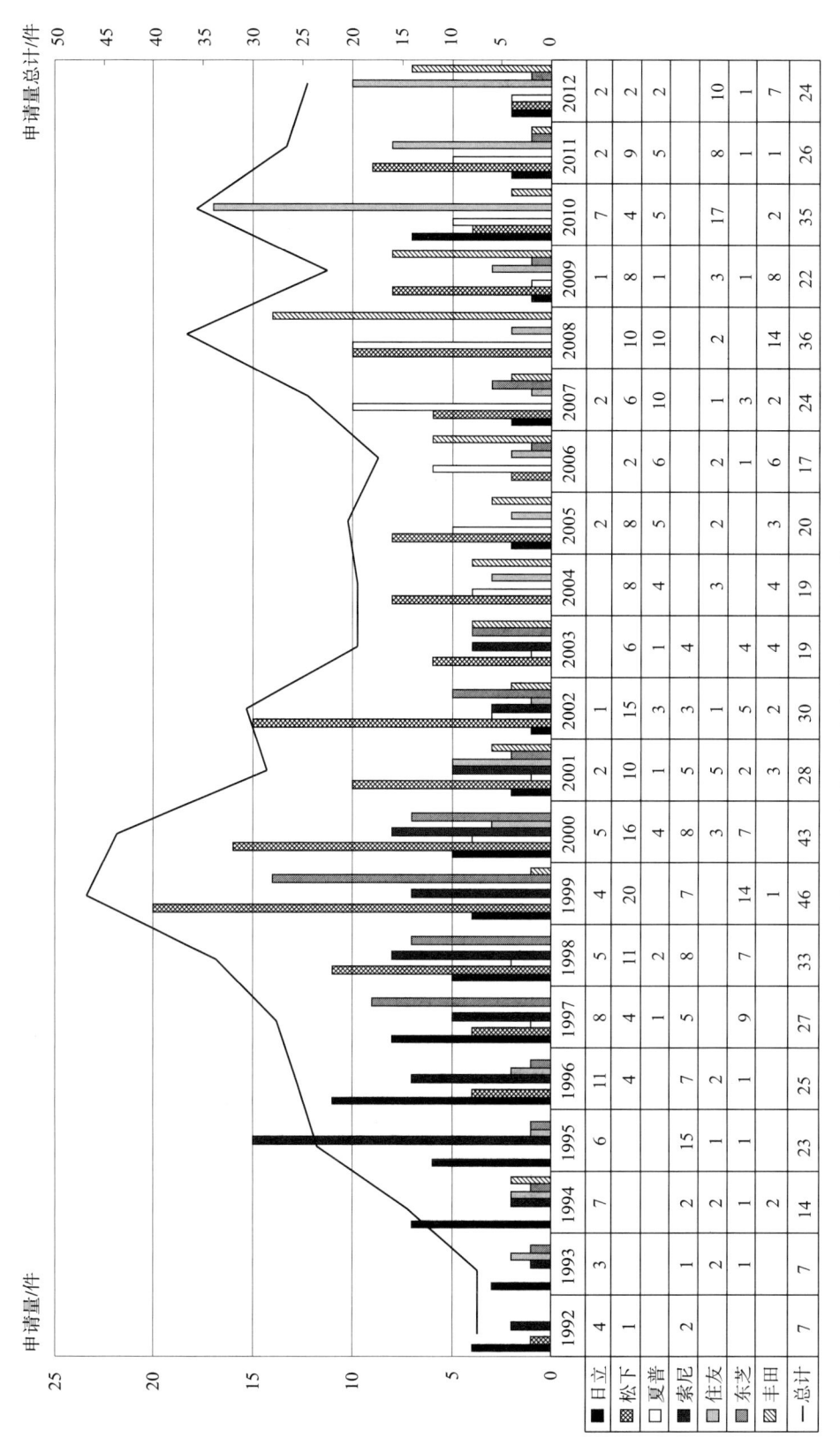

第5章 废弃电子电器产品再生循环利用专利分析

	1992	1993	1994	1995	1996	1997	1998	1999	2000	2001	2002	2003	2004	2005	2006	2007	2008	2009	2010	2011	2012
日立	4	3	7	6	11	8	5	4	5	2	15	6	8	8	2	2		1	7	2	2
松下	1				4	4	11	20	16	10		1	4		6	6	10	8	4	9	2
夏普				15		1	2		4	1	3			5		10	10	1	5	5	2
索尼	2	1	2		7	5	8	7	8	5	3	4	3	2	2	1	2	3	17	8	10
住友		2	2	1	2				3	5	1				1	3		1			1
东芝		1	1	1	1	9	7	14	7	2	5	4		3	6		14	8	2	1	
丰田			2					1		3	2	4	4			2				1	7
总计	7	7	14	23	25	27	33	46	43	28	30	19	19	20	17	24	36	22	35	26	24

图 5-8 全球主要申请人时间分布趋势

专利申请，很可能退出了该领域；日立与东芝也仅维持了较低的专利申请量。与之相反的是，另三位申请人（夏普、住友和丰田）的申请量从 2003 年之后有了明显的增长，年均申请量约为 5 件。

从图 5-9 各主要申请人的技术分支来看，日立和索尼涉及全部 6 个分支领域；松下、夏普和东芝次之，都达到 5 个；住友和丰田关注点在电池分支，申请量占到了自身总量的 95% 以上。同时，电池分支领域也是产业的重点关注对象，7 位申请人全部都有涉及；液晶分支作为新兴对象受关注最少，仅 3 位申请人有涉及，而且专利申请总量仅为 18 件。

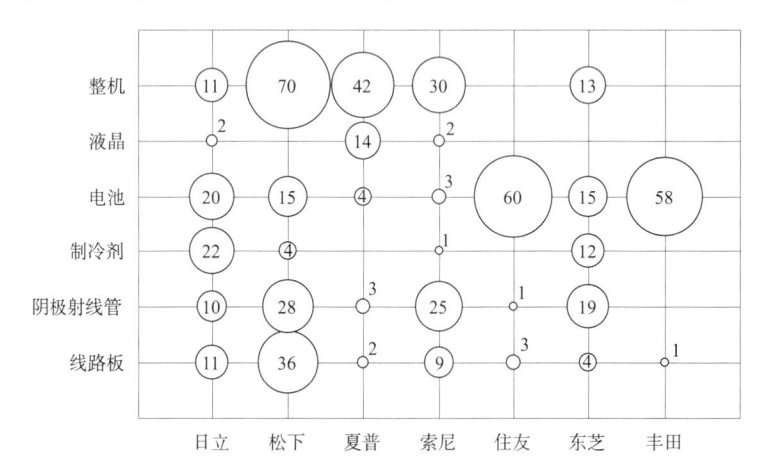

	日立	松下	夏普	索尼	住友	东芝	丰田
整机	11	70	42	30		13	
液晶	2		14	2			
电池	20	15	4	3	60	15	58
制冷剂	22	4		1		12	
阴极射线管	10	28	3	25	1	19	
线路板	11	36	2	9	3	4	1

图 5-9　全球主要申请人技术主题分布（单位：件）

从表 5-1 可知，各申请人从 2004 年开始基本放弃了制冷剂技术分支，这主要与制冷剂的更新换代有关。废弃线路板和电池都可进行贵金属等的提取，而两者在这 7 位申请人中所受关注的程度并不一致。电池分支在 2003 年以后每年基本都有专利申请出现，仅住友在 2010 年单年间就申请了 16 件；而线路板分支从 2003 年开始总共才有 16 件专利申请。夏普从 2000 年开始在液晶和整机分支有了长期的关注，松下从 1997 年开始致力于整机分支领域，至今为止约有每年 4 件的专利申请量。

2. 主要申请人区域布局

本部分进一步对废弃电子电器再生循环利用国际主要申请人在全球（除中国外）专利申请量的分布情况进行分析。从表 5-2 可以看到，全球主要专利申请人都非常重视日本、美国和欧洲地区，这三大市场竞争最为激烈；其次是韩国和中国台湾地区，加拿大、澳大利亚、新加坡和马来西亚也有专利申请的布局。具体分析，这 7 位申请人国籍都为日本，虽然其专利申请量遥遥领先，但主要在本国进行专利申请，日本以外的地区布局相对很少，最多的松下也仅 29 件在除本国外的其他国家和地区进行了专利布局，而夏普甚至没有专利申请在其他国家或地区布局。索尼虽然专利申请数量不是最多，但其在表 5-2 中 7 个国家和地区均部署了专利。从整个专利布局数量来看，该领域并不受到足够的重视。值得提出的是，表 5-2 中住友仅有 6 件他国专利布局量，而在 5.1.2 节统计数据显示，住友向中国提交了 16 件专利申请，其中 15 件处于待审状态。可见住友足够重视中国市场。

第5章 废弃电子电器产品再生循环利用专利分析

表5-1 各申请人各技术分支时间分布趋势

单位：件

技术分支	申请人	1992	1993	1994	1995	1996	1997	1998	1999	2000	2001	2002	2003	2004	2005	2006	2007	2008	2009	2010	2011	2012
线路板	日立		1	1	1	2	2	2	1	3												1
	松下					4	2	5	10		2			2	2	1	4				1	1
	夏普									1												
	索尼				1			1	2	1	1	1	2							1		
	住友									2												
	东芝					1	1	2														
阴极管	日立				5	1	1	1	1	1	1			1	2	1					1	
	松下							1	6	5	3	6	2									
	夏普			1			1					1					2					
	索尼				7	2	2	2	4	2	3	1										
	东芝						4	1	5	5	1	5					1					
制冷剂	日立	3	1	5		7		1	1	1												
	松下	1												1								
	索尼												1									
	东芝		1		1		5		4	1					2							
电池	日立		1	1			1	1	1	2	1	1		1	2	1	1		1	7	2	1
	松下									1	1	1		1				3	5		1	1
	夏普																1	1			1	
	索尼		2		1	2				1	5	11	4	3	2	6	1	2	3	16	8	10
	住友							3	2	2	1					1			1			1
	东芝													4								
	丰田			2				1	1		2	2	1	4	3	6	2	14	8	2	1	7
整机	日立	1			2		1	1	7	3	6			3	4	1	2	7	3	4	6	
	松下						3	4		7	1	11	4	3	4							
	夏普						1	1		3		3	1	2	4	5	7	8		3	3	1
	索尼	2		2	7	3	3			3	2	2										
	东芝			1			1	1	6		1		2			1						

表 5-2　主要申请人专利区域布局　　　　　　　　　　单位：件

申请人	日本	美国	德国	欧洲	加拿大	澳大利亚	中国台湾	新加坡	韩国	马来西亚
日立	72	10	4	5			2		3	
松下	144	18	4	6			1			
夏普	60									
索尼	66	6	2	4			1	1	1	1
住友	64	2			1	3				
东芝	59	5	1	1			1		1	
丰田	59	3	2	2	2				1	

5.2　中国专利分析

5.2.1　专利申请整体发展趋势

从图 5-10 中可以看出，在废弃电子电器再生循环利用行业，中国专利以中国籍申请人为主，国外在华的申请并不多，仅占约 10%。其中日本相对较多，占 5%；而欧洲、美国均占 2%。国内 1992～2002 年申请量不大，从 2002 年以后呈现出快速的增长，此时国外在华申请量仍然不大。从时间分布上来看，外籍申请人在华申请以美、日、欧为主，分布较均匀，没有明显坡度或峰值。韩国自 2004 年才开始有所申请。从 2009 年以后日本籍申请量有上升趋势。

从饼图可知，中、美、日、欧和韩的申请量占在华申请总量的 99% 以上。而外籍在华申请量份额体现了各国对中国技术市场的占有率。总量集中在这五国的主要原因与废弃电子电器产业的发展紧密相关。废弃电子电器循环利用的主要源头是电子电器产品技术的更新换代和人均保有量的持续增长。至 20 世纪 70 年代，电子产品已进入"大规模集成电路计算时代"，相关技术主要成熟于上述发达国家。至此个人计算机进入大众生活，家用电器如电视机、冰箱、洗衣机和空调等也走进寻常百姓家，电池更是作为一种日常用品广泛应用于家庭、办公场所和其他电子电器设备中，废弃电子电器循环利用行业迎来广阔的发展前景。发达国家，如美国在早期就拥有了一批技术成熟、管理完善的废旧家电回收再利用企业，而相对于每年淘汰下来的数不胜数的废家电而言，美国同期的回收处理能力几乎是杯水车薪。迫于现实环境的压力，在美国废旧家电的回收再利用受到政府、生产厂商和消费者越来越多的重视，美国在废弃电子电器回收领域也在不断尝试和稳步发展。同时，美国科技工作者另辟蹊径，在进行产品设计时偏向于既容易回收又对环境损害较小的家电产品。这也将是今后从根本上解决废弃电子电器产品回收问题的有效途径之一。

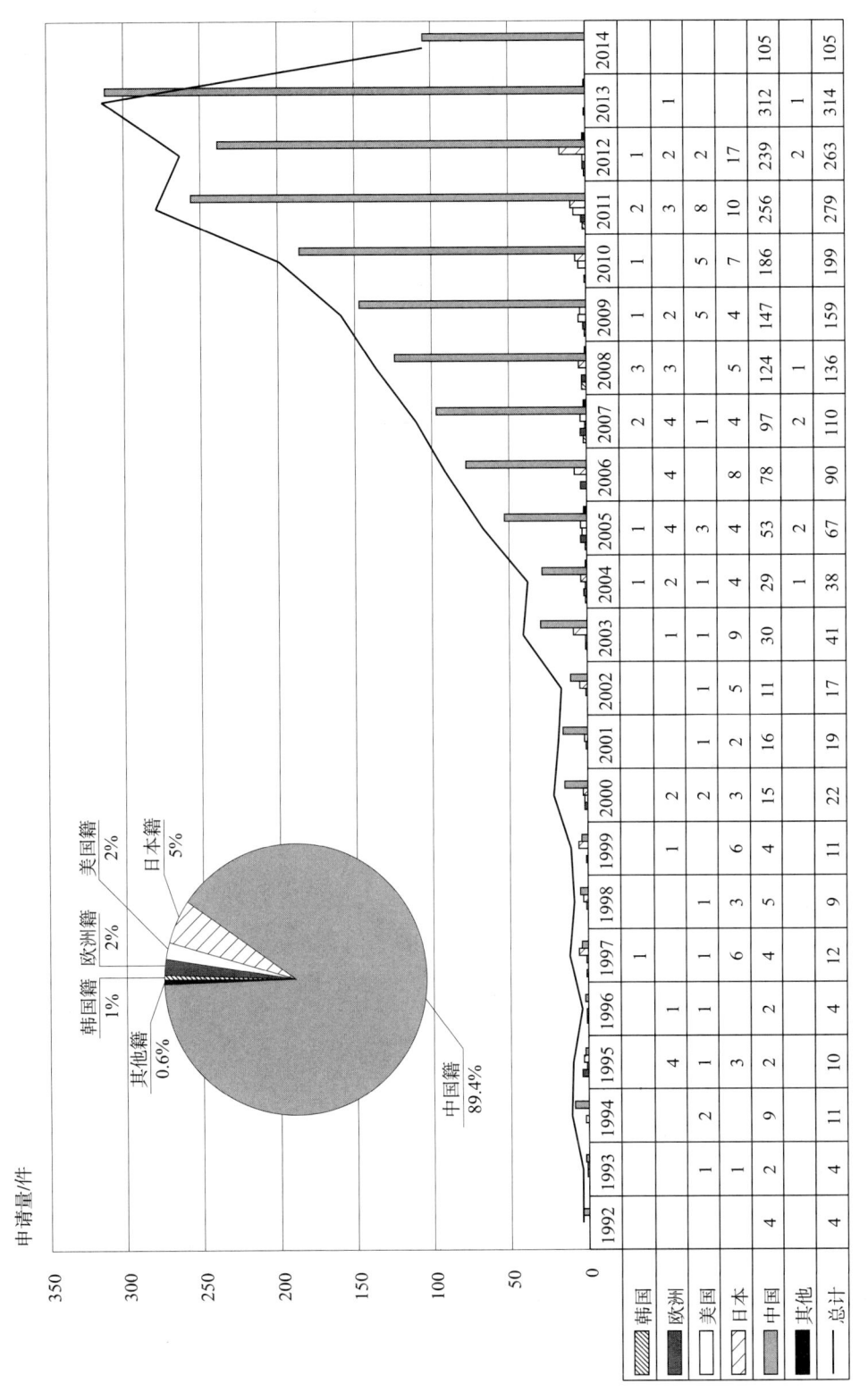

第5章 废弃电子电器产品再生循环利用专利分析

	1992	1993	1994	1995	1996	1997	1998	1999	2000	2001	2002	2003	2004	2005	2006	2007	2008	2009	2010	2011	2012	2013	2014
韩国													1	1		2	3	1	1	2	1		
欧洲				4	1		1	1	2	1	1	1	2	4	4	4	3	2	5	3	2	1	
美国		1	2	1			1		2	1	1	1	1	3	8	1		5	5	8	2		
日本		1		3	2	6	3	6	3	2	5	9	4	4	8	4	5	4	7	10	17		
中国	4	2	9	2	2	6	5	4	15	16	11	30	29	53	78	97	124	147	186	256	239	312	105
其他													1	2		2	1				2	1	
总计	4	4	11	10	4	12	9	11	22	19	17	41	38	67	90	110	136	159	199	279	263	314	105

图 5-10 各国在华专利申请时间趋势

其他籍 0.6%
韩国籍 1%
欧洲籍 2%
美国籍 2%
日本籍 5%
中国籍 89.4%

· 251 ·

从研发动力角度考虑，日本本土自然资源稀少，尤其缺少生产电子电器的稀土金属、贵金属以及其他必需原料，加大回收力度有利于缓解资源紧缺的压力，减少对进口的依赖。为了更经济、高效地回收废弃电子电器资源，日本各界增加研发投入，其相应的专利申请量也随之增长。同时，日本政府、民间环保组织、家电制造厂商及家电零售厂商在废旧家电回收再利用立法、行业标准、技术进步、公众宣传等方面构建了较为完善的制度责任体系。日本各大家电厂商大幅下调废旧家电回收再利用收费标准，减轻了消费者负担，提升了消费者履行废旧家电回收再利用法定义务的积极性，减少及防范废旧家电非法丢弃现象，同时有相关法律和收费制度的助力，废旧家电回收和再生企业增加了赢利。为了扩展日本在该领域的技术领导力和技术输出的地位，更好地在主要进行回收工作的国家进行专利技术布局，日本籍中国专利申请量明显大于其他国籍成为必然。

根据2002年巴塞尔行动网的报告指出，受处理成本等多方因素影响，发达国家，如美国，在1998年就将收集的电子电器废弃物中约50%~80%出口到中国、印度等发展中国家。❶ 英国2003年至少有23000t未申报或"灰色"的电子废弃物被非法运往远东、印度、非洲和中国。2005年，从日本出口的二手电视机是284万台，计算机显示器是135万台，这些电器很有可能最终都转移到了中国。2007~2010年，有360个非法运输危险废物的集装箱被香港截获，大部分货物是来自美国、加拿大、日本和欧盟国家的电子废弃物，它们的最终目的地是中国。根据2010年中国海关查获的非法废弃物运输，经香港走私到中国内地的废物中，有25%含有电子废弃物。❷ 与上述时间相对应，中国在2000年以后申请量大增，而这也成为发达国家在华专利布局不太热情的理由。

在早期，因中国经济发展的区域性，大部分废旧家电产品流入二手市场，通过销售等方式转移到低收入地区或欠发达地区，部分彻底不能使用的废弃电器一般被小商小贩收走后拆解回收原料，而这种拆解回收技术含量低、回收不彻底，往往达不到回收再利用要求。在废弃电子电器再生循环利用领域，中国作为中国技术市场的主导力量从2002年开始逐步呈现。中国是家用电器生产、消费大国，20世纪80年代末，家用电器逐步普及，生产量持续增加，到2003年电视机、洗衣机、空调、计算机等电子产品的总产量约为1.8亿台，到2007年电视机、洗衣机、空调、计算机、电冰箱五大类家电的社会保有量超过10亿台，按正常家电正常使用寿命10~15年计算，每年待处理的废弃电子电器量约为3000万台。从2003年开始中国将进入家用电器更新换代的高峰期。以上数据仅是中国国内市场的贡献，并不包括上文提及一些国家的"倾泻垃圾"。可见，国内废弃电子电器回收再利用是一项亟待解决的问题。2004年原信息产业部印发了《电子信息产品污染防治管理办法》，国家发展与改革委员会出台了《废旧家电及电子产品回收管理条例》，国家环境保护总局公布了《废旧家电及电子电器产品污染防治技术政策》，商务部出台了《再生资源回收管理条例》、全国人大环境与资源保护

---

❶ 夏志东，史耀武，等. 电子电气产品的循环经济战略及工程[M]. 北京：科学出版社，2007.
❷ 汪峰，Ruediger Kuehr. 中国电子废弃物研究报告，2013.

委员会颁布了《中华人民共和国固体废物污染环境防止法》，在一系列政策指导和市场运作下，相关技术问题得到重视与研究，专利技术也随之产生，同期专利申请量大增。

在发达国家和地区针对废家电回收处理管理立法、倡导生产者延伸责任制、形成技术性贸易壁垒，以及中国废电器电子产品回收处理过程中，在环境污染严重、资源浪费双重因素的影响下，从2001年开始，国家发改委启动我国废弃电器电子产品回收处理管理的立法工作。2009年1月1日起，《中华人民共和国循环经济促进法》正式实施，它标志着中国从传统工业经济增长模式向循环经济增长模式的转变。2009年2月25日《废弃电器电子产品回收处理管理条例》正式颁布，2011年1月1日实施。《废弃电器电子产品回收处理管理条例》的颁布和实施为中国建立资源节约型、环境友好型废弃电器电子产品回收处理行业提供法律依据。此外，2009年6月，中国开展家电以旧换新活动，初期在9个试点省市实施，然后在全国进行推广。家电以旧换新政策一方面大力促进新产品的销售，另一方面促进了废弃电器电子产品回收处理体系的建设。在立法与政策的双重推动下，2010年中国废弃电器电子产品回收处理及综合利用行业由个体作坊式为主，向规范化、规模化和产业化转变，与此同时国家政府给予相关企业单位极大的财政支持。2012年，国家在政策市场层面对相关企业进行了严格管理，从总量和资质上控制企业，这对良莠不齐的相关企业群影响较大，限制了废弃电子电器回收再利用的迅猛增长势头，2011年处理量达最大后在2012年处理量下降。作为技术的体现，专利申请量相应地在2010～2011年出现了猛增，但由于废弃电子电器领域技术实力储备不足，导致其发展后劲不足，2012年申请量出现了回落现象。随着各实力企业和技术创新型企业的发展，相应的专利技术也得到开发，专利申请量又呈现增长趋势。

5.2.2 各国在华专利申请技术主题及申请质量分析

从图5-11可以看出，外国籍申请人中日本在各个领域内均有所涉及，除液晶分支外，其他申请量都达到了两位数，电池分支是其主要关注重点，专利申请量达到了48件；美国申请人在电池和线路板分支相对较多，分别达到18件和11件；欧洲申请人在电池分支上申请量相对其他分支较多，达到19件。中国国内申请人在电池和线路板分支领域申请量最大，分别达到了839件和534件。从各技术分支和整体发展来看，中国籍申请人在中国的专利申请主导了整个在华申请的发展趋势。从表5-3可知，即使申请量相对较多的美欧日在申请时间上也不连续，而且断代时间点较多。但日本是三者中时间分布较好的。

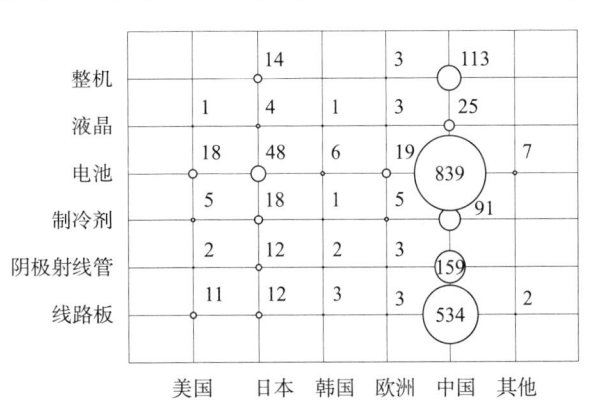

图5-11 在华专利申请技术分支分布（单位：件）

表5-3 国外在华专利申请技术分支变化趋势

单位：件

国家和地区		1993	1994	1995	1996	1997	1998	1999	2000	2001	2002	2003	2004	2005	2006	2007	2008	2009	2010	2011	2012
美国	线路板					1										1		1	2	4	1
	阴极射线管	1	1				1		1	1										1	
	制冷剂		1	1	1				1			1		3				4	3	2	1
	电池																				
	液晶			1							1				1			1			
欧洲	线路板				1																
	阴极射线管																				
	制冷剂			3				1	2			1	1	2	2	2	3	1		2	2
	电池												1	2						1	
	液晶													2	1						
	整机																				
日本	线路板			1				1	1		1	3	1	1	1	1	1				
	阴极射线管	1					1	4	1	1	2										
	制冷剂			1		2	1		1	1		3	1								2
	电池			2		2	1		1			2		2	5	1	2	3	6	8	14
	液晶											1		1	1	2	2	1			1
	整机					2		4					1								2

第5章 废弃电子电器产品再生循环利用专利分析

图 5-12 是所有在华申请各技术分支领域申请量随时间分布趋势。可以看出,电池和线路板分支早在 1992 年便有申请,制冷剂和阴极射线管分支随后也有所申请。除液晶技术分支外,其他五个技术分支的发展趋势比较一致,在 2000 年以前专利申请维持在较低数量。液晶分支则因液晶技术在 2000 年左右开始发展,相关回收专利直到 2002 年才大量出现。

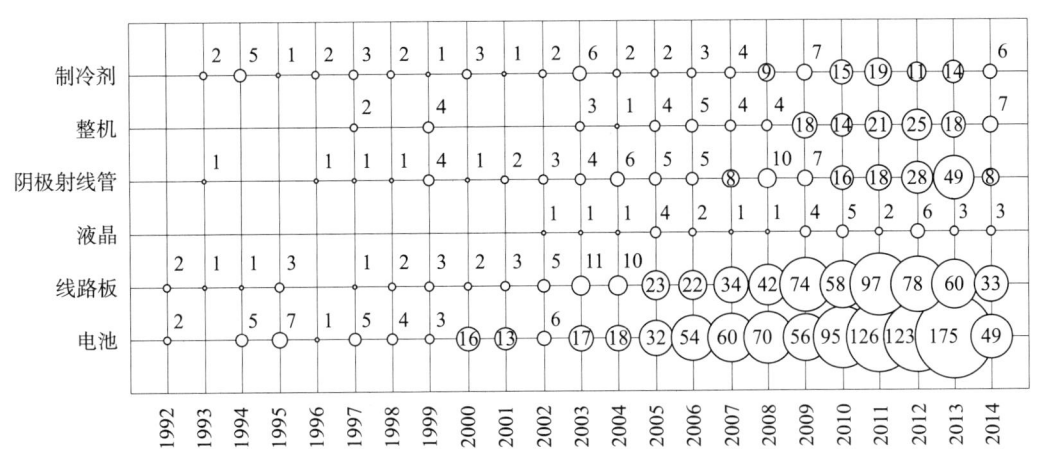

技术分支	1992	1993	1994	1995	1996	1997	1998	1999	2000	2001	2002	2003	2004	2005	2006	2007	2008	2009	2010	2011	2012	2013	2014
制冷剂		2	5	1	2	3	2		3	1	2	6	2	3	4	7	9	15	19	17	14	6
整机						2		4			3		2	4	4	4	18	14	21	25	18	7
阴极射线管		1		1	1	1	4	1	2	4	6	5	8	10	7	16	18	28	49	38		
液晶									1		4	2	1	4	5	2	4	5	2	6	3	3
线路板		2	1	1	3		1	2	3	5	11	10	23	22	34	42	74	58	97	78	60	33
电池		2		5	7		4	3		6	16	13	17	32	54	60	70	56	95	126	123	175	49

图 5-12 中国专利申请各技术分支随时间分布趋势（单位：件）

2010 年以后,电池和线路板发展较为迅速,尤其以电池分支更甚。液晶分支领域的技术发展与液晶的普及时间点以及技术特点相关,申请量较少。从时间趋势可知,最受关注的两个技术领域分别是电池和线路板,其研究力度较大。

制冷剂、整机和阴极射线管分支领域在 2008 年之后分别迎来了一个显著增长期,这与中国国内重视废弃电子电器回收再利用的大环境相关。整机拆分领域增长尤显突出,这与产业发展状况相匹配。在 2008 年以前,国内针对废弃电子电器回收再利用没有明确适用的规定,较早出现的国家相关标准,如《废弃机电产品集中拆解利用处置区环境保护技术规范》（HJT 181—2005）于 2005 年 8 月 15 日公布、2005 年 9 月 1 日实施,随之相关的标准,如《废弃产品回收利用术语》（GB/T 20861—2007）、《产品可回收利用率计算方法导则》（GB/T 20862—2007）也才于 2007 年确立。在 21 世纪初,中国整体技术水平发展不均衡,人工劳动成本相对较低,而整机拆分正是这种不需高技术含量而靠人工就能实现的,虽然其拆分效率和回收率较低,但至少有利可图。随着人工成本增加,以及拆分效率和回收率的红线要求,迫使相应从业者进行技术革新,由此带来了一轮专利申请量的增长。而主要用于电视和显示器的阴极射线管,从技术角度来说处于逐渐被淘汰的命运,但由于其价格优势,还将在中国国内市场存在一定的时间。同时由于早期废弃量的积压,阴极射线管的回收再利用近些年开始出现较明显的增长趋势。

图 5-13 是中国申请人向中国提交的各分支领域专利申请量随时间分布状况,表现出了与图 5-12 相同的总体趋势。其中,液晶领域的专利申请出现的时间更晚,推迟到了 2005 年。但随后的专利申请主要来自中国申请人,从此可初步得知,液晶领域

目前还不是国际研究的热点和重点。但随着时间的推移，液晶回收再利用也是全球必须面对的问题。

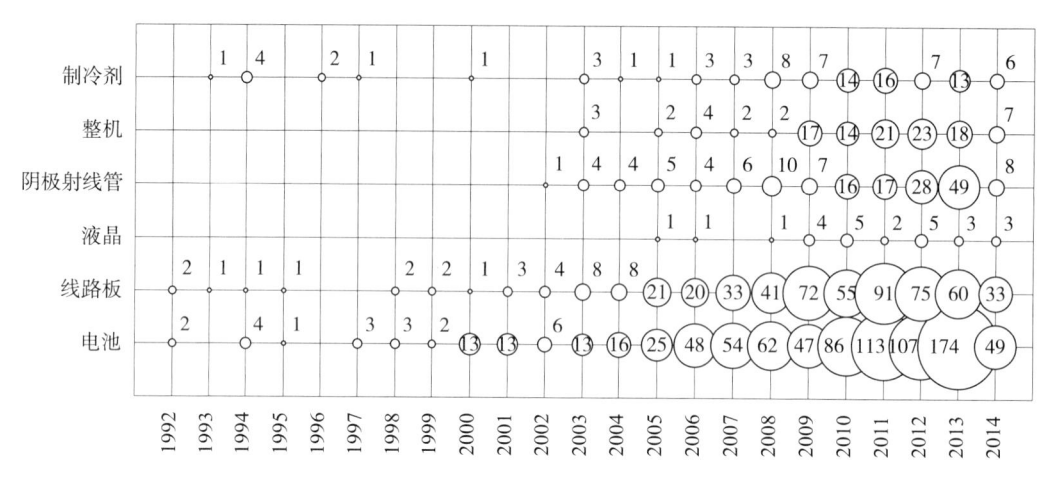

图 5-13 中国申请人在华专利申请技术分支随时间分布趋势（单位：件）

从各分支占比来看（见图5-14），电池分支占总量的45%，线路板占近1/3；阴极射线管分支的占比接近1/10；整机拆分和制冷剂分支专利申请量稍低，为6%；液晶分支专利申请量比例最低，主要在于该分支处于起始阶段。

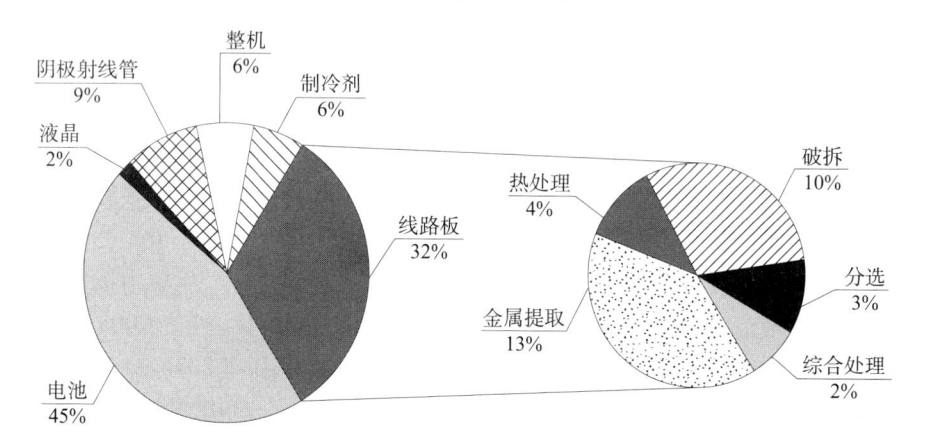

图 5-14 在华专利申请各技术主题专利申请量分布

线路板分支的主要研究重点如图 5-14 所示，其主要集中于金属提取领域，这与线路板回收再利用的经济利益点相关。废弃电路板可以看作金属（以铜箔为主）与非金属（树脂和玻璃纤维）构成的二元矿物系，其中主要的可回收再利用成分是金属，技术重点显然是金属提取。从工艺实现来看，破拆主要是对金属和非金属成分拆分和破碎，其目的之一是有利于金属成分的脱离，最终都流向了金属提取部分。分选主要是对金属和非金属进行分离，其目的之一是获得金属成分和非金属成分。热处理是一项古老的处理技术，包括燃烧、熔化、干馏、气化等，主要是针对非金属成分，将其中高危害的有机物转化为二氧化碳和小分子燃烧气等，热处理完成后的炉渣中含有可提取的金属成分，最终与金属提取相关联，甚至在一些热处理工艺过程中结合了金属熔化等提取操作，大大提高了废弃线路板的处理效率。

图 5-15 是中国申请人在华专利申请在各技术分支的专利分布情况，与全国专利申请分布十分类似，电池占比 45%，线路板占比高出两个百分点，为 34%。根据《中国废弃电器电子产品回收处理及综合利用行业现状与展望——行业研究白皮书 (2010)》对 56 家废弃电子电器产品处理企业的调研与分析，对其拆解、利用和处置程度进行分类。各省市废弃电器电子产品处理企业中，拆解企业所占比例最大，达 57%；其后为拆解利用处置企业，占 34%；拆解处置企业所占比例仅为 9%。56 家被调查企业中仅有 1 家企业对所处理的 5 种产品（电视机、电冰箱、洗衣机、房间空调器、微型计算机）全部采用"手工预处理 + 机械破碎"分选的方法进行整机拆解；两家企业对其中 4 种产品采取"手工预处理 + 机械破碎"分选的方法；1 家企业则均采用单工位手工拆解（一拆到底式）的方式；另外 7 家企业针对不同的产品，采用手工拆解或者"手工预处理 + 机械破碎"分选的方式。从上述信息中可得知，现阶段在废弃电子电器回收再利用领域技术水平普遍偏低，这在专利申请量统计数据中可见端倪。

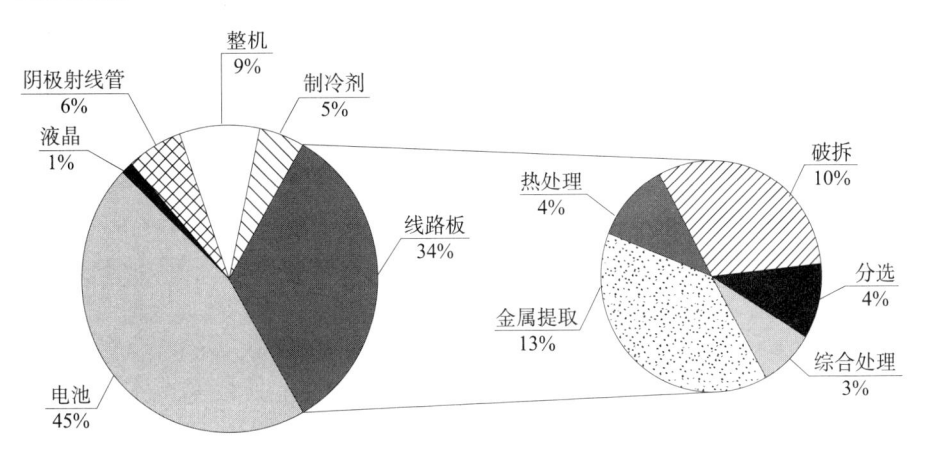

图 5-15 中国申请人在华专利申请各技术分支专利申请量分布

纵观上述六个技术分支所对应的技术特点，阴极射线管、整机拆分和制冷剂主要涉及设备装置，须经历设计定型、样机验证和成品确定等步骤，研发周期较长，成本也较高，这也成为制约上述三领域技术发展的因素。此外有一定量的非装置类申请，主要涉及处理工艺，涉及核心技术和开创性发明的申请较少。基于这些特点，这三个分支领域的专利申请量不大。而对于电池和线路板分支领域，研究主要集中于金属提取方法的改进，尽可能地在提取效率、提高回收率、提取更多种类金属成分、更经济、更环保等方面做出尝试，技术改进的方向更多。同时，方法类研究从开始产生想法到实验验证所需时间也相对较短。上述特点最终在专利申请数量上得到体现。

从图 5-16 反映出的变化趋势来看，企业申请人是本领域内的创新主体。具有一定规模的废弃电子电器再生循环利用领域主要从业者是企业，政府财政支持对象也是企业。大学一直是技术创新的活跃者，其在专利申请量中占有较大比重。随着该领域的继续发展，各技术遭遇瓶颈期时，大学申请人的作用会更突出，相应的申请量也会有所增长。在 5.2 节中分析了 2011 年专利申请量猛增和 2012 年回落的原因，技术储备不足的弊端在图 5-16 中显示得更明显，企业申请人作为申请主体增长趋势没有明显降低，但个人和大学下降明显。其可能存在的原因在于，个人和大学游离于生产第一线之外，其技术开发与创新存在一定的局限性，不具备发现问题解决问题的时效性，往往落后于实际生产需要，在 2011 年完成申请量增加之后，后续研究出现了时间断点，呈现出 2012 年专利申请量降低。

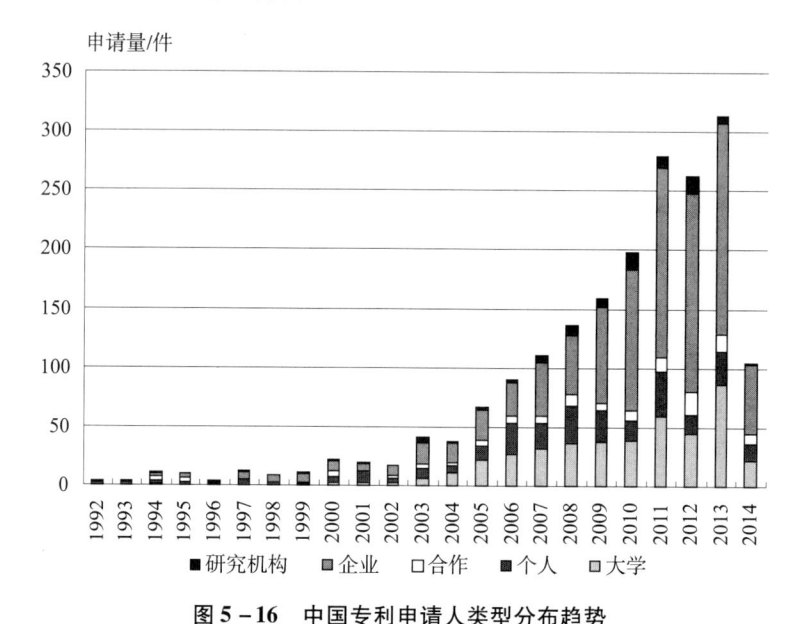

图 5-16 中国专利申请人类型分布趋势

中国在科学技术各领域取得了长足的进步，图 5-17 中的专利授权率就有体现，中国专利申请授权率已明显高于美国和韩国。表 5-4 中，中国的有效专利保有率处于中上等水平，体现出现有专利技术具有较好的市场应用前景。虽然中国的申请量最大，但同时向至少三个以上国家提交的多边专利申请量是最少的，仅占中国发明专利申请总量的 0.6%。多边专利申请数量能体现出国家在全球范围内的技术优势的自信度，中国目前多边申请量不足，与长期以来技术上处于劣势从而影响自信的"惯性"和知识产权意识不足有关。同时，国内废弃电子电器待处理量大导致技术需求急迫，却因起步劣势较大，各项技术还处于摸索与开发阶段，无法形成完整、高效的产业应用，在国际上并不具有相应的竞争优势。目前较多企业已经有所意识并积极申请专利，从数据中较高的发明待审率说明，国内电子电器回收领域正处于成长阶段。

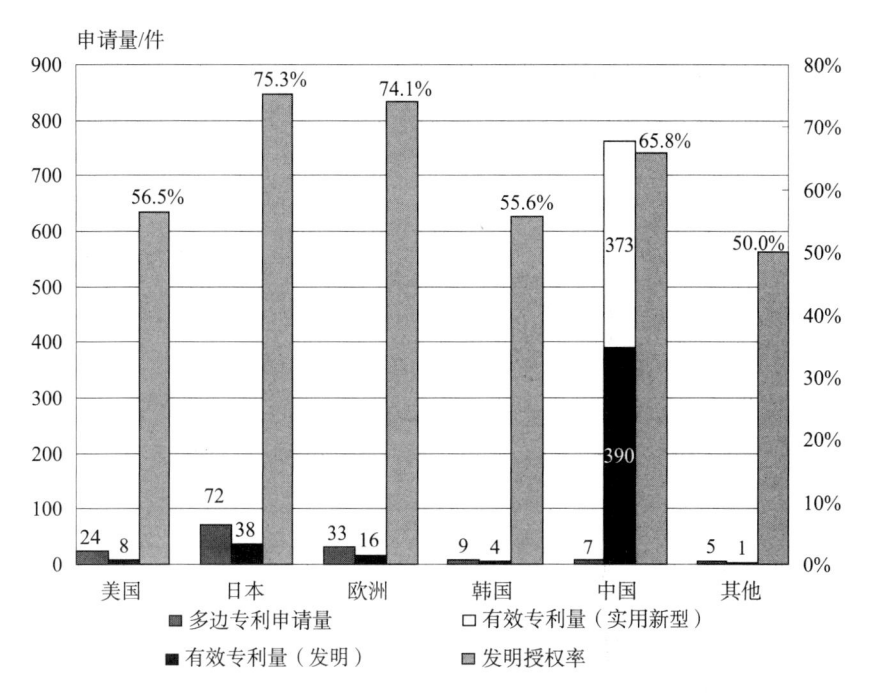

第5章 废弃电子电器产品再生循环利用专利分析

图 5-17 主要国家和地区在华专利申请质量

表 5-4 主要国家和地区在华专利申请质量

国家和地区	发明待审量/件	发明申请量/件	发明授权率	有效专利保有率	发明待审率	多边申请率
美国	14	37	56.5%	61.5%	37.8%	64.9%
日本	23	100	75.3%	65.5%	23.0%	72.0%
欧洲	7	34	74.1%	80.0%	20.6%	97.1%
韩国	4	13	55.6%	80.0%	30.8%	69.2%
中国	397	1207	65.8%	73.2%	32.9%	0.6%
其他	2	8	50.0%	33.3%	25.0%	62.5%

在美、日、欧、韩中，日本在申请量和授权率两方面都具有绝对的优势。虽然其有效专利保有率不高，但日本具有的有效专利绝对数量是最高的。日本的多边申请总量最多，达到72%，进一步体现了日本在废弃电子电器领域发展良好，并具有在世界范围内实现专利布局的强烈意图。

欧洲有数量最多的发达国家，其电子电器的年保有量与年报废量巨大，在废弃电子电器再生循环利用领域起步较早，早在1989年3月于瑞士巴塞尔通过了废弃电子电器处理相关公约《控制危险废物越境转移及其处置巴塞尔公约》（简称《巴塞尔公约》），已于1992年5月正式生效。欧洲在废弃电子电器回收再利用技术开发方面也走在了世界前列。虽然表5-3中体现其最早进入中国的申请是1995年，晚于其他国籍申请进入时间，但这是表5-3能表达信息的局限性，其记载的是外籍申请人对华申请信息,体现了外籍申请人对华市场和技术的重视程度。随着时间的推移,欧洲申请人逐渐认识到中国市场的价值,其申请量逐渐增加,这正好与表 5-3 一致。

同时,从图 5-17 和表 5-4 中可以看出,欧洲发明专利申请授权率比日本的仅低 1.2 个百分点,达到 74.1%,并且其授权专利保有率为 80%。同时,其 97.1% 的多边申请率高居榜首。可见,欧洲在废弃电子电器领域的技术成熟,其大部分具有一定的市场价值或潜在的市场价值,值得世界范围内推广和普及。欧洲在此领域的发展起步较早,其相应的技术也相应进入成熟,后续发明数量有所减少,发明待审率相应较低。

美国申请人在废弃电子电器再生循环利用领域的发明专利授权率和有效专利保有率在几个主要国家和地区中分别处于倒数第二和倒数第一的。这应该与其之前的发展策略有一定的关系。在前文中介绍了早中期美国在此领域关注度不够,但之后受各方因素影响,现已在此领域有了进一步的发展。从表 5-4 可看出,美国申请人的专利申请量在美、日、欧和韩中处于中上游水平,37.8% 发明待审率超过了中国国内申请人的发明待审率,居于首位,更进一步说明了其在该领域的投入有所加强。而韩国则在各项数据中排名靠后。

5.2.3 各省市专利分布

图 5-18 是全国申请量排名前六的省市随年份的申请量变化趋势,六省市申请量总和达到了全国申请量的一半,具有绝对的领先地位,其发展趋势一定程度上代表了全国的情况。其中,北京市和广东省起步较早,与国际上该领域的发展步伐相同,体现了北京市和广东省的前瞻眼光,这与早期北京市较强的技术实力和广东省雄厚的经济实力相匹配。

从图 5-18 可以看到,各省市 2005 年开始迎来申请量增长期。以广东省和北京市为代表,其专利申请数量增长较明显。从 20 世纪 90 年代开始,电子电器产品大规模进入日常生活和工作中,以电子电器报废周期 10~15 年来看,2005 年正好处于早期电子电器产品报废高峰期,这种处理压力推动了技术需求,导致了最早的专利申请增长点的出现,如图 5-19 所示。

广东省的申请量之所以在全国处于领先地位,这与广东省电子电器保有量和废弃量紧密相关。根据 2010 年统计数据记载,广东省五种主要废弃电器电子产品产生量约 1600 万台,2010 年国家批准广东省进口废五金企业 138 家,批准进口数量为 437 万吨❶。凭借广东省沿海的地理位置和中国法规的不完善性,为上文提及的外国电子垃圾的倾卸提供了便利。再者,广东省活跃的经济发展态势也为此行业带来了生机,更利于其生长和茂盛。

---

❶ 《广东省固体废物污染防治"十二五"规划(2011—2015)》。

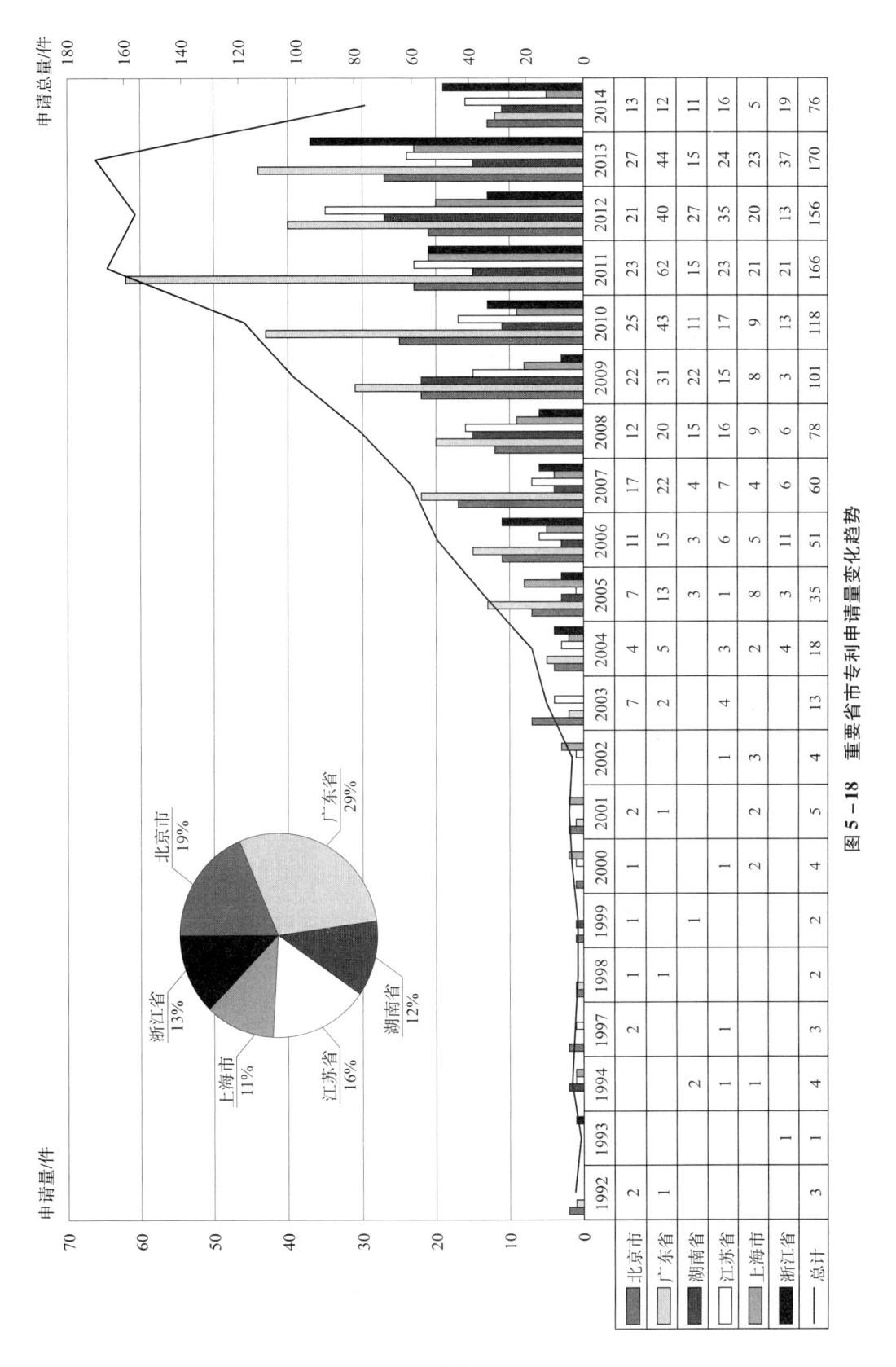

第5章 废弃电子电器产品再生循环利用专利分析

	1992	1993	1994	1997	1998	1999	2000	2001	2002	2003	2004	2005	2006	2007	2008	2009	2010	2011	2012	2013	2014
北京市	2	1		2	1	1	1	2		7	4	7	11	17	12	22	25	23	21	27	13
广东省	1		2		1			1			5	13	15	22	20	31	43	62	40	44	12
湖南省						1	1		1	2	3	3	3	4	15	22	11	15	27	15	11
江苏省			1	1					3	4	3	1	6	7	16	15	17	23	35	24	16
上海市							2	2			2	8	5	4	9	8	9	21	20	23	5
浙江省			1	3	2	2	4	5	4	13	4	3	11	6	6	3	13	21	13	37	19
总计	3	1	4	3	2	2	4	5	4	13	18	35	51	60	78	101	118	166	156	170	76

图 5-18 重要省市专利申请量变化趋势

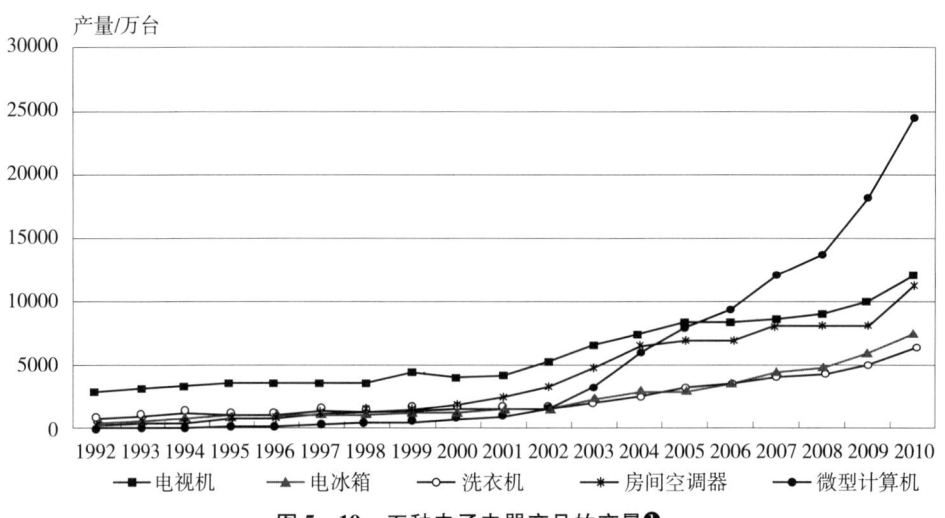

图 5-19　五种电子电器产品的产量❶

在立法与政策、废弃电子电器回收再利用行业改造和废弃量堆积的推动下，2011年迎来了废弃电子电器回收再利用的黄金期。图 5-20❷ 显示 2011 年处理量同比增长 194%，达到了最高点。在强大的产业需求推动下，更经济、高效的工艺设备也将被广泛开发，据此推动了技术的发展。相应地在 2011 年广东省、上海市和浙江省的专利申请量突增，江苏省和湖南省则在 2012 年出现较大增长。北京在 2010 年之前废弃电子电器产业发展相对于其他地区来说较规范，面对政策等因素的影响也较小，其专利申请量水平一直保持平稳增长的态势。

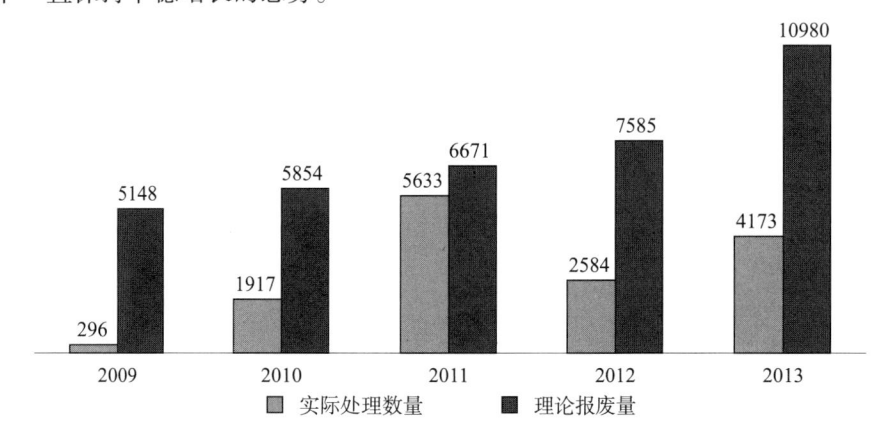

图 5-20　废弃电子电器产品处理量和理论报废量（单位：万台）

从图 5-21 可知，与国外本产业的关注点相同，废弃线路板和电池是六省市的两大重点关注领域，其专利申请量都占到了各省 70% 以上。废弃电池更是重点研究对象，

---

❶ 中国家用电器研究院. 中国废弃电器电子产品回收处理及综合利用行业现状与展望——行业研究白皮书，2010.
❷ 2013 年实际拆解数量是在环保部公布的第一、二季度拆解处理数据的基础上，根据处理企业处理能力预测得出。

第5章 废弃电子电器产品再生循环利用专利分析

六省市中废弃电池处理专利申请量占到了中国该领域总量的50%以上。在全国范围内，废弃电池再生循环利用专利申请总量也占到本行业所有在华专利申请总量的50%以上。然而，废弃电池回收再利用专利申请总量的绝对数量为939件，与其他循环回收领域的专利申请数量来比显得过少了。这是因为电池相对于其他五大家用电器体积小，在环境保护意识不够的情况下，针对废弃电池缺少有效的回收机制，普遍存在的现象是日常生活和工作中产生的废弃电池被随意丢弃，往往需要从城市垃圾中进行复杂的分离才能得到。这严重影响了废电池的再利用效率。

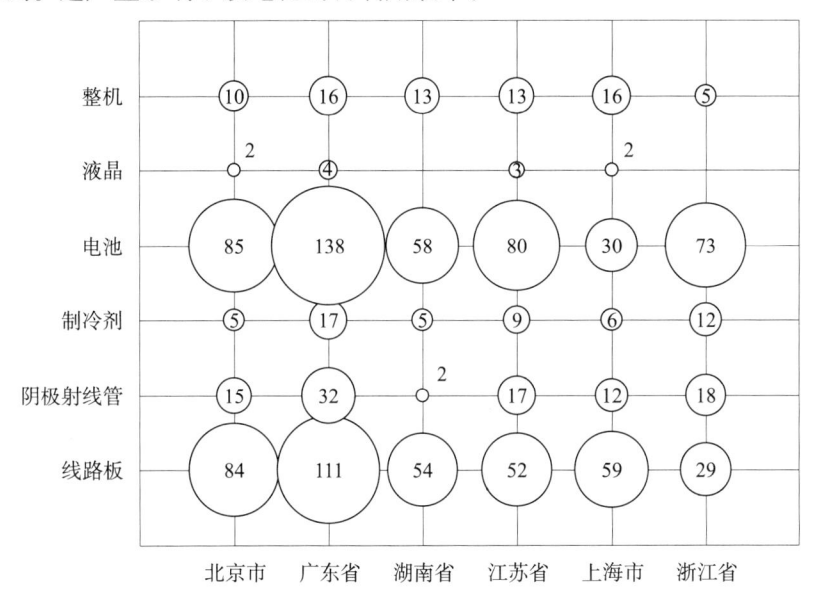

	北京市	广东省	湖南省	江苏省	上海市	浙江省
整机	10	16	13	13	16	5
液晶	2	4	3		2	
电池	85	138	58	80	30	73
制冷剂	5	17	5	9	6	12
阴极射线管	15	32	2	17	12	18
线路板	84	111	54	52	59	29

图 5-21 各省市专利申请技术分支分布（单位：件）

上述六省市的阴极射线管、制冷剂、液晶和整机回收再利用专利申请量，表现出了与中国专利申请和外籍专利申请整体相同的分布规律，其原因也与上节分析的类似，体现了技术和产业发展空间和区域的一致性。

从图5-21可知，北京市、广东省、江苏省和上海市在六个分支领域内都有涉及，体现了其技术发展的均衡性。广东省在各分支领域内都处于领先地位，得力于广东省政府的政策指导，同时反映了广东省在废弃电子电器回收再利用领域的投入与热情。截至2010年年底，广东省现有危险废物持证经营企业103家（不含医疗废物持证经营企业），年处理能力达到266.44万吨。在"十一五"期间，广东省先后制定实施了《广东省进口废塑料加工利用企业污染控制规范》《广东省高危废物名录》《广东省严控废物处理行政许可实施办法》，出台了《关于加强固体废物监督管理工作的意见》等"1+6"配套政策，以及《关于印发〈关于进一步加强我省城镇生活污水处理厂污泥处理处置工作的意见〉的通知》，广州、深圳等市也出台了《固体废物污染防治规划》《危险废物管理办法》等管理规定，初步建立了符合广东省省情的固体废物管理法制体系。广东省环境保护厅公布《广东省固体废物污染防治"十二五"规划（2011—2015）》，要求到2015年建立完善的固体废物收集、综合利用与安全处置体系，实现有效的固体废物处理处置全过程管理；基本建成覆盖全省的固体废物资源化与无害化处置设施，固体废物得到妥善处理处置；建立有效的固体废物信息化管理模式，省、市、县（区）三级固体废物环境监管体系高效运行，固体废物污染环境问题多发态势得到有效遏制。在众力促进下，广东省废弃电子电器再生循环利用产业也得到健康发展，在专利申请上的体现是既有量的深度又有面的广度。

从图 5-22 和表 5-5 来看，广东省在实用新型专利申请量、发明专利申请量和有效专利数上都处于绝对领先地位，发明专利申请量比最低的上海市高了约 3 倍，比第二位的北京市高了 1.5 倍。江苏省发明专利申请量略低于北京市。湖南省、上海市和浙江省不相上下，处于第三等级。

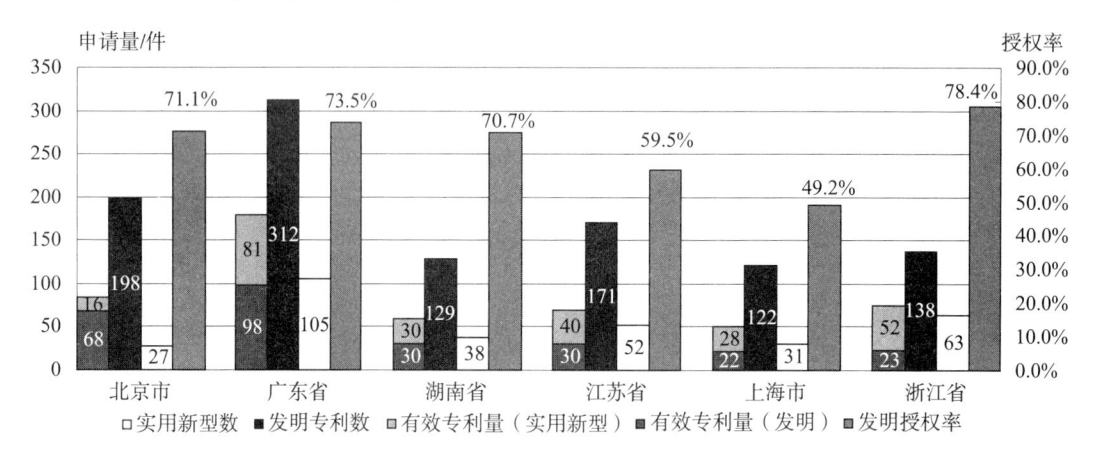

图 5-22 各省市专利申请质量

表 5-5 各省市专利申请质量

省市	发明待审量/件	实用发明比	有效实用保有率	有效发明保有率	发明待审率
北京市	50	13.6%	59.3%	79.1%	29.2%
广东省	52	33.7%	77.1%	86.0%	25.1%
湖南省	33	29.5%	78.9%	73.2%	36.3%
江苏省	45	30.4%	76.9%	68.2%	37.8%
上海市	30	25.4%	90.3%	73.3%	33.0%
浙江省	38	45.7%	82.5%	79.3%	50.7%

发明专利的价值一般高于实用新型专利。表 5-5 显示，北京市实用新型专利申请量与发明专利申请量比值最低，说明北京市在开发新技术上做出了较大的努力；浙江省相应的比值最高，说明其科研技术投入还有待加强。北京市在实用新型专利权维持方面，也即有效实用新型保有率是最低的，主要受实用新型申请总量低影响，同时也反映了北京市对新技术的追求，其对实用新型专利申请的重视程度并不高。上海市的实用新型专利申请占有率较低，但其在实用新型专利权维护方面是最重视的。

广东省的发明专利申请数量最高，发明授权率也高达 73.5%，说明其在新技术开发方面积极性很高，并具有较强的技术实力，同时也表明广东省在该领域的成长环境良好。广东省的有效发明保有率为 86.0%，居于第一位，说明广东省在废弃电子电器回收再利用领域的技术具有较高的市场价值或潜在的市场价值，这在一定程度上反映了广东省在该领域的技术处于中国领先地位。广东省相对较低的发明待审率说明其处于发展平稳期。综合来看，广东省各项专利申请数据指标与日本申请人表现出的类似。

湖南省在有效发明保有率和授权率方面差于北京市和广东省，结合图 5-18 来看，湖南省本行业真正发展是从 2005 年开始的，说明近几年废弃电子电器再生循环利用领域在湖南省得到了足够的重视，其在线路板、电池、整机拆分分支领域茁壮成长，并相应地取得了一定的成果。浙江省起步时间与湖南省接近，两省发明专利申请数量也没有显著的差别，但其发明专利申请授权率最高，并结合高达 50.7% 的发明待审率，这体现了浙江省在技术创新方面做出了较大投入，现正处于旺盛的上涨势头。

江苏省虽然在本领域内起步不算晚，发明专利申请数量也处于中等水平，但其发明专利申请授权率偏低，说明其在该领域内的技术积累不够，还有待技术升级。这与其相对较高的发明待审率相映衬。

北京市和上海市是中国教育发达地区，高校科研也很活跃，从图 5-23 可以看出两市大学申请人处于领先地位，甚至各自约占到了本市专利申请的一半。根据中国科研机构分布特点，北京市研究机构申请人数量最高。同时，结合其他数据来看，两市的技术发展还处于实验室阶段，有待于产业转化和应用。

广东省企业申请人占比最大，这与广东省产业发展状态相吻合。前述图表数据显示了废弃电子电器回收再利用产业在广东省仍然处于上升阶段，广东省从业企业在技术方面敢于革新的勇气和较为深厚的技术积累为其行业高速发展奠定了一定基础。同时，从其他省市数据来看，企业都肩负着重要的技术革新责任。

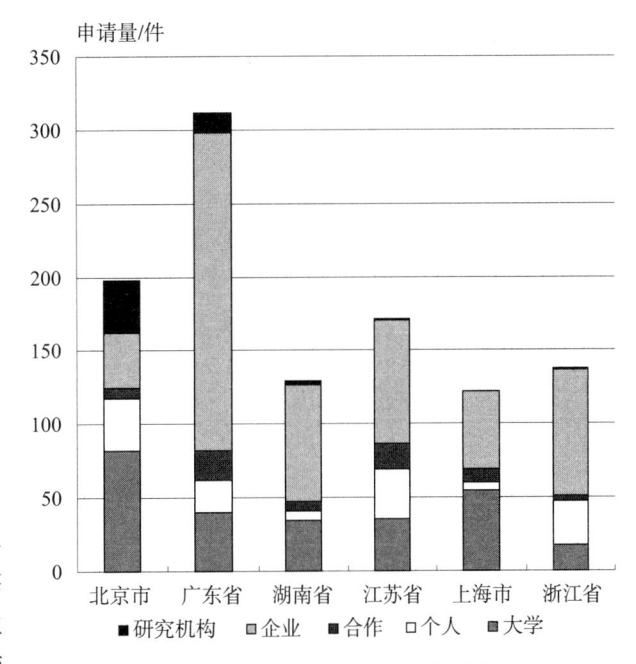

图 5-23 各省市专利申请人类型分布

合作申请作为体现"产学研"结合的综合表现，能反映出产业与技术联合的紧密性。从图 5-23 可知，广东省和江苏省合作申请量较多，反映出两省发达的产业总量及其背后迫切的技术需求。

5.2.4 主要专利申请人及其技术分析

图 5-24 中是废弃电子电器领域专利申请数量排名靠前的 14 位申请人，其专利申

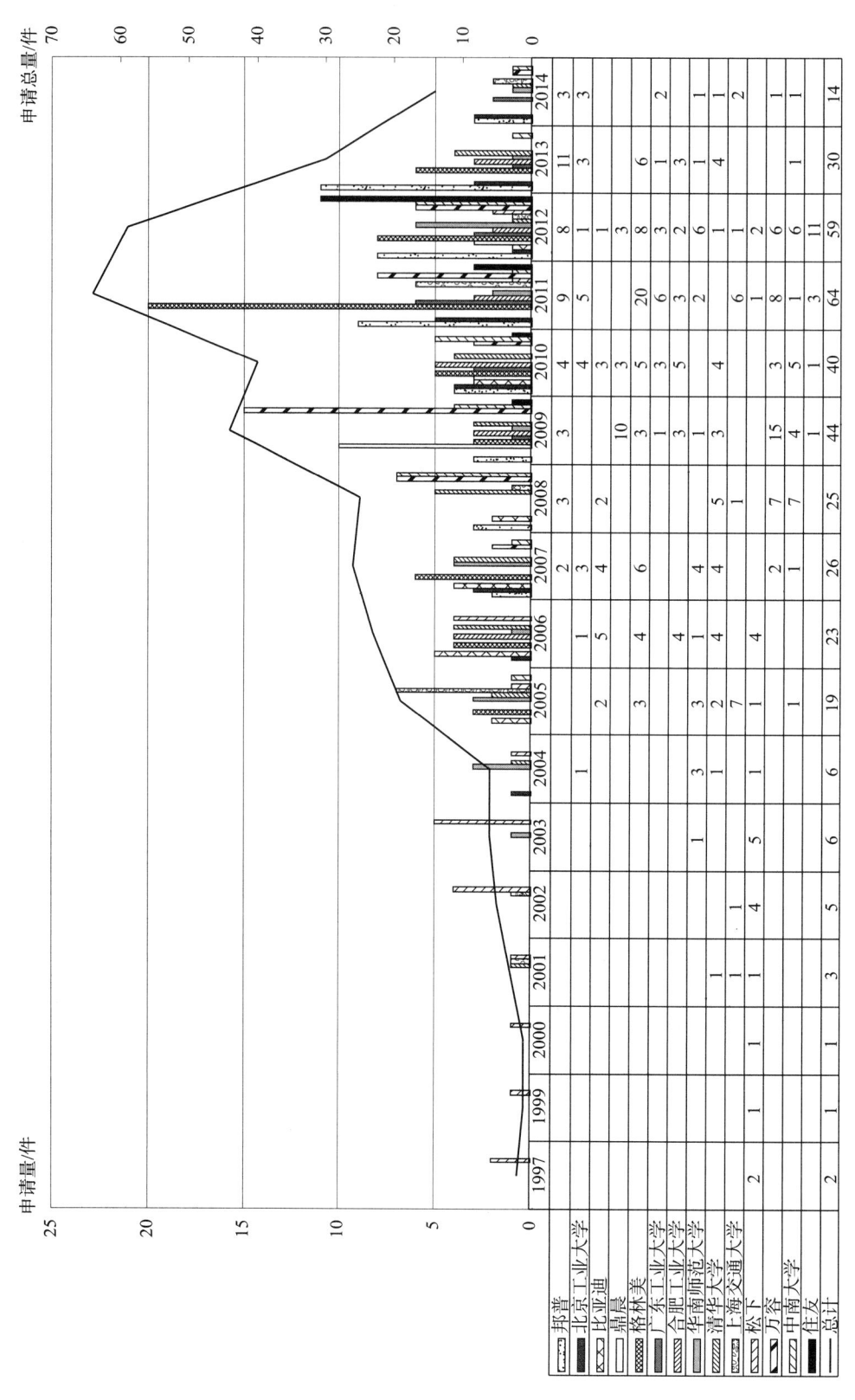

废弃资源再生循环利用产业专利信息分析及预警研究报告

	1997	1999	2000	2001	2002	2003	2004	2005	2006	2007	2008	2009	2010	2011	2012	2013	2014
邦普										2	3	3	4	9	8	11	3
北京工业大学							1		1	3			4	5		3	3
比亚迪								2	5	4	2		3		1		
鼎晨													3		3		
格林美								3	4	6	7	10	5	20	8	6	2
广东工业大学												1	3	6	3	1	
合肥工业大学							3	3	1	4		3	5	3	2	3	
华南师范大学			1	1			1	2	4	4	5	1		2	6	1	1
清华大学								7			1	3	4		1	4	1
上海交通大学		1	1	1	4	5	1	1	4					6	1		2
松下	2									2	7	15	3	8	6		1
万容								1		1	7	4	5	1	6	1	1
中南大学														3	11		
住友	2	1		3	5	6	6	19	23	26	25	44	40	64	59	30	14
总计																	

图 5-24 中国主要专利申请人分布

· 266 ·

第5章 废弃电子电器产品再生循环利用专利分析

请数量约占总专利申请量的19%。由此可知,这14位申请人在此领域内具有一定的代表性,同时也表明其余申请人的专利分布较分散。行业者既有实力强劲的带头者,又有众多的追赶者,这样的分布特点说明此领域还处于发展前中期,并形成了良好的发展环境。

从图5-25可以看出,专利申请数量排名靠前的申请人主要关注领域仍旧是线路板和电池。图中还显示了申请人在两大重点关注领域重合度不高,大部分都偏重于其中一个,表现比较明显的大学申请人是广东工业大学和华南师范大学。除了格林美、鼎晨和松下电器产业株式会社(简称"松下")之外,其他企业申请人偏重现象也较明显。除了上述两所大学外,其他大学申请人在线路板和电池两个领域内都有涉及,中南大学发展更均衡。

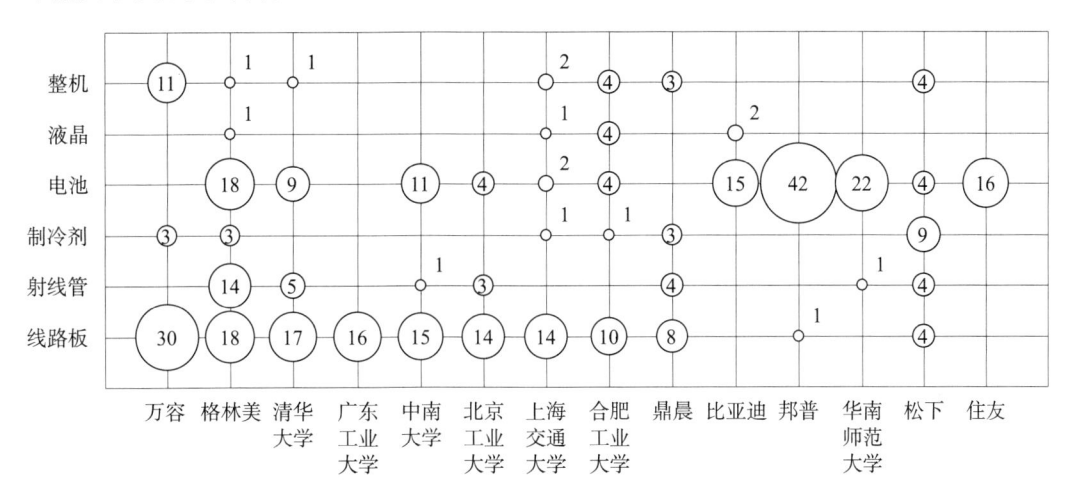

	万容	格林美	清华大学	广东工业大学	中南大学	北京工业大学	上海交通大学	合肥工业大学	鼎晨	比亚迪	邦普	华南师范大学	松下	住友
整机	11	1	1				2	4	3					4
液晶			1					4			2			
电池		18	9		11	4	2	4	1	15	42	22	4	16
制冷剂	3						1	1				9		
射线管		14	5		1	3					1			
线路板	30	18	17	16	15	14	14	10	8		1		4	

图5-25 中国主要专利申请人时间趋势(单位:件)

所谓术业有专攻、集中力量好办事,对于刚起步或正在成长企业来说,实现一条能盈利的生产线才是根本,如无必须,短期或稍长期内并不需要涉足其他相关领域,这就造成了企业在单领域的技术积累。一个大学申请人的发明主体可以是一个个不同的科研团队,其各自可以根据市场需要确定研究方向,最终表现出的是可以在多个领域内有所发展。这种多领域发展也体现了相应大学在本领域的综合实力。上海交通大学和合肥工业大学在总体数量上排名并不靠前,但在六个领域中涉及了五个,体现了其技术的全面积累,还说明了该校对本领域的重视。

从图5-26、表5-6可知,主要专利申请人的专利申请整体质量良好,在发明授权、有效实用新型和有效发明保有率方面都很高。发明专利授权率超过75%的有九位,超过90%的有两位,最高者达94.1%。有效实用新型保有率分别有四位申请人达到了100%,其都为中国企业申请人。有效发明保有率分别有五位申请人达到了100%,其中有四位是中国企业申请人,一位是中国高校申请人。这种强有力的专利技术支撑,说明了我国相关企业的健康成长状态良好。这一现象尤以格林美、邦普和比亚迪最突出,这也与这些企业现阶段发展势头相吻合。邦普和比亚迪发明待审率偏低,提醒了两者需要继续加大技术投入,并清晰地划分相应的技术势力范围。

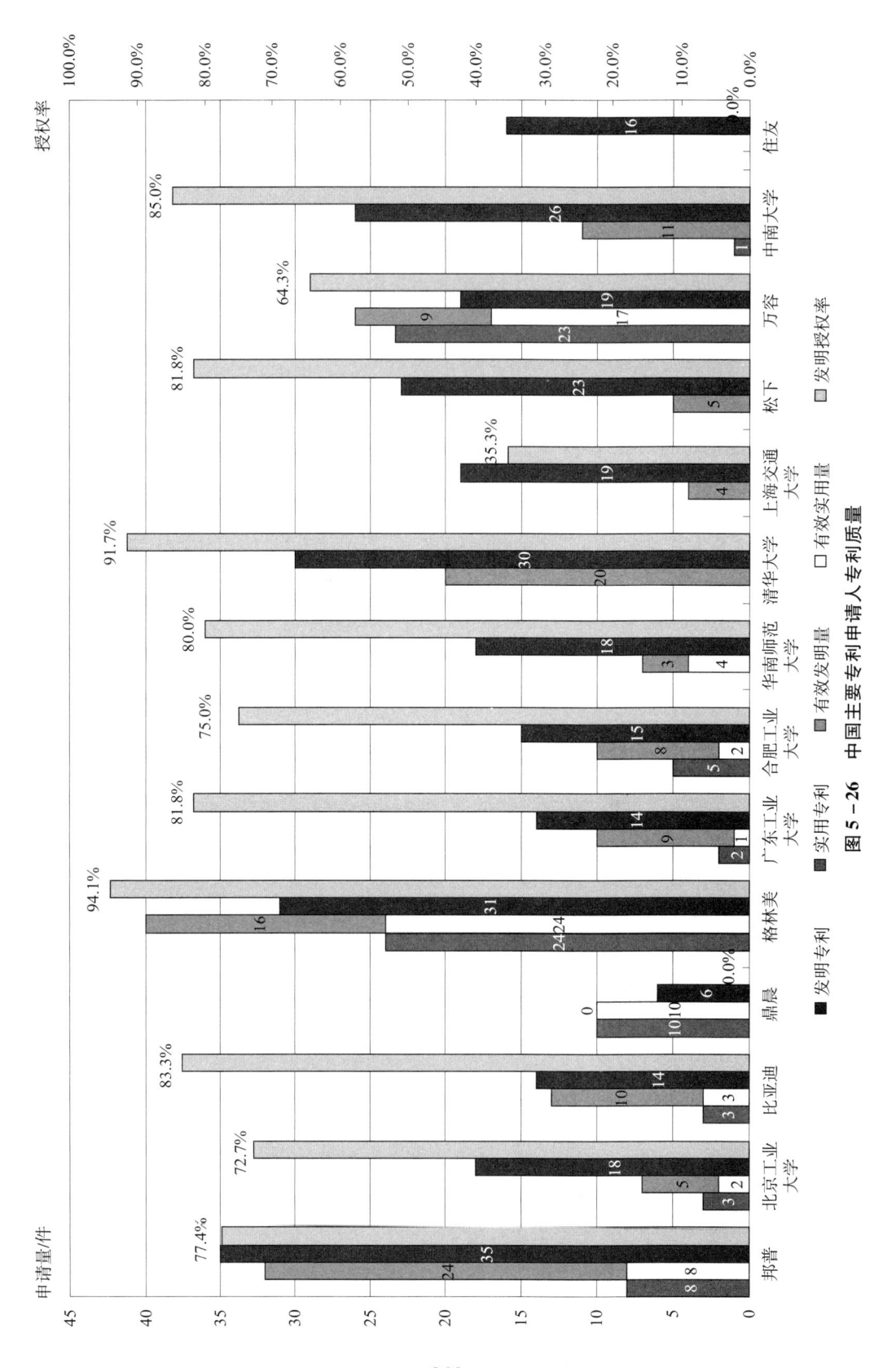

废弃资源再生循环利用产业专利信息分析及预警研究报告

图 5-26 中国主要专利申请人专利质量

第5章 废弃电子电器产品再生循环利用专利分析

表5-6 中国主要专利申请人专利质量

申请人	待审发明申请/件	有效实用保有率	有效发明保有率	发明待审率
邦普	4	100.0%	100.0%	11.4%
北京工业大学	7	66.7%	62.5%	38.9%
比亚迪	2	100.0%	100.0%	14.3%
鼎晨	3	100.0%	0.0%	50.0%
格林美	14	100.0%	100.0%	45.2%
广东工业大学	3	50.0%	100.0%	21.4%
合肥工业大学	3	40.0%	88.9%	20.0%
华南师范大学	3	80.0%	25.0%	16.7%
清华大学	6	—	90.9%	20.0%
上海交通大学	2	66.7%	66.7%	10.5%
松下	1	—	27.8%	4.3%
万容	5	73.9%	100.0%	26.3%
中南大学	6	0.0%	64.7%	23.1%
住友	15	—	0.0%	93.8%

从图5-25可以看出格林美在六个领域中都有涉及，且各领域的专利申请量都处于同行前列，体现了其在废弃电子电器回收再利用领域的领先地位。格林美于2002年1月在深圳设立，在国内多省市地区设立了生产工厂，正在形成覆盖珠三角、长三角和中部地区的城市矿产资源循环产业布局，以废旧电池、电子废弃物、钴镍钨工业废弃物和稀贵金属废弃物为主体，年回收处理各种废弃资源总量达100万吨以上，循环再造钴、镍、铜钨、金、银、钯、铑等十多种稀缺资源，塑木型材、新能源材料、环保砖等多种高技术产品，形成完整的资源化循环产业链。其经营领域的多样性与专利技术分布广形成了对应。

清华大学作为技术开创的先驱者，在各技术领域都有相应的影响力。在废弃电子电器再生循环利用领域，清华大学在2001年首次提交了相应的专利申请，是上述主要中国申请人中最早的。其主要涉及废弃电池分支，这与本领域发展时代背景相应。

排名靠前的14位申请人中只有两位是外国申请人，分别是日本的松下和住友集团株式会社（简称"住友"）。从申请人时间变化趋势分布可知，松下在此领域内向中国提交的专利申请时间最早始于1997年，国内最早的专利申请分别由清华大学和上海交通大学于2001年提交，松下在此领域领先了国内申请人至少4年的时间。从技术分支时间趋势来看，针对中国专利申请，松下1997年的申请关注整机如电视机和显示器等的拆分，1999年涉及线路板分支领域，2001年进军阴极射线管分支领域，2002~2003年主要转向于制冷剂分支领域，2003年开始涉足电池分支领域。松下于2001年投资18亿日元建成拆解工厂，运营第一年就拆解了50万台废弃家电。从时间节点来看，其专利申请时间正好与投资建厂时间相呼应。松下从1997年到2006年，除1998年外，都有连续的专利申请，说明其在废弃电子电器领域持续的关注和投入，具有较好的发展态势。

住友的第一件中国专利申请出现于2009年，2009～2012年每年都有专利申请，大部分集中于2012年，且专利申请全部集中于电池分支领域，这说明电池分支是住友正在开发的领域。除2009年申请的1件专利在实质审查阶段视为撤回外，其他的都处于待审状态。住友经济实力雄厚，从其专利布局，以及矿工业和电器工业双层背景来看，其将强势进军废弃电池分支领域。虽然其目前没有有效专利，但这是我国技术发明者和企业经营者需要面对的有力竞争者，同时需要在以后技术和商业活动中避免直接碰撞带来的冲击。

5.3 专利技术分析

废弃电子电器回收再利用涵盖的处理种类繁多，大型家用电器有电视、计算机、洗衣机、冰箱和空调等，小型家用电器有电话、灯等，以及汽车、电动玩具、电子电气工具和医疗设备等。因各电子电器产品具有独特的结构和组成方式，其在回收和再处理过程往往工艺各异，且都较烦琐。现选取废弃电子电器领域内六大分支来对整个领域的发展做出指示性分析研究。发达国家，如美国、日本、欧洲在较早时期就在此领域进行了相关研究。但此领域相对其他一些领域来说，投入高经济收益低，主要的收益体现在对环境的贡献上。各发达国家表现出的技术开发积极性并不高。随着各国法制法规的健全和环境意识的普遍提高，废弃电子电器的回收再利用成为一项不得不完美解决的全球问题。开发高效、有利可图的新技术成为现在的关注点。

六大分支主要为线路板、阴极射线管、制冷剂、电池、液晶、整机拆分。从检索结果来看，这六个分支专利申请数量占比大，同时所对应的市场需求较大，要解决的环境问题突出。线路板和电池分支是现阶段的研究重点，同时也是现阶段的研究难点，在中国提交的专利申请中分别有565件和939件。通过对其进行研究，一方面能获得稀贵的金属等资源，另一方面能较好地减轻环境压力。下面分别分析线路板和电池两个分支中的专利技术内容。

5.3.1 线路板分支

线路板是各电子电器产品中通常的组成部分，其含有的物质包括聚氯乙烯塑料、溴化阻燃剂，铅、镉、汞、铬、金、银、钯、铂、硒等贵金属，以及铜、铝、铅、锡和铁等常见金属。线路板的处理主要包括粉碎、分选，以及后续金属的提纯技术等。

1. 粉碎技术

废弃线路板上有很多的电子元器件，在粉碎之前通常要对其拆解。在整个线路板分支中有115件专利申请涉及粉碎及其前拆解处理。表5-7是线路板分支专利申请量前五位申请人与粉碎技术相关的主要专利申请，广东工业大学和中南大学没有与粉碎技术相关的专利申请。

第5章 废弃电子电器产品再生循环利用专利分析

表5-7 与粉碎技术相关的主要专利申请技术分析

申请号	发明名称	申请人	法律状态
201010608668	一种废旧印刷线路板插装式元器件拆解装置及方法	清华大学	授权
200710076912	湿法研磨设备	清华大学	授权
201010527684	采用热风加热和振动施力的废旧电路板拆解设备	清华大学	授权
201210544487	一种应用[BMIm]BF_4溶剂快速拆解废电路板的环境友好方法	清华大学	待审
200710063506	采用接触式冲击对线路板进行拆解的方法与设备	清华大学	授权
200710063513	一种将元器件从废旧线路板上整体性拆卸的方法与设备	清华大学	授权
200610113110	一种废印刷线路板组合式处理方法	清华大学	授权
200510085221	印刷电路板专用低温粉碎设备	清华大学	授权
200710063510	采用非接触式冲击对线路板进行拆解的方法与设备	清华大学	授权
201020607760	一种脱焊设备	格林美	授权
200520067590	一种汽车与电子废弃电路板的脱焊设备	格林美	授权
201120175892	一种改进型脱焊设备	格林美	授权
200920353472	一种粉碎机	万容	授权
200910042912	废印制电路板电子元器件拆解与焊锡回收方法及设备	万容	授权
201220703331	一种废旧带元件线路板处理设备	万容	授权
201210508840	带元器件废旧线路板无害化处理及资源回收的方法与设备	万容	待审
200810031979	带元件线路板拆除方法及设备	万容	授权
200910216841	一种粉碎机	万容	视撤
200820053949	带元件线路板拆除设备	万容	授权终止
201210393372	废旧带元器件电路板的处理方法及设备	万容	待审
200920063735	废印制电路板电子元器件拆解与焊锡回收设备	万容	授权终止
200810031978	线路板元件脚焊锡脱离方法及设备	万容	视撤
201220655461	带元器件废旧线路板无害化处理及资源回收设备	万容	授权

申请号为200710063506的发明专利申请请求保护一种采用接触式冲击对线路板进行拆解的方法与设备。首先根据线路板基板的类型、元器件的型号等大致判断所用锡焊或焊膏的熔点温度，其次将该线路板固定后采用气体介质对流或红外辐射加热，使温度在2.5~4min内从室温上升至240℃左右并保温。线路板受热超过焊锡熔点温度的时间为0.5~3min，使焊锡充分熔化。对上述加热后的线路板采用所记载的方式实施冲击，并进行线路板表面焊锡的扫刮、分离与收集。本专利的技术方案能无损害地、整体性拆卸（或摘除）废旧线路板（上的插装元器件和贴片元器件，使拆卸下来的元器件原有功能和性能基本不受损害，便于以后功能重用，同时拆解速度快。与之同类的技术方案清华大学共提交了3件专利申请，格林美在粉碎领域的3件申请也都是与上述主题相关的，万容也有至少3件类似的申请。

因线路板来源不一,其基板材料组成也不尽相同,如阴极射线管电路板的基板材料一般为酚醛树脂,主机电路板的基板材料为环氧树脂,二者的脆性和韧性差异很大。通常的直接热处理或介质热处理,很难同时适用于不同来源的线路板。申请号为201210544487的专利请求保护一种应用[BMIm]BF$_4$溶剂快速拆解废电路板的方法,主要步骤为将清灰的废电路板置于装有[BMIm]BF$_4$溶剂的油浴装置中,[BMIm]BF$_4$溶剂应淹没废电路板的基板,整套设备放在负压-5kPa抽风台中进行,250℃时在低速搅拌下停留12~15min。拆解完成后经回收所用溶剂可重新利用。本方法可以处理CRT电路板和主机电路板,采用环境友好的[BMIm]BF$_4$溶剂,废电子元器件的去除率超过90%,焊锡回收纯度超过90%。

粉碎通常采用机械力来实现,会因发热而损毁设备,并产生有害气体和粉尘。申请号为200710076912的专利提供了一种湿法研磨设备(见图5-27)。在机壳上与研磨腔6连通的注水孔25设置于进料口4的一端,通过该注水孔向研磨腔注水,使水参与研磨,降低腔内物料温度、消除粉尘,最大限度降低了有害气体和粉尘的危害。并在设备的轴承座上于轴承腔室的外周设环形冷却腔18,环形冷却腔上设有两个注水孔16、23,可以通过注水孔向该环形冷却腔内循环注入冷却水,以降低转轴与轴承摩擦产生的热量和密封装置与轴承座摩擦产生的热量,避免设备损伤。

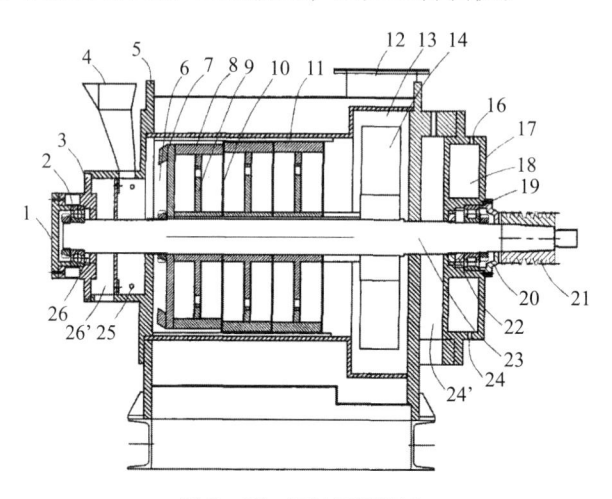

图5-27 湿法研磨设备

2. 金属提取技术

线路板金属提取是线路板再利用的重点也是难点。针对该问题的研究也很活跃,专利申请数量较大,有260多件。众多申请人出现了百家争鸣的趋势。表5-8是以专利同族被引证次数为依据而选取的部分专利。

在上节中统计的重要申请人中有3位出现在表5-8中,说明其在线路板分支金属提取领域具有相当的实力。申请号为03113180的专利申请要求保护电子废弃物板卡上有价成分的干法物理回收工艺。首先将废弃板卡投入双齿辊剪切机,破碎成大小均匀的小块;将该小块送入冲击破碎机内进一步破碎,实现金属和非金属的充分解离;将上述破碎物料送入磁选机，分离铁磁性物质，其余部分经多层筛分：粗粒级筛分物送入涡电流分选机，分离金属和未解离的物料；较粗粒级物料送入气力分选机，得到轻产物和重产物金属富集体；中间粒径物料送入滚筒静电分选机，分离得到金属富集体和非金属物料。上述金属富集体再依次经过气力分选机、静电分选机、摩擦电选机和高压电场分离机，获得最终金属。最后将还没有分离出的物料返回破碎步骤重新按所述步骤进行金属分离。该方法整个流程均全部采用机械和干法物理分选的方法，利用物料物理性质的差异进行资源化回收，避免了化学方法产生的二次污染问题，避免了湿法分选带来的脱水、干燥、污水处理等问题。但该方法并没介绍是否能进行不同种类金属分离，获得单种成分的金属。

表 5-8 与金属提取技术相关的主要专利申请技术分析

申请号	发明名称	申请人	法律状态
200710020408	从镀金印刷电路板废料中回收金和铜的方法	苏州天地环境科技有限公司	授权
200710173128	从废电路板中提金的方法	东华大学	授权终止
201010107804	从废印刷电路板中回收有价金属的方法	中南大学	授权
200910213789	从含镍、锡废旧物料中分离回收金属镍、锡的方法	邦普	视撤
201010194555	无氰全湿成套工艺绿色回收废旧电路板的方法	北京科技大学	授权
201010244663	从废旧电路板中回收金、银的方法	惠州市奥美特环境科技有限公司	授权
201110092620	从废旧电路板中回收稀贵金属的方法	格林美	授权
201110223517	从废旧电路板中回收金、钯、铂、银的方法	格林美	授权
201110248036	废旧电路板中稀贵金属的综合回收方法	格林美	授权
03113180	电子废弃物板卡上有价成分的干法物理回收工艺	中国矿业大学	授权终止
03818803	回收铂族元素的方法和装置	同和矿业株式会社	授权
200880000610	利用有机溶液从废印刷电路板中释放金属的新型预处理工艺	韩国地质资源研究院	授权

申请号为 201010107804 的专利申请同族被引证次数高达 23 次，其请求保护一种从废印刷电路板中回收有价金属的方法。首先将废弃电路板粉末与 NaOH 和 NaNO$_3$ 按一定比例熔炼，熔炼后冷却磨细加温热水搅拌浸出，过滤蒸发得到 Na$_2$PbO$_3$、Na$_2$SnO$_3$、Na$_2$SbO$_3$、NaAlO$_2$ 混合结晶，并精炼得相应金属；上述滤渣加入强硫酸和氧化剂，在一定的电积条件下得到铜和镍；将上一步的渣加入强硝酸浸出，在一定的电积条件下得到银；同样下一步采用王水浸出后电积获得金；分别向上一步的溶液中加入饱和氯化铵得铂盐沉渣，加入甲酸得粗钯粉。发明根据组分及其存在形态的特点，可分别提取出铜、镍、银、金、铂、钯等主产品和含铅、锡、锑、铝等副产品；实现了废印刷电

路板中有价金属资源再生利用的最大化，所得到的铜、镍、银、金、铂、钯等主产品的纯度高，使用的旋流电解技术还具有能耗低、试剂消耗少、生产过程环境友好、工艺流程短、操作简单等优点。

申请号为201010194555的专利申请要求保护无氰全湿成套工艺绿色回收废旧电路板的方法。首先将废旧电路板破碎冶炼浇铸的铜阳极板，接着电解得到阴极铜和铜阳极泥；将铜阳极泥和硫酸与氯化钠混合并加入二氧化锰，得到分铜液和分铜渣；将分铜渣在氯化钠、硫酸和氯酸钠溶液中分金，得分金液和还原后液，并用亚硫酸钠还原得粗金粉；对还原后液置换得钯铂精矿；再采用类似的溶液分离方法获得粗银粉、铅；最后通过与氢氧化钠焙烧分锡，水淬过滤结晶后得锡酸钠。工艺回收废旧电路板中的有价金属，实现对废旧电路板中铜、铅、锡、金、银、铂、钯的分离提取，金属回收率高。无氰全湿工艺避免了王水及氰化物对环境的负担，解决了火法工艺能耗高、设备要求高、成本投资大的弊端。所用溶液可以循环利用，大大减少了废液对环境的二次污染。

5.3.2 电池分支

电池是一种能将化学能转化成电能的电化学设备，包括正极、负极、电解质、隔离物质和外壳。电池的主要区别在于电极和电解质材料不同。隔离物质由高分子材料、纸和纸板组成。外壳主要是钢铁、高分子材料或纸板。综合来看，电池中潜在的危险成分有汞、铅、钢、锌、锰、镉、镍和锂等金属物质。除上述物质外，电池中还含有一定量的碳，虽然其环境危害度不高，但也是一种需回收的有价值物质。除上述常规意义上的电池外，现还发展了新型电池，如燃料电池、太阳能电池等。其相应的废弃资源再利用也是不容忽视的问题。

1. 火法冶炼

火法冶金是一种古老而又充满生机的金属提炼方法。废弃电池作为"城市矿石"，当然可以采用火法冶金来对其所含金属进行提炼。表5-9是火法冶炼领域内同族引用次数较多的专利申请。

表5-9 与火法冶炼相关的主要专利申请技术分析

申请号	发明名称	申请人	法律状态
201280009299	有价金属的回收方法	住友	待审
201110113139	废旧磷酸铁锂电池正极材料的回收再生处理方法	合肥国轩高科动力能源有限公司	待审
201010116636	一种磷酸亚铁锂正极材料的回收方法	比亚迪	待审
200910193055	锂离子电池正极材料回收方法	东莞新能源科技有限公司	驳回
200710129898	一种锂离子电池废料中磷酸铁锂正极材料的回收方法	比亚迪	授权

续表

申请号	发明名称	申请人	法律状态
200810097208	高纯铅的生产方法	宁夏天马冶化（集团）股份有限公司	授权
200480017436	从含氟的燃料电池组件中富集贵金属的方法	尤米科尔股份公司及两合公司	授权
200410019541	废旧锂离子二次电池正极材料的再生方法	南开大学	授权终止
200910116444	一种还原炉直接还原液态高铅渣工艺	安徽铜冠有色金属有限责任公司九华冶炼厂	驳回
200510033231	回收处理混合废旧电池的方法及其专用焙烧炉	华南师范大学	授权终止

申请号为 200410019541 的专利申请要求保护废旧锂离子二次电池正极材料的再生方法。该方法采用的步骤为正极片在空气中进行 100~500℃ 加热处理 1~6h，以除去铝箔基体与正极材料之间的黏合剂。对热处理后的正极片，采用机械方法或超声波震荡将铝箔基体与正极材料脱离，分别得到正极材料与铝箔。将分离得到的产物在空气中经高温 650~850℃ 处理，以除去碳等导电剂。分析（用化学分析或 ICP 方法分析）各元素的含量和正极材料的计量构成，以上述正极材料中钴或锰或镍等元素含量为基准，添加必要的锂化合物。将调整好比例的正极材料混合均匀，采用通用的方法使用管式电阻炉或箱式电阻炉在空气或氧气气氛中经预烧和焙烧，产物冷却后研磨过筛（38.5μm）即可得可再利用的正极活性材料。用该方法回收再生的正极活性材料与制造锂离子二次电池正极所用的材料具有相同的结构和电化学性能，可使废旧锂离子二次电池中正极材料得到最大限度的再利用。该方法不使用酸和有机溶剂，去除掉正极材料的铝箔基片可得到有效的回收，降低废旧锂离子二次电池对环境的污染。

申请号为 200710129898 的专利申请要求保护一种锂离子电池废料中磷酸铁锂正极材料的回收方法。其将锂离子电池废料在惰性气体的气氛下用 450~600℃ 烘烤 2~5h，将烘烤得到的粉末产物加入可溶性铁盐的乙醇溶液中混合、干燥，然后在惰性气体的气氛下用 300~500℃ 焙烧 2~5h，回收得到磷酸铁锂正极材料。采用本回收方法，所得到的磷酸铁锂正极材料的振实密度较高，从而采用该正极材料制成的锂离子二次电池的容量较高，实现了磷酸铁锂原材料的回收再利用，可以节约成本，并具有环保的效益。

申请号为 201010116636 的专利申请要求保护一种磷酸亚铁锂正极材料的回收方法。其将磷酸亚铁锂正极废料在有氧气氛下用 500~800℃ 烧结分解；将上述的产物与碳源混合，在还原性气体或者惰性气体中，用 650~850℃ 烧结 8~24h。本方法通过氧化焙烧彻底去除废料中残留的导电剂等碳材料以及黏结剂，避免了导电剂对锂的消耗，从而可以进一步提高回收后的磷酸亚铁锂正极材料的容量；通过分解和合成制成的磷酸亚铁锂材料晶体结构完整，杂相少，循环性能好，并且还原时还实现碳包覆，避免了对磷酸亚铁锂表面碳层的破坏，有利于提高磷酸亚铁锂回收料的导电性。

申请号为 200910116444 的专利申请要求保护一种还原炉直接还原液态高铅渣的工艺。该工艺以氧气底吹熔炼炉产生的液态高铅渣、废蓄电池等次生含铅物料为原料，从还原炉顶端加入，连续将作为燃料的煤粉和天然气与作为助燃剂的富氧空气从还原炉的顶部通入后发生燃烧反应，保持还原炉内温度为 1000~1500℃；煤粉和天然气同时作为还原剂，且与原料充分混合后落入还原炉底部的反应池中，将所述原料中的铅氧化物还原成粗铅，还原剂的加入量以充分还原原料中的铅氧化物为准。

从以上 4 件专利来看，前 3 件针对废弃电池金属成分的特性进行有针对性的提炼，从废料直接得到可使用的产品，这简化了生产工艺、提高效率，并节省了成本。第 4 件专利申请仅是将废料中的金属成分提炼出，没有与产品的生产相关联，这与常规意义上的金属冶炼没有实质区别，该专利申请最终被驳回是可预见的。由此可知，在废弃电池金属提炼领域，仅对金属成分的提炼往往是不够的，需要结合领域特色，进行有针对性的冶炼。

2. 湿法冶炼

湿法冶炼也是一种常规的金属提炼方法，技术人员也可以采用此方法来提炼废弃电池中金属成分。表 5-10 是此领域内同族引用次数较多的专利申请。

表 5-10 与湿法冶炼技术相关的主要专利申请技术分析

申请号	发明名称	申请人	法律状态
200810178835	从含有 Co、Ni、Mn 的锂电池渣中回收有价金属的方法	日矿金属株式会社	授权
95196964	从用过的镍-金属氢化物蓄电池中回收金属的方法	瓦尔达电池股份公司	授权终止
200710035053	一种由废铅酸蓄电池中的铅泥制备高质量二氧化铅的方法	湖南大学	授权终止
201010298500	镍和锂的分离回收方法	吉坤日矿日石金属株式会社	授权
201010141128	一种自废旧锰酸锂电池中回收有价金属的方法	奇瑞汽车股份有限公司	授权
201010523257	一种从废旧锂离子电池及废旧极片中回收锂的方法	邦普	授权
200910304134	一种废旧锂电池正极活性材料的高效浸出工艺	中南大学	授权
200910173516	性能退化的锂离子蓄电池单元的再生和再次使用	通用汽车环球科技运转公司	授权
200510036193	废旧碱性锌锰电池的回收利用方法	华南师范大学	授权终止
200910117702	从废锂离子电池中回收钴和锂的方法	兰州理工大学	授权

申请号为 200710035053 的专利申请要求保护一种由废铅酸蓄电池中的铅泥制备高质量二氧化铅的方法。其工艺步骤为将废铅酸蓄电池中的铅泥制成 200 目以上的铅泥

粉末；配制一定浓度的含有分散剂和脱硫剂的水溶液，向其中加入铅泥粉末，在室温至90℃温度下充分搅拌，进行脱硫反应；分离除去液体部分，将所得含铅固体物料充分洗涤至中性；配制一定浓度的含有氧化剂的水溶液，向其中加入脱硫后的含铅固体物料进行氧化反应；反应结束后，分离除去液体部分，将所得固体产物充分洗涤，经烘干得到产品二氧化铅。与传统的制备二氧化铅的方法相比，本工艺不采用金属铅而以铅泥为原料，节约了金属铅资源；与电解法制备高质量二氧化铅相比，设备投资简单，用电量少。

申请号为200510036193的专利申请要求保护废旧碱性锌锰电池的回收利用方法。其工艺步骤为分离提取废旧碱锰电池正负极物质；在室温下用碱液浸取，搅拌使正负极物质分散，分离并回收隔膜；过滤分离锌酸盐；电解制锌；制备锰酸钾，把氢氧化钾和水加到滤渣中，通入空气并加热，使滤渣中的锰化合物变成锰酸钾，待冷却适当时加入一定量氢氧化钾进行稀释，搅拌使锰酸钾完全溶解，过滤并分离出不溶物；电解制取高锰酸钾，将滤液调节为电解液，在阳极制得高锰酸钾。本工艺简单，操作方便，生产成本低，整个回收和利用过程添加的化学物质少，几乎不产生二次污染，废旧碱锰电池的所有物质几乎都能回收利用，生产的新材料所创造的价值远大于回收和生产成本，经济效益好。

申请号为95196964的专利申请要求保护一种从用过的镍－金属氢化物蓄电池中回收金属的方法。其步骤为蓄电池废料用酸溶解，稀土金属以硫酸复盐形式分离；经提高滤液pH而沉淀铁；对铁沉淀的滤液用有机萃取剂进行液/液萃取，萃取在其原始溶液pH为3~4的条件下进行，以回收其他金属，如锌、镉、锰、铝和残留的铁和稀土；选择的萃取剂及pH使得在萃取后，只有金属镍及钴完全溶解在水相中并保持与蓄电池废料中相同的原子比例。采用常规的冶炼方法虽然可以将回收的铁送回炼钢厂加工，镍、钴和镉分别送回电池制造厂，但是分离的各种金属在制造新的电极材料时还要从纯态进行相应的混合加工。本方法可以从用过的镍金属氢化物蓄电池中回收特别适用于制造贮氢合金的制品。

与前述火法冶炼类似，湿法冶炼也是将金属的提炼与产品的生产相结合，其能从工艺上简化步骤、提高效率，同时降低生产成本，直接获得有用产品。

5.4 广东省专利分析

5.4.1 总体分析

图5-28是广东省在废弃电子电器再生循环利用领域的专利申请变化趋势，与全国总体变化趋势相同。在2002年以前广东省专利申请量只有3件，2003年之后专利申请数量显著增加，2007年年申请量达到22件之后趋于平稳增长，到2011年年申请量达到最大值，62件，之后两年增速放缓，申请量维持在40件的中等水平。

	1992	1993	1994	1995	1996	1997	1998	1999	2000	2001	2002	2003	2004	2005	2006	2007	2008	2009	2010	2011	2012	2013	2014
广东省	1						1			1		2	5	13	16	22	20	31	43	62	40	44	12
中国	4	4	11	10	4	12	9	11	22	19	17	41	38	68	91	110	136	159	199	279	263	314	105

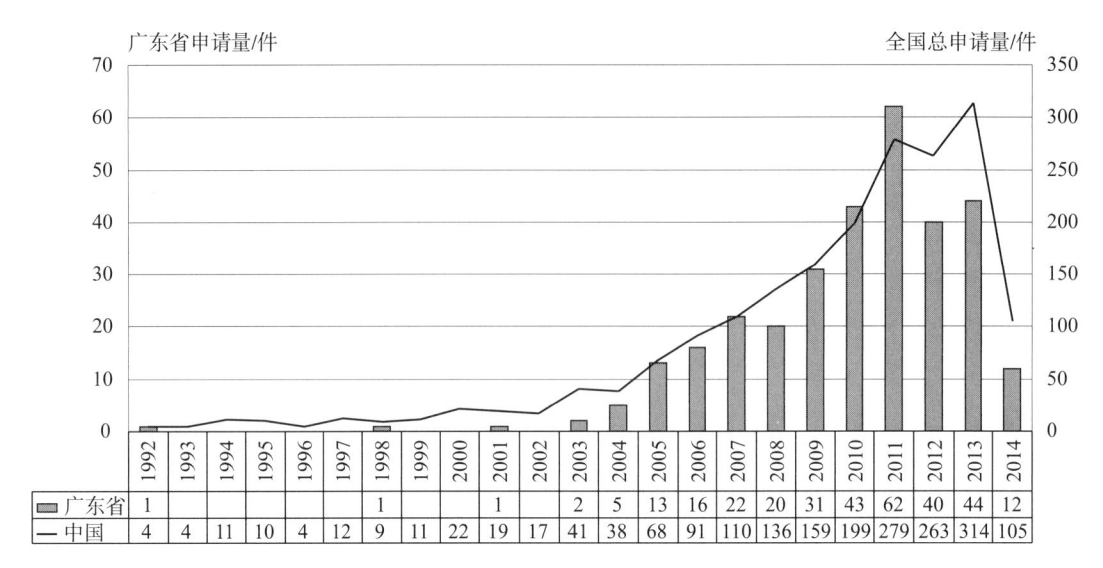

图 5-28 广东省专利时间分布趋势

图 5-18 中显示，在 2002 年起专利申请数量发展较快的广东省和北京市，在 2008 年专利申请量都有所下滑。其原因可能在于，经过 5 年多的发展，两地相关企业已完成技术成型、建立投产阶段，相关技术也逐步申请专利，申请量稳步增加。但 2008 年企业均遭受了金融危机的影响。图 5-19 显示了 1992~2010 年中国五种电子电器产品的产量，增长迅猛的微型计算机在 2008 年出现了放缓的迹象；虽然其他四种电器产品在 2008 年的增速没有明显受抑制的数据证据，但在之后都出现了明显的暴发式增长趋势，说明在 2008 年增速受到了干扰。金融危机的冲击不仅体现在对实物消费的需求上，而更体现在心理上，这一定程度上会影响电子电器产品的报废率（现暂没有获得准确的官方处理量和报废量数据）。同时这种影响还会从投资回报方面打压废弃电子电器再生循环利用企业或其他从业者的经济利润。并且，经过 3 年左右的经营，废弃电子电器再生循环利用的利益回报并不如预想的那么大，这一定程度上打消了投资者的积极性。与 5.1 节中国际专利申请变化趋势表现不同的是，广东省专利申请量在 2008 年出现了立竿见影的衰退反应，而国际专利申请量延后才出现衰减。

广东省 2009 年以及 2011 年专利申请增长异常原因与上一节分析的类似，都经受了政策和技术等方面的影响，在此不再赘述。

广东省专利申请的技术分支分布情况如表 5-11 所示。与中国专利申请整体分布相同，废弃线路板和电池的回收再利用是其关注的重点，分别占总量的 35% 和 43%。究其原因，与前节分析的中国专利申请技术分支和各省市技术分支分布类似，主要是受回收再利用的利益回报决定。

2001 年之前的 3 件专利申请都是个人申请，且都为实用新型类申请，分别涉及电子元器件的焊拆处理和铅蓄电池的修复再生处理。在 2001 年之前，产业发展状况是自发形成的拆解处理集散地，这种现象在广东省比较突出，在广东省内就有相关的处理地。此时，从业者技术含量较低，没有形成一定量的规模生产，其对技术开发的需求不旺盛；专利申请在此时也不被技术人员所熟知，相关的专利保护也不完善。此时的专利形成主要是靠申请人在此领域的技术追求与超前的专利意识决定。较少的专利申请数量与此时期的产业发展状况相呼。随着产业发展壮大，对技术的迫切需求、专利知识的普及以及专利保护的完善，专利申请数量呈现稳步增长的趋势。

表 5-11　广东省专利申请技术分支分布　　　　　　　　　　　单位：件

分支	1992	1998	2001	2003	2004	2005	2006	2007	2008	2009	2010	2011	2012	2013	2014
线路板	1			1		6	3	3	2	17	21	29	11	15	2
阴极射线管								1	4	4	5	3	9	4	2
制冷剂					1				1	2		2	4	3	2
电池		1	1	1	4	6	11	18	13	7	13	25	15		3
液晶						1	2						1		1
整机										2	3	3	2	4	2

5.4.2　主要申请人及其技术分析

从表 5-12、图 5-29 可进一步明确，广东省内从业者主体是企业，受经济环境影响较大。大学申请人的技术研发往往以市场为导向，在各企业发展不景气的时期，大学申请人也会转换领域。各企业和大学在技术方面的投入显得犹豫不前，其最终体现在专利申请数量上。

表 5-12　广东省申请人类型时间分布趋势　　　　　　　　　　单位：件

类型	1992	1998	2001	2003	2004	2005	2006	2007	2008	2009	2010	2011	2012	2013	2014	总计
科研机构-企业									2	1	1	2		1		7
科研机构				1	4	5	3	5	3	2	8	13	5	5	2	56
个人	1	1	1			4	4	1	5	3	2	1		2		25
企业				1	1	4	9	16	10	26	32	47	33	37	9	223

从表 5-12 可以清楚地看到，企业和大学申请人专利申请数量都明显减少。这也解释了以大学申请人为主要主体的北京市的专利申请数量同期减少的原因。对于整个国家而言，废弃电子电器再生循环利用产业处于繁荣增长期，在经营步入正轨后，经济危机对小规模生产从业者和个人从业者影响较少，再加上中国专利申请费用在可承受范围内，在此期间个人申请量出现了明显增长。总体考虑，中国专利申请数量最终处于平稳增长中。

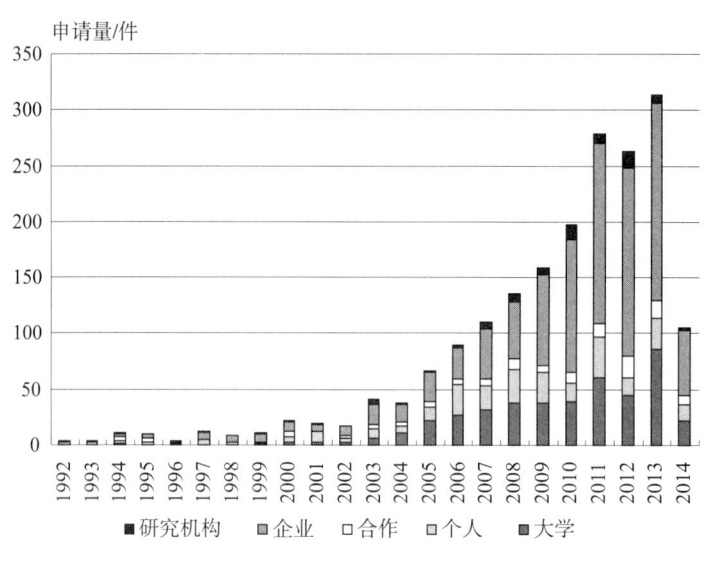

图 5-29 广东省申请人类型占比

本书研究的废弃电子电器领域所有申请人数量有800多位，经统计，广东省的申请人数量为90多位，约占全国的11.2%。广东省专利申请数量为313件，占全国总数量的16.2%。表5-13是广东省专利申请数量排名靠前的8位申请人，在广东的申请人中仅占不到9%的比例，但其专利申请数量约占总申请量的49.8%。由此可知，这8位申请人在此领域内具有一定的代表性，同时也表明其余申请人的专利分布较散。与国内整体发展状况相同，此分布特点正说明此领域还处于发展前中期，并形成了良好的发展环境。

表 5-13 广东省主要申请人技术分支时间趋势分布　　　　　　　　单位：件

申请人		2003	2004	2005	2006	2007	2008	2009	2010	2011	2012	2013	2014	总计
邦普	线路板							1						1
	阴极射线管													
	制冷剂													
	电池					2	3	1	2	9	7	10	2	36
	液晶													
	整机													
比亚迪	线路板													
	阴极射线管													
	制冷剂													
	电池			1	3	4	2		3		1			14
	液晶			1	1									2
	整机													

续表

申请人		2003	2004	2005	2006	2007	2008	2009	2010	2011	2012	2013	2014	总计
鼎晨	线路板							6	2					8
	阴极射线管							3			1			4
	制冷剂							1			2			3
	电池													
	液晶													
	整机							1	1		1			3
格力	线路板										1			1
	阴极射线管										2			2
	制冷剂						1				2	1	1	5
	电池													
	液晶													
	整机													
格林美	线路板				2			3	1	5	2			13
	阴极射线管								3	3		1		7
	制冷剂									1	2			3
	电池				3	6				3	2			14
	液晶										1			1
	整机									1				1
广东工业大学	线路板							1	3	6	3	1	2	16
	阴极射线管													
	制冷剂													
	电池													
	液晶													
	整机													
华南师范大学	线路板													
	阴极射线管						1							1
	制冷剂													
	电池	1	3	3	1	3		1		2	1	1	1	17
	液晶													
	整机													
进田	线路板									6	1	2		9
	阴极射线管													
	制冷剂													
	电池													
	液晶													
	整机													

上述重要申请人中，除格力和进田外，其他都是国内的主要申请人。由此可知，广东省上述申请人不仅在广东省的废弃电子电器再生循环利用产业发展中起到了关键作用，而且在全国内也发挥了重要作用，广东省在此领域起到了较好的带头作用。关于上述重要申请人的技术分支时间趋势分布状况的分析，可参考5.3节。

5.4.3 广东省有效专利的主要申请人分析

表5-14和表5-15为广东省有效专利申请量排名和有效发明专利申请量排名。从表中可见，广东邦普循环科技股份有限公司、格林美股份有限公司和比亚迪股份有限公司在本产业研发技术较强。

表5-14 广东省有效专利排名

申请人	专利申请量/件
邦普	28
格林美	28
比亚迪股份有限公司	12
广东工业大学	10
鼎晨	10
珠海格力电器股份有限公司	6

表5-15 广东省有效发明专利排名

申请人	专利申请量/件
邦普	21
格林美	11
比亚迪股份有限公司	9
广东工业大学	9
广州有色金属研究院	5

广东邦普循环科技股份有限公司，创立于2005年，回收网络已覆盖中、日、韩、美等多个国家和地区，实现6000t废旧数码电池和2000t动力电池的年处理能力。近年来，邦普受邀参加"中国国际镍钴工业年会""资源循环利用国际论坛"等专项性行业大会，通过"互访、讲学、合作研究、学术交流"等方式大大提高了研发体系的整体科研水平和对外影响能力。

通过几年的快速发展，邦普已形成"电池循环、载体循环和循环服务"三大产业板块，专业从事数码电池（手机和笔记本电脑等数码电子产品用充电电池）和动力电池（电动汽车用动力电池）回收处理、梯度储能利用；传统报废汽车回收拆解、关键零部件再制造；以及高端电池材料和汽车功能瓶颈材料的工业生产、商业化循环服务解决方案的提供。其中，邦普年处理废旧电池总量超过6000t、年生产镍钴锰氢氧化物4500t，总收率超过98.58%。

格林美股份有限公司于2001年12月28日在深圳注册成立，致力于废旧电池、报废电子电器、报废汽车与钴镍钨稀有金属废弃物等"城市矿产"的循环利用与循环再造产品的研究与产业化。公司已在湖北、江西、河南、天津、江苏等地建成循环产业园，构建了废旧电池与钴镍钨稀有金属废物循环利用、报废电子电器循环利用与报废汽车循环利用三大核心循环产业群，年处理废弃物总量100万吨，循环再造钴、镍、铜、钨、金、银、钯、铑、锗、稀土等二十多种稀缺资源，以及新能源材料、塑木型材等多种高技术产品，形成完整的稀有金属资源化循环产业链。

格林美的废旧电池循环利用突破了由废旧电池、含钴废料循环再造超细钴粉和镍粉的关键技术，跨越了废弃资源再利用的原生化和高技术材料再制备的两大技术难关，并且牵头起草了废弃钴镍资源和钴镍粉体制备方面的多项国家标准和行业标准，成为废弃钴镍资源循环利用领域先导企业、采用废弃钴镍资源直接生产超细钴镍粉体材料的技术领先企业。其使用的超细钴粉制造技术和超细镍粉制造技术均已通过由中国有色金属行业协会组织的专家鉴定，获得2009年中国有色金属技术一等奖和2010年国家科技进步奖。

比亚迪股份有限公司创立于1995年，公司总部位于广东深圳，是一家拥有IT、汽车及新能源三大产业群的高新技术民营企业。虽然废弃电子电器不是其现有主要产业，但从2008年开始公司就涉足废弃电池领域，其专利技术主要体现在废弃锂离子电池中正极材料的回收，镉镍电池中金属的回收，甚至在2009年和2011年分别有专利涉及液晶的回收与提纯。虽然液晶领域现在还不太受重视，但其发展情景较好，制得关注。比亚迪的这种超前发展意思制得肯定。

5.5 小结

1. 全球发展态势

对全球废弃电子电器产品再生循环利用领域专利分析可以得出，这一领域具有以下特点。

1）在全球范围内，废弃电子电器再生循环利用技术在1992~2012年以波浪式缓慢发展，2000年达到波峰（190件），2005年重新达到波谷（129件）。中国专利申请在1992~2013年整体呈增长趋势，1992~2002年发展较慢，平均申请量仅为同期国际申请量的8.8%，2003年开始迅速发展。从2011年开始，中国申请量超过了同期的国际申请量，2013年最多，达到314件。

2）全球申请中，日本的申请量最大，达到1975件，占38%；其次是中国，达到1849件，占36%；其余依次为美国、欧洲、韩国，其他国家和地区共98件，占2%。

3）电池分支是全球热点，申请量占整个技术分支总量的45%；其次是线路板分支，占25%；整机分支、阴极射线管分支和制冷剂分支占比接近，约为9%；液晶分支专利申请量占比最少仅为3%。在各技术分支中电池分支单年申请量最多。

4）1992~2001年属于产业成长期，年申请人的数量和申请量迅速增加，2000年达到最大值，从2002年开始申请人数量和申请量都出现了下滑现象。2006年产业又迎来了发展的春天，申请人数量和申请数量大幅增长，2008年一举超过了成长期的最高点，之后呈现波浪式增长趋势。

5）全球主要专利申请人分别为日立、松下、夏普、索尼、住友、东芝和丰田，都属于日本籍。松下从1996年开始在废弃电子电器再生循环利用领域就有长期稳步发展。从2003年左右开始，索尼、日立与东芝没有提出新的申请，或申请量明显减少；夏普、住友和丰田的申请量从2003年之后有了明显的增长。日立、松下、夏普、索尼和东芝在至少5个技术分支领域都有涉及，且专利数量分布较均；丰田和住友主要关注电池分支领域，专利申请量分别占到了自身总量的95%以上。这7位申请人区域布局的专利量都较少，仅分别占到了本国申请量的3%~18%。

2. 中国发展态势

对中国废弃电子电器产品再生循环利用领域专利分析可以得出，这一领域具有以下特点。

1）中国专利以中国申请人为主，国外在华的申请并不多。其中日本相对较多，占5%；欧洲、美国均占2%。中国、日本和欧洲申请人在6个分支领域都有涉及，中国申请人在电池和线路板分支领域申请量最大。除液晶分支外，日本申请人在其他技术分支的申请量都达到两位数，电池分支是其主要关注重点；美国申请人在电池和线路板技术分支申请量相对较多；欧洲申请人在电池技术分支上申请量相对较多。

2）中国申请人1992~2002年申请量不大，2002年以后申请量快速增长，2013年申请量超过了300件。中国申请人年申请量最大的为电池技术分支。液晶分支作为废弃电子电器再生循环利用新兴点，其专利申请出现的时间最晚（2002年），年平均申请量仅为3件。中国申请人以企业为主，占50%以上；大学是一支重要的力量；合作申请占比比较小。

3）广东省、北京市、湖南省、江苏省、上海市和浙江省在国内专利申请数量排名前六。广东省的发明专利申请量比上海市的申请量高了约3倍，比第2位的北京市高了1.5倍。这六个省市专利申请主要分布于电池和线路板技术分支，均占到了自身申请量的50%以上。除在整机技术分支外，广东省在其他5个技术分支内申请量都处于领先位置，在电池和线路板技术分支的申请量比紧跟其后的北京市的多约1.5倍。浙江省的发明专利申请授权率最高，其次为广东省，上海市最低。广东省的有效发明专利保有率最高，江苏省最低。除北京市外，其他5省市的专利申请人类型分布中，企业申请人占50%以上。北京市的大学申请人占比约为50%。合作申请在各省市中占比都不高。

4）万荣、格林美、清华大学、广东工业大学、中南大学、北京工业大学、上海交通大学、合肥工业大学、鼎晨、比亚迪、邦普、华南师范大学、松下和住友的申请量在中国申请总量中排名前十四。其中松下和住友为日本籍，其他申请人均为中国籍。十四位申请人主要关注的技术分支是电池和线路板。比亚迪、邦普、华南师范大学和住友的申请基本全部集中于电池分支；万容和广东工业大学的申请基本全部集中于线路板分支。格林美是唯一在六个分支中都有涉及的申请人。这十四位申请人中，中国申请人最早的专利申请出现时间较晚（2001年）。住友87.5%的申请集中于2011~2012年。格林美的发明专利申请的授权率最高（94.1%），其次是清华大学（91.7%），上海交通大学较低（35.3%），住友因几乎所有专利处于待审状态而导致其授权率为零。邦普的有效发明专利数最多（24件），其次是清华大学（20件）。邦普、比亚迪、格林美、广东工业大学和万容的有效发明专利保有率为100%。

3. 线路板和电池回收处理技术分支分析

在废弃电子电器产品再生循环利用领域，线路板及电池回收处理技术的专利布局具有显著的重要性。

1）线路板技术分支主要的技术关注点是粉碎处理和金属提取。线路板因成分和结构复杂，粉碎处理设备和工艺多样。14位主要申请人中清华大学和万容在此领域涉足较多，外籍申请人在国内较少涉及本技术点。

2）线路板中多种金属成分可以采用火法或湿法等冶金手段提取分离，铜、贵金属和稀有金属是重点获取对象。采用低毒或无毒无二次污染的溶剂提取是申请人普遍考虑的技术点，同时尽可能提取出多种金属也广泛受关注。采用无化学添加剂的纯机械研磨筛分手段获得金属成分也在申请人的考虑之列，但获得的金属成分纯度并不可观。格林美在金属提取领域中具有较好的技术优势。中南大学的发明专利申请"从废印刷电路板中回收有价金属的方法"引证次数高达23次，受本领域技术人员广泛关注。

3）电池结构相对于线路板而言稍为简单，其主要的回收成分有汞、铅、钢、锌、锰、镉、镍、锂等金属成分和石墨等非金属成分。相对较新型的废弃燃料电池和太阳能电池也是循环再利用的重点。传统的火法冶金工艺被广泛用于从电池中提取金属成分，获得的金属产品不同于传统的纯金属单质，而是可直接回用于电池和其他产品制备的中间物。

4）在电池湿法冶炼方面，外籍申请人瓦尔达电池股份公司的申请"从用过的镍－金属氢化物蓄电池中回收金属的方法"和日矿金属株式会社的申请"从含有Co、Ni、Mn的锂电池渣中回收有价金属的方法"引证次数分别高达60次和31次，其所用技术受到广泛关注。国内和国外专利同族被引证次数高的申请普遍处于专利权终止状态，此领域的专利技术特点有待发扬。

4. 广东省发展态势

对广东省废弃电子电器产品再生循环利用领域专利分析可以得出，这一领域具有以下特点：

1）广东省在废弃电子电器再生循环利用领域的申请趋势变化与全国总体变化趋势相同。在2002年以前广东省申请量只有3件，2003年之后申请数量显著增加，2011年申请量达到极值（62件），之后两年增速放缓，年申请量维持在40件。广东省在2008年的专利申请不增反减，与国内整体的增长趋势不符，原因是广东省的申请人以企业为主，各企业发展根基并不牢固，受金融环境和产业投资回报率低等因素影响专利申请量呈现低迷。

2）经统计，广东省的申请人为90多位，在全国申请人中约占11.2%。广东省申请量为313件，占全国总申请量的16.2%。依据专利申请量排名，广东省的主要申请人是邦普、比亚迪、鼎晨、格力、格林美、广东工业大学、华南师范大学和进田。其中，除格力和进田外的其他六位申请人都是国内主要申请人。广东省的企业申请人占比大（71%），大学申请人占比较少（12.8%）。

3）在各合作申请中，大学和企业的合作申请量占比达50%，说明整个产学研环境呈现一个良好的发展势头。但在总量方面还有不足，合作申请数量仅约占总量的5.6%。从合作申请所属技术分支来看，主要集中于线路板和电池分支，占比达87%。虽然企业参与的大学或研究机构的合作申请较少，但各自的专利申请数量可观，对其未来的产学研蓬勃发展有良好的预期。

第6章 废弃资源再生循环利用产业专利导航

6.1 废弃资源再生循环利用产业产学研合作分析

本节主要从国外主要国家和国内两个方面来分析废弃资源再生循环利用产业的产学研合作情况。

本节主要是统计申请量排名靠前强国企业合作申请情况，从而分析国外目前产学研现状。在专利数据分析中对申请人类型分类包括：个人、个人－个人、企业、企业－企业、企业－个人、企业－大学、企业－研究机构、大学和研究机构。在产学研分析中，将企业、企业－企业、企业－个人合并为企业，将企业－大学、企业－研究机构合并为企业－科研机构，将个人、个人－个人合并为个人，将大学、研究机构合并为科研机构。

6.1.1 废弃塑料再生循环利用产业产学研合作分析

1. 国外主要国家产学研合作情况

结合3.1.2节的内容可知，国外专利申请量排名前四的国家和地区为日本、欧洲、美国和韩国。本部分通过对这些国家和地区的各类申请人情况进行统计分析，以了解国外主要国家目前的产学研合作现状。

图6-1是国外主要国家各类申请人所占比例以及年度申请变化趋势。从图中可以看出，在废弃塑料再生循环利用领域，日本、欧洲、美国的申请主要以企业申请为主，占比为67.2%~91.2%；科研机构的占比较少，其中美国的科研机构占比相对较高，为3.7%，欧洲和日本分别为2.7%和0.6%；在产学研合作（即企业与科研机构的合作）方面，日本、欧洲、美国的占比均在1%以下。结合3.1.1节全球专利申请变化趋势可知，由于日本、欧洲、美国在该领域起步较早，在近20年内，技术基本上处于成熟稳定期，甚至成熟期，因此科研机构在该领域的研究相对较少，而科研机构研究的减少致使产学研合作途径减少，这与其发展阶段相匹配。

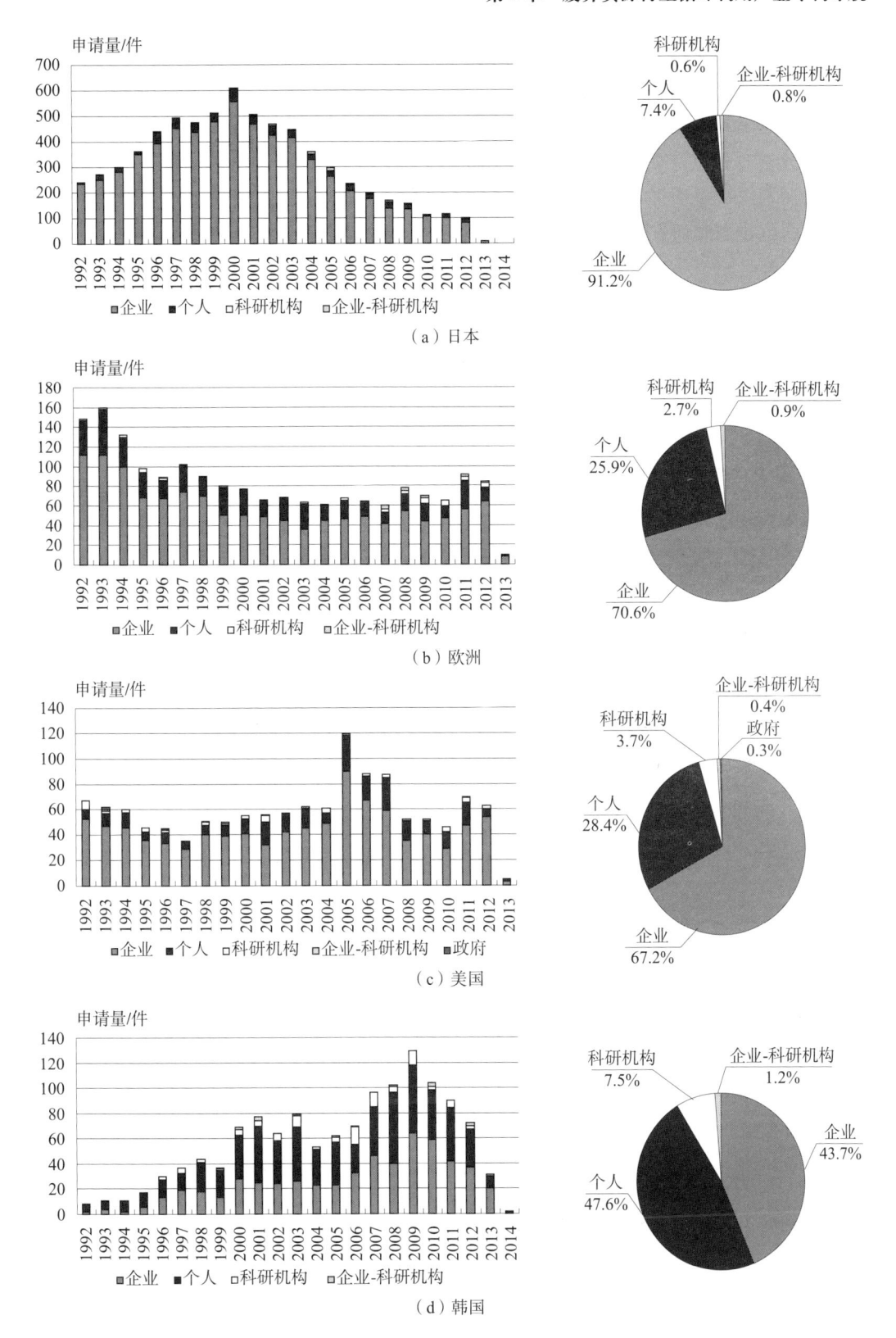

图 6-1 国外主要国家和地区各类申请人所占比例以及年度申请变化趋势

而对于韩国，由于其在该领域相对其他三个国家起步较晚，还处于技术发展期，加之废弃塑料循环再利用行业进入门槛较低，因此总体来说个人申请和企业申请的占比不相上下。与此同时，技术的发展要求也促使科研机构在该领域具有较大的研究动力，因此相对其他三个国家，韩国科研机构的占比相对较高，达到7.5%。科研机构研究的增加相应地也增加了产学研合作的途径，其产学研合作占比已提升至1.2%。这一发展现状也是由其所在的发展阶段所决定的。

从国外科研机构历年申请分布图（见图6-2）中可以看出，近二十年来，国外的科研机构主要以机械回收和化学回收方面的研究为主，同时从国外企业-科研机构的历年申请分布图（见图6-3）中可知，在产学研合作方面，国外整体上也主要是以机械回收和化学回收为主。以上说明在废弃塑料循环利用领域，国外在机械回收和化学回收具有一定的产学研合作基础，更加适合产学研合作。

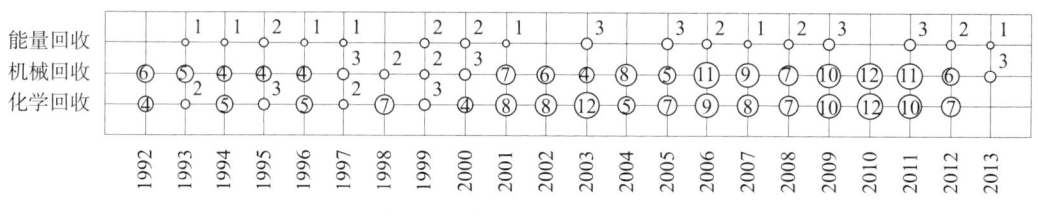

图6-2 国外科研机构的历年申请分布（单位：件）

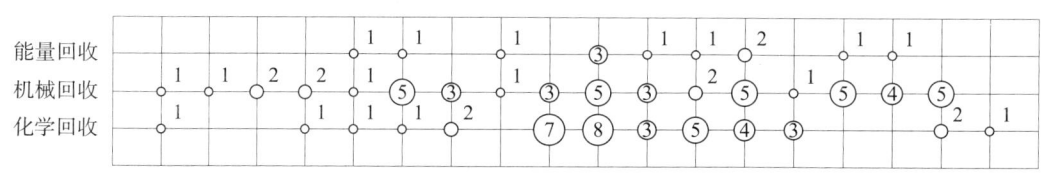

图6-3 国外企业-科研机构的历年申请分布（单位：件）

为了进一步了解主要发达国家各技术分支在产学研合作方面的分布情况，可以根据表6-1中的数据绘制图6-4。图6-4中各个饼图外圈显示的各国三个技术分支在产学研合作申请中所占的百分比，内圈是三个技术分支在该国专利申请中的整体百分比。从图6-4中可以看到，在产学研合作方面，日本、欧洲、美国这三个国家和地区均是机械回收和化学回收占比较高，而韩国则是机械回收和能量回收占比较高。结合表6-1中各国的科研机构申请量，可知在废弃塑料循环利用领域，主要发达国家在机械回收和化学回收具有一定的产学研合作基础，更加适合产学研合作。

表6-1 国外主要国家各类申请人在各技术分支分布情况　　单位：件

	申请人	化学回收	机械回收	能量回收	小计	总计
日本	企业	2138	3222	920	6280	6884
	个人	171	246	92	509	
	科研机构	27	8	3	38	
	企业-科研机构	26	25	6	57	

续表

	申请人	化学回收	机械回收	能量回收	小计	总计
欧洲	企业	332	858	97	1287	1824
	个人	115	317	40	472	
	科研机构	19	27	3	49	
	企业-科研机构	8	8	0	16	
美国	企业	216	680	60	867	1289
	个人	66	195	14	368	
	科研机构	20	27	1	48	
	企业-科研机构	1	5	0	6	
	政府	1	3	0	4	
韩国	企业	138	349	79	566	1295
	个人	120	398	99	617	
	科研机构	44	40	13	97	
	企业-科研机构	2	9	4	15	

（a）日本

（b）欧洲

（c）美国

（d）韩国

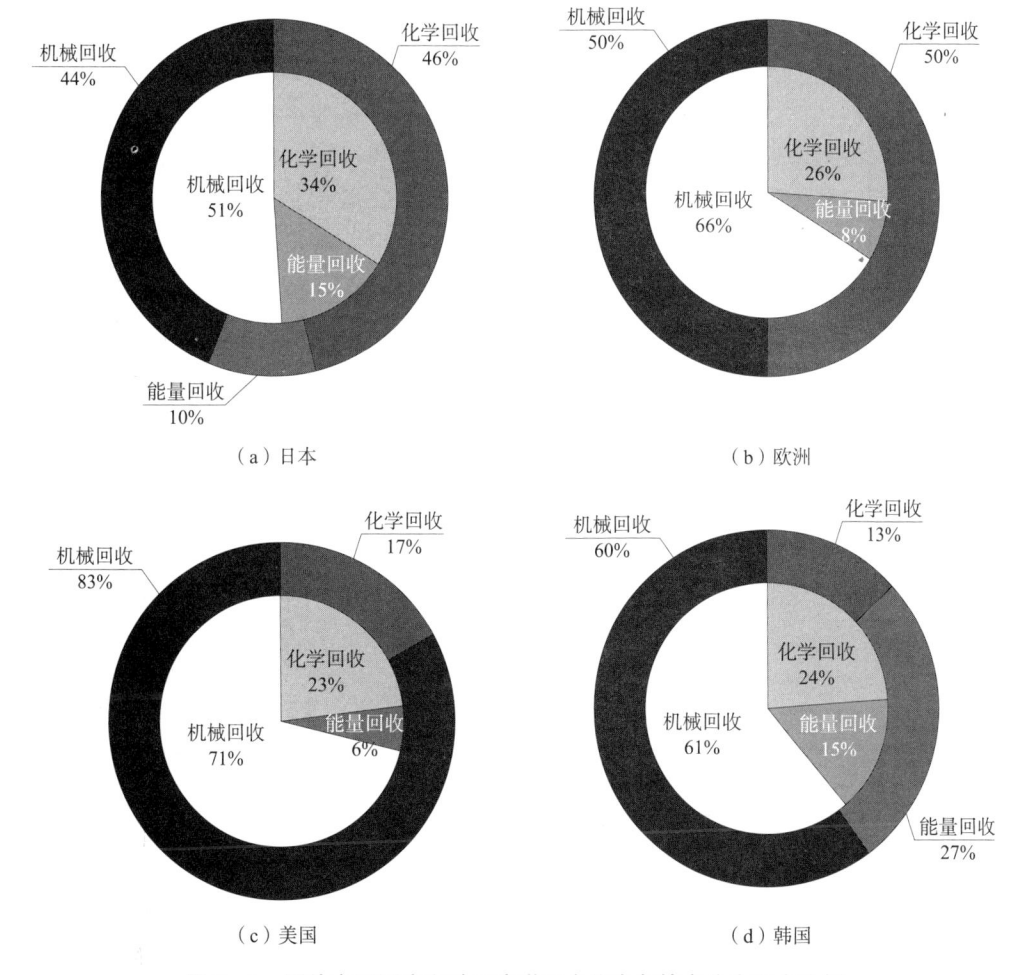

图6-4　国外主要国家和地区产学研合作中各技术分支所占比例

具体而言，对于日本，其化学回收占总体专利申请的34%，但在产学研合作中占比则达到46%，说明日本在化学回收方面具有一定的产学研合作规模。结合表6-1的数据可知，日本的科研机构在化学回收方面的专利申请量较大，说明日本在化学回收方面具有一定的产学研合作基础。对于欧洲和美国，其产学研合作则集中在机械回收和化学回收，能量回收方面无相关合作。其中欧洲的化学回收占总体专利申请的26%，但在产学研合作中占比则高达50%，说明欧洲更加注重化学回收方面的产学研合作。而美国的机械回收占总体专利申请的71%，但在产学研合作中占比则高达83%，说明美国更加注重机械回收方面的产学研合作。与美国、日本、欧洲三个国家不同的是，韩国在产学研合作方面，主要以机械回收和能量回收为主，虽然韩国的能量回收仅占其总体专利申请的15%，但在产学研合作中占比则达到27%，说明其比较重视能量回收方面的产学研合作。

2. 中国产学研合作情况

本部分通过对中国的各类申请人情况进行统计分析，主要了解中国目前的产学研合作现状。

图6-5是中国各类申请人所占比例，以及年度申请变化趋势。从图中可以看出，在废弃塑料循环利用领域，中国的申请主要以企业申请为主，占比为48.0%；个人申请也占有较大的比例，为36.2%，这与美日欧发达国家企业占比远高于个人占比的情况有所不同，但与韩国较类似。结合3.1.1节全球专利申请变化趋势可知，中国和韩国在该领域相对其他三个国家起步较晚，还处于技术发展期，加之废弃塑料循环再利用行业进入门槛较低，因此总体来说个人申请和企业申请的占比不相上下。尤其是在技术萌芽阶段，中国主要以个体户和小作坊式企业为主，个人申请占比较大。而2006年以后，企业的规模有所扩大，创新能力也不断提高，年申请量呈上升趋势，个人申请占比不断下降。与此同时，技术的发展要求也促使科研机构在该领域具有较大的研究动力，近5年来，中国科研机构的申请量不断增加，申请量占比已经达到14.3%。而科研机构研究的增加相应地也增加了产学研合作的途径，目前中国的产学研合作占比已提升至1.5%，这一发展现状也是由其所在的发展阶段所决定的。

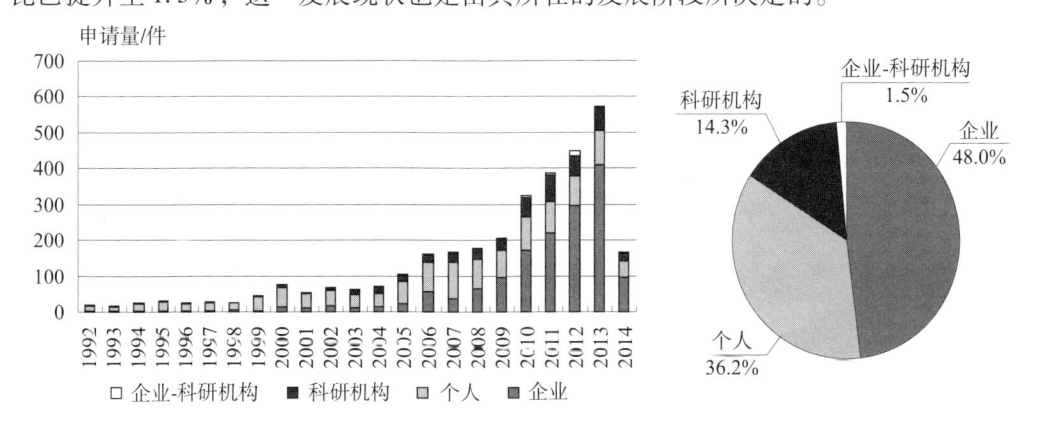

图6-5 中国各类申请人所占比例以及年度申请变化趋势

虽然目前主要发达国家的产学研合作占比较少，这是由于其技术基本上处于成熟稳定期；而对于处于技术发展期的中国而言，由于国内企业都是中小企业，技术创新能力较弱，而科研机构技术创新能力相对较强，因此中国仍然要加强产学研合作，以更有力地推动技术的发展。

图6-6是中国产学研合作中各技术分支所占比例，具体数据参见表6-2。图中外圈是中国三个技术分支在产学研合作申请中所占的百分比，内圈是三个技术分支在中国专利申请中的整体百分比。从图中可以看到，在产学研合作方面，中国与日本、欧洲、美国相似，均是机械回收和化学回收的占比较高。结合图6-7所示的中国科研机构在各技术分支的分布情况可知，在废弃塑料循环利用领域，中国在机械回收和化学回收具有一定的产学研合作基础，更加适合产学研合作。此外，虽然中国的能量回收仅占总体专利申请的4%，但在产学研合作中占比也已经达到10%，说明中国也比较重视能量回收方面的产学研合作。

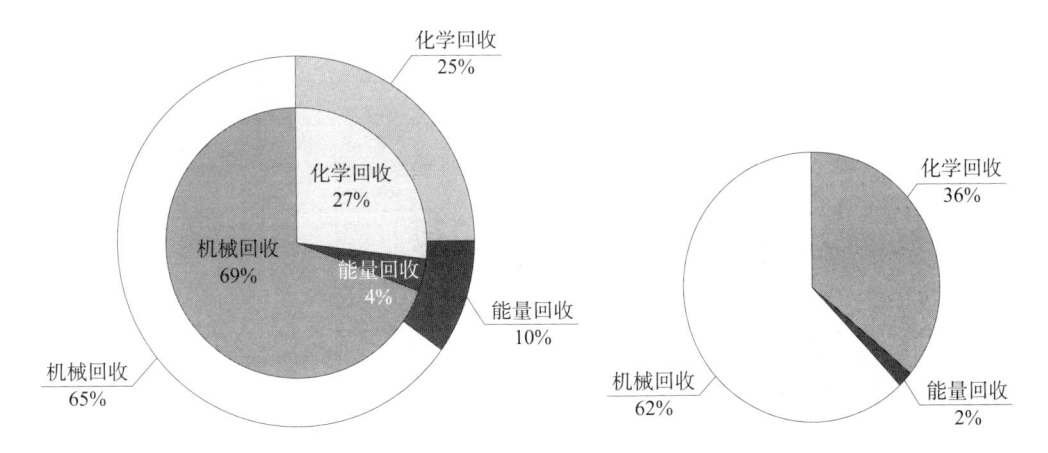

图6-6 中国产学研合作中各技术分支所占比例　　图6-7 中国科研机构在各技术分支分布情况

表6-2 中国各类申请人在各技术分支分布情况　　　　　　　　　　　　　　单位：件

申请人类型	化学回收	机械回收	能量回收	小计	总计
企业	242	1282	42	1566	3260
个人	459	657	63	1179	
科研机构	169	287	11	467	
企业-科研机构	12	31	5	48	

表6-3是主要大学和研究机构各技术分支申请量分布以及产学研合作情况，其申请量均在5件以上。可以看到，申请量靠前的浙江大学在机械回收和化学回收方面已经开始合作。国内的企业可以根据表中所列科研机构的领域寻找合作伙伴。具体来说，在机械回收方面，可以与浙江大学、四川大学、上海交通大学、福建师范大学、华东理工大学等进行合作；在化学回收方面，可以与同济大学、四川大学、浙江大学、北京市海淀区中大环境技术研究所、中国科学院山西煤炭化学研究所等进行合作；在能量回收方面，可以与西安交通大学、安徽工业大学、山东轻工业学院等进行合作。对

前两名申请人浙江大学和四川大学的专利申请进行详细分析,如表6-4和表6-5所示。其中,浙江大学的有效专利为8件,四川大学的有效专利为10件。虽然有一些大学专利申请已经失效,但是说明这些大学仍然掌握着一定的技术实力,作为企业可以考虑与其合作,在大学之前的技术基础上进行二次创新,以获得更新的技术。

表6-3 主要大学和研究机构各技术分支申请量分布　　　　　　单位:件

主要大学和研究机构	机械回收 合作	机械回收 小计	化学回收 合作	化学回收 小计	能量回收 合作	能量回收 小计	总计
浙江大学	2	14	1	7			21
四川大学		11		8			19
同济大学		7		9			16
上海交通大学	1	13		1			14
福建师范大学		12					12
华东理工大学		10		2			12
华南理工大学		10		2			12
杭州电子科技大学				11			11
北京化工大学	1	8		2			10
清华大学		4		5			9
天津大学		7		1			8
中国科学院长春应用化学研究所		4		4			8
北京低碳清洁能源研究所				7			7
南京工业职业技术学院		7					7
上海大学		5		2			7
北京市海淀区中大环境技术研究所				6			6
财团法人工业技术研究院		1		5			6
大连理工大学		1	1	5			6
东北林业大学		6					6
华南师范大学	1	6					6
江南大学		1		5			6
沈阳化工大学		5		1			6
西安交通大学	3	3			3	3	6
中国科学院过程工程研究所		2		4			6
中国科学院山西煤炭化学研究所			1	6			6
安徽工业大学	1	1	3	3	1	1	5
北京石油化工学院	3	3		2			5
山东轻工业学院		1				4	5
云南昆船设计研究院		5					5
郑州大学	1	5					5

第6章 废弃资源再生循环利用产业专利导航

表6-4 浙江大学的专利申请分析

技术分支	申请号	发明名称	法律状态
化学回收	CN200910096643A	生物质与聚合物催化共裂解制取碳氢化合物的方法	有效
	CN201010116250A	一种对富含硅的生物质废弃物综合利用的方法	有效
	CN200410017619A	一种液相催化降解聚苯乙烯废旧塑料生产苯甲酸的方法	无效
	CN03129370A	一种低灰分炭黑的生产方法	无效
	CN02160072A	以回收乳酸聚合物料为原料制备丙交酯的方法	无效
	CN200610154611A	一种废弃聚酯分解回收制备粉末涂料用聚酯的方法	无效
	CN201010039525	一种生物质自催化共裂解制备烃类物的方法	驳回
机械回收	CN200710067412A	一种基于回收ABS的注塑组合物	有效
	CN201210040197A	竹木基内衬塑料门窗的制备方法	有效
	CN201210040247A	铝木塑复合门窗的制备方法	有效
	CN201210041245A	断桥隔热铝合金——木塑复合门窗的制备方法	有效
	CN201210072777A	辐照接枝制造聚合木的方法	有效
	CN201110266395A	一种利用水晶行业废渣制备塑料填充物的方法	有效
	CN200610049715A	空塑料饮料瓶收集切割机械装置	无效
	CN200610052184A	一种利用油料作物茎秆合成的型材及其制备方法	无效
	CN200710067884A	汽车灯罩塑料基体上的底漆、铝涂层及保护膜分离回收方法	无效
	CN200610052182A	一种秸秆合成型材及其制备方法	驳回
	CN200610052185A	一种利用竹制品废物料合成的型材及其制备方法	驳回
	CN200710067883A	涂有金属涂层塑料废料的分离回收方法	驳回
	CN200610052183A	一种利用植物废弃秸秆合成的型材及其制备方法	视撤
	CN200710068377A	粒子型溶胶原位共混改性塑料的制备方法	视撤

表6-5 四川大学的专利申请分析

技术分支	申请号	发明名称	法律状态
化学回收	CN03117935A	用于裂解废塑料以生产燃油的催化剂	有效
	CN200910059937A	利用含杂原子废旧聚合物裂解制备燃油的方法	有效
	CN201010583965A	用微波辐照脱除废旧高分子材料中杂元素的方法	有效
	CN201110380511A	一种用氯化铜热降解制备链端氯化聚乙烯蜡的方法	有效
	CN201210086004A	用溶剂回收废旧热固性树脂及其复合材料的方法	有效
	CN201210132597A	一种热降解制备链端含苯氧基团聚乙烯蜡的方法	有效
	CN01247525U	一种废旧塑料炼油设备	无效
	CN201410105034	一种废旧聚对二氧环己酮聚合物热化学回收单体的方法	待审
机械回收	CN200810046486A	超高冲击强度废旧聚苯乙烯复合材料及其制备方法	有效
	CN200810046580A	改性废旧高抗冲聚苯乙烯抗老化母料	有效
	CN200910164266A	阻燃ABS/PVC/PETG合金及其制备方法	有效

· 293 ·

续表

技术分支	申请号	发明名称	法律状态
机械回收	CN200910167606A	一种无卤阻燃ABS树脂及其制备方法	有效
	CN200410040881A	工程塑料粉末填充硬质聚氨酯泡沫塑料的制备	无效
	CN200410040339A	聚苯硫醚/聚丙烯原位微纤化共混物的制备	视撤
	CN200410040800A	碳纳米管/聚碳酸酯/聚乙烯原位微纤化复合材料的制备	视撤
	CN200510021494A	改性无机粉体材料与聚丙烯共混制备一次性餐饮具的方法	视撤
	CN200810045554A	利用废旧聚苯乙烯塑料制备高抗冲改性材料的方法	视撤
	CN03135186A	利用原位微纤化回收废旧热塑性塑料的方法	驳回
	CN201410065769	一种提高人造革中增塑剂耐迁移性的方法及其所用的改性聚氯乙烯的制备方法	待审

6.1.2 废弃橡胶再生循环利用产业产学研合作分析

1. 国外主要国家产学研合作情况

从表6-6和图6-8，可以看到国外主要国家和地区（欧洲、美国、日本和韩国）企业和科研机构的合作总体占比较少，最多的欧洲和韩国，也仅为1%。科研机构占比最多的是韩国，为4%。美国和日本的企业和科研机构的合作分别只有3件和4件申请。日本科研机构申请只有5件；美国科研机构略多，为18件，但也只占申请总量的2%。可见，国外总体上科研机构申请不多，企业与科研机构合作申请更少。显然，在国外企业与科研机构合作并不是创新的模式和发展趋势。从前面全球数据中分析中可知，目前美国欧洲和日本已经进入成熟期，专利申请量持续稳定，同时产业发展都已经具有稳定格局，主要是以热能利用或者获取燃料为主，辅以发展铺路的应用。因此，处于成熟期时，企业经过优胜劣汰，剩下的企业往往都具有成熟的技术，因而科研机构相对较少，合作的意愿也不强烈。

表6-6 各主要国家和地区申请人合作技术分支分布   单位：件

国家和地区		再生胶	胶粉	燃料热能	热裂解	橡胶沥青	轮胎翻新
欧洲	企业-科研机构	1	2		2	1	1
	企业	30	159	36	125	104	128
	科研机构	2	2	2	10	5	
	个人	6	87	39	83	28	18
日本	企业-科研机构	1			3		
	企业	60	214	230	283	353	313
	科研机构		2	1	2	1	
	个人	1	35	79	61	20	7

续表

国家和地区		再生胶	胶粉	燃料热能	热裂解	橡胶沥青	轮胎翻新
韩国	企业-科研机构			1	3	4	
	企业	13	54	44	63	137	21
	科研机构	1	1	2	15	6	
	个人	11	38	72	53	62	6
美国	企业-科研机构					3	
	企业	42	80	65	111	188	133
	科研机构	4	3		7	3	1
	个人	14	78	39	79	61	21

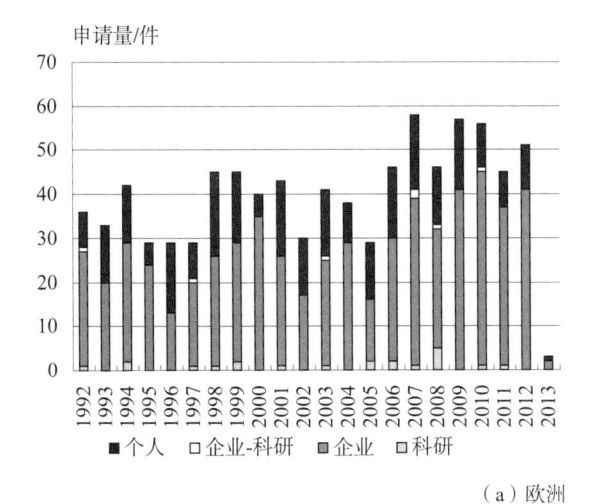

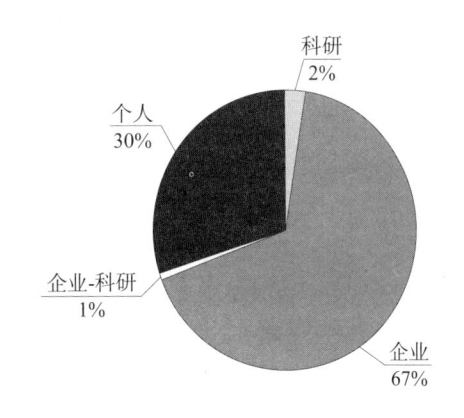

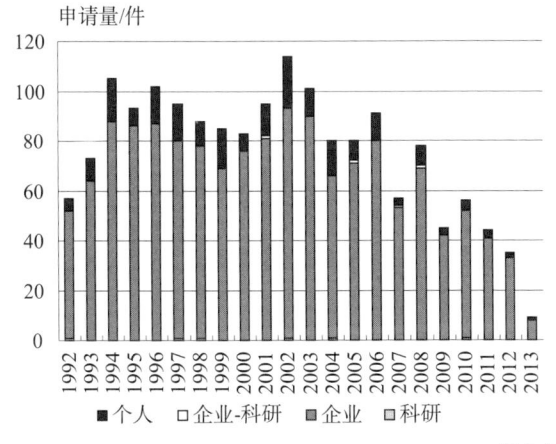

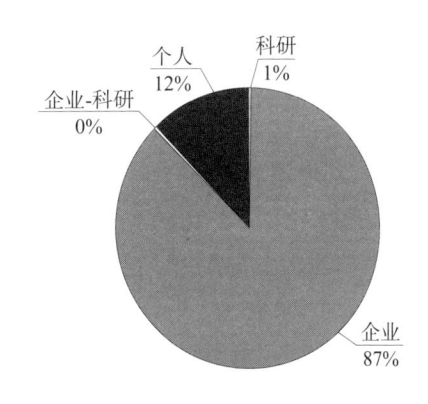

(a) 欧洲

(b) 日本

图 6-8 国外主要国家和地区各类申请人所占比例以及年度申请变化趋势

（c）美国

（d）韩国

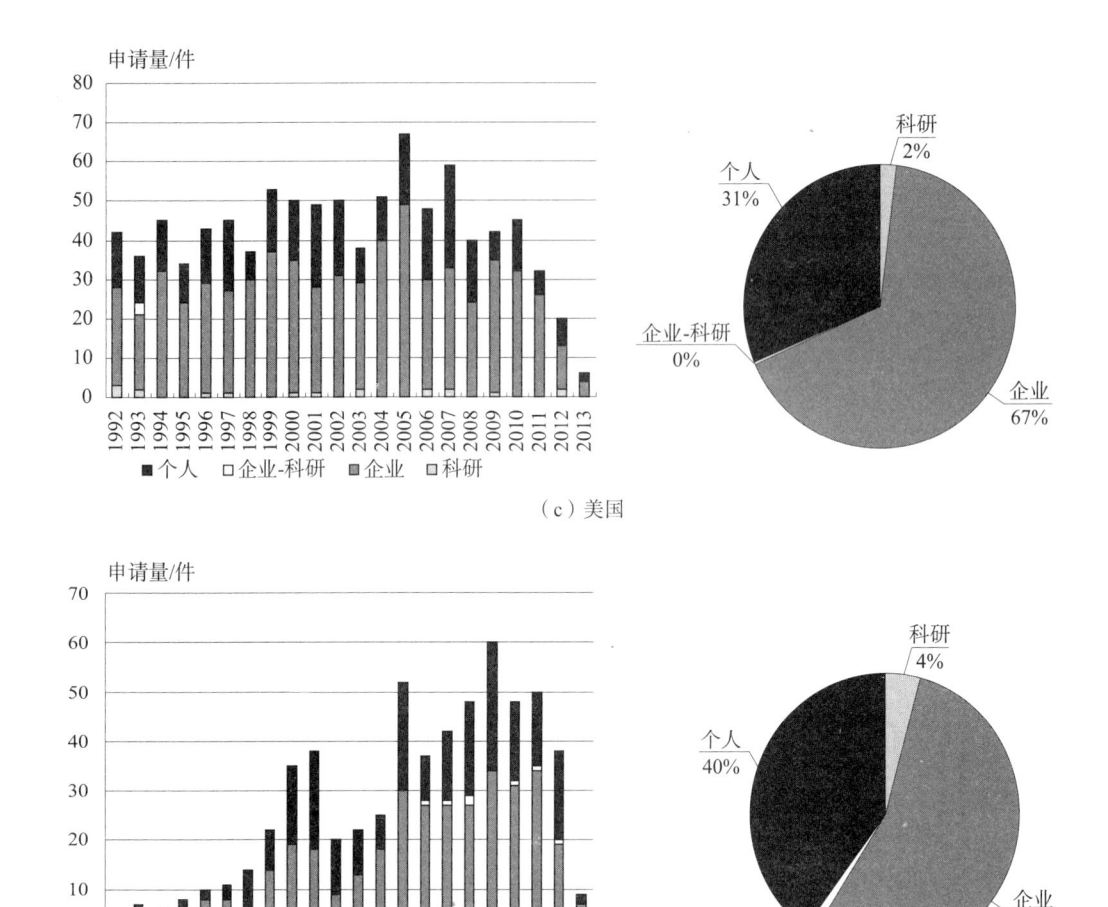

图6-8　国外主要国家和地区各类申请人所占比例以及年度申请变化趋势（续）

2. 中国产学研合作情况

图6-9是各类申请人所占比例以及年度变化趋势。从整个饼图中可以看到，企业和科研机构合作比例是2%，虽然比例较低，但是国内科研机构研究申请却占有11%。可见，科研机构在国内是一股不容小觑的创新力量。而且根据年度变化趋势可以看到，从2003年开始国内的科研机构研究是在逐渐增多的。根据前面分析，国外相关产业已经进入成熟期，而从中国申请量年度变化趋势以及中国专利生命周期图都体现中国的产业以及专利申请依然是在快速发展期，在此阶段企业数量多但是规模不大，创新能力相对不强，而国内的科研机构却具有较强的创新能力，其申请量占有11%，为产学研合作的开展奠定了基础。

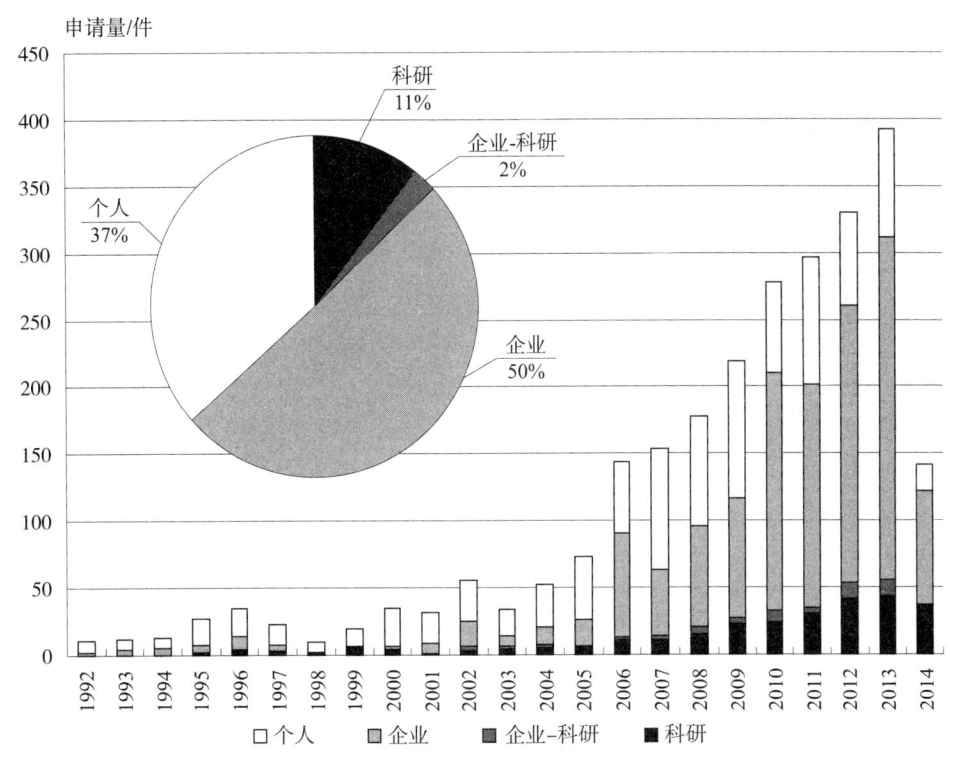

图 6-9 中国各类申请人所占比例以及年度变化趋势

图 6-10 中外圈是产学研合作中各技术分支所占的百分比，内圈是技术分支的整体百分比。从图中可以看到在专利申请中橡胶沥青只占 23%，但是合作中橡胶沥青占有 57%，再生胶在整个技术分支中只占 20%，而合作中再生胶占 29%。显然，目前在国内已经发展的合作中橡胶沥青和再生胶分支都已经具有一定规模。同时，图 6-11 是目前国内科研机构研究的各技术分支的占比，可以看出科研机构在橡胶沥青和再生胶分支研究相对较多，与合作中占比一致。图 6-12 和图 6-13 中是国外产学研合作中各技术分支占比和科研机构各技术分支的占比，虽然总体上国外的合作和科研机构占比不多，但是以国外的经验来看也是热裂解、橡胶沥青和胶粉合作占比较高，分别为 38%、35% 和 14%；科研机构研究中占比较高的也是热裂解、橡胶沥青和胶粉，分别为 31%、21% 和 33%。可见，这几个技术分支以国外的发展经验和趋势来看适合产学研结合，国内的产学研合作和科研机构的申请占比在这几个分支也较多。但是由于国外总体上在再生胶分支投入较少，所以科研机构和合作也较少，而我国由于既是橡胶消耗大国又是橡胶资源匮乏国，迫使国内在再生胶分支投入创新，因此国内的科研机构在再生胶分支具有占比 18%，且在合作申请中占有高达 29% 的比例。

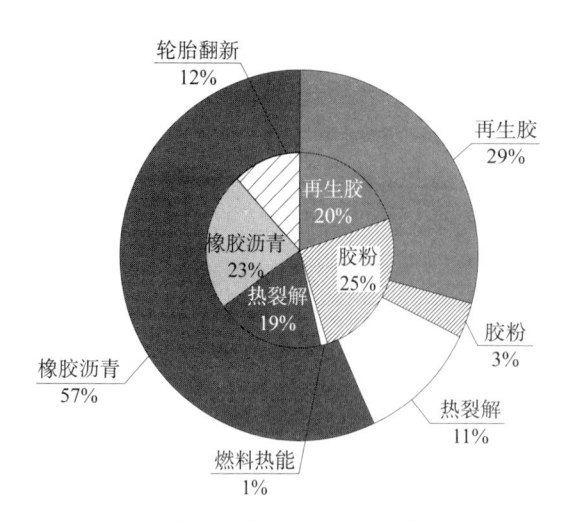

图 6-10　中国产学研合作中各技术分支占比

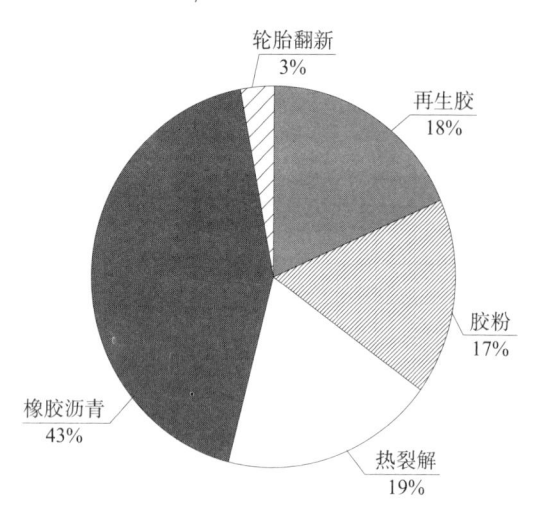

图 6-11　中国科研机构在各技术分支分布情况

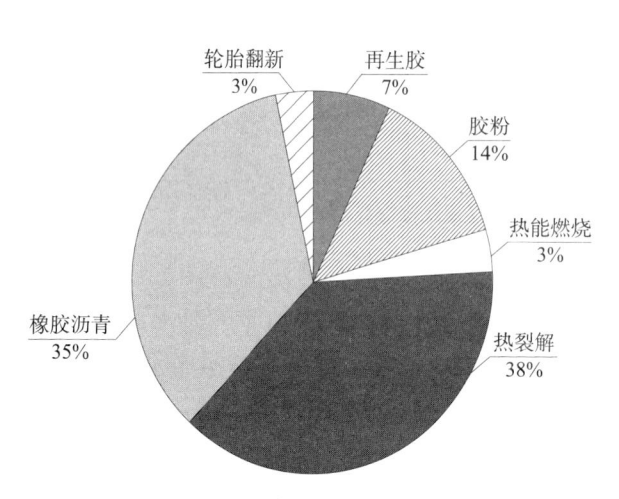

图 6-12　国外产学研合作中各技术分支占比

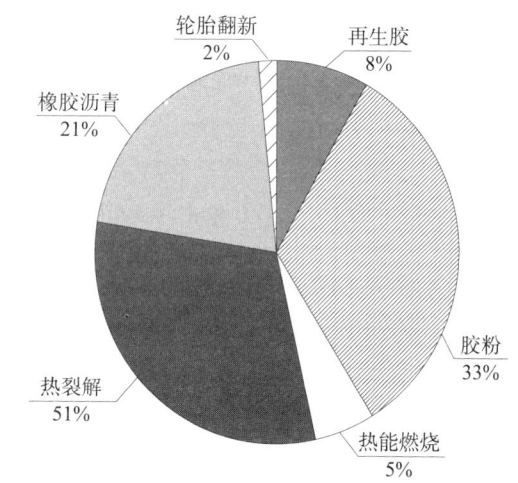

图 6-13　国外科研机构在各技术分支分布情况

总体上，由于国内外国情以及政策的不同，各国在橡胶循环利用领域各有侧重，且国内外的发展阶段不同，从而国内外产学研合作方向不同。欧洲、美国早在 2006 年轮胎回收利用率已经达到 80%，日本更是在 20 世纪 90 年代已经达到 90%。而我国现在废橡胶综合利用率仅仅达到 70%。❶ 中国受自己国情的影响，橡胶循环利用产业正处于快速发展时期，技术也正在发展进步阶段，企业小创新能力薄弱，开展产学研合作有利于整合力量，促进技术的改进，从而使企业做大做强，完成废橡胶无污染再生处理的使命。

为了便于企业了解目前国内科研机构在橡胶循环利用行业的研究方向，从而进一步开展合作或者学习，下面结合在专利检索以及非专利检索中获取的结果，全面分析

---

❶ 钱伯章. 我国废旧橡胶综合利用现状及发展 [J]. 橡胶资源利用，2014（1）.

一些科研机构的研究领域。目前国内产业是以再生胶为主的格局，所以在具体分析时会偏重再生胶分支，非专利检索也主要是在再生胶分支的检索。

表6-7是专利申请量大于等于5件的大学以及研究机构申请专利涉及的领域。企业可以根据自己发展的需要从中寻找合作共同发展。

表6-7 主要大学和研究机构各技术分支申请量分布   单位：件

主要大学和研究机构	再生胶	胶粉	热裂解	橡胶沥青	轮胎翻新
北京化工大学	15			6	
武汉理工大学				19	
青岛科技大学	9	2	1		3
中国石油化工股份有限公司抚顺石油化工研究院				12	
徐州工业职业技术学院	11				
东南大学	1		1	8	
华南理工大学	4	3	1		1
同济大学			1	8	
长安大学				8	
交通运输部公路科学研究所				8	
南京工业大学	4		1	3	
上海交通大学				8	
扬州大学	1		2	4	
浙江大学			7		
济南开发区星火科学技术研究院			4	2	
清华大学		1	2	3	
山东建筑大学				6	
安徽理工大学		5			
常州大学	5				
江苏科技大学		5			
交通部公路科学研究所				5	
南开大学				4	1
四川大学	3	1	1		
中国科学院山西煤炭化学研究所			4	1	

在再生胶分支方面，非专利检索结果与专利检索结果一致，都显示北京化工大学的研究最多，主要涉及的内容包括使用双阶双螺杆挤出机制备再生胶；利用微生物菌脱硫再生废橡胶胶粉；低温高剪切制备再生胶；使用相转移催化剂的生物脱硫方法；在微波脱硫、超临界CO_2方面也有研究。其后是青岛科技大学，主要涉及单螺杆热化学、强力剪切复合脱硫；超临界CO_2辅助制备再生橡胶；在动态脱硫罐方面也有研究。徐州工业职业技术学院主要是研究微波、动态、混炼脱硫。南京工业大学和常州大学

都是螺杆挤出脱硫。华南理工大学的非专利文献显示了其较强的研究实力，其9件申请主要涉及微波脱硫、流变仪等力学脱硫等。

在橡胶沥青方面研究机构多有涉及，橡胶沥青主要是胶粉改性沥青，相对其他技术分支需要的设备简单，主要是通过胶粉和沥青等一些助剂混合获得组合物然后性能测试，以改善防老化、抗车辙、抗裂缝等性能。其中北京化工大学有涉及，武汉理工大学还有具体路面的实际应用；中国石油化工股份有限公司抚顺石油化工研究院主要是与中石油集团公司合作。

在热裂解方面主要是装置的创新，研究较多的是浙江大学，主要涉及废轮胎综合利用热裂解工业装置；用于废轮胎裂解回收工业炭黑和燃料油的立式裂解塔；间歇热裂解装置的废轮胎资源化再生处理系统。济南开发区星火科学技术研究院主要是废旧橡胶制油用装置、裂解反应釜。南开大学涉及改性废旧轮胎热解渣制备脱汞剂。

在胶粉方面，安徽理工大学涉及多轴式水射流轮胎粉碎装置。江苏科技大学涉及轮胎橡胶剥离装置、废旧轮胎中钢丝与橡胶进行分离和回收的装置。轮胎翻新是研究机构涉及较少的领域，这是因为轮胎翻新技术与轮胎成型等技术相关，设备复杂，对于科研机构通常不好实施。

6.1.3 废弃电子电器产品再生循环利用产业产学研合作分析

1. 国外主要国家产学研合作情况

根据5.1节专利分析，美日欧韩占整个国际专利申请数量的绝大部分，本部分主要以这四国的合作申请情况分析国外产学研现状。图6-14是各主要国家和地区在各技术分支的申请人类型分布状况。从总体情况来看，各类型申请人的主要申请关注点是电池和线路板分支领域，有科研机构参与的专利申请更集中于电池分支领域。

从图6-15可知，企业申请数量和个人申请数量占比较大，其分别达到了83%和10%，表征产学研特征的企业-科研机构申请数量占比为2%。

从图6-14总计（美、日、欧、韩总和）情况可知，企业是该领域内的创新主体。虽然从总量来看，个人申请数量大于有科研机构参与的申请数量（有科研机构参与的申请量占比为7%），但从创新集中的电池分支领域来看，有科研机构参与的申请量大于个人申请，占到了9.2%。

纵观主要国家和地区申请人类型分布情况，韩国在有科研机构参与的专利申请中贡献最大，占到了50.3%；其余依次是日本、欧洲和美国，分别是22.9%、15.1%和11.7%。结合5.1节专利生命周期图分析可知，韩国在该领域目前处于增长期，其对新技术的需求相对较大。科研机构具有良好的创新环境，也具有较好的技术发展指向作用。由此，在韩国专利申请中科研机构参与的申请量比重就大。虽然日欧已处于稳定期，美国目前有增长的势头，但其早期的发展为其打下了一定的技术基础，市场发展较完善，主要创新主体转变为企业，因此专利申请主要是以企业为主。目前各发展中国家相关废弃资源转移法逐渐完善，以及废弃电子电器总量迅猛增加，西方发达国家也面临一定的处理压力。图6-15显示，美国和欧洲从2007年以来每年都有一定量

第6章 废弃资源再生循环利用产业专利导航

的研究机构参与专利申请，说明废弃电子电器循环再利用还需在技术上得到进一步发展。

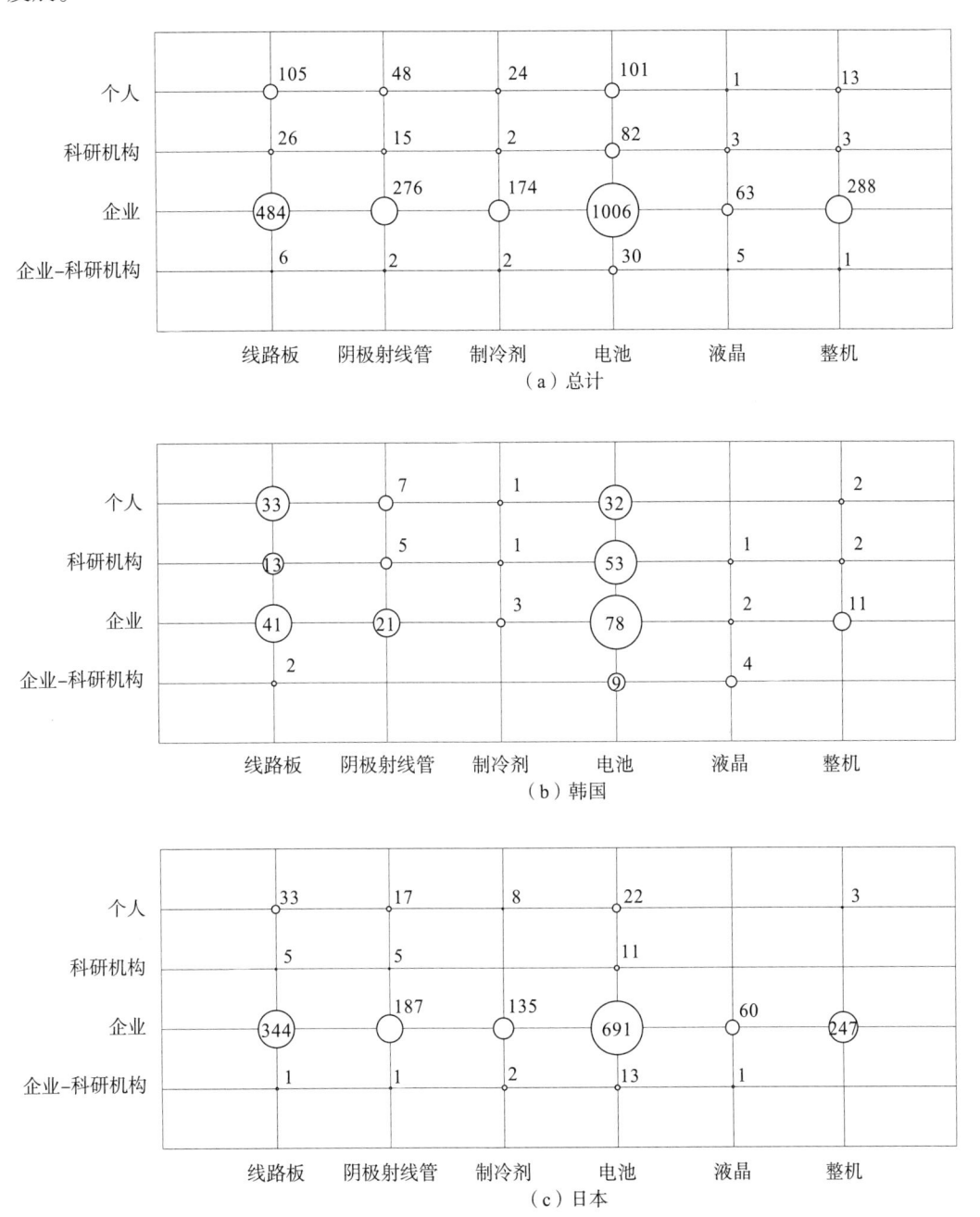

（a）总计

（b）韩国

（c）日本

图6-14 主要国家和地区各技术分支领域的产学研分布（单位：件）

(d) 欧洲

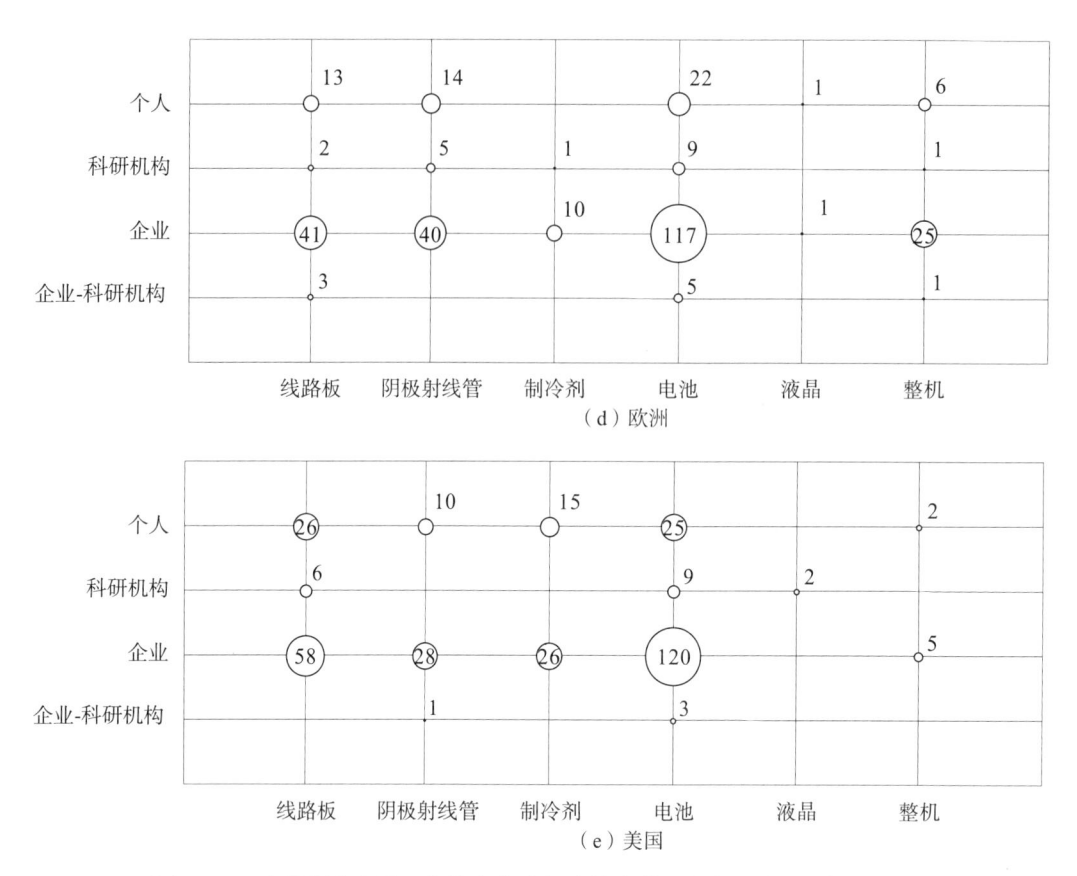

(e) 美国

图 6-14　主要国家和地区各技术分支领域的产学研分布（续）（单位：件）

同时，在市场发展还不完善的情况下，个人或小企业数量分布会较大，相应的个人专利申请数量占比就会较重。从图5-16可知，中国专利申请中有科研机构参与的数量占比也较大，个人申请数量也是不容忽视的分量。韩国与中国在废弃电子电器循环再利用领域有一定的相似点。

图6-16内圈是各技术分支申请量占总量的百分比，可以看到电池分支和线路板分支占比较大，分别达到了44%和23%；最少的是液晶分支，占比仅为3%。图6-16外圈是各技术分支产学研合作申请的占比，与申请量比重相吻合的是处于第一、第二位的电池分支和线路板分支，分别为65%和13%。然而，液晶的产学研合作申请占比一举超过其他技术分支成为第三位，为11%，这与液晶分支的发展相对应。在5.2~5.3节中详细说明了液晶电子电器产品发展历程和废弃液晶电子电器产品循环再利用现状，目前其还是一个较新的分支，相应的技术还不完善，相应的产业还不成熟。因此，企业与科研机构的合作专利申请占比提升是与发展规律相符的。

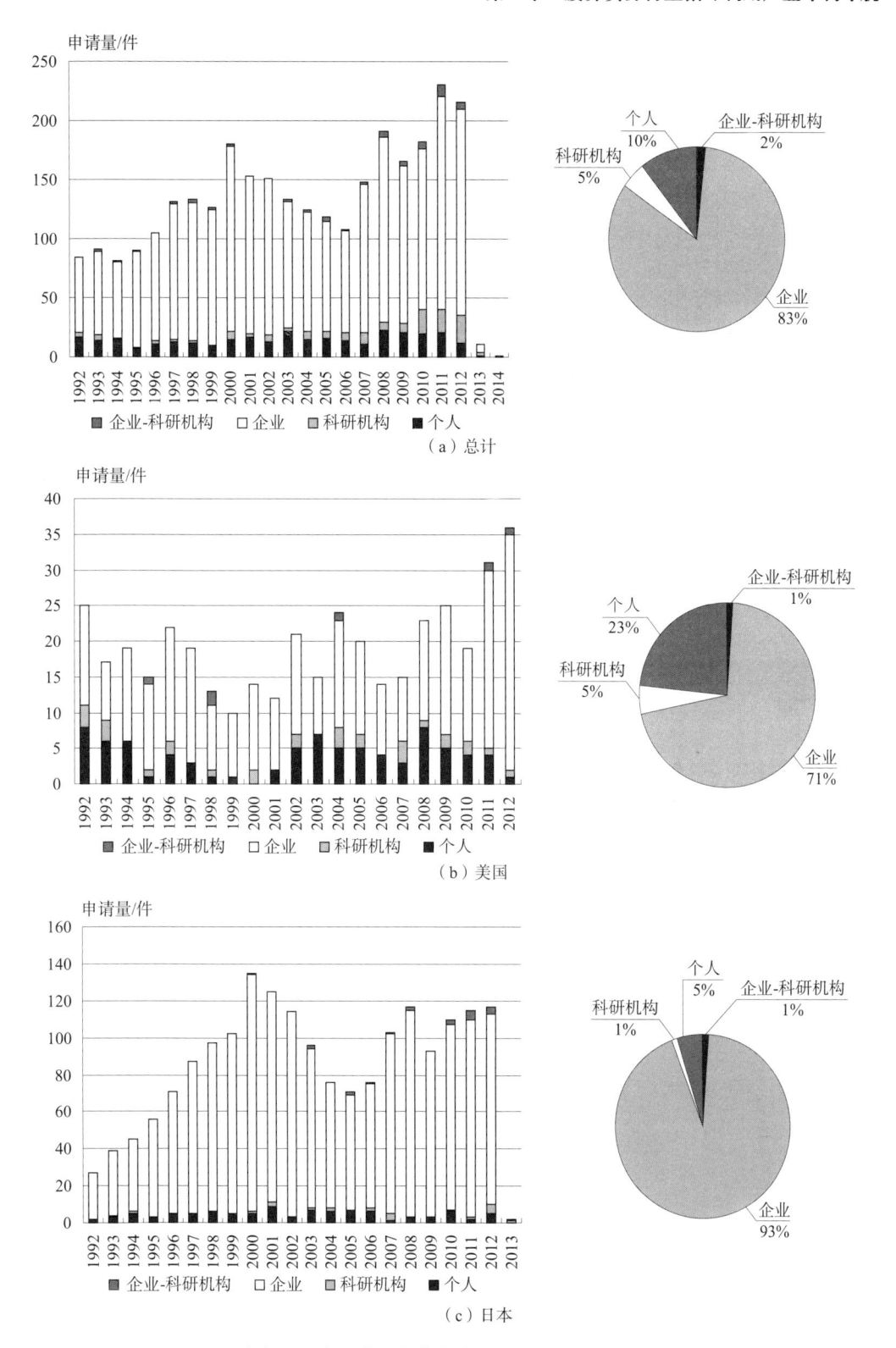

第6章 废弃资源再生循环利用产业专利导航

图 6-15 国外主要国家和地区各类申请人所占比例以及年度申请变化趋势

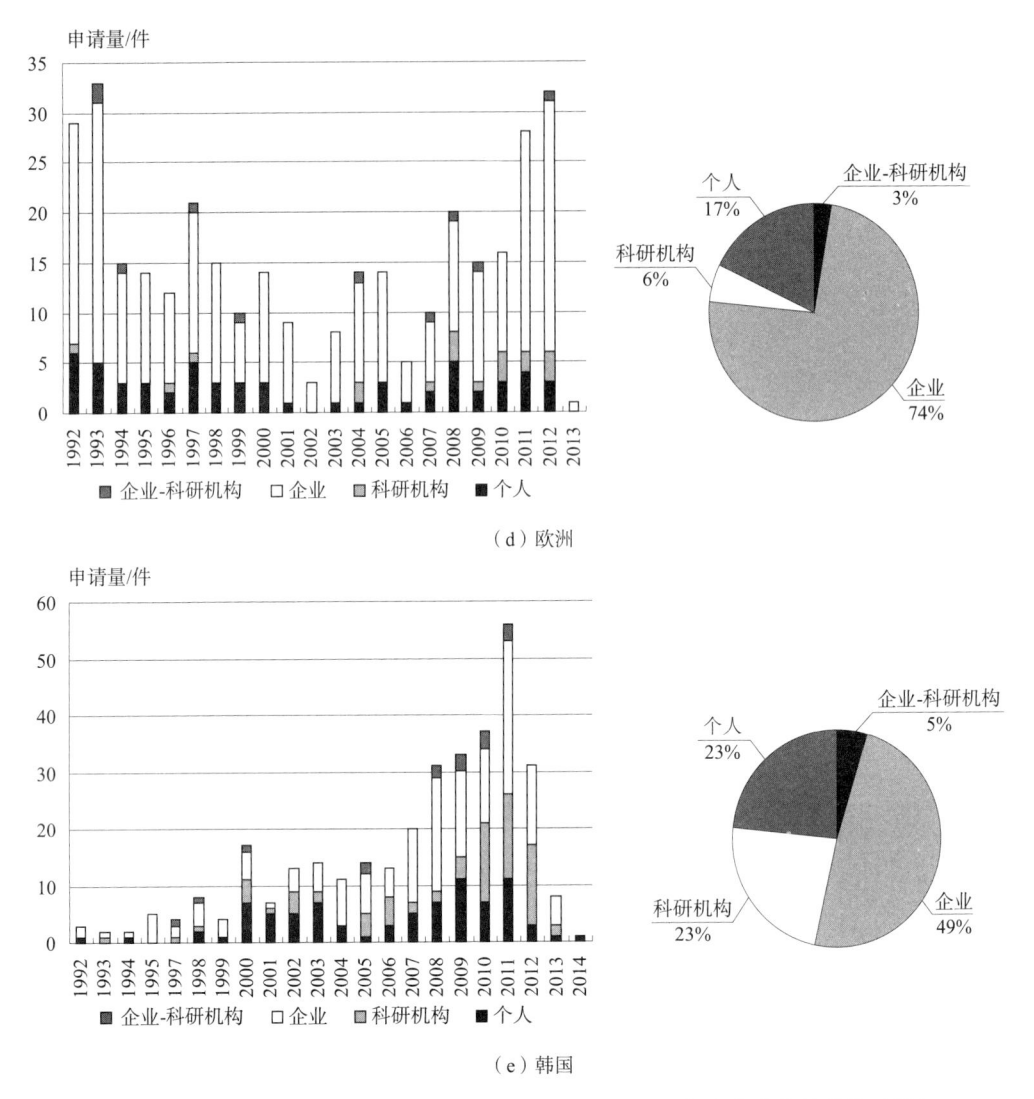

废弃资源再生循环利用产业专利信息分析及预警研究报告

(d) 欧洲

(e) 韩国

图 6-15 国外主要国家和地区各类申请人所占比例以及年度申请变化趋势（续）

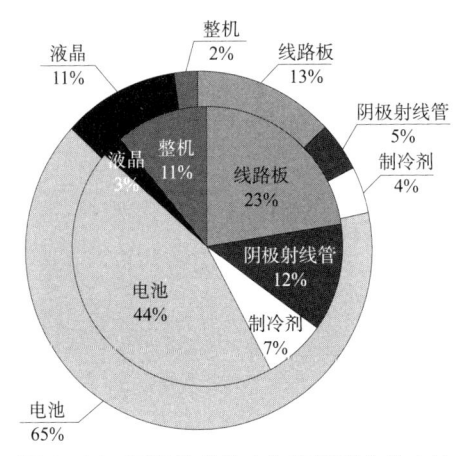

图 6-16 国际技术分支和产学研合作占比

因此，结合国际发展经历来看，目前在我国处于产业发展前中期的情况下，我国应该重视产学研的结合，在技术上提高才能有产业的健康发展。从各国产学研发展经验来看，电池和线路板分支是重点关注领域，液晶是不容忽视的新兴领域。

2. 中国产学研合作情况

从图6-17可知，在中国专利申请人类型中，企业申请人占到了49%，科研机构申请人占到了30%。从图6-14各国科研机构占比来看，说明各国科研机构都是技术革新的主力军之一。图6-17显示，虽然企业申请人和科研机构申请人占比较大，但企业-科研机构合作申请较少，仅为3%，说明我国的产学研结合方面还有较大的提升空间。

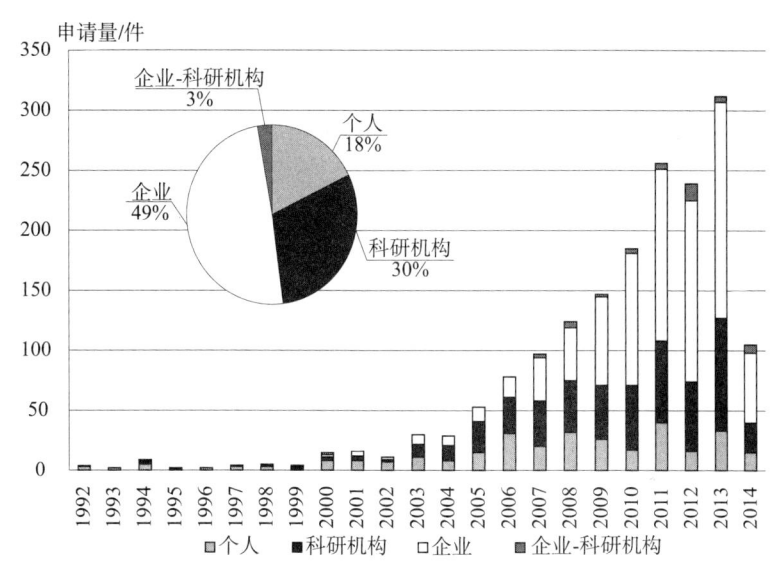

图6-17 中国各类申请人所占比例以及年度申请变化趋势

表6-8是中国各类专利申请人技术分支分布。在各合作申请中，大学和企业的合作申请量占比达50%，大学和企业的结合属于强强联合，说明整个产学研环境呈现一个良好的发展势头。但从表6-8的数量来看，中国专利申请人在技术合作开发方面非常欠缺，即使加上上述忽略的数量，在废弃电子电器回收再利用领域内整个合作申请数量也仅占5.6%。

从合作申请所属分支领域来看，主要集中于线路板和电池分支，占比达87%。最早出现合作申请密集期的是个人-个人的合作模式，比大学-企业合作模式的密集期2007年要早5年。个人申请人往往是本领域的从业者，处于第一生产线上，能第一时间发现问题，其对实际问题的解答需求感受最深，这更有利于促进其更早的获得解决方法。而大学-企业的研发模式往往会因外因而延后，具体情形是企业发现问题后，如果没有第一时间去解决问题，其在寻求合适的合作者和反馈问题时需要耗费一定时间。但从长远来看，这种时间延误会逐渐消失，同时大学-企业的合作模式更有利于技术长期稳定的发展。随着合作的深入，大学逐渐参与到第一生产线中来，能节省中

表6-8 中国专利申请人各技术分支变化趋势

单位：件

申请人		1992	1993	1994	1995	1996	1997	1998	1999	2000	2001	2002	2003	2004	2005	2006	2007	2008	2009	2010	2011	2012	2013	2014	总计
科研机构－企业	线路板																	2		1	2	5		1	11
	电池																3	1	2	2	3	11	5	6	35
科研机构	线路板											1	3	3	15	15	16	17	19	27	34	24	21	10	205
	阴极射线管												1	1		3	3	5	2	4	2	5	11	3	41
	制冷剂															1	1	1		5	3		2		13
	电池	1		2			1	1	2	3	4	1	6	9	10	10	19	21	2	15	26	25	57	8	224
	液晶																		3	2	2	4	1	1	13
	整机															1	1	1	1		3	3	3	1	14
个人	线路板	2	1		3			1	1	1	1	3	2	3	2	4	11	8	11	5	12	5	9	4	90
	阴极射线管					1	3						1		1	1	1	2	2	2	1	1	5	1	13
	制冷剂		1	2									1	1	1	1	1	4	2		2	2	1	1	21
	电池	1		2	2		2	2		7	7	4	8	5	11	26	9	21	12	11	24	8	13	9	184
	液晶																		1	1			1		4
	整机												1		1		1		5	1	1	2	3	1	16
企业	线路板					1	1	1	2		2	1	6	4	6	3	7	15	42	23	48	44	27	18	251
	阴极射线管							1	4			3	3	5	3	2	5	2	5	9	15	22	33	2	120
	制冷剂		1					2	1	3		2	5	2	1	1	2	3	5	10	14	11	10	6	81
	电池			1	4		2	1	1	4	2	1	3	3	12		29	26	21	67	72	79	99	26	454
	液晶														4	1		1		2	2	2	1	2	16
	整机						2		4			1	1	1	3	3	2	3	12	12	17	20	11	5	96

第6章 废弃资源再生循环利用产业专利导航

间信息传递步骤,提高了合作效率。同时,大学作为一个研究团队,总体上来说其技术积累速率比个人要快,技术实力也会越来越强大,与企业的合作能更好地促进技术开发。从大学-企业模式和个人-个人模式在密集期之后的申请量来看,大学-企业模式的增长量明显大于个人-个人模式,这也能较好地说明上述观点。

从时间分布来看,在废弃电子电器循环再利用领域,科研机构的专利申请一直存在,且总量逐年增加,如图6-18所示。其在2005年占到了总量的49.1%。从2005年之后,受企业申请数量增长的影响,占比呈减少趋势,但科研机构的申请绝对数量仍然是逐步增加的。由此可知,我国在废弃电子电器循环再利用领域进行不断的技术创新。从图6-19可知,中国科研机构申请人主要涉及电池和线路板分支。电池分支在2005年之后有了持续稳定的增长,其还处于成长壮大中。而线路板分支增长到2011年之后出现了下滑,申请量水平与之前增长期平均水平持平,说明线路板已发展到稳定状态。

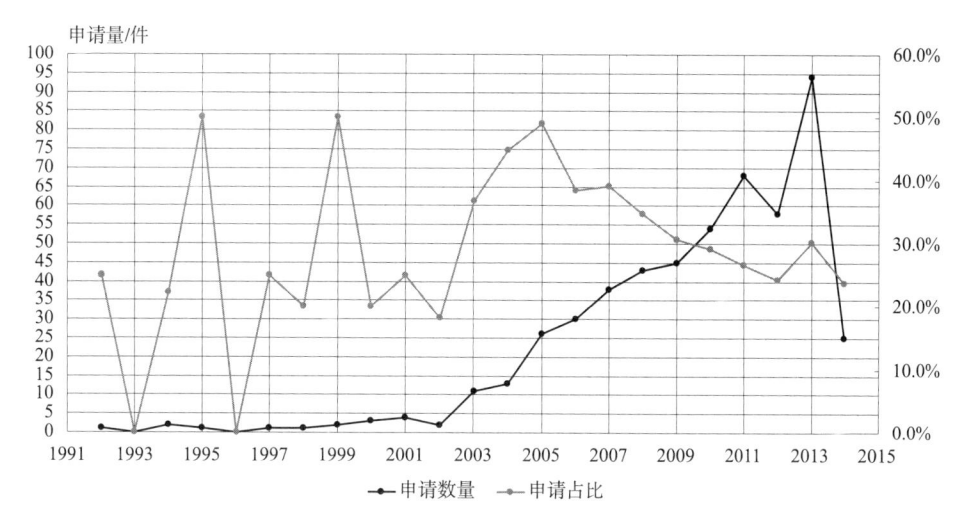

图6-18 中国科研机构申请量随时间变化趋势

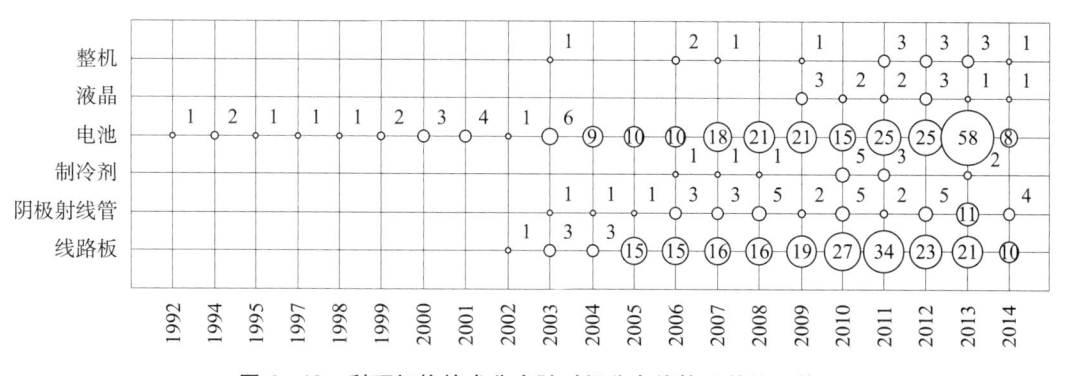

图6-19 科研机构技术分支随时间分布趋势(单位:件)

从图6-20可知,企业申请人主要关注的也是电池和线路板分支领域。与图6-19不同,电池分支从2005年开始并不是持续稳定增长的,而是大规模集中发展于2010~

2013年。与电池分支的发展状况类似,线路板分支也是集中发展于2009~2013年。其他分支虽然量相对较少,但也都呈现相同规律。这种发展态势与企业进入市场方式有关,如当某一行业有利可图时,企业往往呈现集中上马的趋势,这也说明了目前我国相关产业在电池和线路板分支领域将可能迎来利好消息。

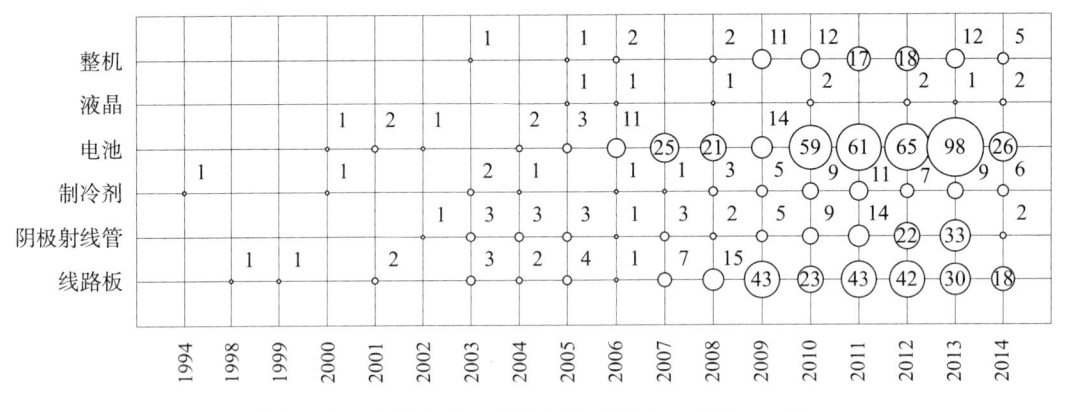

图6-20 企业技术分支随时间分布趋势(单位:件)

结合图6-19和图6-20,从关注的技术领域和发展时间点的重合度来看,企业与科研机构的产学研结合有较好的基础,这为企业与科研机构的产学研结合创造了良好的对接可能。从现有的企业-科研机构合作领域来看,如图6-21所示,也主要集中于电池和线路板分支,时间上也主要发生于2007年之后。虽然2014年专利统计数据不全,申请总量较少,但企业-科研机构的合作申请量处于领先水平,这也体现了未来企业与科研机构产学研的发展趋势。总体上而言,企业与科研机构间的产学研合作有较好的环境和一定的经验。

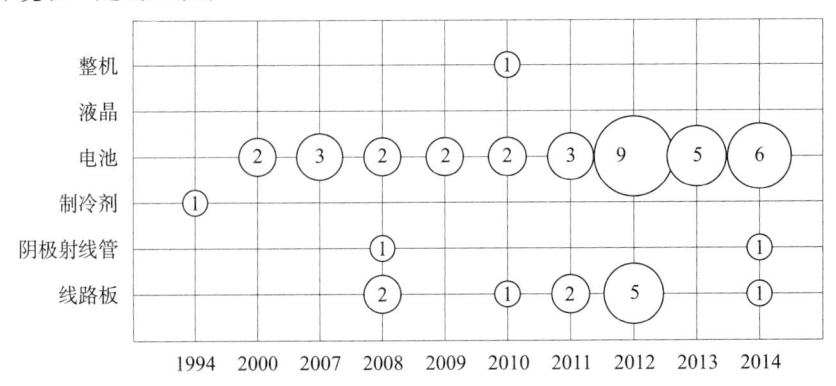

图6-21 产学研合作技术分支随时间分布趋势(单位:件)

表6-9是中国专利申请数量排名靠前的科研机构申请人,从技术分支分布来看,各主要科研机构集中于电池和线路板分支,因此表6-9中所列科研机构是企业较理想的产学研结合对象。从各科研机构参与企业合作的比例来看,占比有47.8%,说明各科研机构还是较乐意与企业合作研发的。有些科研机构申请量较大,但没有参与企业合作,技术转化率仍需提高。

表6-9 中国主要科研机构技术分支分布　　　　　　　　　　单位：件

主要科研机构	电池	线路板	液晶	阴极射线管	整机	制冷剂	参与企业合作数
北京工业大学	4	14		3			3
北京化工大学	9						
北京科技大学	4	8					
大连理工大学	5	3					
东华大学		8		1			1
东南大学	11	1					
广东工业大学		16					4
杭州电子科技大学		2		6			
合肥工业大学	4	10	4		4	1	
河南师范大学	10						2
华南师范大学	22			1			5
兰州理工大学	10						
清华大学	9	17		5	1		3
上海交通大学	2	14	1		2	1	
四川师范大学	16						
天津理工大学	7			1	1	1	
同济大学	7	2	1			1	1
中国科学院生态环境研究中心	1	5		2			
中国矿业大学		8					
中南大学	11	15					1
华中科技大学	8			2			2
浙江工业大学	7	1					4
华南理工大学		7					1

6.1.4 小结

1. 废弃塑料再生循环利用

1) 在产学研合作方面，日本、欧洲、美国的占比均在1%以下，这是由于日本、欧洲、美国在该领域起步较早，近20年内技术基本上处于成熟稳定期，因此科研机构在该领域的研究相对较少，而科研机构研究的减少致使产学研合作的途径减少，这与其发展阶段相匹配。对于韩国，由于其在该领域相对其他三个国家起步较晚，还处于技术发展期，技术的发展要求也促使科研机构在该领域具有较大的研究动力，因此相对其他三个国家，韩国科研机构的占比相对较高，达到 7.5%，而科研机构研究的增加相应地也增加了产学研合作的途径，其产学研合作占比提升至 1.2%，这一发展现状也是由其所在的发展阶段所决定的。在产学研合作方面，国外整体上也主要是以机械回收和化学回收为主，这说明在废弃塑料循环利用领域，国外在机械回收和化学回收具有一定的产学研合作基础，更加适合产学研合作。

2）中国的发展趋势和韩国较为相似，还处于技术发展期，技术的发展要求也促使科研机构在该领域具有较大的研究动力。近 5 年来，中国科研机构的申请量不断增加，相对其他 4 个发达国家，中国科研机构的占比达到 14.3%，产学研合作占比提升至 1.5%。对于处于技术发展期的中国而言，由于国内企业都是中小企业、技术创新能力较弱，而科研机构技术创新能力相对较强，因此中国仍然要加强产学研合作，以更有力地推动技术的发展。在产学研合作方面，中国与日本、欧洲、美国相似，均是机械回收和化学回收的占比较高，且中国在机械回收和化学回收具有一定的产学研合作基础，更加适合产学研合作。

2. 废弃橡胶再生循环利用

国外总体上科研机构申请不多，占比最多的是韩国（4%）；企业与科研机构合作申请更少，美国和日本企业和科研机构的合作只有 3 件和 4 件申请。显然，在国外企业与高校合作并不是现阶段的创新模式。然而，由于国内外国情以及政策不同，各国在橡胶循环利用领域各有侧重，且国内外的发展阶段不同，欧洲、美国早在 2006 年轮胎回收利用率已经达到 80%，日本更是在 20 世纪 90 年代已经达到 90%，即国外产业已经具有稳定格局，产业和技术都已经成熟。

中国橡胶循环利用产业正处于快速发展时期，技术也是正在发展进步阶段，企业小、创新能力薄弱，开展产学研有利于整合力量，促进技术改进，从而使企业做大做强，完成废橡胶无污染再生处理的使命。同时，国内科研机构研究具有 11% 占比，为产学研合作创造了有利条件。中国已经开展的产学研合作与国外的产学研经验相一致，主要在橡胶沥青和热裂解方面占比较高；同时中国又具有自己特色，在国外已经不再聚焦的再生胶方面还具有占比较高的产学研合作。

3. 废弃电子电器产品再生循环利用

1）美欧日韩企业申请数量和个人申请数量比重较大，表征产学研特征的企业/科研机构申请数量占比为 2%。在电池分支领域，有科研机构参与的申请量大于个人申请，占到了 9.2%。

2）韩国在有科研机构参与的专利申请中贡献最大，占 50.3%；其后依次是日本、欧洲和美国。日本在整个领域发展较完善，欧洲其次。韩国和美国的个人申请量占比较大，均为 23%，未来将呈现发展的势头。

3）电池分支和线路板分支领域企业－科研机构合作申请占比较大，分别为 65% 和 13%。液晶虽然申请量占比最少（3%），但其企业－科研机构合作申请占比处于第三位，为 11%。

4）结合国际发展经历来看，我国应该重视产学研的结合，首先应在技术上提高，才能有产业的健康发展。从各国产学研发展经验来看,电池和线路板分支是重点关注领域,液晶也不容忽视。

5) 在中国专利申请人类型中,企业申请人占49%,科研机构申请人占30%,企业 – 科研机构合作申请较少,仅为3%。

6) 中国科研机构申请人主要涉及电池和线路板分支。电池分支在2005年之后有了持续稳定的增长,还处于成长壮大中。而线路板分支在2011年之后出现了下滑,申请量水平与之前增长期平均水平持平,说明线路板已发展到稳定状态。

7) 从科研机构和企业在主要技术领域和发展时间上的重合来看,企业与科研机构的产学研有较好的基础,这为企业与科研机构的产学研结合创造了良好的对接。虽然2014年专利统计数据不全,总量较少,但企业 – 科研机构的合作申请量处于各时段领先水平,这体现了未来企业与科研机构产学研的发展趋势。

6.2 废弃资源再生循环利用产业专利风险分析

本节主要从技术发展方向和重要专利方面进行分析,以了解中国在该领域是否存在技术风险。

6.2.1 废弃塑料再生循环利用产业专利风险分析

1. 技术发展方向

本部分通过对全球多边申请以及主要国家的多边申请历年变化趋势进行分析,了解目前中国和全球的技术发展方向是否一致。

图6-22是全球主要国家和地区多边申请历年变化趋势。从图中可以看出,中国和国外的技术发展方向一致,均是以机械回收和化学回收为主,说明在废弃塑料循环利用领域,中国已经与世界接轨。为了进一步验证该领域的技术发展方向,我们绘制了全球各国在欧洲专利局以及美国专利商标局的历年申请变化趋势(见图6-23和图6-24)。可以看出,目前欧洲和美国市场均是以机械回收和化学回收为主,说明在该领域,机械回收和化学回收已经成为全球的发展方向。

图6-25(a)为全球其他国家在化学回收各技术分支的申请量变化趋势。可以看出,化学回收领域的主要开发热点为热裂解,在1996年达到高峰,之后基本保持平稳,每年均有60件以上的申请;其他技术分支方面,催化裂解和溶剂解也是较热门的开发方向,年申请量在20件上下浮动,但与热裂解相比仍有较大差距。图6-25(b)是中国化学回收各技术分支的申请量变化趋势,热裂解相关申请表现出波动增长,在2008年后增长较快;催化裂解相关申请平稳增长,与全球的技术研发热点吻合。因此,在化学回收技术方面,应当继续投入对热裂解和催化裂解的开发。

废弃资源再生循环利用产业专利信息分析及预警研究报告

（a）全球

（b）日本

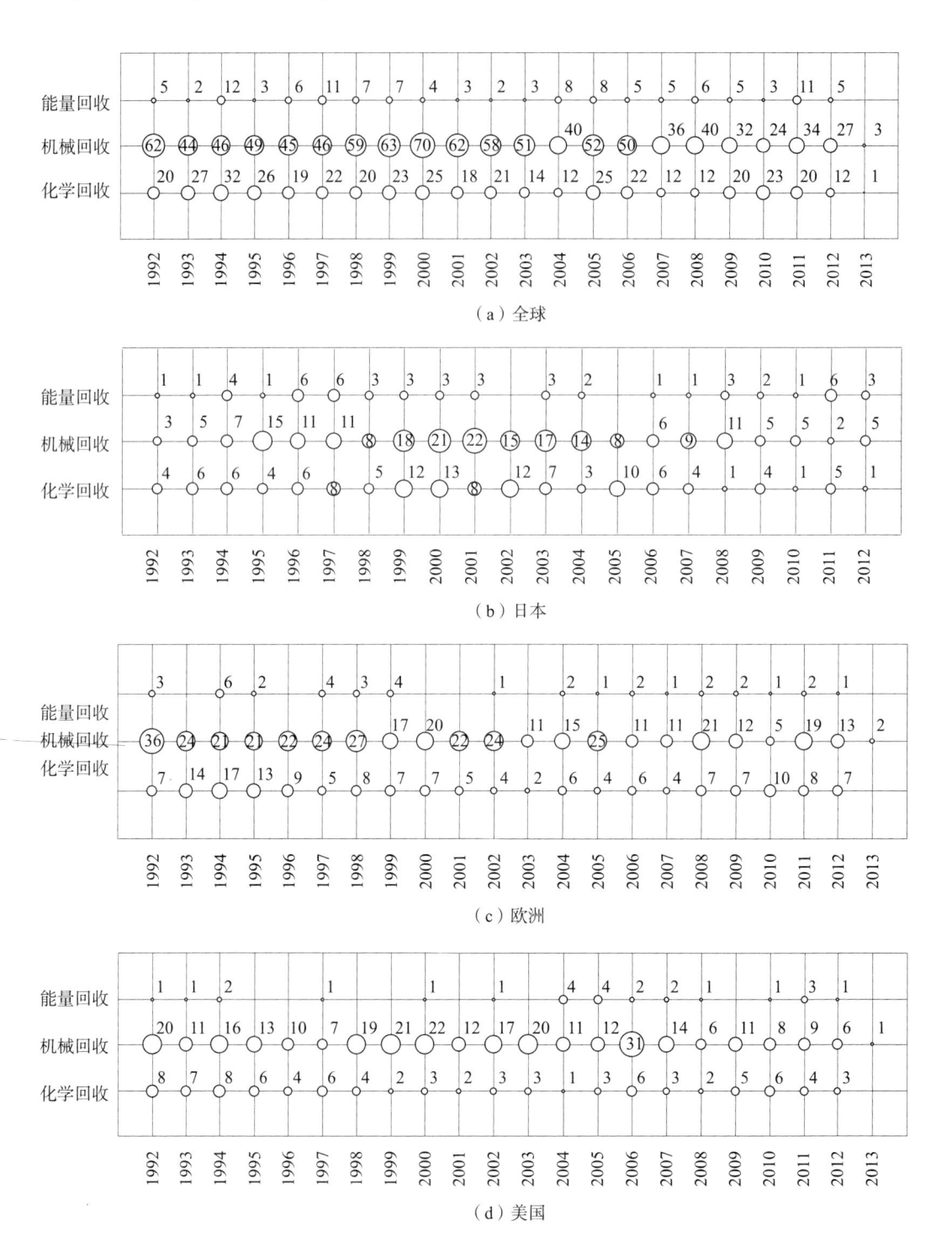

（c）欧洲

（d）美国

图6-22 全球主要国家和地区多边申请历年变化趋势（单位：件）

第6章 废弃资源再生循环利用产业专利导航

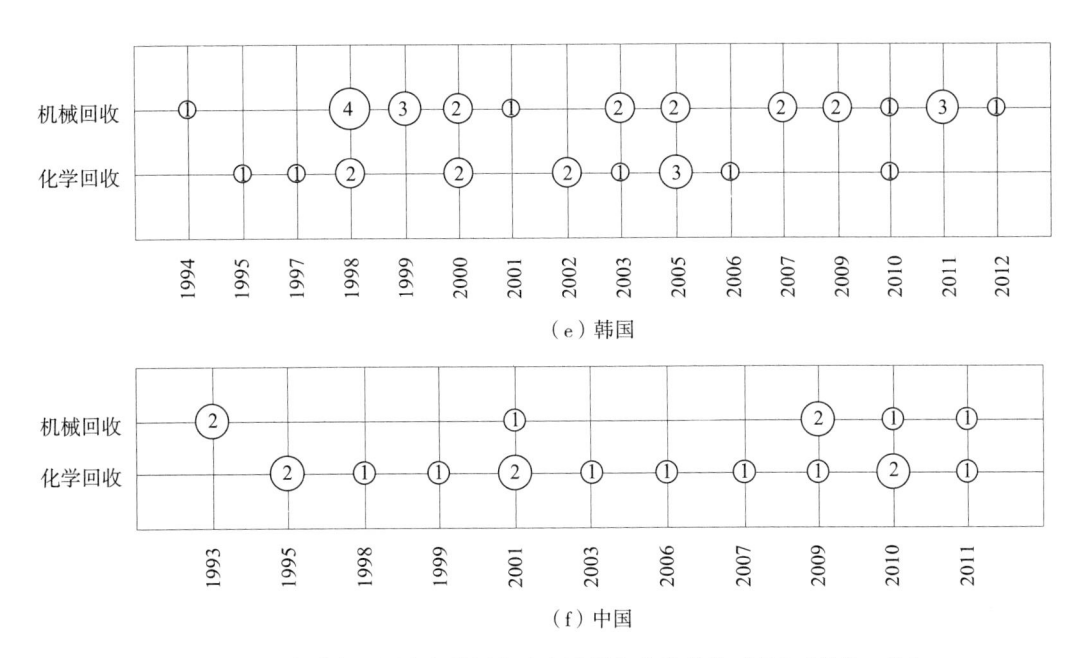

(e) 韩国

(f) 中国

图6-22 全球主要国家和地区多边申请历年变化趋势（续）（单位：件）

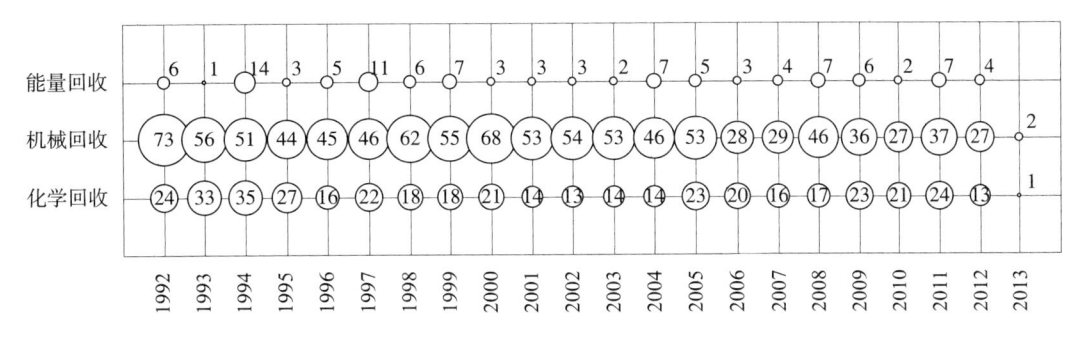

图6-23 全球各国在欧洲专利局的历年申请变化趋势（单位：件）

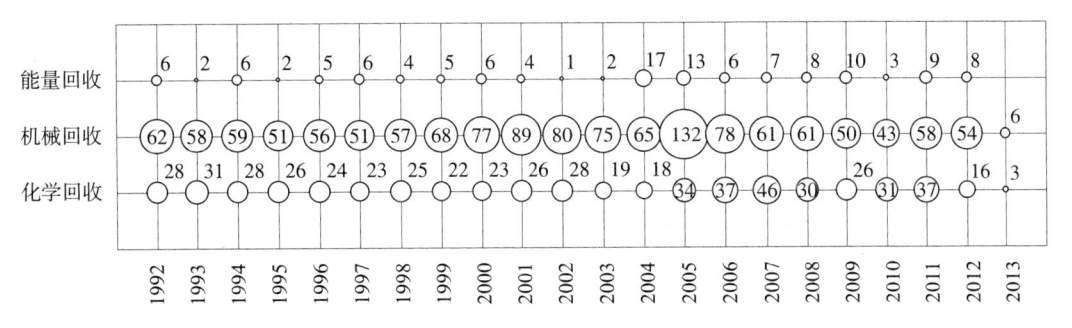

图6-24 全球各国在美国专利商标局的历年申请变化趋势（单位：件）

(a) 其他国家和地区

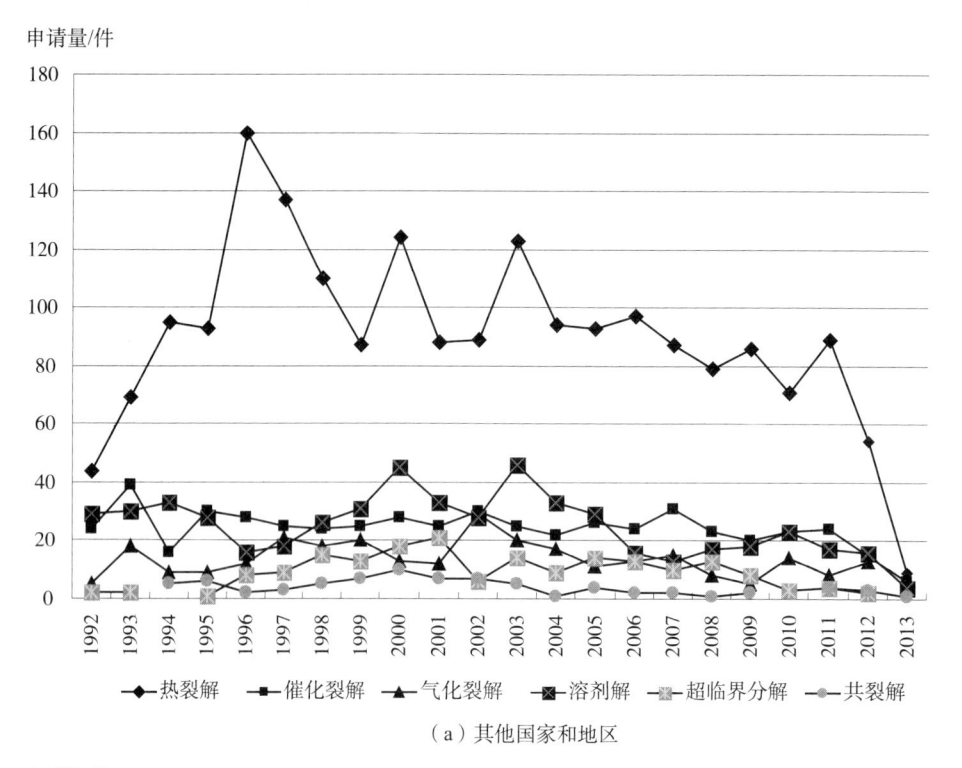

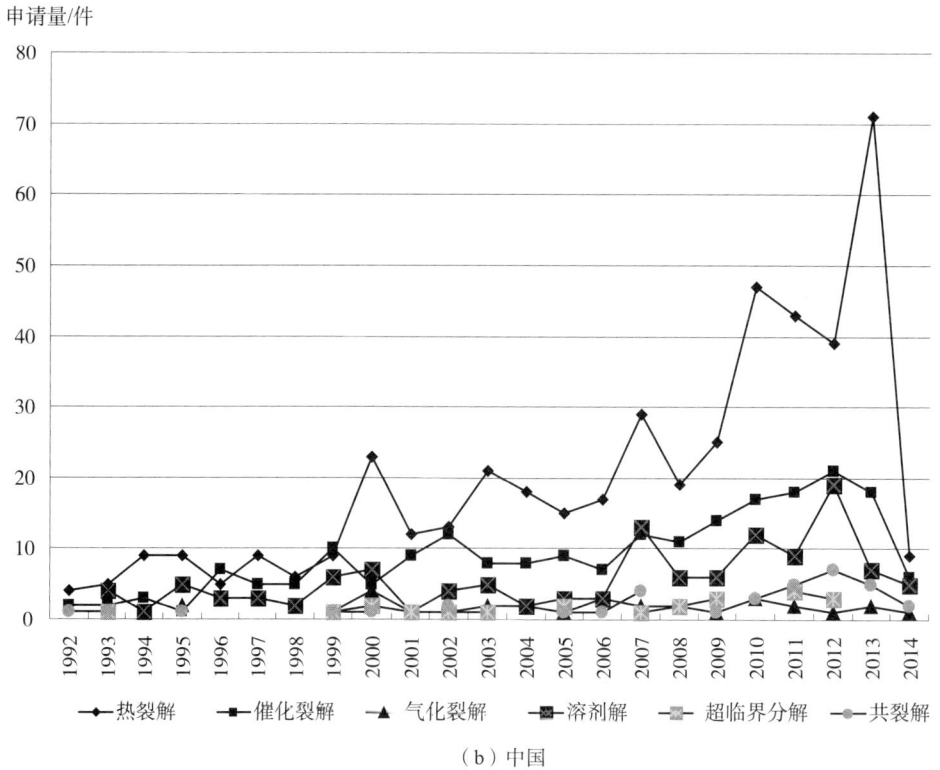

(b) 中国

图 6-25 全球主要国家和地区化学回收各技术分支申请历年变化趋势

2. 重要专利分析

本部分主要对国外在华专利进行分析，以了解国内市场在该领域是否存在技术风险。

表6-10是各国在华专利申请分布情况。在废弃塑料循环利用领域，中国的专利申请有3255件，占比82%；国外在华专利申请共有725件，占比18%。表6-11是各国在华各技术领域的有效专利量以及待审专利量。从总体上看，在各个技术分支均是国内的申请占比最大，而国外的申请相对较少。其中在机械回收方面，中国有效专利占比82%，国外有效专利占比18%；在化学回收方面，中国有效专利占比83%，国外有效专利占比17%；在能量回收方面，中国有效专利占比67%，国外有效专利占比33%（见表6-12）。

表6-10 各国在华专利申请分布情况

国籍	在华申请总量/件
中国	3255
欧洲	200
日本	262
韩国	40
美国	167
其他	56
总计	3980

表6-11 在华专利申请各技术分支的有效专利量以及待审专利量　　　　单位：件

技术分支	申请类型	中国 待审	中国 有效	国外在华 多边 待审	国外在华 多边 有效	多边小计	国外在华 非多边 待审	国外在华 非多边 有效	小计	国外总计	
机械回收	发明	651	384	70	169	239	10	10	20	259	260
机械回收	实用新型		425				1	1	1		
化学回收	发明	140	165	40	51	91	4	5	9	100	105
化学回收	实用新型		133				5	5	5		
能量回收	发明	17	28	25	14	39	3	3	6	45	46
能量回收	实用新型		9				1	1	1		
总计		808	1144	135	234	369	17	25	42	411	

表6-12　在华专利申请各技术分支的有效专利占比情况

技术分支	有效发明/件	有效实用新型/件	有效专利/件	国外有效/件	国外多边（有效+待审）/件	中国占比 有效发明占比	中国占比 有效实用新型占比	中国占比 有效专利占比	国外所有在华占比 有效发明占比	国外所有在华占比 有效实用新型占比	国外所有在华占比 有效专利占比	国外多边占比 有效发明占比
机械回收	563	426	989	180	239	68%	99.8%	82%	32%	0.2%	18%	30%
化学回收	221	138	359	61	91	75%	96.4%	83%	25%	3.6%	17%	23%
能量回收	45	10	55	18	39	62%	90%	67%	38%	10%	33%	31%

国外在华的专利申请数量虽少，但也并不能完全说明国内市场就不存在技术风险，还需要对国外在华的专利技术内容进行详细分析。这里选取化学回收作为研究对象。

中国专利中，化学回收的有效专利（包括发明和实用新型）为359件，国内为298件，国外为61件；待审专利为184件，国内为140件，国外为44件。结合3.3节对专利技术的分析，下面重点对化学回收的催化裂解这一技术分支中涉及催化剂类型及改进领域进行风险分析。

1）在催化裂解一段法即直接催化裂解中，涉及催化剂的专利申请有效和待审的专利有18件，有效和待审各为9件。其中国内的有效专利和待审专利各7件，而国外在华的有效专利和待审专利各2件，均是多边申请（见表6-13）。

表6-13　一段法中涉及催化剂的国外在华有效和待审专利

申请号	发明名称	国别	被引证次数/次	申请人	法律状态
CN200780003589A	废塑料的接触分解方法以及废塑料的接触分解装置	日本	24	公益财团法人北九州产业学术推进机构	有效
CN200980132297A	使用了具有最适粒子特性的氧化钛颗粒体的废塑料、有机物的分解方法	日本	1	草津电机株式会社	有效
CN201280046012	塑料废弃物的热解聚方法	马来西亚	0	沙姆斯·巴哈尔·民·莫汉德·诺尔	待审
CN201080024723	改性的沸石及其在回收塑料废物中的用途	英国	3	曼彻斯特大学	待审

国外在华的两件有效专利涉及的催化剂是FCC催化剂和氧化钛，而国内有效专利涉及的催化剂是分子筛或改性分子筛、活性高岭土（白土）和天然沸石的混合物、固体超强酸、金属催化剂；国外在华的两件待审专利涉及的催化剂是石灰石催化剂和沸石基催化剂，而国内待审专利涉及的催化剂是活性白土、分子筛或改性分子筛、固体超强酸、多功能催化剂，以及结晶氧化铝、合成铝硅酸钠和无水三氯化铝的组合物。

由上述可知，国内和国外的研究重点并不相同，因此，在国内进行产业化时相对容易规避国外专利的保护。在后续研究中，国内申请人可以有效规避国外申请的研究重点，从其外围或者技术空白点展开研究。若规避不开，还可以与该领域的国外专利权人进行合作，以有效避免专利侵权风险。

2）在催化裂解两段法中，涉及催化剂的专利申请有效和待审的专利有14件，有效和待审分别为12和2件。其中国内的有效专利和待审专利分别为9件和1件。国外在华的有效专利为3件，有两件是多边申请；国外在华的待审专利为1件，是非多边申请（见表6-14）。

表6-14 两段法中涉及催化剂的国外在华有效和待审专利

申请号	发明名称	被引证次数/次	申请人	国别	法律状态
CN00819355A	由废塑料连续地制备汽油、煤油和柴油的方法和系统	29	郭镐俊	韩国	有效
CN00130567A	加氢转化的多级催化法，以及精制烃原料	5	碳氢技术股份有限公司	美国	有效
CN200910177346A	轻油转换用催化剂及其制造方法	0	株式会社EPEL	韩国	有效

国外在华的3件有效专利涉及的催化剂是金属催化剂和沸石类催化剂。而国内有效专利涉及的催化剂是金属或金属氧化物、分子筛或改性分子筛、硫化物催化剂、改性的粉煤灰催化剂、白土或蒙脱土；国外在华的1件待审专利涉及的催化剂是金属氧化物催化剂，而国内待审专利涉及的催化剂是改性分子筛。从总体上来看，国内的和国外的研究重点并不相同，虽然国内和国外专利申请在金属或金属氧化物催化剂方面都有研究，但是所涉及的金属或金属氧化物种类并不相同，而且所涉及的工艺也相差甚远。由上述可知，目前在国内进行产业化时相对容易规避国外专利的保护。

从总体上看，在能量回收方面，国外有效专利占比较高，但因不属于我国产业重点发展方向而容易规避，但由于该技术在发达国家产业应用中比例较高，如果我国将来需要发展这方面技术，需要提前做好相应的风险评估，并加强技术储备。化学回收方面，评估了催化裂解分支国外和国内所采用的催化剂类型，发现重合度不高，因此也容易规避国外的专利风险。对于化学回收其他分支和机械回收方面，国外在华有效专利比例不高，没有形成绝对优势，风险也容易规避，但需要持续关注。

6.2.2 废弃橡胶再生循环利用产业专利风险分析

本小节主要分析国外来华专利技术布局，明确国外重点技术布局技术优势以及国内技术重点，以此解析中国存在的侵权风险，为中国企业技术创新提供一个避免侵权风险的发展方向。

1. 技术发展方向

本部分统计了全球主要国家和地区多边申请各技术分支的变化趋势。多边申请是各国相对重要的专利申请，通过其多边申请的变化趋势可以了解目前橡胶循环利用行业的技术发展趋势。

图 6-26 是全球主要国家和地区多边申请各技术分支的年度变化趋势。从全球数

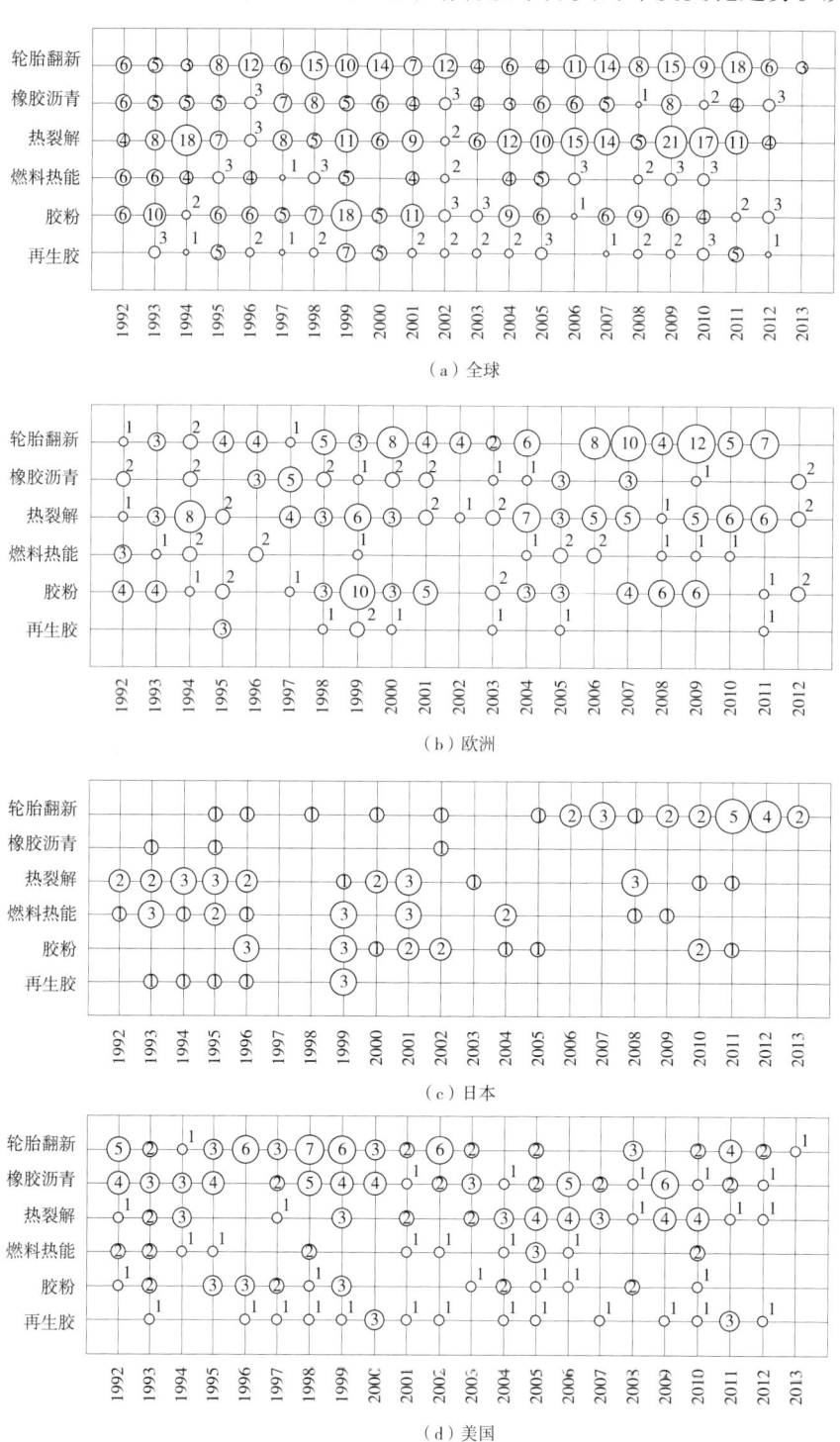

图 6-26　全球主要国家和地区多边申请各技术分支的变化趋势（单位：件）

第6章 废弃资源再生循环利用产业专利导航

据中可以看到近几年全球数据多边申请数量较多的是轮胎翻新、橡胶沥青、热裂解和胶粉,可见这几个分支仍然是专利创新相对活跃的领域。结合第4章全球数据分析,国外各技术分支的年度变化趋势也体现出轮胎翻新、橡胶沥青、胶粉和热裂解在近几年仍然具有较多申请。图6-27是美国申请的变化趋势,表明轮胎翻新、橡胶沥青和热裂解是目前的发展趋势。其中,胶粉近几年申请量略少,是因为胶粉主要是一个中间产物,该分支包括轮胎分离、破碎、粉碎等工艺,也是其他技术分支的前期处理步骤,工艺已经成熟。综上所述,虽然国外产业进入成熟期,但是轮胎翻新、橡胶沥青、热裂解和胶粉仍然是国外创新相对活跃的技术分支,即技术发展的趋势。

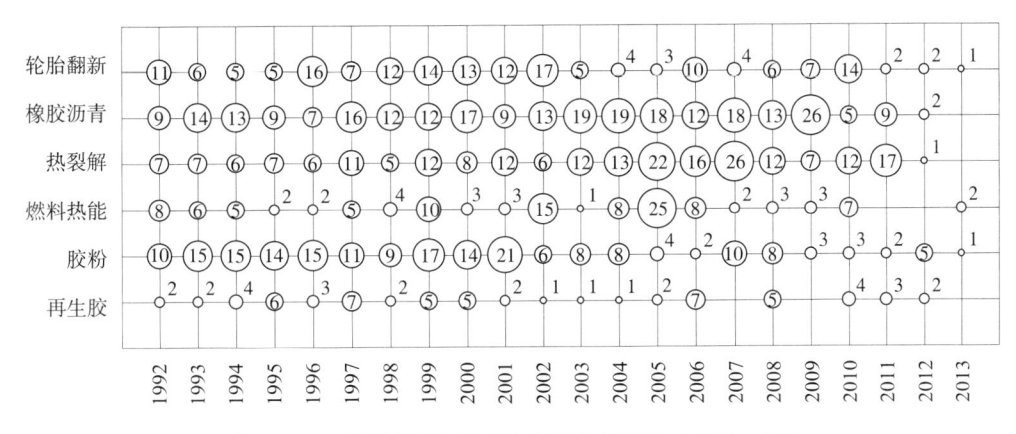

图6-27 美国申请各技术分支的变化趋势(单位:件)

图6-28是中国申请的变化趋势。可以看到,中国整体发展趋势与国外技术发展方向是一致的,即橡胶沥青、胶粉以及热裂解都是创新活跃技术分支。同时,中国又具有自己的特点,在再生胶分支呈现快速增长趋势,创新活跃,主要是受国内橡胶循环利用产业以再生胶为主的格局的影响。中国轮胎翻新分支的申请一直比较稳定,这与国内轮胎翻新产业相对落后的发展态势一致。

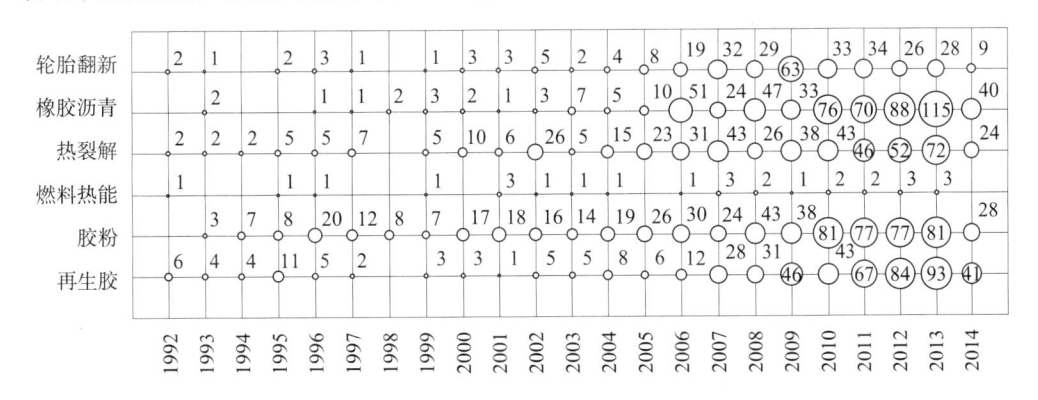

图6-28 中国申请各技术分支的变化趋势(单位:件)

2. 重要专利分析

（1）重要专利整体分析

通过统计国外来华待审以及有效专利的各技术分支总体情况，从而从总体上对技术风险进行分析。

表6-15是国外在华在各技术分支的多边专利以及有效专利。从总体上看，在每个技术分支，国内待审和有效的专利都占大部分，国外的申请较少。例如，在再生胶技术分支，国外待审和有效专利发明专利都只有6件，而国内待审和有效发明专利分别高达138件和71件，还有有效实用新型132件。胶粉和橡胶沥青技术分支的国内待审和有效专利也远远大于国外待审和有效专利。因此，在再生胶、胶粉以及橡胶沥青技术分支方面，在国内进行产业化时相对容易规避国外专利的保护。

表6-15 国外在华多边专利以及有效专利　　　　　单位：件

技术分支	申请类型	中国 待审	中国 有效	国外 待审	国外 有效
再生胶	发明	138	71	6	6
	实用新型		132		
胶粉	发明	90	45	9	8
	实用新型		219		1
燃料热能	发明	4	3	2	6
	实用新型		2		
热裂解	发明	74	84	29	21
	实用新型		127		
橡胶沥青	发明	196	167	3	4
	实用新型		69		
轮胎翻新	发明	37	41	35	43
	实用新型		87		

热裂解和轮胎翻新技术分支国外待审和有效申请相对略多：热裂解待审发明专利29件，有效发明专利21件；轮胎翻新待审发明专利35件，有效发明专利43件。虽然在这两个技术分支国内申请也是具有明显优势：热裂解待审发明专利74件，有效发明专利84件，有效实用新型127件；轮胎翻新待审发明专利37件，有效发明专利41件，有效实用新型87件。但是热裂解是全球技术发展的趋势，是国内外研发热点，虽然产业应用还没有完全体现，但是国外的专利布局却早已开始。国内外专利的研究内容都是热裂解的装置以及方法。因此，国内申请人在研发创新时有必要注意这些现有专利，避免侵权。国外研发的主要方向包括，通过方法以及装置改进提高油品质量、增加制备效率、降低成本（申请号CN03801355、CN201080012511、CN201080060089）；使用特定催化剂使得需要较低热解温度（申请号CN01802708）。值得一提的是，目前并没有任一公司在华连续提出多个申请，或者在几年内连续布局。可见，目前都是在创新

积累阶段，国内研究只要适当关注这些国外专利即能有效避免侵权风险。

在轮胎翻新领域，国外有效待审专利最多，主要都是普利司通和米其林等轮胎巨头的专利申请，而且这两大巨头在国内已经布局多年，具有大量申请。以米其林为例，在华专利55件，有效专利28件，待审专利15件。下面汇总米其林在华专利布局情况。从图6-29可以看到，在胎面方面主要有提高轮胎耐磨性、抓着力、抗裂抗疲劳等性能的胎面橡胶组合物的改进，同时在胎面结构、花纹等也有多件有效申请；对于装置和方法，涉及涂胶、胎面贴合、打磨、检测等。这些专利分布广，几乎包括轮胎翻新领域的各个方面。因此，在轮胎翻新领域国内申请人应该密切关注这些轮胎巨头专利申请，才能作出有效创新，否则容易陷入这些巨头的专利"雷池"。

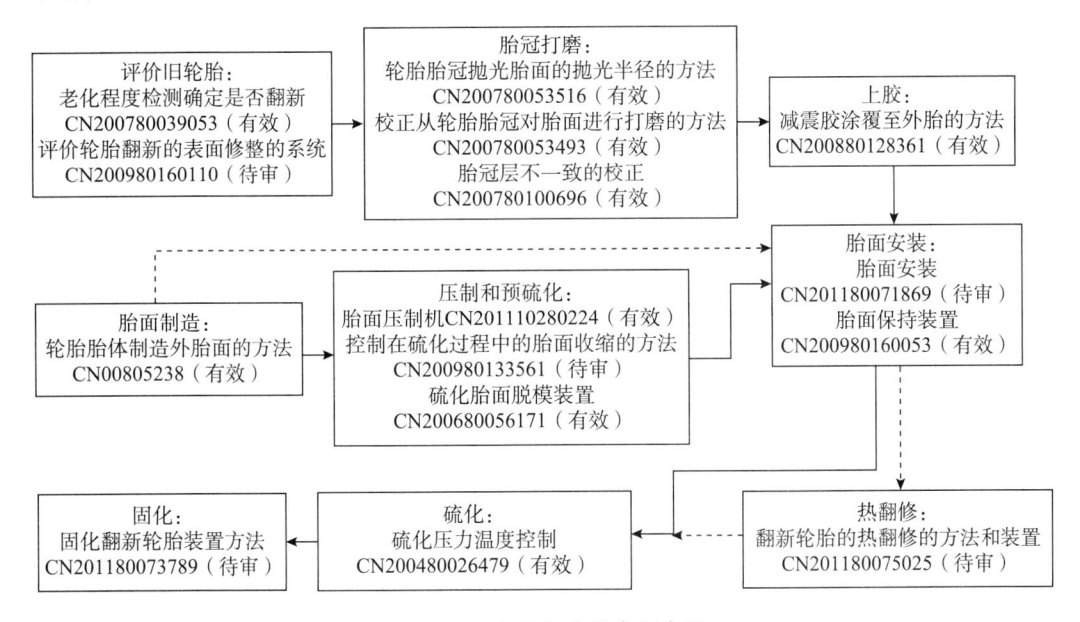

图6-29 米其林在华专利布局

（2）重要核心专利分析

在上一部分介绍了总体风险的情况下，通过对国内以及国外专利的被引用次数，以及考虑专利技术内容分别整理出一些国外来华以及国外核心专利，具体分析各技术分支可能面对的风险。针对我国在产业上以再生胶为主的格局，以及总体分析中轮胎翻新可能风险最大的结论，本部分重点专利主要是针对这两个技术分支。

在再生胶技术分支，中国产业上主要使用的是动态脱硫和螺杆挤出等机械剪切脱硫的工艺，微波等只是在实验室进行研究。而且中国已经掌握再生胶生产的先进技术，前面分析也指在国内进行产业化时相对容易规避国外专利的保护。现在再生胶技术发展的方向是减少二次污染。由于国外来华专利较少，考虑再生胶技术发展的方向，确定一件重要专利。

申请号为CN201280018655（阿克伦大学，待审），其权利要求请求保护一种用于使交联塑料解交联或使硫化橡胶脱硫的工艺，包括以下步骤。将交联塑料或硫化橡胶馈给至在机筒中具有螺杆的螺杆挤出机，所述螺杆具有轴线。通过所述螺杆的旋转将交联塑料或硫化橡胶推进至机筒的超声处理区域，该超声处理区域包括本体、圆柱形轴和超声变幅杆。本体具有在其中穿过的圆柱形孔，圆柱形孔界定孔轴线。本体还具有与该圆柱形孔连通的变幅杆通路。圆柱形轴与螺杆缔合，以便与其一起旋转。该轴在本体的孔中旋转并且不提供螺纹，这样使得交联塑料或硫化橡胶并非通过轴的旋转来推进，而通过螺杆的旋转来推进，从而迫使交联塑料或硫化橡胶进入超声处理区域中。超声变幅杆延伸至变幅杆通路中，在圆柱形轴上方对准与圆柱形轴间隔开的远端。该远端的形状与轴互补，从而界定弧形超声处理流动路径的一部分。将交联塑料或硫化橡胶推进通过弧形超声处理流动路径，在弧形超声处理流动路径处通过超声变幅杆产生的超声波对交联塑料或硫化橡胶进行超声处理。具体装置如图 6-30 所示。

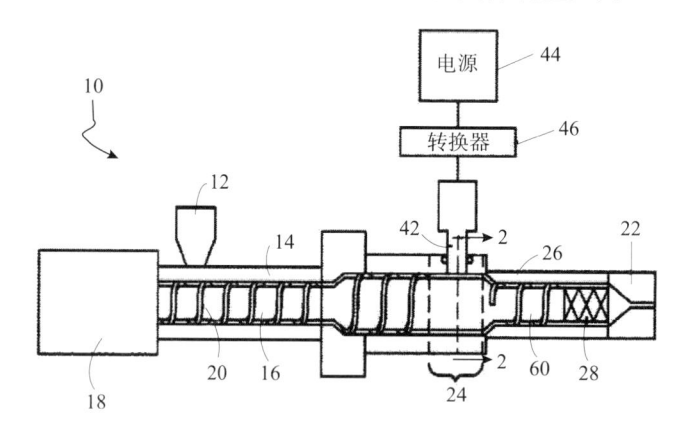

图 6-30 超声与螺杆结合脱硫装置

10—单螺杆挤出机；12—料斗；14—机筒；16—单螺杆；18—驱动组件；
20—螺纹；24—超声处理区；26—塑化区；42—超声变幅杆

在专利数据库中检索并没有发现保护范围落入本申请的中国申请。超声脱硫目前尚处于试验阶段，还没有进入产业化，是再生胶工艺减少污染的一个技术发展方向。因此，国内申请人在技术研发时需要避免上述具体方法设备，从而避免侵权的风险。

国内再生胶产业占比最大，在产品出口等方面可能面临风险。申请号为 US20020926723（授权，TOYODA 丰田合成）保护一种再生胶生产方法，包括对交联橡胶施加剪切力，同时脱硫压力为 1.5MPa 以上。该申请的权利要求保护范围较大，涉及再生胶生产的基本工艺步骤，我国企业在进入美国市场时应当关注该专利。

虽然轮胎翻新领域国外专利布局较多，但是轮胎翻新的技术在 1907 年英国开始建立轮胎翻新企业以来就有较大发展，主要的翻新方法热硫化、预硫化的翻新过程已经是众所周知。目前的专利申请主要是翻新技术中细节改进。国外来华的轮胎翻新申请涉及各方面细节，有可用于翻新轮胎的橡胶组合物，可用于翻新胎面的花纹结构，以及轮胎翻新装置的控制系统，翻新中检测、抛光、打磨等。其中根据引用次数以及翻新的关键技术方法以及国外重要申请人确定两件重要专利。

申请号为 CN201080038451（专利权有效，普利司通）的专利申请保护一种用于翻新轮胎的方法。所述方法包括如下步骤：从轮胎去除已磨损的胎面以露出轮胎胎身的外侧面；打磨胎身外侧面以去除任何局部损伤，因此导致在外侧面形成孔和/或坑；将接合剂施加到胎身的外侧面；用生胶填充胎身的外侧面中的孔和/或坑；绕着胎身外侧面卷绕生胶垫和胎面胶片，使轮胎固化。所述方法的特征在于，将接合剂施加到胎身外侧面的过程包括如下步骤：使用三维扫描器获取胎身外侧面的三维轮廓；通过分析胎身外侧面的三维轮廓来确定外侧面中的孔和/或坑的位置；将孔和/或坑的位置提供给电控制的自动施料器，将接合剂施加到孔和/或坑上。在专利数据库中检索并没有发现保护范围落入其中的中国申请。而实际轮胎翻新的基本步骤已众所周知，其中发明点是对胎面结合剂的涂覆，使用该翻新方法能够减少95%的接合剂。

申请号为CN201180075025（待审，米其林）的专利申请请求保护一种用于翻新轮胎的方法。所述方法包括以下步骤。提供用于翻新的轮胎胎体，该轮胎胎体具有在横向方向上横越轮胎在宽度方向上延伸的预先存在的胎面层，该胎面层包括从胎面层的外侧延伸到其厚度中的一个或多个空隙；沿着胎面层的外侧在该空隙内施加结合层；沿着结合层的外侧施加新胎面层，使得结合层布置在新胎面层和预先存在的胎面层之间。新胎面层未固化并且具有在胎面层的外接地侧的顶侧和结合层的顶部的底侧之间延伸的厚度。围绕已组装的翻新轮胎的胎面的外侧布置环形模具，所述模具包括一个或多个空隙模制元件，每个空隙模制元件包括从配置成接合胎面的外侧的模具腔表面径向向内延伸的突出元件。根据热翻新操作，模制所述新胎面层并且同时将新胎面层结合到轮胎胎体，由此热和压力加到已组装的翻新轮胎。其发明点是根据需要尽可能多地保持预先存在的结合层，通过消除至少一部分在预先存在的胎面层由任何打磨操作去除时产生的废料来减小浪费，并且需要较少的新胎面材料实现轮胎翻新操作。

整体来说，国内轮胎翻新需要注意几大轮胎巨头的申请布局，目前专利申请较多都是在细节的改进。

总体上，目前国内轮胎回收率不高，橡胶循环利用行业发展还有一段艰辛的路程。同时，由于国内市场巨大，目前国内的橡胶循环利用是以满足国内的市场为主，出口相对较少；但是在涉及产品、机械等出口时，有必要了解国外的专利技术避免出口风险。

6.2.3 废弃电子电器产品再生循环利用产业专利风险分析

1. 技术发展方向

本部分统计了全球主要国家和地区多边申请各技术分支的变化趋势，多边申请是各国相对重要的专利申请，通过多边申请的变化趋势可以了解目前废弃电子电器循环利用行业的技术发展趋势。

从图6-31（a）全球（除中国外）多边专利申请技术分支变化趋势可知，电池和线路板分支是关注领域。电池分支从发展之初就广受重视，其发展到2001年后步入成熟期，从2007年开始又获得重视。线路板分支虽然重视程度不如电池分支，但其绵长的发展轨迹也体现了其重要程度。阴极射线管和整机分支的多边申请量相对电池和线路板分支而言不大,但其断断续续的发展脉络,也说明了其在短时间内不会消亡。制冷剂分支从 2001 年开始就已不再有多边申请出现,说明制冷剂相关回收处理技术的研发慢慢淡出人们的视线,这也与废弃电子电器中制冷剂的更新换代相关联,新的制冷剂并不需要像常规制冷剂氟氯烃那样进行处理。液晶分支的多边申请量较少,这与液晶电子电器产品发展阶段相关。液晶电子电器产品还没有发展到集中淘汰的阶段,但

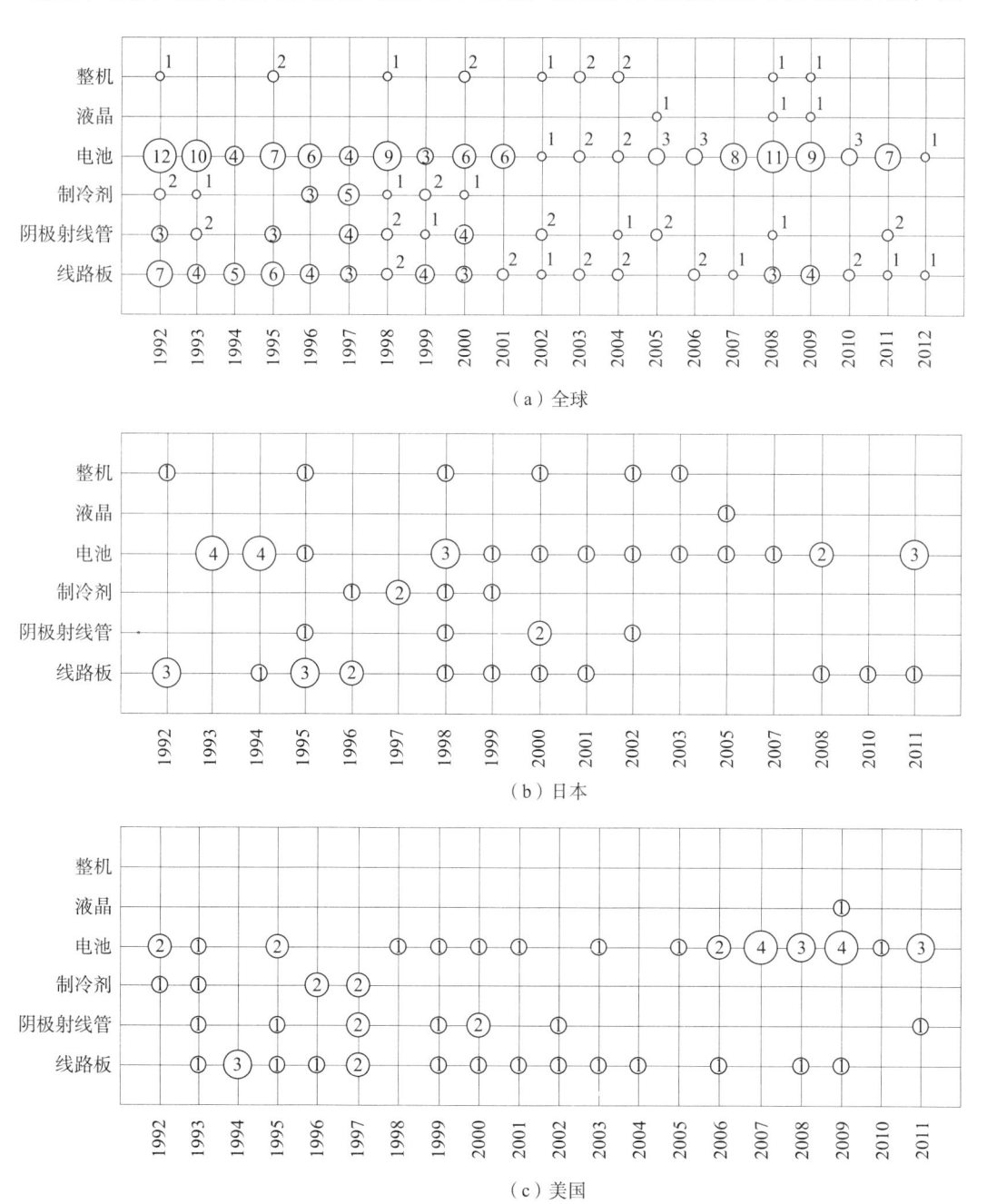

图 6-31 全球主要国家和地区多边专利申请各技术分支变化趋势(单位:件)

第6章 废弃资源再生循环利用产业专利导航

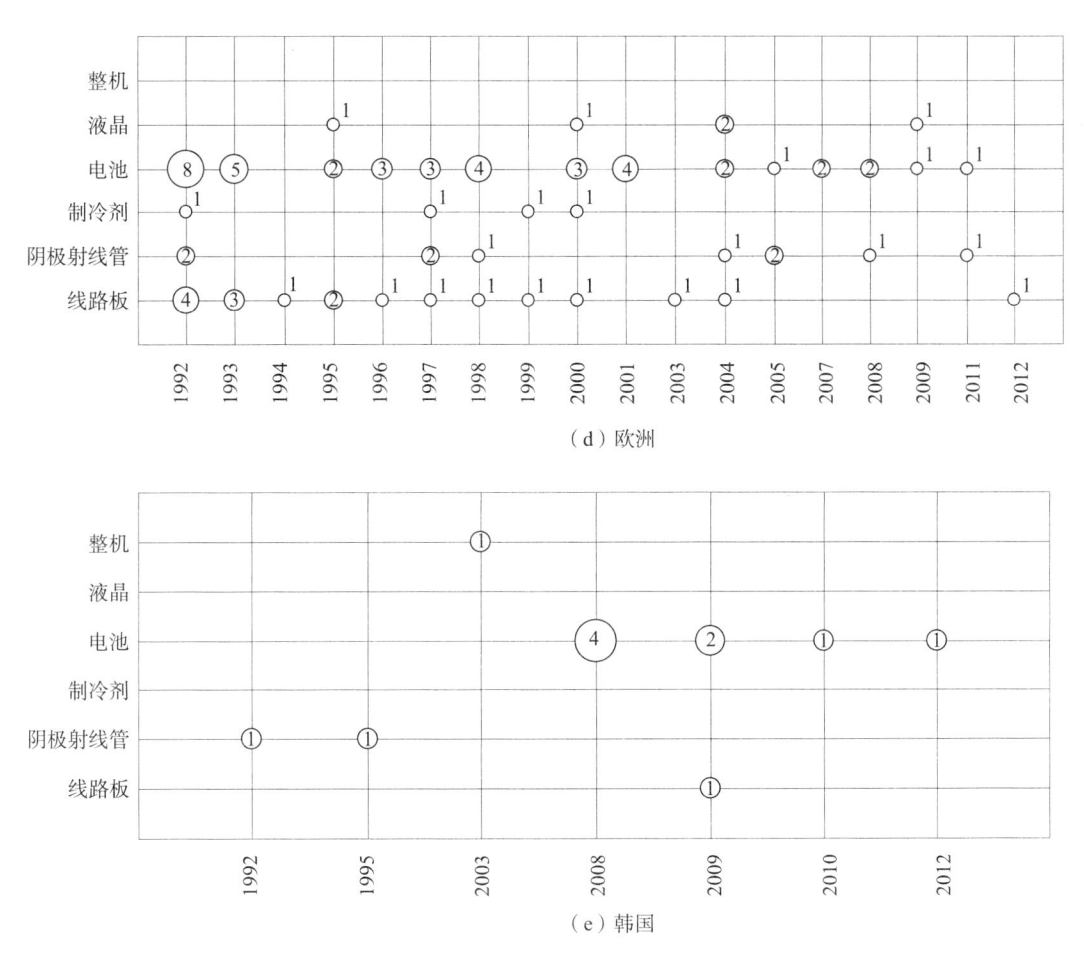

（d）欧洲

（e）韩国

图6-31 全球主要国家和地区多边专利申请各技术分支变化趋势（续）（单位：件）

随着使用量和废弃量的增加，以及液晶中稀贵成分原料供应愈发紧缺，液晶电子电器产品的回收处理技术也将会受到足够的重视。图6-31（b）至图6-31（e）是主要国家和地区多边申请技术分布情况，与全球情况相同，都集中于电池和线路板分支。其专利申请技术分支变化趋势与各国多边申请的变化趋势一致（见图6-32）。

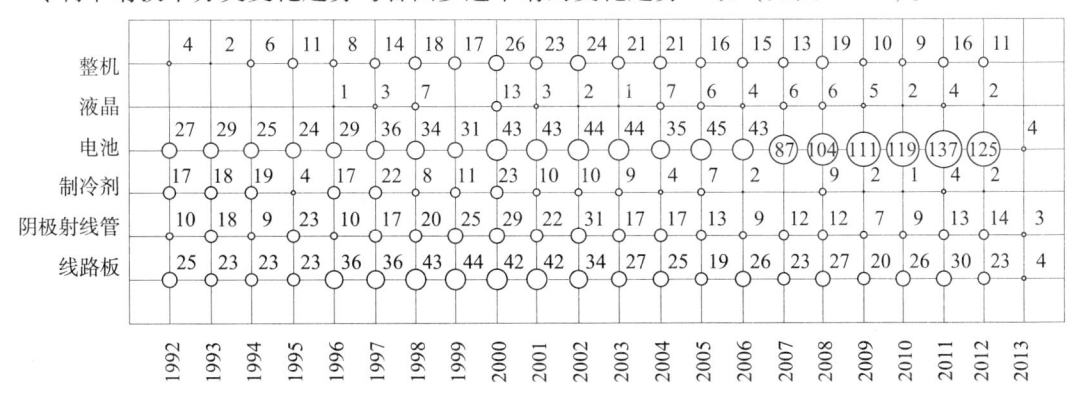

图6-32 全球主要国家和地区专利申请各技术分支变化趋势（单位：件）

2. 重要专利分析

从表6-16可知,外国申请人在我国专利布局的技术分支主要是电池分支,占自身总量57.7%的比例;线路板分支也是不容忽略的一个分支,占比也有16.3%。从前文分析的可专利性(形成专利申请的难易度)和专利技术经济收益等方面考虑,电池分支和线路板分支是较理想的布局区域。

表6-16 外国申请人在华各技术分支待审和有效专利   单位:件

法律状态	技术分支	外国多边申请	非多边外国申请	总计
待审	整机			
	液晶		1	1
	电池	25	7	32
	制冷剂	4	2	6
	阴极射线管	1		1
	线路板	6	4	10
有效	整机	7	2	9
	液晶	4		4
	电池	28	11	39
	制冷剂	4	3	7
	阴极射线管	3	1	4
	线路板	9	1	10

表6-17是主要外国申请人待审和有效专利数。结合表6-16来看,说明外国申请人数量相对较大,但单人申请量都不大,平均为3件,单人最多有效专利数为5件。从专利布局数量上来看,在整机、液晶、制冷剂和阴极射线管方面在国内进行产业化时相对容易规避国外专利的保护。而电池和线路板是国外在华申请人重点布局的分支。对比表6-18国内申请人专利待审量和有效专利量,国外申请人有效和待审专利比例并不低,有一定风险。日本主要申请人松下和住友已于2011年在中国杭州共同建立了"松下大地同和顶峰资源循环有限公司",该公司另一大股东也是来自日本的同和控股,该公司主要从事废弃电子电器产品的拆解和再生循环利用,于2014年投产。已有学者注意到松下电器、同和矿业、三井物产等日本企业纷纷进入中国再生资源市场,"蚕食"中国"城市矿山"中富含的稀有贵重金属资源,❶而松下和住友恰好在稀贵金属提取方面有较多的技术投入,尤其住友2012年在中国提交了10多件涉及电池处理的申请。结合与松下建厂的时间,显示出"大军未动、粮草先行"的专利策略。该合资公司技术和资金实力雄厚,可能左右未来国内的专利格局,需要引起国内产业界的重视。

---

❶ 刘光富,等. 中国再生资源产业发展的问题剖析与对策 [J]. 经济问题探索,2012(8):64-69.

表6-17 主要外国申请人在华待审和有效专利　　　　　　　单位：件

主要申请人	国籍	待审	有效
丰田自动车株式会社	日本	3	4
高级技术材料公司	美国	4	0
吉坤日矿日石金属株式会社	日本	0	4
博世有限公司	德国	4	0
松下	日本	1	5
通用公司	美国	1	4
英派尔科技开发有限公司	美国	5	0
住友	日本	15	0

表6-18 中国申请人在华各技术分支待审和有效专利数

法律状态	技术分支	总申请量/件
待审	线路板	106
	阴极射线管	41
	制冷剂	
	电池	209
	液晶	10
	整机	21
有效	线路板	244
	阴极射线管	88
	制冷剂	41
	电池	327
	液晶	11
	整机	65

图6-33为住友在华专利布局情况。可以看出在目前主流的锂电池再生循环处理技术涉及金属回收的工艺流程部分，住友都进行了相应的布局，这些专利全部都是多边申请，目前基本处于待审状态，所要求的保护范围很大，需要引起行业的重视。

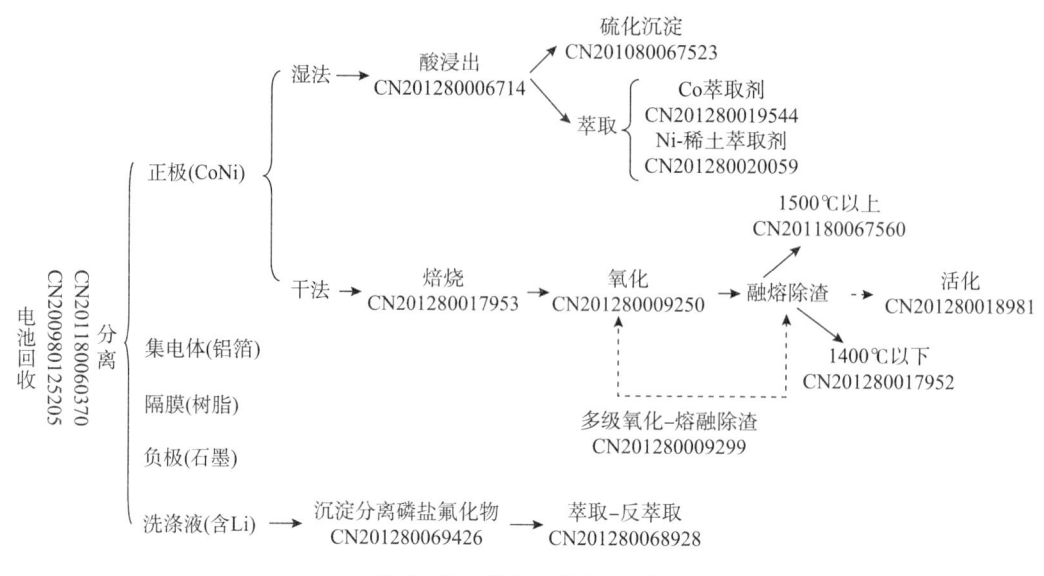

```
                                              硫化沉淀
                                              CN201080067523
                      湿法 → 酸浸出 ↗
                           CN201280006714        Co萃取剂
                                          ↘ 萃取  CN201280019544
                                                Ni-稀土萃取剂
              正极(CoNi)                         CN201280020059
                                                                1500℃以上
                                                                CN201180067560
                      干法 → 焙烧      → 氧化      → 融熔除渣 → ↗  活化
                           CN201280017953  CN201280009250       ↘  CN201280018981
CN201180060370                                                  1400℃以下
CN201098012520                                                  CN201280017952
电池回收 分离
              集电体(铝箔)                  多级氧化-熔融除渣
                                        CN201280009299
              隔膜(树脂)

              负极(石墨)

              洗涤液(含Li) → 沉淀分离磷盐氟化物  → 萃取-反萃取
                          CN201280069426      CN201280068928
```

图 6-33 住友在华专利布局

在 5.3 节对国内的主要申请人都作了详细介绍，各从业者可以根据他们的专利技术和研究领域规避侵权风险。从表 6-17 可知，在中国的主要外国申请人和专利权人集中在美、日和德三国，这与这三国的技术发展水平、专利保护意识和专利维权意识有直接的联系。从专利状态分布来看，日本在待审量和专利权有效量中平衡发展，说明日本在此领域有成熟的长期的发展规划；美国和德国主要是待审专利，说明两国加强了对中国市场的重视和布局。

国内企业和其他相关从业者，在开展相关生产时需具体研究上述三国的相关专利技术布局。外国申请人的这种专利"圈地行动"，对我国企业来说并不是有百害而无一利的。外国申请人的专利往往具有一定的技术领先性和经济回报率，国内从业者可以研究相关技术，在其基础上改进，从而能相对容易地获得领先技术，并能较好地规避专利侵权风险。

目前，废弃电子电器循环利用领域内都还没有出现专利诉讼。由于维权成本高、侵权成本低，且重要专利在中国申请较少，专利权人未发动过专利诉讼，导致发生侵权纠纷概率小；由于中国的市场规模和企业规模均不大，近 5 年发生专利纠纷的可能性较小。但电池和线路板分支的风险需要引起重视。

现选取两件年引证次数为 2 的多边专利，对其技术方案进行分析。

申请号为 JP3658993A（申请日 1993 年 2 月 25 日，申请人佳能）的多边专利申请，分别进入美国、德国和欧洲局，于 2012 年 11 月 21 日在日本局失效，于 2013 年 12 月 31 日在欧洲局失效，在美国局中处于授权状态。其主要保护的是一种从锂电池中提取物质的方法，具体步骤是在避免燃烧的情况下破碎锂电池，用有机溶剂清洗获得电解液溶液，用反应试剂与锂反应生成氢氧化锂或锂盐，通过过滤方法获得上述锂电池中固体物，并用蒸馏的方法回收有机溶剂。

申请号为 JP28625698A（申请日 1998 年 10 月 8 日，申请人松下）的多边专利申请，分别进入美国、德国和欧洲局，在日本局中处于授权状态，于 2014 年 3 月 5 日在美国局失效，目前在德国局中处于行政状态，于 2014 年 8 月 29 日在欧洲局失效。其主要保护的是一种可用于拆解回收的等离子显示器板的方法，主要是将显示器板拆分为前板和后板。具体步骤是通过加热使等离子显示器板软化，并通过加热使插入在等离子显示器前后板中的物质膨胀，利用该膨胀力使前后板分离。具体加热温度是 450 ~ 550℃。其还提供了一种方法是通过加热使前后板上的连接材料软化，再通过沟槽对前或后板进行吹或吸从而实现分离。

对于中国专利申请，在专利检索系统查阅，专利施引次数较多的大部分为外国申请，现选取两件外国籍申请人在中国提交的专利进行分析。

申请号为 CN95196964 的专利，施引次数为 60，优先权日为 1994 年 12 月 20 日，申请人为瓦尔达电池股份公司和特莱巴赫奥梅特生产有限公司，其为多边申请，进入了 10 个国家和地区。在中国局于 2012 年 2 月 8 日失效，在美国局于 2011 年 1 月 12 日失效，在日本局于 2010 年 2 月 23 日失效，在德国局于 2010 年 10 月 21 日失效。其要求保护从用过的镍－金属氢化物蓄电池中回收金属的方法。具体步骤是将蓄电池废料用酸溶解，稀土金属以硫酸复盐形式分离；经提高滤液 pH 而沉淀铁；对铁沉淀的滤液用有机萃取剂进行液/液萃取，萃取在其原始溶液 pH 为 3 ~ 4 的条件下进行，以回收其他金属。选择的萃取剂及 pH 使得萃取后只有金属镍及钴完全溶解在水相中，并保持与蓄电池废料中相同的原子比例。该专利虽然在各国都处于失效状态，但从技术角度来看，其较高数量的引证次数表明其在本领域内具有一定的技术代表性，在一定程度上引领了本技术领域的发展方向，同时也说明了其代表的技术具有较好的经济价值。基于此，我国从业者在此方向有技术需求的可以在此基础上衍生新的技术，实现专利技术的二次开发。

申请号为 CN200810178835 的专利，引证次数为 31，优先权日为 2009 年 8 月 19 日，申请人为日矿金属株式会社，其为多边申请，分别进入了中国、日本、韩国。目前在各国都处于授权状态。其要求保护从含有 Co、Ni、Mn 的锂电池渣中回收有价金属的方法。具体步骤是通过将含有 Co、Ni 及 Mn 的 Li 酸金属盐的锂电池渣在 250g/l 以上浓度的盐酸溶液中混合搅拌，分别使 Co、Ni 和 Mn 以 98% ~ 100% 的浸出率浸出。对于浸出液，通过 D2EHPA 萃取剂在 pH 为 2 ~ 3 的溶剂中萃取 Mn，接着通过 PC88A 萃取剂在 pH 为 4 ~ 5 的溶剂中萃取 Co，通过 PC88A 萃取剂在 pH 为 6 ~ 7 的溶剂中萃取 Ni，最后回收水溶液中的 Li。

还有一件国内专利也值得关注。申请号为 CN200410051921 的专利，引证次数为 31，申请日为 2004 年 10 月 22 日，申请人为华南师范大学，其为非多边申请。目前处于失效状态。其要求保护废旧锂离子电池的回收处理方法，具体包括以下步骤。①废旧锂离子电池的去包装和完全放电处理：借助于剪切机和粉碎机，把废旧锂离子电池的外包装去除得到单体电池，并在这个过程中回收其中的充电器控制电路板和连接金属片，然后把得到的单体电池送到盛装有纯净水和导电剂的预处理池中进行搅拌处理，使电池产生短路而完全放出残余电量。②电池破碎：把完全放电的电池取出，使用破碎机打开电池外壳，然后立即放入纯净水中，借助搅拌用磁选的方法把铁磁性的电池外壳分离出来。③电池废料的酸溶解：把分离出外壳的电池废料滤去其中的水分，并加入硫酸溶液进行酸溶解，然后过滤，使电池废料中的钴酸锂和铝箔以及少量的铜进入滤液，废料中绝大部分铜，以及隔膜和碳粉留在滤渣中，再用热浓硫酸溶解滤渣使铜箔集流体生成硫酸铜而得到回收，碳粉和隔膜按无害化废弃物进行处理。④用沉淀法回收大部分的钴：在电池废料的酸溶解液中加入草酸铵，使其中的绝大部分钴生成草酸钴沉淀，过滤回收绝大部分以草酸钴形式存在的钴。⑤滤液中钴、铜和锂的回收：对步骤④所得滤液采用调节 pH 生成沉淀的方法使铝离子得到回收，然后用有机溶剂萃取的方法分别分离出铜和钴，并分别用硫酸把萃取到有机萃取剂中的铜和钴洗脱出来，最后采用在萃余液中加入碳酸钠生成沉淀的方法回收其中的锂元素。

从国内外专利特点来看，外国专利的权利要求保护范围较大，而国内专利保护范围较少。其原因主要有两点：第一，国内目前技术是在引进基础上改进而来，其能享有的专利保护范围必然受到限制；第二，目前国内申请人的专利撰写和专利保护知识还很缺乏，因自身人为原因而导致专利权范围的缩小。因此，针对国内申请人一方面需提高技术创新能力，另一方面要普及专利保护相关知识。

6.2.4 小结

1. 废弃塑料再生循环利用

1）中国和国外的技术发展方向一致，均是以机械回收和化学回收为主，说明在废弃塑料循环利用领域，中国已经与世界接轨，且在该领域机械回收和化学回收已经成为全球的发展方向。

2）在华专利申请中，各个技术分支中国内的申请均占比最大，而国外的申请相对较少。从总体上看，在能量回收方面，国外有效专利占比较高，但因不属于我国产业重点发展方向而容易规避，但由于该技术在发达国家产业应用中比例较高，如果我国将来需要发展这方面技术，需要提前做好相应的风险评估，并加强技术储备。化学回收方面，催化裂解分支国外和国内所采用的催化剂类型重合度不高，因此也容易规避国外的专利风险。对于化学回收其他分支和机械回收方面，国外在华有效专利比例不高，没有形成绝对优势，风险也容易规避，但需要持续关注。

在后续研究中，国内申请人可以有效规避国外申请的研究重点，从其外围或者技术空白点展开研究。若规避不开，还可以与该领域的国外专利权人进行合作，以有效避免专利侵权风险。

2. 废弃橡胶再生循环利用

从专利申请趋势上看，中国的发展起步晚，但是发展方向与国外总体一致，主要发展方向都是橡胶沥青、胶粉和热裂解；同时中国还具有自己特色，在再生胶分支发展也强劲。国内再生胶、胶粉和橡胶沥青技术分支待审和有效专利远远大于国外待审和有效专利，因此，这几个分支在国内进行产业化时相对容易规避国外专利的保护。

在热裂解和轮胎翻新分支具有一定风险,尤其是轮胎翻新技术方面面临风险最大,国外轮胎巨头普利司通和米其林等在中国已经布局大量专利,且这些企业善于运用专利保护企业技术,国内技术人员应该适当关注这些申请,知己知彼才能有效避免专利侵权风险。

3. 废弃电子电器产品再生循环利用

1)从国际主要四国多边专利申请技术分支分布来看,电池和线路板分支是两个重要领域。国内专利申请也呈现同样的分布规律。

2)从专利布局数量上来看,在整机、液晶、制冷剂和阴极射线管方面国内产业化时相对容易规避国外专利的保护。而电池和线路板是国外来华申请人重点布局的分支,对比国内申请人专利待审量和有效专利量,国外申请人有效和待审专利比例并不低,有一定风险。需要重点关注日本松下、住友等企业的专利和动向。

3)在中国的主要外籍申请人和专利权人集中在美、日和德三国,这与这三国的技术发展水平、专利保护意识和专利维权意识有直接联系。从专利状态分布来看,日本在待审量和专利权有效量中平衡发展,说明日本在此领域有成熟的长期的发展规划;美国和德国主要是待审专利,说明两国加强了对中国市场的重视程度。

4)在中国还没有就废弃电子电器循环再利用领域进行专利侵权诉讼,重要专利在中国申请较少,发生侵权纠纷概率小。但随着中国企业和市场的壮大,须预防专利纠纷的发生。

6.3 广东省废弃资源再生循环利用产业专利导航建议

6.3.1 广东省废弃塑料再生循环利用产业专利导航

1. 广东省废弃塑料再生循环利用产业产学研合作情况

图6-34是广东省各类申请人所占比例以及年度申请变化趋势。从图中可以看出,在废弃塑料循环利用领域,广东省主要以企业申请为主,其与国内整体申请趋势一致。2009年之后广东省企业的年申请量呈上升趋势,而个人申请占比有所下降。与此同时,科研机构的申请量也呈不断增加,目前广东省科研机构的申请占比已经达到10.8%,科研机构研究的增加相应地也增加了产学研合作的途径,广东省产学研合作比例已提升至1.7%。

图6-35是广东省产学研合作中各技术分支所占比例,具体数据如表6-19所示。图中外圈是广东省三个技术分支在产学研合作申请中所占的百分比,内圈是三个技术分支在广东省专利申请中的整体百分比。从图中可以看到,在产学研合作方面,广东省集中于机械回收,而在化学回收和能量回收方面均无合作。结合图6-36广东省科研机构在各技术分支的分布情况可知,在废弃塑料循环利用领域,广东省在机械回收和化学回收方面具有一定的产学研合作基础,今后仍然要进一步加强。

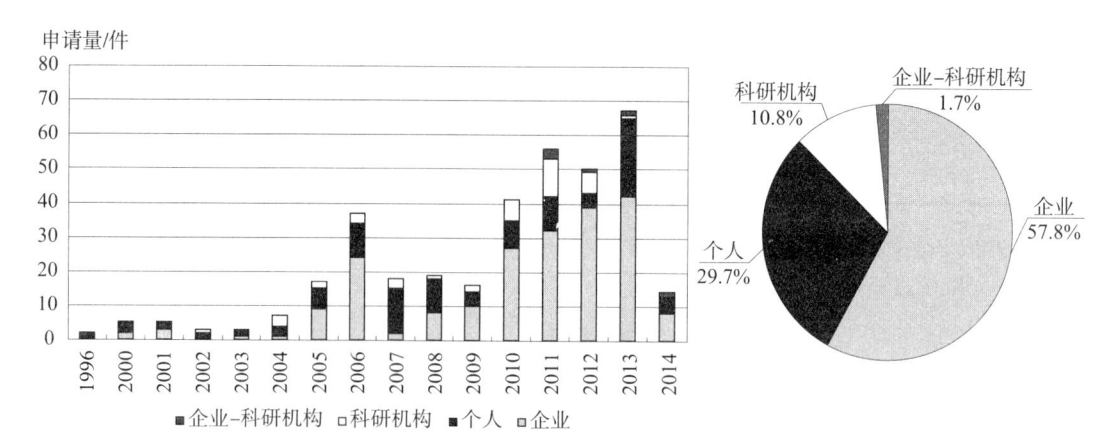

图 6-34 广东省各类申请人所占比例以及年度申请变化趋势

表 6-19 广东省各类申请人在各技术分支分布情况　　　　单位：件

申请人类型	化学回收	机械回收	能量回收	小计	总计
企业	40	167	1	208	360
个人	18	84	5	107	
科研机构	12	27	0	39	
企业-科研机构	0	6	0	6	

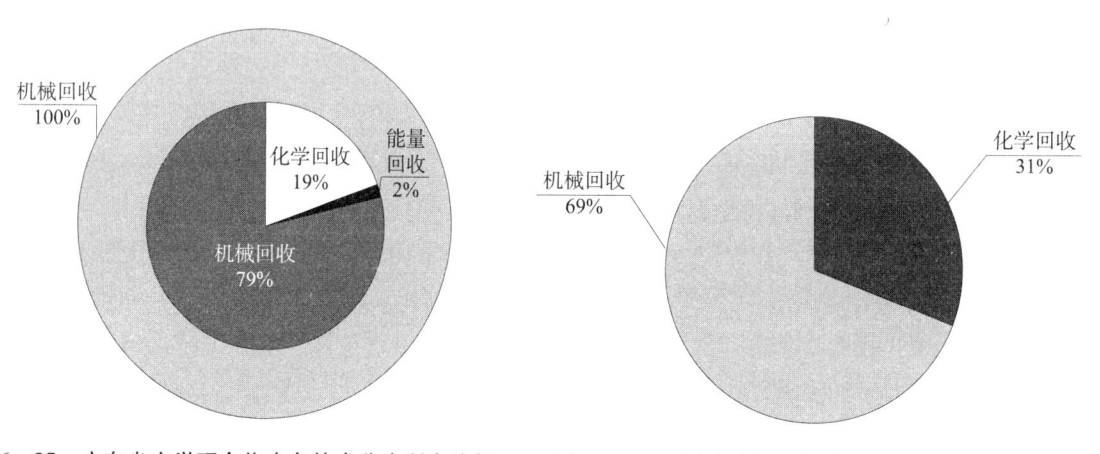

图 6-35 广东省产学研合作中各技术分支所占比例　　图 6-36 广东省科研机构在各技术分支分布情况

结合 3.4 节对广东省的专利分析可知，广东省的专利申请主要以机械回收和化学回收为主，占比分别为 79% 和 19%，而能量回收方面的申请相对较少，仅占 2%。广东省申请量排名靠前的企业主要有佛山市顺德区汉达精密电子科技有限公司、华南再生资源（中山）有限公司、惠州市昌亿科技股份有限公司、格林美高新技术股份有限公司、金发科技股份有限公司。其中佛山市顺德区汉达精密电子科技有限公司、惠州市昌亿科技股份有限公司、格林美高新技术股份有限公司和金发科技股份有限公司这四个公司的专利申请是以机械回收为主，可以与浙江大学、四川大学、上海交通大学、福建师范大学、华东理工大学、华南理工大学等进行合作；而华南再生资源（中山）有限公司则集中于化学回收，可以与同济大学、四川大学、浙江大学、北京市海淀区中大环境技术研究所、中国科学院山西煤炭化学研究所等进行合作。目前广东省在能量回收方面的研究相对较少，企业如果想在这方面展开研究，则可以考虑与西安交通大学、安徽工业大学、山东轻工业学院等进行合作。

在产学研合作方面，对于广东省企业而言，应当积极主动寻求科研机构合作伙伴，以求在技术方面作出更大创新，促进该领域技术的发展；而对于广东省政府而言，应当积极搭建产学研合作平台，比如构建专利信息平台和成立行业协会，便于企业与科研机构之间进行合作对接，并引导企业加强产学研合作。

2. 广东省废弃塑料再生循环利用产业技术空白点分析与研发导航

根据《"十二五"国家战略性新兴产业发展规划》（国发〔2012〕28号）和《循环经济发展战略及近期行动计划》（国发〔2013〕5号）的总体部署，国家发改委制定了《重要资源循环利用工程（技术推广及装备产业化）实施方案》。其中，废塑料归属于城市矿产重点领域，而对混合塑料的分选及深度资源化利用，是我国废弃塑料再生循环利用企业面临的难题之一。

从3.3.1节专利分析数据来看，国外在华涉及分选技术的专利申请以密度、静电分选为主，辅以颜色分选、风力分选、X射线分选等，考虑到已产业化应用或处于实验阶段的分选技术众多（见表3-10），国外在华分选技术专利覆盖面并不大，存在大量可供开发的空白点，如以下几个方面。

1）由于塑料中添加剂（增塑剂、改性剂、色料等）的存在，以及粉碎、老化、污染程度的不同，同种塑料也可能表现出不同的密度、颜色、荷电性质等方面的差别。对于这类塑料的分选，目前研究很少，开发能够适应各种塑料的性质和形状的技术或处理流程有其必要性。

2）废塑料粉碎后，由于粒径分布不均匀、摩擦带电、污染和老化等原因，待分选物料的形状和性质经常发生变化，可能因信号干扰而影响分选，需要设计合适均质粉碎、分级和预处理技术。

3）废弃塑料分选目前不存在分选任意塑料的"万能"装置，市场上的塑料分选设备主要集中在生活垃圾中塑料瓶、废弃电子电器产品中大块塑料等的分选，分离混合塑料的种类较少，多种混合塑料（如3种以上）的分选设备研发基本空白。

在进行废塑料分选技术的选择和开发时，应紧密联系我国国情，综合考虑技术、经济和环保等多种因素。我国应充分学习发达国家的经验，密切跟踪其技术进展，开发符合国情的废塑料分选和回收利用技术。

在催化裂解技术方面，催化剂的存在和作用，使废塑料的裂解反应温度降低，反应时间较短，裂解产物分布也易于控制，油品质量有一定的提高；但是由于催化剂与废塑料中的泥沙、杂质和裂解产物的残碳混合在一起，使催化剂易于失去活性，且催化剂的回收利用困难，使成本增加。因此，技术关键在于开发性能优良的高效催化剂以及与之配套的反应工艺过程。表6-20为在华申请催化裂解技术中涉及催化剂的专利申请。从 3.3.1 节专利分析数据来看，目前对废塑料的催化裂解以传统的固体酸类催化剂研究较多，对各种类型废塑料的裂解反应机理研究尚不深入，因此，针对废塑料为聚合物大分子的原料特点，开发不仅有利于提高传质和扩散速度且酸性较强的新型催化剂（如纳米级分子筛、分子筛薄膜、多级孔复合分子筛等）及其配套反应工艺，深入探索研究废塑料催化裂解反应机理，是今后废塑料资源转化利用技术关注和研究的焦点。其中，具有较强酸性的微孔 - 介孔多级孔结构的新型分子筛催化材料能够有效促进大分子扩散，提高轻油产量，因而更受关注。但目前的工业水平还相对较低，在裂解工艺及其机理、高效催化剂的开发与筛选、防止二次污染等方面需进行较深入研究，开发效果好、价格低廉、能够反复回收利用的适合废塑料裂解的催化剂，是人们关注的焦点。

表 6 - 20　在华申请催化裂解技术中涉及催化剂的专利申请

申请号	发明名称	申请人	法律状态
CN200780003589	废塑料的接触分解方法以及废塑料的接触分解装置	公益财团法人北九州产业学术推进机构	有效
CN03117935	用于裂解废塑料以生产燃油的催化剂	四川大学	有效
CN200510067182	利用废旧塑胶生产燃油的方法及装置	温彦良	有效
CN201110223367	固体超强酸催化裂解造纸废渣制备燃料油的方法	浙江国裕资源再生利用科技有限公司	有效
CN200910308686	海上船舶生活垃圾热裂解资源化处理工艺	中国海洋石油总公司	有效
CN200980132297	使用了具有最适粒子特性的氧化钛颗粒体的废塑料、有机物的分解方法	草津电机株式会社	有效
CN201010206721	废聚苯乙烯催化裂解回收苯乙烯等芳烃原料的方法	青岛科技大学	有效
CN201110223368	废塑料催化裂解用固体超强酸催化剂及其制造方法、应用	浙江国裕资源再生利用科技有限公司	有效
CN201110236077	利用塑料和橡胶制取混合油的方法	苏华山	有效
CN201110207912	一种利用废旧塑料制造凡士林的配方及方法	天津滨海新区大港泰丰化工有限公司	待审
CN201280046012	塑料废弃物的热解聚方法	沙姆斯·巴哈尔·民·莫汉德·诺尔	待审
CN201080024723	改性的沸石及其在回收塑料废物中的用途	曼彻斯特大学	待审
CN201210088981	一种废塑料裂解生产车用燃料催化剂、制备方法及其应用	中国科学院大连化学物理研究所	待审
CN201210088879	一种芳构化用共结晶分子筛催化剂、制备方法及其应用	中国科学院大连化学物理研究所	待审
CN201410145432	一种离子热合成介孔分子筛催化裂解废聚烯烃回收液体燃油的新方法	青岛科技大学	待审

续表

申请号	发明名称	申请人	法律状态
CN201210517715	应用于混合废弃塑料裂解制燃油的固体超强酸催化剂	四川工商职业技术学院	待审
CN201310171193	一种用于废塑料微波裂解的催化剂及制备方法	王文平	待审
CN201210174607	废塑料生产汽柴油技术	牛雅丽	待审
CN00819355	由废塑料连续地制备汽油、煤油和柴油的方法和系统	郭镐俊	有效
CN03146751	用废弃塑料、橡胶或机油生产汽、煤、柴油的方法	谢福胜	有效
CN200810036703	混合废塑料催化裂解制燃油用的催化剂制备方法	同济大学	有效
CN201010172161	一种利用塑料油生产汽柴油的工艺	大连理工大学	有效
CN00130567	加氢转化的多级催化法，以及精制烃原料	碳氢技术股份有限公司	有效
CN200510017038	聚烯烃催化裂解制备氢气和碳纳米管	中国科学院长春应用化学研究所	有效
CN201010557031	一种废塑料热解油轻质化制燃料油催化剂的制备方法及其应用	同济大学	有效
CN201110134368	一种利用塑料油生产汽柴油的方法	大连理工大学	有效
CN200820094658	一种处理废旧塑料的系统	吴振奇	有效
CN201210273001	用于废旧塑料裂解制汽油的催化剂及制备方法和使用方法	新疆大学	有效
CN201010199560	一种二氧化碳与废塑料综合利用的方法	昆明理工大学	有效
CN200910177346	轻油转换用催化剂及其制造方法	株式会社 EPEL	有效
CN200810067767	一种处理废旧塑料的还原方法及其系统	吴振奇	有效
CN201010541411	油品改质的方法	财团法人工业技术研究院	待审
CN201110327373	利用废旧塑料制备润滑油基础油的方法	中国科学院广州能源研究所	待审

3. 广东省废弃塑料再生循环利用产业人才引进

发明人是技术创新的骨干力量，对市场主体中的发明人或研发团队的分析能够发现在本领域具有重要影响的科技研发人员、产品设计人员等。通过对行业内主要发明人的技术领域分布分析，可以为省内相关企业寻求技术咨询、技术合作以及人才引进提供有用信息。

表6-21为其他国家或地区在华专利申请数量较多的发明人统计，多数来自美国、日本公司的研发团队。奥地利埃瑞玛再生工程机械设备有限公司、伊士曼化工公司的研发团队致力于塑料的机械回收，杰富意钢铁株式会社的研发团队致力于能量回收，日本其他研发个人或团队在机械回收和化学回收方面均有相应的研究。

表6-21 其他国家或地区在华专利申请主要发明人的技术领域分布

国家或地区	所在公司或住址	发明人	研究领域/件 化学回收	研究领域/件 机械回收	研究领域/件 能量回收
奥地利	奥地利埃瑞玛再生工程机械设备有限公司	M. 哈克尔		9	
奥地利	奥地利埃瑞玛再生工程机械设备有限公司	赫尔穆特·贝彻		7	
奥地利	奥地利埃瑞玛再生工程机械设备有限公司	K. 菲奇廷格		6	
奥地利	奥地利圣佛罗里安	乔·温德林		7	
奥地利	奥地利圣佛罗里安	赫尔穆思·舒尔茨		7	
澳大利亚	纽索思创新有限公司	威那·萨哈瓦拉		4	
韩国	韩国京畿道	金度均	4		
美国	MBA 聚合物公司	L. E. 艾伦三世		4	
美国	罗门哈斯公司	W. 劳	4		
美国	伊士曼化工公司	G. W. 康奈尔	9		
美国	伊士曼化工公司	T. J. 佩科里尼	9		
美国	伊士曼化工公司	E. D. 克劳福德	8		
美国	伊士曼化工公司	D. S. 波特	8		
美国	伊士曼化工公司	G. W. 康奈尔	6		
美国	伊士曼化工公司	T. J. 佩科里尼	6		
美国	伊士曼化工公司	E. D. 克劳福德	6		
美国	伊士曼化工公司	D. S. 麦克威廉斯	5		
美国	伊士曼化工公司	D. S. 波特	5		
美国	伊士曼化工公司	M. D. 谢尔比	4		
美国	伊士曼化工公司	D. S. 麦克威廉斯	4		
美国	伊士曼化工公司	S. A. 吉利亚姆	4		
美国	伊士曼化工公司	M. P. 埃卡特	1	3	
日本	大科能树脂有限公司	占部健一		4	
日本	杰富意钢铁株式会社	藤原大树			7
日本	杰富意钢铁株式会社	村尾明纪			7
日本	杰富意钢铁株式会社	渡壁史朗			7
日本	日本钢管株式会社	浅沼稔	2	5	
日本	日本钢管株式会社	有山达郎	2	3	1
日本	日本钢管株式会社	富冈浩一	1	3	
日本	日立化成工业株式会社	柴田胜司	5		
日本	日立化成工业株式会社	伊泽弘行	4		
日本	日立造船株式会社	井上铁也		8	
日本	日立造船株式会社	前畑英彦		7	
日本	日立造船株式会社	玉越大介		5	
日本	日立造船株式会社	塚原正德		5	
日本	日立造船株式会社	大工博之		4	

续表

国家或地区	所在公司或住址	发明人	研究领域/件		
			化学回收	机械回收	能量回收
日本	三洋电机株式会社	岸本清志		4	
	三泽住宅株式会社	上手正行		6	
	松下电器产业株式会社	大西宏	3	6	
		寺田贵彦	2	4	
		中岛启造		5	
	索尼株式会社	稻垣靖史		4	
	太阳控股株式会社	有马圣夫	5		
		冈本大地	5		
	新日本制铁株式会社	加藤健次	5		
	株式会社荏原制作所	大下孝裕	1	5	
		藤井晶作	1	5	
		入江正昭	1	4	
		广势哲久	1	4	
		高野和夫	1	3	
意大利	M&G 聚合物意大利有限公司	G. 弗拉里		4	
中国香港	中国香港新界天水围天颂苑颂棋阁208	陈湘君	5		
		卓寿镛	6		

表 6-22 和表 6-23 为国内其他省市和广东省内专利申请数量较多的发明人。可以看到，来自安徽、江苏、上海、浙江等地的发明人/研发团队最多。湖北众联塑业有限公司的研发团队中每个发明人均参与了 40 件左右的专利申请，涉及机械回收，活跃程度较高；广东省内也有较好的研发人才资源，如佛山市顺德区汉达精密电子科技有限公司、华南再生资源（中山）有限公司的研发团队发明人较为活跃，分别致力于机械回收和化学回收方面技术的研发。广东省的相关企业可在此基础上结合自身需求，积极寻找技术合作和技术研发人才。

表 6-22 国内其他省市专利申请主要发明人的技术领域分布

省市	所在单位或住址	发明人	研究领域/件	
			化学回收	机械回收
安徽	界首市成铭塑业有限公司	王其邹		13
	太湖华强科技有限公司	丁云保		5
	安徽工业大学 宝山钢铁股份有限公司	周渝生	3	2
		郁庆瑶	3	1
		龙世刚	3	1
	安徽环嘉天一再生资源有限公司	杨传荣		7

续表

省市	所在单位或住址	发明人	研究领域/件 化学回收	研究领域/件 机械回收
安徽	界首市颍南办事处牛行街164号49户	耿玉兰		5
	冠益实业股份有限公司	林传忍		9
	广德天运无纺有限公司	张陆贤		9
		潘建新		9
	合肥会通新材料有限公司	李荣群		5
	合肥杰事杰新材料股份有限公司	杨桂生		6
	界首市华盛塑料机械有限公司	程素芹		6
	全椒县友诚塑料利用有限公司	喻世成	1	4
	芜湖海杉型材有限公司	左胜贵		9
		阴其路		8
		黄小军		8
		朱青松		8
北京	北京建筑材料科学研究总院有限公司 中原工学院	王刚		5
	北京朗林德通环保科技有限公司	于志强		5
	北京市朝阳区惠新里甲10号A座217室	严绥	8	
	北京市海淀区中大环境技术研究所	蔡林	6	
	北京科技大学管庄校区教学科研办公室金小华转	姜皓	9	
	清华大学	吴玉龙	4	1
	首钢总公司	廖洪强	4	1
重庆	中国汽车工程研究院股份有限公司	许振明		6
福建	福建三宏再生资源科技有限公司	苏荣钦		6
		张振文		6
		苏清阅		6
	福建师范大学	张华集		8
		陈晓		8
		张雯		8
	濠锦化纤（福州）有限公司	张大兵		6
甘肃	兰州市城关区南砖瓦窑4号301	李建国	7	1
	民勤县威瑞环保有限责任公司	许开强		5
河北	河北省玉田县玉田镇下坎村	李艺	6	
河南	商丘市鑫源机械设备有限公司	牛岩	6	
	商丘市金源机械设备有限公司	牛勇超	6	
	商丘环洁公司	李栋	6	5
	商丘市梁园区粮机厂家属院传达室转	周建华	7	2
	新密市袁庄乡靳沟村050号	欧阳林	6	
	新乡市华音再生能源设备有限公司	郭呈真	5	

第6章 废弃资源再生循环利用产业专利导航

续表

省市	所在单位或住址	发明人	研究领域/件 化学回收	研究领域/件 机械回收
黑龙江	东北林业大学	王海	6	
		王清文		5
湖北	湖北众联塑业有限公司	邓丽		44
		邓军		43
		邓忠权		43
		陈绪煌		39
湖南	长沙市马坡岭长沙中天新技术研究所	李强	3	8
	临澧县安福镇安福西一区64号	周鼎力	15	
		邢力	11	
	湘潭市雨湖区先锋工业园区吉祥路30号赛普公司	阳文皇		6
		毕育鸣		6
吉林	长春博超汽车零部件股份有限公司	张万喜		5
江苏	常州塑金高分子科技有限公司	吴永刚		10
	江苏联冠科技发展有限公司	韩勇		6
	江苏森帝塑业有限公司 北京石油化工学院	刘冰	2	3
	常州市武进区常武中路801号常州科教城北京化工大学科研楼A337	杨晓林	8	
	江苏旭华圣洛迪建材有限公司	李靖	1	6
		戴东花		7
		何军		6
		严永刚		5
		陈龙		5
		许世华		5
	科创聚合物（苏州）有限公司	孙平		14
	南京工业职业技术学院	李彩虹		6
	苏州大云塑料回收辅助设备有限公司	何海潮		7
	苏州市美功电子科技有限公司	江涛	1	4
	苏州市湘园特种精细化工有限公司	颜玉荣		5
		周建		5
	扬州市好年华橡塑有限公司	马义生		9
		沐存芳		7
	张家港联冠环保科技有限公司	包志平		8
		王英		7
		王友祥		7

续表

省市	所在单位或住址	发明人	研究领域/件 化学回收	研究领域/件 机械回收
江苏	张家港市贝尔机械有限公司	何德方		15
	张家港市贝尔机械有限公司	马德生		5
	张家港市联达机械有限公司	郑勇		12
	张家港市联达机械有限公司	冯丁峰		6
	张家港市联达机械有限公司	潘学明		5
	张家港市亿利机械有限公司	陈鹤忠		23
	镇江英科环保机械有限公司	刘方毅	1	17
	镇江英科环保机械有限公司	王茂坤		7
	镇江英科环保机械有限公司	范成旸		7
辽宁	大连市甘井子区橄榄季31号楼1单元7-2号	吴显积	6	
	大连市中山区友好路211号8-1	李大光	9	
	大连市中山区友好路211号8-1	林淑琴	5	
山东	济南世纪华泰科技有限公司	牛晓璐	6	
	山东方大工程有限责任公司	王建国	3	2
	济南市历下区趵突泉北路6号蓝石商务中心507室	牛斌	14	
	淄博市临淄区齐鲁石化生活区遄台北区23号楼-2单元-502室	谢福胜	8	
	高密市万和车桥有限公司	陈希昌		6
山西	中国科学院山西煤炭化学研究所	杨勇	2	3
陕西	西安市兴庆路24号省委老干部招待所301号	张勇	2	3
上海	上海宝利纳材料科技有限公司	郭卫红		7
	上海交通大学	王新灵	1	5
	上海交通大学	袁角亮	1	5
	上海交通大学	杨斌	1	5
	上海交通大学	苏跃增		5
	上海锦湖日丽塑料有限公司	辛敏琦		9
	上海锦湖日丽塑料有限公司	罗明华		8
	上海聚友化工有限公司	唐世君	5	
	上海聚友化工有限公司	汪少朋	5	
	上海连能机电科技有限公司	连鑫	7	
	上海申嘉三和环保科技开发有限公司 张家港美星三和机械有限公司	张健		5
	上海申嘉三和环保科技开发有限公司 张家港美星三和机械有限公司	林炳锵		5
	上海申嘉三和环保科技开发有限公司 张家港美星三和机械有限公司	刘璞		5
	上海市徐家汇路1弄5号3405室	李金林		7

续表

省市	所在单位或住址	发明人	研究领域/件 化学回收	研究领域/件 机械回收
上海	上海英科实业有限公司 山东英科环保再生资源股份有限公司	李志杰	1	9
		罗京科	1	5
	同济大学	陈德珍	6	1
		朱志荣	6	
		马晓波	6	
四川	成都思诚机电设备有限公司	梁丽娟	3	2
	四川川润环保能源科技有限公司 西安交通大学	赵军	1	3
		王树众		3
		施海华		3
		罗永忠		3
		李学东		3
		王龙飞		3
		孟海鱼		3
		陈林		3
	四川大学	王玉忠	7	1
		杨鸣波	2	4
		周茜	5	
		杨伟	2	3
		张琴		5
		谢邦互	2	3
		傅强		5
	四川塑金科技有限公司	陈道明		15
		乔江浩		10
天津	天津大学	刘晓非	1	4
	天津德为环保工程设备有限公司	刘云帆		6
		任国芬		6
		王冬戈		6
		刘立雨		6
		郭旭		4
	天津市杰祥塑业有限公司	姚英杰		8
	天津市天塑科技集团有限公司技术中心	尹陆生		5
		赵咏梅		5
		谢学民		5
		段连群		5
		黄晓辉		5
	天津思迈德高分子科技有限公司	李悦莲		8

续表

省市	所在单位或住址	发明人	研究领域/件	
			化学回收	机械回收
浙江	杭州电子科技大学	薛安克	7	
		陈云	5	
	杭州富兴环保机械有限公司	汪玉林		6
	宁波大发化纤有限公司	杜芳	2	5
		钱军	2	4
		邢喜全	2	4
		王方河	2	3
	宁波敏特尼龙工业有限公司	张振民	5	
	余姚市绿岛橡塑机械设备有限公司	叶仕超		7
	浙江宝利纳材料科技有限公司	吴驰飞		15
		许海燕		12
		张靓		8
		欧哲文		6
	浙江长方木业有限公司	张军	5	2
	浙江大学	傅俊杰		5
	浙江山海环境科技股份有限公司	吕彬峰	5	
	浙江宜景环保科技有限公司	吴鹏锋	5	
	浙江宝绿特环保技术有限公司	欧哲文		8
	台州市椒江区洪家街道街南居 217 号	郑建财		8
	台州市温岭市大溪镇塘岭村 390 号	赵华勇		9

表 6-23　广东省专利申请主要发明人的技术领域分布

所在单位或住址	发明人	研究领域/件	
		化学回收	机械回收
佛山市顺德区汉达精密电子科技有限公司	岳瑟		27
	汪克风		24
	杨得志		18
	刘济林		8
格林美	许开华		6
	闫梨		7
	张翔		7
	黄旭江		4
东莞市中堂镇袁家涌三房洲	陈惠浩		5
	陈维强		5

续表

所在单位或住址	发明人	研究领域/件 化学回收	研究领域/件 机械回收
广东省广州市天河区粤垦路628号长讯实业大厦	林小峰		5
梅州市梅江区梅县人民政府宿舍	何国强		4
广东省石油化工研究院	陆云		4
	洪仰婉		4
	陈立星		4
	李伟浩		4
广东致顺化工环保公司	冯愚斌		16
广州市聚赛龙工程塑料有限公司 从化市聚赛龙工程塑料有限公司 广州京英塑料有限公司	郝建鑫		5
	袁海兵		5
	郝源增		5
	任萍		5
华南理工大学	何慧		5
	贾德民		4
华南师范大学	石光		6
	林少全		4
华南再生资源（中山）有限公司	许文姬	26	
	李国声	26	
	李汉声	17	
	李振声	17	
惠州市昌亿科技股份有限公司	林湖彬		12
	杜崇铭		12
惠州市鼎晨新材料有限公司	林春涛		7
汕头市富达塑料机械有限公司	陈宜勇		4
深圳市聚源天成技术有限公司	黄胤		5
深圳市科聚新材料有限公司	徐东		5
	徐永		5

4. 广东省废弃塑料再生循环利用产业专利风险分析

结合3.4.2节对广东省技术特点分析可知，广东省的专利申请主要以机械回收和化学回收为主，与全球整体技术发展方向一致。其中在化学回收方面，广东省主要以热裂解和催化裂解为主。催化裂解的专利申请量有17件，涉及催化剂类型及改进领域的专利申请有6件，涉及的催化剂主要是分子筛、硅酸铝、金属催化剂。从6.2.1节重要专利分析可知，广东省所研究的金属催化剂与国外在华专利有一定的重合，但是从专利内容来看，二者所涉及的金属催化剂种类并不相同，而且所涉及的工艺也相差甚远，因此广东省在进行产业化时相对容易规避国外专利的保护。

此外，由于催化剂是实现催化裂解的一个很重要的因素，对于该方面的研究具有较大的经济价值，对于广东省的企业而言，应该关注国外申请人在该领域的研究情况，有效规避国外申请的研究重点，从其外围或者技术空白点展开研究，并注意避免落入其专利陷阱中。若规避不开，还可以与该领域的国外专利权人进行合作，以有效避免专利侵权风险。而对于广东省的政府而言，可以组建一些专利风险分析机构，重点对国外的专利进行分析，以引导企业避开雷池。

6.3.2 广东省废弃橡胶再生循环利用产业专利导航

1. 广东省废弃橡胶再生循环利用产业产学研合作情况

目前，废橡胶循环利用行业整体专利保护意识并不强，企业小，产业杂乱无章，几个人即可以成立一个企业，产品销售也是口口相传的发展模式。国内申请中，个人申请量占有高达37%的比例，这些个人通常就是企业老板，进一步说明该行业中的企业现状。虽然广东省个人申请34%低于国内水平，同时企业申请52%略高于国内水平，但是总体上广东省企业仍然是规模小，创新及专利保护意识弱，只有4个公司具有7件以上专利申请，分别是在胶粉分支方面的东莞市运通环保科技有限公司，橡胶加工专用设备方面的广州市首誉环保科技有限公司，热裂解分支的华南再生资源（中山）有限公司和橡胶沥青方面的深圳市海川实业股份有限公司。

广东省在废橡胶循环产业各分支都有相应的企业。除了上述专利申请较多的企业，在再生胶分支有广州市花都区河宏橡胶材料厂、茂名市振南橡塑厂、茂名市茂港区豪林橡胶有限公司；胶粉分支有广州市钟南橡胶再生资源开发有限公司，其产品质量以及产量在国内较为知名，此外还有清远市结加精细胶粉有限公司；轮胎翻新分支有佛山市三水海达轮胎有限公司，年翻新量高达27万条。

对于技术薄弱的小型企业，在国内具有产学研基础的前提下，发展产学研合作是促进技术发展以及技术创新的一个有效方式。从表6-24中可以看到，广东省省内科研机构申请占比（13%）高于国内的11%，可见广东省内有较好的科研资源。从前面的分析中也看到，华南理工大学在废橡胶循环利用方面具有一定量申请，非专利检索中广东工业大学在再生胶领域也具有研究。

表6-24 广东省废橡胶循环利用产业产学研合作情况

技术分支	科研	企业-科研	个人	企业	总计
再生胶申请量/件	7	0	6	9	22
胶粉申请量/件	6	0	14	30	50
燃料热能申请量/件	0	0	4	1	5
热裂解申请量/件	3	0	19	12	34
橡胶沥青申请量/件	3	1	5	21	30
轮胎翻新申请量/件	2	0	6	10	18
占比	13%	1%	34%	52%	

在开展产学研合作时,广东省再生胶企业除了可以与省内华南理工大学、广东工业大学发展合作,也可以与北京化工大学、青岛科技大学等在再生胶分支具有较多研究的高校合作。热裂解的企业可以与浙江大学等合作。胶粉的企业可以与安徽理工大学以及江苏科技大学等合作。橡胶沥青方面的企业可以与北京化工大学、武汉理工大学等合作。

2. 广东省废弃橡胶再生循环利用产业技术空白点分析与研发导航

轮胎翻新方面国外在华专利申请较多,有效专利高达43件,待审专利35件。可以重点研究轮胎翻新方面专利技术,从而避开专利雷池,发现技术开发方向。

从表6-25中可以看到,国外来华主要专利申请人是米其林和普利司通,主要的技术方向涉及胎面组合物的研发、整套的翻新工艺,以及翻新工艺中检测、打磨、贴合胶、固化、硫化及前后的检测系统。轮胎巨头在轮胎翻新工艺中专利布局广,涵盖工艺的每一步。但是每一个工艺的申请量并不多,只有几件专利申请。例如,在橡胶组合物有5件,而检测方面只有2件。

表6-25 轮胎翻新技术分支国外在华主要专利

申请号	申请人	发明名称	法律状态
CN200980117749	横滨橡胶株式会社	充气子午线轮胎和翻新轮胎的制造方法	待审
CN201310483518	固特异轮胎和橡胶公司	用于胎面翻新空气维持轮胎的防护性结构	待审
CN200810181952	固特异轮胎和橡胶公司	充气轮胎和翻新轮胎的方法	授权
CN200810178052	固特异轮胎和橡胶公司	轮胎胎面复合材料和经翻新的橡胶轮胎	授权
CN201010520488	固特异轮胎和橡胶公司	将胎面固定到轮胎胎体上的分步硫化	授权
CN200510054333	固特异轮胎和橡胶公司	充气轮胎以及制造或翻新这种轮胎的方法	授权
CN200680056171	米其林	扁平橡胶胎面的自动脱模装置	授权
CN200980160054	米其林	用于翻新轮胎的重量减小的预固化胎面带	授权
CN201080053430	米其林	用于运输含橡胶制品的条带的设备和在其上缠绕条带的卷轴的制造方法	待审
CN200780052330	米其林	橡胶翻新制剂	授权
CN200980159962	米其林	翻新轮胎	待审
CN200980160055	米其林	用于翻新轮胎的胎面带	待审
CN201080069871	米其林	具有刀槽花纹的轮胎胎面及用于制造具有刀槽花纹的轮胎胎面的方法	待审
CN201180052311	米其林	具有孔的轮胎胎面及用于制造具有孔的轮胎胎面的方法	待审
CN200980116824	米其林	包含新型抗氧化剂体系的轮胎用橡胶组合物	授权
CN200980159609	米其林	具有与基部胎面匹配的胎面带的翻新轮胎	授权
CN201080067206	米其林	轮胎固化期间的自动包络面泄漏检测	待审
CN200780039053	米其林	指示轮胎经历的老化程度的方法	授权

续表

申请号	申请人	发明名称	法律状态
CN200780049593	米其林	含有新型抗氧化剂体系的轮胎橡胶组合物	授权
CN01815164	米其林	轮胎胎面	授权
CN200480041774	米其林	橡胶组合物和包含该组合物的轮胎	授权
CN200480038329	米其林	具有覆盖着改良混合物的胎面花纹元件的胎面	授权
CN200780039968	米其林	聚氨酯-脲体系	授权
CN01816178	米其林	为轮胎胎体加装胎面的装置	授权
CN00805238	米其林	一种轮胎胎体外胎面的制造方法	授权
CN02816701	米其林	采用具有低比表面积的二氧化硅增强的轮胎胎面	授权
CN200480026479	米其林	用于硫化轮胎组件的自动压力和温度控制装置和方法	授权
CN200480031970	米其林	充气轮胎胎面	授权
CN200680027634	米其林	将胎面胶装载于胎面压制机上的方法	授权
CN201110280224	米其林	将胎面装载于胎面压制机上的装置和设备	授权
CN200780052288	米其林	利用多个响应曲线对翻新轮胎进行研磨	授权
CN200980159298	米其林	刀槽花纹具有厚度降低区域的轮胎和制造该轮胎的设备	授权
CN201080012891	米其林	芳基二腈氧化物在黏合剂组合物中的用途	授权
CN02816702	米其林	采用具有非常低比表面积的二氧化硅增强的轮胎胎面	授权
CN200780053493	米其林	用于不对称打磨的校正	授权
CN201180073789	米其林	用于固化翻新轮胎的方法和装置	待审
CN200880128361	米其林	将减震胶涂覆至外胎的方法和装置	授权
CN201180071869	米其林	用于将胎面环安装到轮胎胎体上的方法和设备	待审
CN201180074380	米其林	用于翻新轮胎的凹入可去除胎面部分	待审
CN201180075025	米其林	用于翻新轮胎的热翻修的方法和装置	待审
CN200980160110	米其林	用于评价轮胎翻新的表面修整的系统和方法	待审
CN200780100390	米其林	具有抗降解剂储集区的胎面	授权
CN200780100696	米其林	轮胎翻新过程中的胎冠层不一致的校正	授权
CN201080070948	米其林	定制预固化的翻新轮胎	待审
CN201180062819	米其林	用于翻新轮胎的方法	待审
CN200980133561	米其林	控制在硫化过程中的胎面收缩的方法	待审

续表

申请号	申请人	发明名称	法律状态
CN200780053516	米其林	轮胎抛光过程中抛光半径的确定	授权
CN200980160053	米其林	用于在轮胎翻新期间保持胎面带的改进装置	待审
CN98803291	米其林	胎面花纹及其制造方法	授权
CN95108666	米其林	一种不含致癌亚硝胺前体的橡胶组合物及其用途	授权
CN201180008638	米其林	用于改善胎面拼接的方法和装置	待审
CN201180018446	米其林	轮胎胎面抛光装置及方法	待审
CN201110399038	米其林	具有改进的灰尘控制的轮胎抛光设备	待审
CN200710079163	米其林	用于生产预硫化胎面带的方法和系统	授权
CN201280010416	株式会社普利司通	用于轮胎的实验室胎面磨损测试的工程设计表面	待审
CN200680032254	株式会社普利司通	翻新轮胎及其制造方法	授权
CN200780022038	株式会社普利司通	预硫化胎面及使用该预硫化胎面的翻新轮胎	授权
CN201080038451	株式会社普利司通	轮胎翻新方法及系统	授权
CN201180056111	株式会社普利司通	轮胎翻新方法	待审
CN200680038920	株式会社普利司通	轮胎磨削方法及磨削装置	授权
CN200980140115	株式会社普利司通	制造翻新轮胎的方法和旧轮胎的磨削设备	授权
CN201280051203	株式会社普利司通	轮胎、其制造方法及用于该轮胎的制造方法的修复用橡胶部件	待审
CN201310395702	株式会社普利司通	轮胎胎体寿命预测系统	待审
CN201310400150	株式会社普利司通	胎面选择方法	待审
CN201080040023	株式会社普利司通	制造翻新轮胎的方法	待审
CN201280010398	株式会社普利司通	轮胎，翻新轮胎用胎面，翻新轮胎用胎面的制造方法，具有翻新轮胎用胎面的翻新轮胎，和翻新轮胎的制造方法	待审
CN201180015582	株式会社普利司通	翻新轮胎	待审
CN201280019322	株式会社普利司通	翻新轮胎的制造方法以及适用于该制造方法的轮胎	待审
CN200880102274	株式会社普利司通	翻新轮胎用预硫化胎面和翻新轮胎	授权
CN201180073284	株式会社普利司通	充气轮胎	待审
CN201280048286	株式会社普利司通	橡胶组合物	待审

从表6-26中可知，国内的专利研究比较分散，各公司只是在翻新工艺的一步或

者一个装置申请。例如，申请比较多的青岛高校软控股份有限公司主要是打磨、钢丝缠绕、胎面成型机、胎面夹持环等。其他企业或者个人也有硫化装置、贴面、挂胶等专利申请。但是没有一个企业具有涵盖工艺的每一步申请，且总体上国内的专利申请在一些相对简单工艺上申请多，如打磨装置，在实际硫化以及胎面胶组合物等相对少。结合国内外申请的分析，中国申请人可以在整体生产线上提高自动化水平，在实际装置中提高精度等方面研究。另外，国内轮胎具有使用过度等特殊情况，对废轮胎是否能够翻新，进行检测是前提，同时在翻新过程中以及之后的质量检测也是关键。可以研究国外申请人专利技术重点，避免重复研发，浪费资金以及人力。充分利用国外申请人的失效或者无权专利，在此基础上开辟新方向。

表6-26 国内轮胎翻新技术分支主要专利

申请号	申请人	发明名称	法律状态
CN200820024611	青岛高校软控股份有限公司	轮胎针孔检测机	授权
CN200820027899	青岛高校软控股份有限公司	上环形胎面成型机	授权
CN200820027897	青岛高校软控股份有限公司	上环形胎面成型主机	授权
CN200920030529	青岛高校软控股份有限公司	胎面定中调节装置	授权
CN200820027896	青岛高校软控股份有限公司	胎面夹持环	授权
CN200820027898	青岛高校软控股份有限公司	上环形胎面膨胀环	授权
CN200920026766	青岛高校软控股份有限公司	轮胎翻新胎侧打磨装置	授权
CN200920030528	青岛高校软控股份有限公司	后输送装置	授权
CN200820020684	青岛高校软控股份有限公司	用于轮胎翻修预硫化的内包封套	授权
CN200820024610	青岛高校软控股份有限公司	立式上包封套机	授权
CN200820173985	青岛高校软控股份有限公司	胎面磨毛机缠绕装置	授权
CN200920026764	青岛高校软控股份有限公司	全自动打磨机的侧打磨装置	授权
CN201120263654	孙玉和	巨型轮胎翻新硫化设备	授权
CN201120263676	孙玉和	巨型轮胎翻新打磨设备	授权
CN201120263652	孙玉和	巨型轮胎翻新挂胶缠绕设备	授权
CN201110208366	孙玉和	巨型轮胎翻新挂胶缠绕设备	待审
CN201110208368	孙玉和	巨型轮胎翻新打磨设备	待审
CN201110231707	孙玉和	巨型轮胎翻新修补工艺	待审
CN201110208370	孙玉和	巨型轮胎翻新修补用胶	待审
CN201110208378	孙玉和	巨型轮胎翻新硫化设备	待审
CN201110208396	孙玉和	巨型轮胎翻新刻花设备	待审
CN200620035603	乐山市亚轮模具有限公司	框架式巨型工程机械轮胎翻新硫化机	授权
CN201120401507	乐山市亚轮模具有限公司	工程机械轮胎削磨机	授权
CN200820141466	乐山市亚轮模具有限公司	环状预硫化胎面硫化机	授权
CN201020606782	乐山市亚轮模具有限公司	胶囊型活络模硫化机	授权
CN201120205714	乐山市亚轮模具有限公司	一种胶囊夹持机构	授权

续表

申请号	申请人	发明名称	法律状态
CN201320667212	乐山市亚轮模具有限公司	一种车胎活络模硫化机	授权
CN201320667478	乐山市亚轮模具有限公司	一种用于车胎活络模硫化机的中心夹持装置	授权
CN201020604179	乐山市亚轮模具有限公司	巨型工程机械轮胎削磨机	授权
CN201220726088	天台县铭通机械有限公司	螺杆式压辊压合装置	授权
CN201220747874	天台县铭通机械有限公司	一种钢丝胎顶分层切断机	授权
CN201220748413	天台县铭通机械有限公司	轮胎内腔打磨机	授权
CN201220725560	天台县铭通机械有限公司	气控两辊压合装置	授权
CN201220748090	天台县铭通机械有限公司	一种仿形胎面打磨机	授权
CN201220748707	天台县铭通机械有限公司	一种轮胎削磨装置	授权
CN201210591937	天台县铭通机械有限公司	轮胎内腔打磨机	待审
CN201120227020	青岛裕盛源橡胶有限公司	矿山用翻新轮胎	授权
CN201120227041	青岛裕盛源橡胶有限公司	轮胎翻新硫化机	授权
CN200920025220	青岛裕盛源橡胶有限公司	子午线轮胎硫化机	授权
CN200920030325	青岛裕盛源橡胶有限公司	胎面自动缠绕机	授权
CN201110178686	青岛裕盛源橡胶有限公司	一种矿山轮胎翻新技术	公开
CN201310234206	青岛裕盛源橡胶有限公司	一种橡胶轮胎的再制造方法	待审
CN201110178674	青岛裕盛源橡胶有限公司	轮胎翻新硫化机	待审
CN200910017349	软控股份有限公司	全自动胎面贴合机及其贴合方法	授权
CN200910015955	软控股份有限公司	轮胎翻新胎侧打磨装置及其方法	授权
CN200910256553	软控股份有限公司	用于生产预硫化环形胎面的方法及其硫化装置	授权
CN200910256551	软控股份有限公司	多温控工程胎硫化装置及其控制方法	授权
CN200810138001	软控股份有限公司	胎面贴合机的定型装置及其方法	授权
CN200910015954	软控股份有限公司	轮胎翻新全自动打磨机及其方法	授权
CN200810139756	软控股份有限公司	上环形胎面成型机及其方法	授权
CN201320034333	青岛众益预硫化胎面工程有限公司	一种橡胶质无包封胶套轮胎翻新硫化装置	授权
CN201120483020	青岛众益预硫化胎面工程有限公司	一种翻新轮胎固定支撑装置	授权
CN200910017177	青岛众益预硫化胎面工程有限公司	一种轮胎翻新硫化装置	授权
CN201310024125	青岛众益预硫化胎面工程有限公司	一种橡胶质无包封胶套轮胎翻新硫化装置	待审

3. 广东省废弃橡胶再生循环利用产业人才引进

表6-27是国外来华专利申请的主要发明人分布。在前面的分析中得到来华专利总体不多。其中法国米其林公司主要是在轮胎翻新方面提出申请，日本的株式会社金正产业的发明人在燃料热能方面提出申请，韩国艾思株式会社的发明人和美国AB-CWT公司的发明人都是在热裂解方面提出一定量申请。

表6-27 国外来华专利申请主要发明人 单位：件

企业		发明人	燃料热能	热裂解	橡胶沥青	轮胎翻新	总计
法国	米其林	E. B. 科尔比				7	7
		S. 曼纽尔				5	5
英属维尔京群岛	中国禾森石化控股有限公司	管国全			5		5
日本	株式会社金正产业	金子正元	5				5
韩国	艾思株式会社	全永珉		5			5
瑞士	米其林	C. E. 扎拉克				4	4
		D. G. 齐拉斯				4	4
		R. 扬				4	4
美国	AB-CWT公司	布赖恩·S. 阿佩尔		4			4
		詹姆斯·H. 弗赖斯		4			4

表6-28和表6-29分别是国内其他省市和广东省主要发明人列表。表中分别列出发明人省份、公司以及专注的发明技术领域。省内企业可以在需要的时候进行人才引进。

表6-28 国内其他省市主要申请发明人的技术领域分布 单位：件

省市		发明人	再生胶	胶粉	燃料热能	热裂解	橡胶沥青	轮胎翻新	小计
上海	上海群康沥青科技有限公司	黄子章					40		40
	上海绿人生态经济科技有限公司	徐俊士		3		11			14
	上海振华科技开发有限公司	卢小平		11					11
		程立平		11					11
	上海绿人生态经济科技有限公司 江苏中绿生态科技有限公司	唐红军		1		9			10
		刘波		1		9			10
		吴月龙		1		9			10
山东	个人	牛斌				34			34
		牛晓璐				24			24
		王新明				18			18
		钟爱民						15	15

续表

省市		发明人	再生胶	胶粉	燃料热能	热裂解	橡胶沥青	轮胎翻新	小计
山东	青岛高校软控股份有限公司 软控股份公司	蓝宁						21	21
		王报林						13	13
		刘永禄						12	12
		王旭		1		1	1	8	11
		张希望						11	11
	青岛科技大学 中胶橡胶资源再生有限公司	谭钦艳	13						13
		辛振祥	10						10
	青岛盛华隆橡胶机械有限公司	刘顺军	3	7					10
	高唐兴鲁-奔达可轮胎强化有限公司	田建国						10	10
天津	天津海泰环保科技发展有限公司	余强		1			27		28
		薄一仲					17		17
		郑善					17		17
四川	重庆市聚益橡胶制品有限公司	王文	14	12					26
	四川乐山亚联机械有限责任公司	张树清	8	5					13
	四川维城磁能有限公司	周其强					11		11
	乐山市盛兴机器有限公司	黄子盛		10					10
江苏	江阴耐驰机械科技有限公司	顾洪		24					24
	江阴市鑫达药化机械制造有限公司	顾军		21					21
	常州市武进协昌机械有限公司 常州协昌橡塑有限公司	杨剑平	22	2					24
	江苏东旭科技有限公司	郭夕军	14	1					15
	南通回力橡胶有限公司	倪雪文	13	2					15
		施兆丰	11	2					13
		赵勇	10						10
		周洪	10	1					11
	个人	梁超		10					10
		梁勇		10					10
		梁军		11					11

续表

省市		发明人	再生胶	胶粉	燃料热能	热裂解	橡胶沥青	轮胎翻新	小计
河南	河南新艾卡橡胶工业有限公司	易泽文	14	7					21
		尹成	9	6					15
	河南省高远公路养护技术有限公司	刘廷国		2			10		12
	商丘市瑞新通用设备制造有限公司	刘建波				10			10
	商丘市金源机械设备有限公司	牛勇超				10			10
北京	北京化工大学	张立群	11				9		20
		王士军	11						11
		李晓林	3				9		12
	北京金运通大型轮胎翻修厂	孙玉和						12	12
	个人	邢力		1	1	10			12
湖北	武汉理工大学	黄绍龙					16		16
		丁庆军					15		15
		张诚						15	15
		胡曙光					14		14
辽宁	大连和鹏橡胶机械有限公司	张兴和	16						16
	个人	李大光				12			12
江西	江西省国燕橡胶有限公司	张海兵	9	5					14
浙江	天台县铭通机械有限公司	鲍作育		3				7	10
	台州中宏废橡胶综合利用有限公司	黄祥洪	10						10

表6-29 广东省主要专利申请发明人的技术领域分布　　　　单位：件

	发明人	再生胶	胶粉	热裂解	橡胶沥青	轮胎翻新	小计
华南再生资源（中山）有限公司	李国声			8			8
	许文姬			8			8
深圳海川工程科技有限公司 河源海川科技有限公司 深圳海川新材料科技有限公司	何唯平				7		7

续表

发明人		再生胶	胶粉	热裂解	橡胶沥青	轮胎翻新	小计
广州市首誉橡胶加工专用设备有限公司	张雷		7				7
东莞市贝司通橡胶有限公司	王薇					6	6
深圳海川工程科技有限公司 河源海川科技有限公司 深圳海川新材料科技有限公司	赵欣平				5		5
开平市康汇橡胶制品有限公司	陈漫远	2		2			4
东莞市运通环保科技有限公司	王兴洪		4				4
	蒋红春		6				6
广州市康明硅橡胶科技有限公司	吴世维			4			4

4. 广东省废弃橡胶再生循环利用产业专利风险分析

通过前面广东省专利的分析知道，广东省在专利申请趋势中占优势的是胶粉、橡胶沥青以及热裂解，这几个技术分支与国内外的发展趋势相符。就污染环境考虑，胶粉和橡胶沥青相对于再生胶污染较小，而且国家也已经在推广沥青路面，且目前广东省的胶粉领域已经具有相当实力，可以继续在这两个技术分支发展；而对于再生胶，虽然是我国产业的主要方向，但是基于环保考虑，在实际发展时还是需要采用国家推广的常压脱硫，同时做好生产中废气等处理。轮胎翻新广东省也具有一定规模，发展中应该注重技术创新，控制翻新轮胎的品质。热裂解方面的发展需要取缔土法炼油等低技术含量的裂解技术，采用环保的设备工艺，才能真正利国利民。

从前面总体分析也得出，在再生胶、胶粉以及橡胶沥青分支，整体上在国内进行产业化时相对容易规避国外专利的保护。主要风险在轮胎翻新技术分支，经过前面重点专利分析，国外轮胎巨头米其林和普利司通等在国内已经布局较多相关专利。其主要涉及的内容是细节改进，如发明点在于减少接合剂使用、预硫化胎面的制备、翻新前后的检测装置等。同时国外公司专利保护意识强，米其林和普利司通已经有多次关于商标以及新轮胎的胎面花纹的专利诉讼。

面对这些风险，企业应该加强技术创新自主研发，同时加强专利保护意识，及时了解跟踪国外的技术，从而规避或者预知风险。政府可以建立专利信息平台，集中将几个技术分支重要申请人布局的有效待审专利信息汇总，便于企业获知目前国外技术点布局；同时也可以建立研究机构主要研究内容以及企业主要技术的信息平台，方便产学研结合。

同时，政府部门也应该加大环保查处力度，环保不达标企业需停产整顿，对于达标企业，环保部门也要进行不定期检查，不仅要环保达标还要求确保达标不扰民，让企业不敢对环保工作有丝毫懈怠，促进环境保护力度。政府一方面需要加强管理取缔污染严重技术落后企业，另一方面为创新发展提供技术信息平台。

6.3.3 广东省废弃电子电器产品再生循环利用产业专利导航

1. 广东省废弃电子电器产品再生循环利用产业产学研合作情况

从图 6-37 可知，在广东省专利申请人类型中，企业申请人占到了 72%，科研机构申请人占到了 18%。从各占比来看，说明广东省技术革新以企业为主，但科研机构也是重要的创新来源之一。图 6-37 显示，虽然企业申请人和科研机构申请人占有较大比例，但企业-科研机构合作申请较少，仅为 2%，说明广东省在产学研结合方面还有较大的提升空间。从个人申请占比来看，其处于一个较合理的位置，说明广东省该产业的发展正在向规范化、集中化迈进。

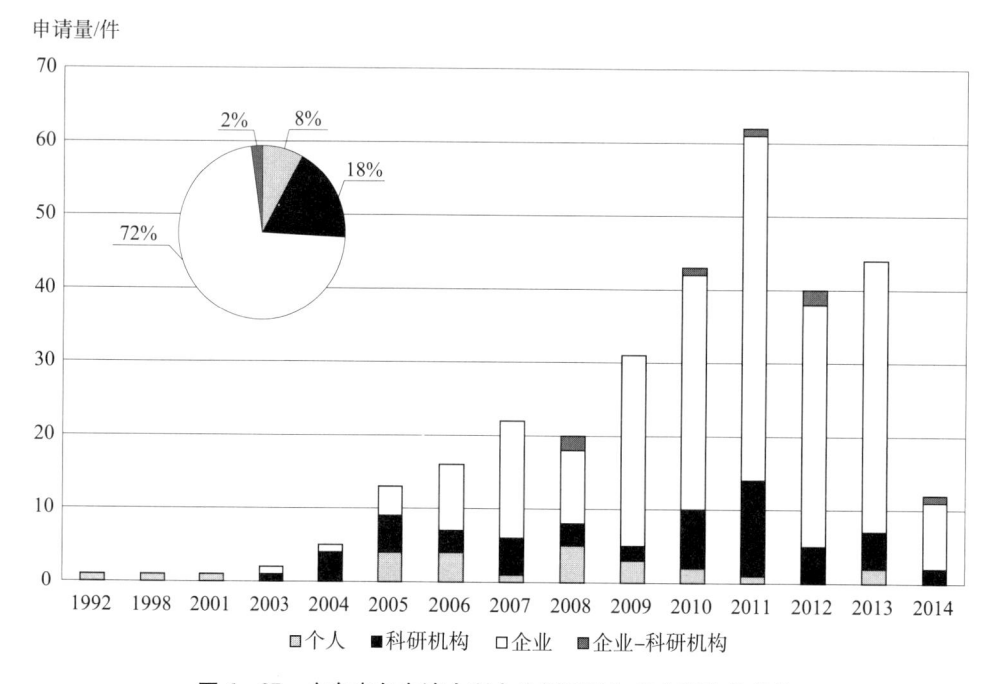

图 6-37 广东省各申请人所占比例以及年度申请变化趋势

图 6-38 是企业申请人在各技术分支申请的变化趋势，图 6-39 是科研机构在各技术分支申请的变化趋势。从图中可知，企业和科研机构重点关注的领域都是电池和线路板分支，且两者在该分支领域都有一定的产业和技术基础。因此，根据前述分析，电池和线路板分支是未来广东省最可能的产学研结合点。

图 6-38 中广东省企业的关注点与图 6-20 和图 6-39 中中国和广东省科研机构的关注点相同，因此表 6-9 中的科研机构是企业较理想的产学研结合对象。从表 6-9 中科研机构区域分布来看，广东省入围的三所科研机构都参与企业合作，其合作数量占合作总量的 37%，说明广东省在产学研合作方面做得较好，经验值得借鉴。

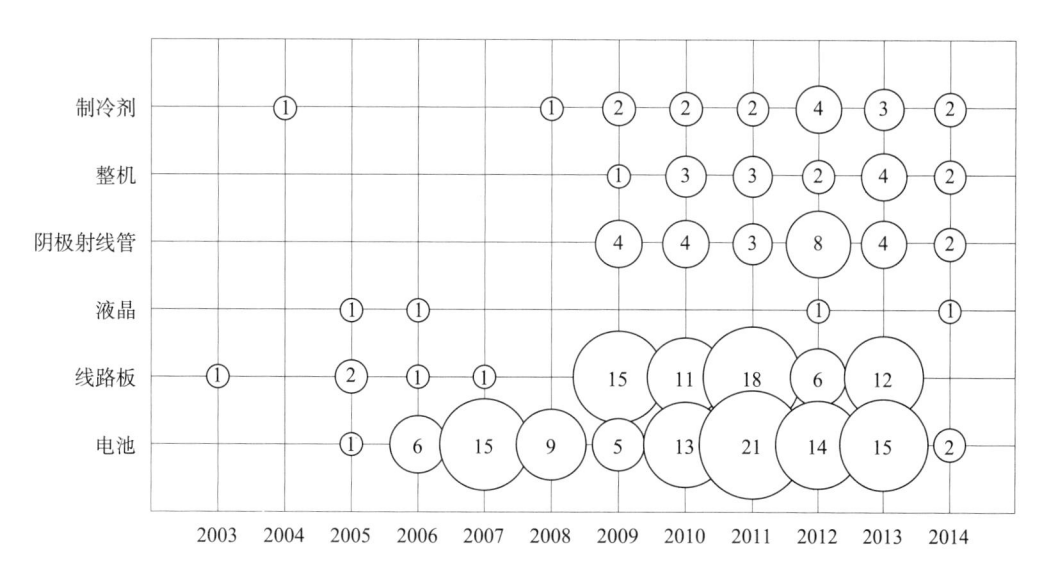

图 6-38 企业在各技术分支申请变化趋势（单位：件）

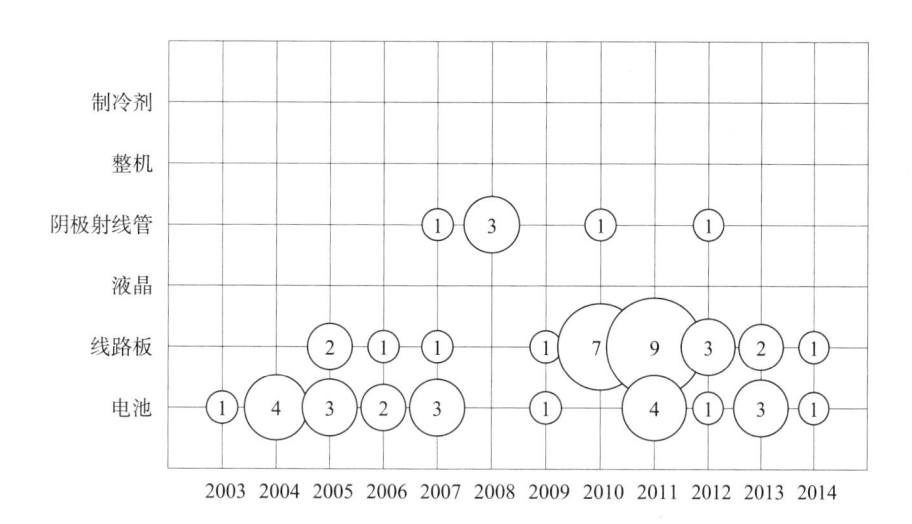

图 6-39 科研机构在各技术分支申请变化趋势（单位：件）

从图 6-40 可知，废弃电池和线路板分支是广东省关注的重点，分别占到了总量的 35% 和 43%，这与前述各国技术分布中电池和线路板为发展重点的情况相同。从各技术分支技术特点的可专利性来说，电池和线路板分支确实具有一定的优势，实际上其专利申请数据也是可观的。然而，受废弃电子电器循环再利用产业特点影响，其在创造直接的经济效益上，还必须兼顾现实的压力，如减轻日益增多的废弃电子电器产品对环境的影响。因此结合现实统计数据，在一定时间内还必须发展整机、阴极射线管等其他分支。体现先进技术的专利也需在相应分支领域得到较好的开发。

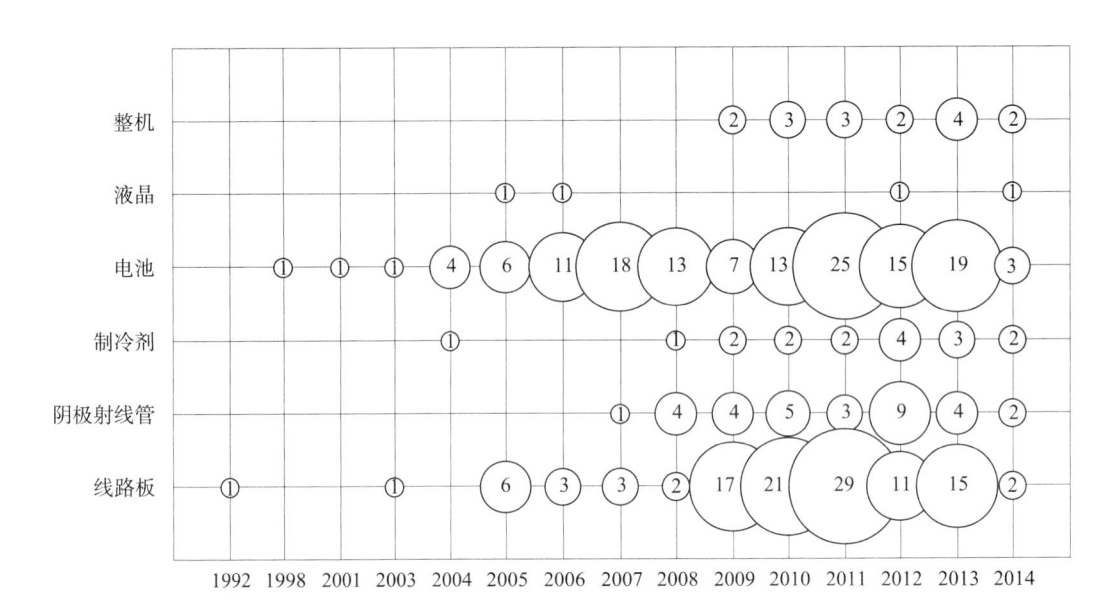

图 6-40 广东省专利申请各技术分支变化趋势

广东省专利申请量排名靠前的 8 位申请人，还不到申请人总量的 9%，但其专利申请约占总申请量的 49.8%。由此可知，广东省内废弃电子电器循环利用产业从业者分布零散。从 91% 的专利申请人的人均占有专利量来看，各从业者规模较小，其用于技术改造的资金并不会太充裕，在不是非常必要情况下，其技术升级积极性不高。要调动小从业者的技术提升速度，科研机构介入是一种快捷的方法。科研机构在启动目标研究课题时已具有相应的研究硬基础和软基础，并不一味依靠外部资金，这样会增加小从业者的负担。因此，具有相应技术研发储备的科研机构应承担起更大的责任。对于经济实力有限的从业者，可以组建技术联盟，这不仅可以分摊研发费用，还可以增加引进成品技术时的谈判筹码。废弃电子电器循环利用领域相比其他领域，受常规竞争模式影响较小。该领域的处理原料废弃电子电器产品是每年逐渐增多的，并在可预见的时间内长期保持，正常情况下不太可能存在货源中断的情形，这能极大减缓企业因货源导致的竞争压力。而行业间的竞争影响主要取决于自身的技术、效率、管理等因素。因此，各小从业者建立技术联盟有助于自身和整个产业的健康发展。政府及相关部门应需整合从业者的技术和区域分布，定期公布相关从业者信息，并引导各从业者建立联盟关系，同时牵线各科研机构进行技术和管理的合作研究。

2. 广东省废弃电子电器再生循环利用产业技术空白点分析与研发导航

电子电器产品是一个由众多元件高度集成的组装体，各元件间的关系错综复杂，且各元件也具有复杂的构造。这就对电子电器的逆向组装——拆解造成了不少的麻烦。在废弃电子电器整机拆解领域，不管是从我国专利文献，还是国外专利记载来看，都没有完全摆脱手工操作。例如，一件日本在中国的专利申请，其权利要求 1 为"一种旧家电类的处理方法，……其特征在于，具有：……；通过手工作业把由上述金属类部件与上述塑料类制成的部件接合形成的上述家电类的框体按照每种原材料分别分选为金属类或塑料类的工序；以及……"前述章节中统计的国内的专利申请也多属于此类，在此不做引述。在这方面中国与其他国家的差距并不是太明显。

但日本等国现有产业使用技术还是具有较高的技术实力的，自动化拆解工艺已走在了国内同行的前面。例如，日本的一件多边申请（进入中国）涉及冰箱拆解工艺流程控制的，其权利要求1为"一种冰箱的拆解方法，包括：预先存储用于拆解冰箱的处理信息的工序；从所述冰箱读出个体信息的个体信息读出工序；从读出的所述个体信息取出所述处理信息的处理信息取出工序；将所取出的所述处理信息显示在所述冰箱的处理信息显示工序；基于所显示的所述处理信息来判定使所述冰箱进入预备处理工序和冷媒回收工序的哪一个工序的第一判定工序；根据所述第一判定工序的判定结果进行动作的工序，使得所述冰箱直接进入所述冷媒回收工序，或者使所述冰箱进入所述预备处理工序，基于所述处理信息针对所述冰箱实施了预备处理后，使所述冰箱进入所述冷媒回收工序；在所述冷媒回收工序中，基于所述处理信息判定从所述冰箱回收的冷媒的第二判定工序；进行动作使得进入按照所述第二判定工序的判定结果从所述冰箱回收所述冷媒的工序的工序；在经过从所述冰箱回收所述冷媒的工序后，基于所述处理信息判定使所述冰箱进入粉碎工序和等待工序的哪个工序的第三判定工序；和根据所述第三判定工序的判定结果进行动作，使得所述冰箱直接进入所述粉碎工序进行粉碎，或者使所述冰箱进入所述等待工序，在所述等待工序中处于等待的冰箱群的台数达到规定台数之后，使所述冰箱进入所述粉碎工序进行粉碎的工序。"其通过先进的信息反馈控制来实现冰箱的流程化拆解，最大化提高了拆解效率，保障了拆解质量。

从重点发展领域电池和线路板来看，国外在华和国内主要待审和有效专利如表6－30、表6－31所示（按申请人字母排序）。

表6－30　国外在华申请电池和线路板技术分支待审和有效专利分布

申请号	申请人	发明名称	法律状态
CN201180049594	LS－日光铜制炼株式会社	用于从锂二次电池废料中回收有价值金属的方法	待审
CN201180034145	RSR科技股份有限公司	通过泡沫浮选法从回收的电化学电池和电池组中分离材料的工艺	待审
CN200980136414A	S.E.斯鲁普	循环利用具有碱性电解质的电池	有效
CN200980114093	S.E.斯鲁普	再循环电池材料中锂的再引入	待审
CN200680035485A	W.C.贺利氏股份有限公司	用于后处理含贵金属材料的方法和设备	有效
CN201280019179	阿泰诺资源循环私人有限公司	拆卸组件的方法和装置	待审
CN03121772A	巴特雷克工业公司	一种在保护气氛存在下分解含有含碱金属物质的电池的方法	有效
CN200410006879A	白光株式会社	电气元件装卸装置	有效

续表

申请号	申请人	发明名称	法律状态
CN201210064010	查理知识产权控股有限公司	用于产生更多量芳香族化合物的热解装置	待审
CN200680052027A	川崎设备系统株式会社	用于从锂二次电池中回收贵重物质的回收方法和回收装置	有效
CN200580052405A	川崎设备系统株式会社	用于从锂二次电池中回收贵重物质的回收装置和回收方法	有效
CN200880123491A	恩吉泰克技术股份公司	由脱硫铅膏起始生产金属铅的方法	有效
CN200610141307A	恩吉泰克技术股份公司	含铅装置的处理系统和方法	有效
CN200510092400A	恩吉泰克技术股份公司	铅蓄电池的铅膏及铅板的脱硫方法	有效
CN200680001399A	丰田自动车株式会社	用于回收燃料电池用催化剂的方法和系统	有效
CN200580020560A	丰田自动车株式会社	锂电池处理方法	有效
CN200980111771	丰田自动车株式会社	锂电池的处理方法	待审
CN201280014730	丰田自动车株式会社	用于电池组的回收方法和处理装置	待审
CN201180038850	丰田自动车株式会社	锂离子二次电池的劣化判定系统以及劣化判定方法	待审
CN200880005631A	丰田自动车株式会社	用于二次电池电极材料的剥离剂和使用该剥离剂处理二次电池的方法	有效
CN200980100226A	丰田自动车株式会社	电池部件的处理方法	有效
CN201180012850A	富士胶片株式会社	回收的印刷板的熔解方法和再循环方法	有效
CN201280011927	高级技术材料公司	用于在废弃的电气和电子设备的循环利用期间剥离焊料金属的装置和方法	待审
CN201180019159	高级技术材料公司	废弃印刷电路板的循环利用方法	待审
CN201180049029	高级技术材料公司	从电子垃圾回收贵金属和贱金属的可持续方法	待审
CN201280030908	高级技术材料公司	从锂离子电池回收锂钴氧化物的方法	待审
CN201280019544	国立大学法人九州大学/住友金属矿山株式会社	钴提取方法	待审
CN201280020059	国立大学法人九州大学/住友金属矿山株式会社	有价金属萃取剂和使用该萃取剂的有价金属萃取方法	待审
CN200780000437A	哈萨克斯坦共和国矿物原料复合加工国有企业东方有色金属矿业冶金研究	含铅材料的处理方法	有效

续表

申请号	申请人	发明名称	法律状态
CN201280003886	韩国地质资源研究院	用有色金属废渣从废弃的移动电话PCB和废弃的汽车催化剂中富集和回收贵金属的方法	待审
CN200880000610A	韩国地质资源研究院	一种利用有机溶液从废印刷电路板中释放金属的新型预处理工艺	有效
CN200780047761A	荷西莱克斯股份有限公司	用于处理未破碎的铅蓄电池的方法和设备	有效
CN00811093A	霍尔吉亚股份公司	用于电池再生处理的方法、装置与系统	有效
CN200810178835A	吉坤日矿日石金属株式会社	从含有Co、Ni、Mn的锂电池渣中回收有价金属的方法	有效
CN201010298500A	吉坤日矿日石金属株式会社	镍和锂的分离回收方法	有效
CN201110250193A	吉坤日矿日石金属株式会社	正极活性物质的浸出方法	有效
CN201010220883A	吉坤日矿日石金属株式会社	从锂离子二次电池回收物制造碳酸锂的方法	有效
CN97109939A	佳能株式会社	回收密封型电池的部件的方法和设备	有效
CN200780041628A	剑桥企业有限公司	铅回收	有效
CN201280031548	杰富意钢铁株式会社	锰回收方法	待审
CN200580018320A	雷库皮尔公司	锂-基阳极电池组和电池的混合回收方法	有效
CN00802996A	雷努瓦尔国际公司	用于从溶液中去除金属的电化学电池	有效
CN200780039286A	李映勋	废蓄电池解体装置	有效
CN201320209472	理士电池私人有限公司	蓄电池板栅清理装置	有效
CN200880004514A	林炯学	利用废电池粉末的黏土瓷砖制造方法	有效
CN200980154463A	马洛信息有限公司	蓄电池再生设备	有效
CN200880005365A	米尔布鲁克铅再生科技有限公司	从含电极糊的废铅电池中回收高纯度碳酸铅形式的铅	有效
CN200980161170	米尔布鲁克铅再生科技有限公司	由废弃铅电池的回收电极糊粘液和/或铅矿回收高纯度铅化合物形式的铅	待审
CN201180039418	浦项产业科学研究院	从含锂溶液中经济地提取锂的方法	待审
CN200680026925A	日本斯倍利亚社股份有限公司	无铅焊料中的铜的析出方法、$(CuX)_6Sn_5$系化合物的制粒方法和分离方法以及锡的回收方法	有效
CN97101285A	三德金属工业株式会社	从含稀土-镍的合金中回收有用元素的方法	有效

续表

申请号	申请人	发明名称	法律状态
CN200380107623A	三井金属矿业株式会社	锂离子电池内的钴回收方法以及钴回收系统	有效
CN201080046077A	三井金属矿业株式会社	储氢合金组合物的制造方法	有效
CN201080066309	上原春男	锂回收装置及其回收方法	有效
CN201080046284	石尚烨	增大接触比表面积的有价金属回收用电解槽	待审
CN03802073A	史蒂文·E. 斯鲁普	采用超临界流体从能量存储和/或转换器件中除去电解质的系统和方法	有效
CN00801014A	松下电器产业株式会社	轧碎装置、轧碎方法、分解方法以及贵重物回收方法	有效
CN95109567A	藤田贤一	铅蓄电池用电解液及使用该液的铅蓄电池	有效
CN201180023230A	田中贵金属工业株式会社	从镀覆废水中回收贵金属离子的方法	有效
CN201010162679A	通用电气公司	从含碲化镉组件中回收碲的方法	有效
CN200910173516A	通用汽车环球科技运作公司	性能退化的锂离子蓄电池单元的再生和再次使用	有效
CN200910258469A	通用汽车环球科技运作公司	用于老化的袋式锂离子电池的再生方法和装置	有效
CN201010552625A	通用汽车环球科技运作公司	液体可再充电的锂离子蓄电池	有效
CN201180062915	同和环保再生事业有限公司	从锂离子二次电池回收有价值材料的方法，以及含有有价值材料的回收材料	待审
CN03818803A	同和金属矿业有限公司/田中贵金属工业株式会社/小坂制炼株式会社/株式会社日本PGM	回收铂族元素的方法	有效
CN200710153756A	同和金属矿业有限公司/田中贵金属工业株式会社/小坂制炼株式会社/株式会社日本PGM	回收铂族元素的方法和装置	有效
CN201180071172	英派尔科技开发有限公司	由物品再生金属	待审
CN201180064972	英派尔科技开发有限公司	半导体材料的辐射辅助静电分离	待审
CN201080068441	英派尔科技开发有限公司	从印刷电路板去除和分离元件	待审
CN201180048492	英派尔科技开发有限公司	从锂离子电池废物中对锂的有效回收	待审
CN201080069099	英派尔科技开发有限公司	分解和循环使用电池	待审
CN201180043443	赢创德固赛有限公司/施蒂格电力矿物有限责任公司	借助于电晕放电的电子分拣	待审

续表

申请号	申请人	发明名称	法律状态
CN200480017436A	尤米科尔股份公司及两合公司	从含氟的燃料电池组件中富集贵金属的方法	有效
CN201280028116	原材料有限公司	用于回收电池成分的方法和系统	待审
CN201180009991	株式会社JSV/立野洋人	防止由铅蓄电池的电气处理导致的蓄电能力恶化和再生装置	待审
CN02803121A	株式会社电装	印刷电路板的再生方法和装置	有效
CN201110005222A	株式会社日立制作所	锂离子电池及其再生方法	有效
CN201210544386	株式会社神户制钢所	钛制燃料电池隔板材的导电层除去方法	待审
CN201280008981	住友化学株式会社	从电池废料中回收活性物质的方法	待审
CN201280017953	住友金属矿山株式会社	有价金属的回收方法	待审
CN201280009299	住友金属矿山株式会社	有价金属的回收方法	待审
CN201280068928	住友金属矿山株式会社	锂的回收方法	待审
CN201280057314	住友金属矿山株式会社	高纯度硫酸镍的制造方法	待审
CN201280006714	住友金属矿山株式会社	有价金属的浸出方法及使用了该浸出方法回收有价金属的方法	待审
CN201180046202	住友金属矿山株式会社	含镍酸性溶液的制造方法	待审
CN201080067523	住友金属矿山株式会社	从使用完的镍氢电池所含有的活性物质中分离镍、钴的方法	待审
CN201280069426	住友金属矿山株式会社	锂的回收方法	待审
CN201280009250	住友金属矿山株式会社	有价金属的回收方法	待审
CN201180060370	住友金属矿山株式会社	正极活性物质的分离方法和从锂离子电池中回收有价金属的方法	待审
CN201180067560	住友金属矿山株式会社	有价金属的回收方法	待审
CN201280017952	住友金属矿山株式会社	有价金属的回收方法	待审

表6-31 国内申请电池和线路板技术分支待审和有效专利分布

申请号	申请人	发明名称	法律状态
CN200710031418A	佛山市邦普镍钴技术有限公司、清华大学核能与新能源技术研究院、李长东、黄国勇、徐盛明	一种从镍氢电池正极废料中回收、制备超细金属镍粉的方法	有效
CN200810028730A	佛山市邦普镍钴技术有限公司、清华大学核能与新能源技术研究院、李长东、黄国勇、徐盛明	一种从废旧锂离子电池中回收、制备钴酸锂的方法	有效
CN201110425718A	佛山市邦普循环科技有限公司	一种处理动力电池拆解产生的含铁酸性废水的装置和方法	有效

续表

申请号	申请人	发明名称	法律状态
CN201010605151A	佛山市邦普循环科技有限公司	一种废旧电池中锂的回收方法	有效
CN201110147696A	佛山市邦普循环科技有限公司	一种从电动汽车锂系动力电池中回收锂的方法	有效
CN201110222393A	佛山市邦普循环科技有限公司	一种从电动汽车用磷酸钒锂动力电池中回收钒的方法	有效
CN201110298498	佛山市邦普循环科技有限公司	一种电动汽车用动力型锰酸锂电池中锰和锂的回收方法	有效
CN201210015235	佛山市邦普循环科技有限公司	一种废旧石墨负极材料的再生方法	有效
CN201210017163	佛山市邦普循环科技有限公司	一种锰系废旧电池中有价金属的回收利用方法	有效
CN201110297933	佛山市邦普循环科技有限公司	新能源车用动力电池回收方法	有效
CN201120305816	佛山市邦普循环科技有限公司	一种废旧电池水刀切割机	有效
CN201220112085	佛山市邦普循环科技有限公司	一种废旧电池拆解机	有效
CN201110357947A	佛山市邦普循环科技有限公司	一种废旧锂离子电池正极片中铝箔的化学分离方法	有效
CN201310089509	佛山市邦普循环科技有限公司、湖南邦普循环科技有限公司	一种以废旧锂电池为原料逆向回收制备镍锰酸锂的工艺	有效
CN201310314079	佛山市邦普循环科技有限公司、湖南邦普循环科技有限公司	一种以废旧锂电池为原料逆向回收制备镍钴酸锂工艺	有效
CN201320007429	佛山市邦普循环科技有限公司、湖南邦普循环科技有限公司	一种废旧电池及其过程废料全自动破碎分选系统	有效
CN201220519717	佛山市邦普循环科技有限公司、湖南邦普循环科技有限公司	一种电动车用动力电池模组分离设备	有效
CN201310005498	佛山市邦普循环科技有限公司、湖南邦普循环科技有限公司	一种废旧电池及其过程废料全自动破碎分选系统	有效
CN201310073579	佛山市邦普循环科技有限公司、湖南邦普循环科技有限公司	一种新型电动车用动力电池模组分离设备	有效
CN201110147698A	广东邦普循环科技股份有限公司	一种从电动汽车磷酸铁锂动力电池中回收锂和铁的方法	有效
CN201310656285	广东邦普循环科技股份有限公司、湖南邦普循环科技有限公司	一种废旧锂离子电池负极材料中石墨与铜片的分离及回收方法	有效
CN201110233096A	广东邦普循环科技有限公司	一种废旧锂离子电池负极材料钛酸锂的再生方法	有效
CN201210016455A	广东邦普循环科技有限公司	一种废旧镍镉电池中镉含量的测定方法	有效

续表

申请号	申请人	发明名称	法律状态
CN201310265542	广东邦普循环科技有限公司、湖南邦普循环科技有限公司	一种从废旧镍锌电池中回收镍和锌的方法	待审
CN201210421198A	广东邦普循环科技有限公司、湖南邦普循环科技有限公司	一种由废旧动力电池定向循环制备镍钴锰酸锂的方法	有效
CN201320721466	广东邦普循环科技有限公司、湖南邦普循环科技有限公司	一种废旧动力电池箱拆解生产线	有效
CN201420198937	广东邦普循环科技有限公司、湖南邦普循环科技有限公司	一种动力电池拆解设备	有效
CN201320740763U	广东邦普循环科技有限公司、湖南邦普循环科技有限公司	一种废旧动力电池模组拆解生产线	有效
CN201410164190	广东邦普循环科技有限公司、湖南邦普循环科技有限公司	一种动力电池拆解设备和方法	待审
CN201210383571A	广东邦普循环科技有限公司、湖南邦普循环科技有限公司	一种电动车用动力电池模组分离设备	有效
CN201310646706	广东邦普循环科技有限公司、湖南邦普循环科技有限公司	一种由废旧动力电池定向循环制备镍锰氢氧化物的方法	待审
CN201210004806A	湖南邦普循环科技有限公司	一种从废旧锂离子电池中回收有价金属的方法	有效
CN201010523257A	湖南邦普循环科技有限公司	一种从废旧锂离子电池及废旧极片中回收锂的方法	有效
CN200910226670A	湖南邦普循环科技有限公司	一种废旧锂离子电池阳极材料石墨的回收及修复方法	有效
CN201320105291	湖南邦普循环科技有限公司、佛山市邦普循环科技有限公司	一种回收镍氢电池负极片中铜网、镍钴和稀土的设备	有效
CN201410032008	湖南邦普循环科技有限公司、广东邦普循环科技有限公司	一种从废旧镍锌电池中回收有价金属的方法	待审
CN201110350720	江西格林美资源循环有限公司	一种电路板的无害化处理以及资源综合回收的方法	待审
CN201110065079A	江西格林美资源循环有限公司、荆门市格林美新材料有限公司、深圳市格林美高新技术股份有限公司	一种从锂电池正极材料中分离回收锂和钴的方法	有效
CN201120178442	江西格林美资源循环有限公司、深圳市格林美高新技术股份有限公司	一种分离电路板电子元器件的设备	有效
CN201110248036A	荆门市格林美新材料有限公司	一种废旧电路板中稀贵金属的综合回收方法	有效

续表

申请号	申请人	发明名称	法律状态
CN201210141765	荆门市格林美新材料有限公司	一种处理废旧电路板退锡废液的方法	待审
CN200920129339	深圳市格林美高新技术股份有限公司	废弃电路板回收铜合金循环再造粉末冶金制品的装置系统	有效
CN200910104980A	深圳市格林美高新技术股份有限公司	废弃电路板回收铜合金循环再造粉末冶金制品的方法及其装置系统	有效
CN200510101384A	深圳市格林美高新技术股份有限公司	一种汽车与电子废弃物的回收工艺及其系统	有效
CN201020607760	深圳市格林美高新技术股份有限公司	一种脱焊设备	有效
CN200920129338	深圳市格林美高新技术股份有限公司	废弃电路板回收玻塑铜循环再造塑木制品的装置系统	有效
CN201110102410A	深圳市格林美高新技术股份有限公司	一种处理废旧印刷电路板的方法	有效
CN201110059739A	深圳市格林美高新技术股份有限公司	一种免焚烧无氰化处理废旧印刷电路板的方法	有效
CN201110092620A	深圳市格林美高新技术股份有限公司	一种从废旧电路板中回收稀贵金属的方法	有效
CN201210141531	深圳市格林美高新技术股份有限公司	一种从含锗废弃元件中提取锗的方法	待审
CN201110278293	深圳市格林美高新技术股份有限公司	一种利用CO_2气体选择性沉淀分离镍锰的方法	待审
CN201110245534	深圳市格林美高新技术股份有限公司	一种处理废旧汽车动力锂电池磷酸铁锂正极材料的方法	待审
CN201110243034	深圳市格林美高新技术股份有限公司	废旧动力电池三元系正极材料处理方法	待审
CN200720119313U	深圳市格林美高新技术股份有限公司	废弃锌锰电池的选择性挥发焙烧炉	有效
CN200710073916A	深圳市格林美高新技术股份有限公司	一种废弃锌锰电池的选择性挥发回收工艺	有效
CN200720119314U	深圳市格林美高新技术股份有限公司	废弃锌锰电池的选择性挥发回收系统	有效
CN200720119315U	深圳市格林美高新技术股份有限公司	废弃锌锰电池挥发烟气的冷凝回收器	有效
CN200610061204A	深圳市格林美高新技术股份有限公司	废弃电池分选拆解工艺及系统	有效

续表

申请号	申请人	发明名称	法律状态
CN200620017473U	深圳市格林美高新技术股份有限公司	废弃电池卧式破壳机	有效
CN200710125489A	深圳市格林美高新技术股份有限公司	一种废弃电池的控制破碎回收方法及其系统	有效
CN200720196364U	深圳市格林美高新技术股份有限公司	一种废弃电池的控制破碎装置及其回收系统	有效
CN201210009187	深圳市格林美高新技术股份有限公司	从废旧薄膜太阳能电池中回收镓、铟、锗的方法	待审
CN201120175892	深圳市格林美高新技术股份有限公司、江西格林美资源循环有限公司	一种改进型脱焊设备	有效
CN201210220835	深圳市格林美高新技术股份有限公司、荆门市格林美新材料有限公司	控制破碎分离低值物质与贵物质的方法及装置	待审
CN201210047906	深圳市格林美高新技术股份有限公司、荆门市格林美新材料有限公司	用于电子废弃物板卡的回收与取样装置及方法	待审
CN200520067590U	深圳市格林美高新技术有限公司	一种汽车与电子废弃电路板的脱焊设备	有效
CN200510127614	深圳市格林美高新技术有限公司	循环技术生产超细钴粉的制造方法与设备	有效
CN200620017474U	深圳市格林美高新技术有限公司	废弃电池立式破壳机	有效
CN200620017472	深圳市格林美高新技术有限公司	废弃电池自动分选机	有效
CN201110223517A	武汉格林美资源循环有限公司	一种从废旧电路板中回收金、钯、铂、银的方法	有效
CN201110304896A	武汉格林美资源循环有限公司	废旧镍氢电池中金属元素回收方法	有效

从前述章节专利统计分析来看，现阶段的领域关注点在于废弃电池处理，然而从技术角度来看，其主要在于废弃电池中金属的提取与利用。不管是从废弃电池还是从原矿石中提取金属，其原理都是大同小异的。对于从事该行业的工作者来说，其工艺或装置的微调改进是较容易实现的。然而，实际上对于更高效的金属提取与利用，不是将金属提取出后再制造，而是在提取过程中再制造，这样就能简化提取工艺，提高生产效率。这一点，国内专利技术并不落后，5.3.2节分析电池分支专利技术时进行了详细说明，在此不再赘述。

针对废弃电池处理，急需解决的问题反而是回收问题。电池因其体积相对偏小，随意丢弃成为现阶段一个普遍现象。日本申请人在此方面就有相关专利申请，如"权利要求1：一种对电池的信息记录方法，其特征在于，在电池上安装IC标签，并在该IC标签中存储在电池的制造、流通、使用及使用完后的分类回收中所需的任意信息。"该权利要求的技术方案内容简单，但其理念新颖，通过该信息监控就能对每个电池进行监控，同时配以相应的法规，废弃电池回收难的问题将会迎刃而解。

纵观我国在废弃电子电器领域内的技术发展，也形成了相应的技术开发和发展体系。单从技术角度来看，差距是逐渐在缩短的。但从指导技术开发的先进思想与理念层面来看，还与发达国家有一定差距。这还需科技工作者接下来进行有效解决。

3. 广东省废弃电子电器再生循环利用产业人才引进

表6-32是国内主要发明人专利申请数量排名。从表中可看出，排名前10位中有5位广东省的发明人，说明广东省发明人具有较强的实力，这些先进人才引领了广东省废弃电子电器领域科技和产业的发展。从前10位发明人的省份分布来看，与前述章节中统计分析得到的全国在该领域内重要省份的分布基本一致，这也从另一侧面体现了发明人作为第一生产力对技术和产业发展驱动所产生的效力。

表6-32　国内主要发明人专利申请数量排名　　　　　　　　　　单位：件

省份	申请人	发明人	线路板	阴极射线管	制冷剂	电池	液晶	整机拆解	总计
广东省	格林美	许开华	13	9	2	11	1	1	37
广东省	邦普	李长东	1			35			36
湖南省	万容	明果英	20		3			9	32
广东省	鼎晨	林春涛	9	9	2			4	24
湖南省	万容	李麒麟	15		1			5	21
上海市	上海交通大学	许振明	15			1	1	2	19
北京市	清华大学	李金惠	8	3		5		2	18
广东省	邦普	余海军				17			17
浙江省	浙江汇同电源有限公司	矫坤远				17			17
广东省	格林美	王勤	4	4	1	6		1	16
四川省	四川师范大学	魏涛				16			16
四川省	四川师范大学	龙怡				16			16
四川省	四川师范大学	龙炳清				16			16
浙江省	浙江汇同电源有限公司	魏兴虎				16			16
安徽省	合肥工业大学	刘志峰	8		1		3	2	14
湖南省	万容	周斌	7		2	1		4	14
安徽省	个人	张保兴				13			13
安徽省	合肥工业大学	宋守许	10		1			2	13
安徽省	合肥工业大学	刘光复	10		1			2	13
广东省	邦普	唐红辉	1			12			13

续表

省份	申请人	发明人	线路板	阴极射线管	制冷剂	电池	液晶	整机拆解	总计
广东省	格林美	闫梨	5	6	1		1		13
安徽省	合肥工业大学	王玉琳	6		1	3		2	12
江苏省	东南大学	雷立旭				12			12
浙江省	宁波同道恒信环保科技有限公司	马永梅	12						12
安徽省	个人	王坤				11			11
广东省	格林美	何显达	2	3	1	5			11
广东省	广东工业大学	钟胜	11						11
湖南省	万容	张宇平	3		1	1		6	11
浙江省	浙江汇同电源有限公司	马秀中				11			11
浙江省	浙江天能电源材料有限公司	李军				11			11
安徽省	个人	朱浴民				10			10
安徽省	个人	朱桂贤				10			10
安徽省	个人	马焱				10			10
安徽省	个人	段克祥				10			10
北京市	北京工业大学	左铁镛	9	1					10
北京市	北京工业大学	聂祚仁	9			1			10
北京市	清华大学	向东	10						10
甘肃省	兰州理工大学	王大辉				10			10
广东省	格林美	谭翠丽	3	5	1	1			10
广东省	格林美	陈艳红	2	3	1	4			10

表6-33为其他国家或地区在华专利申请数量较多的发明人统计，多数来自日本、美国公司的研发团队。日本和美国发明人主要分布于电池领域，以丰田、吉坤日矿日石金属株式会社、住友和3M创新有限公司为代表；德国发明人主要涉及制冷剂领域；日本松下公司涉及较广，涵盖了4个分支；佳能株式会社主要集中于整机拆解领域。

表6-33 其他国家或地区在华专利申请主要发明人的技术领域分布 单位：件

国籍	申请人	发明人	线路板	阴极射线管	制冷剂	电池	液晶	整机拆解
德国	博世有限公司	G. 文卡特什			3			
美国	高级技术有限	江平	3					
美国	3M创新有限公司	马克·K. 德贝				3		
美国	3M创新有限公司	小克莱顿·V. 汉密尔顿				3		

续表

国籍	申请人	发明人	线路板	阴极射线管	制冷剂	电池	液晶	整机拆解
日本	丰田	有村一孝				3		
		山崎博资				3		
	吉坤日矿日	小林大祐				3		
		山口阳介				3		
		山冈利至				3		
		成迫诚				3		
	松下	沼本浩直			5			
		志水薫	1					2
		原口和典				3		
		松田裕			1			2
		四元千夫			1			2
		大尾文夫				3		
	住友	浅野聪				6		
		森一广				5		
		高桥纯一				5		
		石田人士				4		
		丹敏郎				3		
	佳能株式会社	高瀬博光						4
		三浦直子						4
		小林辰						4
		小林登代子						4
		野间敬						4
		元井泰子						4

表6-34和表6-35为国内其他省区市和广东省主要发明人专利技术领域分布，其中来自广东省和浙江省的发明人数量较多。安徽省和广西壮族自治区的发明人主要以个人居多，人均在10件以上，这从一定程度上体现其产业发展还不太成熟。湖南省虽然发明人申请数量不是最强的，但在除了广东省的其他省份内，有单个发明人申请量达32件的。表中还显示排名靠前的北京市发明人都来源于高校和科研机构，且在全国发明人排名中申请数量所占分量较大，体现了北京市在该领域内较强的科研实力和具有完备的人才储备。从全国范围来看，广东省不仅发明人数量是最多的，而且其所属企业数也是最多的，其中也不乏高校和科研机构的身影，这充分体现了广东省在该领域健康稳定的发展。为了更好地促进技术和产业的升级，省内相关企业可在上述基础上结合自身需求，积极寻找技术合作和技术研发人才。

表6-34 国内其他省市专利申请主要发明人的技术领域分布　　　　　单位：件

省份	申请人	发明人	线路板	阴极射线管	制冷剂	电池	液晶	整机拆解
安徽	个人	张保兴				13		
		王坤				11		
		朱浴民				10		
		朱桂贤				10		
		马焱				10		
		段克祥				10		
	合肥工业大学	刘志峰	8		1		3	2
		宋守许	10		1		2	
		刘光复	10		1		2	
		王玉琳	6		1		3	2
	安徽华鑫集团界首市泰洋铅业有限公司	尚诚德				5		
北京	北京工业大学	左铁镛	9	1				
		聂祚仁	9			1		
		席晓丽	9					
		夏志东	4			1		
		史耀武	4			1		
		雷永平	4			1		
		郭福	4			1		
	北京航空航天大学	沈志刚	5					
		麻树林	5					
	北京化工大学	孙艳芝				9		
		潘军青				9		
	北京科技大学	张深根	6			3		
		田建军	6			3		
		潘德安	6			3		
		李彬	6			3		
	北京矿冶研究总院	王成彦		1		5		
		李敦钫		1		4		
	北京理工大学	李丽	1			7		
		吴锋				6		
	个人	乔琦	3			2		3
		刘景洋	3			2		3
		郭玉文	3			2		3

续表

省份	申请人	发明人	线路板	阴极射线管	制冷剂	电池	液晶	整机拆解
北京	清华大学	李金惠	8	3		5		2
		向东	10					
		段广洪	9					
		汪劲松	6					
		牟鹏	6					
		杨继平	5					
		龙旦风	5					
	中国科学院过程工程研究所	曹宏斌	5			1		
	中国科学院生态环境研究中心	张付申	5	3		1		
甘肃	兰州理工大学	王大辉				10		
广西	个人	梁刚	8					
河南	国家电网公司 国网河南省电力公司电力科学研究院	赵光金				8		
		何睦				5		
	河南省电力公司电力科学研究院 国家电网公司	李东梅				6		
	河南师范大学	席国喜				8		
	河南豫光金铅股份有限公司	陈梁				8		
		赵传合				6		
		赵朝军				6		
		张和平				6		
		翟延忠				6		
		杨新				6		
		夏胜文				6		
		李新战				6		
		赵传和				5		
		黄建伟				5		
湖北	荆州市大明灯业有限公司	杨波		4		1		
	武汉科技大学	杨正群				5		
		柯昌美				5		

续表

省份	申请人	发明人	线路板	阴极射线管	制冷剂	电池	液晶	整机拆解
湖南	万容	张宇平	3		1	1		6
		明果英	20		3			9
		李麒麟	15		1			5
		周斌	7		2	1		4
		方寅斗	2		2			4
		李鹏	1		1			5
		谭三香			2			4
		刘叶华			1			5
		周军	5					
		黄山多	3					2
	先进储能材料国家工程研究中心有限责任公司	杨先锋				7		
		齐士博				7		
		蒋庆来				7		
		王一乔				5		
		石建珍				5		
	中南大学	丘克强	7			2		
		周益辉	6		2			
		唐新村				5		
江苏	常州翔宇资源再生科技有限公司 江苏技术师范学院	周全法	6			3		
		王怀栋	7			2		
		张锁荣	5			3		
		张仁俊	6			2		
		屠远	4			2		
	东南大学	雷立旭				12		
	南京大学	周培国	2			3		
		郑正	2			3		
		张继彪	2			3		
		彭晓成	2			3		
		孟卓	2			3		
		罗兴章	2			3		
		李培培	2			3		
		李军状	2			3		
	苏州群瑞环保科技有限公司	方伟清				3	2	
	伟翔公司（江苏）	康俊峰	3	1		2		1
	扬州大学	阮菊俊	4					1

续表

省份	申请人	发明人	线路板	阴极射线管	制冷剂	电池	液晶	整机拆解
江西	个人	李根铭	2	1		2		1
	中国瑞林工程技术有限公司	张铭发				8		
		胡小芳				8		
		胡奔流				7		
		邓雅清				5		
山东	海尔集团公司 海尔集团技术研发中心	尹凤福	4					1
	青岛新天地生态循环科技有限公司	韩清洁		2	1			3
上海	东华大学	李登新	6					
	森蓝环保（上海）有限公司	罗新云	4					4
		邓明强	4	1				3
	上海第二工业大学	白建峰	4	1				
		王景伟	4	1				
	上海电子废弃物交投中心有限公司	杨桂兴	1					4
		陈德炯	1					4
	上海交通大学	许振明	15			1	1	2
		王永清	5	2				
		李佳	7					
	上海申嘉三和环保科技开发有限公司 张家港美星三和机械有限公司	张健		3		1		2
	同济大学	李光明	2		1	5	1	
		贺文智	2		1	5	1	
		黄菊文	1			5	1	
	伟翔环保科技发展（上海）有限公司	李春航	4			1		
四川	仁新设备制造（四川）有限公司	杨金续	1	3	1			2
		王蓬伟	1	3	1			1
		刘振学	1	3	1			1
		朱娟玉	1	3				1
	四川长虹	郅慧	4	1		1		2
		潘晓勇	3		1	1	2	1

续表

省份	申请人	发明人	线路板	阴极射线管	制冷剂	电池	液晶	整机拆解
四川	四川师范大学	魏涛				16		
		龙怡				16		
		龙炳清				16		
	四川天齐锂业股份有限公司	熊仁利				7		
		王平				7		
		黄春莲				7		
		金鹏				5		
	西南科技大学	陈梦君	5	1		2		
		王建波	5			1		
		陈海焱	5			1		
天津	南开大学	阎杰				5		
	天津理工大学	赵乾				7		
		王志远				7		
		万钧				7		
		崔宏祥				7		
	天津市环境保护科学研究院	王哲	3		4			
		张艳华	2		4			
云南	云南民族大学	杨新周	5					
		羊波	5					
		李银科	5					
		胡秋芬	5					
浙江	长兴新源机械设备科技有限公司	李小兵				5		
		陈新明				5		
	杭州电子科技大学	姚志通		6				
		张素玲		5				
		张春晓		5				
	宁波同道恒信环保科技有限公司	马永梅	12					
		黄海	8					
	台州伟博环保设备科技有限公司	童加增	1	1				4
	个人	许兴义				7		
	浙江工业大学	高云芳				6		
	浙江圷益科技有限公司	王威平	7			1		

续表

省份	申请人	发明人	线路板	阴极射线管	制冷剂	电池	液晶	整机拆解
浙江	浙江汇同电源有限公司	矫坤远				17		
		魏兴虎				16		
		马秀中				11		
		许树奎				8		
		马国峰				8		
		兰大伟				7		
	浙江力胜电子科技有限公司	祝江土		5				
	浙江天能电源材料有限公司	李军				11		
		张志勇				8		
		娄可柏				8		
		胡建平				8		

表6-35 广东省专利申请主要发明人的技术领域分布　　单位：件

申请人	发明人	线路板	阴极射线管	制冷剂	电池	液晶	整机拆解
邦普	李长东	1			35		
	余海军				17		
	唐红辉	1			12		
	刘更好				9		
	周汉章				8		
	谭群英				8		
	黄国勇	1			7		
	欧彦楠				6		
	徐盛明				5		
	仇健申				5		
	罗峰				5		
鼎晨	林春涛	9	9	2			4
格林美	许开华	13	9	2	11	1	1
	王勤	4	4	1	6		1
	闫梨	5	6	1		1	
	何显达	2	3	1	5		
	谭翠丽	3	5	1	1		
	陈艳红	2	3	1	4		
	苏陶贵	2	2	1	2		1

续表

申请人	发明人	线路板	阴极射线管	制冷剂	电池	液晶	整机拆解
广东奥美特集团有限公司	蔡莎莎	4					2
广东工业大学	钟胜	11					
	孙水裕	9					
	宋卫锋	9					
	刘敬勇	9					
	戴文灿	9					
	谢武明	6					
广州电器科学研究院	王玲	2	3		1		
	赵新	2	3				
	胡嘉琦	2	3				
	胡彪		4	1			
广州有色金属研究院	刘勇	5		1			1
华南师范大学	南俊民		1		7		
	李伟善				8		
	黄启明				8		
	陈红雨				8		
惠州市雄越保环科技有限公司	毛文雄	4			1		
清远市进田企业有限公司	赖建飞	9					
深圳市泰力废旧电池回收技术有限公司	张永祥				6		
深圳市雄韬电源科技股份有限公司	张华农				7		
	衣守忠				5		

4. 广东省废弃电子电器产品再生循环利用产业专利风险分析

根据表6-16和表6-17，结合6.2.3节分析，从专利布局数量上来看，在整机、液晶、制冷剂和阴极射线管方面在国内进行产业化时相对容易规避国外专利的保护。而电池和线路板是国外来华申请人重点布局的分支，国外申请人有效和待审专利持有比例并不低，有一定风险。需要重点关注日本松下、住友等企业的专利和动向。5.3节对国内主要申请人都有详细介绍，各从业者可以根据他们的专利技术规避侵权风险。

表6-17显示，在中国的主要外籍申请人和专利权人集中在美、日和德三国，广东省企业或其他相关从业者，在开展相关生产时需具体研究上述三国的相关专利技术布局。从外籍申请人的人均占有量来看，目前还没有国外申请人在此领域占有绝对的控制地位，在这种情况下具有较好的核心专利技术仿制可操作性，这种专利仿制也能

统计广东省有效的 180 件专利中，有 78 件专利被引用，占总量的 43.3%，总计次数为 270 次，单件专利平均被引用数为 1.5 次，平均申请年份为 2010 年。可见广东省授权专利技术整体上不但在时间上较新，而且在内容上具有一定的高度。其中引证次数 10 次以上的 6 件专利中有 3 件涉及电池分支，有 2 件涉及线路板分支，还有 1 件为其他分支，可见广东省企业发展重点是与重要专利技术相依存的。

申请号为 CN200810029417 的专利，申请时间为 2008 年 7 月 11 日，申请人为广州有色金属研究院，引证次数为 15 次，其中 2 次被美国局引用。其要求保护回收废弃荧光灯中稀土元素的方法，具体步骤包括：①按荧光粉与 NaOH 或 KOH 重量比为 1:2~5 混合均匀后，在 320~600℃下熔融 2~10h，获得碱熔物；②碱熔物加水搅拌，过滤，得水浸不溶物和碱性滤液，洗涤水浸不溶物，用 10%~30% 盐酸溶解，过滤，获得中性滤液；③调整中性滤液的 pH 为 2~4，用 P_2O_4 或 P_5O_7 萃取，得萃取液和萃余液；④用 10%~30% 盐酸反萃取萃取液，得反萃取液，用 $H_2C_2O_4$ 或 NH_4HCO_3 沉淀，得到含混合 Y、Ce、Tb、Eu 的稀土沉淀物；萃余液用 NH_4HCO_3 沉淀，得到含 Mg、Ba、Sb 沉淀；⑤调整碱性滤液的 pH 为 3~5，过滤，获得 $Al(OH)_3$ 沉淀和含锰滤液；⑥洗涤，过滤，煅烧 $Al(OH)_3$ 沉淀，得到氧化铝；含锰滤液中加入草酸，加热至 90℃，再加 NH_4HCO_3，获得碳酸锰。

申请号为 CN200710076890 的专利，申请时间为 2007 年 9 月 6 日，申请人为深圳市比克电池有限公司，引证次数为 14 次，其中 1 次被美国局引用。其要求保护磷酸铁锂电池正极废片的综合回收方法，包含步骤：将磷酸铁锂电池生产中收集到的正极废片使用破碎机进行破碎，破碎后的碎极片颗粒大小控制在 4~8cm，将破碎后的正极碎片置于氮气保护中的马弗炉中于 400℃的温度下热处理 6h，使极片中的黏结剂失效；采用振动筛对经热处理的正极废片进行筛分，筛下物即是磷酸铁锂正极材料、导电剂和黏结剂残余物的混合物，筛上物为铝箔、正极物料块状物和附着在铝箔表面的正极物料；将上述所得筛上物浸泡在 45℃的 NMP 中，并保持搅拌 1h，实现磷酸铁锂正极材料、导电剂及黏结剂残余物从铝箔剥离，分离出的铝箔送熔炼厂回收金属铝；继续搅拌 1h，使块状正极混合料充分松解分散；磷酸铁锂正极材料、导电剂及黏结剂残余物经过滤后，在 150℃温度下烘烤 10h；用磨粉机对干燥后的混合物磨粉 2h 后分级，控制合格粉料的粒径不大于 20μm，D50 控制在 3~10μm。

从技术角度来看，上述两件专利所表述的技术方案形式上十分规范，内容上也清晰详尽。但从专利保护范围来看，这种对技术方案的详尽书写严重削减了其要维护的专利保护范围，使之没有获得与技术价值相等量的专利势力范围，这一特性在第 2 件专利申请中体现得更突出。就技术高度而言，其处于国际同行中上游水平，但上述专利均没有提交外国同族申请。从申请人自身的技术发展和产业发展规划来看，其并不需要将其专利技术范围扩展到国外；同时，与我国专利制度的普及和专利保护意识淡薄有关。

第7章 主要结论和建议

7.1 废弃资源再生循环利用产业专利分析结论

本节对废弃资源再生循环利用产业的专利发展整体情况进行总结,分废弃塑料、废弃橡胶、废弃电子电器产品三个领域,从全球、我国和广东省三个层面,对废弃资源再生循环利用产业的专利申请趋势、重点专利技术、主要公司和研发机构等情况进行全面总结分析,为广东省废弃资源再生循环利用产业发展建议提供依据。

7.1.1 废弃塑料再生循环利用领域专利分析结论

1. 全球发展态势

废弃塑料再生循环利用领域的全球专利申请整体上呈现如下特点:

1) 目前国外在该领域研发不活跃,申请量呈下降趋势,中国呈现出活跃态势,2008年之前全球专利申请趋势基本由日本决定,而2008年之后则由中国决定,反映出近几年内中国在该领域十分活跃,而其他发达国家基本上进入技术成熟期。

2) 废弃塑料循环利用技术原创性的区域主要分布于日本、中国、欧洲、美国和韩国,其申请量占总申请量的96%,显示出这些地区是废弃塑料再生循环利用技术重点布局的地区。日本申请量排名首位,占总申请量的45%;中国位居次席,占21%。

3) 废弃塑料再生循环利用专利技术主题主要集中于机械回收和化学回收,能量回收的专利申请较少。机械回收占60%,化学回收占30%。日本、中国、欧洲、美国和韩国的专利申请均主要以机械回收和化学回收为主,这反映出各国的能源危机意识较强,希望将废旧塑料回收作为原材料真正地循环利用起来,而非简单地将其燃烧利用热能。其中,日本在三个技术分支中的专利申请都是最多的,这说明日本在三个技术分支中的研发实力较强,处于绝对领先地位。

催化裂解是实现化学回收的一种较为有效的方式。在该领域,主要以一段法即直接催化裂解为主,而在两段法中则是以热裂解-催化裂解为主。从整体上看,对于催化剂方面的研究仍然较少,而催化剂又是催化裂解中很重要的一个因素,作为研究人员,可以考虑从该方面入手展开研究。

4) 废弃塑料再生循环利用领域技术集中程度较高,主要申请人集中于日本和美国企业。日本企业在该领域的技术实力最为雄厚，在全球申请量排名前17位的申请人，有16位为日本企业，只有1位为美国企业，即伊士曼化工公司。排名前8位的申请人分别为三菱、日立、东芝、日本钢管、三井、松下、新日铁和杰富意钢铁。

在排名前8位的申请人中，重点关注机械回收的是三菱、日本钢管、松下，重点关注化学回收的是日立、东芝、三井和新日铁，只有1位申请人重点关注能量回收，即杰富意钢铁。在各技术分支，申请量最大的申请人分别为三菱（机械回收）、东芝（化学回收）和杰富意钢铁（能量回收）。

2. 中国发展态势

在中国，废弃塑料再生循环利用领域的专利申请整体上呈现如下特点。

1）2000年前长期发展缓慢，近年来快速增长，呈现出活跃态势。

2）中国各省市申请量排名前7位的分别是江苏省、广东省、浙江省、山东省、上海市、北京市和安徽省。北京市的重点技术分支是化学回收，其他6省市则重点关注机械回收。浙江省的有效发明比最高（38.7%），且授权率（高达75%）也最高。广东省的发明专利授权率和有效发明比分别为63%（位居第二）和31.7%（位居第三），显示出省内申请人对技术研发和专利的重视程度较高。

3）在废弃塑料再生循环利用领域，专利申请人总体上以企业申请为主，占53%；个人申请次之，占27%。这说明企业是技术研发的主力军，而个人申请比例高也表明该领域技术门槛较低。

4）国外在华申请量较多的公司有4个，分别是伊士曼化工公司、松下、奥地利埃瑞玛再生工程机械设备有限公司和日立公司。这4个公司重点关注的都是机械回收，而松下和日立在化学回收方面也有较多的申请量。

3. 化学回收的情况分析

在废弃塑料再生循环利用领域，化学回收是实现废弃塑料循环利用的一种较为有效的方式。对化学回收的专利技术分析更有实际价值。

1）在化学回收的六个技术分支中，热裂解（49%）和催化裂解（25%）所占比重较大，二者共占了74%，是实现化学回收的两种主要回收方法。相比热裂解而言，催化裂解温度较低，裂解反应速度快，且能提高裂解产物质量，大大提高了生产效率，是一种更为有效的化学回收方式。

2）催化裂解包括一段法和两段法，催化剂是一个很关键的因素。一段法的177件专利申请中，61件涉及催化剂类型及改进，涉及的催化剂类型主要是FCC催化剂、分子筛或改性分子筛、活性高岭土（白土）和天然沸石的混合物、固体超强酸、氧化钛、金属催化剂。两段法的93件专利申请中，29件涉及催化剂类型及改进，涉及的催化剂类型主要是金属或金属氧化物、分子筛或改性分子筛、硫化物催化剂、改性的粉煤灰催化剂、白土或蒙脱土、沸石类催化剂。

4. 广东省发展态势

在广东省，废弃塑料再生循环利用领域的专利申请整体上呈现如下特点：

1）从2010年开始，广东省废弃塑料再生循环利用的专利申请量增长迅速，2009

年的申请量为 16 件，2010 年飞速增长到 41 件。之后几年中，除 2012 年的申请量略有下降外，仍保持了迅猛的增长势头。

2）广东省的专利申请主要以机械回收和化学回收为主。从 2010 年之后，机械回收和化学回收的申请量都出现了快速增长，说明广东省在机械回收和化学回收领域科研投入较大，而在能量回收方面投入较少，技术基本处于空白阶段，有待进一步提升。

3）广东省专利申请量排名靠前的前 6 位申请人中，重点关注化学回收的申请人有华南再生资源（中山）有限公司，其他申请人都是重点关注机械回收。

7.1.2 废弃橡胶再生循环利用领域专利分析结论

1. 全球发展态势

对全球废弃橡胶再生循环利用领域进行专利分析可以得出，这一领域具有以下特点。

1）全球申请中以中国申请量占比最大，且中国仍然处于快速增长阶段。国外总体已经进入成熟阶段，年度申请早期增长缓慢，2010 年后都具有衰减趋势。尤其欧洲和美国申请总量和申请人数量都是小范围变化，其中欧洲申请人变化区间为 30~65 人，申请量变化区间为 20~45 件，体现发达国家产业已经成熟，技术和企业都经过优胜劣汰。主要是因为，美日欧等发达国家虽然产业发达，每年处理大量废橡胶，其轮胎回收率都已经达到 90% 以上，但其处理产业已经形成稳定格局，如美国、日本等都是获取燃料为主；同时，废橡胶的处理主要是基于环保考虑且属于依靠政府立法支持的事业，并不是一项具有较大利润的产业，因此在国家已经达到高处理率和稳定格局的情况下，创新动力不足导致专利申请下降。

2）各国在橡胶循环利用各技术分支分布普遍受到国情影响而不同。在第二次世界大战期间，由于橡胶资源短缺，再生胶被视为战略物资，发达国家都大量生产。随着合成橡胶发展，再生胶在发达国家已经萎缩。发达国家废弃橡胶的主要利用方式都转向获取燃料，或者生产胶粉沥青用于铺路。因此，发达国家在再生胶领域专利申请量极少，国外再生胶申请总量还不到中国再生胶申请量的一半。中国由于橡胶消耗量大，产业仍然是以再生胶为主的格局。

3）通过各国专利流向分析可以看到，中国虽然申请总量巨大，但主要都是国内申请，美、日、欧、韩进入中国的专利却有 264 件，可见中国已经是国外专利布局较多的国家，成为一个巨大的潜在市场。美国、欧洲和日本是橡胶循环利用的最重要的市场。

4）对主要申请人进行分析，国外申请人以轮胎巨头公司为主，如日本普利司通、法国米其林、美国固特异等。由于橡胶循环利用主要是废轮胎的回收，而国外主要都实施"生产者责任制"，轮胎生产企业有义务回收废轮胎或者提供处理费用。因此，轮胎巨头都进入橡胶回收行业，这些企业主要是在轮胎翻新领域提出申请，申请时间较早且在多个国家都有布局。而国内企业都是 2000 年后开始断续申请，有的只是一年突击申请，且以国内申请为主，并没有国际布局趋势。整体上，发达国家技术发展较早且已经成熟，尤其是轮胎翻新领域；而国内并不是十分重视，技术创新投入也不多。但是作为轮胎回收利用的重要方式之一，国内申请人应该关注这些申请人的专利申请布局，了解其技术同时创新自己的技术。

2. 中国发展态势

对中国废弃橡胶再生循环利用领域进行专利分析可以得出，这一领域具有以下特点。

1）中国申请的专利以国内申请为主，还是立足本国市场为主的专利布局，年度申请趋势依然呈现快速增长。同时，欧洲、美国等发达国家虽然整体申请量不多，但是已经瞄准中国市场开始"跑马圈地"。

2）中国在各技术分支中，除了燃料热能申请较少，其他各个分支分布相对均匀，在国外占比少的再生胶分支具有较多申请。主要是因为，中国是一个橡胶资源消费大国，同时又是橡胶资源极度匮乏的国家，虽然2001～2008年中国天然橡胶产量每年都在增长，但是自给率却在下降，目前中国天然橡胶的80%、合成橡胶的46%依赖进口。因此，中国的橡胶循环利用格局是以再生胶为主，且短时间不会改变。鉴于国外已经形成以燃料热能等其他方式为主的循环利用方式，中国也应该在其他技术分支进行技术积累，避免国外申请人垄断相关技术。

3）国外普遍在轮胎翻新领域在中国布局居多，国内申请人需要关注其申请并积极投入技术创新，以防国外技术垄断。同时，国外申请尤其是欧洲和日本申请质量较高。

4）中国申请中还是以企业作为创新的主体力量，企业申请最多，占51%。同时，大学申请和合作申请占有一定比例，说明国内大学和研究机构是创新的一股不可忽视的力量，具有开展产学研合作的良好基础。

5）国外在中国布局的申请人主要是轮胎巨头普利司通和米其林，虽然布局主要是轮胎翻新领域，而在全球专利分析中这两个公司在其他技术分支，如再生胶早期也是有申请的，只是近年主要关注轮胎翻新领域且注重国际市场。而国内申请人起步晚，且没有持续投入创新，申请数量都不多。

6）国内省市以江苏省申请量最高，为385件，但是其授权率、专利有效率都没有明显优势，反而申请量居第6位的广东省在专利有效率、授权率表现突出，说明其整体专利申请质量较高。江苏省、北京市的待审率分别是39%和36%，足见这两个省市还是持续创新投入；而广东省待审率只有22%，相对较弱。

3. 广东省发展态势

对广东省废弃橡胶再生循环利用领域进行专利分析可以得出，这一领域具有以下特点。

1）广东省专利总量不多，但是专利质量相对较高。广东省年度申请趋势各技术分支不同，虽然再生胶起步早，在1993年就提出申请，但再生胶在广东省并没有大的发展。广东省相对重点发展的技术分支是胶粉、热裂解和橡胶沥青，总体还处于增长趋势。专利申请不集中，企业较分散，企业投入没有持续性。

2）广东省在胶粉领域申请量最大，占31%；其次是热裂解领域，占22%。技术主要分布在胶粉领域且以常温粉碎为主。这种技术分支布局与国内以再生胶为主的格局不同，主要是因为广东省是国内仅有的几处可以种植天然橡胶的区域，因此对于早期橡胶需求可以满足；同时，广东省合成橡胶工业发达，因此再生胶的空间就压缩了。而橡胶沥青是近几年国家推广的利用之一，其使用产生的二次污染相对于再生胶较小，申请占比达到19%。

3）广东省申请量排名前五名的申请人分别是东莞市运通环保科技有限公司（17件）、华南再生资源（中山）有限公司（10件）、华南理工大学（8件）、广州市首誉橡胶加工专用设备有限公司（7件）、深圳市海川实业股份有限公司（7件）。主要集中在胶粉、热裂解和橡胶沥青方面，且在胶粉方面的申请还是持续性的。其中，东莞市运通环保科技有限公司在胶粉领域具有一定规模。

7.1.3 废弃电子电器产品再生循环利用领域专利分析结论

1. 全球发展态势

对全球废弃电子电器产品再生循环利用领域专利分析可以得出，这一领域具有以下特点。

1）在全球范围内，废弃电子电器再生循环利用技术在 1992~2012 年以波浪式缓慢发展，2000 年达到波峰（190 件），2005 年重新达到波谷（129 件）。中国专利申请在 1992~2013 年整体呈增长趋势，1992~2002 年发展较慢，平均申请量仅为同期国际申请量的 8.8%，2003 年开始迅速发展。从 2011 年开始，中国申请量超过了同期的国际申请量，2013 年最多，达到 314 件。

2）全球申请中，日本的申请量最大，达到 1975 件，占 38%；其次是中国，达到 1849 件，占 36%；其余依次为美国、欧洲、韩国，其他国家和地区共 98 件，占 2%。

3）电池分支是全球热点，申请量占整个技术分支总量的 45%；其次是线路板分支，占 25%；整机分支、阴极射线管分支和制冷剂分支占比接近，约为 9%；液晶分支专利申请量占比最少，仅为 3%。在各技术分支中电池分支单年申请量最多。

4）1992~2001 年属于产业成长期，年申请人的数量和申请量迅速增加，2000 年达到最大值，从 2002 年开始申请人数量和申请量都出现了下滑现象。2006 年产业又迎来了发展的春天，申请人数量和申请数量大幅增长，2008 年一举超过了成长期的最高点，之后呈现波浪式增长趋势。

5）全球主要专利申请人分别为日立、松下、夏普、索尼、住友、东芝和丰田，都属于日本籍。松下从 1996 年开始在废弃电子电器再生循环利用领域就有长期稳步发展。从 2003 年左右开始，索尼、日立与东芝没有提出新的申请，或申请量明显减少；夏普、住友和丰田的申请量从 2003 年之后有了明显的增长。日立、松下、夏普、索尼和东芝在至少 5 个技术分支领域都有涉及，且专利数量分布较均；丰田和住友主要关注电池分支领域，专利申请量分别占到了自身总量的 95% 以上。这 7 位申请人区域布局的专利量都较少，仅分别占到了本国申请量的 3%~18%。

2. 中国发展态势

对中国废弃电子电器产品再生循环利用领域进行专利分析可以得出，这一领域具有以下特点。

1）中国专利以中国申请人为主，国外在华的申请并不多。其中日本相对较多，占5%；欧洲、美国均占2%。中国、日本和欧洲申请人在6个分支领域都有涉及，中国申请人在电池和线路板分支领域申请量最大。除液晶分支外，日本申请人在其他技术分支的申请量都达到两位数，电池分支是其主要关注重点；美国申请人在电池和线路板技术分支申请量相对较多；欧洲申请人在电池技术分支上申请量相对较多。

2）中国申请人1992~2002年申请量不大，2002年以后申请量快速增长，2013年申请量超过了300件。中国申请人年申请量最大的为电池技术分支。液晶分支作为废弃电子电器再生循环利用新兴点，其专利申请出现的时间最晚（2002年），年平均申请量仅为3件。中国申请人以企业为主，占50%以上；大学是一支重要的力量；合作申请占比比较小。

3）广东省、北京市、湖南省、江苏省、上海市和浙江省在国内专利申请数量排名前六。广东省的发明专利申请量比上海市的申请量高了约3倍，比第2位的北京市高了1.5倍。这六个省市专利申请主要分布于电池和线路板技术分支，均占到了自身申请量的50%以上。除在整机技术分支外，广东省在其他5个技术分支内申请量都处于领先位置，在电池和线路板技术分支的申请量比紧跟其后的北京市多约1.5倍。浙江省的发明专利申请授权率最高，其次为广东省，上海市最低。广东省的有效发明专利保有率最高，江苏省最低。除北京市外，其他5省市的专利申请人类型分布中，企业申请人占50%以上。北京市的大学申请人占比约为50%。合作申请在各省市中占比都不高。

4）万容、格林美、清华大学、广东工业大学、中南大学、北京工业大学、上海交通大学、合肥工业大学、鼎晨、比亚迪、邦普、华南师范大学、松下和住友的申请量在中国申请总量中排名前十四。其中松下和住友为日本籍，其他申请人均为中国籍。十四位申请人主要关注的技术分支是电池和线路板。比亚迪、邦普、华南师范大学和住友的申请基本全部集中于电池分支；万容和广东工业大学的申请基本全部集中于线路板分支。格林美是唯一在六个分支中都有涉及的申请人。这十四位申请人中，中国申请人最早的专利申请出现时间较晚（2001年）。住友87.5%的申请集中于2011~2012年。格林美的发明专利申请的授权率最高（94.1%），其次是清华大学（91.7%），上海交通大学较低（35.3%），住友因几乎所有专利处于待审状态而导致其授权率为零。邦普的有效发明专利数最多（24件），其次是清华大学（20件）。邦普、比亚迪、格林美、广东工业大学和万容的有效发明专利保有率为100%。

3. 线路板和电池回收处理技术分支分析

在废弃电子电器产品再生循环利用领域，线路板及电池回收处理技术的专利布局具有显著的重要性。

1）线路板技术分支主要的技术关注点是粉碎处理和金属提取。线路板因成分和结构复杂，粉碎处理设备和工艺多样。14 位主要申请人中清华大学和万容在此领域涉足较多，外籍申请人在国内较少涉及本技术点。

2）线路板中多种金属成分可以采用火法或湿法等冶金手段提取分离，铜、贵金属和稀有金属是重点获取对象。采用低毒或无毒无二次污染的溶剂提取是申请人普遍考虑的技术点，同时尽可能提取出多种金属也广受关注。采用无化学添加剂的纯机械研磨筛分手段获得金属成分也在申请人的考虑之列，但获得的金属成分纯度并不可观。格林美在金属提取领域中具有较好的技术优势。中南大学的发明专利申请"从废印刷电路板中回收有价金属的方法"引证次数高达 23 次，受本领域技术人员广泛关注。

3）电池结构相对于线路板而言稍为简单，其主要的回收成分有汞、铅、钢、锌、锰、镉、镍、锂等金属成分和石墨等非金属成分。相对较新型的废弃燃料电池和太阳能电池也是循环再利用的重点。传统的火法冶金工艺被广泛用于从电池中提取金属成分，获得的金属产品不同于传统的纯金属单质，而是可直接回用于电池和其他产品制备的中间物。

4）在电池湿法冶炼方面，外籍申请人瓦尔达电池股份公司的申请"从用过的镍-金属氢化物蓄电池中回收金属的方法"和日矿金属株式会社的申请"从含有 Co、Ni、Mn 的锂电池渣中回收有价金属的方法"引证次数分别高达 60 次和 31 次，其所用技术受到广泛关注。国内和国外专利同族被引证次数高的申请普遍处于专利权终止状态，此领域的专利技术特点有待发扬。

4. 广东省发展态势

对广东省废弃电子电器产品再生循环利用领域进行专利分析可以得出，这一领域具有以下特点：

1）广东省在废弃电子电器再生循环利用领域的申请趋势变化与全国总体变化趋势相同。在 2002 年以前广东省申请量只有 3 件，2003 年之后申请数量显著增加，2011 年申请量达到极值（62 件），之后两年增速放缓，年申请量维持在 40 件。广东省在 2008 年的专利申请量不增反减，与国内整体的增长趋势不符，原因是广东省的申请人以企业为主，各企业发展根基并不牢固，受金融环境和产业投资回报率低等因素影响，专利申请量呈现低迷。

2）经统计，广东省的申请人为 90 多位，在全国申请人中约占 11.2%。广东省申请量为 313 件，占全国总申请量的 16.2%。依据专利申请量排名，广东省的主要申请人是邦普、比亚迪、鼎晨、格力、格林美、广东工业大学、华南师范大学和进田。其中，除格力和进田外的其他六位申请人都是国内主要申请人。广东省的企业申请人占比大（71%），大学申请人占比较少（12.8%）。

3）在各合作申请中，大学和企业的合作申请量占比达 50%，说明整个产学研环境呈现一个良好的发展势头。但在总量方面还有不足，合作申请数量仅约占总量的 5.6%。从合作申请所属技术分支来看，主要集中于线路板和电池分支，占比达 87%。虽然企业参与的大学或研究机构的合作申请较少，但各自的专利申请数量可观，对其未来的产学研蓬勃发展有良好的预期。

7.2 广东省废弃资源再生循环利用产业发展建议

7.2.1 政府层面

1. 加大对重点技术创新方向的支持力度，促进废弃资源再生循环利用产业战略升级

废弃资源再生循环利用产业，属于国家"十三五"规划重点发展的战略性新兴产业。战略性新兴产业是以重大技术突破和重大发展需求为基础，对经济社会全局和长远发展具有重大引领带动作用，知识技术密集、物质资源消耗少、成长潜力大、综合效益好的产业。显然，知识技术密集的特点决定了科技创新是驱动战略性新兴产业发展的核心要素。虽然废弃资源再生循环利用产业属于环保产业，很大程度上依赖国家环保政策的支持，但技术创新仍将在产业战略升级中起到核心的作用。

通过对全球废弃塑料、橡胶、电子电器产品再生循环利用产业专利数据的分析，得出以下重点技术创新方向，需要得到政府层面的重点支持，促进资源再生循环利用产业的战略升级。

废弃塑料再生循环利用方面，广东省和全球的技术发展方向一致，均以塑料机械回收和塑料化学回收为主。由于这两种回收方式是将废弃塑料作为原材料真正地循环利用起来，是实现资源再生循环利用的有效方式，其中化学回收以热裂解和催化裂解为主要研发方向。因此，政府应当在这两个领域继续加大支持力度，引导企业沿着目前的发展方向前进。

废弃橡胶再生循环利用方面，国外橡胶循环利用的发展方向主要是胶粉，橡胶沥青和热裂解。我国在橡胶再生领域的总体发展方向与国外一致，但我国在再生胶方面也有自己的特色。广东省在胶粉方面已经具有一定优势，可以推广橡胶沥青铺路的应用，支持废弃橡胶胶粉制造技术的创新发展。

废弃电子电器产品循环利用方面，目前专利技术主要集中于电池和线路板，两者专利申请量分别占废弃电子电器产品循环利用总量的45%和25%。电池和线路板再生技术主要涉及深处理技术，即金属等成分的提取技术，是应当重点发展的方向。

广东省可以围绕废弃资源再生循环利用产业的重点技术创新方向，加大产业政策的支持力度，引领广东省废弃资源再生循环利用产业，通过提高核心技术的创新水平，掌握影响产业发展的关键技术和关键装备，驱动资源再生循环利用产业整体战略升级。

"十三五"时期是全面建成小康社会的决战时期，"十三五"规划要继续为战略性新兴产业和产业升级提供全方面的政策支持，政府要为产业战略升级提供发展平台。因此，在协助广东省"十三五"规划中有关"绿色发展"的落实时，建议给予废弃资源再生循环利用产业更多的关注，规划一批契合产业技术创新发展方向的重大工程和重点项目，通过重大技术创新工程和重点项目的引领作用，促进资源再生循环利用产业的战略升级。

2. 吸收国外废弃资源再生循环利用产业的法规政策经验，结合广东省产业实际，完善相关法规，强化法制化建设

通过对欧洲、日本、美国等世界主要发达国家和地区废弃资源再生循环利用产业政策的研究，可以看出主要发达国家和地区从循环经济、可持续发展的理念出发，制定和实施了一系列有效的法规政策，有力地促进了20世纪90年代再生资源产业的迅速发展，其中主要的法规政策包括"生产者责任"和"消费者付费"制度。

"生产者责任"制度主要指在生产、生活的源头建立起废弃物的回收体系，实现对废弃物产生的全方位控制。这一制度的核心是要求生产厂家不仅要对产品的生产过程和消费过程负责，还要对消费后的废弃过程负责。例如，对于废橡胶回收，日本政府制定了《再循环法》对废旧轮胎实行管理卡制度，防止非法丢弃废胎。通过轮胎用RFID电子标签实现轮胎的有效监管，轮胎用RFID电子标签植入轮胎内部，与轮胎形成一个整体，不会被人为损坏，可以在轮胎整个生命周期对轮胎进行标识。同时可实现与轮胎生产信息、参数信息、销售信息、使用信息、翻新信息、报废信息等绑定或记录，而且随时可以通过采集终端读取相应数据，结合相应的管理软件，从而实现对轮胎全生命周期数据的记录及追溯，进而对轮胎全生命周期进行有效管理。

与"生产者责任"制度相对应的是"消费者付费"制度，主要指废弃资源的回收和处理费用由消费者支付，即在产品销售时，销售价格中含有废弃物处理费。

欧洲国家、美国的多数州主要采取"生产者责任"制度，日本则采用"生产者责任"与"消费者付费"相结合的制度。例如，日本在废旧家电回收产业，针对各种废旧家电及各种配件都有完善的回收规定。1998年日本颁布的《家用电器循环利用法》中规定，家用电器制造商和进口商对电冰箱、电视机、洗衣机、空调这四种家用电器有回收和实施再资源化的义务；同时，实行"按产品类别统一价格，全国实行统一的收费标准"，消费者需要支付废旧家电回收处理的部分费用。

以废弃塑料回收为例，欧洲、美国和日本等发达国家在环保和资源循环利用方面立法远比我国早，在产业、技术方面的发展也早于我国，市场完善规范，环保意识深入人心，废弃塑料回收利用率远远高于我国25%的水平。发达国家很早就通过立法成立专项基金，严格规定生产商必须对塑料材质进行标注并承担相应回收费用，消费者也必须对垃圾进行分类甚至需要承担一定的回收费用；对某些塑料制品，还规定了必须使用一定比例的再生塑料。

广东省废弃资源再生循环利用产业存在产业集中度不高、企业效益靠政府补贴等亟待解决的问题，可以由相关部门吸纳其他国家"生产者责任"与"消费者付费"相结合的产业政策，并加以完善。比如，由生产企业和消费者共同承担一定比例的废弃物的回收和处理费用，由政府委托具有规定的资质认证的企业进行回收处理，资质认证可由政府、行业协会、研究机构、评估机构和公众共同参与，按年度进行相关审核，不合规定的企业不予认证，从而减少再生处理企业的资金压力，并提高产业的规范化水平。

因此，在充分吸取发达国家在该产业的法规政策经验的基础上，制定符合广东省

产业实际的"生产者责任"和"消费者付费"有机结合的法规政策,明确生产者、销售商、消费者、回收处理企业的责任,同时加强制度执行力度的监管,才能提高资源再生企业的积极性,促进行业健康发展。

3. 提升产业集聚,促进废弃资源再生循环利用产业做大做强

随着我国对可持续发展、循环经济和绿色经济的重视程度不断提高,近 20 年来,废弃资源再生循环利用产业在技术创新和产业规模方面也在加速发展。从之前对我国废弃资源再生领域专利分析可以看出,近 20 年来废弃资源再生循环利用领域的中国专利申请量总量为 8515 件,其中实用新型 2609 件,发明 5906 件。总体来看,这一领域的专利申请量呈上升趋势,由 20 世纪 90 年代每年不足 100 件专利申请逐步平稳发展为 2011 年之后每年 1000 件以上专利申请,这表明废弃资源再生循环利用领域的研发投入不断加强。

从历年专利申请量和申请人数量的变化趋势来看,除了 1998 年受到亚洲金融风暴冲击而出现负增长之外,申请量和申请人数量都基本保持了逐年增长趋势。与欧美等发达国家相比,中国废弃资源再生循环利用产业明显处于成长期,技术创新处于不断积累的阶段。然而,尽管申请量和申请人数量都在增长,但从申请人平均申请量来看,发展到 2013 年,申请人平均申请量仍然不到 2 件,这说明了废弃资源再生循环利用行业技术较分散,进入门槛较低,产业集中度不高,产业发展还处于初级阶段。

这种现状所带来的问题是,废弃资源再生循环利用产业整体竞争力不强,具有行业引领能力的龙头企业不足,整体技术研发水平不高。在广东省内,废弃资源循环利用产业存在从业者规模小、分布零散,技术实力较弱,不能形成规模经营的问题,这些都不利于产业的整体升级转型。因此,为促进广东省废弃资源再生循环利用产业的发展,必须提升产业集聚,促进资源再生循环利用产业做大做强。

通过产业集聚,能够促进资源再生产业在区域内的分工与合作,有助于上下游企业减少寻找原料的成本和交易费用,使产品生产成本降低。产业集聚形成企业集群,集群内企业为提高协作效率,对产业链进行细化分工,有助于推动企业群生产效率的整体提高。产业集聚使企业能够更有效率地得到配套的相关服务,及时了解本行业所需要的各方面信息。并且,由于产业集聚能够提供集中的就业机会,对省内外相关人才能够产生磁场效应,吸引高素质人才,降低企业招聘成本,提高企业效率。

为提升废弃资源循环利用产业集聚,在广东省"十三五"期间,建议:

1)继续推进废弃资源再生循环利用产业园区的建设。以"深莞惠"电子电器废物综合利用基地、肇庆亚洲金属资源再生工业基地、肇庆华南再生资源基地、佛山-肇庆废旧材料综合利用基地、清远有色金属再生产业基地等产业集聚区的建设为基础,推动产业的规模化、集约化的发展。

2)突出重点企业在产业集聚中的引领作用。在全省范围内遴选出资源再生领域的龙头企业,在资金、技术、管理、研发等方面给予大力扶持,积极引导其打破地区、部门界限,实行跨地区、跨部门兼并重组改造企业,争取在全省范围内培育一批规模较大、技术水平较高、竞争力较强的再生资源企业和企业集团,提高广东省再生资源

经营的产业集中度和市场竞争力。

3）完善产业配套服务体系，发挥产业集聚优势。在产业集聚区内，建设和完善产业投融资、信息平台、知识产权中介、人才引进的相关配套服务体系，加快推进产业聚集区的高端技术服务业的发展，为资源再生循环利用企业提供全面的配套服务。

4. 建立废弃资源再生循环利用产业产学研合作平台，引导企业通过产学研合作，加快提升技术水平

废弃资源再生循环利用产业的发展需要通过技术创新来推动，进行技术创新需要通过研发的投入。一方面，企业利用自身的研发能力，进行技术创新，例如企业内部的研发中心，由企业研发人员进行研发，然而广东省目前废弃资源再生循环利用产业的现状是企业研发能力普遍较弱，仅仅依靠企业自身的研发能力难以驱动产业的整体技术进步。另一方面，国内现有大量的高校和科研机构，如国家级、省级重点实验室、重点工程研究中心等，这些机构在相关领域具有较强的科研能力，进行了大量的科研项目，但往往停留在实验室的阶段，没有充分地将技术转化为产业生产力，没有有效实现科研成果的高效利用。因此，企业和高校科研机构之间在技术创新方面的相互合作和信息交流存在一定的脱节，广东省可以在促进企业与高校科研机构对接方面采取一些措施：

1）建立产学研合作信息平台，及时提供企业技术研发需求和高校科研机构信息，促进产业内企业与科研机构的信息对接。

2）对企业与科研机构合作进行的技术研发项目，政府给予一定项目资金支持，在审批研发项目时，明确技术成果和成果转化指标，将科研项目成果用于产业实际运用。

3）引导省内重点高校和科研机构进入产业集聚区，与产业集聚区共建工程研发中心、专业化实验室等，为产业集聚区提供技术支撑，整合产业集聚区研发资源。

4）对中小企业技术创新提供帮扶，引导部分省内重点高校科研机构，与具有发展潜力的中小企业进行科研合作。

5. 建立废弃资源再生循环利用产业知识产权交易中心，促进知识产权的实际运用

知识产权是无形资产，通过许可、转让等市场交易行为可以实现知识产权的商业价值，权利人不仅能收回研发投资，还能够获得超额收益，从而激发创新主体的热情，增强创新的动力。废弃资源再生循环利用产业的发展离不开创新，创新成果的转化收益能够促进企业和研发机构继续投入到创新中，使得产业形成良性的发展。

在中国总共8515件申请中，有659件发生了专利转让和许可，占总量的7.7%，其中73.1%至今仍然为有效专利。显然，在我国废弃资源再生技术领域专利交易频繁，市场活跃程度较高。其中，国内专利申请发生转让和许可共有516件，占比达到7.0%，市场活跃程度并未明显落后于美日欧等发达国家和地区，也表明了我国废弃资源再生产业对技术转移和知识产区交易有较大的需求。

因此，基于上述分析，建议广东省建立专业化程度高的资源再生循环利用产业知识产权交易中心，通过知识产权交易促进技术运用，提高专利运营和管理的水平。

1）资源再生循环利用产业知识产权交易中心具有信息集聚的功能。知识产权交易中心提供了交易双方发布供求信息的平台，大量交易信息汇聚，从而增大了供给与需求相匹配的可能性，并为买卖双方提供了洽谈交流的平台，促进了交易活动的开展。

2）资源再生循环利用产业知识产权交易中心具有节约交易成本的功能。因为大量交易价格信息向公众公开，使潜在的交易者对交易价格能做出合理的判断，从而降低了交易者判断价格的成本。同时，大量买方和卖方的竞争、互动关系约束了交易双方的议价幅度，也降低了交易双方的议价成本，从而降低双方的交易费用。

3）资源再生循环利用产业知识产权交易中心具有规范知识产权交易制度的功能。交易中心为知识产权交易过程中所发生的各种行为提供规范，包括知识产权交易信息的形成与传递，创立公开交易行为制度，杜绝"暗箱操作"，创造公平、规范的交易环境。

总的来说，信息集聚、节约成本、制度规范的专业化资源再生循环利用产业知识产权交易中心，与产业集聚区、产学研合作平台相结合，将大大强化知识产权的创造、运用和保护能力，促进广东省废弃资源再生循环利用产业的技术升级和效益升级。

6. 加大对中小企业扶持力度，依靠专利质押融资促进中小企业将专利技术产业化

随着知识经济的发展，科技型中小企业已成为我国技术创新的主要载体和经济增长的重要推动力。通过中国专利数据分析表明，在废弃资源再生循环利用领域，规模化企业申请量不多，中小企业是主要的技术创新主体。

然而，中小企业的发展中面临融资难的问题，引起社会的广泛关注。专利质押融资就为该问题提供了一个全新的解决途径。专利权质押融资是专利运用的一种高级状态，通过专利权质押获得企业的发展资金，在此过程中专利的权属没有发生变化，只有当企业不能还款时，专利权才会发生改变。用于质押的专利一般为企业正在实施并已实现产业化的专利。国家知识产权局发布的《2015年国家知识产权战略实施推进计划》明确提出建立完善专利权质押动态管理系统，鼓励担保机构、投资机构为中小企业专利权质押融资提供服务，推动开展专利执行保险、侵犯专利权责任保险、知识产权综合责任保险等险种业务。

专利权质押贷款作为一项先进的金融理念，既可以为破解中小企业融资难提供一条新的路径，又可以用金融手段促进中小企业的技术创新，帮助融资难的中小企业把所拥有的无形资产转化为有形资产，同时促进企业技术进步和专利产出，有利于我国知识产权意识的加强和自主创新战略的实施。地方知识产权局、科技部门、财政部门可以鼓励金融机构扩大专利质押贷款规模，推进知识产权证券化进程，支持中小企业进行债券融资，充分运用市场机制，鼓励社会资金投向专利运用创新创业活动，利用现有或新建的知识产权交易平台，为废弃资源再生循环利用领域的中小企业专利质押融资提供便利。

同时，根据国家知识产权局发布的2012年8月1日起实施的《发明专利申请优先审查管理办法》，涉及节能环保、节约资源等技术领域的重要专利申请可以优先审查，广东省知识产权局可对省内从事废弃资源再生循环利用的中小企业提交的优先审查请求予以审批，使中小企业加快获得专利权，尽快进行专利权质押融资。

第7章 主要结论和建议

7. 加强政策法规的执行力度,提高资源再生循环利用产业准入门槛,规范市场竞争环境

本书课题组一方面通过专利技术分析来判断产业的技术发展趋势,另一方面也对多家企业实地调研,与产业界专家交流,从而分析产业发展存在的问题。通过调研我们发现,废弃资源再生循环利用的主要目的是保护环境、节约资源,实现环境和经济的双重效益,然而同时也存在大量无序竞争的情况。因此,亟须加强对废弃资源再生循环利用行业的政策法规执行力度,淘汰不符合政策法规的企业,规范市场竞争环境。以废弃电子电器产品为例,图7-1是国家及相关部门颁布的针对废弃电子电器处理的相关政策法规。

1.《进口废物管理目录》(环境保护部、商务部、国家发展改革委、海关总署、质检总局,公告2009年第36号)

2.《废弃家用电器与电子产品污染防治技术政策》(环发[2006]115号)

3.《电子信息产品污染控制管理办法》(工信部令第39号)

4.《电子废物污染环境防治管理办法》(环保总局令第40号)《废弃电器电子产品处理污染控制技术规范》(HJ 527—2010)

5.《废弃电器电子产品回收处理管理条例》(国务院令第551号)

6.《废弃电器电子产品处理基金征收使用管理办法》(财政部、环境保护部、发展改革委、工业和信息化部、海关总署、税务总局,2012年5月21日)

2000年
- 禁止进口电子垃圾

2006年
- 制定"3R"原则和"污染者付费原则"
- 规定生态设计
- 规定废弃电器电子产品的环保型收集、回用、回收和处置

2007年
- 对产品生态设计的要求
- 对使用有害物质的限制
- 对生产者提供其产品信息的要求

2008年
- 预防由电子废弃物的拆解、回收和处置引起的污染
- 管理电子废弃物回收企业的许可证方案

2011年
- 电子废弃物收集和处理
- 延伸生产者责任
- 建立一个特殊的基金以对电子废弃物的处理进行补贴

2012年
- 为促进废弃电器电子产品回收处理而设立的政府性基金

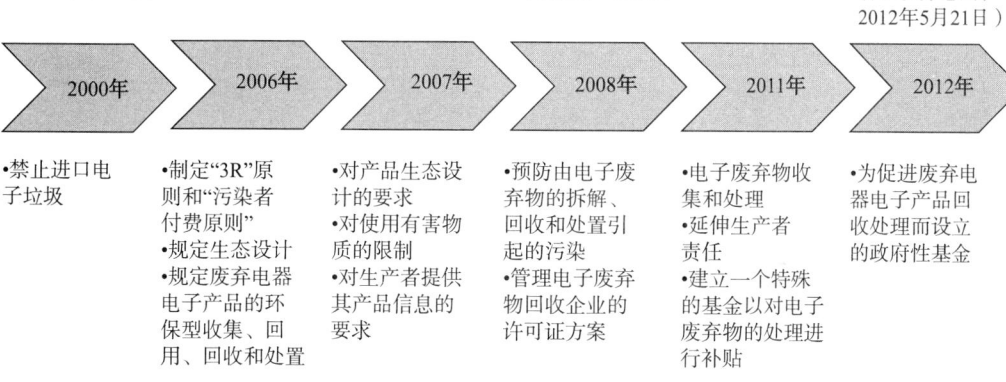

图7-1 废弃电子电器处理的相关政策法规

上述法规1《进口废物管理目录》将电子废弃物纳入"加工贸易进口禁止类商品清单",并在2000~2010年每年进行更新。尽管官方明令禁止,电子废弃物仍然通过走私、邻近国家或地区的中转以及和废五金一起运输等各种非法渠道进入中国。因此,有效的执法和监督机制对进一步落实该项政策而言必不可少。因为广东省的地缘特点,一些非正规企业通过上述各种渠道"引进"废弃电子电器产品作为处理的原料,广东省应在此环节强化执法和监督。

对于电子废弃物的回收管理,上述法规4已经明确规定了持证处理企业的资格和要求,以便对他们进行集中管理。但是,该法律几乎没有触及非正规垃圾回收的问题。与正规处理企业相比,非正规处理商以小规模广泛存在。简单地禁止非正规回收活动而缺乏相应的监督引导,收效也并不理想。

在经营企业获取补贴方面,法规6第20条规定,"对处理企业按照实际完成拆解处理的废弃电器电子产品数量给予定额补贴。基金补贴标准为:电视机85元/台、电

冰箱80元/台、洗衣机35元/台、房间空调器35元/台、微型计算机85元/台。上述实际完成拆解处理的废弃电器电子产品是指整机，不包括零部件或散件。"而在实际生产运营中，一些个体废品收集者通过将整机拆分，或电脑的主机和显示器不同时报废等情况，导致经营企业回收的废弃电子电器产品不满足整机要求，而依据该法所规定的"实际完成拆解处理的废弃电器电子产品是指整机，不包括零部件或散件"，处理企业并不能获得该废弃品的处理基金补贴。同时，该法规定补助标准按处理量核算，而在实际生产经营中，企业较难获得该处理量的合法有效凭证，这会导致实际处理量大于有效补贴量，使其补贴金额对企业生产积极性造成了打击。

因此，虽然国家和广东省层面出台了较多相应的政策法规，但目前废弃资源再生循环利用产业仍然存在执法力度不强，市场竞争不规范的问题。针对上述问题，建议加强对各项政策法规的执行力度，各分管部门加强合作执法，对于违反政策法规、多次产生公共安全和环境污染问题的企业，勒令限期整改乃至停产整顿。只有通过强化执法力度，切实规范市场竞争环境，才能保证废弃资源再生循环利用产业的良性发展。

8. 加强全民垃圾分类教育，提高公众环保意识

根据本书课题组前期调研，前端回收是废弃资源再生循环利用企业的主要运营成本之一，包括了物流成本、收购成本和分选成本等。其中分选成本对废弃塑料、废弃电池等的回收有重要影响，实行垃圾分类制度意义重大。进行垃圾分类收集可以减少垃圾处理量和处理设备，降低处理成本，减少土地资源的消耗，具有社会、经济、生态三方面的效益。我国尽管已经推广垃圾分类制度多年，但效果仍然不理想，给废弃塑料、废弃电池等的分选造成很大麻烦，而且混入的其他杂质也影响了回收制品的品质，很多只能采取填埋或焚烧的方式处理而白白浪费，造成空气污染、重金属污染。

发达国家，如日本、欧洲等，公众具有极高的环保意识、垃圾分类意识，源于政府部门精心的管理和周到的安排，以及民众的自觉维护与认真配合。日本政府很早就对中小学进行环境教育，把垃圾分类问题纳入小学社会课课本，使垃圾分类融入生活的方方面面。同时政府也采取一定的强制性措施，如规定不同的垃圾必须用不同颜色的垃圾袋分装，一旦放错垃圾将被拒绝运送；回收垃圾的时间也进行了分类，一旦错过某类垃圾的丢放时间，只能等待下一次回收。这种强制性措施的实施，很好地促使了公众垃圾分类意识的形成。

因此，应当加强公众垃圾分类教育，尤其是中小学的垃圾分类教育，并且借鉴发达国家的强制推广经验，提高公众的环保意识，从根源上促进废旧资源的再生循环利用。

9. 改善财税政策，促进资源再生循环利用产业健康发展

资源再生循环利用产业重要的价值是在资源的回收和利用，保护环境。资源再生循环利用产业的发展仅依靠市场的力量是不够的。充分发挥政府公共职能，支持资源再生循环利用产业发展，将大大加快资源再生循环利用产业的发展进程，因此政府的财税政策至关重要。

本书课题组通过研究全球专利来判断国外产业的发展格局，同时也通过专家咨询

第7章 主要结论和建议

以及资料收集研究发达国家的财税政策对于产业发展的支持与促进作用。下面以废橡胶回收处理为例,借鉴发达国家的经验提出一些财税政策建议。

1)设立专项资金,财政补贴。专项资金可以来源于消费者以及生产商,美国从轮胎消费者购买替换轮胎环节征收"废轮胎回收处理费",建立专项基金,用于补贴废轮胎回收、加工处理和再利用企业和项目。美国虽然各个州的立法不同,但对处理废旧轮胎的政策基本相同,每条轮胎补贴 3~5 美元不等。加拿大按不同轮胎规格缴纳 2.5~7 加元不等的废轮胎回收处理费,设立专项基金。立法院授予"轮胎再循环管理协会"(The Tire Recycling Management Association,TRMA)专项立法委任权,并负责管理废轮胎处理费专项基金。欧洲每处理 1 吨废旧轮胎补贴 140 欧元,补贴费用来自每条轮胎出售时的附加金额。在澳大利亚,回收一条轿车胎可获得 1~2 澳元的补贴,卡车胎则可获得 5~7 澳元补贴。财政补贴是比较有效的财政激励政策,能够提高企业在市场竞争中的优势,有效推广资源循环利用,将环境保护落到实处。

为了财政补贴更好实现推广普及环境保护的目的,可以实行差别化补贴方法。例如,根据工艺、技术、环保等标准等对废橡胶回收利用企业进行认定,如是否符合《废轮胎综合利用行业准入条件》、是否使用国家鼓励推广的循环经济技术、工艺和"硫化橡胶粉常压连续脱硫成套设备",产品是否符合《再生橡胶行业清洁生产评价指标体系》等,从而确定补贴标准,进行差别化补贴,进而有效规范引导企业发展。

2)政府采购和购买公共服务。美国《政府采购法》中明确规定,在政府采购(政府投资的所有项目)招投标中优先采用资源再生产品,甚至规定了采用环保型再利用产品的具体比例。1991 年美国参、众两院通过《陆上综合运输经济法案》第 1038 条明确规定,政府投资或资助的道路建设必须采用胶粉改性沥青,并明确规定其使用量从 1994 年的 5%要逐步增加,到 1997 年必须达到 20%以上。政府采购是推广产品的有效代言人,对相关企业、行业发展具有很大的带动作用。通过扩大政府采购资源循环利用的产品的范围和力度,必要时采取强制采购制度,能有效地激励资源循环利用企业发展。

另外,针对废弃资源回收难的问题,借鉴日美欧等国的经验,政府可从专项资金中拨出经费购买公共服务,用于回收网点、回收物流的建设,建立定点、定时的废弃资源回收体系,帮助废弃资源回收企业降低前端回收成本。

3)建立奖惩制度。建立全方位的最终用途奖励项目,有选择地对个别项目提供特别的奖励,鼓励和推广废旧轮胎资源再生产品的使用,对列入年度计划的废旧轮胎资源再利用项目从专项基金中予以奖励。对于环境污染征收专门污染税。

4)税收减免和优惠。我国已经制定了一些税收优惠政策,如财税[2008]156号"资源综合利用产品增值税优惠政策",按照优惠方式可分为免征、即征即退、先征后退等。其中对销售再生胶、以废旧轮胎为全部生产原料生产的胶粉等自产货物实行免征等。但是这些规定仍然存在一些不足:增值税减免或退税方式较为复杂,导致企业实际操作的不便与困难;在具体实施过程中,部分行业由于缺乏或无法获取进项抵扣凭证,即使采用低税率,其实际税负率依然偏高。

同时，在税收方面还可以扩大优惠范围，如扩大到相应技术研发创新。为了提高资源的综合利用程度，就要依靠科技进步，大力开发和推广使用可节约资源、能源、减少废物排放的生产技术与工艺。对于企业在新产品、新技术、新工艺方面的研究和开发投入在计算企业所得税时在税前全额扣除的情况下，其各项费用增长幅度超过10%以上的部分，可以适当扩大实际发生额在应纳税所得额中扣除的比例，从而鼓励企业不断增加对新技术、新产品、新工艺开发的投入。企业为提高资源的综合利用效率采购的先进设备，税务机关在审核后允许其加快设备的折旧速度，从而鼓励企业更新改造旧设备。

目前各税种实施的税收优惠政策，一定程度上对循环经济发展起到了积极的推动作用，但仍需逐步推进改革力度。总体上而言，税收制度改革要本着区别对待的原则，专门制定适应循环经济发展要求的税收政策。

因此，为了促进资源再生循环利用产业健康发展，除法律和行政手段外，还需要政府制定相应的财税政策来发挥作用。

7.2.2 企业层面

1. 积极与高校科研机构进行产学研合作

通过对广东省废弃资源再生循环利用产业产学研合作专利分析，我们可以认识到，对于广东省相关企业而言，应当积极寻求科研机构合作伙伴，以求在技术方面做出更大创新，提高企业在市场中的竞争能力。

在废弃塑料再生方面，广东省的专利申请主要以机械回收和化学回收为主，占比分别为79%和19%，而能量回收方面的申请相对较少，仅占2%。广东省申请量排名靠前的企业主要有佛山市顺德区汉达精密电子科技有限公司、华南再生资源（中山）有限公司、惠州市昌亿科技股份有限公司、格林美高新技术股份有限公司、金发科技股份有限公司。其中佛山市顺德区汉达精密电子科技有限公司、惠州市昌亿科技股份有限公司、格林美高新技术股份有限公司和金发科技股份有限公司这四个公司的专利申请是以机械回收为主，可以与浙江大学、四川大学、上海交通大学、福建师范大学、华东理工大学、华南理工大学等进行合作；而华南再生资源（中山）有限公司则集中于化学回收，可以与同济大学、四川大学、浙江大学、北京市海淀区中大环境技术研究所、中国科学院山西煤炭化学研究所等进行合作。

在废弃橡胶再生方面，广东省省内科研机构申请占比为13%，高于国内的11%，可见广东省内也具有较好的科研资源。前面的分析中也看到华南理工大学在废橡胶循环利用方面具有一定优势，非专利检索中广东工业大学在再生胶领域也具有研究。在开展产学研合作时，广东省再生胶企业除了可以与省内华南理工大学、广东工业大学发展合作，也可以与北京化工大学、青岛科技大学等在再生胶分支具有较多研究的高校合作。涉及热裂解的企业可以与浙江大学等合作。涉及胶粉的企业可以与安徽理工大学以及江苏科技大学等合作。涉及橡胶沥青方面的企业可以与北京化工大学、武汉理工大学等合作。

在废弃电子电器再生方面，表7-1是中国专利申请数量排名靠前的科研机构申请人，从技术分支分布来看，各主要科研机构集中于电池和线路板分支，因此表中所列科研机构也是广东省企业较理想的产学研结合对象。

表7-1 中国主要科研机构技术分支分布　　　　　　　单位：件

主要科研机构	电池	线路板	液晶	阴极射线管	整机	制冷剂	参与企业合作数
北京工业大学	4	14		3			3
北京化工大学	9						
北京科技大学	4	8					
大连理工大学	5	3					
东华大学		8		1			1
东南大学	11	1					
广东工业大学		16					4
杭州电子科技大学		2		6			
合肥工业大学	4	10	4		4	1	
河南师范大学	10						2
华南师范大学	22			1			5
兰州理工大学	10						
清华大学	9	17		5	1		3
上海交通大学	2	14	1		2	1	
四川师范大学	16						
天津理工大学	7			1	1	1	
同济大学	7	2	1			1	1
中国科学院生态环境研究中心	1	5		2			
中国矿业大学		8					
中南大学	11	15		1			1
华中科技大学	8			2			2
浙江工业大学	7	1					4
华南理工大学		7					1

2. 加强知识产权管理，有效规避专利风险

通过对美日欧韩等国家和地区在中国的专利申请分析，废弃资源再生循环利用领域其他国家和地区的申请人在华的专利申请总量为1195件，尽管在数量上相对于7320件国内申请并不占优势，但1000多件的专利对于国内企业来说也是需要注意规避的专利风险。并且其中申请人不乏知名外资跨国企业，且业界已经注意到松下电器、同和矿业、三井物产等纷纷进入中国再生资源市场。

以塑料再生方面为例。在塑料机械回收技术分支，中国有效专利占比82%，国外有效专利占比18%；在化学回收技术分支，中国有效专利占比83%，国外有效专利占比17%；在能量回收技术分支，中国有效专利占比67%，国外有效专利占比33%。从总体上看，在能量回收方面，国外有效专利占比较高，但因不属于我国产业重点发展方向而容易规避。但由于该技术在发达国家产业应用中比例较高，如果我国将来需要发展这方面技术，需要提前做好相应的风险评估，并加强技术储备。化学回收方面，国外和国内所采用的催化剂类型重合度不高，因此也容易规避国外的专利风险。对于化学回收其他分支和机械回收方面，国外在华有效专利比例不高，没有形成绝对优势，风险也容易规避，但需要持续关注。

在橡胶再生领域，分析得出的结论与塑料再生领域类似，国内在进行产业化时相对容易规避国外专利的保护，但是需要留意国外跨国企业在中国的专利布局。例如，在轮胎翻新技术分支，国外轮胎巨头米其林和普利司通等在中国已经布局较多相关专利，主要涉及的内容是细节改进，如减少接合剂使用、预硫化胎面的制备、翻新前后的检测装置等。同时国外公司知识产权维权意识强，米其林和普利司通等跨国企业已有多次关于商标以及新轮胎的胎面花纹的专利诉讼。

在电子电器再生领域，电池和线路板回收是国外来华申请的主要布局方向，尤其需要密切关注日本申请人，如松下、住友的专利申请和动向。住友与松下在华所建工厂尚未投产之前就提交了很多电池回收方面申请，目前均处于待审状态，需要引起业界的重视。

建议广东省企业在加强知识产权管理和规避专利风险方面注重以下工作。

1）加强企业内部专利管理部门的建设，与研发部门密切合作，做好研发项目前期专利分析和预警工作。在进行市场投放之前，充分分析项目技术方向的专利现状，做好风险防控工作。

2）如果企业专利管理能力较弱，应积极与政府知识产权管理部门沟通，寻求知识产权援助。

3）企业之间积极建立专利联盟，加强知识产权合作，共享专利技术信息，共同避免专利风险，同时在国内企业之间进行专利许可和技术转移，提高再生资源循环利用产业的知识产权运用和管理水平。

3. 提高企业自身创新技术能力，建立"企业专利技术互助联盟"

在废弃资源再生循环利用领域，特别是废弃电子电器产品再生循环利用领域，广东省专利拥有量分布呈现金字塔分布趋势，不到总申请人数9%的申请人，拥有了占总申请量49.8%的申请量，换句话说，超过91%的申请人仅占约50%的专利申请量。从专利技术层面而言，中小企业对科技创新投入资金不足，科技创新缺乏必要的资金支持，无力购买先进的技术，也缺乏对科技创新的资金投入，自主创新能力不足。大多数中小企业缺少核心技术，技术创新能力薄弱，生产基本上靠模仿复制，市场上充斥着大量同质的产品，同行之间展开激烈的竞争。随着国家对专利技术和知识产权的保护加强，企业日后生产的与市场上相似的产品可能就要付费。即便有了高价值的专利技术，对于中小企业来说，其单独进行升级改造的成本也是巨大的，升级改造后的经营能力也与其现有的生产规模并不能完全匹配上，导致资源的浪费。针对这种现象，可以由多家企业建立"企业专利技术互助联盟"实现技术入股，可以进行共同的技术开发和引进，这样不仅可以分摊因技术研发和技术升级改造花费的成本，还有利于整个产业技术的革新和产业整体效率的提高。当然，该互助联盟可以由大型企业带头建立，也可以由政府相关部门牵头建立。为了鼓励互助联盟进步而不是故步自封，相关领导部门应定期对联盟的技术升级和改造进行考察，如有前进势头的给予适当补贴。通过政府引导，产业资本为主体，搭建产业平台、资本平台和技术平台，以市场化手段聚集社会资本，促进创新型企业发展，通过平台集聚效应吸引国内外知识产权和金融资源，促进废弃资源再生循环利用产业的转型升级。

附　　录

附录A　废弃塑料再生循环利用检索式

1. 中文库检索
（1）机械回收

编号	所属数据库	命中记录数	检索式
1	CNABS	511671	废 or 回收 or 再生 or 旧 or 回用 or 再利用 or 循环利用
2	CNABS	1005792	塑料 or 高分子 or 高聚物 or 聚合物 or 树脂 or 聚烯烃 or 聚乙烯 or PE or 聚丙烯 or PP or 聚苯乙烯 or PS or 聚氯乙烯 or PVC or 聚酯 or 聚对苯二甲酸乙二醇酯 or PET or 聚氨酯 or PU or 丙烯腈 or ABS or 聚酰胺 or 尼龙 or PA6 or PA66
3	CNABS	878347	改性 or 填充 or 填料 or 增韧 or 增强 or 共混 or 合金 or 交联 or 接枝 or 共聚
4	CNABS	3663	(1 5d 2) s 3
5	CNABS	109751	/IC C08J3/18 OR C08J3/2＋ OR C08J7 OR C08J9 OR C08J11/04 OR C08J11/06 OR C08K OR C08L23 OR C08L25 OR C08L27 OR C08L29 OR C08L31 OR C08L33 OR C08L35 OR C08L51 OR C08L53 OR C08L55 OR C08L63 OR C08L67 OR C08L69 OR C08L77 OR C08L79 OR C08F8/00 OR C08F222 OR C08F255 OR C08F257 OR C08F259 OR C08F279 OR C08F289 OR C08F290 OR C08F291
6	CNABS	1576	4 and 5
7	CNABS	1544	6 AND apd＞19911231
8	CNABS	177	7 AND （沥青 OR 胶粉/TI or 脱硫）
9	CNABS	1367	7 NOT 8
10	CNABS	18	/PN CN102174217 OR CN1504513 OR CN102181122 OR CN102311528 OR CN102492258 OR CN102492257 OR CN102558745 OR CN102604205 OR CN102796331 OR CN103012930 OR CN103183856 OR CN103254561 OR CN103275457 OR CN103289395 OR CN103289295 OR CN103319113 OR CN103319762 OR CN103834134

附 录

续表

编号	所属数据库	命中记录数	检索式
11	CNABS	1385	9 OR 10
12	CNABS	135	11 AND 降解
13	CNABS	46	/PN CN103849135 or CN103739953 or CN103627113 or CN103602004 or CN103602005 or CN103450678 or CN103360777 or CN103351514 or CN103304969 or CN103261271 OR CN103255499 OR CN103205043 OR CN103044747 OR CN103030882 OR CN102977566 OR CN102875894 OR CN102863672 OR CN102827420 OR CN102775802 OR CN102746681 OR CN102634118 OR CN102617911 OR CN102617998 OR CN102558748 OR CN102532647 OR CN102532845 OR CN102516595 OR CN102424174 OR CN102399421 OR CN102367315 OR CN102363659 OR CN102276925 OR CN102276906 OR CN102276900 OR CN102229720 OR CN102061041 OR CN102020807 OR CN102020803 OR CN101993558 OR CN101792549 OR CN101704932 OR CN101402765 OR CN101353560 OR CN101338048 OR CN101168622 OR CN1659225 人工获取上一检索式有用数据
14	CNABS	1296	（11 NOT 12）OR 13
15	CNABS	94	14 AND（共聚多酯 or 纤维增强树脂 or 聚乳酸 or 响应 or 印迹聚合物 or 改性聚磷酸铵 or 硅烷醇 or 硫黄 or 酚醛树脂）
16	CNABS	13	/PN CN104004287 OR CN104004315 OR CN103571081 OR CN103571082 or CN103554546 OR CN103571036 OR CN103571036 OR CN103554904 OR CN103382309 OR CN103289041 or CN102272198 OR CN102226023 OR CN1974649 OR CN1786064
17	CNABS	1202	14 NOT 15
18	CNABS	1212	17 OR 16 人工去噪前总数据
19	CNABS	266	/PN CN104098875 OR CN104072654 OR CN104015434 OR CN103980630 OR CN103724633 OR CN103724983 OR CN103717637 OR CN103709773 OR CN103709114 OR CN103694192 OR CN103668072 OR CN103601841 OR CN103600437 OR CN103492430 OR CN103482748 OR CN103492475 OR CN103387667 OR CN103360552 OR CN103360662 OR CN103351541 OR CN103342817 OR CN103338932 OR CN103333432 OR CN103333396 OR CN103282478 OR CN103275451 OR CN103275354 OR CN103270107 OR CN103265828 OR CN103254415 OR CN103254333 OR CN103242587 OR CN103213366 OR CN103205006 OR CN103172966 OR CN103130983 OR CN103113506 OR CN103113724 OR CN103087246 OR CN103044772 OR CN103030848 OR CN103030988 OR CN103012814 OR CN102985481 OR CN102977458 OR CN102963949 OR CN102942701 OR CN102942670 OR CN102869689 OR CN102863672 OR CN102863717 OR CN102863704 OR CN102850781 OR CN102858877 OR CN102858718 OR CN102850705 OR CN102850619 OR CN102847522 OR CN102844185 OR CN102796275 OR CN102782035 OR CN102770251 OR CN102766290 OR CN102757541

续表

编号	所属数据库	命中记录数	检索式
19	CNABS	266	OR CN102757772 OR CN102746545 OR CN102745789 OR CN102678756 OR CN102639217 OR CN102597051 OR CN102597020 OR CN102597021 OR CN102597093 OR CN102585453 OR CN102558807 OR CN102558848 OR CN102532789 OR CN102532698 OR CN102516425 OR CN102516587 OR CN102516622 OR CN102504380 OR CN102504491 OR CN102504076 OR CN102498153 OR CN102489000 OR CN102492155 OR CN102492086 OR CN102485801 OR CN102459377 OR CN102459359 OR CN102458795 OR CN102453278 OR CN102464832 OR CN102449058 OR CN102439085 OR CN102391407 OR CN102391662 OR CN102382338 OR CN102358798 OR CN102344596 OR CN102344520 OR CN102311242 OR CN102276855 OR CN102272198 OR CN102249362 OR CN102241884 OR CN102239203 OR CN102229710 OR CN102229709 OR CN102203178 OR CN102131836 OR CN102127182 OR CN102115575 OR CN102089353 OR CN102079870 OR CN102067014 OR CN102066478 OR CN102061045 OR CN102046874 OR CN102015879 OR CN102015870 OR CN102010560 OR CN102010557 OR CN101992577 OR CN101990458 OR CN101981103 OR CN101959927 OR CN101945936 OR CN101928406 OR CN101935420 OR CN101910246 OR CN101906185 OR CN101824117 OR CN101831012 OR CN101809050 OR CN101809082 OR CN101802052 OR CN101798412 OR CN101798371 OR CN101775105 OR CN101768282 OR CN101735531 OR CN101702889 OR CN101679827 OR CN101672021 OR CN101665579 OR CN101668808 OR CN101627091 OR CN1016077856 OR CN101550261 OR CN101535378 OR CN101535408 OR CN101508495 OR CN101497676 OR CN101475666 OR CN101443303 OR CN101432354 OR CN101421313 OR CN101402701 OR CN101402709 OR CN101386717 OR CN101362816 OR CN101362939 OR CN101353438 OR CN101346430 OR CN101318382 OR CN101235151 OR CN101205284 OR CN101193980 OR CN101160354 OR CN101160347 OR CN101090943 OR CN101059652 OR CN101050251 OR CN101006130 OR CN1989163 OR CN1974641 OR CN1934177 OR CN1922250 OR CN1826379 OR CN1743367 OR CN1666999 OR CN1662585 OR CN1659199 OR CN1622854 OR CN1583856 OR CN1505653 OR CN1457522 OR CN1436205 OR CN1395584 OR CN1382170 OR CN1341679 OR CN1336867 OR CN1333128 OR CN1321699 OR CN1319488 OR CN2448843 OR CN1313031 OR CN1306592 OR CN1276816 OR CN1271372 OR CN1270177 OR CN1268959 OR CN1267311 OR CN1248173 OR CN1245541 OR CN1234768 OR CN1234808 OR CN1231681 OR CN1231642 OR CN1229420 OR CN1228729 OR CN1209142 OR CN1184731 OR CN1181787 OR CN1173880 OR CN1173511 OR CN1162325 OR CN1158627 OR CN1146211 OR CN1131654 OR CN1131085 OR CN1113499 OR CN1113178 OR CN1105035 OR CN1101356 OR CN1071173 OR CN1068292 OR CN1067664 OR CN1066279 人工获取上一检索式噪声

续表

编号	所属数据库	命中记录数	检索式
20	CNABS	984	18 NOT 19　改性再生总数据　无噪声
21	CNABS	33747	/IC B29B7 or B29B9 OR B29B11 OR B29B13 OR B29B17 OR B29C47
22	CNABS	2505	（1 5d 2）AND 21
23	CNABS	2055	22 NOT 6
24	CNABS	207	23 AND（C10G/IC OR C08J11/10/IC OR C08J11/12/IC orC08J11/24/IC OR C10B53/IC OR C07C4/22/IC OR 分解 or 裂解 or 裂化 or 解聚 or 炼油 or 塑料油 or 降解 or 水解 or 醇解 or 溶剂解 OR 干馏 or 降解）
25	CNABS	1848	23 NOT 24
26	CNABS	35	25 AND（沥青 or 离子交换树脂 OR 胶粉）
27	CNABS	1813	25 NOT 26
28	CNABS	1773	27 AND APD＞19911231　简单再生总数据　无噪声

机械回收中文结果：984＋1773＝2757。

（2）能量回收

编号	所属数据库	命中记录数	检索式
1	CNABS	505098	废 or 旧 or 回收 or 回用 or 再生 or 再利用
2	CNABS	1005857	塑料 or 高分子 or 高聚物 or 聚合物 or 树脂 or 聚烯烃 or 聚乙烯 or PE or 聚丙烯 or PP or 聚苯乙烯 or PS or 聚氯乙烯 or PVC or 聚酯 or 聚对苯二甲酸乙二醇酯 or PET or 聚氨酯 or PU or 丙烯腈 or ABS or 聚酰胺 or 尼龙 or PA6 or PA66
3	CNABS	9790	C21B/IC
4	CNABS	53	（1 5d 2）and 3
5	CNABS	9	4 AND C10L5/IC
6	CNABS	44	4 NOT 5
7	CNABS	5049	喷吹
8	CNABS	314486	炉
9	CNABS	18	（1 5d 2）AND 7 AND 8
10	CNABS	4	9 NOT 4
11	CNABS	2	10 NOT 炼油炉
12	CNABS	46	6 OR 11
13	CNABS	45	12 NOT 废旧电路板　高炉喷吹无噪声
14	CNABS	7776	（固体 or 固态）s 燃料
15	CNABS	638	（衍生 2d 燃料）OR RDF
16	CNABS	3176	C10L5/IC
17	CNABS	249	（1 5d 2）AND（14 OR 15 OR 16）

续表

编号	所属数据库	命中记录数	检索式
18	CNABS	70	17 AND（C10G/IC OR C10B53/IC）
19	CNABS	179	17 NOT 18
20	CNABS	21	19 AND（裂解 OR 热解 OR 热分解）
21	CNABS	159	(19 NOT 20) OR CN102517113/PN
22	CNABS	20	21 AND（废水 OR 聚丙烯腈铵盐 OR C10J3/IC）
23	CNABS	0	22 NOT 21
24	CNABS	139	21 NOT 22
25	CNABS	4	24 AND（（废塑料 5d 柴油）or 聚乙烯醇 or 共焦化）
26	CNABS	135	24 NOT 25
27	CNABS	126	26 NOT 13
28	CNABS	15	27 AND（（废 s 柴油）or（废液 s 回收））
29	CNABS	111	27 NOT 28
30	CNABS	107	29 NOT 燃料电池
31	CNABS	64	F23G7/12/IC
32	CNABS	25	31 AND 2
33	CNABS	15	32 AND（C10G/IC OR 裂解 OR 热解 OR 热分解）
34	CNABS	12	(32 NOT 33) OR CN203687062/PN OR CN1493815/PN
35	CNABS	4225	F23G5/IC
36	CNABS	149	(1 S 2) AND 35
37	CNABS	137	36 NOT 31
38	CNABS	14	37 AND C10B53/00/IC
39	CNABS	125	(37 NOT 38) OR (CN101356405/PN OR CN1968765/PN)
40	CNABS	29	39 AND（裂解 OR 热解 OR 热分解）
41	CNABS	96	39 NOT 40
42	CNABS	13	/PN CN103162298 OR CN102607035 OR CN103486594 OR CN1997854 OR CN1864029 OR CN1310792 OR CN1232938 OR CN1223715 OR CN1120472
43	CNABS	4	42 NOT 40
44	CNABS	9	42 NOT 43
45	CNABS	105	41 OR 44
46	CNABS	10	45 AND（塑料 s 油）
47	CNABS	95	45 NOT 46
48	CNABS	2	/PN CN1864029 OR CN2788033
49	CNABS	97	47 OR 48
50	CNABS	13	49 AND（（塑料 3d 分离）OR 塑料出料 or 塑料层 or 塑料加工 or 沤肥 or（回收 s 烃）or（塑料 s 分拣））
51	CNABS	84	49 NOT 50
52	CNABS	493	(1 5d 2) s（燃烧 or 焚烧 or 焚化）

续表

编号	所属数据库	命中记录数	检索式
53	CNABS	4647	F23B/IC OR F23G7/00/IC
54	CNABS	23	52 AND 53
55	CNABS	14	54 NOT（13 OR 30 OR 34 OR 51）
56	CNABS	5	/PN CN104006379 OR CN203757733 OR CN102230628 OR CN102230629 OR CN2416427
57	CNABS	203	30 OR 34 OR 51 OR 56
58	CNABS	201	57 NOT 13
59	CNABS	45	13 AND APD＞19911231 高炉喷吹总数据 无噪声 都是1992年之后申请的
60	CNABS	197	58 AND APD＞19911231 固体燃料去噪前
61	CNABS	45	/PN CN103846268 OR CN103542416 OR CN103429768 OR CN103272825 OR CN103162298 OR CN102690523 OR CN102503338 OR CN102319722 OR CN102261007 OR CN101768487 OR CN101711229 OR CN101590483 OR CN101501398 OR CN101289673 OR CN101274331 OR CN101195765 OR CN101168651 OR CN101069041 OR CN101021322 OR CN2912851 OR CN2867126 OR CN1882805 OR CN1856545 OR CN1724933 OR CN1587813 OR CN1514164 OR CN1497041 OR CN1492027 OR CN1465655 OR CN1435594 OR CN1260250 OR CN1253595 OR CN1532266 OR CN1246895 OR CN1234427 OR CN1225619 OR CN2278864 OR CN2323269 OR CN1171451 固体燃料人工去噪
62	CNABS	158	60 NOT 61 固体燃料总数据 无噪声

能量回收中文结果：45＋158＝203。

（3）化学回收

编号	所属数据库	命中记录数	检索式
1	CNABS	778568	废 or 旧 or 回收 or 回用 or 再生 or 再利用 or 循环
2	CNABS	243293	油化 or 热解 or 分解 or 裂解 or 裂化 or 解聚 or 炼油 or 塑料油 or 降解 or 水解 or 醇解 or 溶剂解
3	CNABS	1118829	塑料 or 高分子 or 高聚物 or 聚合物 or 树脂 or 聚烯烃 or 聚乙烯 or PE or 聚丙烯 or PP or 聚苯乙烯 or PS or 聚氯乙烯 or PVC or 聚酯 or 聚对苯二甲酸乙二醇酯 or PET or 聚氨酯 or PU or 丙烯腈 or ABS or 薄膜 or 聚酰胺 or 尼龙 or PA6 or PA66 or 编织袋 or 泡沫板 or 泡沫材料 or 发泡材料
4	CNABS	2769	/IC C10G1/00 or C10G1/10 or C08J11/10
5	CNABS	2873	/IC C10B53/00 or C10B53/07 or C07C4/22 or C08J11/12 or C08J11/14 or C08J11/24
6	CNABS	18657	1 AND 2 AND 3

续表

编号	所属数据库	命中记录数	检索式
7	CNABS	996	4 AND 3
8	CNABS	438	（1 5d 3）and 5
9	CNABS	513	（1 s 3）and 5
10	CNABS	75	9 not 8
11	CNABS	58	10 NOT 7
12	CNABS	10	/PN CN1917940 OR CN1917941 OR CN1324789 OR CN1220679 OR CN1169719 OR CN1139107
13	CNABS	4	12 NOT 11
14	CNABS	6	12 NOT 13
15	CNABS	1269	7 OR 8 OR 14
16	CNABS	28193	再生胶 or 胶粉 or（橡胶 s 硫化）or（橡胶 5d 再生）or（改性 s 沥青）or（橡胶 3d 脱硫）or（废轮胎 2d 再生）or 可降解聚
17	CNABS	79	15 AND 16
18	CNABS	4	/PN CN102618315 or CN202107667 or CN101085926 or CN1488710
19	CNABS	1194	（15 NOT 17）OR 18
20	CNABS	414335	废 or 回收
21	CNABS	372272	塑料
22	CNABS	39485	油化 or 裂解 or 裂化 or 解聚
23	CNABS	806	（20 S 21）AND 22
24	CNABS	1002	（20 AND 21）AND 22
25	CNABS	196	24 NOT 23
26	CNABS	181	25 NOT（7 OR 9）
27	CNABS	290	23 not（7 or 9）
28	CNABS	69	（27 and 16）or（27 and 石油化工）
29	CNABS	6	/PN CN103933793 or CN102226103 or CN101845323 or CN1332230 OR CN103389746
30	CNABS	1	29 NOT 28
31	CNABS	5	29 NOT 30
32	CNABS	226	（27 NOT 28）OR 31
33	CNABS	1420	19 OR 32
34	CNABS	625221	高分子 or 高聚物 or 聚合物 or 树脂 or 聚烯烃 or 聚乙烯 or PE or 聚丙烯 or PP or 聚苯乙烯 or PS or 聚氯乙烯 or PVC or 聚酯 or 聚对苯二甲酸乙二醇酯 or PET or 聚氨酯 or PU
35	CNABS	1069	（20 s 34）and 22
36	CNABS	664	35 not（7 or 9 or 24）

续表

编号	所属数据库	命中记录数	检索式
37	CNABS	441	（20 3d 34）and 22
38	CNABS	171	37 not（7 or 9 or 24）
39	CNABS	53	38 and（废气 or 废水 or 废液 or 石油化纤 or 回收率）
40	CNABS	118	38 not 39
41	CNABS	5	CN102617337/PN OR CN102260537/PN OR CN1390826/PN OR CN1222132/PN
42	CNABS	1	41 not 39
43	CNABS	4	41 NOT 42
44	CNABS	122	40 OR 43
45	CNABS	1542	33 OR 44
46	CNABS	319247	丙烯腈 or ABS or 薄膜 or 聚酰胺 or 尼龙 or PA6 or PA66 or 编织袋 or 泡沫板 or 泡沫材料 or 发泡材料
47	CNABS	51	（46 3d 20）and 22
48	CNABS	18	47 not（7 or 9 or 24 or 35）
49	CNABS	7	48 and 尼龙
50	CNABS	1	CN103553906/PN
51	CNABS	1550	45 OR 49 OR 50
52	CNABS	211714	热解 or 分解 or 炼油 or 塑料油 or 降解 or 水解 or 醇解 or 溶剂解
53	CNABS	1864	（20 3d 3）and 52
54	CNABS	1241	53 NOT（7 or 9 or 24 or 35 or 47）
55	CNABS	477621	旧 or 回用 or 再生 or 再利用 or 循环
56	CNABS	291	55 s 21 s 22
57	CNABS	9	56 not（7 or 9 or 24 or 35 or 47 or 53）
58	CNABS	456	55 S（34 OR 46）S 22
59	CNABS	201	58 NOT（7 or 9 or 24 or 35 or 47 or 53 or 56）
60	CNABS	2011	55 S 52 S 3
61	CNABS	1361	60 NOT（7 or 9 or 24 or 35 or 47 or 53 or 56 or 58）
62	CNABS	283	/IC C10G1/06 OR C10G1/08
63	CNABS	33	（1 s 3）and 62
64	CNABS	2	63 not（7 or 9 or 24 or 35 or 47）
65	CNABS	1552	51 or 64
66	CNABS	20	65 AND C12N/IC
67	CNABS	2	CN102264912/PN OR CN101085841/PN
68	CNABS	1534	（65 NOT 66）OR 67
69	CNABS	47	68 AND（生物 2d（降解 or 分解 or 可再生 or 可利用 or 水解 or 回用 or 再生 or 再利用 or 循环））

续表

编号	所属数据库	命中记录数	检索式
70	CNABS	3	/PN CN103979491 OR CN101691494 OR CN102618312
71	CNABS	1490	（68 NOT 69）OR 70
72	CNABS	1458	71 AND APD＞19911231（由于用检索式继续去噪导致系统无法运行，因此通过人工标引并去噪）

化学中文实际有效结果为1070。

中文总结果：2757＋203＋1070＝4030。

2. 外文库检索

（1）机械回收

编号	所属数据库	命中记录数	检索式
1	VEN	1959443	waste? or recycl+ or recover+ or regenerat+ or reuse+ or renewable or reclaim+ or discard+
2	VEN	4887442	plastic? or macromolecul+ or superpolymer? or polymer? or polymeric or resin or polyolefin? or polythene or polyethylene or PE or polypropylene or PP or polystyrene or PS or polyvinyl chloride or polyvinylchloride or PVC or polyester or polyethylene terephthalate or PET or polyurethane or PU or acrylonitrile or ABS or polyamide or nylon or PA6 or PA66
3	VEN	1187829	modif+
4	VEN	4995	(1 5d 2) and 3
5	VEN	3388	4 not cn/pn
6	VEN	2884339	filler? or toughen+ or reinforc+ or blend+ or alloy+ or crosslink+ or cross-link+ or graft+ or copolymer+
7	VEN	7285	(1 5d 2) s 6
8	VEN	5674	7 not cn/pn
9	VEN	974100	/IC/EC C08J3/18 OR C08J3/2+ OR C08J7 OR C08J9 OR C08J11/04 OR C08J11/06 OR C08K OR C08L23 OR C08L25 OR C08L27 OR C08L29 OR C08L31 OR C08L33 OR C08L35 OR C08L51 OR C08L53 OR C08L55 OR C08L63 OR C08L67 OR C08L69 OR C08L77 OR C08L79 OR C08F8/00 OR C08F222 OR C08F255 OR C08F257 OR C08F259 OR C08F279 OR C08F289 OR C08F290 OR C08F291
10	VEN	2876	(5 or 8) and 9
11	VEN	16039653	C10G/IC/EC OR C10B53/IC/EC or C04B/IC/EC OR C01B31/IC/EC OR C09K/IC/EC OR A/IC/EC or C08F4/IC/EC or C08F2/IC/EC OR C08F6/IC/EC or B01D/IC/EC or B29C44/IC/EC OR C09D/IC/EC OR B01J/IC/EC OR D/IC/EC or（asphalt+ or deasphalt+ or bitumen or bituminous or pitch or rubber powder or biodegradable or hydrogenolysis or decompos+ or depolymeriz+ or fluidized bed or hydrogenat+）

附　录

续表

编号	所属数据库	命中记录数	检索式
12	VEN	1206	10 and 11
13	VEN	13	/PN US2013209770 OR DE102009029045 OR JP2000264998 OR WO2014076520 OR WO2014068014 OR FR2995608 OR WO2013175453 OR KR20130120906 OR WO2013118023 OR WO2013118022 OR KR20120133037 OR US2011003964　人工获取上一检索式有用数据
14	VEN	1683	（10 NOT 12）OR 13
15	VEN	902	14 AND OPRD＝YES
16	VEN	594	15 AND OPRD＞19911231
17	VEN	781	14 NOT 15
18	VEN	780	17 AND PRD＝YES
19	VEN	579	18 AND PRD＞19911231
20	VEN	1	17 NOT 18
21	VEN	1173	16 OR 19　改性再生人工浏览去噪
22	VEN	53	/PN WO2013142956 OR JP2013064126 OR IN201300008 OR JP2011068834 OR JP2010209301 OR WO2009045926 OR AT245247 OR WO9222608 OR US5326627 OR JPH05261735 OR EP0601596 OR JPH0892313 OR US2005022915 OR WO2014047043 OR US2013244173 OR WO2012053922 OR JP2012046711 OR US8334335 OR JP2007320992 OR US2007272339 OR RU2307848 OR US2007213470 OR JP2006182801 OR JP2006182802 OR RU2279448 OR US2006128854 OR JP2006051690 OR KR20050063491 OR JP2004331810 OR DE10313150 OR FR2851250 OR JP2004169000 OR JP2004035690 OR US2002128370 OR JP2004525217 OR JP2002241552 OR JP2001231554 OR JP2001089601 OR JP2001089603 OR JP4075181 OR JP2000007857 OR JP3204923 OR JPH07258440 OR JPH07258449 OR JPH07258440 OR DE4410235　人工获取上一检索式噪声
23	VEN	1127	21 NOT 22　改性再生总数据　无噪声
24	VEN	241287	/IC/EC B29B7 or B29B9 OR B29B11 OR B29B13 OR B29B17 OR B29C47
25	VEN	13586	（1 5d 2）and 24
26	VEN	11356	25 NOT CN/PN
27	VEN	1905	26 and（C10G/IC/EC OR C08J11/10/IC/EC OR C08J11/12/IC/EC or C08J11/24/IC/EC OR C10B53/IC/EC OR C07C4/22/IC/EC OR pyrogenation or pyrolyz＋ or pyrolys＋ or pyrolytic or cracked or cracking or cleav＋ or depolymeriz＋ or de－polymeriz＋ or oil refin＋ or decompos＋ or hydrolyz＋ or hydrolys＋ or alcoholysis or alcoholyz＋ or solvolysis or thermolysis or rubber powder or devulcaniz＋ or vulcaniz＋ or vulcanis＋ or ion exchange resin or asphalt＋ or deasphalt＋ or bitumen or bituminous or pitch）

续表

编号	所属数据库	命中记录数	检索式
28	VEN	9451	26 NOT 27
29	VEN	8978	28 NOT 10
30	VEN	4843	29 AND OPRD = YES
31	VEN	3477	30 AND OPRD > 19911231
32	VEN	4135	29 NOT 30
33	VEN	4116	32 AND PRD = YES
34	VEN	3106	33 AND PRD > 19911231
35	VEN	19	32 NOT 33
36	VEN	10	35 AND APD > 19911231
37	VEN	6593	31 OR 34 OR 36　简单再生无噪声

机械回收英文结果：1127 + 6593 = 7720。

(2) 能量回收

编号	所属数据库	命中记录数	检索式
1	VEN	1959443	waste? or recycl + or recover + or regenerat + or reuse + or renewable or reclaim + or discard +
2	VEN	4887442	plastic? or macromolecul + or superpolymer? or polymer? or polymeric or resin or polyolefin? or polythene or polyethylene or PE or polypropylene or PP or polystyrene or PS or polyvinyl chloride or polyvinylchloride or PVC or polyester or polyethylene terephthalate or PET or polyurethane or PU or acrylonitrile or ABS or polyamide or nylon or PA6 or PA66
3	VEN	82408	C21B/IC/EC
4	VEN	269	(1 5d 2) and 3
5	VEN	231	4 NOT CN/PN
6	VEN	31	5 AND C10L5/IC/EC
7	VEN	200	5 NOT 6
8	VEN	6	/PN LU88553 OR JPH10130705 OR JPH10245607 OR JP2004183005
9	VEN	206	7 OR 8
10	VEN	2661030	inject??? or eject??? or spray??? or blow???
11	VEN	995016	furnace? or oven? or kiln? or kettle? or jar? or pot?
12	VEN	777	(1 5d 2) AND (10 S 11)
13	VEN	650	12 NOT CN/PN
14	VEN	540	13 NOT 5
15	VEN	73	14 AND C10G/IC/EC
16	VEN	467	14 NOT 15
17	VEN	60	16 AND C04B/IC/EC

附　　录

续表

编号	所属数据库	命中记录数	检索式
18	VEN	59	17 NOT IN201200382/PN
19	VEN	407	16 not 17
20	VEN	265	9 or 18
21	VEN	263	20 NOT（JP2005238181/PN OR US2002114672/PN）
22	VEN	152	21 AND OPRD＝YES
23	VEN	141	22 AND OPRD＞19911231
24	VEN	122	21 NOT 23
25	VEN	122	24 AND PRD＝YES
26	VEN	241	（25 AND PRD＞19911231）or 23　高炉喷吹总数据　无噪声
27	VEN	24568	solid fuel? or derived fuel? or derived－fuel? or RDF
28	VEN	24302	C10L5/IC/EC
29	VEN	1380	（1 5d 2）AND（27 OR 28）
30	VEN	1256	29 NOT CN/PN
31	VEN	1227	30 NOT 21
32	VEN	170960	C10G/IC/EC OR C10B53/IC/EC
33	VEN	177	31 AND 32
34	VEN	1050	31 NOT 33
35	VEN	60518	F23G5/IC/EC OR F23G7/00/IC/EC OR F23G7/12/IC/EC
36	VEN	1902	（1 5d 2）AND 35
37	VEN	1815	36 NOT CN/PN
38	VEN	1638	37 NOT（21 OR 34）
39	VEN	349	32 AND 38
40	VEN	1289	38 NOT 39
41	VEN	371	40 AND（pyrolysis OR pyroly＋OR crack??? OR decompos＋）
42	VEN	918	40 NOT 41
43	VEN	50	42 AND B29B17/IC/EC
44	VEN	868	42 NOT 43
45	VEN	2	44 AND（pet and A/IC/EC）
46	VEN	866	44 NOT 45
47	VEN	1096107	burning or burnt or combust＋or inflammation
48	VEN	1072	（1 5d 2）4d 47
49	VEN	986	48 NOT CN/PN
50	VEN	415	49 NOT（30 OR 37）
51	VEN	305	50 AND（C10G/IC/EC OR C10B53/IC/EC OR（pyrolysis OR pyroly＋OR crack??? OR decompos＋）OR liquef＋or gasif＋or B29B17/IC/EC OR resin or regenerat＋or recover＋）

续表

编号	所属数据库	命中记录数	检索式
52	VEN	110	50 NOT 51
53	VEN	2026	34 OR 46 OR 52
54	VEN	2024	53 NOT（JP2001317726/PN OR JP2001048311/PN）
55	VEN	963	54 AND OPRD＝YES
56	VEN	739	55 AND OPRD＞19911231
57	VEN	1061	54 NOT 55
58	VEN	1056	57 AND PRD＝YES
59	VEN	876	58 AND PRD＞19911231
60	VEN	5	57 NOT 58
61	VEN	1616	56 OR 59 OR KR1019950003780/PN　固体燃料总数据　无噪声

能量回收英文结果：241＋1616＝1857。

（3）化学回收

编号	所属数据库	命中记录数	检索式
1	VEN	4879537	plastic? or macromolecul＋ or superpolymer? or polymer? or polymeric or resin or polyolefin? or polythene or polyethylene or PE or polypropylene or PP or polystyrene or PS or polyvinyl chloride or polyvinylchloride or PVC or polyester or polyethylene terephthalate or PET or polyurethane or acrylonitrile or ABS or polyamide or nylon or PA6 or PA66
2	VEN	19657	/IC/EC C10G1/00＋ or C10G1/10＋ or C08J11/10＋
3	VEN	4902	1 AND 2
4	VEN	18638	/IC/EC C10B53/00＋ or C10B53/07＋ or C07C4/22＋ or C08J11/12＋ or C08J11/14＋ or C08J11/24＋
5	VEN	1959443	waste? or recycl＋ or recover＋ or regenerat＋ or reuse＋ or renewable or reclaim＋ or discard＋
6	VEN	3536	(5 5d 1) and 4
7	VEN	4283	5 and 1 and 4
8	VEN	747	7 not 6
9	VEN	664	8 not cn/pn
10	VEN	1598555	waste? or recycl＋ or recover＋
11	VEN	1376157	plastic?
12	VEN	735822	pyrogenation or pyrolyz＋ or pyrolys＋ or pyrolytic or cracked or cracking or depolymeriz＋ or de－polymeriz＋ or decompos＋ or hydrolyz＋ or hydrolys＋ or alcoholysis
13	VEN	4195	(10 5d 11) AND 12
14	VEN	8698	3 OR 6 OR 13

续表

编号	所属数据库	命中记录数	检索式
15	VEN	7210	14 NOT CN/PN
16	VEN	3627	15 AND（OPRD＝YES）
17	VEN	2948	16 AND OPRD＞19911231
18	VEN	3583	15 NOT 16
19	VEN	3577	18 AND（PRD＝YES）
20	VEN	3039	19 AND PRD＞19911231
21	VEN	6	18 NOT 19
22	VEN	3	21 AND APD＞19911231
23	VEN	3	21 NOT 22
24	VEN	5990	17 OR 20 OR 22
25	VEN	116764	photodegradable plastic? or devulcaniz+ or vulcaniz+ or vulcanis+ or rubber powder
26	VEN	73	24 AND 25
27	VEN	5917	24 NOT 26
28	VEN	6181	（asphalt+ or deasphalt+ or bitumen or bituminous or pitch）S extract+
29	VEN	23	27 AND 28
30	VEN	5894	27 NOT 29
31	VEN	85148	cleav+ or oil refin+ or alcoholyz+ or solvolysis or thermolysis or dissociate+
32	VEN	295	10 S 31 S 11
33	VEN	166	32 NOT CN/PN
34	VEN	30	33 NOT 15
35	VEN	3	/PN IL215036 OR IL215585 OR JP2000312819
36	VEN	5897	30 OR 35
37	VEN	810614	pyrogenation or pyrolyz+ or pyrolys+ or pyrolytic or cracked or cracking or depolymeriz+ or de－polymeriz+ or decompos+ or hydrolyz+ or hydrolys+ or alcoholysis or cleav+ or oil refin+ or alcoholyz+ or solvolysis or thermolysis or dissociate+
38	VEN	2369113	polymer? or polymeric or polyolefin? or polythene or polyethylene or PE or polypropylene or PP or polystyrene or PS or polyvinyl chloride or polyvinylchloride or PVC or polyester or polyethylene terephthalate or PET
39	VEN	1881	（10 5d 38）s 37
40	VEN	1567	39 not cn/pn
41	VEN	744	40 NOT（15 OR 33）
42	VEN	414	41 AND（OPRD＝YES）
43	VEN	250	42 AND OPRD＞19911231

续表

编号	所属数据库	命中记录数	检索式
44	VEN	330	41 NOT 42
45	VEN	327	44 AND PRD=YES
46	VEN	220	45 AND PRD>19911231
47	VEN	3	44 NOT 45
48	VEN	6367	36 OR 43 OR 46
49	VEN	2321972	macromolecul+ or superpolymer? or resin or polyurethane or acrylonitrile or ABS or polyamide or nylon or PA6 or PA66
50	VEN	1418	(10 5d 49) s 37
51	VEN	1207	50 NOT CN/PN
52	VEN	558	51 NOT (15 OR 33 OR 40)
53	VEN	278	52 AND (OPRD=YES)
54	VEN	162	53 AND OPRD>19911231
55	VEN	280	52 NOT 53
56	VEN	276	55 AND (PRD=YES)
57	VEN	178	56 AND PRD>19911231
58	VEN	4	55 NOT 56
59	VEN	29	(54 OR 57) AND (ion exchange resin or (tire s decompos+))
60	VEN	2	JPH06277649/PN
61	VEN	313	((54 OR 57) NOT 59) OR 60
62	VEN	6680	48 OR 61
63	VEN	487505	regenerat+ or reuse+ or renewable or reclaim+ or discard+
64	VEN	106	(63 5d 11) s 37
65	VEN	77	64 NOT CN/PN
66	VEN	11	65 NOT (15 OR 33 OR 40 OR 51)
67	VEN	1	JP2004182837/pn
68	VEN	6681	62 OR 67
69	VEN	464	(63 5d (38 or 49)) s 37
70	VEN	376	69 NOT CN/PN
71	VEN	179	70 NOT (15 OR 33 OR 40 OR 51 OR 65)
72	VEN	87	71 AND (OPRD=YES)
73	VEN	48	72 AND OPRD>19911231
74	VEN	92	71 NOT 72
75	VEN	91	74 AND PRD=YES
76	VEN	42	75 AND PRD>19911231
77	VEN	1	74 NOT 75

续表

编号	所属数据库	命中记录数	检索式
78	VEN	4	/PN JP2000109540 or JPH09272803 OR JPH06192362
79	VEN	6730	68 OR 73 OR 78
80	VEN	6201	/IC/EC C10G1/06 + OR C10G1/08 +
81	VEN	166	(1 S 5) AND 80
82	VEN	138	81 NOT CN/PN
83	VEN	9	82 NOT (15 OR 33 OR 40 OR 51 OR 65 OR 70)
84	VEN	3	/PN PL191891 or PL192014
85	VEN	1	84 NOT 83
86	VEN	2	84 NOT 85
87	VEN	6732	79 OR 86
88	VEN	38214308	A/IC/EC OR D/IC/EC OR E/IC/EC OR G/IC/EC OR H/IC/EC
89	VEN	870	87 AND 88
90	VEN	686	89 AND 37
91	VEN	184	89 NOT 90
92	VEN	5862	87 NOT 89
93	VEN	411	90 AND (2 OR 4 OR depolymeriz + or pyrolyz + or pyrolys + or (thermal?? decompos +))
94	VEN	275	90 not 93
95	VEN	6273	92 OR 93　化学回收英文总数据－无法运行出来（由于用检索式继续去噪导致系统无法运行，因此通过人工标引并去噪）

化学回收英文实际有效结果为3424。

英文总结果：7720＋1857＋3424＝13001。

废塑料全球总结果：4030＋13001＝17031。

附录 B　废弃橡胶再生循环利用检索式

1. 中文库检索

（1）再生胶

编号	所属数据库	命中记录数	检索式
1	CNABS	275	橡胶 or 轮胎 or 废胎 or（斜交 2d 胎）or（子午线 2d 胎）or 外胎 or 内胎 or 胶粉 or 再生胶）s（再生 or 脱硫）s（超声 or 微波 or 辐射 or 红外 or 超临界 or 螺杆 or 挤出 or（生物 5d 菌）
2	CNABS	172	橡胶再生
3	CNABS	310530	橡胶 or 轮胎 or 废胎 or（斜交 2d 胎）or（子午线 2d 胎）or 外胎 or 内胎 or 胶粉 or 再生胶

续表

编号	所属数据库	命中记录数	检索式
4	CNABS	75	(密练 or 密炼 or 密联 or 混炼 or（高温 1d 连续））s（脱硫）
5	CNABS	339	（快速脱硫 or 动态脱硫 or 脱硫罐）
6	CNABS	63	3 and 4
7	CNABS	143	3 and 5
8	CNABS	17387	(c08J11 + or B29B17 + or c10b53 + or c10g1/10 + or C08L21/00 + or b29b7 +) /ic/ec
9	CNABS	2579	(橡胶 or 轮胎 or 废胎 or（斜交 2d 胎）or（子午线 2d 胎）or 外胎 or 内胎 or 胶粉 or 再生胶）s（再生 or 脱硫）
10	CNABS	847	8 and 9
11	CNABS	461	c08l17/00 + /ic/ec
12	CNABS	256	再生胶 s 炼
13	CNABS	166	12 and 8
14	CNABS	63395	/ti（沥青 or 混凝土 or 地板 or 防水卷材）
15	CNABS	1193	1 or 2 or 6 or 7 or 10 or 11 or 13

最终结果：检索式 15（关键词以及分类号检索结果总和）－时间限制－去噪＝531

（2）胶粉

编号	所属数据库	命中记录数	检索式
1	CNABS	325455	（橡胶 or 轮胎 or 废胎 or（斜交 2d 胎）or（子午线 2d 胎）or 外胎 or 内胎 or 胶鞋 or 胶管 or 胶粉 or 再生胶）
2	CNABS	33789	(C08L21/00 + or C08L11 + or B02C +) /ic/EC
3	CNABS	5001	（橡胶 or 轮胎 or 废胎 or（斜交 2d 胎）or（子午线 2d 胎）or 外胎 or 内胎 or 胶粉）s（粉碎 or 破碎 or 细碎 or 粗碎 or 研磨 or 磨碎 or 切碎）
4	CNABS	1215	2 and 3
5	CNABS	80459	厨房垃圾 or 食物 or 厨余 or 生活垃圾 or 饲料
6	CNABS	1160	4 not 5
7	CNABS	3002	B29B17 + /ic/ec
8	CNABS	763	1 and 7
9	CNABS	7837	胶粉
10	CNABS	7614	（液氮 or（空气 1d 膨胀）or 冷能 or 臭氧 or 剪切 or 湿法 or 高压水 or 光液压）s（粉碎 or 破碎 or 细碎 or 粗碎 or 研磨 or 磨碎 or 切碎）
11	CNABS	153	9 and 10
12	CNABS	529	常温粉碎 or 低温粉碎
13	CNABS	82	1 and 12
14	CNABS	40	胎 3d（分离 or 剥离）3d 钢丝
15	CNABS	2	胎 1d 挤丝
16	CNABS	1810	6 or 8 or 11 or 13 or 14 or 15

最终结果：检索式 16（关键词以及分类号检索结果总和）－时间限制－去噪＝701

(3) 轮胎翻新

编号	所属数据库	命中记录数	检索式
1	CNABS	428	(轮胎 3d 翻新) or (斜交 3d 胎 3d 翻新) or (子午线 3d 胎 3d 翻新)
2	CNABS	262	(B29D30/54 + or B29D30/56 +) /ic/ec
3	CNABS	529	1 or 2

最终结果：检索式 4（关键词以及分类号检索结果总和）－时间限制－去噪＝414

(4) 热裂解

编号	所属数据库	命中记录数	检索式
1	CNABS	617	c10g1/10 + /ic/ec
2	CNABS	3299	废塑料 or 废旧塑料 or 白色垃圾
3	CNABS	311782	(橡胶 or 轮胎 or 废胎 or (斜交 2d 胎) or (子午线 2d 胎) or 外胎 or 内胎 or 胶粉 or 再生胶)
4	CNABS	2737	2 not 3
5	CNABS	529	1 not 4
6	CNABS	23483	(c08J11 + or B29B17 + or c10b53 + or b29b7 + or C08L21/00 + or C09C1 +) /ic/ec
7	CNABS	1215	(橡胶 or 轮胎 or 废胎) S (热解 or 热分解 or 裂解 or 气化)
8	CNABS	386	6 and 7
9	CNABS	41	(橡胶 or 轮胎 or 废胎) s (热解 or 热分解 or 裂解 or 气化) s (移动床 or 流动床 or 烧蚀床 or 回转窑 or 固定床 or (低温 2d 催化) or 超临界 or 熔融盐 or 酸催化 or 碱催化)
10	CNABS	282	(橡胶 or 轮胎 or 废胎) 1d (热解 or 热分解 or 裂解 or 气化)
11	CNABS	852	5 or 8 or 9 or 10

最终结果：检索式 11（关键词以及分类号检索结果总和）－时间限制－去噪＝582

(5) 燃料热能

编号	所属数据库	命中记录数	检索式
1	CNABS	138	(橡胶 or 轮胎 or 废胎 or (斜交 2d 胎) or (子午线 2d 胎) or 外胎 or 内胎) 3d (燃烧 or 焚烧 or 焚化)
2	CNABS	258063	废
3	CNABS	60	1 and 2
4	CNABS	6020	废 s (橡胶 or 轮胎 or (斜交 2d 胎) or (子午线 2d 胎) or 外胎 or 内胎)
5	CNABS	7278	(f23g5 or f23g7 +) /ec/ic
6	CNABS	81	4 and 5
7	CNABS	123	3 or 6

最终结果：检索式 7（关键词以及分类号检索结果总和）－时间限制－去噪＝45

（6）胶粉沥青

编号	所属数据库	命中记录数	检索式
1	CNABS	689	胶粉 s 沥青
2	CNABS	98	（废 or 旧）and（橡胶沥青 or 沥青橡胶）
3	CNABS	725	1 or 2
4	CNABS	18362	((废 or 旧) and (橡胶 or 轮胎)) or 胶粉
5	CNABS	2343	c08l95/00＋/ec/ic
6	CNABS	486	4 and 5
7	CNABS	824	3 or 6

最终结果：检索式 7（关键词以及分类号检索结果总和）－时间限制－去噪＝599

2. 外文库检索

（1）再生胶

编号	所属数据库	命中记录数	检索式
1	VEN	1397	(tire? or tyre? or rubber?) and (desulphuri＋ or desulfuriz＋ or desulfi＋ or (de 1w vulcanis＋) or devulcan＋)
2	VEN	353	((old or waste? or spent or unserv＋ or worn or scrap) 3d (tire? or tyre?)) s (reclaim＋ or regenerat＋ or reproduc＋)
3	VEN	865	((waste? or scrap) 3d rubber?) s (reclaim＋ or regenerat＋ or reproduc＋)
4	VEN	49314	(desulphuri＋ or desulfuriz＋ or desulfi＋ or (de 1w vulcanis＋) or devulcan＋)
5	VEN	157023	(c08J11/10＋ or B29B17＋ or c08l17/00 or C08L21/00 or b29b7＋) /ic/ec
6	VEN	51	((old or waste? or spent or unserv＋ or worn or scrap) 3d (tire? or tyre?)) s (irradiat＋ or microwave)
7	VEN	66	((waste? or scrap) 3d rubber?) s (irradiat＋ or microwave)
8	VEN	238	(tire? or tyre? or rubber?) s (reclaim＋ or regenerat＋ or reproduc＋) s (extrud＋ or shear＋)
9	VEN	6623	(tire? or tyre? or rubber?) s (reclaim＋ or regenerat＋ or reproduc＋)
10	VEN	1626	5 and 9
11	VEN	3383	1 or 2 or 3 or 8 or 10 or 6 or 7

最终结果：检索式 11（关键词以及分类号检索结果总和）－时间限制－去噪－中国公开＝211

（2）胶粉

编号	所属数据库	命中记录数	检索式
1	VEN	3547	(B02C＋ and B29B17＋) /ic/EC
2	VEN	1122212	(tire? or tyre? or rubber?)

续表

编号	所属数据库	命中记录数	检索式
3	VEN	886	1 and 2
4	VEN	186679	（B02C + or B29B17 +）/ic/EC
5	VEN	68568	（tire? or tyre? or rubber?）s（crush + or mill + or pulveriz + or comminut + or cut + or shred + or ground or shatt + or chop + or granulat + or demolish + or grind + or split +）
6	VEN	4237	4 and 5
7	VEN	668	（tire? or tyre?）3d（remov + or separat +）3d tread?
8	VEN	927	（tire? 1d cutting）or（tyre? 1d cutting）
9	VEN	1708	（(rubber? 1d powder) or (rubber 1d particle?) or (rubber 1d granule?)）s（crush + or mill + or pulveriz + or comminut + or cut + or shred + or ground or shatt + or chop + or granulat + or demolish + or grind + or split +）
10	VEN	2512	（(old or waste? or spent or unserv + or worn or scrap) 2d (tire? or tyre?)）s（crush + or mill + or pulveriz + or comminut + or cut + or shred + or ground or shatt + or chop + or granulat + or demolish + or grind + or split +）
11	VEN	1773	（(waste? or scrap) 2d rubber?）s（crush + or mill + or pulveriz + or comminut + or cut + or shred + or ground + or shatt + or chop + or granulat + or demolish + or grind + or split +）
18	VEN	802	4 and 17
19	VEN	9016	3 or 6 or 7 or 8 or 9 or 10 or 11 or 18

最终结果：检索式19（关键词以及分类号检索结果总和）－时间限制－去噪－中国公开＝982

（3）热裂解

编号	所属数据库	命中记录数	检索式
1	VEN	5003	C10G1/10/ic/ec
2	VEN	1122212	（tire? or tyre? or rubber?）
3	VEN	1345	1 and 2
4	VEN	1687	（decompos + or carboniz + or Liquef + or gasif + or distill + or pyroly + or heat treat???? or thermolysis）s（(waste? or spent or unserv + or old or scrap) s (tire? or tyre? or rubber?)）
5	VEN	44052	（c08J11/10 + or B29B17 + or c10b53/07 or c10b53/00）/ec/ic
6	VEN	22981	（decompos + or carboniz + or Liquef + or gasif + or distill + or pyroly + or heat treat???? or thermolysis）and（tire? or yre? or rubber?）
7	VEN	1415	5 and 6
8	VEN	2937	3 or 4 or 7

最终结果：检索式8（关键词以及分类号检索结果总和）－时间限制－去噪－中国公开＝1000

（4）轮胎翻新

编号	所属数据库	命中记录数	检索式
1	VEN	26722904	oprd＝yes
2	VEN	9591325	oprd＞19911231
3	VEN	61933802	prd＝yes
4	VEN	28785802	apd＞19911231
5	VEN	30748323	prd＞19911231
6	VEN	352502	retread＋or retreat＋or regenerat＋
7	VEN	7433	（B29D30/52＋or B29D30/54＋or B29D30/56＋）/ic/ec
8	VEN	1971	6 and 7
9	VEN	3018	（tire？or tyre？）3d（retread＋or retreat＋or regenerat＋）
10	VEN	3188	8 or 9

最终结果：检索式10（关键词以及分类号检索结果总和）－时间限制－去噪－中国公开＝621

（5）橡胶沥青

编号	所属数据库	命中记录数	检索式
1	VEN	4117	（asphalt 3d rubber？）or（Bitumen 3d rubber？）
2	VEN	20513	c08l95/00＋/ec/ic
3	VEN	284565	（tire？or tyre？or（（waste or scrap）3d rubber？））
4	VEN	827	2 and 3
5	VEN	4569	1 or 4

最终结果：检索式5（关键词以及分类号检索结果总和）－时间限制－去噪－中国公开＝1106

（6）燃料热能

编号	所属数据库	命中记录数	检索式
1	VEN	15801	（F23G7/00＋or F23G7/12＋）/IC/EC
2	VEN	1122212	tire？or tyre？or rubber？
3	VEN	776	1 and 2
4	VEN	26722904	oprd＝yes
5	VEN	9591325	oprd＞19911231
6	VEN	30748323	prd＞19911231
7	VEN	61933802	prd＝yes
8	VEN	28785802	apd＞19911231
9	VEN	309	（burn＋or cremat＋or combust＋or incinerat＋）s（（waste or scrap）2d rubber？）
10	VEN	1760	（burn＋or cremat＋or combust＋or incinerat＋）s（tyre？or tire？）
11	VEN	2283	3 or 9 or 10

最终结果：检索式11（关键词以及分类号检索结果总和）－时间限制－去噪－中国公开＝656

附录 C 废弃电子电器产品再生循环利用检索式

1. 中文库检索
（1）整机拆分

编号	所属数据库	命中记录数	检索式
1	CNABS	49446	（B09B5 or B09B3 or B08B15 or B25H1 or B23P21 or B02C）/ic/ec
2	CNABS	8008	（电视 or 显示器 or 显像器 or 显示设备 or 显像设备 or 电脑 or PC）S（拆 or 分解 or 破碎 or 粉碎 or 撕碎）
3	CNABS	153	1 and 2　电视、电脑、显示器拆分
4	CNABS	63599	（B09B3 or B09B5 or B02C or B01D5 or B23Q9 or B65G15 or B08B3）/ic/ec
5	CNABS	6971	（冰箱 or 冰柜 or 冷柜 or 冷箱 or 冻柜 or 制冷机 or 冷却机 or 冷冻机 or 制冷器 or 冷冻器 or 空调 or 冷暖 or 控温）S（拆 or 分解 or 碎）
6	CNABS	196	4 and 5　冰箱、空调拆分
7	CNABS	304	（洗衣机 or 洗衣器 or 洗衣设备 or 洗衣装置 or 干洗机 or 干洗器 or 干洗设备 or 洗涤设备）10D（拆卸 or 拆解 or 拆分 or 分解 or 破碎 or 解离 or 粉碎 or 撕碎 or 切割）
8	CNABS	83006	（B09B3 or B09B5 or B02C or B01D5 or B23Q9 or B65G15 or B08B3 or B65G47）/ic/ec
9	CNABS	21	7 and 8　洗衣机拆分

（2）电路板

编号	所属数据库	命中记录数	检索式
10	CNABS	27032	（线路板 or 电路板 or 主板 or 电板 or 电子卡 or 板卡 or 印刷板 or 电路块 or 线路块）5D（磨 or 碎 or 粉 or 拆 or 分）
11	CNABS	38935	（B02C or B09B5 or B09B3）/ic/ec
12	CNABS	247	10 and 11　电路板拆分
13	CNABS	11637	（线路板 or 电路板 or 电子卡 or 板卡 or 印刷板 or 电路块 or 线路块）S（选 or 分离）
14	CNABS	55294	（B07 or B03 or B01D50/00 or B09B3 or B09B5）/ic/ec
15	CNABS	275	13 and 14　电路板分选
16	CNABS	48926	（C22B or C25C or B09B3 or B09B5 or B22F3 or B22F9 or B22F8）/ic/ec
17	CNABS	43652	（线路板 or 电路板 or 电子卡 or 板卡 or 印刷板 or 电路块 or 线路块）S（稀土 or 金 or 银 or 铂 or 钯 or 铜 or 锡 or 锗 or 铁 or 铝 or 铅）
18	CNABS	37974	蚀刻 or 微蚀

· 417 ·

续表

编号	所属数据库	命中记录数	检索式
19	CNABS	598	16 and 17
20	CNABS	498	19 not 18　电路板金属回收
21	CNABS	108	（线路板 or 电路板 or 电子卡 or 印刷板 or 电路块 or 线路块）5D（热解 or 裂解 or 干馏 or 气化 or 燃烧 or 焚烧 or 焚化）
22	CNABS	59431	（C01B31 or C10G1 or B29B17 or C08J11 or C10G7 or F23G5 or F23G7 or C10G53 or C10B53 or B09B or C22B）/ic/ec
23	CNABS	11161	（线路板 or 电路板 or 电子卡 or 印刷板 or 电路块 or 线路块）S（热解 or 裂解 or 干馏 or 气化 or 燃烧 or 焚烧 or 焚化 or 熔融 or 熔融 or 熔化 or（高 3D 温）or 辐射 or 加热）
24	CNABS	235	22 and 23
25	CNABS	296	24 or 21
26	CNABS	8144	（B23K1 or B23K3）/ic/ec
27	CNABS	3057	（线路板 or 电路板 or 电子卡 or 印刷板 or 电路块 or 线路块）P（熔融 or 熔化 or 辐射 or 加热）P（脱 or 卸 or 除 or 解 or 拆）
28	CNABS	193	26 and 27
29	CNABS	465	25 or 28　电路板热处理
30	CNABS	623	（线路板 or 电路板 or 主板 or 电板 or 电子卡 or 板卡 or 印刷板 or 印刷电路）S（（焊 or 锡）4D（拆 or 卸 or 脱 or 解））
31	CNABS	140	26 and 30　电路板卸焊处理

（3）阴极射线管

编号	所属数据库	命中记录数	检索式
32	CNABS	22150	（C03B33 or H01J9/52 or C09B3 or C09B5 or B26F3 or B26D5 or B26D7 or B26D1）/ic/ec
33	CNABS	20502	（阴极射线 3D 管）or CRT? or（屏 5D 锥）or（平 5D 锥）
34	CNABS	106	32 and 33　CRT 瓶锥处理
35	CNABS	47273	（H01J9/52 or H01J9/50 or B09B3 or B09B5 or B08B15 or B08B3 or C22B or C09K11/01）/ic/ec
36	CNABS	35427	（荧光 or 发光材料 or 汞）S（CRT or 阴极射线管 or 显示 or 显像 or 灯 or 放电管）
37	CNABS	195	35 and 36　荧光回收
38	CNABS	38120	（C22B or B09B3 or B09B5 or H01J9/50 or H01J9/52 or C01B33 or C01G21 or C01B39/02）/ic/ec
39	CNABS	2370	玻璃 8d 铅
40	CNABS	46	38 and 39　铅回收
41	CNABS	110	（CRT or 阴极射线管 or 显示器 or 显示屏 or 显示管 or 显像器 or 显像管 or 显像屏）S 铅 S（回收 or 收集 or 再利用 or 资源化 or 提取 or 分离 or 浸）　铅回收

(4) 制冷剂

编号	所属数据库	命中记录数	检索式
42	CNABS	17583	(B09B3 or B09B5 or F25B45 or B01D5 or C07C19/08 or C07C17 or F25B43/04 or C07C19/10 or C07C19/12)/ic/ec
43	CNABS	3834	(回收 or 收集 or 再利用 or 资源化 or 提 or 抽 or 吸 or 无害)S（氟利昂 or CFC+ or 制冷剂 or 制冷液 or 冷媒 or 氟氯烃）S（废 or 弃 or 旧 or 使用 or 坏 or 损 or 破 or 待修 or 泄露）
44	CNABS	260	42 and 43
45	CNABS	742	回收 3D（氟利昂 or CFC+ or 制冷剂 or 制冷液 or 冷媒 or 氟氯烃 or 制冷媒介）
46	CNABS	204	42 and 45
47	CNABS	356	44 or 46 制冷剂回收
48	CNABS	125	(氟利昂 or CFC？+ or 氟氯？烃 or 氯氟？烃)S（分解 or 无害 or 热解 or 燃烧 or 干馏 or 降解 or 水解 or 再利用 or 再使用 or 重复利用 or 重复使用 or 焚烧 or 等离子） 制冷剂处理
49	CNABS	406750	(B01D or F27B or C01B or A62D3 or B01J or C02F or F23 or B09B)/ic/ec
50	CNABS	35	48 and 49
51	CNABS	90	48 not 50

(5) 电池

编号	所属数据库	命中记录数	检索式
52	CNABS	62895	(C22B or B09B or C01D or C01F or C01G or C25C)/ic/ec
53	CNABS	1319	电池 S（金 or 稀土 or 过渡 or 镍 or 钴 or 锂 or 石墨 or 铜 or 铅 or 铬 or 镉 or 砷 or 铝 or 银 or 锌 or 锰 or 镓 or 铟 or 锗 or 锡）S（回收 or 提取 or 浸 or 分离 or 萃取 or 沉降 or 沉淀 or 吸附 or 生物 or 过滤 or 再利用 or 资源化）S（废 or 弃 or 旧 or 失效）
54	CNABS	693	52 and 53
55	CNABS	14184	(H01M10/54 or H01M6/52 or B09B3 or B09B5 or C22B7/00 or C22B19/28 C22B19/30 or C22B25/06)/ic/ec
56	CNABS	10506	电池 S（金 or 稀土 or 过渡 or 镍 or 钴 or 锂 or 石墨 or 铜 or 铅 or 铬 or 镉 or 砷 or 铝 or 银 or 锌 or 锰 or 镓 or 铟 or 锗 or 锡）S（回收 or 提取 or 浸 or 分离 or 萃取 or 沉降 or 沉淀 or 吸附 or 生物 or 过滤 or 再利用 or 资源化）
57	CNABS	965	55 and 56
58	CNABS	1071	54 or 57 电池金属回收
59	CNABS	533	电池 S（废 or 弃 or 旧 or 失效）S（粉碎 or 破碎 or 拆解 or 分切 or 锯切 or 切割）

续表

编号	所属数据库	命中记录数	检索式
60	CNABS	4465	电池 S（粉碎 or 破碎 or 拆解 or 分切 or 锯切 or 切割）
61	CNABS	442	60 and 55
62	CNABS	628	59 or 61
63	CNABS	239	62 not 58　电池破碎

（6）液晶

编号	所属数据库	命中记录数	检索式
64	CNABS	1350	（液晶 or LCD or LCP）10D（回收 or 提取 or 收集 or 资源化 or 再利用 or 无害 or 浸 or 置换 or 交换 or 吸附 or 萃取 or 分解 or 热解 or 燃烧）
65	CNABS	354436	（B01D or C10B or C22B or C08L or B09B or C07C or C09K19/00 or B25H1）/ic/ec
66	CNABS	134	64 and 65　液晶回收

经时间（APD＞1991231）和手工标引去噪，中文总文献为1926件［137（整机拆分）+616（电路板）+187（阴极射线管）+120（制冷剂）+939（电池）+34（液晶）+其他（0）］。

2．外文库检索

（1）整机拆分

编号	所属数据库	命中记录数	检索式
1	VEN	417348	4D004+/ft or（v05-l07e6 or X25-w04）/mc or（B09B5 or B09B3 or H01J9/50 or H01J9/52 or C03B33 or C09B3 or C09B5 or B26F3 or B26D1 or B26D5 or B26D7 or B02C）/ic/ec
2	VEN	2442	(television? or TV? or（thin W film transistor?）or TFT? or LCD? or（liquid crystal D display?）or（plasma D display?）or CRT? or（cathode W ray tube?）or braun tube? or（plasma W display?）or display apparatu? or flat panel display? or electroluminescent display?）S（dismantl+ or disassembl+ or recycl+）
3	VEN	3377	(television? or TV or monitor? or computer? or PC or（thin W film transistor?）or TFT or LCD or（liquid crystal D display?）or（plasma D display?）or CRT or（cathode W ray tube?）or braun tube? or（plasma W display?）or display apparatu? or flat panel display? or electroluminescent display?）S（dismantl+ or disassembl+）
4	VEN	4420	2 or 3
5	VEN	539	1 and 4
6	VEN	450	5 not cn/pn　电视、电脑、显示器

附　录

续表

编号	所属数据库	命中记录数	检索式
7	VEN	392382	（X25－W01 or X25－W04）/MC or 4D004/FT or （B09B5 or B09B3 or B02C or B26F3 or B26D1 or B26D5 or B26D7）/ic/ec
8	VEN	5793	（frig? or refrigerator? or freezer? or icebox? or refrigeratory? or （ice W chamber?） or ice chest? or （air D condition＋））S（dismantl＋ or disassembl＋ or cut or cutting）
9	VEN	151	7 and 8
10	VEN	102	9 not cn/pn　冰箱、空调
11	VEN	394455	（X25－W01 or X25－W04）/MC or 4F401/FT or （B09B5 or B09B3 or B02C or B26F3 or B26D1 or B26D5 or B26D7）/ic/ec
12	VEN	4803	（washer? or wash??? machine? or laundry machine?）S（dismantl＋ or disassembl＋ or cut or cutting）
13	VEN	177	11 and 12
14	VEN	129	13 not cn/pn　洗衣机
15	VEN	661	6 or 10 or 14

（2）电路板

编号	所属数据库	命中记录数	检索式
1	VEN	6348	（V04－R15 or V04－X01C or V04－R15B or X25－W04 or X25－W01）/mc
2	VEN	240946	（B02C or B09B3 or B09B5）/ic/ec
3	VEN	245515	1 or 2
4	VEN	19183	（circuit board? or circuit card? or PCB? or PWA? or PWB? or wiring assembl??? or wiring board?）S（crush＋ or breaking or breaked or shred or grind＋ or cut＋ or break up or crack＋ or broken or split or dismantl＋ or disassembl＋）
5	VEN	555	3 and 4
6	VEN	2803	polychlorinated biphenyl?
7	VEN	482	5 not 6
8	VEN	208	7 not cn/pn　电路板拆分
9	VEN	1879	（V04－R15 or V04－X01C or V04－R15B）/mc
10	VEN	39642	4D004＋/FT
11	VEN	289101	（B03 or B07B or B09B3 or B09B5）/ic/ec
12	VEN	295407	9 or 10 or 11
13	VEN	30895	（separat＋ or select＋ or isolat＋）S（circuit board? or circuit card? or PCB? or PWA? or PWB? or wiring assembl??? or wiring board?）

续表

编号	所属数据库	命中记录数	检索式
14	VEN	632	12 and 13
15	VEN	386	14 not cn/pn 电路板分选
16	VEN	288994	（C22B or C25C or B09B3 or B09B5 or B22F8）/ic/ec
17	VEN	43370	（V04－R15 or V04－X01C or V04－R15B or X25－W04）/mc or 4D004＋/FT
18	VEN	296770	16 or 17
19	VEN	95104	（circuit board? or circuit card? or PCB? or wiring board? or PWB? or wiring assembl?? or PWA?）S（（rare W earth）or gold or Au or aurum or argentum or silver or Ag or platinum or platina or Pt or palladium or Pd or copper or cuprum or Cu or stannum or tin or Sn or rhodium or Rh or ferro or ferrum or ferrumiron or iron or Fe or alumin? um or Al or plumbean or lead or Pb or nickel or Ni or zinc or zincum or Zn or chrome or chromium or Cr or metal?）
20	VEN	1244	18 and 19
21	VEN	1142	42 not polychlorinated biphenyl?
22	VEN	653	43 not cn/pn 电路板金属回收
23	VEN	6352	（J09－C or V04－R15 or V04－R15B）/mc
24	VEN	39642	4D004＋/ft
25	VEN	468212	（C01B31 or C10G1 or B29B17 or C08J11 or C10G7 or F23G5 or F23G7 or C10G53 or C10B53 or B09B or C22B）/ic/ec
26	VEN	472733	23 or 24 or 25
27	VEN	15283	（circuit board? or circuit card? or PCB? or wiring board? or PWB? or wiring assembl?? or PWA?）S（pyroly＋or crack＋or（（decomposition＋or dissociation＋or breakdown）2D（thermal or heat or pyrolytic or pyrogenic））or thermolysis or（dry 2D distill＋）or carbonization or gasif＋or combust＋or incinerat＋or fus??? or melt??? or molten or liquation or（high?? 2D temperature））
28	VEN	494	26 and 27
29	VEN	366	28 not polychlorinated biphenyl?
30	VEN	249	29 not cn/pn 电路板热处理

（3）阴极射线管

编号	所属数据库	命中记录数	检索式
1	VEN	210433	4D004＋/ft or（v05－l07e6 or X25－w04）/mc or（C03B33 or C09B3 or C09B5 or B26F3 or B26D1 or B26D5 or B26D7）/ic/ec
2	VEN	15414	（CRT or（cathode W ray tube?）or braun tube?）and（separat＋or cut＋or divid＋or disintegrat＋）

续表

编号	所属数据库	命中记录数	检索式
3	VEN	280	1 and 2
4	VEN	226	3 not cn/pnCRT 切分
5	VEN	322557	V05－L07E6/mc or 4D004＋/ft or （C22B or B09B3 or B09B5 or H01J9/50 or H01J9/52 or C01B33 or C01G21 or C01B39/02）/ic/ec
6	VEN	13415	glass 5D（plumbum or plumbean or lead or Pb）
7	VEN	175	5 and 6
8	VEN	139	7 not cn/pn　CRT 铅玻璃
9	VEN	257035	V05－L07E6/mc or 4D004＋/ft or （H01J9/52 or H01J9/50 or B09B3 or B09B5 or C22B or C09K11/01）/ic/ec
10	VEN	4962	（fluorescence or luminescence or fluorescent or phosphor powder or fluorescer or mercury or Hg or hydrargyrum or quicksilver or hydrargyri）S（CRT or （cathode W ray tube?）or braun tube? or electronray tube? or ERT or light? or lamp?）S（waste or recover＋or reclaim＋or retriev＋or abstract＋or extract＋or collect＋or purif＋or refin＋or recycle＋or seperat＋or regenerat＋）
11	VEN	417	9 and 10
12	**VEN**	**342**	**11 not cn/pn　荧光物质回收**
13	VEN	760	4 or 8 or 11

（4）制冷剂

编号	所属数据库	命中记录数	检索式
1	VEN	183528	E11－Q01/mc or （4F401/AD09 or 4F401/BB13 or 4F401/CA14 or 4F401/AA26）/FT or （B09B3 or B09B5 or F25B45 or B01D5 or C07C19/08 or C07C17 or F25B43/04 or C07C19/10 or C07C19/12）/ic/ec
2	VEN	1036	（freon? or dichlorodifluoromethane or chlorofluorocarbon? or CFC? or chloroflourocarbon? or halocarbon? or HCFC? or HFC?）S（recove＋or collect＋or recycl＋or trap＋）
3	VEN	519	1 and 2
4	VEN	744	（freon? or dichlorodifluoromethane or chlorofluorocarbon? or CFC? or chloroflourocarbon? or halocarbon? or HCFC? or HFC?）S（decompos＋or combust＋or pyroly＋or incinerat＋）
5	VEN	155	1 and 4
6	VEN	651	3 or 5
7	VEN	526	6 not cn/pn　制冷剂回收处理

(5) 电池

编号	所属数据库	命中记录数	检索式
1	VEN	27118	（X16－M or L03－E06 or L03－J01）/mc or（4D004 or 5H031）/ft
2	VEN	489744	（C22B or B09B or C01D or C01F or C01G or C25C）/ic/ec
3	VEN	497578	1 or 2
4	VEN	11618	（cell? or battery or batteries）S（(rare W earth) or gold or Au or aurum or argentum or silver or Ag or copper or cuprum or Cu or alumin? um or Al or plumbean or lead or Pb or nickel or Ni or zinc or zincum or Zn or chrome or chromium or Cr or stannum or tin or Sn or cobalt or Co or lithium or Li or cadmium or Cd or arsenic or arsonium or As or manganese or Mn or manganous or graphite or plumbago or black lead or carbon or C or gallium or Ga or indium or In or germanium or Ge or metal?）S（waste or useless or abandon or obsolescence or antiquat+ or discard or disuse or trash or disaffirm or rubbish or garbage or scrap）
5	VEN	2567	3 and 4
6	VEN	103822	（H01M10/54 or H01M6/52 or B09B3 or B09B5 or C22B7/00 or C22B19/28 or C22B19/30 or C22B25/06）/ic/ec
7	VEN	112130	6 or 1
8	VEN	92592	（cell? or battery or batteries）S（(rare W earth) or gold or Au or aurum or argentum or silver or Ag or copper or cuprum or Cu or alumin? um or Al or plumbean or lead or Pb or nickel or Ni or zinc or zincum or Zn or chrome or chromium or Cr or stannum or tin or Sn or cobalt or Co or lithium or Li or cadmium or Cd or arsenic or arsonium or As or manganese or Mn or manganous or graphite or plumbago or black lead or carbon or C or gallium or Ga or indium or In or germanium or Ge or metal?）S（recover+ or collect+ or extract+ or recycl+ or refin+ or leach+）
9	VEN	3314	7 and 8
10	VEN	4560	9 or 5
11	VEN	2981	10 not cn/pn　电池金属回收
12	VEN	271746	（X16－M or L03－E06 or L03－J01）/mc or（4D004 or 5H031）/ft or（B02C or B09B3 or B09B5 or H01M10/54 or H01M6/52 or C22B7/00 or C22B19/28 or C22B19/30 or C22B25/06）/ic/ec
13	VEN	23171	（battery or batteries or cell?）5D（cut+ or crush+ or grind+ or dismantl+ or decompos+ or disassembl+）
14	VEN	510	（12 and 13）not 10
15	VEN	353	14 not cn/pn　电池破碎处理

（6）液晶

编号	所属数据库	命中记录数	检索式
1	VEN	3064249	（L03 – J01 or U11 – C15Q）/mc or 4d004/ft or （B01D or C10B or C22B or C08L or B09B or C07C or C09K19/00 or B25H1）/ic/ec
2	VEN	10029	（liquid crystal? or LCD? or LCP? or glass substrate? or ITO or polarizer?）S（recove + or collect + or recycl + or reus + or extract +）
3	VEN	842	1 and 2
4	VEN	636	3 not cn/pn 液晶回收处理

经时间（OPRD＞19911231、PRD＞19911231）和手工标引去噪，外文总文献为3184件［330（整机拆分）＋689（电路板）＋376（阴极射线管）＋204（制冷剂）＋1306（电池）＋82（液晶）＋其他废物（197）］。